普通高等教育“十三五”规划教材

复合材料

肖力光　赵洪凯　主编
汪丽梅　李敏　副主编

化学工业出版社
·北京·

《复合材料》详细阐述聚合物基复合材料、金属基复合材料、无机非金属基复合材料以及其他复合材料的界面及复合原理，各种力学性质以及其他性能，产品设计方法，制造工艺及应用情况，同时介绍了复合材料的分析测试方法以及相关实验。让学生在学习知识的同时培养创新精神，提高能力，增强素质，为进一步学习打下必要的基础。本书可作为材料化学、材料科学与工程、复合材料、高分子材料、无机非金属材料、应用化学等专业的本科生教材以及相关专业研究生的参考教材，还可作为从事材料科学与工程、复合材料、高分子材料、无机非金属材料、材料化学、建筑材料、建筑设计、机械设计等相关专业研究、开发、教学、生产、销售、投资人员的参考书。

图书在版编目（CIP）数据

复合材料/肖力光，赵洪凯主编．—北京：化学工业出版社，2016.6（2024.2 重印）
普通高等教育“十三五”规划教材
ISBN 978-7-122-24876-3

Ⅰ.①复…　Ⅱ.①肖…②赵…　Ⅲ.①复合材料-高等学校-教材　Ⅳ.①TB33

中国版本图书馆 CIP 数据核字（2015）第 185678 号

责任编辑：满悦芝　　装帧设计：刘丽华
责任校对：边　涛

出版发行：化学工业出版社（北京市东城区青年湖南街 13 号　邮政编码 100011）
印　　装：涿州市般润文化传播有限公司
787mm×1092mm　1/16　印张 $21\frac{3}{4}$　字数 537 千字　2024 年 2 月北京第 1 版第 6 次印刷

购书咨询：010-64518888　　售后服务：010-64518899
网　　址：http://www.cip.com.cn
凡购买本书，如有缺损质量问题，本社销售中心负责调换。

定　　价：49.00 元

FOREWORD 前言

材料是人类赖以生存的物质基础，是人类物质文明的标志。材料的发展将人类社会文明推向更高的层次。科技对材料提出的更高要求带动了材料向复合化发展，从而诞生了第四大类材料——复合材料。复合材料具有轻质、高强、防腐、耐水、隔热及电绝缘等优异性能，被公认是除了金属材料、无机非金属材料、高分子材料之后的最有发展前景的一大类材料，已发展成为21世纪的主要工程材料。复合材料的崛起与发展极大地丰富了现代材料家族，为人类社会的发展开辟了无限的想象与实现空间，也为材料科学与工程的持续发展注入了强大的生机与活力。

面对新材料、新工艺的不断涌现，复合材料呈现出低成本、高性能、功能化、结构功能一体化和智能化的发展趋势；同时复合材料新标准、新规范也不断地更新。笔者针对于此编写的《复合材料》教材是一本比较全面介绍重点应用于结构工程的相关聚合物基、金属基、无机非金属基复合材料方面的教材，其阐述复合材料中重要的基体、增强体以及改性组分，详细阐述聚合物基复合材料、金属基复合材料、无机非金属基复合材料以及其他复合材料的界面及复合原理，各种力学性质以及其他性能，产品设计方法、制造工艺及应用情况，同时介绍复合材料的分析测试方法以及相关实验。

结合材料类专业背景及相关专业实际需要，《复合材料》教材更加彰显专业特色，教材基于系统化设计教学内容及结构，重点介绍材料的组成、特点、工艺、表征及具体应用，为学生学好后续专业课及在日后的工作中做到正确、合理使用材料奠定坚实的基础。教材内容安排上由浅入深、通俗易懂，突出了基础性和可操作性。根据要讲授的内容，将理论学习与实践环节有效统一，突出实用性，以便完成课程的教学目标。根据新材料、新技术和新规范的发展，结合高校学科专业的特点，本教材中全部采用了复合材料生产过程中的新规范、新标准，教学内容充分展现了先进性，使该课程能够反映本学科领域的最新科技成果，并能和本领域的社会经济发展需要相结合。

《复合材料》一书力求让学生在学习知识的同时培养创新精神，提高能力，增强素质，为进一步学习打下必要的基础。本书可作为材料化学、材料科学与工程、复合材料、高分子材料、无机非金属材料、应用化学等专业的本科生教材以及相关专业研究生的参考教材，还可作为从事材料科学与工程、复合材料、高分子材料、无机非金属材料、材料化学、建筑材料、建筑设计、机械设计等相关专业研究、开发、教学、生产、销售、投资的科研工作者、教师、工程设计人员、企业经营管理与技术人员的参考书。

本书结合了笔者多年从事教学、科研和校企合作的实践经验编写而成，共分为9章。内容包括绪论、复合材料的组成材料、复合材料的界面、复合材料设计原理、聚合物基复合材料、金属基复合材料、水泥基复合材料、陶瓷基复合材料及复合材料实验。

本书由吉林建筑大学肖力光教授、赵洪凯教授主编，并由肖力光教授统稿。其中肖力光编写第7章；赵洪凯编写第4章、第5章、第8章的一部分、第9章；汪丽梅编写第3章、第6章、第8章的一部分；李敏编写第1章、第2章。

本书在编写过程中得到了同行以及多位老师的大力帮助，在此表示衷心的感谢。

由于本教材内容广泛，笔者水平所限，书中不完善之处在所难免，敬请同行和读者批评指正。

编　者

2016年5月

于吉林建筑大学

CONTENTS 目录

第1章 绪论

1.1 复合材料发展史 …… 001
1.2 复合材料的定义 …… 002
1.3 复合材料的命名和分类 …… 002
1.4 复合材料的特点 …… 004
1.4.1 聚合物基复合材料的主要性能 …… 005
1.4.2 金属基复合材料的主要性能 …… 006
1.4.3 陶瓷基复合材料的主要性能 …… 007
1.4.4 水泥基复合材料的主要性能 …… 008
1.5 复合材料的发展方向 …… 008
1.5.1 发展功能、多功能、机敏、智能复合材料 …… 008
1.5.2 仿生复合材料 …… 009
1.5.3 纳米复合材料 …… 010

第2章 复合材料的组成材料

2.1 增强材料 …… 011
2.1.1 玻璃纤维 …… 011
2.1.2 碳纤维 …… 025
2.1.3 高模量有机纤维 …… 030
2.1.4 其他增强纤维及材料 …… 034
2.2 基体材料 …… 037
2.2.1 聚合物基体 …… 037
2.2.2 金属基体 …… 054
2.2.3 无机非金属基体 …… 059

第3章 复合材料的界面

3.1 界面和界面的形成 …… 065
3.1.1 界面和界相 …… 065
3.1.2 界面的形成机理 …… 066
3.1.3 界面的作用 …… 068
3.2 界面的微观结构 …… 070
3.2.1 聚合物基复合材料 …… 070

3.2.2 金属基复合材料 …… 072
3.2.3 无机非金属基复合材料 …… 076
3.3 复合材料界面的表征 …… 077
3.3.1 复合材料界面微观力学分析 …… 077
3.3.2 界面的成分分析 …… 079
3.3.3 界面微观结构的表征 …… 079
3.4 增强材料的表面处理及界面改性 …… 079
3.4.1 化学偶联剂改性技术 …… 080
3.4.2 电化学改进技术 …… 081
3.4.3 等离子体处理技术 …… 082
3.4.4 增强纤维的表面涂层技术 …… 082

第4章 复合材料设计原理

4.1 复合材料的可设计性 …… 084
4.1.1 复合材料的设计性 …… 084
4.1.2 复合效应 …… 085
4.2 材料的设计目标和设计类型 …… 087
4.2.1 材料的使用性能和设计目标 …… 087
4.2.2 复合材料的设计类型 …… 087
4.3 复合材料设计的基本思想 …… 088
4.3.1 复合材料的结构设计过程 …… 088
4.3.2 复合材料的结构设计条件 …… 089
4.3.3 材料设计 …… 091
4.3.4 结构设计 …… 094
4.3.5 复合材料的力学性能设计 …… 097
4.3.6 复合材料其他物理性能的复合原理 …… 098
4.3.7 复合材料的一体化设计 …… 100

第5章 聚合物基复合材料

5.1 概述 …… 102
5.2 聚合物基复合材料的性能及种类 …… 104
5.2.1 聚合物基复合材料的性能 …… 104
5.2.2 聚合物基复合材料的种类 …… 108
5.3 热固性树脂基复合材料的制造技术 …… 111
5.3.1 手糊成型工艺 …… 111
5.3.2 模压成型工艺 …… 120
5.3.3 缠绕成型工艺 …… 128
5.3.4 喷射成型工艺 …… 134
5.3.5 拉挤成型工艺 …… 137

5.3.6 树脂传递模塑成型工艺 …… 141
5.3.7 其他成型工艺 …… 145
5.3.8 连接及胶接 …… 149
5.4 热塑性聚合物基复合材料的制造技术 …… 149
5.4.1 热塑性聚合物基复合材料预浸料制造技术 …… 151
5.4.2 非连续纤维复合材料制造技术 …… 154
5.4.3 连续纤维复合材料制造技术 …… 158
5.5 聚合物基复合材料的应用 …… 161

第6章 金属基复合材料

6.1 概述 …… 167
6.1.1 金属基复合材料的分类 …… 167
6.1.2 复合材料的研究历史及现状 …… 168
6.1.3 金属基复合材料的研究趋势与展望 …… 168
6.2 金属基复合材料的制备技术 …… 170
6.2.1 固态制造技术 …… 171
6.2.2 液态制造技术 …… 173
6.2.3 原位自生成技术 …… 176
6.2.4 复合材料的二次加工技术 …… 177
6.3 金属基复合材料的性能 …… 179
6.3.1 铝基复合材料 …… 179
6.3.2 钛基复合材料 …… 185
6.3.3 镍基复合材料 …… 186
6.4 金属基复合材料的应用 …… 187
6.4.1 航天与空间应用 …… 187
6.4.2 航空及导弹等应用 …… 188
6.4.3 在微电子系统中的应用 …… 189
6.4.4 在其他领域的应用 …… 189

第7章 水泥基复合材料

7.1 概述 …… 191
7.1.1 纤维增强水泥基材料的概述 …… 191
7.1.2 聚合物混凝土概述 …… 196
7.2 水泥基体的种类及性能 …… 197
7.2.1 硅酸盐水泥 …… 197
7.2.2 掺混合材料的硅酸盐水泥 …… 204
7.2.3 硫铝酸盐水泥 …… 208
7.2.4 镁质胶凝材料 …… 211
7.2.5 其他品种水泥 …… 217

7.3 纤维增强水泥基复合材料 …… 220
7.3.1 纤维在水泥基复合材料中的作用机理 …… 220
7.3.2 玻璃纤维增强水泥基复合材料 …… 224
7.3.3 钢纤维增强水泥基复合材料 …… 230
7.3.4 其他纤维增强水泥基体复合材料 …… 234
7.4 聚合物混凝土复合材料 …… 235
7.4.1 聚合物混凝土复合材料的分类与特点 …… 235
7.4.2 聚合物混凝土 …… 235
7.4.3 聚合物浸渍混凝土 …… 238
7.4.4 聚合物改性混凝土 …… 240
7.5 水泥基复合材料的应用 …… 242
7.5.1 玻璃纤维增强水泥基复合材料的应用 …… 242
7.5.2 钢纤维混凝土的应用 …… 244
7.5.3 聚合物混凝土的应用 …… 246

第8章 陶瓷基复合材料

8.1 概述 …… 252
8.1.1 连续纤维增强陶瓷基复合材料 …… 252
8.1.2 短纤维、晶须增韧陶瓷基复合材料 …… 253
8.1.3 颗粒增韧 …… 254
8.2 陶瓷基复合材料的成型加工技术 …… 255
8.2.1 简介 …… 255
8.2.2 连续纤维增强陶瓷基复合材料的制备与加工 …… 255
8.2.3 晶须或颗粒增强陶瓷基复合材料的制备与加工 …… 259
8.3 陶瓷基复合材料的应用 …… 259

第9章 复合材料实验

实验1 通用热固性树脂基本性能测试 …… 261
实验1-1 环氧树脂的环氧值测定 …… 261
实验1-2 不饱和聚酯树脂酸值测定 …… 262
实验1-3 酚醛树脂凝胶、挥发分、树脂含量和固体含量测定 …… 263
实验1-4 环氧树脂热固化制度的制定方法实验 …… 264
实验1-5 树脂浇铸体制作及其巴科尔硬度测试 …… 267
实验2 纤维、织物基本性能及纤维与稀树脂溶液的接触角测定 …… 269
实验2-1 单丝强度和弹性模量测定 …… 269
实验2-2 丝束(复丝)表观强度和表观模量测定 …… 270
实验2-3 织物厚度、单位面积质量测定 …… 271
实验2-4 纤维与稀树脂溶液的接触角测定 …… 272
实验3 复合材料工艺方法试验 …… 275

实验 3-1　手糊成型工艺试验 …… 275
实验 3-2　复合材料模压工艺试验 …… 277
实验 3-3　层压工艺试验 …… 280
实验 3-4　热塑性塑料注射成型 …… 282
实验 3-5　纤维缠绕工艺试验 …… 284
实验 3-6　预浸料质量检验方法 …… 288
实验 4　复合材料基本力学性能测试 …… 293
实验 4-1　单向纤维复合材料实验样品制作 …… 293
实验 4-2　单向纤维复合材料基本力学性能测定 …… 299
实验 4-3　复合材料层压板拉伸试验 …… 302
实验 4-4　复合材料层压板压缩试验 …… 305
实验 4-5　复合材料层压板层间剪切试验 …… 306
实验 4-6　复合材料弯曲试验 …… 307
实验 4-7　复合材料简支梁式冲击韧性试验 …… 309
实验 5　复合材料其他性能的测试 …… 312
实验 5-1　树脂基体浇铸体马丁耐热和热变形温度测定 …… 312
实验 5-2　复合材料电阻系数测定 …… 315
实验 5-3　复合材料介电系数和介电损耗角正切测定 …… 317
实验 5-4　复合材料热导率测定 …… 320
实验 5-5　复合材料平均比热容测定 …… 323
实验 5-6　纤维增强塑料燃烧性能试验方法——炽热棒法 …… 326
实验 5-7　玻璃纤维增强塑料燃烧性能试验方法——氧指数法 …… 328
实验 5-8　塑料燃烧性能试验方法——水平燃烧法 …… 329
实验 5-9　复合材料加速老化试验 …… 331
实验 5-10　复合材料耐腐蚀性试验 …… 332

参考文献 …… 336

第1章 绪论

1.1 复合材料发展史

随着生活水平的提高，人们对材料性能的要求日益提高，单质材料已很难满足性能的综合要求和高指标要求，因此材料的复合化是材料发展的必然趋势之一。复合材料的出现是金属、陶瓷、高分子等单质材料发展和应用的必然结果，是各种单质材料研制和使用经验的综合，也是这些单质材料技术的升华。复合材料的兴起与发展极大地丰富了现代材料的家族，为人类社会的发展开辟了无限的想象和实现空间，也为材料科学与工程学的持续发展注入了强大的生机与活力。复合材料各组分之间“取长补短”、“协同作用”，极大地弥补了单一材料的缺点，产生了单一材料所不具有的新功能。复合材料的出现和发展，是现代科学技术不断进步的结果，也是材料设计方面的一个突破。它综合了各种材料如纤维、树脂、橡胶、金属、陶瓷等的优点，按需要设计、复合成为综合性能优异的新型材料。复合材料已广泛应用于航空航天、汽车、电子电气、建筑、体育器材、医疗器械等领域，近几年更是得到了突飞猛进的发展。可以预言，如果用材料来作为历史分期的依据，那么未来的21世纪，将是复合材料的时代。

复合材料是一种多相复合体系。作为一门学科，复合材料的出现及发展不过是近几十年的事情。但是人类在很早之前就开始使用复合材料。比如说，以天然树脂虫胶、沥青作为黏合剂制作层合板；以砂、砾石作为廉价骨料，以水和水泥固结的混凝土材料，它们大约在100年前就开始使用了。混凝土的拉伸强度比较好，但比较脆，如处于拉伸状态就容易产生裂纹，而导致脆性断裂。若在混凝土中加入钢筋、钢纤维之后，就可以大大提高混凝土拉伸强度及弯曲强度，这就是钢筋混凝土复合材料。而使用合成树脂制作复合材料，始于20世纪初。人们用苯酚与甲醛反应，制成酚醛树脂，再把酚醛树脂与纸、布、木片等复合在一起制成层压制品，这种层压制品，具有很好的电绝缘性能及强度。

20世纪40年代由玻璃纤维增强合成树脂的复合材料——玻璃钢出现，是现代复合材料发展的重要标志。玻璃纤维复合材料1946年开始应用于火箭发动机壳体，60年代在各种型号的固体火箭上应用取得成功。如在美国把玻璃纤维复合材料用于制作火箭的发动机壳体以及燃料用的高压容器上。60年代末期则用玻璃纤维复合材料制作了直升机旋翼桨叶等。

20世纪60—70年代，复合材料不仅可用玻璃纤维增强，还可用新出现的纤维材料如硼纤维、碳纤维、碳化硅纤维、芳纶（kevlar）纤维增强，这使得复合材料的综合性能得到了很大的提高，从而使复合材料的发展进入了新的阶段。这些材料中，以碳纤维为例，其复合材料的比强度不但超过了玻璃纤维复合材料，而且比模量是其5～8倍以上。这使结构的承压能力和承受动力负荷能力大大提高。碳/碳复合材料是载人宇宙飞船和多次往返太空飞行器的理想材料，用于制造宇宙飞行器的鼻锥部、机翼、尾翼前缘等承受高温载荷的部件。固体火箭发动机喷管的工作温度高达3000～3500℃，为了提高发动机效率，还要在推进剂中掺入固体粒子，因此固体火箭发动机喷管的工作环境是高温、化学腐蚀、固体粒子高速冲刷，目前只有碳/碳复合材料能承受这种工作环境。

20世纪70年代后期发展的用高强度、高模量的耐热纤维与金属复合，特别是与轻金属复合而成的金属基复合材料，克服了树脂基复合材料耐热性差和不导电、导热性低等不足。金属基复合材料由于金属基体的优良导电和导热性，加上纤维增强体不仅提高了材料的强度和模量，而且降低了密度。此外，这种材料还具有耐疲劳、耐磨耗、高阻尼、不吸潮、不放气和膨胀系数低等特点，已经广泛用于航天航空等尖端技术领域，是理想的结构材料。

20世纪80年代开始逐渐发展陶瓷基复合材料，采用纤维补强陶瓷基体以提高韧性。主要目标是希望用以制造燃气涡轮叶片和其他耐热部件。

聚合物基、金属基、陶瓷基复合材料三类材料的耐热性能好、强度高，既可用于要求强度高、密度小的场合，又可用于制作在高温环境下仍要保持高强度的构件，因此它们的开发与应用越来越受到人们的重视。

1.2 复合材料的定义

根据国际标准化组织（International Organizations for Standardization，ISO）对复合材料下的定义，复合材料是指由两种或两种以上物理和化学性质不同的物质组合而成的一种多相固体材料。复合材料可经设计，即通过对原材料的选择、各组分分布设计和工艺条件的保证等，使原组分材料优点互补，因而表现出了出色的综合性能。在复合材料中，通常有一相为连续相，称为基体；另一相为分散相，称为增强材料。分散相是以独立形态分布在整个连续相中的，两相之间存在着相界面。分散相可以是增强纤维，也可以是颗粒状或弥散的填料。

从上述定义中可以看出，复合材料可以是一个连续物理相与一个连续分散相的复合，也可以是两个或多个连续相与一个或多个分散相在连续相中复合，复合后的产物为固体时才称为复合材料，如复合产物为液体或气体时就不称为复合材料。复合材料既可以保持原材料的某些特点，又能发挥组合后的新特征，它可以根据需要进行设计，从而最合理地达到使用所要求的性能。

纵观复合材料的发展过程，可以看到，早期发展出现的复合材料，由于性能相对比较低，生产量大，使用面广，可以称之为常用复合材料。后来随着高科技发展的需要，在此基础上又发展出性能高的先进复合材料。

1.3 复合材料的命名和分类

复合材料可根据增强材料与基体材料的名称来命名。将增强材料名称放在前面，基体材料的名称放在后面，然后加上“复合材料”。例如，玻璃纤维和聚氨酯构成的复合材料称为“玻璃纤维聚氨酯复合材料”。为书写简便，也可仅写增强材料和基体材料的缩写名称，中间加一斜线隔开，后面再加“复合材料”。如上述玻璃纤维与聚氨酯构成的复合材料，也可写做“玻璃/聚氨酯复合材料”。有时为了突出增强材料和基体材料，视强调的组分不同，也可简称为“玻璃纤维复合材料”或“聚氨酯复合材料”。碳纤维和金属基构成的复合材料叫“金属基复合材料”，也可写成“碳/金属复合材料”。碳纤维和碳构成的复合材料叫“碳/碳复合材料”。

随着材料品种的增加，人们为了更好地研究和使用材料，需要对材料进行分类。材料的分类，历史上有许多方法。如按材料的化学组成分类，可分为金属材料、无机非金属材料、高分子材料和复合材料。按物理性质分类，有高温材料、磁性材料、透光材料、半导体材料、导电材料、超硬材料等。按用途分类有航空材料、电工材料、建筑材料、光学材料、生物材料、包装材料等。

复合材料的分类方法很多，常见的分类方法有以下几种。

(1) 按增强材料形态分类

① 连续纤维复合材料：作为分散相纤维，每根纤维的两个端点都位于复合材料的边界处；

② 短纤维复合材料：短纤维无规则地分散在基体材料中制成的复合材料；

③ 粒状填料复合材料：微小颗粒状增强材料分散在基体中制成的复合材料；

④ 编织复合材料：以平面二维或立体三维纤维编织物为增强材料与基体复合而成的复合材料。

(2) 按增强纤维种类分类

① 玻璃纤维复合材料；

② 碳纤维复合材料；

③ 有机纤维（芳香族聚酰胺纤维、芳香族聚酯纤维、高强度聚烯烃纤维等）复合材料；

④ 金属纤维（如钨丝、不锈钢丝等）复合材料；

⑤ 陶瓷纤维（如氧化铝纤维、碳化硅纤维、硼纤维等）复合材料。

此外，如果用两种或两种以上纤维增强同一基体制成的复合材料称为混杂复合材料(hybrid composite materials)。混杂复合材料可以看成是两种或多种单一纤维复合材料相互复合，即复合材料的“复合材料”。

(3) 按基体材料分

① 聚合物基复合材料：以有机聚合物（主要为热固性树脂、热塑性树脂及橡胶）为基体制成的复合材料；

② 金属基复合材料：以金属为基体制成的复合材料，如铝基复合材料、钛基复合材料等；

③ 无机非金属基复合材料：以陶瓷材料（也包括玻璃和水泥）为基体制成的复合材料。

(4) 按增强体类型分类

① 颗粒增强型复合材料；

② 纤维增强型复合材料；

③ 板状复合材料。

(5) 按材料用途分类

① 结构复合材料：用于制造受力构件的复合材料。要求它质量轻、强度和刚度高、且能耐受一定温度，在某种情况下还要求有膨胀系数小、绝热性能好或耐介质腐蚀等其他

性能。

结构复合材料由增强体与基体组成。增强体承担结构使用中的各种载荷，基体则起到黏结增强体予以赋形并传递应力和增韧的作用。复合材料所用基体主要是有机聚合物，也有少量金属、陶瓷、水泥及碳（石墨）。结构复合材料通常按不同的基体来分类，如图 1-1 所示。在某些情况下也以增强体的形状来分类，这种分类适用于各种基体，见图 1-2。

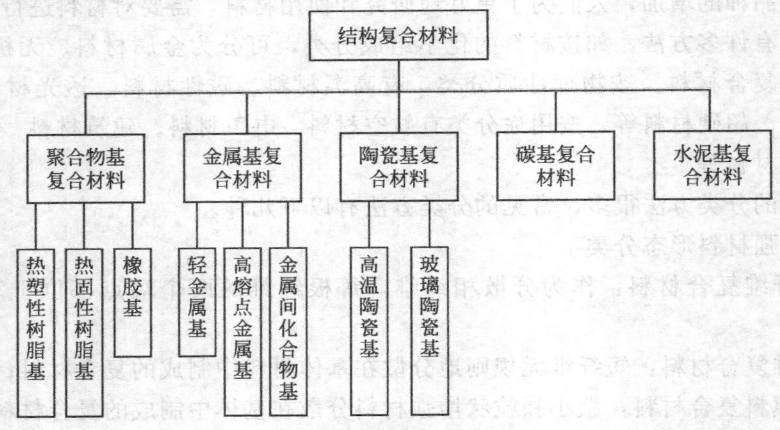

图 1-1 结构复合材料不同基体分类

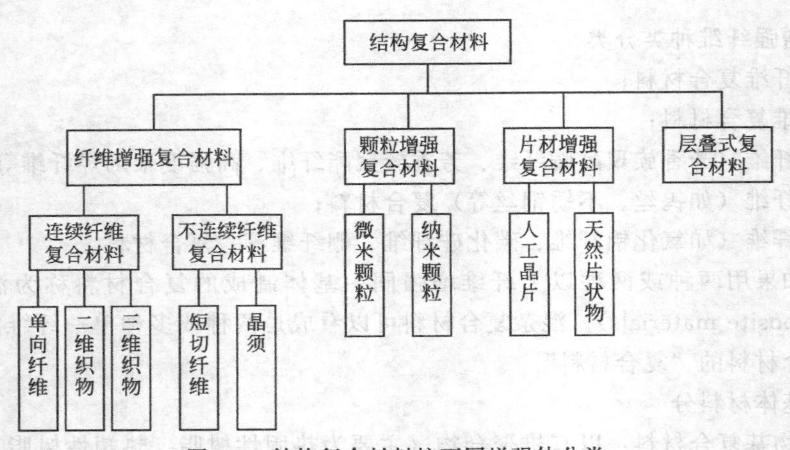

图 1-2 结构复合材料按不同增强体分类

② 功能复合材料：指除力学性能以外还具有各种特殊性能（如阻尼、导电、导磁、换能、摩擦、屏蔽等）的复合材料，是由功能体（提供物理性能的基本组成单元）和基体组成的。

此外，还有同质复合材料和异质复合材料。增强材料和基体材料属于同质物质复合材料为同质复合材料，如碳/碳复合材料。异质复合材料如前面提及的复合材料多属此类。

1.4 复合材料的特点

复合材料是由多相材料复合而成，其共同的特点如下。

① 可综合发挥各种组成材料的优点，使一种材料具有多种性能，具有天然材料所没有

的性能。例如，玻璃纤维增强环氧基复合材料，既具有类似钢材的强度，又具有塑料的介电性能和耐腐蚀性能。

② 可根据材料性能的需要对材料进行设计和制造。例如，针对方向性材料强度的设计，针对某种介质耐老化性能的设计等。

③ 可制成所需的任意形状的产品，可避免多次加工工序。例如，可避免金属产品的铸模、切削、磨光等工序。

性能的可设计性是复合材料的最大特点。影响复合材料性能的因素很多，主要取决于增强体材料的性能、含量及分布情况，基体材料的性能、含量及分布情况，以及它们之间的界面结合情况，作为产品还与成型工艺和结构设计有关。因此，不论对哪一类复合材料，就是同一类复合材料的性能也不是一个定值，在此只给出其主要性能。

1.4.1 聚合物基复合材料的主要性能

聚合物基复合材料是目前复合材料的主要品种，其产量远远超过其他基体复合材料。通常聚合物基体材料是指热固性聚合物与热塑性聚合物。综合归纳聚合物基复合材料有以下性能特点。

(1) 轻质、比强度和比模量大　普通碳钢的密度为7.8g/cm^3，玻璃纤维树脂复合材料的密度为1.5～2.0g/cm^3，只有普通碳钢的1/5～1/4，比铝合金还要轻1/3左右，而机械强度却能超过普通碳钢水平。按比强度计算（比强度是指强度与密度的比值），玻璃纤维增强树脂基复合材料不仅大大超过碳钢，而且可超过某些特殊合金钢。碳纤维复合材料、有机纤维复合材料具有比玻璃纤维复合材料更小的密度和更高的强度，因此具有更高的比强度。几种材料的密度和比强度、比模量如表1-1所示。

表1-1　几种材料的密度、比强度和比模量

材料	密度 /(g/cm^3)	拉伸强度 /10^3MPa	弹性模量 /10^5MPa	比强度 /10^7cm	比模量 /10^9cm
钢	7.8	1.03	2.1	0.13	0.27
铝合金	2.8	0.47	0.75	0.17	0.26
钛合金	4.5	0.96	1.14	0.21	0.25
玻璃纤维复合材料	2.0	1.06	0.4	0.53	0.20
碳纤维Ⅱ/环氧复合材料	1.45	1.50	1.4	1.03	0.97
碳纤维Ⅰ/环氧复合材料	1.6	1.07	2.4	0.67	1.5
有机纤维/环氧复合材料	1.4	1.4	0.8	1.0	0.57
硼纤维/环氧复合材料	2.1	1.38	2.1	0.66	1.0
硼纤维/铝复合材料	2.65	1.0	2.0	0.38	0.57

(2) 具有多种功能性　聚合物复合材料具有多种功能性，例如，耐烧蚀性好，聚合物基复合材料可制成具有较高比热容、熔融热和汽化热的材料，以吸收高温烧蚀的大量热；有良好的摩擦性能，包括良好的摩阻特性和减摩特性；高度的电绝缘性能；优良的耐腐蚀性能；特殊的光学、电学、磁学特性。

(3) 耐疲劳性好　金属材料的疲劳破坏常常是没有明显预兆的突发性破坏，而聚合物基复合材料中纤维与基体的界面能阻止材料受力，使裂纹加深。疲劳破坏总是从纤维的薄弱环节开始逐渐扩展到结合面上，破坏前有明显的预兆。大多数金属材料的疲劳强度极限是其抗张强度的 20％～50％，而碳纤维/聚酯复合材料的疲劳强度极限可为其抗张强度的 70％～80％。

（4）减振性好　受力结构的自振频率除与结构本身形状有关外，还与结构材料比模量的平方根成正比。复合材料的比模量高，因此其具有高的自振频率。同时，复合材料界面具有吸振能力，使材料的振动阻尼很高。例如，汽车减振系统轻合金梁需 9s 停止振动，而碳纤维复合材料需 2.5s 停止同样大小的振动。

（5）过载时安全性好　复合材料中有大量的增强纤维，当材料过载而有少数纤维断裂时，载荷会重新分配到未破坏的纤维上，使整个构件在短期不至于失去承载能力。

（6）有很好的加工性能　复合材料可采用手糊成型、模压成型、缠绕成型、注射成型和拉挤成型等各种方法制成各种形状的产品。

但是聚合物基复合材料还存在一定的缺点，如耐高温、耐老化性、抗冲击性和材料强度一致性等有待于进一步提高。

1.4.2 金属基复合材料的主要性能

金属基复合材料的性能取决于所选用的金属或合金基体和增强物的特性、含量、分布，以及基体与增强体相容性等。通过优化组合可以获得既具有金属特性，又具有高比强度、高比模量、耐热、耐磨等的综合性能。综合归纳金属基复合材料具有以下性能特点。

（1）高比强度，高比模量　由于在金属基体中加入了适量的高强度、高模量、低密度的纤维、晶须、颗粒等增强物，明显提高了复合材料的比强度和比模量，特别是高性能连续纤维——硼纤维、碳（石墨）纤维、碳化硅纤维等增强物，具有很高的强度和模量。密度只有 1.85g/cm^3 的碳纤维的最高强度可达到 7000MPa，比铝合金强度高出 10 倍以上，石墨纤维的最高模量可达 91GPa。硼纤维、碳化硅纤维密度为 2.5～3.4g/cm^3，强度为 3000～4000MPa，模量为 350～450GPa。加入 30％～50％高性能纤维作为复合材料的主要承载体，复合材料的比强度、比模量成倍地高于基体合金的比强度和比模量。

（2）导电、导热性能　金属基复合材料中金属基体占有很高的体积百分比，一般在 60％以上，因此仍保持金属所具有的良好导热性和导电性。良好的导热性可以有效地传热，减少构件受热后产生的温度梯度，迅速散热，这对尺寸稳定性要求高的构件和高集成度的电子器件尤为重要。良好的导电性可以防止飞行器构件产生静电聚集的问题。

在金属基复合材料中采用高导热性的增强物还可以进一步提高金属基复合材料的热导率，使复合材料的热导率比纯金属基体还高。为了解决高集成度电子器件的散热问题，现已研究成功的超高模量石墨纤维、金刚石纤维、金刚石颗粒增强铝基、铜基复合材料的热导率比纯铝高、钢还高，用它们制成的集成电路地板和封装件可迅速有效地把热量散去，提高集成电路的可靠性。

（3）热膨胀系数小、尺寸稳定性好　金属基复合材料中所用的增强物碳纤维、碳化硅纤维、晶须、颗粒、硼纤维等均具有很小的热膨胀系数，又具有很高的模量，特别是高模量、超高模量的石墨纤维具有负的热膨胀系数。加入相当含量的增强物不仅可以大幅度地提高材料的强度和模量，也可以使其热膨胀系数明显下降，并可通过调整增强物的含量获得不同的热膨胀系数，以满足各种工况要求。例如，石墨纤维增强镁基复合材料，当石墨纤维含量达到48%时，复合材料的热膨胀系数为零，即在温度变化时使用这种复合材料做成的零件不发生热变形，这对人造卫星构件特别重要。

通过选择不同的基体金属和增强物，以一定的比例复合在一起，可得到导热性好、热膨胀系数小、尺寸稳定性好的金属基复合材料。

（4）良好的高温性能　由于金属基体的高温性能比聚合物高很多，增强纤维、晶须、颗粒在高温下又都具有很高的高温强度和模量，因此金属基复合材料具有比金属基体更高的高温性能，特别是连续纤维增强金属基复合材料，在复合材料中纤维起着主要承载作用，纤维强度在高温下基本不下降，纤维增强金属基复合材料的高温性能可保持到接近金属熔点，并比金属基体的高温性能高很多。如钨丝增强耐热合金，其1100℃、100h高温持久强度为207MPa，而基体合金的高温持久强度只有48MPa；又如石墨纤维增强铝基复合材料在500℃高温下，仍具有600MPa的高温强度，而铝基体在300℃强度已下降到100MPa以下。因此，金属基复合材料被选用在发动机等高温零部件上，可大幅度地提高发动机的性能和效率。总之，金属基复合材料制成的零构件比金属材料、聚合物基复合材料制成的零构件能在更高的温度条件下使用。

（5）耐磨性好　金属基复合材料，尤其是陶瓷纤维、晶须、颗粒增强金属基复合材料具有很好的耐磨性。这是因为在基体金属中加入了大量的陶瓷增强物，特别是细小的陶瓷颗粒。陶瓷材料具有硬度高、耐磨、化学性能稳定的优点，用它们来增强金属不仅提高了材料强度和刚度，也提高了复合材料的硬度和耐磨性。SiC/Al复合材料的高耐磨性在汽车、机械工业中有很广的应用前景，可用于汽车发动机、刹车盘、活塞等重要零件，能明显提高零件的性能和寿命。

（6）良好的疲劳性能和断裂韧性　金属基复合材料的疲劳性能和断裂韧性取决于纤维等增强物与金属基体的界面结合状态，增强物在金属基体中的分布以及金属、增强物本身的特性，特别是界面状态。最佳的界面结合状态既可有效地传递载荷，又能阻止裂纹的扩展，提高材料的断裂韧性。据美国宇航公司报道，C/Al复合材料的疲劳强度与拉伸强度比为0.7左右。

（7）不吸潮、不老化、气密性好　与聚合物相比，金属基性质稳定、组织致密，不存在老化、分解、吸潮等问题，也不会发生性能的自然退化，这比聚合物基复合材料优越，在空间使用不会分解出低分子物质污染仪器和环境，有明显的优越性。

总之，金属基复合材料所具有的高比强度、高比模量，良好的导热性、导电性、耐磨性、高温性能，低的热膨胀系数，高的尺寸稳定性等优异的综合性能，使金属基复合材料在航天、航空、电子、汽车、先进武器系统中均具有广泛的应用前景，对装备性能的提高将发挥巨大作用。

1.4.3　陶瓷基复合材料的主要性能

陶瓷材料强度高、硬度大、耐高温、抗氧化，高温下抗磨损性好，耐化学腐蚀性优良，热膨胀系数和相对密度较小，这些优异的性能是一般常用金属材料、高分子材料及其复合材料所不具备的。但陶瓷材料抗弯强度不高，断裂韧性低，限制了其作为结构材料使用。当用高强度、高模量的纤维或晶须增强后，其高温强度和韧性可大幅度提高。最近，欧洲动力公司推出的航天飞机高温区用碳纤维增强碳化硅基体和用碳化硅纤维增强碳化硅基体所制造的陶瓷基复合材料，可分别在1700℃和1200℃下保持20℃时的抗拉强度，并且有较好的抗压性能，较高的层间剪切强度；而断裂伸长率较一般陶瓷高，耐辐射效率高，可有效降低表面温度，有较好的抗氧化、抗开裂性能。陶瓷基复合材料与其他复合材料相比发展仍然缓慢，主要原因一方面是制备工艺复杂；另一方面是缺少耐高温的纤维。

1.4.4 水泥基复合材料的主要性能

水泥混凝土制品在压缩强度、热能等方面具有优异的性能，但抗拉伸强度低，破坏前的许用应变小，通过用钢筋增强后，一直作为常用的建筑材料。但在钢筋混凝土制品中为了防止钢筋生锈，壁要加厚，质量也增大。而且钢筋混凝土的腐蚀一直是建筑业的一大难题。在水泥中引入高模量、高强度、轻质纤维或晶须增强混凝土，提高混凝土制品的抗拉性能。降低混凝土制品的重量，提高耐腐蚀性能。

复合材料的性能是根据使用条件进行设计的。但是使用温度和材料硬度方面，三类复合材料有着明显的区别。如树脂基复合材料的使用温度一般为 60～250℃；金属基复合材料为 400～600℃；陶瓷基复合材料为 1000～1500℃。复合材料的硬度主要取决于基体材料的性能，一般陶瓷基复合材料硬度大于金属基复合材料，金属基复合材料硬度大于树脂基复合材料。

就力学性能而言，复合材料力学性能取决于增强材料的性能、含量和分布，取决于基体材料的性能和含量，它可以根据使用条件进行设计，从强度方面来讲，三类复合材料都可以获得较高的强度。

复合材料的耐自然老化性能，取决于基体材料性能和与增强材料的界面黏接。一般来讲其耐老化性能的优劣次序为：陶瓷基复合材料大于金属基复合材料，金属基复合材料大于树脂基复合材料。树脂基复合材料的耐自然老化性能也可以通过改进树脂配方、增加表面防护层等方法来提高和改善。

三类复合材料的导热性能的优劣比较为：金属基复合材料，50～65W/（m·K）；陶瓷基复合材料，0.7～3.5W/（m·K）；树脂基复合材料，0.35～0.45W/（m·K）。

复合材料的耐化学腐蚀性能是通过选择基体材料来实现的。一般来讲陶瓷基复合材料和树脂基复合材料的耐化学腐蚀性能比金属基复合材料优越。在树脂基复合材料中，不同的树脂基体其耐化学腐蚀性能也不相同。聚乙烯酯树脂较通用型聚酯树脂有较高的耐化学腐蚀性，有碱纤维较无碱纤维的耐酸介质性能好。

从生产工艺的难易程度和成本高低方面分析，树脂基复合材料生产工艺成熟，产品成本最低；金属基复合材料次之；陶瓷基复合材料工艺最复杂，产品成本也最高。但无机黏结剂复合材料的成型工艺与树脂基复合材料相似，且产品成本大大低于树脂基复合材料。

1.5 复合材料的发展方向

1.5.1 发展功能、多功能、机敏、智能复合材料

过去复合材料主要用于结构，其实，它的设计自由度大的特点更适合于发展功能复合材料，特别是由功能复合材料→多功能复合材料→机敏复合材料→智能复合材料，即从低级形式到高级形式的过程中体现出来。设计自由度大是由于复合材料可以任意调节其复合度、选择其连接形式和改变其对称性等因素，以期达到功能材料所追求的高优值。此外，复合材料

所特有的复合效应更提供了广阔的设计途径。

（1）功能复合材料　目前功能复合材料已有不少品种得到应用，但从发展的眼光看还远远不够。功能复合材料涉及的范围非常宽。在电功能方面有导电、超导、绝缘、吸波（电磁波）、半导电、屏蔽或透过电磁波、压电与电致伸缩等；在磁功能方面有永磁、软磁、磁屏蔽和磁致伸缩等；在光功能方面有透光、选择滤光、光致变色、光致发光、抗激光、X射线屏蔽和透X光等；在声学功能方面有吸声、声呐、抗声呐等；在热功能方面有导热、绝热与防热、耐烧蚀、阻燃、热辐射等，在机械功能方面则有阻尼减振、自润滑、耐磨、密封、防弹装甲等；在化学功能方面有选择吸附和分离、抗腐蚀等。在上述功能中，复合材料均能够作为主要材料或作为必要的辅助材料而发挥作用。可以预言，不远的将来会出现功能复合材料与结构复合材料并驾齐驱的局面。

（2）多功能复合材料　复合材料具有多组分的特点，因此必然会发展成多功能的复合材料。首先是形成兼具功能与结构的复合材料。这一点已经在实际应用中得到证实。例如，美国飞机具有自我保存的隐身功能，即在飞机的蒙皮上应用了吸收电磁波的功能复合材料来躲避雷达跟踪，而这种复合材料又是高性能的结构复合材料。目前正在研制兼有吸收电磁波、红外线并且可以作为结构的多功能复合材料。可以说向多功能方向发展是发挥复合材料优势的必然趋势。

（3）机敏复合材料　人类一直期望着材料具有能感知外界作用而且作出适当反应的能力。目前已经开始试着将传感功能材料和具有执行功能的材料通过某种基体复合在一起，并且连接外部信息处理系统，把传感器给出的信息传达给执行材料，使之产生相应的动作。这样就构成了机敏复合材料及其系统，它能够感知外部环境的变化，作出主动的响应，其作用表现在自诊断、自适应和自修复的能力上。预计机敏复合材料将会在国防尖端技术、建筑、交通运输、水利、医疗卫生、海洋渔业等方面有很大的应用前景，同时也会在节约能源、减少污染和提高安全性上发挥很大的作用。

（4）智能复合材料　智能复合材料是功能类材料的最高形式。实际上它是在机敏复合材料基础上向自决策能力上的发展，依靠在外部信息处理系统中增加的人工智能系统，对信息进行分析，给出决策，指挥执行材料做出优化动作。这样就对材料的传感部分和执行部分的灵敏度、精确度和响应速度提出更高的要求。尽管难度很大但具有重要的意义，是21世纪追求的目标。

1.5.2 仿生复合材料

天然生物材料基本上是复合材料。仔细分析这些复合材料可以发现，它们的形成结构、排列分布非常合理。例如，竹子以管式纤维构成，外密内疏，并呈正反螺旋形排列，成为长期使用的优良天然材料。又如，贝壳是以天然质成分与有机质成分呈层状交替层叠而成，既具有很高的强度又有很好的韧性。这些都是生物在长期进化演变中形成的优化结构形式。大量的生物体以各种形式的组合来适应自然环境的考验，优胜劣汰，为人类提供了学习借鉴的途径。为此，可以通过系统分析和比较，吸取有用的规律并形成概念，把从生物材料学习到的知识结合材料科学的理论和手段来进行新型材料的设计和制造。因此逐步形成新的研究领域——仿生复合材料。正因为生物界能提供的信息非常丰富，以现有水平还无法认识其机理，所以具有很强的发展生命力。目前虽已经开展了部分研究并建立了模型、进行了理论计算，但距离真正掌握自然界生物材料奥秘还有很大差距，可以肯定这是复合材料发展的必由之路，而且前景广阔。

1.5.3 纳米复合材料

纳米复合材料（nanocomposites）是分散相尺度至少有一维小于100nm的复合材料。由于纳米粒子大的比表面积，表面原子数、表面能和表面张力随粒径下降急剧上升，使其与基体有强烈的界面相互作用，其性能显著优于相同组分常规复合材料的物理机械性能，纳米粒子还赋予复合材料热、磁、光特性和尺寸稳定性。因此纳米复合材料是获得高性能材料的重要方法之一。

纳米复合材料与常规的无机填料/聚合物复合体系不同，不是有机相与无机相简单的混合，而是两相在纳米尺寸范围内复合而成。由于分散相与连续相之间界面积非常大，界面间具有很强的相互作用，产生理想的黏接性能，使界面模糊。作为分散相的有机聚合物通常是刚性棒状高分子，包括溶致液晶聚合物、热致液晶聚合物和其他刚性高分子，它们以分子水平分散在柔性聚合物基体中，构成有机聚合物/无机聚合物纳米复合材料。作为连续相的有机聚合物可以是热塑性聚合物、热固性聚合物。聚合物基无机纳米复合材料不仅具有纳米材料的表面效应及介电性效应等性质，而且将无机物的刚性、尺寸稳定性和热稳定性与聚合物的韧性、加工性及介电性能糅合在一起，从而产生很多特异的性能。在电子学、光学、机械学、生物学等领域展现出广阔的应用前景。无机纳米复合材料广泛存在于自然界的生物体（如植物和动物的骨质）中，人工合成的无机纳米复合材料目前成倍增长，不仅有合成的纳米材料为分散相（如纳米金属、纳米氧化物、纳米陶瓷、纳米无机含氧酸盐等）构成的有机基纳米复合材料，而且还有如石墨层间化合物、黏土矿物有机复合材料和沸石有机复合材料等。

第2章 复合材料的组成材料

2.1 增强材料

在复合材料中，凡是能提高基体材料力学性能的物质，均称为增强材料。对于纤维复合材料，起主要承载作用的是纤维；而在粒子增强复合材料中，起主要承载作用的是基体。用于受力构件的复合材料大多为纤维复合材料，纤维不仅能使材料显示出较高的抗拉强度和刚度，而且能减少收缩，提高热变形温度和低温冲击强度等。复合材料的性能在很大程度上取决于纤维的性能、含量及使用状态。如聚苯乙烯塑料，加入玻璃纤维后，抗拉强度可从600MPa提高到1000MPa，弹性模量可从3000MPa提高到8000MPa，其热变形温度可从85℃提高到105℃，使-40℃下的冲击强度可提高10倍。总的来说，增强材料对于复合材料来说是不可或缺的，基体材料中加入增强材料，其目的在于获得更为优异的力学性能或赋予复合材料新的性能。

增强材料总体上可分为有机增强体和无机增强体两大类。无机增强材料有：玻璃纤维、碳纤维、硼纤维、金属纤维、晶须等。有机增强材料有：芳纶纤维、聚酯纤维、超高分子量聚乙烯纤维等。上述增强材料中，玻璃纤维、芳纶纤维、碳纤维应用最为广泛。

需要特别指出的是高性能纤维（high performance fibers）是近年材料领域迅速发展的一类特种纤维，通常是指具有高强度、高模量、耐高温、耐环境、耐摩擦、耐化学药品等高性能的纤维。高性能纤维品种很多，如芳香族聚酰胺纤维、芳香族聚酯纤维、高强度聚烯烃纤维、碳纤维以及各种无机及金属纤维等。作为先进复合材料的增强材料，是高性能纤维的重要用途之一。

2.1.1 玻璃纤维

玻璃纤维（glass fiber）是由氧化硅与金属氧化物等组成的盐类混合物经熔融纺丝制成的，它是最早作为增强材料使用的纤维之一。玻璃纤维的生产有悠久的历史，据考证，早在1713年法国就使用过玻璃纤维织物，德国于1916年开始生产用作保温材料的玻璃纤维，1930年美国首先生产玻璃长丝。玻璃纤维复合树脂于20世纪40年代开始在航空工业得到应用。由于玻璃纤维在结构、性能、加工工艺、价格等方面的特点，使它在复合材料制造业中一直占有重要位置。

随着玻璃钢工业的发展，玻璃纤维工业也得到迅速发展。20世纪70年代国外玻璃纤维生产的主要特点是：普遍采用池窑拉丝新技术；大力发展多排多孔拉丝工艺；用于玻璃钢的纤维直径逐渐向粗的方向发展，纤维直径为14～24μm，甚至达27μm；大量生产无碱纤维；大力发展无纺织玻璃纤维织物，无捻粗纱和短切纤维毡片所占比例增加；重视纤维-树脂界面的研究，偶联剂的品种不断增加，玻璃纤维的前处理受到普遍重视。

我国玻璃纤维工业诞生于1950年，当时只能生产绝缘材料用的初级纤维。1958年以后，玻璃纤维工业得到迅速发展，现在全国有大、小玻璃纤维厂200多个，玻璃纤维年产量为5万吨，其中无碱纤维占20%，中碱纤维占80%，纤维直径多为6～8μm，正向粗纤维方向发展，池窑拉丝工艺正在推广，重视纤维-树脂界面的研究，新型偶联剂不断出现，许多玻璃纤维厂使用前处理工艺。玻璃纤维工业的不断发展促进了我国复合材料及尖端科学技术的发展。

2.1.1.1 玻璃纤维的分类

玻璃纤维的分类方法很多。一般从玻璃原料成分、单丝直径、纤维特性及纤维外观等方面进行分类。

(1) 以玻璃原料成分分类　这种分类方法主要用于连续玻璃纤维的分类。一般以不同的含碱量来区分。

① 无碱玻璃纤维（通称E-玻璃纤维）：国内规定其碱金属氧化物含量不大于0.5%，国外一般为1%左右。它是以钙铝硼硅酸盐组成的玻璃纤维，这种纤维强度较高，耐热性和电性能优良，能抗大气腐蚀，化学稳定性也好（但不耐酸），最大的特点是电性能好，因此也把它称作电气玻璃。国内外大多数都使用这种E-玻璃纤维作为复合材料原材料。

② 中碱玻璃纤维：碱金属氧化物含量在11.5%～12.5%。国外没有这种玻璃纤维，它的主要特点是耐酸性好，但强度不如E-玻璃纤维高。它主要用于耐腐蚀领域中，价格较便宜。

③ 有碱玻璃（A-玻璃）纤维：有碱玻璃称为A-玻璃，类似于窗玻璃及玻璃瓶的钠钙玻璃。此种玻璃由于含碱量高，强度低，对潮气侵蚀极为敏感，因而很少作为增强材料。

④ 特种玻璃纤维：如由纯镁铝硅三元组成的高强玻璃纤维，镁铝硅系高强高弹玻璃纤维，硅铝钙镁系耐化学介质腐蚀玻璃纤维，含铅纤维、高硅氧纤维、石英纤维等。

(2) 以单丝直径分类　玻璃纤维单丝呈圆柱形，以其直径的不同可将玻璃纤维分为：粗纤维（单丝直径30μm）、初级纤维（单丝直径20μm）、中级纤维（单丝直径10～20μm）、高级纤维（单丝直径3～10μm），单丝直径小于4μm的玻璃纤维称为“超细纤维”。

单丝直径不同，不仅使纤维的性能有差异，而且影响到纤维的生产工艺、产量和成本。一般5～10μm的纤维作为纺织制品使用，10～14μm的纤维一般做无捻粗纱、无纺布、短切纤维毡等较为适宜。

(3) 以纤维特性分类　根据纤维本身具有的性能可分为：高强玻璃纤维、高模量玻璃纤维、耐高温玻璃纤维、耐碱玻璃纤维、耐酸玻璃纤维、普通玻璃纤维（指无碱及中碱玻璃纤维）。

(4) 以纤维外观分类　有长纤维、短纤维、空心纤维和卷曲纤维等。

国际上主要品种的玻璃纤维特点及应用见表2-1。

表2-1　已商品化玻璃纤维的特点及应用

品种	特点	应用
A-玻璃纤维	高碱玻璃或钠玻璃纤维，耐水性很差	多用于制作平板玻璃和玻璃器皿，少用于玻璃纤维生产

续表

品 种	特 点	应 用
E-玻璃纤维	无碱玻璃纤维，主要成分为硼铝硅酸盐，具有良好的电绝缘性能和机械性能	应用最广泛，常用于制造玻璃纤维编织物
S-玻璃纤维	其成分是铝硅酸镁，高强度，高模量，抗拉性能及耐热性均优于E-玻璃纤维	可作结构材料，用于军工、空间、防弹盔甲及运动器械
C-玻璃纤维	中碱玻璃纤维，主要成分为硼硅酸钠，耐化学性能好，特别是耐酸性能好	耐化学药品纤维，适用于耐腐蚀件和蓄电池套管等
D-玻璃纤维	低介电纤维，电绝缘性及透波性好	用作雷达装置的增强材料
AR-玻璃纤维	耐碱玻璃纤维，因含有大于10%的ZrO_2，耐碱性大为增加	主要用于水泥增强体
E-CR玻璃纤维	是一种改进的无硼无碱玻璃纤维，耐酸性、耐水性优于中碱玻璃纤维	美国欧文斯-科宁公司专利，专为地下管道、贮罐等开发

2.1.1.2 玻璃纤维的结构及化学组成

(1) 玻璃纤维的结构　玻璃纤维的拉伸强度比块状玻璃高许多倍，两者外观完全不同，但经研究证明，玻璃纤维的结构与玻璃相同。关于玻璃结构的假说有很多种，比较能够反映实际情况的只有“微晶结构假说”和“网络结构假说”。

微晶结构假说认为，玻璃是由硅酸块或二氧化硅的“微晶子”组成，在“微晶子”之间由硅酸块过冷溶液所填充。

网络结构假说认为，玻璃是由二氧化硅的四面体、铝氧三面体或硼氧三面体相互连成不规则三维网络，网络间的空隙由Na^+、K^+、Ca^{2+}、Mg^{2+}等阳离子所填充。二氧化硅四面体的三维网状结构是决定玻璃性能的基础，填充的Na^+、Mg^{2+}等阳离子称为网络改性物。

大量资料证明，由于玻璃结构中存在一定数量和大小比较有规则排列的区域，使玻璃结构近似有序。这种规则性是由一定数目的多面体遵循类似晶体结构的规则排列造成的。但是有序区域不是像晶体那样有严格的周期性，微观上是不均匀的，宏观上却又是均匀的，反映到玻璃的性能上是各向同性的。

(2) 玻璃纤维的化学组成　玻璃纤维是非结晶型无机纤维，它的化学组成主要是二氧化硅、三氧化二硼、氧化钙、三氧化二铝等，它们对玻璃纤维的性质和生产工艺起决定性作用。以二氧化硅为主的称为硅酸盐玻璃，以三氧化二硼为主的称为硼酸盐玻璃。

SiO_2是玻璃中的一个主要成分，它的存在导致玻璃具有低的热膨胀系数。SiO_2的熔点很高，具有很高的黏度，在熔融状态下气泡脱除速度很慢，加入NaO_2、K_2O、LiO_2等碱金属氧化物为助熔氧化物可降低玻璃的黏度，改进玻璃的流动性，使玻璃熔液中的气泡容易排除。它主要通过破坏玻璃骨架，使结构疏松，从而达到助熔的目的，因此氧化钠和氧化钾的含量越高，玻璃纤维的强度、电绝缘性能和化学稳定性都会相应地降低。另外，PbO能极大地降低玻璃液的黏度，起着助熔剂的作用，还可增加成品玻璃密度及光亮程度，提高热膨胀率。

B_2O_3使玻璃液具有中等黏度，在熔制时起助熔剂作用，使玻璃具有低的热膨胀性及稳定的电气性能。CaO、MgO使玻璃液具有中等黏度，改进玻璃制品的耐腐蚀性和耐温性。Al_2O_3增加熔体黏度，使玻璃制品具有较高的机械性能及改善耐化学性。加入CaO、Al_2O_3

等，能在一定条件下构成玻璃网络的一部分，改善玻璃的某些性质和工艺性能。如用氧化钙取代二氧化硅，可降低拉丝温度；加入三氧化二铝可提高耐水性。总之，玻璃纤维化学成分的制定既要满足玻璃纤维物理和化学性能的要求，具有良好的化学稳定性，又要满足制造工艺的要求，如合适的成型温度、硬化速度及黏度范围。国内外常用玻璃纤维成分见表 2-2。

表 2-2 国内外常用玻璃纤维的成分

原料＼玻璃纤维	国内			国外					
	无碱 1 号	无碱 2 号	中碱 5 号	A	C	D	E	S	R
SiO_2	54.1	54.5	67.5	72.0	65	73	55.2	65	60
Al_2O_3	15.0	13.8	6.6	2.5	4.0	4	14.8	25	25
B_2O_3	9.0	9.0	—	0.5	5.0	23	7.3	—	—
CaO	16.5	16.2	9.5	9.0	14.0	4	18.7	—	9
MgO	4.5	4.0	4.2	0.9	3.0	4	3.3	10	6
Na_2O	<0.5	<0.2	11.5	12.5	8.5	4	0.3	—	—
K_2O	—	—	<0.5	1.5	—	4	0.2	—	—
Fe_2O_3	—	—	—	0.5	0.5	—	0.3	—	—
ZrO_2	—	—	—	—	—	—	0.3	—	—

注：A—普通有碱玻璃纤维；C—耐酸玻璃纤维；D—低介电纤维；E—无碱纤维；S—高强度纤维；R—耐化学介质腐蚀玻璃纤维。

2.1.1.3 玻璃纤维的物理性能

玻璃纤维具有一系列优良性能，拉伸强度高，防火、防霉、防蛀、耐高温和电绝缘性能好等。它的缺点是具有脆性、不耐腐蚀、对人的皮肤有刺激性等。

(1) 外观和密度　一般天然或人造的有机纤维，其表面都有较深的皱纹。而玻璃纤维表面呈光滑的圆柱，其横断面几乎都是完整的圆形。宏观看来，由于表面光滑，纤维之间的抱合力非常小，不利于和树脂黏结。又由于呈圆柱状，所以玻璃纤维彼此相靠近时，空隙填充得较为密实，这对于提高复合材料制品的玻璃含量是有利的。

玻璃纤维直径为 1.5～30μm，大多为 5～20μm。玻璃纤维密度为 2.16～4.30g/cm^3，其密度较有机纤维大很多，但比一般的金属密度要低，与铝相比几乎一样，所以在航空工业上用复合材料替代铝钛合金成为可能。此外，一般无碱玻璃纤维比有碱纤维的密度要大。

(2) 表面积大　由于玻璃纤维的表面积大，使得纤维表面处理的效果对性能的影响很大。

(3) 玻璃纤维的耐磨性和耐折性　玻璃纤维的耐磨性是指纤维抵抗摩擦的能力，玻璃纤维的耐折性是指纤维抵抗折断的能力。玻璃纤维这两个性能都很差。经过揉搓摩擦容易受伤或断裂，这是玻璃纤维的严重缺点，使用时应当注意。当纤维表面吸附水分后能加速微裂纹扩展，使纤维耐磨性和耐折性降低。为了提高玻璃纤维的柔性以满足纺织工艺的要求，可以采用适当的表面处理，如经 0.2% 阳离子活性剂水溶液处理后，玻璃纤维的耐磨性比未处理的高 200 倍。

纤维的柔性一般以断裂前弯曲半径的大小来表示，弯曲半径越小，柔性越好，如玻璃纤维直径为 9μm 时，其弯曲半径为 0.094mm，而超细纤维直径为 3.6μm 时，其弯曲半径为 0.038mm。

(4) 玻璃纤维的热性能

① 玻璃纤维的导热性　玻璃的热导率（即通过单位传热面积 $1m^2$，温度梯度为 1K/m，时间为 1s 所通过的热量）为 0.7～1.28W/(m·K)，但拉制成玻璃纤维后，其热导率只有 0.035W/(m·K)。产生这种现象的原因主要是纤维间的空隙较大，而且充满了空气，而空气热导率低所致。热导率越小，隔热性能越好。使用温度的变化对玻璃纤维的热导率影响不大，例如，当玻璃纤维的使用温度升高到 200～300℃，其热导率只升高 10%。因此，玻璃纤维是一种优良的绝热材料。当玻璃纤维受潮时，热导率增大，隔热性能降低。

② 玻璃纤维的耐热性　玻璃纤维的耐热性较高，软化点为 550～580℃，其热膨胀系数为 $4.8\times10^{-6}℃^{-1}$。

玻璃纤维是一种无机纤维，不会引起燃烧。将玻璃纤维加温，直到某一强度界限以前，强度基本不变。玻璃纤维的耐热性是由化学成分决定的。一般钠钙玻璃纤维加热到 470℃以下（不降温），强度变化不大，石英和高硅氧玻璃纤维的耐热性可达到 2000℃以上。

如果将玻璃纤维加热至 250℃以上后再冷却（通常称为热处理），则强度明显下降。温度越高，强度下降越显著。例如：

300℃下经 24h，强度下降 20%；

400℃下经 24h，强度下降 50%；

500℃下经 24h，强度下降 70%；

600℃下经 24h，强度下降 80%。

玻璃纤维热处理后强度下降，可能是热处理使微裂纹增加所引起的。

强度降低与热作用时间有关，因此，玻璃布热处理温度虽然很高，但因受热时间短，故强度降低不大。

(5) 玻璃纤维的力学性能

① 玻璃纤维的拉伸强度　玻璃纤维的最大特点是拉伸强度高，但扭转强度和剪切强度都比其他纤维低很多。一般玻璃制品的拉伸强度只有 40～100MPa，而直径 3～9μm 的玻璃纤维拉伸强度则高达 1500～4000MPa，较一般合成纤维高约 10 倍，比合金钢还高 2 倍。几种纤维和金属材料的强度见表 2-3。

表 2-3　几种纤维材料和金属材料的强度

性能＼材料	羊毛	亚麻	棉花	生丝	尼龙	高强合金钢	铝合金	玻璃	玻璃纤维
纤维直径/μm	15	16～50	10～20	18	块状	块状	块状	块状	5～8
拉伸强度/MPa	100～300	350	300～700	440	300～600	1600	40～460	40～120	1000～3000

对于玻璃纤维高强度的原因，许多学者提出了不同的假说，其中比较有说服力的是“微裂纹假说”。该假说认为，玻璃的理论强度取决于分子或原子间的引力，其理论强度很高，可达到 2000～12000MPa。但实测强度很低，这是因为在玻璃或玻璃纤维中存在着数量不等、尺寸不同的微裂纹，因而大大降低了它的强度。微裂纹分布在玻璃或玻璃纤维的整个体积内，但以表面的微裂纹危害最大。由于微裂纹的存在，使玻璃在外力作用下受力不均，在危害最大的微裂纹处，产生应力集中，从而使强度下降。玻璃纤维比玻璃的强度高很多，这

是因为玻璃纤维高温成型时减少了玻璃溶液的不均一性，使微裂纹产生的机会很少。此外，玻璃纤维的断面较小，随着断面的减少，使微裂纹存在的概率也减少，从而使纤维强度增高。有人更明确地提出，直径小的玻璃纤维强度比直径粗的玻璃纤维强度高的原因是由于表面微裂纹尺寸和数量较小，从而减少了应力集中，使纤维具有较高的强度。

② 玻璃纤维的延伸率和弹性模量　纤维的延伸率（又称断裂伸长率）是指纤维在外力作用下直至拉断时的伸长百分率。玻璃纤维的延伸率比其他有机纤维的延伸率低，一般是3%左右。

玻璃纤维的弹性模量是指在弹性范围内应力与应变关系的比例常数。

玻璃纤维的弹性模量约为7×10^4MPa，与铝相当，只是普通钢的三分之一，致使复合材料的刚度较低。对玻璃纤维弹性模量起主要作用的是其化学组成。实践证明，加入BeO、MgO能够提高玻璃纤维的弹性模量。含BeO的高弹玻璃纤维（M）其弹性模量比无碱玻璃纤维（E）提高60%。玻璃纤维弹性模量取决于玻璃纤维结构的本身，与直径大小、磨损程度等无关。不同直径的玻璃纤维弹性模量相同，这一点也证明了它们具有近似的分子结构。几种纤维的弹性模量和延伸率见表2-4。

表2-4　各种纤维的弹性模量和延伸率

名　称	弹性模量/GPa	断裂伸长率/%	延伸率可逆部分/%
无碱玻璃纤维	72	3.0	0.05
有碱玻璃纤维	66	2.7	0.08
棉纤维	10～12	7.8	1.5
亚麻纤维	30～50	2～3	1.5
羊毛纤维	6	25～35	4～6
天然丝	13	18～24	2～3
普通黏胶纤维	8	20～30	1.5～1.7
卡普龙纤维	3	20～25	8
钢	210	5～14	—
铝合金	47	6～16	—
钛合金	96	8～12	—

玻璃纤维是一种优良的弹性材料。应力-应变图基本上是一条直线，没有塑性变形阶段。玻璃纤维的延伸率小，这是由于纤维中硅氧键结合力较强，受力后不易发生错动。玻璃纤维的断裂伸长率与直径有关，直径9～10μm的纤维最大延伸率为2%左右，5μm的纤维约在3%。几种典型玻璃纤维的力学性能见表2-5。

表2-5　三种典型玻璃纤维的力学性能

纤维种类	相对密度	拉伸强度/MPa	弹性模量/GPa
E-玻璃纤维	2.54	3500	72
S-玻璃纤维	2.44	4700	87
M-玻璃纤维	2.89	3700	118

③ 影响玻璃纤维强度的因素

a. 一般情况下，玻璃纤维的拉伸强度随直径和长度减小而增加，如表2-6和表2-7所示。

表2-6　玻璃纤维拉伸强度与直径的关系

纤维直径/μm	拉伸强度/MPa	纤维直径/μm	拉伸强度/MPa
160	175	19.1	942
106.7	297	15.2	1300
70.6	356	9.7	1670
50.8	560	6.6	2330
33.5	700	4.2	3500
24.1	821	3.3	3450

表2-7　玻璃纤维拉伸强度与长度的关系

纤维长度/mm	纤维直径/μm	平均拉伸强度/MPa
5	13.0	1500
20	12.5	1210
90	12.7	860
1560	13.0	720

纤维直径与长度对拉伸强度的影响，可用“微裂纹理论”解释，随着纤维直径的减小和长度的缩短，纤维中微裂纹的数量和大小就会相应地减小，这样强度就会相应地增加。

b. 化学组成对强度的影响。纤维的强度与玻璃的化学成分关系密切。对于同一系统（即基本组分）来说，部分改变氧化物的种类和数量，纤维强度改变不大（20%～30%）。而改变系统（即改变它的基本组分），强度产生大幅度变化。一般来说，含碱量越高，强度越低。高强玻璃纤维强度明显地高于无碱玻璃纤维，而有碱纤维强度更低。高强度和无碱玻璃纤维具有很高的拉伸强度是由于成型温度高、硬化速度快、结构键能大等原因。

纤维的表面缺陷对强度影响巨大。各种纤维都有微裂纹时强度相近，只有当表面缺陷减小到一定程度时，纤维强度对其化学组成的依赖关系才会表现出来，如表2-8所示。

表2-8　纤维强度与化学组成的关系

品种	A-玻璃纤维	E-玻璃纤维	铝硅酸盐玻纤	石英玻纤	表面缺陷情况
强度/MPa	80～150	80～150	80～150	80～150	表面有微裂纹
	500～700	600～800	800～1000	2000	表面有超细微裂纹
	2000	2100	2500	4000	表面没有微裂纹
	—	3000	3300	5000～6000	无缺陷纤维
	7000	—	—	22500	理想均匀的玻璃结构

c. 施加负荷时间对纤维强度的影响

玻璃纤维的疲劳一般是指纤维强度随施加负荷时间的增加而降低的情况。例如，在施加60%的断裂负荷的作用力下，2～6昼夜，纤维会全部断裂。纤维疲劳现象是普遍的，当相对湿度为60%～65%时，玻璃纤维在长期张力作用下，都会有很大程度的疲劳。

玻璃纤维疲劳的原因是吸附作用的影响，即水分吸附并渗透到纤维微裂纹中，在外力的作用下，加速裂纹的扩展。纤维疲劳的程度取决于微裂纹扩展和范围。这与应力、尺寸、湿度、介质种类等有关。

d. 存放时间对纤维强度的影响

当纤维存放一段时间后，会出现强度下降的现象，称为纤维的老化。这主要取决于纤维对大气水分的化学稳定性。例如，直径 6μm 的无碱玻璃纤维和 Na_2O 含量为 17%的有碱纤维，在空气湿度为 60%～65%的条件下存放。无碱玻璃纤维存放两年后强度基本不变，而有碱纤维强度不断下降，存放两年后强度下降 33%。主要原因是两种纤维对大气水分的化学稳定性不同所致。

e. 玻璃纤维成型方法和成型条件对强度也有很大影响。如玻璃硬化速度越快，拉制的纤维强度也越高。

(6) 玻璃纤维的电性能　玻璃纤维的导电性主要取决于化学组成、温度和湿度。无碱纤维的电绝缘性能比有碱纤维优越得多，这主要是因为无碱纤维中碱金属离子少的缘故。碱金属离子越多，电绝缘性能越差；然而空气湿度对玻璃纤维的电阻率影响很大，湿度增加会使玻璃纤维电阻率降低，见表 2-9 所示。

表 2-9　空气湿度对玻璃布电阻率影响

玻璃布种类	不同空气相对湿度下不同电阻率/Ω·cm				
	20%	40%	60%	80%	100%
无碱玻璃布	2×10^{15}	6×10^{14}	7×10^{13}	9×10^{12}	3.4×10^{11}
有碱玻璃布	4×10^{12}	1.8×10^{12}	7.5×10^{11}	9.8×10^{10}	2.8×10^{4}

在玻璃纤维的化学组成中，加入大量的氧化铁、氧化铅、氧化铜、氧化铋或氧化钒，会使纤维具有半导体性能。在玻璃纤维上涂覆金属或石墨，能获得导电纤维。

(7) 玻璃纤维及制品的光学性能　玻璃是优良的透光材料，但制成玻璃纤维制品后，其透光性远不如玻璃。玻璃纤维制品的光学性能以反射系数、透光系数和亮度系数来表示。

反射系数 P 是指玻璃布反射的光强度与入射到玻璃布上的光强度之比，即

$$P=\frac{I_p}{I_0} \tag{2-1}$$

式中，P 为反射系数；I_p为反射光强度；I_0为入射光强度。

一般情况下，玻璃布的反射系数与玻璃布的织纹特点、密度和厚度有关，平均为40%～70%，如将透光性较弱的半透明材料垫在下面，玻璃布的反射系数可达 87%。

透光系数是指透过玻璃布的光强度与入射光强度之比，即

$$\tau=\frac{I_\tau}{I_0} \tag{2-2}$$

式中，τ 为透光系数；I_τ为透过光强度；I_0为入射光强度。

玻璃布的透光系数与布的厚度及密度有关。密度小而薄的玻璃布，透光系数可达 65%，而密度大而厚的玻璃布，透光系数只有 18%～20%。

亮度系数是用试样的亮度和绝对白的表面亮度（标准器）之比来测得。不同织纹玻璃布的光学性能见表 2-10。

表 2-10 不同织纹玻璃布的光学性能

织 纹	系数/%		
	透 光	反 射	亮 度
平 纹	54.0	45.0	1.66
缎 纹	32.6	60.0	2.46
蔓草花纹	26.5	65.0	1.15

由于玻璃纤维具有优良的光学性能，因而可以制成透明玻璃钢以做各种采光材料，制成导光管以传递光束或光学物相。这在现在通信技术等方面也得到了广泛应用。

2.1.1.4 玻璃纤维的化学性能

玻璃纤维除对氢氟酸、浓碱、浓磷酸不稳定外，对其他所有化学药品和有机溶剂都有良好的化学稳定性。化学稳定性在很大程度上决定了不同纤维的使用范围。

玻璃纤维的性能一般认为与水、湿度有关，实际上玻璃纤维在相对湿度80%以上环境中存放，强度就会下降；在100%相对湿度下，强度保持率在50%左右。但是，玻璃纤维单丝即使与水接触，强度也不会发生变化，只有有碱玻璃纤维单丝由于玻璃纤维中所含的碱分溶出，强度下降。

根据网络结构假说可知，二氧化硅四面体相互连结构成玻璃纤维结构的骨架，它是很难与水、酸（H_3PO_3、HF除外）起反应的；在玻璃纤维结构中还有Na^+、Ca^{2+}、K^+等金属离子及SiO_2与金属离子结合的硅酸盐部分。当侵蚀介质与玻璃纤维作用时，多数是溶解玻璃纤维结构中的金属离子或破坏硅酸盐部分。浓碱溶液、氢氟酸、磷酸将使玻璃纤维结构全部溶解。

影响玻璃纤维化学稳定性的因素主要有以下几种。

（1）玻璃纤维的化学成分　中碱玻璃纤维对酸的稳定性是较高的，但对水的稳定性是较差的。中碱纤维比无碱纤维的耐酸性好的原因是：中碱纤维含Na_2O、K_2O比无碱纤维高二十多倍，受酸作用后，首先从表面上，有较多的金属氧化物浸析出来，但主要是Na_2O，K_2O的离析、溶解；另一方面，酸与玻璃纤维中硅酸盐作用生成硅酸，而硅酸迅速聚合并凝成胶体，结果在玻璃表面上会形成一层极薄的氧化硅保护膜，这层膜使酸的浸析与离子交换过程迅速减缓，使强度下降也缓慢。实践证明Na_2O、K_2O有利于这层保护膜的形成。

无碱玻璃纤维耐酸性较差，但耐水性较好。无碱玻璃纤维对水稳定性高的原因是：无碱玻璃纤维的碱金属氧化物含量较低。水与玻璃纤维的作用，首先是侵蚀玻璃纤维表面的碱金属氧化物，主要是Na_2O、K_2O的溶解，使水呈现碱性。随着时间的增加，玻璃纤维与碱液持续作用，直至使二氧化硅骨架破坏。

从弱碱液对玻璃纤维强度的影响看，中碱玻璃纤维和无碱玻璃纤维的耐碱性相接近。见表2-11、表2-12。

表 2-11 无碱与中碱玻璃纤维性能对比

种类	耐酸性	耐水性	机械强度	防老化性	电绝缘性	成本	浸润性	适用条件
无碱玻璃纤维	一般	好	高	较好	好	较高	树脂易浸透	用于强度高的场合
中碱玻璃纤维	好	差	较低	较差	差	低	树脂浸透性差	用于强度低的场合

表 2-12 经 NaOH 溶液（5%）浸润后方格布的变化

浸蚀时间/h	0	2	8	24	72	120	240	480
无碱布强度/[kg/(25mm×100mm)]	203.7	178.9	165.2	133.4	138.7	152.4	157.4	153.3
有碱布强度/[kg/(25mm×100mm)]	176.1	180.7	151.5	160.6	146.1	136.6	142.6	142.3

无碱纤维与中碱纤维受到 NaOH 溶液侵蚀后，几乎所有的玻璃成分，包括 SiO_2 在内，均匀溶解，使纤维变细，但随浸碱时间的增加，化学成分含量基本不再发生变化，即内部结构并未破坏，因而单位面积强度基本不变。

总之，玻璃纤维的化学稳定性主要取决于其二氧化硅及碱金属氧化物的含量。显然，二氧化硅含量多能提高玻璃纤维的化学稳定性，而碱金属氧化物则会使化学稳定性降低。在玻璃纤维成分中加入 SiO_2、Al_2O_3、ZrO_2 或 TiO_2 都可以提高玻璃纤维的耐酸性；增加 SiO_2、CaO、ZrO_2 或 ZnO 能提高玻璃纤维的耐碱性；在玻璃纤维中加入 Al_2O_3、ZrO_2 或 TiO_2 等氧化物，可大大提高其耐水性。

石英、高硅氧玻璃纤维对水、酸的化学稳定性较好，耐碱性远比普通纤维高。

（2）侵蚀介质体积和温度　温度对玻璃纤维的化学稳定性有很大影响，在 100℃以下时，温度每升高 10℃，纤维在介质侵蚀下的破坏速度增加 50%～100%；当温度升高到 100℃以上时，破坏作用将更剧烈。同样的玻璃纤维，受不同体积的侵蚀介质作用，其化学稳定性不同。表 2-13 说明，介质的体积越大，对纤维的侵蚀越严重。

表 2-13 不同直径玻璃纤维的化学稳定性和侵蚀介质体积的关系

纤维直径/μm	质量/g	纤维表面积/cm^2	水体积/mL	干燥滤渣	
				质量/mg	强度/(mg/dm^2)
6	1.8	5000	250	20.6	0.41
6	0.36	1000	50	2.6	6.26
100	30.0	5000	250	20.5	0.41
100	3.6	500	50	2.7	0.54
100	3.6	500	250	16.8	3.36

（3）纤维表面情况　玻璃是一种非常好的耐腐蚀材料，但拉制成玻璃纤维后，其性能远不如玻璃。这主要是由于玻璃纤维的比表面积大所造成的。例如，1g 重的 2mm 厚的玻璃，只有 5.1cm^2 表面积，而 1g 玻璃纤维（直径 5μm）的表面积则有 3100cm^2，表面积增大了 608 倍。也就是说玻璃纤维受侵蚀介质作用的面积比玻璃大 608 倍，因此，玻璃纤维的耐腐蚀性能比块状玻璃差很多。

表 2-14 在各种侵蚀介质中玻璃纤维的化学稳定性与直径的关系

纤维直径/μm	纤维受侵蚀后失重/%			
	水	2mol/L HCl	0.5mol/L NaOH	0.25mol/L Na_2CO_3
6.0	3.75	1.54	60.3	24.8
8.0	2.73	1.16	55.8	16.1

续表

纤维直径/μm	纤维受侵蚀后失重/%			
	水	2mol/L HCl	0.5mol/L NaOH	0.25mol/L Na_2CO_3
19.0	1.26	0.39	30.0	7.6
57.0	0.44	—	10.5	2.2
881.0	0.02	—	0.7	0.2

表2-14中的结果说明，玻璃纤维直径对化学稳定性关系极大，随着纤维直径的减小，其化学稳定性也跟着降低。

(4) 玻璃纤维纱的规格和性能 玻璃纤维纱可分无捻纱和有捻纱两种。无捻纱一般用增强型浸润剂，由原纱直接并股、络纱而成。有捻纱则多用纺织型浸润剂，原纱经过退绕、加捻、并股、络纱制成。

由于生产玻璃纤维纱的直径、支数和股数不同，使无捻纱和有捻纱的规格有很多种。

纤维支数有以下两种表示方法。

① 重量法：用1g重原纱的长度来表示。

纤维支数=纤维长度/纤维质量

例如，40支纱，就是指1g重的原纱长40m。

② 定长法：目前国际统一使用的方法，通称“TEX”（公制称号），是指1000m长的原纱的克质量。例如，4“TEX”就是指1000m原砂重4g。

捻度是指单位长度内纤维与纤维之间所加的转数，以捻/米为单位。有Z捻和S捻，Z捻一般称为左捻，顺时针方向加捻；S捻称为右捻，逆时针方向加捻。通过加捻可提高纤维的抱合力，改善单纤维的受力情况，有利于纺织工序的进行。捻度过大不易被树脂浸透。无捻粗纱中的纤维是平行排列的，拉伸强度很高，易被树脂浸透，故无捻粗纱多用于缠绕高压容器及管道等，同时也用于挤压成型、喷射成型等工艺中。

2.1.1.5 玻璃纤维织物品种和性能

玻璃纤维织物的品种很多，主要有玻璃纤维布、玻璃纤维毡、玻璃纤维带等。

玻璃纤维布可分为平纹布、斜纹布、缎纹布、无捻粗纱布（即方格布）、单向布、无纺布等。下面具体说明各种玻璃纤维布的性能。

平纹布：平纹布是最普通的织法，通常叫平织，是由经纱和纬纱各一根上下相互交叉而织成。平纹布编织紧密、交织点多、强度较低、表面平整、气泡不易排除。它主要用在各个方向强度均要求一致的产品上，适用于制作形面简单或平坦的制品。

斜纹布：这种布的纹路是经向和纬向的交织点连续而成斜向的纹路。斜纹布与平纹布相比织点较少。斜纹布较致密、柔性好、铺覆性较好、强度较大，适于制作有曲面的和各方向都需要强度高的制品。

缎纹布：它的一个方向上的每根纱从另一个方向的几根纱（三根、五根、七根）上面通过，而只压在一根纱下面，在布的表面上形成单独的、不连续的经纬向交织点。缎纹布质地柔软、铺覆性好、强度较大、与模具接触性好，适用于型面复杂的手糊玻璃钢制品。

无捻粗纱布：它具有浸胶容易、铺覆性好、较厚实、强度高、气泡易排除、施工方便、价格较便宜等特点。它是手糊工艺常使用的一种布。

单向布：单向布的经纱用强纱，纬纱用弱纱织成。其特点是经纱方向强度较高，适用于定向强度要求高的制品。

无纺布：它是由连续纤维（直径为12～15μm）平行或交叉排列后，用黏结剂黏接而成的片状材料，这种布是在拔丝过程中直接成型的，易于保持纤维的新生态。具有强度高、刚性好、工艺简单等优点。无纺布的出现，给使用粗纤维制造玻璃钢创造了条件。近年来国外开始用直径为50～100μm的纤维制造无纺布，其性能见表2-15。

表 2-15 不同纤维直径的无纺布性能

纤维直径/μm	纤维强度/MPa	黏结剂含量/%	无纺布强度/MPa	无纺布中纤维计算强度/MPa	原始强度利用率/%
10	3200	19.3	180	2700	84
15	3100	21.4	159	2520	81
22	3000	21.9	148	2360	79
50	2500	19.4	131	2040	81
100	1900	18.4	93	1420	75

高模量织物：它是由两组粗和细的经纬纱织成，粗纱占玻璃织物90%左右。其特点是强度较大，铺覆性能好，纱线可以歪扭。

玻璃纤维毡分为短切纤维毡、表面毡及连续纤维毡等。下面分别介绍这三种玻璃纤维毡的性能。

短切纤维毡：这种毡的铺覆性好、各向同性、价格便宜、强度较低、树脂用量大，适用于手糊及喷射成型玻璃钢。

连续纤维毡：这种毡铺覆性好、强度大、质量均匀、树脂用量大，价格比短切纤维毡贵10%左右，适用于手糊及喷射成型玻璃钢和大型储罐玻璃钢的富树脂层。

表面毡：这种毡是将定长玻璃纤维（细纤维）随机地均匀铺放而成。厚度为0.3～0.4mm。表面毡铺覆性好、强度低、价格较便宜，主要用于玻璃钢制品的表面，使制品表面光滑，树脂含量高，耐老化性能好。表面毡分E-玻璃纤维和C-玻璃纤维两种。

2.1.1.6 玻璃纤维的生产

(1) 制造原丝　玻璃纤维生产时既要求玻璃液黏度随温度有较快的变化速率，从而有利于在拉丝时能在冷却条件下迅速硬化定形，又要求黏度随温度不能过快上升，以致妨碍将玻璃丝拉制到预定的直径。玻璃纤维的制造方法主要有坩埚拉丝法（也称玻璃球法）和池窑拉丝法（也称直接熔融法）。

坩埚拉丝法是先将砂、石灰石、硼酸等玻璃原料干混后，装入大约1260℃熔炼炉中熔融，熔融的玻璃流入造球机制成玻璃球，然后将合格的玻璃球再放入坩埚中熔化拉丝制成玻璃纤维。若将熔炼炉中熔化了的玻璃直接流入拉丝筛网中拉丝，则称池窑法。池窑拉丝法省去了制球工艺，降低了成本，是广泛采用的方法。

连续纤维生产时，熔融玻璃在恒定的温度压力下自漏板底部流出，被拉丝机绕线筒以1000～3000m/min的线速度制成具有一定细度的玻璃纤维。单丝经过浸润槽集束成原纱，原纱经排纱器以一定角度规则地缠绕在纱筒上。

短纤维生产多采用吹制法，即在熔融的玻璃流出时，立即施以喷射空气或蒸汽气流冲击，将玻璃液吹拉成短纤维，将短纤维收集并均匀涂以黏结剂，可进一步制成玻璃棉或玻璃毡。

拉丝时必须要用润湿剂，润湿剂的作用为：①原丝中的纤维不散乱而能相互黏附在一起；②防止纤维间的磨损，起润滑作用；③消除静电，使原丝相互间不黏结在一起，保证拉丝和纺织工序的顺利进行。

常用的润湿剂有两类：一类石蜡乳剂，属于纺织型润湿剂，其主要成分有石蜡、凡士林、硬脂酸等矿物脂类，这些组分有利于纺织加工，但严重地阻碍树脂对玻璃布的浸润，影响树脂与纤维的结合。因此，用含石蜡乳剂的玻璃纤维及其制品，必须在浸胶前除去。另一类属于增强型润湿剂，其主要成分有成膜剂（如水溶性树脂、树脂乳液等）、偶联剂、润滑剂、抗静电剂等。这类润湿剂对玻璃钢性能影响不大，浸胶前可不必去除。但这种润湿剂在纺织时易使玻璃纤维起毛，一般用于生产无捻粗纱、无捻粗纱织物，以及短切纤维和短切纤维毡。

除了上述两种润湿剂外，还有适合于聚酯树脂的711润湿剂，适合于酚醛、环氧树脂的4114润湿剂等。因此，在选用任何玻璃纤维制品的时候，必须了解它所用的润湿剂类型，然后再决定是否在浸润树脂以前把它除去。

(2) 玻璃纤维纱的制造　玻璃纤维纱一般分为加捻纱和无捻纱两种。所谓加捻纱是通过退绕、加捻、并股、络纱而制成的玻璃纤维成品纱。无捻纱则不经退绕、加捻，直接并股、络纱而成。

国内生产的加捻纱一般系石蜡乳剂作为浸润剂。无捻纱一般用聚醋酸乙烯酯作浸润剂，它除了纺织外，还适用于缠绕，其特点是对树脂的浸润性良好，强度较高，成本低，但在成型过程中由于未经加捻而易磨损、起毛及断头。

(3) 玻璃布的制造　玻璃布是经过纺织而成，纺织部分的主要设备是各种类型的纺纱机和织布机。由拉丝车间取来的原丝经退绕、加捻、合股即可制成各种规格的有捻纱，或经合股、络纱即可制成各种规格的无捻纱，经过纺织加工，织成各种不同规格的玻璃布、玻璃布带以及其他类型的织物。织布与织带的原理基本相同，首先是将整经好的经纱穿扣后与卷好的纬纱分别装在织布的经轴托架上与梭箱中。在织布过程中，需要按织纹组织要求使经纱形成织口，梭子则往复运动于经纱梭口中。这样，经纱和纬纱按照一定的规律交织成布。

除了上述的通用织布机外，现在已推广应用箭杆织机、箭带织机和喷气织机等新工艺。

(4) 玻璃纤维及其制品制造流程　除了上述玻璃纤维、纱、毡、布（带）以外，玻璃纤维还可制成其他制品。

2.1.1.7　特种玻璃纤维

(1) 高强度及高模量玻璃纤维

① 高强度玻璃纤维　高强度玻璃纤维有镁铝硅酸盐和硼硅酸盐两个体系。

镁铝硅酸盐玻璃纤维也称S-玻璃纤维。其化学成分主要是SiO_2-65%，Al_2O_3-25%，MgO-10%。它与E-玻璃纤维相比，拉伸强度提高33%，弹性模量提高20%。S-玻璃纤维具有高的比强度，在高温下有良好的强度保留率及高的疲劳极限。直径为9μm的镁铝硅酸盐纤维，经过无水增强型润湿剂“HTS”处理后，其拉伸强度可达4900MPa，弹性模量为9×10^4MPa，其耐热性比较高。S-玻璃纤维和E-玻璃纤维环氧玻璃钢的性能比较见表2-16。

S-玻璃纤维的拉丝温度很高，一般在1400℃以上，需要特殊的拉丝工艺。因此，国外又开始研究硼硅酸盐玻璃纤维。这种纤维的化学成分为SiO_2：40%～50%，Al_2O_3：19%～29%，B_2O_3：10%～20%，Li_2O：0.1%～1%。配方中引入BeO是为了提高其弹性模量。

硼硅酸盐玻璃纤维的液相温度较低，不需特殊拉丝工艺条件，一般用含量15%～25%的铂拉丝炉即可拉丝。

硼硅酸盐玻璃纤维的拉伸强度为4400MPa，弹性模量为7.4×10^4MPa。

表 2-16 S-玻璃纤维和E-玻璃纤维环氧玻璃钢的性能比较

性 能	E-玻璃纤维沃兰处理	S-玻璃纤维沃兰处理	S-玻璃纤维 HTS处理
玻璃纤维含量/%	75.3	71.6	71.5
密度/(g/cm^3)	1.96	1.9	1.89
拉伸强度/MPa	378	514	684
压缩强度/MPa	378	367	472
拉伸模量/MPa	2.1×10^4	2.3×10^4	2.2×10^4
压缩模量/MPa	3.9×10^4	3.2×10^4	3.2×10^4
弯曲强度/MPa	614	624	778
弯曲模量/MPa	3.3×10^4	2.7×10^4	3.1×10^4

② 高模量玻璃纤维　高模量玻璃，这种玻璃也称M-玻璃或YM-35-A玻璃，M-玻璃纤维的模量为9.4×10^4MPa，比一般玻璃纤维的模量提高1/3以上，拉伸强度和E-玻璃纤维相似，玻璃液相温度为1110℃。由它制成的玻璃钢制品刚性特别好，在外力作用下不易变形，更适合于要求高强度和高模量的制品，以及航空、宇航所用的制品。国内这种玻璃的成分质量比如下。

SiO_2　53.7%，　CaO　12.7%，　MgO　9%，　BeO　8%，　ZrO_2　2%，
TiO_2　7.9%，　Li_2O　3.0%，　Fe_2O_3　0.5%。

(2) 耐高温玻璃纤维

① 石英纤维　石英纤维是一种优良的耐高温材料，这种纤维仅限于用高纯度（99.95%二氧化硅）天然石英晶体制成的纤维，它保持了固体石英的特点和性能。石英纤维的直径一般为10～100μm，由于其纤维比较脆，故纺织品价格比一般玻璃纱高很多。

石英纤维的主要性能如下。

a. 软化温度高。一般玻璃纤维的软化温度只有550～580℃，而石英纤维的软化温度可达1250℃以上。

b. 膨胀系数小。室温下，石英纤维的膨胀系数为5×10^{-7}℃$^{-1}$，当温度升高到1200℃时，才增大为11×10^{-7}℃$^{-1}$，为普通玻璃纤维的1/20～1/10。石英纤维加热到800～1000℃后用水冷却，其性能无损伤。

c. 电性能好。石英纤维在高温下电绝缘性能良好，其电导率只有$10^{-16}\Omega^{-1}\cdot cm^{-1}$，为一般纤维的1/10000～1/1000。

d. 石英纤维能耐100～200℃浓酸的浸蚀，但耐碱及碱性盐的能力差些。

e. 石英纤维在250～4700μm的光谱区内，有较高的透光率。

石英纤维广泛用在电机制造、光通信、火箭及原子反应堆工程等方面。

② 高硅氧玻璃纤维　高硅氧玻璃纤维是用浸析法将高钙硼硅酸盐玻璃纤维中的可溶物析出，而制得的二氧化硅含量达95%以上的纤维。高硅氧玻璃纤维的耐热性能与石英纤维

相似，但其强度较低，仅为普通无碱纤维强度的1/10。

高硅氧玻璃纤维的价格比石英纤维低很多，已很广泛地用于宇宙航空、火箭等方面。

③ 铝硅酸盐玻璃纤维　铝硅酸盐玻璃纤维是以高岭土、铝矾土、蓝晶石等为原料，在高频炉、电弧炉或其他高温炉中熔化，用吹制法制成的玻璃纤维。吹制法制成的纤维较短，可以捻丝成线，但强度较低。

铝硅酸盐玻璃纤维的化学组成特点是Al_2O_3占50%以上，其熔化温度为1760℃，最高使用温度为1260℃。铝硅酸盐玻璃纤维的主要用途是作绝缘材料和隔热材料，多用于火箭、喷气发动机、原子反应堆等。

(3) 空心玻璃纤维　空心玻璃纤维是采用铝硼硅酸盐玻璃原料，用特制拔丝炉拔丝而成。这种纤维呈中空状态，质轻、刚性好，制成玻璃钢制品比一般的轻10%以上，而且弹性模量较高，适用于航空和海底设备。另外，其电性能好，热导率低，但性质较脆。空心玻璃纤维的直径为10～17μm。毛细系数是空心玻璃纤维性能的重要因素。当体积质量为1.6～1.8g/cm^{3}时，毛细系数为0.6～0.7。

2.1.2 碳纤维

碳纤维（carbon fiber，CF或C_f）的开发历史可追溯到19世纪末期美国科学家爱迪生用棉、亚麻等纤维制取碳纤维用作电灯丝，不过因其亮度低而改为亮度高的钨丝。真正作为有使用价值并规模生产的碳纤维，则出现在20世纪50年代末期。

碳纤维性能优异，不仅质量轻、比强度大、模量高，而且耐热性高以及化学稳定性好(除硝酸等少数强酸外，几乎对所有药品均稳定，对碱也稳定)。其制品具有非常优良的X射线透过性、阻止中子透过性，还可赋予塑料以导电性和导热性。以碳纤维为增强材料复合而成的结构材料强度比钢大、密度比铝合金轻，且还有许多宝贵的电学、热学和力学性能，是一种目前最受重视的高性能材料之一。它在航空航天、军事、工业、体育器材等许多方面有着广泛的用途。

1988年世界碳纤维总生产能力为10054t/a，其中聚丙烯腈基碳纤维为7840t，占总量的78%。日本是最大的聚丙烯腈基碳纤维生产国，生产能力约3400t/a，占总量的43%。美国的碳纤维主要用于航空航天领域，欧洲在航天航空、体育用品和工业方面的需求比较均衡，而日本则以体育器材为主。

2.1.2.1 碳纤维的名称和分类

当前国内外已商品化的碳纤维种类很多，一般可以根据制造原材料、碳纤维的性能和用途进行分类。

根据碳纤维的性能可分为：①高性能碳纤维（如高强度碳纤维、高模量碳纤维、中模量碳纤维等)；②低性能碳纤维（如耐火纤维、碳质纤维、石墨纤维等)。

根据制造方法可分为有机前驱体碳纤维和气相生长碳纤维。其中有机前驱体碳纤维根据原材料可分为：①聚丙烯腈基碳纤维；②酚醛树脂基碳纤维；③沥青基碳纤维；④木质素纤维基碳纤维；⑤其他有机纤维基（各种天然纤维、再生纤维、缩合多环芳香族合成纤维）碳纤维。

根据碳纤维功能可分为：①受力结构用碳纤维；②耐焰碳纤维；③活性碳纤维（吸附活性)；④导电用碳纤维；⑤润滑用碳纤维；⑥耐磨用碳纤维。

2.1.2.2 碳纤维的结构与性能

(1) 结构与力学性能　材料的性能主要决定于材料的结构。结构一词有两方面的含义：一是化学结构；二是物理结构。

碳纤维是由有机纤维经固相反应转变而成的纤维状聚合物碳，是一种非金属材料。它不属于有机纤维的范畴，但从制法上看，它又不同于普通无机纤维。用X射线、电子衍射和电子显微镜研究发现，真实的碳纤维结构并不是理想的石墨点阵结构，而是属于乱层石墨结构。在乱层石墨结构中，石墨层面是基本的结构单元，若干层面组成微晶，微晶堆砌成直径数十纳米、长度数百纳米的原纤，原纤则构成了碳纤维单丝，其直径约数微米。实测碳纤维石墨层的面间距为0.339～0.342nm，比石墨晶体的层面间距（0.335nm）略大，各平行层面间的碳原子排列也不如石墨那样规整。

石墨化的温度比碳化高，石墨化过程中残留的非碳原子继续排除，反应形成的芳环平面增加，内部各平面层间的乱层石墨排列也较规整，材料整体由二维乱层石墨结构向三维有序结构转化，纤维的弹性模量增加，取向性显著提高。

依据C—C键键能密度计算得到的单晶石墨强度及模量分别为180GPa和1000GPa左右，而碳纤维的实际强度和模量远远低于此理论值。纤维中的缺陷如结构不匀、直径变异、微孔、裂缝或沟槽、气孔、杂质等是影响碳纤维强度的重要因素。它们来自两个方面：一是原丝中持有的；二是在碳化过程中产生的。原丝中的缺陷主要是在纤维形成过程中产生的，而碳化时由于从纤维中释放出各种气体物质，在纤维表面及内部产生空穴等缺陷。

碳纤维的应力-应变曲线为一直线，伸长小，断裂过程在瞬间完成，纤维断裂前是弹性体，不发生屈服，因此，碳纤维的弹性回复是100%。碳纤维沿轴向表现出很高的强度，是钢铁的3倍还多，而径向分子间作用力弱，抗压性能较差，轴向抗压强度仅为抗张强度的10%～30%，因而碳纤维不能打结。某些品牌碳纤维性能列于表2-17和表2-18。

表2-17　聚丙烯腈基碳纤维的性能

性能	纤维牌号						
	T1000	T800	M60J	M65J	P120	T300	钢丝
拉伸强度/GPa	7.06	5.59	3.80	3.63	2.24	3.53	1.86
弹性模量/GPa	294	294	588	640	830	230	200
断裂伸长率/%	2.4	1.9	0.7	0.7	0.3	1.5	3.5
密度/(g/cm^3)	1.82	1.81	1.94	1.95	2.10	1.77	7.8
比强度/[GPa/(g/cm^3)]	3.88	3.09	1.96	1.86	1.07	1.99	0.21
比模量/[GPa/(g/cm^3)]	163	162	303	327	395	130	26

注：T300—标准型；T1000、T800—高强中模型；MJ—高强高模型；P120—超高模量型。

表2-18　沥青基碳纤维的种类与性能

性能	纤维牌号			
	S-230(短纤维)	F-140(长丝)	F-500(长丝)	F-600(长丝)
抗张强度/MPa	800	1800	2800	3000
弹性模量/GPa	35	140	500	600
断裂伸长率/%	2.0	1.3	0.55	0.50

续表

性　能	纤维牌号			
	S-230(短纤维)	F-140(长丝)	F-500(长丝)	F-600(长丝)
密度/(g/cm³)	1.65	1.95	2.11	2.25
单丝直径/μm	13～18	11	10	10
比电阻/(Ω·cm)	1.6×10^{-3}	1×10^{-3}	5×10^{-4}	3×10^{-4}
热电阻温度/℃	410	540	650	710
比强度/[GPa/(g/cm³)]	0.49	0.92	1.33	1.33
比模量/[GPa/(g/cm³)]	21.2	71.8	237	267
碳含量/%	>95	>98	>99	>99

注：表中所列牌号为日本东邦人造丝公司产品。

(2) 碳纤维的物理性能和化学性能　碳纤维的密度为1.6～2.18g/cm³，除了与原丝结构有关外，主要决定于碳化处理的温度。经过高温（3000℃）石墨化处理，密度可达2.0 g/cm³以上。碳纤维的热膨胀系数具有各向异性的特点，平行于纤维方向是负值，而垂直于纤维方向是正值。碳纤维的热导率和电阻率与纤维的类型和温度有关。温度升高，碳纤维的热导率下降。碳纤维导热还有方向性，平行于纤维轴方向的热导率为16.8W/（m·K)，而垂直于纤维轴方向的为0.84W/（m·K)。碳纤维的比电阻与纤维的类型有关，在25℃时，高模量纤维为775μΩ·cm，高强度碳纤维为1500μΩ·cm。碳纤维具有良好的耐低温性能，如在液氮温度下也不脆化。此外还具有抗辐射、导电性高、能吸收有毒气体、减速中子、摩擦系数小和润滑能力强等特性。不同基材碳纤维的物理性能见表2-19。

表2-19　不同基材碳纤维的物理性能

性　能	聚丙烯腈基碳纤维		中相沥青基碳纤维	
	低模	高模	高中模	超高模
密度/(g/cm³)	1.76	1.9	2.0	2.15
轴向拉伸强度/GPa	230	390	380	725
横向拉伸强度/GPa	40	21	—	—
轴向热膨系数 21℃/$10^{-6}K^{-1}$	−0.7	−0.5	−0.9	−1.6
热导率/[W/(m·K)]	8.5	70	100	520
电阻率/(μΩ·K)	18	9.5	7.5	2.5
碳质量分数/%	>95	>99	>99	>99

碳纤维的化学性能与碳很相似。碳纤维在化学组成上非常稳定，并且具有高抗腐蚀性和耐高温蠕变性能，一般碳纤维在1900℃以上才会出现永久塑性变形。碳的化学性能在室温下是惰性的，除被强氧化剂氧化外，一般的酸碱对碳纤维不起作用。碳纤维在空气中当温度高于400℃时即发生明显的氧化，生成CO和CO_2，所以在空气中的使用温度一般在360℃以下。但在隔绝氧的情况下，碳纤维的突出特性是耐热性，使用温度可高达1500～2000℃。碳纤维的电动势是正值，而铝合金的电动势为负值，因此当碳纤维复合材料与铝合金组合应

用时会发生化学腐蚀。

2.1.2.3 碳纤维的制造方法

碳纤维是一种以碳为主要成分的纤维状材料。它不同于有机纤维或无机纤维，不能用熔融法或溶液法直接纺丝，只能以有机物为原料，采用间接方法制造。制造方法可分为两种类型，即有机先驱体纤维法和化学气相生长法。

有机先驱体纤维法是由有机纤维经高温固相反应转变而成，应用的有机纤维主要有黏胶纤维、PAN 纤维和沥青纤维三种。化学气相生长法是利用催化剂由低碳烃混合气体直接析出晶须状碳纤维。目前主要生产的是 PAN 基碳纤维和沥青基碳纤维。在强度上 PAN 基碳纤维要优于沥青基碳纤维，因此在碳纤维生产中占有绝对优势。本节以 PAN 碳纤维为例介绍有机先驱体法生产碳纤维，同时简要介绍化学气相生长法。

(1) 聚丙烯腈基碳纤维　聚丙烯腈（PAN）是一种主链为碳链的长链聚合物，链侧有氰基。制造 PAN 的基本原料是丙烯腈（$CH_2=CHCN$），先将丙烯腈与共聚单体（丙烯酸甲酯、亚甲基丁二酸）进行聚合，生成共聚丙烯腈树脂，经硫氰酸钠、硝酸、二甲基亚砜等溶剂溶解，形成黏度适宜的纺丝液，如纺丝溶液聚合物的相对分子质量约为 9×10^4，纺丝液黏度 100Pa·s，纺丝溶液聚合物质量分数为 15%。用纺织液纺丝后经成形、水洗、牵伸、卷绕等工序，获得生产碳纤维专用的有机先驱体——聚丙烯腈纤维（PAN）。PAN 原丝大致经过预氧化、碳化、石墨三步工艺过程后形成 PAN 碳纤维。

① 原丝预氧化。由于 PAN 在分解前会软化熔融，因此需在空气中进行预氧化处理。预氧化使聚丙烯腈发生交联、环化、脱氢、氧化等反应，转化为耐热的类梯形高分子结构，以承受更高的碳化温度和提高碳化率。如果有足够长的时间，将产生纤维吸氧作用而形成 PAN 分子间的结合，形成含氧的类梯形结构。预氧化时需给原丝纤维一定张力，使纤维中分子链伸展，沿纤维轴取向。预氧丝中的氧含量一般控制在 8%～10%，氧与纤维反应形成各种含氧结构，碳化时大部分氧与聚丙烯中的氢结合生成 H_2O 逸出，促进相邻链的交联，提高纤维的强度和模量。但过高的氧含量会与以 CO、CO_2 的形式将碳链中的碳原子拉出，降低碳化效率，增加了缺陷，使碳纤维力学性能变差。

预氧化过程中释放出 NH_3、H_2O、HCN 和 CO_2 等低分子物质，原丝逐渐由白变黄，继而呈棕褐色，最后变成黑色且具有耐燃性的预氧化丝。原丝色泽的变化直接反映预氧化程度的大小。预氧化程度主要是由热处理温度和时间两个因素决定的，通过两者的调整可以找出最佳的预氧化条件。预氧化温度在 200～400℃，空气介质氧化过程中，纤维逐渐由白变黄，经铜褐色最后变成黑色。早期的预氧化的时间需要十几小时，目前只需十几至几十分钟。预氧化是复杂的放热过程，需注意避免热积累而导致单丝过热产生热分解。

② 预氧丝碳化。在高纯度的惰性气体（Ar 或 N_2）保护下，预氧丝于 1000～1600℃ 发生碳化反应。碳化过程中，进一步发生交联、环化、缩聚、芳构化等化学反应，非碳原子 H、O、N 等不断被裂解出去。最终，预氧化时形成的梯形大分子转变成稠环结构，碳含量从约 60%提高到 90%以上，形成一种由梯形六元环连接而成的乱层石墨片状结构。随碳化温度的变化，纤维力学性能亦发生明显变化。例如，纤维模量随碳化温度升高而增大，而断裂伸长率减小，在 1000～1700℃ 强度出现最大值。碳化之前最好将纤维在 100～280℃ 烘干。碳化时避免空气中氧气进入炉内，同时需对预氧丝施以一定张力，还要控制各阶段升温速度，以有利预提高碳纤维的强度。

③ 碳纤维石墨化。通常碳纤维是指热处理到 1000～1600℃ 的纤维，石墨纤维是指加热

到2000～3000℃的纤维。碳化过程中，随着非碳原子逐步被排除，碳含量逐步增加，形成碳纤维。石墨化过程中，聚合物中的芳构化碳转化成类似石墨层面的结构，内部紊乱的乱层石墨也向结晶态转化，形成石墨纤维。石墨碳纤维有金属光泽，导电性好，杂质极少，含碳量在99%左右。随温度提高，结晶碳增长和定向越强烈，促进石墨纤维弹性模量提高，但使抗拉强度和断裂延伸率下降，最终石墨纤维可能完全转化为脆性材料。

聚丙烯腈碳化后的结构已比较规整，所以石墨化所需时间很短，数十秒或几分钟即可。但石墨化温度下，氮气与碳发生反应生成氰，故传热和保护介质多采用具有一定压强的氩气。

(2) 化学气相法制备碳纤维　气相生长碳纤维（vapor growth carbon fiber，VGCF）实际是一种以金属微细粒子为催化剂，氢氧为载体，在高温下直接由低碳烃（甲烷、一氧化碳、苯或苯和氢等）混合气体析出的非连续晶须类碳纤维。其制法主要包括基板法和气相流动法两种。

① 基板法。将喷洒、涂布有催化剂（如硝酸铁）的陶瓷或石墨基板置于石英或刚玉反应管中，在1100℃下，通入低碳烃或单、双环芳烃类与氢气混合气，在基板上得到热解碳，生成的碳溶解在催化剂微粒中使原始纤维生长，可得到直径1～100μm、长300～500mm的VGCF。基板法为间断生产，收率很低。

② 气相流动法。由低碳烃类，单、双环芳烃，脂环烃类等原料与催化剂（Fe、Ni等合金超细粒子）和氢气组成三元混合体系，在1100～1400℃高温下，Fe或Ni等金属微粒被氢气还原为新生态熔融金属液滴，起催化作用。原料气热解生成的多环芳烃在液滴周边合成固体碳，并托浮起催化剂液滴，在铁微粒催化剂液滴下形成直线形碳纤维，在镍微粒催化剂液滴下方则形成螺旋状碳纤维。碳纤维直径为0.5～1.5μm，长度为毫米级。

化学气相生长碳纤维（晶须）一般没有晶界，具有高度的结晶完整性，具有高强度、高模量，在导电性、导热性上也十分优越。在3000℃高温环境下热处理后，碳晶须几乎全部石墨化，石墨晶须的拉伸强度和模量分别到达21GPa和1000GPa，具有非常优异的物理、机械性能。虽然气相生长法碳纤维目前仍处于研制阶段，但由于其工艺简单，不需纺丝成形，不需熔化和碳化处理，纤维直径变化范围大，原料资源丰富，成本低廉，估计将在先进复合材料中显示重要作用。

到目前为止，制作碳纤维的主要原材料有三种：①人造丝（黏胶纤维）；②聚丙烯腈(PAN)纤维，它不同于腈纶毛线；③沥青，它或者是通过熔融拉丝成各向同性的纤维，或者是从液晶中间相拉丝而成的，这种纤维是具有高模量的各向异性纤维。用这些原料生产的碳纤维各有特点。制造高强度高模量碳纤维多选聚丙烯腈为原料。

碳纤维的基本成分为碳，从表2-20的数据可以看出高模量碳纤维成分几乎是纯碳。

表2-20　几种碳纤维化学成分

类型牌号		高强	中模高强	高模
		T300，T400	M30，T800	M40，M50
成分/%	C	93～96	95～98	99.7
	N	4～7	2～5	0
	H	0	0	0
碱金属/10^{-6}		20～40	20～30	10～20

2.1.3 高模量有机纤维

有机纤维是指纤维材质为有机物的纤维，包括涤纶、腈纶、锦纶、丙纶以及高性能纤维包括芳纶、超高分子量聚乙烯纤维（UHMWPE纤维）、聚对亚苯基苯并双噁唑纤维（PBO纤维）、聚对苯并咪唑纤维（PBI纤维）、聚亚苯基吡啶并二咪唑纤维（M5纤维）、聚酰亚胺纤维（PI纤维）等。

本节主要介绍高模量的聚芳酰胺纤维。聚芳酰胺纤维（Aromatic Polyamide Fiber，KF）是目前主要用于聚合物基复合材料的一种有机纤维，由美国杜邦公司（Dupont）在1968年研制成功，并在1973年正式以凯芙拉（Kevlar）作为其商品名，国内称该类纤维的商品名为芳纶纤维，有时也称有机纤维。芳纶纤维用途很广，主要用于橡胶增强，制造轮胎、绳索、电缆、防弹背心和航空、宇航、造船工业的复合材料制件。聚芳酰胺纤维的出现来自偶然，研究人员将全芳香族聚酰胺树脂溶解于硫酸类，发现其分子完全不会分散，而是形成一定规则排列，经纺丝后获得一种全新耐热、高强度和高模量的芳环族聚酯酰胺有机纤维。自1972年芳纶纤维作为商品出售以来，产品逐年增加。1972年总产量为5t，1978年为6810t，1980年为8000t，1982年在两万吨以上。10年间增长了400多倍。其原因是由于该纤维具有独特的功能，使之广泛应用到军工和国民经济各个部门。

2.1.3.1 芳纶纤维的性能特点

芳纶纤维的密度小，相对密度1.44～1.45，只有铝的一半，因此它有高的比强度与比模量。表2-21列出芳纶纤维的基本性能。

表 2-21 芳纶纤维的基本性能

性 能	芳纶-29	芳纶-49
密度/(g/cm³)	1.44	1.44
1.5旦纤维直径/μm	12	14.62
吸湿率/%	3.9	4.6
拉伸强度/MPa	3341	3095
断裂伸长率/%	3.9	2.3
初始模量/GPa	70.4	126.5
最大模量/GPa	97.9	140.7
弯曲模量/GPa	54.1	107.6
轴向压缩模量/GPa	41.5	77.3
动态模量/GPa	98.4	147

芳纶纤维具有强度高、模量高、韧性好、减振性优异的特点。表2-22将芳纶纤维与其他纤维的力学性能作了比较。芳纶纤维单丝强度可达3773MPa；254mm长的纤维束的拉伸强度为2744MPa，大约为铝的5倍。芳纶纤维的冲击性能好，大约为石墨纤维的6倍，为硼纤维的3倍，为玻璃纤维的0.8倍。芳纶纤维的弹性模量高，可达（1.27～1.58）$\times10^5$MPa，比玻璃纤维高一倍，为碳纤维0.8倍。芳纶纤维的断裂伸长在3%左右，接近玻璃纤维，高于其他纤维。用它与碳纤维混杂将能大大提高纤维复合材料的冲击性能。

表 2-22 芳纶纤维与某些纤维性能的比较

材料 \ 性能	芳纶纤维	尼龙纤维	聚酯纤维	石墨纤维	玻璃纤维	不锈钢丝
拉伸强度 /MPa	2815	1010	1142	2815	2453	1754
弹性模量 /GPa	126.5	5.6	14.1	225	70.4	204
断裂伸长率 /%	2.5	18.3	14.5	1.25	3.5	2.0
密度 /(g/cm³)	1.44	1.14	1.38	1.75	2.55	7.83

芳纶纤维大分子的刚性很强，分子链几乎处于完全伸直状态，这种结构不仅使纤维具有很高的强度和模量，而且还使其具有良好的热稳定性。芳纶纤维玻璃化温度约345℃，分解温度550℃，当温度达487℃时尚不熔化，但开始碳化。所以高温作用下，它直至分解不发生变形。芳纶纤维能长期在180℃下使用，在150℃下作用一周后强度、模量不会下降，即使在200℃下，一周后强度降低15%，模量降低4%，另外在低温（−190℃）不发生脆化亦不降解。芳纶纤维属自熄性材料，其燃烧时产生的CO、HCN和N_2O等毒气量也相对减少。

芳纶纤维的热膨胀系数和碳纤维一样具有各向异性的特点。纵向热膨胀系数在0～100℃时为-2×10^{-6}℃$^{-1}$；在100～200℃时为-4×10^{-6}℃$^{-1}$。横向热膨胀系数为59×10^{-6}℃$^{-1}$。

芳纶纤维是一种外观呈黄色的纤维，由于纤维结晶度高、结构致密，对其染色难度较大；有良好的耐介质腐蚀性，对中性化学药品的抵抗力一般是很强的，但易受各种酸碱的侵蚀，尤其是强酸的侵蚀；它的耐水性也不好，这是由于在分子结构中存在着极性酰胺基；湿度对纤维的影响，类似于尼龙和聚酯。在低湿度（20%相对湿度）下芳纶纤维的吸湿率为1%，但在高湿度（85%相对湿度）下，可达到7%。芳纶纤维对紫外线比较敏感，在受到太阳光照射时，纤维产生严重的光致劣化，使纤维变色，机械性能下降。芳纶纤维在各种化学介质中的稳定性见表2-23。

表 2-23 芳纶在各种化学试剂中的稳定性

化学试剂	浓度/%	温度/℃	时间/h	强度损失/%	
				芳纶-29	芳纶-49
醋酸	99.7	21	24	—	0
盐酸	37	21	100	72	63
盐酸	37	21	1000	88	81
氢氟酸	10	21	100	10	6
硝酸	10	21	100	79	77
硫酸	10	21	100	9	12
硫酸	10	21	1000	59	31

续表

化学试剂	浓度/%	温度/℃	时间/h	强度损失/%	
				芳纶-29	芳纶-49
氢氧化钠	28	21	1000	74	53
氢氧化铵	28	21	1000	9	7
丙酮	100	21	1000	3	7
乙醇	100	21	1000	1	0
三氯乙烯	100	21	24	—	1.5
甲乙酮	100	21	24	—	0
变压油	100	21	500	4.6	0
煤油	100	21	500	9.9	0
自来水	100	100	100	0	2
海水	100	—	一年	1.5	1.5
过热水	100	138	40	9.3	—
饱和蒸汽	100	150	48	28	—
氟利昂 22	100	60	500	0	3.6

2.1.3.2 芳纶纤维的制备方法

芳纶纤维的种类繁多，但是聚对苯二甲酰对苯二胺（PPTA）纤维在复合材料中的应用最多。例如美国杜邦公司的 Kevlar 系列、荷兰 AKZO 公司的 Twaron 系列、俄罗斯的 Terlon 纤维都属于这个品种。本节以 PPTA 为例说明芳纶纤维的制备。

合成 PPTA 所用的单体主要是对苯二胺和对苯二甲酰氯（或对苯二甲酸），一般采用溶液聚合法，即在强极性溶剂（如六甲基磷胺、二甲基乙酰胺、*N*-甲基吡咯烷酮等）中，通过低温溶液缩聚或直接缩聚反应而得，结构中酰胺基直接与芳香环相连，构成刚性的分子链，其反应过程如图 2-1 所示。

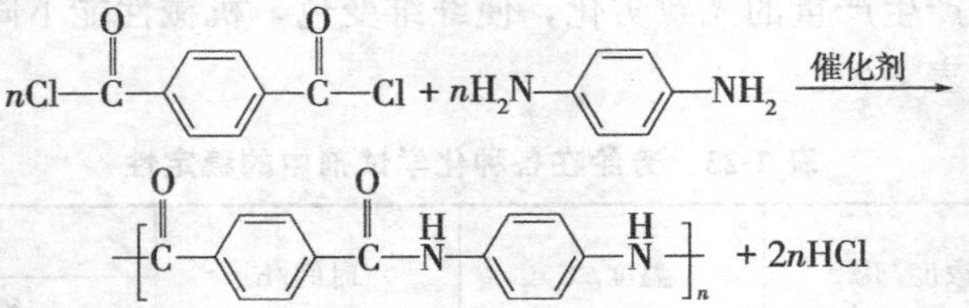

$$n\text{Cl}-\overset{\text{O}}{\overset{\|}{\text{C}}}-\text{C}_6\text{H}_4-\overset{\text{O}}{\overset{\|}{\text{C}}}-\text{Cl} + n\text{H}_2\text{N}-\text{C}_6\text{H}_4-\text{NH}_2 \xrightarrow{\text{催化剂}} \left[\overset{\text{O}}{\overset{\|}{\text{C}}}-\text{C}_6\text{H}_4-\overset{\text{O}}{\overset{\|}{\text{C}}}-\overset{\text{H}}{\text{N}}-\text{C}_6\text{H}_4-\overset{\text{H}}{\text{N}}\right]_n + 2n\text{HCl}$$

图 2-1 PPTA 的合成反应

将 PPTA 溶解在适当的溶剂中，在一定条件下溶液显示液晶性质，这种液晶态聚合物溶液称为溶致性液晶。研究发现，当 PPTA 溶入浓硫酸的质量分数增加到一定极限时，PPTA 分子相互紧密地堆砌在一起，在小区域内呈取向排列，也就是说 PPTA/H_2SO_4溶液表现出液晶性能，具有液体的流动性和晶体相变的特点。聚合物在溶剂中形成液晶后，液晶溶液黏度降低，低剪切力下液晶内流动单元更加容易取向，有利于纺织成型，所以可以采用液晶纺丝。1970 年，Blades 发明的 PPTA 液晶溶液干喷-湿法纺丝工艺就是基于这样的原理，迄今仍被广泛采用。该方法溶液细流流动取向效果好，尤其适于刚性高分子或液晶聚合物的纺丝成型。处于液晶态的刚性大分子受剪切作用在喷丝孔道中沿流动方向发生高度取向，而纺丝细流离开喷丝板后的解取向作用远小于柔性大分子，因此初生纤维内具有高度取向的结构。初生纤维在溶剂萃取、洗涤干燥后成为成品纤维，如 Kevlar-29 纤维。将初生纤维进行清洗干燥后，在惰性气氛下热处理，可获得取向度和结晶度更高的纤维。Kevlar-49 纤维就是在氮气保护下经 550℃热处理后得到的。

2.1.3.3 芳纶纤维的结构

PPTA 是对苯二甲酰对苯二胺聚合体，经溶解转为液晶纺丝而成。它的化学结构式如下：

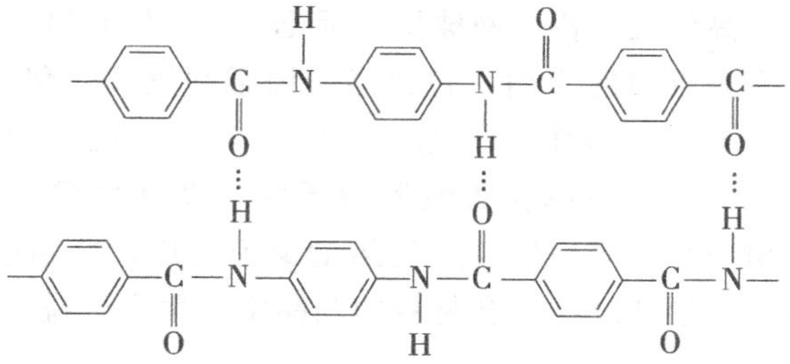

从上述化学结构可知，纤维材料的基本结构是长链状聚酰胺，即结构中含有酰胺键，其中至少 85%的酰胺直接键合在芳香环上，这种刚硬的直线状分子键在纤维轴向是高度定向的，各聚合物链是由氢键作横向联结。这种在沿纤维方向的强共价键和横向弱的氢键，将是造成 PPTA 力学性能各向异性的原因，即纤维的纵向强度高，而横向强度低。

从 PPTA 的规整的晶体结构可以说明芳纶纤维的化学稳定性、高温尺寸稳定性、不发生高温分解以及在很高温度下不致热塑化等特点。通过电镜对纤维观察表明，PPTA 纤维分子是一种沿轴向排列的有规则的褶叠层结构。褶叠层结构并不很容易理解，可从以下两个角度来思考。首先从纤维凝固过程看，纤维表层先形成，比较致密，纤维中心后形成，较松弛，同时结晶过程中，周期性形成均匀的褶叠，显然这种褶叠给纤维带来了一定的弹性。其次从最终的结构看，纤维由层状结构所组成，层状结构则由近似棒状的晶粒所组成，层中的晶粒互相紧密排列，存在一些贯穿数层的长晶粒，它们加强了纤维的轴向强度。这种模型可以很好地解释横向强度低、压缩和剪切性能差及易劈裂的现象。

PPTA 的化学链主要由芳环组成。这种芳环结构具有高的刚性，并使聚合物链呈伸展状态而不是折叠状态，形成棒状结构，因而纤维具有高的模量。PPTA 分子链是线型结构，这又使纤维能有效地利用空间而具有高的填充效率的能力，在单位体积内可容纳很多聚合物。这种高密度的聚合物具有较高的强度。

2.1.3.4 用途

目前，芳纶纤维的总数量 43%用于轮胎的帘子线（芳纶-29），31%用于复合材料，17.5%用于绳索类和防弹衣，8.5%用于其他。

芳纶纤维作为增强材料，树脂作为基体的增强塑料（复合材料），简称 KFRP，它在航空航天方面的应用，仅次于碳纤维，成为必不可少的材料。

① 航空方面，各种整流罩、窗框、天花板、隔板、地板、舱壁、舱门、行李架、座椅、机翼前缘、方向舵、安定面翼尖、尾椎和应急出口系统构件等。采用 KFRP 比 CFRP 减重 30%，在民用飞机和直升机上应用既可减重又能提高经济效益。例如 1-1011 三星式客机已采用 KFRP，1135kg 减重 365kg。

② 航天方面，火箭发动机壳体、压力容器、宇宙飞船的驾驶舱以及通风管道等，如

“三叉戟”、“MX”的三级发动机壳体全部采用KFRP（环氧树脂基的），比同一尺寸“海神”的GFRP壳体减重50%。法国的潜地导弹M-4的第二、三级固体发动机壳体也采用KFRP。

③ 军事应用，KFRP作为防护材料，制成飞机、坦克、装甲车、艇的防弹构件、头盔和防弹衣等。

④ 民用，如造船业采用KFRP，船体质量可减轻28%～40%（将GFRP和Al相比），可节省燃料35%，延长航程35%。如用KFRP制成的钓船，用同样大小的GFRP可节约燃料53.7%，行驶速度快10%。在汽车上的应用也有同样的效果。在体育器具方面的应用已相当成功，如曲棍球棒、高尔夫球棒、网球拍、标枪、弓、钓鱼竿、滑雪橇等。

最为突出的是它在绳索方面的应用，它比涤纶绳索强度高一倍，比钢绳索高50%，而且质量减轻4～5倍。如作为深海作业的电缆6000m，钢丝电缆自重为1.36万千克，而KFTP电缆只有0.2万千克。用芳纶作为轮胎帘子线，具有承载高、质量轻、舒适、噪声低、高速性能好、滚动阻力小、磨耗低、产生热量少等优点，特别适合于高速轮胎。此外，由于芳纶纤维轻质高强，在混杂纤维复合材料的制品中应用也日益广泛。

2.1.4 其他增强纤维及材料

2.1.4.1 碳化硅纤维

碳化硅纤维是以碳和硅为主要成分的一种陶瓷纤维，这种纤维具有良好的高温性能、高强度、高模量和化学稳定性。主要用于增强金属和陶瓷，制成耐高温金属或陶瓷基复合材料。碳化硅纤维的制造方法主要有两种——化学气相沉积法和烧结法（有机聚合物转化法）。化学气相法生产的碳化硅纤维是直径为95～140μm的单丝，而烧结法生产的碳化硅纤维是直径为10μm的细纤维，一般由500根纤维组成的丝束为商品。

碳化硅纤维的主要生产国是美、日两国。美国Textron公司是碳化硅单丝的主要生产厂，碳化硅纤维的系列产品是SCS2、SCS6等，并研究发展碳化硅纤维增强铝、钛基复合材料。日本碳公司是烧结法碳化硅纤维的主要生产厂，有系列产品，商品名为Nicalon纤维。20世纪80年代末日本又发展了含Ti碳化硅纤维。碳化硅纤维虽有其性能特点，但价格昂贵，应用尚未广泛。

(1) 碳化硅纤维的性能

① 力学性能　以在日本碳公司进行中试生产，产品名称尼卡纶为代表，其主要性能见表2-24。其强度和韧性接近于硼纤维。

② 热性能　碳化硅纤维具有优良的耐热性能，在1000℃以下，其力学性能基本上不变，可长期使用，当温度超过1300℃时，其性能才开始下降，是耐高温的好材料。

表2-24　尼卡纶的一般性质

项目	内容	项目	内容
纤维结构	SiC，非晶体	密度	2.55g/cm^3
化学组成	Si，C，O	比电阻	约$10^3\Omega\cdot$cm
纤维直径	15μm	膨胀系数(0～200℃)	$1\times10^{-6}\sim2\times10^{-6}$℃$^{-1}$
束丝中的单丝数目	500根/束	比热容(300℃)	1.14J/(g·℃)
特数	200g/100mm	热导率(轴向)	11.63W/(m·K)

续表

项目	内容	项目	内容
抗拉强度	2800MPa	比表面积	0.13m²/g
杨氏模量	200GPa	抗射线性能	中子照射无劣化现象
断裂伸长率	1.5%	—	—

③ 耐化学性能　它具有良好的耐化学性能，在80℃下耐强酸（HCl、H_2SO_4、HNO_3），用30%NaOH浸蚀20h后，纤维仅失重1%以下，其力学性能仍不变，它与金属在1000℃以下也不发生反应，而且有很好的浸润性，有益于金属复合。

④ 耐辐照和吸波性能　碳化硅纤维在通量为3.2×10^{10}中子/秒的快中子辐照1.5小时或以能量为10^5中子伏特、200纳秒的强脉冲γ射线照射下，碳化硅纤维强度均无明显降低。

（2）碳化纤维的作用　由于碳化硅纤维具有耐高温、耐腐蚀、耐辐射的三耐性能，是一种耐热的理想材料。用碳化硅纤维编织成双向和三向织物，已用于高温的传送带、过滤材料，如汽车的废气过滤器等。碳化硅复合材料已应用于喷气发动机涡轮叶片、飞机螺旋桨等受力部件及透平主动轴等。

在军事上，作为大口径军用步枪金属基复合枪筒套管，M-1作战坦克履带、火箭推进剂传送系统，先进战术战斗机的垂直安定面，导弹尾部，火箭发动机外壳，鱼雷壳体等。

2.1.4.2　硼纤维

硼纤维是一种将硼元素通过高温化学气相法沉积在钨丝表面制成的高性能增强纤维，具有很高的比强度和比模量，也是制造金属复合材料最早采用的高性能纤维。用硼铝复合材料制成的航天飞机主舱框架强度高、刚性好，代替铝合金骨架节省质量44%，取得了十分显著的效果，也有力地促进了硼纤维金属基复合材料的发展。

1959年美国TELLY首先发表了用化学气相沉积法制造高性能硼纤维的论文，并受到了美国空军材料实验室的高度重视，积极推进硼纤维及其复合材料的研制。美国AVCO、TEXFROU公司是硼纤维的主要生产厂家。

美、俄是硼纤维的主要生产国，并研制发展了硼纤维增强树脂、硼纤维增强铝等先进复合材料，用于航天飞机、B-1轰炸机、运载火箭、核潜艇等军事设备，取得了巨大效益。我国20世纪70年代初开始研制硼纤维及其复合材料，但仍处于实验室阶段，离大批量生产应用尚有相当的差距。

硼纤维具有良好的力学性能，强度高、模量高、密度小。硼纤维的弯曲强度比拉伸强度高，其平均拉伸强度为310MPa，拉伸模量为420GPa。硼纤维在空气中的拉伸强度随温度升高而降低，在200℃左右硼纤维性能基本不变，而在315℃、1000小时硼纤维强度将损失70%，而加热到650℃时硼纤维强度将完全丧失。

在室温下，硼纤维的化学稳定性好，但表面具有活性，不需要处理就能与树脂进行复合，而且所制得的复合材料具有较高的层间剪切强度。对于含氮化合物，亲和力大于含氧化合物。在高温下，易与大多数金属发生反应。

由于涂层材料不同，硼纤维的密度在$2.5\sim2.65g/cm^2$范围内变化，热膨胀系数为$(4.68\sim5.04)\times10^{-6}℃^{-1}$。

2.1.4.3 晶须

晶须是目前已知纤维中强度最高的一种，其机械强度几乎等于相邻原子间的作用力。晶须高强的原因，主要是于它的直径非常小，容纳不下能使晶体削弱的空隙、位错和不完整等缺陷。晶须材料的内部结构完整，使它的强度不受表面完整性的严格限制。晶须分成陶瓷晶须和金属晶须两类，用作增强材料的主要是陶瓷晶须。陶瓷晶须的基本性能见表2-25，其直径只有几个微米，断面呈多角状，长度一般为几厘米。晶须兼有玻璃纤维和硼纤维的优良性能。它具有玻璃纤维的延伸率（3%～4%）和硼纤维的弹性模量[$(4.2\sim7.0)\times10^5$MPa]，氧化铝晶须在2070℃高温下，仍能保持7000MPa的拉伸强度。

表2-25 晶须的基本性能

晶须名称	密度/(g/cm^3)	熔点/℃	拉伸强度/MPa	拉伸模量/GPa	比强度	比刚度
氧化铝	3.9	2080	$(1.4\sim2.8)\times10^4$	$(7\sim24)\times10^2$	3500～7200	$(1.8\sim6.2)\times10^5$
氧化铍	1.8	2560	$(1.4\sim2.0)\times10^4$	7×10^2	7800～11000	3.9×10^5
碳化硼	2.5	2450	0.71×10^4	4.5×10^2	2800	1.8×10^5
石墨	2.25	3580	2.1×10^4	10×10^2	9300	4.5×10^5
碳化硅α型	3.15	2320	$(0.7\sim3.5)\times10^4$	4.9×10^2	2250～11100	1.55×10^5
碳化硅β型	3.15	2320	$(0.71\sim3.55)\times10^4$	$(7\sim10.5)\times10^2$	2250～11100	$(2.2\sim3.3)\times10^5$
氮化硅	3.2	1900	$(0.35\sim1.06)\times10^4$	3.86×10^2	1000～3320	1.2×10^5

晶须没有显著的疲劳效应，切断、磨粉或其他的施工操作，都不会降低其强度。

晶须在复合材料中的增强效果与其品种、用量关系极大。

① 作为硼纤维、碳纤维及玻璃纤维的补充增强材料，加入1%～5%晶须，强度有明显的提高。

② 加入5%～50%晶须对模压复合材料和浇注复合材料的强度能成倍增加。

③ 在层压板复合材料中，加入50%～70%的晶须，能使其强度增长许多倍。

④ 在定向复合材料中，加入70%～90%的晶须，往往可以使其强度提高一个数量级，定向复合材料所用的晶须制品为浸渍纱和定向带。

⑤ 对于高强度、低密度的晶须构架，胶结剂只需相互接触就可把晶须黏结起来，因此晶须含量可高达90%～95%。

晶须复合材料由于价格昂贵，目前主要用在空间和尖端技术上，在民用方面主要用于合成牙齿、骨骼及直升机的旋翼和高强离心机等。

2.1.4.4 氧化铝纤维

以氧化铝为主要纤维组分的陶瓷纤维统称为氧化铝纤维。一般将含氧化铝大于70%的纤维称为硅酸铝纤维。

氧化铝纤维特点与应用如下。

① 耐热性好，在空气中加热到1250℃还保持室温强度的90%，碳纤维通常在400℃以上就氧化燃烧。

② 不被熔融金属侵蚀，可与金属很好地复合，制成航天工业、汽车工业等所需高强度、质量轻的元件。

③ 表面活性好。不需要进行表面处理，即能与树脂和金属复合，层间剪切强度与GFRP相当。

④ 具有极佳的耐化学腐蚀和抗氧化性，尤其在高温条件下，这些性能更为突出。

⑤ 用氧化铝增强的复合材料具有优良的抗压性能，压缩强度比CFRP高，是GFRP的3倍以上，耐疲劳强度高，经10^7次重复交变加载后的强度不低于静强度的70%。

⑥ 电气绝缘，电波透过性好，与玻璃钢相比，它的介电常数和损耗正切小，且随频率的变化小，电波透过性更好。

针对上述的特点，它特别适合于制造既需要轻质高强又需要耐热的结构件。用它制作雷达天线罩，其刚性比玻璃钢高，透电波性能好，耐高温；若用它的复合材料制导弹壳体，则有可能不开天线窗，将天线装在弹内。它的用途正处于开发阶段，不久的将来将在航空、航天、卫星、交通和能源等部门得到广泛应用。

氧化铝纤维不足之处是密度比较大，约为$3.20g/cm^3$，是所介绍纤维中最大的一种。

2.2 基体材料

2.2.1 聚合物基体

2.2.1.1 聚合物基体的种类、作用和成分

(1) 聚合物基体的种类　作为复合材料基体的聚合物的种类很多，经常应用的有不饱和聚酯树脂、环氧树脂、酚醛树脂及各种热塑性聚合物。

不饱和聚酯树脂是制造玻璃纤维复合材料的另一种重要树脂，在国外聚酯树脂占玻璃纤维复合材料用树脂总量的80%以上。不饱和聚酯树脂有以下特点：工艺性良好，它能在室温下固化，常压下成型，工艺装置简单，这也是它与环氧、酚醛树脂相比最突出的优点。固化后的树脂综合性能良好，但力学性能不如酚醛树脂或环氧树脂。它的价格比环氧树脂低，只比酚醛树脂略贵一些。不饱和聚酯树脂的缺点是固化时体积收缩率大、耐热性差。因此它很少用作碳纤维复合材料的基体材料，主要用于一般民用工业和生活用品中。

环氧树脂的合成初始于20世纪30年代，40年代开始工业化生产。由于环氧树脂具有一系列的可贵性能，所以发展很快，特别是自60年代以来，广泛用于碳纤维复合材料及其他纤维复合材料。

酚醛是最早实现工业化生产的一种树脂。它的特点是在加热条件下即能固化，无须添加固化剂，酸、碱对固化反应起促进作用，树脂固化过程中有小分子析出，故树脂需在高压下进行，固化时体积收缩率大，树脂对纤维的黏附性不够好，已固化的树脂有良好的压缩性能，良好的耐水、耐化学介质和耐烧蚀性能，但断裂延伸率低，脆性大。所以酚醛树脂大量用于粉状压塑料、短纤维增强塑料，少量地应用于玻璃纤维复合材料、耐烧蚀材料等，在碳纤维和有机纤维复合材料中很少使用。

除上述几类热固性树脂外，近年来又研究和发展了用热塑性聚合物做碳纤维复合材料的基体材料，其中耐高温聚酰亚胺有着重要意义。其他热塑性聚合物除了用于玻璃纤维复合材料外，也开始用于碳纤维复合材料，这对于扩大碳纤维复合材料的应用无疑是一个很大的推动。

(2) 聚合物基体的组分　聚合物是聚合物基复合树脂的主要组分。聚合物基体的组分、

组分的作用及组分间的关系都是很复杂的。一般来说，基体很少是单一的聚合物，往往除了主要组分聚合物以外，还包括其他辅助材料。在基体材料中，其他的组分还有固化剂、增韧剂、稀释剂、催化剂等，这些辅助材料是复合材料基体不可缺少的组分。由于这些组分的加入，使复合材料具有各种各样的使用性能，改进了工艺性，降低了成本，扩大了应用范围。在复合材料发展过程中，辅助材料的研究是很重要的，可以说没有辅助材料的配合就没有复合材料工业的发展。

(3) 聚合物基体的作用　复合材料中的基体有三种主要的作用：①把纤维粘在一起；②分配纤维间的载荷；③保护纤维不受环境影响。

制造基体的理想材料，其原始状态应该是低黏度的液体，并能迅速变成坚固耐久的固体，足以把增强纤维粘住。尽管纤维增强材料的作用是承受复合材料的载荷，但是基体的力学性能会明显地影响纤维的工作方式及其效率。例如，在没有基体的纤维束中，大部分载荷由最直的纤维承受，而基体使得应力较均匀地分配给所有的纤维，这是由于基体使得所有纤维经受同样的应变，应力通过剪切过程传递，这要求纤维和基体之间有高的胶黏强度，同时要求基体本身也具有高的剪切强度和模量；而纤维对基体的反作用又会对整体复合材料性能产生影响。

当载荷主要由纤维承受时，复合材料总的延伸率受到纤维的破坏延伸率限制，通常为1%～1.5%，基体在这个应变水平下不应该裂开。与未增强体系相比，先进复合材料树脂体系趋于在低破坏应变和高模量的脆性方式下工作。

在纤维的垂直方向，基体的力学性能和纤维与基体之间的胶结强度控制着复合材料的物理性能。由于基体比纤维弱得多，而柔性却大得多，所以在复合材料结构件设计中应尽量避免基体的直接横向受载。

基体以及基体/纤维的相互作用能明显地影响裂纹在复合材料中的扩展。若基体的剪切强度和模量以及纤维/基体的胶黏强度过高，则裂纹可以穿过纤维和基体扩展而不转向，从而使这种复合材料像是脆性材料，并且其破坏的试件将呈现出整齐的断面。若胶黏强度过低，则其纤维表现得像纤维束，并且这种复合材料将很弱。对于中等的胶黏强度，横跨树脂或纤维扩展的裂纹会在另一面转向，并且沿着纤维方向扩展，这就导致吸收相当多的能量，以这种形式破坏的复合材料是韧性材料。

在高胶黏强度体系（纤维间的载荷传递效率高，但断裂韧性差）与胶黏强度较低的体系（纤维间的载荷传递效率不高，但有较高的韧性）之间需要折中。在应力水平和方向不确定的情况下使用的或在纤维排列精度较低的情况下制造的复合材料往往要求基体比较软。在明确的应力水平情况下和在严格控制纤维排列的情况下制造的先进复合材料，应通过使用高模量和高胶黏强度的基体以便更充分地发挥纤维的最大性能。

2.2.1.2　聚合物的结构和性能

(1) 聚合物的结构　研究聚合物结构的根本目的在于了解聚合物的结构与性质的关系，以便正确地选择和使用聚合物材料，更好地掌握聚合物及其复合材料的成型工艺条件。通过各种途径改变聚合物结构，有效地改进其性能，设计与合成具有指定性能的聚合物。聚合物的结构有以下主要特点。

① 聚合物的分子链由很大数目（10^3～10^5数量级）的结构单元组成。每一结构单元相当于一个小分子，它可以是一种均聚物，也可以是几种共聚物。结构单元以共价键相连接，形成线型分子、支化分子、网状分子等。

② 聚合物分子间的作用力和聚合物聚集态结构及复合材料的物理力学性能有密切关系。一般高分子的主链都有一定的内旋转自由度。可以使主链弯曲而具有柔性。并由于分子的热运动，柔性链的形状可以不断改变。如果化学键不能作内旋转，或结构单元间有强烈的相互作用，则形成刚性链，使高分子链具有一定的构象和构型。

③ 链长有限的聚合物分子含有官能团或端基，其中端基不是重复结构单元的一部分，它们与其他可反应基团的反应以及反应后的性能是非常重要的，即使在聚合物间存在程度很小的交联，也将对其物理、力学性能产生很大的影响。最主要的是不溶解和不熔融。

④ 高聚物的聚集态有晶态和非晶态之分。高聚物的晶态比小分子晶态的有序程度差很多，存在很多缺陷。但高聚物的非晶态却比小分子液态的有序程度高，这是因为高分子的长链是由结构单元通过化学键联结而成的，所以沿着主链方向的有序程度必然高于垂直于主链方向的有序程度，尤其是经过受力变形后的高分子材料更是如此。

⑤要将高聚物加工成为有用的材料，往往需要在树脂中加入填料、各种助剂、色料等。当用两种以上高聚物共混改性时，又存在这些添加剂与高聚物之间以及不同的高聚物之间是如何堆砌成整块高分子材料的问题，即所谓织态结构问题。织态结构也是决定高分子材料性能的重要因素。

综上所述，聚合物分子链结构，指的是单个聚合物分子的化学结构和立体化学结构，包括重复单元的本性、端基的本性、可能的支化和交联与结构顺序中缺陷的本性，以及高分子的大小和形态等。聚合物分子聚集态结构指的是聚合物材料本体内部结构，包括晶态结构、非晶态结构、取向结构和织态结构等。

(2) 聚合物的性能

① 聚合物的力学性能　当人们应用聚合物基复合材料时，常常是使用它的力学性能。当然复合材料制件在实际使用中总会受到整个环境的影响，而不是仅仅受力这一个因素的影响，因此还必须了解使用时间、温度、环境等，同时考虑“温度-时间-环境-载荷”几方面因素的作用，才能真实反映材料的性能指标。聚合物的力学性能与复合材料的力学性能无疑有密切的关系，但是由于种种因素的影响，一般复合材料用的热固性树脂固化后的力学性能并不高。决定聚合物强度的主要因素是分子内及分子间的作用力，聚合物材料的破坏，无非是聚合物主链上化学键的断裂或是聚合物分子链间相互作用力的破坏。因此从构成聚合物分子链的化学键的强度和分子间相互作用力的强度，可以估算聚合物材料的理论强度，Morse，Fox 及 Martin 等都提出了计算公式，在此不作详细介绍。

热塑性树脂和热固性树脂在分子结构上的显著差别就是前者是线型结构而后者为体型网状结构。由于分子结构上的差别，使热塑性树脂在力学性能上有如下几个显著特点：具有明显的力学松弛现象；在外力作用下，形变较大，当应变速度不太大时，可具有相当大的断裂伸长率；抗冲击性能好。

复合材料基体树脂强度与复合材料的力学性能之间的关系不能一概而论，基体在复合材料中的一个重要作用是在纤维之间传递应力，基体的黏结力和模量是支配基体传递应力性能的两个最重要的因素，这两个因素的联合作用，可影响到复合材料拉伸时的破坏模式。如果基体弹性模量低，纤维受到拉力时将各自单独地受力，其破坏模式是一种发展式的纤维断裂，由于这种破坏模式不存在叠加作用，其平均强度是很低的。反之，如基体在受拉时仍有足够的黏结力和弹性模量，复合材料中的纤维将表现为中等的强度。因此，如各种环氧树脂在性能上无重大不同，则对复合材料影响是很小的。

因此，从聚合物结构来考虑，复合材料的力学性能是一个复杂的问题，应当具体分析。

② 聚合物的耐热性能

a. 聚合物的结构与耐热性　从聚合物结构上分析，为改善材料耐热性能，聚合物需具有刚性分子链、结晶性或交联结构。

为提高耐热性，首先是选用能产生交联结构的聚合物，如聚酯树脂、环氧树脂、酚醛树脂、有机硅树脂等。此外，工艺条件的选择会影响聚合物的交联密度，因而也影响耐热性。提高耐热性的第二个途径是增加高分子链的刚性。因此在高分子链中减少单键，引进共价双键、三键或环状结构（包括脂环、芳环或杂环等），对提高聚合物的耐热性很有效果。

最后应当指出，结构规整的聚合物以及那些分子间相互作用强烈的聚合物均具有较大的结晶能力，结晶聚合物的熔融温度大大高于相应的非结晶的聚合物。

b. 聚合物的热稳定性　聚合物的热稳定性也是一种度量聚合物耐热性能的指标。在高温下加热聚合物可以引起两类反应，即降解和交联。降解指聚合物主链的断裂，它导致相对分子质量下降，使材料的物理力学性能变坏。交联是指某些聚合物交联过度而使聚合物变硬、发脆、使物理力学性能变坏。

关于提高聚合物热稳定性的途径有以下几种。

提高聚合物分子链的键能，避免弱键存在。如C—H键中的氢完全为氟原子所取代而形成C—F键，则可大大提高聚合物的热稳定性。

如果在聚合物链中尽量引入芳环和杂环，可以增加聚合物的热稳定性，聚合物的分子结构含有“梯形”、“螺形”和“片状”结构，并有好的热稳定性。

③ 聚合物的介电性能　聚合物作为一种有机材料，具有良好的电绝缘性能。一般来讲，树脂大分子的极性越大，则介电常数也越大，电阻率也越小，击穿电压也越小，介质损耗角则越大，材料的介电性能就越差。常用热固性树脂的介电性能见表2-26。

表2-26　常用热固性树脂的介电性能

性能	酚醛	聚酯	环氧	有机硅
密度/(g/cm^3)	1.30～1.32	1.10～1.46	1.11～1.23	1.70～1.90
体积电阻率/(Ω·cm)	10^{12}～10^{13}	10^{14}	10^{16}～10^{17}	10^{11}～10^{13}
介电强度/(kV/mm)	14～16	15～20	16～20	7.3
介电常数(60Hz)	6.5～7.5	3.0～4.4	3.8	4.0～5.0
功率常数(60Hz)	0.10～0.15	0.003	0.001	0.006
耐电弧性/s	100～125	125	50～180	—

④ 聚合物的耐腐蚀性能　常用热固性树脂的耐化学腐蚀性能见表2-27。

表2-27　常用热固性树脂的耐化学腐蚀性能

性能	酚醛	聚酯	环氧	有机硅
吸水率(24h)/%	0.12～0.36	0.15～0.60	0.10～0.14	少
弱酸的影响	轻微	轻微	无	轻微
强酸的影响	被侵蚀	被侵蚀	被侵蚀	被侵蚀
弱碱的影响	轻微	轻微	无	轻微

续表

性　能	酚　醛	聚　酯	环　氧	有机硅
强碱的影响	分解	分解	轻微	被侵蚀
有机溶剂的影响	部分侵蚀	部分侵蚀	耐侵蚀	部分侵蚀

由此可见，玻璃纤维增强的复合材料的耐化学腐蚀性能与树脂的类别和性能有很大的关系，同时，复合材料中的树脂含量，尤其是表面层树脂的含量与其耐化学腐蚀性能有着密切的关系。

⑤ 聚合物基的其他性能　常用热固性树脂其他物理性能见表2-28。

表2-28　常用热固性树脂其他物理性能

性　能	酚　醛	聚　酯	环　氧	有机硅
吸水率(24h)/%	0.12～0.36	0.15～0.60	0.10～0.14	少
热变形温度/℃	78～82	60～100	120	—
线膨胀系数/(10^{-6}℃$^{-1}$)	60～80	80～100	60	308
洛氏硬度(M)	120	115	100	45
收缩率/%	8～10	4～6	1～2	4～8
对玻璃、陶瓷、金属黏结力	优良	良好	优良	较差

2.2.1.3　热固性树脂

（1）不饱和聚酯树脂

① 不饱和聚酯树脂及其特点　不饱和聚酯树脂是指分子链上具有不饱和键（如双键）的聚酯高分子。不饱和二元酸（或酸酐）、饱和二元酸（或酸酐）与二元醇（或多元醇）在一定条件下进行缩聚反应合成不饱和聚酯，不饱和聚酯溶解于一定量的交联单体（如苯乙烯）中形成的液体树脂即为不饱和聚酯树脂。不饱和聚酯树脂中加入引发剂可反应形成立体网状结构的不溶不熔高分子材料，因此不饱和聚酯树脂是一种典型的热固性树脂。

不饱和聚酯树脂的主要优点是：第一，工艺性能优良，这是不饱和聚酯树脂最大的优点。可以在室温下固化，在常压下成型，工艺性能灵活，特别适合大型和现场制造玻璃钢制品。第二，固化后树脂的综合性能良好。力学性能指标略低于环氧树脂，但优于酚醛树脂。耐腐蚀性、电性能和阻燃性可以通过选择适当牌号的树脂来满足要求，树脂颜色浅，可以制成透明制品。第三，价格低廉，其价格远低于环氧树脂，略高于酚醛树脂。主要缺点是：固化时体积收缩率较大，贮存期限短，含苯乙烯，成型时气味和毒性较大，耐热性、强度和模量都较低，易变形，因此很少用于受力较强的制品中。

不饱和聚酯树脂在热固性树脂中是工业化较早、产量较多的一类，它主要应用于玻璃纤维复合材料。由于树脂的收缩率高且力学性能较低，因此很少用它与碳纤维制造复合材料。但近年来由于汽车工业发展的需要，用玻璃纤维部分取代碳纤维的混杂复合材料得以发展，价格低廉的聚酯树脂可能扩大应用。

在树脂品种方面，传统的通用树脂、胶衣树脂、耐化学树脂、阻燃树脂、浇铸树脂、模压树脂等仍为树脂的主要品种，但通过配方改进和树脂改性不断出现了新型UP树脂。国际上不饱和聚酯的技术发展方向主要集中在降低树脂收缩率、提高制品表面质量、提高与添加剂的相容性、增加对增强材料的浸润作用以及提高加工性能和力学性能等方面。

a. 低收缩性树脂　采用热塑性树脂来降低和缓和 UPR 的固化收缩，已在 SME 和 BME 制造中应用。常用的低收缩剂有聚苯乙烯、聚甲基丙烯酸甲酯和苯二甲酸二烯丙酯聚合物等。目前国内除采用聚苯乙烯及其共聚物外，还开发有聚己酸内酯（LPS60)、改性聚氨酯和乙酸纤维素丁酯等。

b. 阻燃性树脂　常用的添加型阻燃剂有 $Al(OH)_3$、Sb_2O_3、磷酸酯和 $Mg(OH)_2$ 等。目前欧洲也采用加入酚醛树脂的方法，而美国还采用加入二甲基磷酸酯和磷酸三乙基酯，都收到了较好效果。

c. 耐腐蚀树脂　常用耐腐蚀性树脂有双酚 A 型不饱和聚酯、间苯二甲酸型树脂和松香改性不饱和聚酯等。日本宇部公司开发的 8250 乙烯基酯树脂，不但耐腐蚀性好，而且储存期可达到 14 个月。国内开发的 HET 酸树脂、芳醇树脂及二甲苯树脂耐腐蚀性能优异，尤其在重防腐领域得到应用。

d. 强韧性树脂　主要采用加入饱和树脂、橡胶、接枝等方法来提高不饱和聚酯树脂的韧性。如美国阿莫科化学公司采用末端含羟基的不饱和聚酯与二异氰酸酯反应制成的树脂，其韧性可提高 2～3 倍。

e. 低挥发树脂　各国的环境保护法规都严格限制了生产中苯乙烯单体和挥发性有机化合物（VOC）的释放量，一般要求是车间周围空气中苯乙烯含量必须低于 5.0×10^{-5}。因此各公司都在努力开发既能满足环保要求且对树脂性能影响最小的新品种。低苯乙烯挥发性树脂是目前不饱和树脂研究的热点。研究方向一是采用表膜形成剂的方法降低苯乙烯挥发量；二是采用高沸点交联剂来代替苯乙烯。

f. 树脂的共混改性　美国阿莫科公司开发的一种混杂树脂是双组分液态树脂，A 组分是甲苯二异氰酸酯，B 组分是低分子量间苯二甲酸型 UPR。该混杂树脂黏度低，便于泵送和高填充，固化极快，有高延伸率、高强度、高模量和优良的耐蚀性，苯乙烯逸出量低。该树脂易于加工，凡用于增强塑料的通用加工技术均可采用，适于制作大部件。弗里曼公司对这种树脂的配方作了改进，使之成为浇铸型聚氨酯，其最大特点是硬度高、固化期间暴露于空气表面不发黏、光泽度高、凝胶时间不到 2min、脱模时间不到 10min。采用共混技术使 UPR 和氨基甲酸酯共混，这种材料可极少用或者完全不用增强剂，具有高强度和高柔韧性，苯乙烯含量低，能用像树脂传递模塑（RTM）这样低压的过程快速加工大型零件。

g. 可降解不饱和树脂　出于环境保护的需求，国内外也在不饱和树脂的降解方面开始作一些研究。主要是在分子链中引入聚乙二醇、乳酸、聚己内酯、*N*-乙烯基吡咯烷酮等可生物降解结构，制备可降解不饱和聚酯。

另外，国外也开发了光固化及辐射固化 UPR 树脂等品种。

② 不饱和聚酯树脂的合成　生产不饱和聚酯是由不饱和二元酸和饱和二元酸、不饱和二元醇或饱和二元醇之间的酯化反应为基础的，常见的酯化反应有以下两种类型。

a. 直接酯化

二元酸与二元醇作用：

$$n\mathrm{HO{-}R'{-}OH} + n\mathrm{HOOC{-}R{-}COOH} \rightleftharpoons \mathrm{HO{+}OC{-}R{-}\overset{\overset{\displaystyle O}{\|}}{C}{-}O{-}R'{-}O{+}_{n}H} + (2n-1)\ \mathrm{H_2O}$$

二元醇与酸酐作用：

$$2n\,HO-R'-OH + 2n\,R\left<\begin{matrix}C(=O)\\ O\\ C(=O)\end{matrix}\right. \longrightarrow \left[O-R'-O-\overset{O}{\overset{\|}{C}}-R-\overset{O}{\overset{\|}{C}}-O\right]_n + (2n-1)\,H_2O$$

b. 酯交换反应

$$C_6H_4(COOCH_3)_2 + 2HO-CH_2CH_2-OH \rightleftharpoons C_6H_4(COOCH_2CH_2OH)_2 + 2CH_3OH$$

上述酯交换反应所生成的对苯二甲酸乙二醇只是制造对苯二甲酸型不饱和聚酯的中间体，再与顺丁烯二酸酐反应即可制备对苯二甲酸型不饱和聚酯。

③ 交联剂、引发剂和促进剂

a. 交联剂　不饱和聚酯分子链中含有不饱和双键，因而在热的作用下通过这些双键，大分子链之间可以交联起来，变成体型结构。但是，这种交联产物很脆，没什么优点，无实用价值。因此，在实际中经常把线型不饱和聚酯溶于烯类单体中，使聚酯中的双键间发生共聚合反应，得到体型产物，以改善固化后树脂的性能。

不饱和聚酯树脂是具有不饱和键的线型结构的聚合物。把能与这种聚合物进行交联共聚固化的单体，称为交联单体。交联单体的分子结构中都有π键和大π键，是可聚合的活性基，这些活性基为丙烯酸基、甲基丙烯酸基、丙烯酰胺基、乙烯基、烯丙基、乙烯氧基、环氧丙烷基、丁烯二酸基、烯丙氧基、乙炔基等。交联单体的种类及其用量对固化树脂的性能有很大影响。常用的交联单体可分为单官能团单体、双官能团单体以及多官能团单体。

单官能团交联单体是指化合物分子中含有一个双键，由于反应性好及操作简单，常常被优先选用。在常压下它们的沸点在100℃以下，易挥发而不宜单独使用。双官能团及多官能团交联单体是指分子结构中含有两个或两个以上不饱和键的化合物。交联单体也可再分为二烯烃、多元醇的丙烯酸酯和多元酸的不饱和酯三类。

交联单体在这里既是溶剂，又是交联剂。已固化树脂的性能，不仅与聚酯树脂本身的化学结构有关，而且与所选用的交联单体结构及用量有关。同时，交联单体的选择和用量还直接影响着树脂的工艺性能。

应用最广泛的交联单体是苯乙烯，其他还有甲基丙烯酸甲酯、邻苯二甲酸二丙烯酯、乙烯基甲苯、三聚氰胺三丙烯酯等。

b. 引发剂　引发剂一般为有机过氧化物，它的特性通常用临界温度和半衰期来表示。临界温度是指有机过氧化物具有引发活性的最低温度，在此温度下过氧化物开始以可察觉的速度分解形成游离基，从而引发不饱和聚酯树脂以可以观察的速度进行固化。半衰期是指在给定的温度条件下，有机过氧化物分解一半所需要的时间。常见的过氧化物的特性见表2-29。

表 2-29 几种过氧化物的特性

名 称	物 态	临界温度/℃	半衰期温度/℃		半衰期时间/h	
过氧化二异丙苯 $[C_6H_5C(CH_3)_2]_2O_2$	固	120	115	130	12	1.8
			117	145	10	0.3
过氧化二苯甲酰 $(C_6H_5CO)_2O_2$	固	70	70	85	13	2.1
			72	100	10	0.4
过氧化环己酮（混合物）	固	88	85	102	20	3.8
			91	115	10	1.0
过氧化甲乙酮（混合物）	固	80	85	105	81	10
			100	115	16	3.6

c. 促进剂　促进剂的作用是把引发剂的分解温度降到室温以下。促进剂种类很多，各有其适用性。对过氧化物有效的促进剂有二甲基苯胺、二乙基苯胺、二甲基甲苯胺等。对氢过氧化物有效的促进剂大都是具有变价的金属钴，如环氧酸钴、萘酸钴等。为了操作方便，配置准确，常用苯乙烯将促进剂配成较稀的溶液。

d. 端基封闭剂　当用二元醇和二元酸（饱和的与不饱和的）酯化后生成聚酯，一般两端都带有羟基或羧基，为了改进聚酯的某些性能，如抗水性、电绝缘性以及与交联剂单体——苯乙烯的混溶性，在制造聚酯的后期，常用一元酸或一元醇与端羟基或端羧基反应，使聚酯的端基失去活性，达到封端的目的。如乙酸与聚酯反应，数小时后，将过量的乙酸蒸去，直到酸值恢复到乙酸化反应前的数值。这样有效地减少端羟基，提高耐水性，并且也阻止了进一步缩聚；用乙酸、苯甲酸和松香酸作封端剂可改进树脂与苯乙烯的相容性；用正丁醇、苯甲醇和环已醇作封端剂封闭羧基，可改进与苯乙烯的相容性，改善聚酯树脂的耐腐性。

④ 不饱和聚酯树脂的固化特点　不饱和聚酯树脂从黏流态树脂体系发生交联反应到转变成为不溶不熔的具有体型网络结构的固态树脂的全过程，称为树脂的固化。不饱和聚酯树脂的固化是一个放热反应，其过程可分为以下三个阶段。

a. 胶凝阶段　从加入促进剂后到树脂变成胶凝状态的一段时间。这段时间对于玻璃钢制品的成型工艺起决定性作用，是固化过程最重要的阶段。影响胶凝时间的因素很多，如阻聚剂、引发剂和促进剂的加入量，环境温度和湿度，树脂的体积，交联剂蒸发损失等。

b. 硬化阶段　硬化阶段是从树脂开始胶凝到一定硬度，能把制品从模具上取下为止的一段时间。

c. 完全固化阶段　在室温下，这段时间可能要几天至几星期。完全固化通常在室温下进行，并用后处理的方法来加速，如在 80℃保温 3h。但在后处理之前，室温下至少要放置 24h，这段时间越长，制品吸水率越小，性能也越好。

⑤ 不饱和聚酯树脂的增黏特性　在碱土金属氧化物或氢氧化物，例如 MgO、CaO、$Ca(OH)_2$、$Mg(OH)_2$ 等作用下，不饱和聚酯树脂很快稠化，形成凝胶状物，这种能使不饱和聚酯树脂黏度增加的物质，称为增黏剂。它使起始黏度为 0.1～1.0Pa・s 的黏性液体状树脂，在短时间内黏度剧增至 10^3 Pa・s 以上，直至成为能流动的、不粘手的类似凝胶状物，这一过程称为增黏过程。树脂处于这一状态时并未交联，在合适的溶剂中仍可溶解，加热时有良好的流动性。目前已利用不饱和聚酯树脂的这一增黏特性来制备聚酯预混料：片状模压料（SMC）和团状模压料，前者可以进行自动化、机械化、连续化生产，并且用它可以压制大型制品。

（2）环氧树脂 环氧树脂是指分子中含有两个或两个以上环氧基团的一类有机高分子化合物。以脂肪族、脂环族或芳香族链段为主链的高分子预聚物，一般它们的相对分子质量都不大。环氧树脂的分子结构是以分子链中含有活泼的环氧基团为特征，环氧基团可以位于分子链的末端、中间或成环状结构。由于分子结构中含有活泼的环氧基团，它们可与多种类型的固化剂发生交联反应而形成不溶、不熔的三维网状结构的高聚物。环氧树脂具有黏结强度高、黏结面广；收缩率低、稳定性好、优良的电绝缘性和良好的加工性；机械强度高等优异的综合性能。由于环氧树脂的优异性能，它们可用作胶黏剂、涂料和纤维增强复合材料基体树脂等，广泛用于机械、电机、化工、航空航天、船舶、汽车、建筑等行业。

环氧树脂的状态是一种从液态到固态的物质。它几乎没有单独的使用价值，一般只有和固化剂反应生成三向网状结构的不溶、不熔聚合物才有应用价值。因此环氧树脂归属于热固性树脂的范畴。

环氧树脂品种繁多，根据它们的分子结构，大体上可以分为五类：缩水甘油醚类、缩水甘油酯类、缩水甘油胺类、线型脂肪族类和脂环族类。上述前 3 类环氧树脂是由环氧氯丙烷与含有活泼氢原子的化合物如酚类、醇类、有机羧酸类、胺类等缩聚而成的。后 2 类环氧树脂是由带双键的烯烃用过醋酸或在低温下用过氧化氢进行环氧化而制得的。工业上使用最多的环氧树脂为缩水甘油醚类中的二酚基丙烷型环氧树脂（双酚 A 型环氧树脂）。

① 环氧树脂的种类

a. 缩水甘油醚类环氧树脂

Ⅰ. 双酚 A 型环氧树脂 双酚 A 型环氧树脂系由环氧氯丙烷与二酚基丙烷（双酚 A）等在碱性介质中缩聚而成的，属缩水甘油醚类。其中黏度较低，相对分子质量较小的呈黏液态的双酚 A 型环氧树脂可作为玻璃钢的原材料使用。

这种环氧树脂的结构通式如下：

$$\underset{\text{O}}{H_2C\!-\!CH}CH_2\!-\!\left[O\!-\!C_6H_4\!-\!C(CH_3)_2\!-\!C_6H_4\!-\!O\!-\!CH_2\!-\!\underset{OH}{CH}\!-\!CH_2\right]_n\!-\!O\!-\!C_6H_4\!-\!O\!-\!C_6H_4\!-\!C(CH_3)_2\!-\!C_6H_4\!-\!O\!-\!CH_2\!-\!\underset{\text{O}}{CH\!-\!CH_2}$$

该环氧树脂最典型的性能是：黏结强度高，黏结面广，可黏结除聚烯烃之外几乎所有材料。固化收缩率低，小于 2%，是热固性树脂中收缩率最小的一种；稳定性好，未加入固化剂时可放置一年以上不变质；耐化学药品性好，耐酸、碱和多种化学品；机械强度高，可作结构材料用，电绝缘性优良，性能普遍超过聚酯树脂。它的主要缺点为：耐候性差，在紫外线照射下会降解，造成性能下降，不能在户外长期使用；冲击强度低；耐高温性能差。

Ⅱ. 酚醛多环氧树脂 它是由环氧氯丙烷与线型酚醛树脂在氢氧化钠存在下缩合而成的高黏性树脂。典型结构如下：

$$\left(O\!-\!CH_2\!-\!\underset{H}{C}\!-\!CH_2\ \text{环氧}\right)C_6H_4\!-\!\overset{H_2}{C}\!-\!\left[C_6H_3\left(O\!-\!\overset{H_2}{C}\!-\!\underset{H}{C}\!-\!CH_2\ \text{环氧}\right)\!-\!\overset{H_2}{C}\right]_n\!-\!C_6H_4\left(O\!-\!\overset{H_2}{C}\!-\!\underset{H}{C}\!-\!CH_2\ \text{环氧}\right)$$

酚醛多环氧树脂与双酚A型环氧树脂相比，在线型分子中含有两个以上的环氧基，因此固化产物的交联密度大，具有优良的热稳定性、力学性能、电绝缘性、耐水性和耐腐蚀性。

Ⅲ. 间苯二酚型环氧树脂　这类树脂黏度低，工艺加工性好。它是由间苯二酚与环氧氯丙烷缩合而成的具有两个环氧基的树脂。典型结构如下：

$$\text{O—CH}_2\text{—}\overset{\text{H}}{\text{C}}\text{——CH}_2 \quad (\text{O})$$
$$\text{(间位苯环)—O—}\overset{\text{H}_2}{\text{C}}\text{—}\overset{\text{H}}{\text{C}}\text{——CH}_2 \quad (\text{O})$$

Ⅳ. 间苯二酚-甲醛型环氧树脂　这种树脂是由间苯二酚与甲醛（或丁醛等）在草酸催化下结合成低相对分子质量的酚醛树脂后，再在氢氧化钠催化下与环氧氯丙烷反应制成的环氧树脂。该树脂的最大特点是具有较高的活性，其制品有良好的电绝缘性和耐热及耐化学腐蚀性。主要用作纤维增强塑料、胶黏剂、涂料和耐高温的浇铸料。

Ⅴ. 丙三醇环氧树脂　丙三醇环氧树脂是由丙三醇与环氧氯丙烷在三氟化硼-乙醚配合物的催化下进行聚合，再以氢氧化钠脱氯化氢成环而得。树脂具有下列结构：

$$\text{CH}_2\text{—O—CH}_2\text{—}\overset{\text{H}}{\text{C}}\text{——CH}_2 \quad (\text{O})$$
$$\text{HC—O—}\overset{\text{H}_2}{\text{C}}\text{—}\overset{\text{H}}{\text{C}}\text{——CH}_2 \quad (\text{O})$$
$$\text{CH}_2\text{—O—CH}_2\text{—}\overset{\text{H}}{\text{C}}\text{——CH}_2 \quad (\text{O})$$

丙三醇环氧树脂具有很强的黏合力，可用作胶黏剂。它也可与双酚A型环氧树脂混合使用，以降低黏度和增强固化体系的韧性。此外，该树脂还可用作毛织品、棉布和化学纤维的处理剂，处理后的织物具有防皱、防缩和防虫蛀等优点。

b. 缩水甘油酯环氧树脂　缩水甘油酯环氧树脂具有黏度低，使用工艺性好；反应活性高；黏合力比通用环氧树脂高，固化物力学性能好；电绝缘性，尤其是耐漏电痕迹性好；具有良好的耐超低温性，在－253～－196℃超低温下，仍具有比其他类型环氧树脂高的黏结强度；有较好的表面光泽度、透光性，耐气候性好。

c. 缩水甘油胺类环氧树脂　缩水甘油胺类环氧树脂可以从脂肪族、芳族伯胺或仲胺和环氧氯丙烷合成，有苯胺环氧树脂、三聚氰酸环氧树脂、对氨基苯酚环氧树脂等。这类树脂的特点是多官能度、环氧当量高、交联密度大、耐热性显著提高。主要缺点是有一定的脆性。

Ⅰ. 苯胺环氧树脂　它是由苯胺和环氧氯丙烷进行缩合，再以氢氧化钠进行闭环反应而得的。这类树脂用胺类固化时活性较低，但用酸酐固化时非常活泼。

Ⅱ. 三聚氰酸环氧树脂　它是由三聚氰酸与环氧氯丙烷在氢氧化钠存在下进行缩合而得的。三聚氰酸显示酮-烯醇互变异构现象：

烯醇 $\rightleftharpoons$ 酮

由于三聚氰酸显示酮-烯醇互变异构现象，得到的是三聚氰酸三环氧丙酯与异三聚氰酸三环氧丙酯的混合物。现生产的牌号有695环氧树脂，结构式如下：

从结构式中可以看出，含有三个环氧基，固化后交联密度大，因此，有优良的耐热性。同时，它的主体三氮杂环，化学稳定性高，耐紫外线和大气老化性能好，而且更为突出的是成分中氮含量较高（14%），有自熄性、耐电弧性等特点。

Ⅲ. 对氨基苯酚环氧树脂　它是由对氨基苯酚和环氧氯丙烷在苛性碱介质中反应生成的，是一种性能良好的新型环氧树脂。这种树脂黏附力较小。它具有下述结构：

这类树脂可作为高温碳化的烧蚀材料，耐γ辐射的环氧玻璃纤维增强塑料。

d. 脂环族环氧树脂　脂环族环氧树脂是由脂环族烯烃的双键经环氧化而制得的，它们的分子结构和双酚A型环氧树脂及其他环氧树脂有很大差异，前者环氧基都直接连接在脂环上，而后者的环氧基都是以环氧丙基醚连接在苯环或脂肪烃上。由于脂肪族环氧树脂是由脂肪族烯烃的双键经环氧化而得，因此与前面介绍的环氧树脂有本质的不同。

脂肪族环氧树脂的固化物具有下列一些特点：

Ⅰ. 较高的抗压和抗拉强度，具有高的热变形温度和热稳定性；

Ⅱ. 长期暴露在高温条件下仍能保持良好的力学性能和电性能；

Ⅲ. 耐电弧性较好；

Ⅳ. 耐紫外线老化性能及耐气候性较好。

此外还有黏度低、工艺性好等优点。但它需要加热固化成型，同时要以刺激眼睛的酸酐类作为固化剂，操作麻烦。

e. 脂肪族环氧树脂 这种环氧树脂是以脂肪烯烃（有两个以上双键的化合物）通过过氧化物环氧化而制得的。它仅有脂肪链，环氧基与脂肪链相连。目前这类环氧树脂典型的代表是环氧化聚丁二烯树脂。

环氧化聚丁二烯树脂是由低相对分子质量的液体聚丁二烯树脂分子中的双键经环氧化而得。在它的分子结构中既有环氧基也有双键、羟基和酯基侧链。分子结构如下：

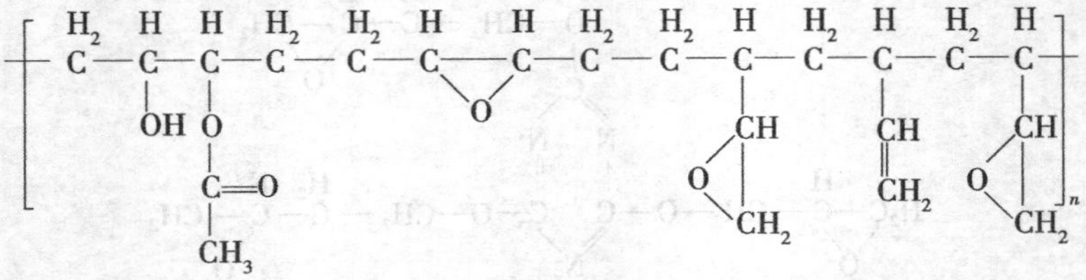

```
 ┌ H2  H   H   H2  H2  H       H   H2  H2  H   H2  H   H2  H  ┐
─┼─C ─ C ─ C ─ C ─ C ─ C ──── C ─ C ─ C ─ C ─ C ─ C ─ C ─ C ─┼─
 │     |   |               \  /               |       |       |
 │     OH  O                O                 CH      CH      CH
 │         |                                 /  |     ‖      /  |
 │         C=O                              O   |     CH2   O   |
 │         |                                 \  |            \  |
 └         CH3                                CH2             CH2 ┘n
```

树脂分子中的不饱和双键可与许多乙烯类单体（例如苯乙烯）进行共聚反应，环氧基和羟基等可进行一系列其他的化学反应，因此可用多种类型的改性剂进行改性。

环氧化聚丁二烯树脂的固化后的强度、韧性、黏结性、耐正负温度性能均良好，在－60～160℃可以正常工作。它主要用作复合材料、浇铸、胶黏剂、电器密封涂料以及用作其他类型环氧树脂改性剂。

② 固化剂 环氧树脂本身是一种热塑性高分子预聚体，单纯的树脂几乎没有太大的使用价值，只有加入固化剂使它转变为三向网状立体结构且不溶不熔的高聚物后，才能呈现出一系列优良的性能。因此固化剂对于环氧树脂的应用及对固化产物的性能起到了相当大的作用。

固化剂又称硬化剂，是热固性树脂必不可少的固化反应助剂，对于环氧树脂来说本身品种较多，而固化剂品种更多，仅用环氧树脂和固化剂两种材料的不同品种相组合就能组成应用方式不同和性能各异的固化产物。

环氧树脂的固化反应主要发生在环氧基上，由于诱导效应，环氧基上的氧原子存在着较多的负电荷，其末端的碳原子上则留有较多的正电荷，因而亲电试剂（酸酐）、亲核试剂（伯胺、仲胺）都以加成反应的方法使之开环聚合；环氧树脂另一类固化反应是催化聚合反应，分为阴离子型聚合、阳离子型聚合。固化剂的化学反应机理和化学结构分类见图 2-2。

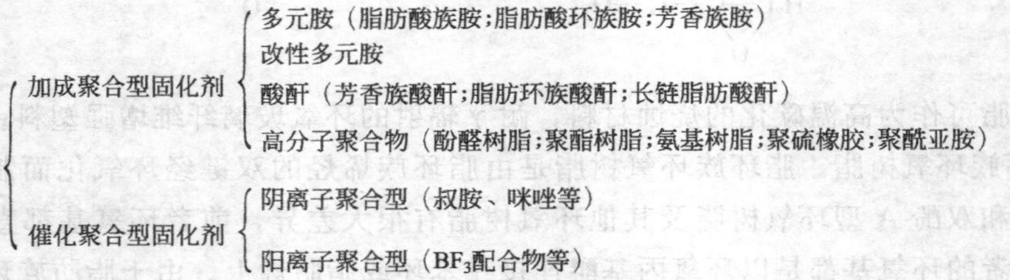

- 加成聚合型固化剂
  - 多元胺（脂肪酸族胺；脂肪酸环族胺；芳香族胺）
  - 改性多元胺
  - 酸酐（芳香族酸酐；脂肪环族酸酐；长链脂肪酸酐）
  - 高分子聚合物（酚醛树脂；聚酯树脂；氨基树脂；聚硫橡胶；聚酰亚胺）
- 催化聚合型固化剂
  - 阴离子聚合型（叔胺、咪唑等）
  - 阳离子聚合型（BF_3配合物等）

图 2-2 固化剂分类

也可按固化温度分类，可分为低温快速固化剂、常温固化剂、中温固化剂、高温固化剂、潜伏型固化剂。

直链脂肪族多元胺的最大缺点是对皮肤有较强的刺激性，但随着分子量的增大，蒸气压逐渐降低而毒性变小。这类固化剂常温下可固化，如含有叔胺结构时，其用量要减少。活泼氢的量越少，适用期越短，放热量则愈大。芳香族多元胺与脂肪族多元胺相比，碱性弱，反应受芳香环空间位阻影响，固化过程时间较长，因此必须加热才能进一步固化。芳香族多元胺为固体，与环氧树脂混合时往往需要加热，因此使用期短。

二元酸和酸酐均可作为环氧树脂的固化剂，固化后的树脂具有较高的力学强度和耐热性，但由于酯键的影响，其耐碱性较差。大多数酸酐活性低，必须加热才能达到固化目的。由于工艺性能不佳，故很少使用二元酸类固化剂。

低分子量聚酰胺是一种改性多元胺，通常由亚油酸二聚体或桐油酸二聚体与脂肪族多元胺反应生成的一种琥珀色黏稠状树脂。由于树脂的分子结构中含有较长的脂肪酸碳链和活泼氨基，而使树脂具有很好的弹性和附着力，室温下能与环氧树脂产生交联反应，所以是环氧树脂的优良的固化剂和增韧剂。

固化剂不同对环氧树脂性能产生关键性的影响，因此对固化剂的研究越来越引起人们的重视，新品种不断出现，改善了环氧树脂的性能，扩大了它的使用范围。

（3）酚醛树脂　酚醛树脂是最早工业化的合成树脂，由于它原料易得、合成方便，以及树脂固化后性能能够满足许多使用要求，因此在工业上得到广泛应用。早期酚醛树脂的模压产品大量使用在要求低价格和大批量的产品方面。例如，要求耐热及耐水性能的纸质层压产品、模压料、摩擦材料、绝缘材料、砂轮黏结剂、耐气候性好的纤维板等。然而，由于酚醛树脂产品具有良好的机械强度和耐热性能，尤其具有瞬时耐高温烧蚀性能，以及对树脂本身进行改性，所以目前酚醛树脂不仅广泛用于制造玻璃纤维增强塑料（如模压制品）、胶黏剂、涂料以及热塑性塑料改性剂，而且可作为瞬时耐高温和烧蚀的结构复合材料用于宇航工业方面（空间飞行器、火箭、导弹等）。

① 酚醛树脂种类　反应条件不同，酚醛树脂可分为热固性酚醛树脂和热塑性酚醛树脂，前者酚/醛摩尔比为1：（1～3），催化剂为氢氧化钠、碱土金属氧化物及其氢氧化物、碳酸钠等，后者酚/醛摩尔比为（1.15～1.33）：1，催化剂为硝酸、硫酸、磷酸、甲酸等。在国内作为纤维增强塑料基体用的酚醛树脂大多采用热固性（酚与醛的摩尔比小于0.9）树脂。

a. 氨酚醛树脂

Ⅰ.2124酚醛树脂：用苯酚与甲醛（摩尔比为1：1.2），在氨水存在下经缩聚，脱水而制成的酚醛树脂，以乙醇为溶剂配制成胶液。

Ⅱ.1184酚醛树脂：用苯酚与甲醛（摩尔比为1：1.5），在氨水存在下经缩聚反应，脱水而制得的酚醛树脂。以乙醇为溶剂配制成溶液。

Ⅲ.616酚醛树脂：所用的原材料与2124、1184相同，只是苯酚和甲醛配比不同而已。

b. 镁酚醛树脂　用苯酚与甲醛（摩尔比为1：1.33），和少量苯胺在氧化镁催化剂作用下经缩聚，脱水而制成的酚醛树脂。如牌号为351酚醛树脂等。

c. 钡酚醛树脂　用苯酚和甲醛为原料，在$Ba(OH)_2$的催化剂作用下，经缩聚、中和、过滤及脱水而制成的一种热固性酚醛树脂。它的主要特点是黏度小，固化速度快，适合于低压成型和缠绕成型工艺。

d. 钠酚醛树脂　用苯酚和甲醛（摩尔比为1：1.4），在Na_2CO_3存在下，经缩聚反应后制成的酚醛树脂。如牌号为2180酚醛树脂等。

② 酚醛树脂的固化　一阶热固性酚醛树脂固化方法有两种：

a. 加热固化。不加任何固化剂，通过加热的办法，依靠酚醛结构本身的羟甲基等活性基团，进行化学反应而固化。

b. 通过加入固化剂使树脂发生固化。用有机酸作为固化剂，常用的固化剂有：苯磺酸、甲基苯磺酸、苯磺酰氯、石油磺酸、硫酸-硫酸乙酯等，用量为8%～10%。要在常温下进行固化就必须使用此类固化剂。

二阶热塑性酚醛树脂，用六次甲基四胺、多聚甲醛等固化剂（10%～15%），再通过加热进行固化。

③ 酚醛树脂的改性　仅由苯酚和甲醛缩合而成的酚醛树脂，存在脆性，黏附性小等缺点。通过对酚醛树脂的改性，可以增加其韧性，提高它与增强材料的黏结性能、耐潮湿性能、耐温性能等，酚醛树脂改性一般可通过下列途径：Ⅰ. 封锁酚羟基。酚羟基在树脂合成中不参加化学反应，因此在树脂分子链中就留有酚羟基而容易吸水，使产品介电性能和机械性能下降；同时酚羟基容易在热或紫外线作用下生成醌等物质，造成颜色的不均匀变深。封锁端羟基可克服上述缺点，并调节树脂的固化速率。Ⅱ. 引入其他组分。引入能与酚醛树脂反应或与它相容性较好的组分，以达到对酚醛树脂改性的目的。最为普遍的改性方法如下。

a. 聚乙烯醇缩醛改性酚醛树脂　用聚乙烯醇缩醛改性酚醛树脂，是工业上应用得较多的一种改性方法。用聚乙烯醇缩醛作改性剂，可提高酚醛树脂的黏结力，增加韧性，降低固化速率，从而降低成型压力。酚醛树脂通常为氨水催化的热固性酚醛树脂，而聚乙烯醇缩醛分子中要求含有一定量的羟基（11%～15%），目的是提高其在乙醇中的溶解性，增加与酚醛树脂的相容性，增加改性后树脂与玻璃纤维的黏结性，以及在成型温度下（145～160℃）与酚醛树脂分子中的羟甲基相互反应，生成接枝共聚物，形成的接枝共聚物具有较好的韧性。

b. 环氧改性酚醛树脂　用双酚A型环氧树脂改性热固性酚醛树脂体系，兼具环氧树脂优良的黏结性和酚醛树脂优良的耐热性。可以看作环氧改性酚醛，也可看作酚醛改性环氧；同时，酚醛树脂也起了环氧树脂固化剂的作用，两种树脂经过化学结合形成复杂的体型结构。

酚醛树脂经环氧树脂改性后，其玻璃纤维复合材料的抗拉强度可提高100MPa，抗冲击强度可提高3.5倍。环氧改性酚醛树脂主要用于复合材料的层压和模压制品、涂层、结构黏合剂、浇铸等方面。

c. 有机硅改性酚醛树脂　有机硅树脂有优良的耐热性和耐潮性，它的黏结性较差，机械强度较低，且不耐有机溶剂或酸、碱介质的侵蚀。使用有机硅单体与酚醛树脂中的酚羟基或羟甲基发生反应，并放出小分子产物，以改进酚醛树脂的耐热性和耐水性，是制备耐高温酚醛树脂的一个重要途径。用有机硅改性的酚醛树脂复合材料可在200～260℃下工作相当长时间，并可作为瞬时耐高温材料，用作火箭、导弹等的烧蚀材料。

d. 二甲苯改性酚醛树脂　将疏水性结构的二甲苯环引进酚醛树脂的分子结构中，降低了树脂结构中酚羟基的含量，使改性后的酚醛树脂的耐水和耐碱性能得到改善，又可适应低压成型要求。二甲苯改性酚醛树脂的合成过程分两步，先将二甲苯和甲醛在浓硫酸催化下合成二甲苯甲醛树脂，它是一种热塑性树脂；然后再将它和苯酚、甲醛进行反应制得热固性树脂。它是一种优良的耐热的高频绝缘材料，而且耐腐蚀性能优良，但玻璃钢成型工艺较其他酚醛树脂差。

e. 硼改性的酚醛树脂　硼改性酚醛树脂是先用硼酸和苯酚反应，生成不同反应程度的硼酸酚酯混合物，然后再与甲醛水溶液或多聚甲醛反应，生成含硼酚醛树脂。

这种树脂改善了原有酚醛树脂的脆性和吸水性，提高了玻璃钢制品的机械强度和耐热性。硼酚醛树脂玻璃纤维复合材料具有优良的耐高温性能及烧蚀性能，使它成为在火箭、导弹和空间飞行器等空间技术上广泛采用的一种优良的耐烧蚀材料。

f. 钼改性酚醛树脂　用金属钼的氧化物、氯化物以及它的酸类，与苯酚、甲醛反应，使过渡性金属元素钼以化学键的形式和酚醛树脂结合在一起，制得钼改性的酚醛树脂。钼改性酚醛树脂是先用钼酸和苯酚在催化剂作用下，生成钼酸苯酯，然后再与甲醛进行缩聚反应，生成钼酚醛树脂。该树脂可用六次甲基四胺固化。

钼改性酚醛树脂是一种新型耐烧蚀性树脂。用钼改性酚醛树脂制得的复合材料既具有耐烧蚀、耐冲刷性能，又具有机械强度高、加工工艺性能好等优点。可用于制造火箭、导弹等耐烧蚀、热防护材料。

还有其他一些改性方法，在此不作一一介绍。

(4) 其他热固性树脂

① 1，2-聚丁二烯树脂　1，2-聚丁二烯树脂的大分子主链上含有80%以上的1，2结构，树脂的分子结构中具有不饱和乙烯基侧链，可进一步在引发剂存在下固化成体型高聚物，因此，这是一种热固性树脂。1，2-聚丁二烯树脂的大分子完全由碳和氢原子组成，是一种全碳氢聚合物，因此由其作为基体树脂的复合材料具有优良的介电性能、耐热性能、耐水性能以及耐酸、耐碱性能。聚丁二烯树脂复合材料可用作化工设备的耐碱、耐酸材料，水下安装设备的防腐材料，食品工业无毒耐蚀涂料，船舶防海水腐蚀涂料和材料，水下通信设备的绝缘材料。

② 热固性丁苯树脂　丁苯树脂是由80%丁二烯与20%苯乙烯（均为质量百分数）在金属钠引发下，在饱和烷烃等惰性介质中合成的液体树脂。与1，2-聚丁二烯树脂相似，丁苯树脂也具有极低的吸水性、优异的介电性能，以及良好的热稳定性能。丁苯树脂结构式如下：

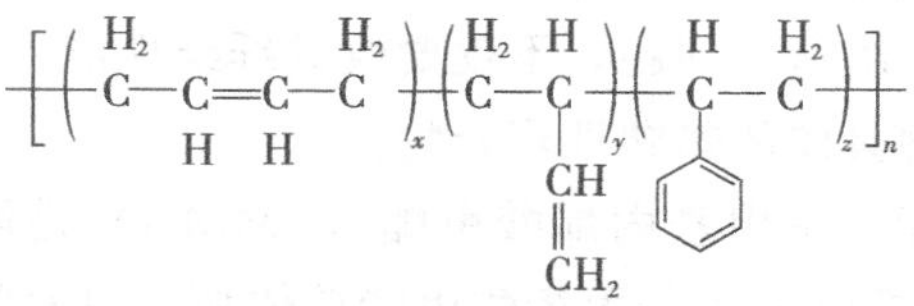

$$\left[\left(\overset{H_2}{C}-\underset{H}{C}=\underset{H}{C}-\overset{H_2}{C}\right)_x\left(\overset{H_2}{C}-\underset{\underset{\underset{CH_2}{\|}}{CH}}{\overset{H}{C}}\right)_y\left(\underset{C_6H_5}{\overset{H}{C}}-\overset{H_2}{C}\right)_z\right]_n$$

从结构式中可以看出，丁苯树脂分子的主链和侧链也均有不饱和双键，外双键含量为50%～60%，可与各种乙烯基单体共聚交联成为体型结构树脂。丁苯树脂具有良好的力学性能、优良的介电性能和热稳定性，以及耐酸碱的腐蚀性能。丁苯树脂复合材料已被用于高频绝缘材料、合成氨化肥管道和电机绝缘材料等。

③ 有机硅树脂　有机硅树脂是主链含有硅氧键，侧基为有机基团的高分子聚合物。有机硅树脂通常用甲基氯硅烷和苯基氯硅烷这类具有可以水解的活泼基团的有机硅单体经缩聚反应而得。Si—O键的键能较高，所以有机硅树脂有很高的耐热性，由于它同时具有侧链的有机基团，因而也具有一般高分子化合物韧性、高弹性及可塑性等特征。

有机硅树脂复合材料可在较高温度范围内（200～250℃）长时期使用，憎水防潮性能非常突出。主要缺点是与玻璃纤维等增强材料的黏结性较差，强度较低，因此，常用酚醛树脂或环氧树脂改性以提高其强度与刚性。有机硅树脂层压板在电工行业中作为H级绝缘材料已获得广泛应用，有机硅树脂若经酚醛树脂改性后制成的复合材料可在260℃下长期使用，瞬时耐高温可达550～1100℃，作为一种耐高温的结构材料已用于飞机和导弹部件。

2.2.1.4 热塑性树脂

热塑性树脂是指具有线型或支链型结构的有机高分子聚合物，这类聚合物可以反复受热软化（或熔化），而冷却后变硬。热塑性聚合物在软化或熔化状态下，可以进行模塑加工，当冷却至软化点以下时能保持模塑成型时的形状。

属于这类聚合物的有：聚乙烯、聚丙烯、聚氯乙烯、聚苯乙烯、聚酰胺、聚甲基丙烯酸甲酯、聚甲醛、聚砜、聚苯硫醚等。

热塑性树脂基复合材料与热固性树脂基复合材料相比，在力学性能、使用温度、老化性能方面处于劣势，而在工艺简单、工艺周期短、成本低、相对密度小等方面占优势。当前汽车工业的发展为热塑性聚合物基复合材料的研究和应用开辟了广阔的天地。

作为热塑性聚合物基复合材料的增强材料，除用连续纤维外，还用纤维编织物和短切纤维，一般纤维含量可达20%～50%。热塑性聚合物与纤维复合可以提高机械强度和弹性模量，改善蠕变性能，提高热变形温度和热导率，降低线膨胀系数，增加尺寸稳定性，降低吸水性，抑制应力开裂与改善疲劳性能。

早期的热塑性聚合物基复合材料，主要是玻璃纤维增强的复合材料。用玻璃纤维增强的热塑性聚合物基复合材料，在某些性能上能达到甚至超越一般热固性聚合物基玻璃纤维复合材料的水平。

在短切碳纤维增强聚合物中，纤维长度一般为0.64～1.30cm，已研究或应用碳纤维增强的聚合物有尼龙、聚丙烯、聚苯硫醚、聚碳酸酯、聚砜、乙烯-四氟乙烯共聚物等。在聚合物中引入碳纤维可以降低材料的摩擦系数，其重要用途是制造支架和阀门。在冲击性能方面，碳纤维增强的聚合物基复合材料不如相应的玻璃纤维增强的复合材料，在工程上常选用玻璃纤维与碳纤维混杂增强材料。

为制造纤维增强热塑性复合材料的零件，需要研究改进材料模塑时的收缩性，还要研究如何防止挠曲等问题。欲解决这些问题，不仅要改进纤维性能，而且要研制有更好性能的热塑性聚合物。下面介绍几种具体的热塑性聚合物。

(1) 聚甲基丙烯酸甲酯　聚甲基丙烯酸甲酯（PMMA）是丙烯酸类塑料当中最重要的一种，俗称“有机玻璃”，是由α-甲基丙烯酸甲酯单体加入引发剂聚合而成的。

PMMA的相对密度为1.18，是普通无机玻璃的一半，可见光几乎全部能透过，PMMA是塑料中透光率最好的一种。PMMA具有冲击强度高、耐候性好、耐电弧能力强、耐药品性好，具有一定耐寒性等优点，可以溶在氯仿、二氯乙烷、四氯化碳、苯、甲苯等有机溶剂中。PMMA的缺点是较脆、易开裂、表面硬度低、易磨损而失去光泽。

PMMA应用非常广泛，可用作飞机、直升机、摩托车、汽艇、赛车上的挡风玻璃，还可做信号显示器、照明灯罩、汽车尾灯、天窗、大型广告版等。

(2) 聚碳酸酯　早在1956年聚碳酸酯（PC）由联邦德国首先发现以后各国逐步开始工业化生产，这种塑料具有良好的力学性能、耐热性、耐寒性、电性能等优异性能，是综合性能很好的工程塑料的代表品种之一。

聚碳酸酯有下述的化学结构：

$$\left[O-C_6H_4-\underset{CH_3}{\overset{CH_3}{\underset{|}{\overset{|}{C}}}}-C_6H_4-O-\overset{O}{\overset{\|}{C}} \right]_n$$

其中 n 为 100～500。工业生产的聚碳酸酯平均相对分子质量为 25000～70000。

聚碳酸酯分子主链上有苯环，限制了大分子的内旋转，使得主链结构刚性较大。碳酸酯基团是极性基团，增加了分子间的作用力，使其柔顺性变差，熔点、玻璃化温度高。链的刚性又使高聚物在受力情况下形变小，抗蠕变性好，尺寸稳定，同时又阻碍大分子取向与结晶，且在外力强迫取向后不易松弛。所以在聚碳酸酯制件中常常存在残余应力而难于自行消除，故聚碳酸酯碳纤维复合材料制件需进行退火处理，以改善机械性能。

聚碳酸酯分子链中存在氧基，使链段可以绕氧基两端单键发生内旋转，又使聚合物有一定的柔顺性。由于酯基的存在使聚碳酸酯能在许多溶剂中溶解，如三氯甲烷、二氯乙烷、甲酚等，但在汽油和油脂中是稳定的。

聚碳酸酯可以与连续碳纤维或短切碳纤维制造复合材料，也可以用碳纤维编织物与聚碳酸酯薄膜制造层压材料。例如，用粉状聚碳酸酯配成溶液浸渍纤维毡制造复合材料零件，纤维毡浸渍聚碳酸酯溶液后，先在真空中于 110℃下脱水干燥并预成型（纤维含量约 20%），纤维可以是玻璃纤维，也可以是碳纤维，所用溶剂是 75%的甲醇和 25%的水，浸有聚碳酸酯的纤维毡在 353MPa 压力和 275℃下模塑成型，冷却 10min 或经 245℃退火处理后得到复合材料，对其进行性能测试表明，用碳纤维增强聚碳酸酯与用玻璃纤维增强聚碳酸酯比较，在弹性模量上有明显提高，而断裂伸长率却降低。

（3）聚苯醚　聚苯醚（PPO）是一种线型、非结晶的新型热塑性塑料，具有芳香族聚醚的结构，是一种耐热性很好的工程塑料。首先是由美国 GE 公司 1965 年生产的，但是它的产量有限。在聚苯醚生产技术基础上，牺牲了一些耐热性，大大改善了加工性能，这种改性聚苯醚的发展很快。它的结构式如下：

$$\left[C_6H_2(CH_3)_2-O \right]_n$$

由于聚苯醚高分子主链中有大量的酚基芳香环，并且由两个甲基封闭了酚苯中的两个官能度，这种聚合物稳定性好，制品具有较高的耐热性、耐化学腐蚀、吸湿率低、尺寸稳定性好等特性。由于聚合物中无极性大的基团，聚苯醚具有优良的电绝缘性能。

聚苯醚有良好的力学性能，即使在高温下仍能维持良好的力学性能，其零件在温度接近 205℃时不产生变形。最突出的是抗拉强度和抗蠕变性好，抗拉弹性模量和断裂伸长率高，称之为“硬而强”的材料。

聚苯醚综合性能优异，有广泛的应用。在机电工业领域，可用作在较高温度下工作的齿轮、轴承、凸轮、传送带、电线、绝缘支撑体等方面。由于其优良的耐水解稳定性，可以作为水泵、外科手术器具、医疗器具等方面。

近年来，热塑性聚合物基复合材料不断有新的发展，如聚乙烯乙二醇对苯二酸酯（PET）和聚 1，4-丁二醇对苯二酸酯（PBT）等聚酯与碳纤维复合，具有低的摩擦特性，是唯一超过聚四氟乙烯的材料。

聚四氟乙烯与碳纤维构成的复合材料可制造空间飞行器框架。Lubin 研究了用各种热塑性聚合物基碳纤维复合材料制造宇宙飞行器和太阳能收集器框架，他推荐用聚甲基丙烯酸甲酯复合材料。由于与碳纤维复合，增强了材料的刚度，改善了尺寸稳定性，使得这种材料有希望在具有放射性和热暴露的空间工作。

用EIM-5石墨纤维增强聚砜、聚砜醚、聚芳砜等可以制造发动机排气导管，其中聚砜醚的弯曲疲劳性能优于环氧石墨纤维复合材料。

总之，用热塑性聚合物做复合材料的基体，将是发展复合材料的一个重要方面，特别是从材料来源、节约能源和经济效益上来考虑，发展这类复合材料具有重要意义。

2.2.2 金属基体

金属基复合材料学科是一门相对较新的材料学科，它涉及材料表面、界面、相变、凝固、塑性变形和断裂力学等。金属基复合材料大规模的研究与开发工作初始于20世纪80年代，它的发展与现代科学技术和高技术产业的发展密切相关，特别是航天、航空、电子、汽车以及先进武器系统的迅速发展，对材料提出了更高的性能要求。除了要求材料具有一些特殊的性能外，还要具有优良的综合性能，有力地促进了先进复合材料的迅速发展。如航天技术和先进武器系统的迅速发展，对轻质高强结构材料的需求十分强烈。由于航天装置越来越大，结构材料的结构效率变得更为重要。宇航构件的结构强度、刚度随构件线性尺寸的平方增加，而构件的重量随线性尺寸的立方增加，为了保持构件的强度和刚度就必须采用高比强度、高比刚度和轻质高性能结构材料。又如电子技术的迅速发展，大规模集成电路器件的发展，集成度越来越高，功率也越来越大，器件的散热成为阻碍集成电路迅速发展的关键，需要热膨胀系数小、热导率高的电子封装材料。

单一的金属、陶瓷、高分子等工程材料均难以满足这些迅速发展的性能要求。为了克服单一材料性能上的局限性，充分发挥各种材料特性，弥补其不足，人们已越来越多地根据零构件的功能要求和工况条件，设计和选择两种或两种以上化学、物理性能不同的材料按一定的方式、比例、分布结合成复合材料，充分发挥各组成材料的优良特性，弥补其短处，使复合材料具有单一材料所无法达到的特殊和综合性能，以满足各种特殊和综合性能需求。如用高强度、高模量的硼纤维、碳（石墨）纤维增强铝基、镁基复合材料，既保留了铝、镁合金的轻质、导热、导电性，又充分发挥增强纤维的高强度、高模量，获得高比强度、高比模量、导热、导电、热膨胀系数小的金属基复合材料。这种材料在航天飞机和人造卫星构件上的应用，取得了巨大成功。B/Al复合材料管材用于航天飞机主仓框架，降低重量44%。Gr/Mg复合材料用于人造卫星抛物面无线骨架，使无线效率提高539%。金属作为基体材料起着固结增强物、传递和承受各种载荷（力、热、电）的作用。基体在复合材料中占有很大的体积分数。在连续纤维增强金属基复合材料中基体占50%～70%的体积，一般占60%左右最佳。颗粒增强金属基复合材料中根据不同的性能要求，基体含量可在40%～90%变化。多数颗粒增强金属基复合材料的基体占80%～90%。而晶须、短纤维增强金属基复合材料基体含量在70%以上，一般在80%～90%。金属基体的选择对复合材料的性能有决定性的作用，金属基体的密度、强度、塑性、导热、导电性、耐热性、抗腐蚀性等均将影响复合材料的比强度、比刚度、耐高温、导热、导电等性能。因此在设计和制备复合材料时，需充分了解和考虑金属基体的化学、物理特性以及与增强物的相容性等，以便正确合理地选择基体材料和制备方法。

2.2.2.1 金属基复合材料的基体材料选择

金属与合金的品种繁多，目前用作金属基复合材料的金属有铝、镁等轻金属及其合金，铜、铅基复合材料，主要研究方向为以钛、镍以及金属间化合物为基体的高温金属基复合材料。基体材料成分的选择对能否充分发挥基体金属和增强物性能特点，获得预期的优异综合性能，满足使用要求都十分重要。在选择基体金属时应考虑以下几方面。

（1）金属基复合材料的使用要求　金属基复合材料构（零）件的使用性能要求是选择金属基体最重要的依据。宇航、航空、先进武器、电子、汽车技术领域和不同的工况条件对复合材料构件的性能要求有很大的差异。在航天、航空领域高比强度、比模量、尺寸稳定性是最重要的性能要求。作为航天飞行器和卫星构件宜选用密度较小的轻金属合金——镁合金和铝合金作为基体，与高强度、高模量的石墨纤维、硼纤维等组成石墨/镁、石墨/铝、硼/铝等连续纤维复合材料，可用于航天飞行器、卫星的结构件。

在汽车发动机中要求其零件耐热、耐磨、热膨胀系数小、导热、具有一定的高温强度等，同时又要求成本低廉，适合于批量生产，因此选用铝合金作基体材料与陶瓷颗粒、短纤维组成复合材料。如碳化硅/铝复合材料、碳纤维/氧化铝/铝复合材料可用来制造发动机活塞、缸套、连杆等零件。

高性能发动机则要求复合材料不仅有高比强度、比模量，还要求复合材料具有优良的耐高温持久性能，能在高温氧化性气氛中长期工作。一般的铝、镁合金就不宜选用，通常选用钛基合金或镍基合金以及金属间化合物做基体材料。增强体选用碳化硅纤维、钨丝等。如碳化硅/钛、钨丝/镍基超合金复合材料可用于喷气发动机叶片、转轴等重要零件。

工业集成电路需要高导热、低膨胀的金属基复合材料作为散热元件和基板。选用具有高热导率的银、铜、铝等金属为基体与高导热性、低热膨胀的超高模量石墨纤维、金刚石纤维、碳化硅颗粒复合成具有低热膨胀系数和高热导率、高比强度、高比模量等性能的金属基复合材料。

（2）金属基复合材料组成特点　由于增强物的形态和增强机理不同，在基体材料的选择上有很大差别。对于连续纤维增强金属基复合材料，纤维是主要承载体，纤维本身具有很高的强度和模量，如高强度碳纤维最高强度已达7GPa，超高模量石墨纤维的弹性模量已高达900GPa，而金属基体的强度和模量远远低于纤维的强度和模量。因此，在连续纤维增强金属基复合材料中基体的主要作用是保证纤维的性能充分发挥，要求基体本身有好的塑性以及与纤维有良好的相容性，但并不需要基体本身有高强度和高模量，也不需要基体金属具有热处理强化等性质。如碳纤维增强铝基复合材料中纯铝或含有少量合金元素的铝合金作为基体要比高强度铝合金做基体组成的复合材料性能好得多。且在碳/铝复合材料基体合金优化过程研究中发现，铝合金的强度越高，复合材料的性能越低，这与基体和纤维界面状态、脆性相的存在、基体本身的塑性有关。而对于非连续增强（颗粒、晶须、短纤维）金属基复合材料，金属基体是主要承载体，基体的强度对材料性能具有决定性的影响。因此要获得高性能的金属基复合材料必须选用高强度铝合金为基体，这与连续纤维增强金属基复合材料基体的选择完全不同。如颗粒增强铝基复合材料一般选用高强度的铝合金为基体。

总之，针对不同的增强体系，要充分分析和考虑增强物的特点来正确选择基体合金。

（3）基体与增强体之间的相容性　复合材料的兼容性是指在加工与使用过程中，复合材料中的各组分之间相互配合的程度。复合材料的兼容性包括两大方面：物理兼容性和化学兼容性。在金属基复合材料的制备过程中，大部分增强相与基体材料本身并不是兼容的，在制造复合材料时，如果不能对界面进行一定的修整，它将很难使这些材料相得到很好地复合而制得复合材料。在某些金属基复合材料中，增强相与基体金属之间结合是很差的，必须予以加强。而对于那些由活性本身很强的成分制成的金属基复合材料，其关键是避免界面上过度的化学反应，因为这将降低材料的性能。这个问题通常是通过表面处理或涂覆增强剂或改变基体合金成分的方法予以解决。对蠕变强度低的基体，采用高压低温工艺也可获得良好的固结和黏合。如硼/镁或钨/铜等复合材料，因两相之间不发生反应，不相溶，因而可以采用熔液渗透法制造。

化学兼容性主要是与复合材料加工制造过程中的界面结合、界面化学反应以及环境的化学反应等因素有关。在高温复合过程中，金属基体与增强材料会发生不同程度的界面反应，生成脆性相。基体金属中含有的不同类型的合金元素也会与增强材料发生不同程度的反应，生成各类反应产物，这些产物往往对复合材料的性能有一定的危害，即常说的基体与增强体之间的化学兼容性不好。如在碳纤维增强纯铝基复合材料中添加少量的钛、锆等元素即能明显改善复合材料的界面结构和性质，也能大大提高复合材料的性能。铁、镍等是能促进碳石墨化的元素，在高温时它们能促进碳纤维石墨化，从而破坏碳纤维结构，使其丧失原有的强度，因此，在选择铁、镍基体的增强材料时，不宜选碳纤维作为增强材料。

物理兼容性问题是指基体应有足够的韧性和强度，从而能够将外部结构载荷均匀地传递到增强物上，不会有明显的不连续现象。此外，由于裂纹或位错移动，在基体上产生的局部应力不应该在纤维上形成高的局部应力。对很多应用来说，要求基体的机械性能应包括高的延展性和屈服性。基体与增强体之间的一个非常重要的物理兼容性问题就是热相容，它是指基体与增强体在热膨胀方面相互配合的程度。因此，通常所用的基体材料是韧性较好的材料，而且也最好是有较高的热膨胀系数。这是因为对热膨胀系数较高的材料而言，从较高的加工温度冷却时将受到张应力。对于脆性材料的增强体，一般多是抗压强度大于抗拉强度，处于压缩状态比较有利。而像钛这类高屈服强度的基体，一般却要求避免高的残余热应力，因而其热膨胀系数不应相差过大。

2.2.2.2 结构复合材料的基体

以金属为基体的复合材料具有优异的耐热、导热、导电以及力学性能，其比模量可以与聚合物基复合材料相媲美，而且也不存在聚合物基复合材料的老化、变质、耐热性不够高、传热性差、尺寸不够稳定等缺点，因此可应用于航空航天及国防工业等高技术领域。

用于各种航天、航空、汽车、先进武器等结构件的复合材料一般均要求有高的比强度和比模量、有高的结构效率，因此大多选用铝及铝合金、镁及镁合金作为基体金属。目前研究发展较成熟的金属基复合材料主要是铝基、镁基复合材料，用它们制成各种高比强度、高比模量的轻型结构件。在发动机、特别是燃气轮机中所需要的结构材料是热结构材料，要求复合材料零件在高温下连续安全工作，工作温度在650～1200℃，同时要求复合材料有良好的抗氧化、抗蠕变、耐疲劳和良好的高温力学性能。铝、镁复合材料一般只能用在450℃左右，钛合金基体复合材料可用到650℃，而镍、钴基复合材料可在1200℃使用。正在研究的金属间化合物为热结构复合材料的基体。

结构用金属基复合材料的基体，大致可分为轻金属基体和耐热合金基体两大类。

(1) 用于450℃以下的轻金属基体　目前研究发展最成熟、应用最广泛的金属基复合材料是铝基和镁基复合材料，用于航天飞机、人造卫星、空间站、汽车发动机零件、刹车盘等，并已形成工业规模生产。对于不同类型的复合材料应选用合适的铝、镁合金基体。连续纤维增强金属复合材料一般选用纯铝或含合金元素少的单相铝合金，而颗粒、晶须增强金属基复合材料则选择具有高强度的铝合金。各种牌号铝、镁合金的成分和性能列于表2-30中。

表 2-30　各种牌号铝、镁合金的成分和性能

合金牌号	主要成分/%						密度/(g/cm³)	热膨胀系数/10⁻⁶K⁻¹	热导率/[W/(m·K)]	抗拉强度/MPa	模量/MPa
	Al	Mg	Si	Zn	Cu	Mn					
工业纯铝Al3	99.5	—	0.8	—	0.016	—	2.6	22～25.6	218～226	60～108	70
LF6	余量	5.8～6.8	—	—	—	0.5～0.8	9.64	22.8	117	330～360	66.7
LY12	余量	1.2～1.8	—	—	3.8～4.9	0.3～0.9	2.8	22.7	121～198	172～549	68～71
LC4	余量	1.8～2.8	—	5～7	1.4～2.0	0.2～0.6	2.85	28.1	155	209～618	66～71
LD2	余量	0.45～0.9	0.5～1.2	—	0.2～0.6		2.7	23.5	155～176	347～679	70
LD10	余量	0.4～0.8	0.6～1.2	—	3.9～4.8	0.4～1.0	2.3	22.5	159	411～504	71
ZL101	余量	0.2～0.4	6.5～7.5	0.3	0.2	0.5	2.66	23.0	155	165～275	69
ZL104	余量	0.17～0.3	8.0～10.5	—	—	—	2.65	21.7	147	255～275	69
MB2	0.6～0.4	余量	—	0.2～0.8	—	0.15～0.5	1.78	26	96	245～264	40
MB15		余量	—	5.0～6.0	—	0.15～0.5	1.83	20.9	121	326～340	44
ZM5	7.5～9.0	余量	—	0.2～0.8	—	—	1.81	26.8	78.5	157～254	41
ZM8	—	余量	—	5.5～6.0	—	—	1.89	26.5	109	310	42

(2) 用于450～700℃的复合材料的金属基体　钛合金具有密度小、耐腐蚀、耐氧化、强度高等特点，是一种可在450～700℃温度下使用的合金，在航天发动机等零件上使用。用高性能碳化硅纤维、碳化钛颗粒、硼化钛颗粒增强钛合金，可以获得更高的高温性能。美国已成功地试制成碳化硅纤维增强钛复合材料，用它制成的叶片和传动轴等零件可用于高性能发动机。

现已用于钛基复合材料的钛合金的成分和性能如表2-31所示。

表 2-31　钛合金的成分和性能

合金牌号	主要成分/%						密度/(g/cm³)	热膨胀系数/10⁻⁶K⁻¹	热导率/[W/(m·K)]	抗拉强度/MPa	弹性模量/MPa
	Mo	Al	V	Cr	Zr	Ti					
工业纯钛TAl	—	—	—	—	—	余量	4.51	8.0	16.3	345～685	100
TC1	—	1.0～2.5	—	—	—	余量	4.55	8.0	10.2	411～753	118
TC3	—	4.5～6.0	3.5～4.5	—	—	余量	4.45	8.4	8.4	991	118
TC11	2.8～3.8	5.8～7.0	—	—	0.3～2.0	余量	4.48	9.3	6.3	1080～1225	123
TB2	4.8～5.8	2.5～3.5	4.8～5.8	7.5～8.5	—	余量	4.83	8.5	8.9	912～961	110
ZTC4	—	5.5～6.8	3.5～4.5	—	—	余量	4.40	8.9	8.6	940	114

(3) 用于1000℃以上的高温复合材料的金属基体　用于1000℃以上的高温金属基复合材料的基体材料主要是镍基、铁基耐热合金和金属间化合物，较成熟的是镍基、铁基高温合金，金属间化合物基复合材料尚处于研究阶段。镍基高温合金是广泛使用于各种燃气轮机的重要材料。用钨丝、钍钨丝增强镍基合金可以大幅度提高其高温持久性能和高温蠕变性能，其性能一般可提高1～3倍，主要用于高性能航空发动机叶片等重要零件。高温金属基复合材料的基体合金的成分和性能列于表2-32中。

表2-32　高温金属基复合材料的基体合金成分和性能

基体合金及成分	密度/(g/cm^3)	持久强度/MPa (1100℃,100h)	高温比强度/$(m\times10^3)$ (1100℃,100h)
Zh36 Ni-12.5Cr-7W-4.8Mo-5Al-2.5Ti	12.5	138	112.5
EPD-16 Ni-11W-6Al/6Cr-2Mo-1.5Nb	8.3	51	63.5
Nimocast713C Ni-12.5Cr-2.5Fe/2Nb-4Mo-6Al-1Ti	8.0	48	61.3
Mar-M322E Co-21.5Cr-25W-10Ni-3.5Ta-0.8Ti	—	48	—
Ni-35W-15Cr-2Al-2Ti	9.15	23	25.4

金属间化合物、铌合金等金属现也正在作为更高温度下使用的金属基复合材料的基体被研究。

2.2.2.3　功能用金属基复合材料的基体

功能用金属基复合材料随着电子、信息、能源、汽车等工业技术的不断发展，越来越受到各方面的重视，面临广阔的发展前景。这些高技术领域的发展要求材料和器件具有优良的综合物理性能，如同时具有高力学性能、高导热、低热膨胀、高电导率、高抗电弧烧蚀性、高摩擦系数和耐磨性等。单靠金属与合金难以具有优良的综合物理性能，而要靠优化设计和先进制造技术将金属和增强物做成复合材料来满足要求。例如，电子领域的集成电路，由于电子器件的集成度越来越高，单位体积中的元件数不断增多，功率增大，发热严重，需用热膨胀系数小、导热性好的材料做基板和封装零件，以便将热量迅速传走，避免产生热应力，来提高器件可靠性。又如汽车发动机零件要求耐磨、导热性好、热膨胀系数适当等，这些均可通过材料的组合设计来达到。

由于工况条件不同，所需用的材料体系和基体合金也不同，目前已有功能金属基复合材料（不含双金属复合材料）主要用于微电子技术的电子封装，用于高导热、耐电弧烧蚀的集电材料和触头材料，耐高温摩擦的耐磨材料，耐腐蚀的电池极板材料等。主要选用的金属基体是纯铝及铝合金、纯铜及铜合金、银、铅、锌等金属。

用于电子封装的金属基复合材料有：高碳化硅颗粒含量的铝基（SiC_p/Al）、铜基（SiC_p/Cu）复合材料，高模、超高模石墨纤维增强铝基（Gr/Al）、铜基（Gr/Cu）复合材料，金刚石颗粒或多晶金刚石纤维铝、铜复合材料，硼/铝复合材料等，其基体主要是纯铝和纯铜。

用于耐磨零部件的金属基复合材料有：碳化硅、氧化铝、石墨颗粒、晶须、纤维等增强铝、镁、铜、锌、铅等金属基复合材料，所用金属基体主要是常用的铝、镁、锌、铜、铅等金属及合金。

用于集电和电触头的金属基复合材料有：碳（石墨）纤维、金属丝、陶瓷颗粒增强铝、铜、银及合金等。

功能用金属基复合材料所用的金属基体均具有良好的导热、导电性和良好的力学性能，但有热膨胀系数大、耐电弧烧蚀性差等缺点。通过在这些基体中加入导热性好、弹性模量大、热膨胀系数小的石墨纤维、碳化硅颗粒就可使这类复合材料具有很高的热导率（与纯铝、铜相比）和很小的热膨胀系数，满足了集成电封装散热的需要。

总之，在考虑复合材料性能的同时，也要注意增强体和基体的性能。一般来说，金属基的强度可以通过各种强化方法（如合金化和热处理强化等）来提高，但是，对于弹性模量，即使通过合金化，多数情况下也很难奏效。因此，加入增强体制备复合材料在提高强度的同时，希望弹性模量也要相应得到提高。选用高温合金基体或难熔金属基体时，复合材料的使用温度可以大大提高，高温性能得到明显改善。选用低密度的轻金属（如 Al、Mg、Ti 等）基体时，制备的复合材料具有很高的比强度和比模量。随着功能金属基复合材料研究的发展，将会出现更多品种。表 2-33 为金属基复合材料的各基体金属的性能。

表 2-33　金属基复合材料的各基体金属的性能

金　属	密度 /(g/cm^3)	熔点 /℃	比热容 /[kJ/(kg·℃)]	热导率 /[W/(m·K)]	热膨胀系数 /$10^{-1}K^{-1}$	抗拉强度 /(N/mm^2)	弹性模量 /(kN/mm^2)
Al	2.8	580	0.96	171	23.4	310	70
Cu	8.9	1080	0.38	391	17.6	340	120
Pb	11.3	320	0.13	33	28.8	20	10
Mg	1.7	570	1.00	76	25.2	280	40
Ni	8.9	1440	0.46	62	13.3	760	210
Nb	8.6	2470	0.25	55	6.8	280	100
钢	7.8	1460	0.46	29	13.3	2070	210
超合金	8.3	1390	0.42	19	10.7	1100	210
Ta	16.6	2990	0.17	55	6.5	410	190
Sn	7.2	230	0.21	64	23.4	10	40
Ti	4.4	1650	0.59	7	9.5	1170	110
W	19.4	3410	0.13	168	4.5	1520	410
Zn	6.6	390	0.42	112	27.4	280	70

2.2.3　无机非金属基体

2.2.3.1　无机胶凝材料

无机胶凝材料是指凡是自身经过一系列物理、化学作用，或与其他物质（如水等）混合后一起经过一系列物理、化学作用，能由浆体变成坚硬的固体，并能将散粒材料或块、片状材料胶结成整体的物质。无机胶凝材料一般可分为水硬性胶凝材料和非水硬性胶凝材料两大类。非水硬性胶凝材料只能在空气中硬化，而不能在水中硬化，统称气硬性胶凝材料，如石灰、石膏、镁质胶凝材料等。水硬性胶凝材料既能在空气中硬化，又能在水中硬化，如硅酸盐水泥、铝酸盐水泥、硫铝酸盐水泥等。随着科学技术的发展，胶凝材料的类型和品种及其应用范围在不断扩大。

无机胶凝材料作为一种重要的原材料，一直受到人们的重视，它不仅广泛地应用于工业与民用建筑、水工建筑和城市建设，而且还可以制成铁枕、电杆、坑木、压力管、水泥船以及海洋开发的各种构造物等，同时也是一系列大型现代化设施和国防工程不可缺少的材料。无机胶凝材料之所以能得到不断发展，还因为它具有下列特点。

① 原料丰富，能就地取材，生产成本低；

② 耐久性好，适应性强，可用于水中、海洋以及炎热、寒冷的环境；

③ 耐火性好；

④ 维修工作量小，折旧费用低；

⑤ 作为基材组合或复合其他材料的能力强，如纤维增强胶凝材料、聚合物增强胶凝材料、纤维-聚合物-胶凝材料多元复合等；

⑥ 可有效地利用工业废渣。

在无机胶凝材料基增强材料中，研究和应用最多的是纤维增强水泥基增强材料。它是以水泥净浆、砂浆或混凝土为基体，以短切纤维或连续纤维为增强材料组成的。用无机胶凝材料作基体制成纤维增强材料已有初步应用，主要集中在建筑工程、军事工程、装饰及水利等方面，但其长期耐久性尚待进一步提高，其成型工艺尚待进一步完善，其应用领域有待进一步开发。无机胶凝材料作为一种复合材料基体，随着胶凝材料科学和复合材料科学的发展，它必将产生新的飞跃。

与树脂相比，水泥基体有如下特征。

① 水泥基体为多孔体系，其孔隙尺寸可由数“埃”到数百“埃”。孔隙存在不仅会影响基体本身的性能，也会影响纤维与基体的界面黏结。

② 纤维与水泥的弹性模量比不大，因水泥的弹性模量比树脂的高，对多数有机纤维而言，与水泥的弹性模量比甚至小于1，这意味着在纤维增强水泥复合材料中应力的传递效应远不如纤维增强树脂。

③ 水泥基材的断裂延伸率较低，仅是树脂基材的1/20～1/10，故在纤维尚未从水泥基材中拔出拉断前，水泥基材即已开裂。

④ 水泥基材中含有粉末或颗粒状的物料，与纤维成点接触，故纤维的掺量受到很大限制。树脂基体在未固化前是黏稠液体，可较好地浸透纤维中，故纤维的掺量可高些。

⑤ 水泥基材呈碱性，对金属纤维可起保护作用，但对大多数矿物纤维是不利的。

水泥基体与增强用纤维性能比较见表2-34。

表 2-34 几种增强水泥基体用纤维和水泥性能比

纤维名称	容积密度 /(g/cm^3)	抗拉强度 /MPa	弹性模量 /MPa	极限延伸率 /%
低碳钢纤维	7.8	2000	200	3.5
不锈钢纤维	7.8	2100	160	3.0

续表

纤维名称	容积密度/(g/cm^3)	抗拉强度/MPa	弹性模量/MPa	极限延伸率/%
温石棉纤维	2.6	500～1800	150～170	2.0～3.0
青石棉纤维	3.4	700～2500	170～200	2.0～3.0
抗碱玻璃纤维	2.7	1400～2500	70～80	2.0～3.5
中碱玻璃纤维	2.6	1000～2000	60～70	3.0～4.0
无碱玻璃纤维	2.54	3000～3500	72～77	3.6～4.8
高模量纤维	1.9	1800	380	0.5
聚丙烯单丝	1.9	2600	230	1.0
Kevlar-49	1.45	2900	133	2.1
Kevlar-29	1.44	2900	69	4.0
尼龙单丝	1.1	900	4	13.0～15.0
基体材料	—	—	—	—
水泥净浆	2.0～2.2	3～6	10～25	0.01～0.05
水泥砂浆	2.2～2.3	2～4	25～35	0.005～0.015
水泥混凝土	2.3～2.46	1～4	30～40	0.01～0.02

水泥水化过程是相当复杂的，其物理化学变化是多种多样的。这里仅以模型的形式综合论述水泥水化机理。

在硅酸盐熟料中，硅酸盐矿物硅酸三钙（简写为 C_3S）、硅酸二钙（简写为 C_2S）约占75%，铝酸三钙（简写为 C_3A）和铁铝酸四钙（简写为 C_4AF）的固溶体约占20%，硅酸三钙和硅酸二钙的主要水化反应产物是水化硅酸钙与氢氧化钙，即 $Ca(OH)_2$ 的晶体。

两种硅酸盐的水化反应可大致用下式表示：

$$3CaO \cdot SiO_2 + nH_2O \longrightarrow x \cdot CaO \cdot 2SiO_2 \cdot yH_2O + (3-x)\ Ca(OH)_2 \quad (1)$$

$$2CaO \cdot SiO_2 + mH_2O \longrightarrow x \cdot CaO \cdot 2SiO_2 \cdot yH_2O + (2-x)\ Ca(OH)_2 \quad (2)$$

CSH（1）式型是早期的水泥石中主要成分，系由熟料粒子向外辐射的针、刺、柱、管状的晶体，长0.5～2μm，宽一般小于0.2μm，在末端变细，常在尖端有分叉。

CSH（2）式型与CSH（1）式型往往同时出现，粒子互相啮合成网络状。CSH（2）式型以集合体出现，粒径小于0.3μm，是不规则的等大粒子。早期大量生成 $Ca(OH)_2$，初生成时，为六角形的薄片，宽度由几十微米到100多微米，以后逐渐增厚并失去六角形轮廓。$Ca(OH)_2$ 晶体与水化硅酸钙交叉在一起，对水泥石的强度和集料颗粒、纤维的胶结起着主要作用。CSH纤维状晶体，在水泥石长期水化中，仍继续存在，并且还可生长发育，有的可长达几十微米。长纤维网络起着改善水泥石本身强度和变形的作用。

水泥中的铁铝酸盐相在水化时，可生成形态与结晶完全不同的三种水化产物：“钙矾石”、“单硫相”和“水化石榴石的固溶体”。

由于硅酸盐水泥水化过程中产生大量 $Ca(OH)_2$，故其水泥石孔隙液相的pH值很高，一般在12.5～13.0。

硫铝酸盐熟料的主要矿物成分为无水硫铝酸钙[$3CaO \cdot 3Al_2O_3 \cdot CaSO_4$，简写为$C_4A_3(SO_3)$]与$\beta$-$C_2S$。当85%～90%的硫铝酸盐熟料与10%～15%的二水石膏粉磨可得硫铝酸盐型早强水泥。在水化时，无水硫酸钙与二水石膏反应生成钙矾石与铝胶（简写为AH_3）。其反应式如下：

$$3CaO \cdot 3Al_2O_3 \cdot CaSO_4 + 2CaSO_4 \cdot 2H_2O + 34H_2O \longrightarrow 3CaO \cdot Al_2O_3 \cdot 3CaSO_4 \cdot 32H_2O + 2Al_2O_3 \cdot 3H_2O$$

另外，$Ca(OH)_2$与铝胶、二水石膏反应生成钙矾石，其反应式如下：

$$Ca(OH)_2 + Al_2O_3 \cdot 3H_2O + CaSO_4 \cdot 2H_2O \longrightarrow 3CaO \cdot Al_2O_3 \cdot 3CaSO_4 \cdot 32H_2O$$

由于硫铝酸盐早强水泥中的石膏含量不足，故全部$Ca(OH)_2$被结合生成钙矾石，因此，这种水泥硬化体孔隙中液相的pH值为11.5左右。

硫铝酸盐型低碱水泥是由30%～40%的硫铝酸盐熟料与30%～70%的硬石膏制成的。由于此种水泥的石膏含量较高，故β-$2CaO \cdot SiO_2$水化生成的$Ca(OH)_2$，几乎皆可与铝胶、石膏反应生成钙矾石，故使硬化体孔隙中液相pH值只有10.5左右。

在各种水泥水化生成物中，只有钙矾石的孔隙中液相pH值是最低的，因此，到目前为止，硫铝酸盐型低碱水泥是水硬性胶凝材料中碱度最低的一种。

氯氧镁水泥基复合材料是以氯氧镁水泥为基体，以各种类型的纤维增强材料及不同外加剂所组成的一种多相固体材料，属于无机胶凝材料基复合材料。它具有质量轻、强度高、不燃烧、成本低和生产工艺简单等优点。

氯氧镁水泥，也称镁水泥，至今已有120多年的历史。它是MgO-$MgCl_2$-H_2O三元体系。多年来因其水化物的耐水性较差，限制了它的开发和应用。近年来，人们通过研究，在配方中引入不同类型的抗水性外加剂，改进生产工艺，使其抗水性大幅度提高，使得氯氧镁水泥复合材料从单一轻型屋面材料，发展到复合地板、玻璃瓦、浴缸和风管等多种制品。

氯氧镁水泥中的主要成分是菱苦土（MgO），它是菱镁矿石经800～850℃煅烧而成的一种气硬性胶凝材料。我国菱镁矿资源蕴藏丰富，截止到1986年底统计，我国菱镁矿勘察储量达28亿吨，占世界储量的30%。主要分布在辽宁、山东、四川、河北、新疆等地，其中辽宁约占全国储量的35%，开发利用这一巨大的资源优势，对于推动GRc复合材料的发展将起到不可估量的作用。

目前，镁水泥复合材料广泛采用的是玻璃纤维、石棉纤维和木质纤维作增强材料，为改善制品性能还填加各种粉状填料（如滑石粉、二氧化硅粉等）及抗水性外加剂。其生产方法，根据所用纤维材料的形式不同而异，有铺网法（即用玻璃纤维网格布增强水泥砂浆）、喷射法（即用连续纤维切短后与水泥砂浆同时喷射到模具中）、预拌法（即短切纤维与水泥砂浆通过机械搅拌混合后，浇注到模具中）。

2.2.3.2 陶瓷材料

陶瓷是人类生活和生产中不可缺少的一种重要材料。从陶瓷的发明至今已有数千年的历史。日用陶瓷、建筑陶瓷和电磁等都是传统陶瓷，由于这类陶瓷使用的主要原料是自然界的硅酸盐矿物（如黏土、长石、石英等），所以又可归属于硅酸盐类材料基制品的范畴。陶瓷工业可与玻璃、水泥、搪瓷、耐火材料等工业同属“硅酸盐工业”范畴。

随着近代科学技术的发展，出现了许多新的陶瓷品种，如氧化物陶瓷、压电陶瓷、金属陶瓷等各种结构和功能陶瓷。这些新型陶瓷使用的原料不再是硅酸盐矿物，而是碳化物、氧化物、硼化物和砷化物等。

陶瓷的概念在国际上并无统一的概念，在中国及一些欧洲国家，陶瓷仅包括普通陶瓷和特种陶瓷两大类制品，而在日本和美国，陶瓷一词则泛指所有无机非金属材料制品，除传统意义的陶瓷外，还包括耐火材料、水泥、玻璃、搪瓷等。

陶瓷是金属和非金属元素的固体化合物，其键合为共价键或离子键，与金属不同，它们不含有大量电子。一般而言，陶瓷具有比金属更高的熔点和硬度，化学性质非常稳定，耐热性、抗老化性皆佳。通常陶瓷是绝缘体，在高温下也可以导电，但比金属导电性差得多。虽然陶瓷的许多性能优于金属，但它也存在致命的弱点，即脆性强，韧性差，很容易因存在裂纹、空隙、杂质等细微缺陷而破碎，引起不可预测的灾难性后果，因而大大限制了陶瓷作为承载结构材料的应用。

近年来的研究结构表明，在陶瓷基体中添加其他成分，如陶瓷粒子、纤维或晶须，可提高陶瓷的韧性。粒子增强虽能使陶瓷的韧性有所提高，但效果并不显著。20世纪40年代，美国电话系统常常发生短路故障，检查发现在蓄电池极板表面出现一种针状结晶物质。进一步的研究结果表明，这种结晶与基体极板金属结晶相似，但强度和模量都很高，并呈胡须状，故命名晶须。最常用的晶须是碳化物晶须，其强度大，容易掺混在陶瓷基体中，已成功地用于增强多种陶瓷。

用作基体材料使用的陶瓷一般应具有优异的耐高温性质、与纤维或晶须之间有良好的界面相容性以及较好的工艺性能等，常用的陶瓷基体主要包括玻璃、玻璃陶瓷、氧化物陶瓷、非氧化物陶瓷等。

① 玻璃　玻璃是通过无机材料高温烧结而成的一种陶瓷材料。与其他陶瓷材料不同，玻璃在熔体后不经结晶而冷却成为坚硬的无机材料，即具有非晶态结构是玻璃的特征之一。在玻璃坯体的烧结过程中，由于复杂的物理化学反应产生不平衡的酸性和碱性氧化物的熔融液相，其黏度较大，并在冷却过程中进一步迅速增大。一般当黏度增大到一定程度（约10^{12} Pa·s）时，熔体硬化并转变为具有固体性质的无定形物体即玻璃。此时相应的温度称为玻璃化转变温度（T_g）。当温度低于T_g时，玻璃表现出脆性。加热时玻璃熔体的黏度降低，在达到某一黏度（约10^8 Pa·s）所对应的温度时，玻璃显著软化，这一温度称为软化温度（T_f）。T_g和T_f的高低主要取决于玻璃的成分。

② 玻璃陶瓷　许多无机玻璃可以通过适当的热处理使其由非晶态转变为晶态，这一过程称为反玻璃化。由于反玻璃化使玻璃成为多晶体，透光性变差，而且因体积变化还会产生内应力，影响材料强度，所以通常应当避免发生反玻璃化过程。但对于某些玻璃，反玻璃化过程可以控制，最后能够得到无残余应力的微晶玻璃，这种材料称为玻璃陶瓷。为了实现反玻璃化，需要加入成核剂（如TiO_2）。玻璃陶瓷具有热膨胀系数小、力学性能好和热导率较大等特点，玻璃陶瓷基复合材料的研究在国内外都受到重视。

③ 氧化物陶瓷　作为基体材料使用的氧化物陶瓷主要有Al_2O_3、MgO、SiO_2、ZrO_2、莫来石（即富铝红柱石，化学式为$3Al_2O_3 \cdot 2SiO_2$）等，它们的熔点在2000℃以上。氧化物陶瓷主要为单相多晶结构，除晶相外，可能还含有少量气相（气孔），微晶氧化物的强度较高，粗晶结构使晶界面上的残余应力较大，对强度不利，氧化物陶瓷的强度随环境温度升高而降低，但在1000℃以下降低较小。这类陶瓷复合材料应避免在高压力和高温环境下使用。这是由于Al_2O_3和ZrO_2的抗热振性较差，SiO_2在高温下容易发生蠕变和相变。虽然莫来石具有较好的抗蠕变性能和较低的热膨胀系数，但使用温度也不宜超过1200℃。

④ 非氧化物陶瓷　非氧化物陶瓷是指不含氧的氮化物、碳化物、硼化物和硅化物。它们的特点是耐火性和耐磨性好，硬度高，但脆性也很强。碳化物和硼化物的抗热氧化温度约900～1000℃，氮化物略低，硅化物的表面能形成氧化硅膜，所以抗热氧化温度达1300～1700℃。氮化硼具有类似石墨的六方结构，在高温（1360℃）和高压作用下可转变成立方结构的β-氮化硼，耐热温度高达2000℃，硬度极高，可作为金刚石的代用品。

第 3 章 复合材料的界面

3.1 界面和界面的形成

界面（包括晶界和相界面）是复合材料极为重要的微观结构，它作为增强体与基体连接的“桥梁”，对复合材料的物理机械性能有至关重要的影响。界面的原子结构、化学成分和原子键合不同于界面两侧的增强体和基体，界面的性质也与界面两侧有很大的差别，而且在界面上更容易发生化学反应。因此，只有深入了解界面的几何特征、化学键合、界面结构、界面稳定性与界面反应及其影响因素，才能在更深的层次上理解界面与材料性能之间的关系，进一步达到发展新型高性能复合材料的目的。与此同时，界面研究的成果不仅会给复合机理的研究带来促进作用，而且这项工作的深入开展还关系到研究物质表面结构与性能的现代新技术和新仪器的进展。

3.1.1 界面和界相

复合材料的界面（interface）是指基体与增强物之间化学成分有显著变化的、构成彼此结合的、能起载荷传递作用的微小区域。复合材料的界面并不是一个单纯的几何面，而是一个多层结构的过渡区域。在此区域，物质的微观结构和性质与增强体不同，也与基体有区别，而另成一相或几相，常称为界相（interfacial phase；interphase）。确切的定义可以叙述如下：界相区是从与增强体内部性质不同的各个点开始，直到与基体内整体性质相一致的各个点之间组成的区域。界相区的宽度可能从几十纳米到 1 微米，甚至几十微米。界面区物质的微观结构和性质主要取决于基体和增强体的结构和性质、增强体的表面处理以及复合材料的制备工艺等。

图 3-1 是增强体纤维与基体之间界面区示意图。在复合材料制备过程中给定的热学、化学和力学条件下，形成了结构和性质有别于基体和纤维的界面区。从基体和纤维材料向界面区的过渡可能是连续变化，也可能是不连续变化的。因而，它们之间可能不存在确切的分界，也可能有局部的确切边界。在某些情况下，现有的测试分辨本领并不能显示确切的界面区域，而只能观察到基体与纤维之间相互接触的“模糊”边界线。

在本书随后的阐述中，为方便起见，除非特别指明，“界面”和“界相区”或“界相”具有相同的含义。

界面是复合材料的特征，可将界面的机能归纳为以下几种效应。

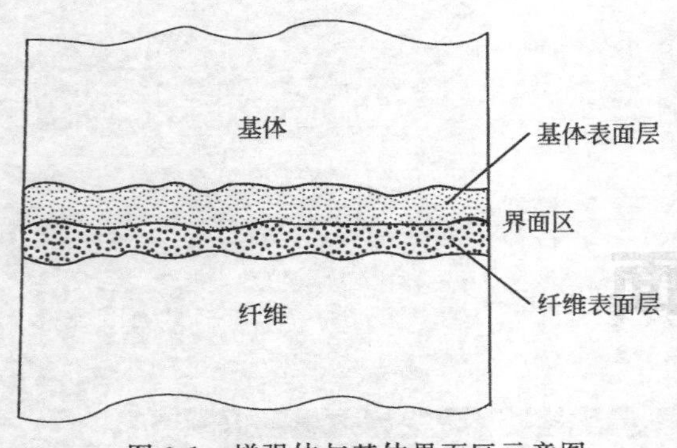

图 3-1 增强体与基体界面区示意图

① 传递效应：界面可将复合材料体系中基体承受的外力传递给增强相，起到基体和增强相之间的桥梁作用。

② 阻断效应：基体和增强相之间结合力适当的界面有阻止裂纹扩展、减缓应力集中的作用。

③ 不连续效应：在界面上产生物理性能的不连续性和界面摩擦出现的现象，如抗电性、电感应性、磁性、耐热性和磁场尺寸稳定性等。

④ 散射和吸收效应：光波、声波、热弹性波、冲击波等在界面产生散射和吸收，如透光性、隔热性、隔声性、耐机械冲击性等。

⑤ 诱导效应：一种物质（通常是增强物）的表面结构使另一种（通常是聚合物基体）与之接触的物质的结构由于诱导作用而发生改变，由此产生一些现象，如强弹性、低膨胀性、耐热性和冲击性等。

界面效应是任何一种单一材料所没有的特性，它对复合材料具有重要的作用。界面效应既与界面结合状态、形态和物理-化学性质有关，也与复合材料各组分的浸润性、相容性、扩散性等密切相关。

界面上的化学成分是很复杂的。除了基体、增强物及涂层中的元素外，还有基体中的合金元素和杂质、由环境带来的杂质。这些成分或以原始状态存在，或重新组合成新的化合物。

界面的结构更加复杂多样。界面通常包含以下几个部分：基体和增强物的部分原始接触面；基体与增强物相互作用生成的反应产物，此产物与基体及增强物的接触面；基体和增强物的互扩散层；增强物上的表面涂层；基体和增强物上的氧化物及它们的反应产物之间的接触面等。

界面的结合状态和强度对复合材料的性能有重要影响。对于每一种复合材料都要求有合适的界面结合强度。许多因素影响着界面结合强度，如表面几何形状、分布状况、纹理结构，表面吸附气体和蒸气程度，表面吸水情况，表面杂质，表面形态（形成与块状物不同的表面层），在界面的溶解、渗透、扩散和化学反应，表面层的力学特性；润湿速度等。

界面结合较差的复合材料大多呈剪切破坏，且在材料的断面可观察到脱黏、纤维拔出、纤维应力松弛等现象。界面结合过强的复合材料则呈脆性断裂，也降低了复合材料的整体性能。界面最佳态的衡量是当受力发生开裂时，裂纹能转化为区域化而不进一步界面脱黏；即这时的复合材料具有最大断裂能和一定的韧性。因此，在研究和设计界面时，不应只追求界面结合，而应考虑到最优化和最佳综合性能。

3.1.2 界面的形成机理

3.1.2.1 界面的形成

复合材料体系对界面要求各不相同，它们的成形加工方法与工艺差别很大，各有特点，使复合材料界面形成过程十分复杂，理论上可分为以下两个阶段。

第一阶段：增强体与基体在组分为液态（或黏流态）时的接触与浸润过程。在复合材料的制备过程中，要求组分间能牢固地结合，并有足够的强度。要实现这一点，必须要使材料在界面上形成能量最低结合，通常都存在一个液态对固体的相互浸润。所谓浸润，即把不同的液滴放到不同的固态表面上，有时液滴会立即铺展开来，遮盖固体的表面，这一现象称为“浸润”。

第二阶段：液态（或黏流态）组分的固化过程，即凝固或化学反应。固化阶段受第一阶段的影响，同时它也直接决定着所形成的界面层的结构。以热固性树脂的固化过程为例，固化剂所在位置是固化反应的中心，固化反应从中心以辐射状向四周扩展，最后形成中心密度大、边缘密度小的非均匀固化结构，密度大的部分称为胶束或胶粒，密度小的称为胶絮。

3.1.2.2　界面的形成机理

复合材料中纤维与基体材料的界面结合（bonding）和界面黏结（adhesive）来源于两种组成物相接触表面之间的化学结合或物理结合或兼而有之。结合机理一直是人们关心的问题，目前有许多理论，但还不能说已达到完善的程度。

（1）界面浸润理论　两个电中性物体之间的物理吸附可以用液体对固体表面的润湿来描述。由润湿引起的界面结合是电子在原子级尺度的、很短程范围的范德华力或酸-碱相互作用。这种相互作用发生在组成物原子之间相互距离在几个原子直径内或者直接相互接触的情况。对于由聚合物树脂或熔融金属制备的复合材料，在制备过程的浸渍阶段，基体材料对固体纤维的润湿是必要条件。

从热力学观点来考虑两个结合面与其表面能的关系，一般用表面张力来表征。表面张力即为温度和体积不变的情况下，自由能随表面积增加的增量。

$$\gamma = (\partial F/\partial A)_{T,V} \tag{3-1}$$

式中，γ 为表面张力；F 为自由能；A 为面积；T 和 V 分别为温度和体积。

当两个结合面结合了，则体系中由于减少了两个表面和增加了一个界面使自由能降低了。体系由于两个表面结合而导致自由能的下降定义为黏合功 W_A。

$$W_A = \gamma_S + \gamma_L - \gamma_{SL}$$

式中，γ_S、γ_L和 γ_{SL}分别代表固-气、液-气和固-液界面的表面自由能。如图 3-2 所示，θ 角为接触角。当 $\theta>90°$，液体不能润湿固体；$\theta=180°$，固体表面完全不能被液体润湿；当 $\theta<90°$，液体能润湿固体；$\theta=0°$，液体完全平铺在固体表面。

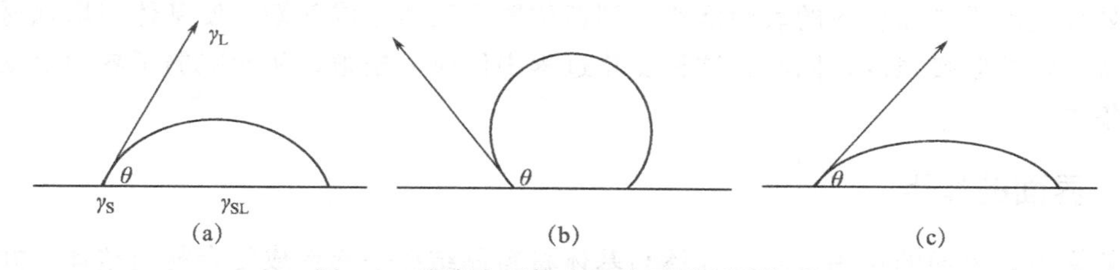

图 3-2　液滴在固体表面的不同润湿情况

根据力的合成：

$$\gamma_L\cos\theta = \gamma_S - \gamma_{SL} \tag{3-2}$$

黏合功可表示为：

$$W_A = \gamma_S + \gamma_L - \gamma_{SL} = \gamma_L(1+\cos\theta) \tag{3-3}$$

黏合功 W_A的大小直接反映了液体与固体之间能量问题的含义。即黏合功越大，相互作用越强。Zisman（1964 年）提出了产生良好结合的两个条件，即：①液体黏度要尽量低；②γ_S略大于 γ_L。

对真实复合材料，仅仅考虑用纤维表面与液态基体之间的热动力学来讨论润湿是不够的。因为复合材料是由大量集束在一起的微细纤维包埋于基体之中而构成。因而，除了基体对纤维有适当的润湿性能，在纤维与基体间产生好的界面黏结外，另一个要点是在复合材料制备过程中基体充分渗入到纤维束内部的能力。纤维之间的微小间隙能产生很大的毛细管力，促使基体的渗入，毛细管作用的大小与液体的表面张力和毛细管的有效半径直接相关。

(2) 物理吸附理论　理论认为，增强体与树脂之间结合属于机械铰合和基于次价键作用的物理吸附。偶联剂的作用主要是促进基体与增强体表面的完全浸润。当两个表面相互接触后，由于表面粗糙不平将发生机械互锁。很显然表面越粗糙，互锁作用越强，因此机械黏结作用越有效。

(3) 化学键理论　化学键理论是最老的界面理论，也是应用最广的理论。主要理论是处理增强剂表面的偶联剂应既含有能与增强剂起化学作用的官能团，又含有能与树脂基体起化学作用的官能团。在复合材料组分之间发生化学作用，在界面上形成共价键结合。在理论上可获得最强的界面黏结能（210～220J/mol）。例如使用乙基三氯硅烷和烯丙基烷氧基硅烷作偶联剂于不饱和树脂玻璃纤维增强的复合材料中，结构表明含有不饱和双键的硅烷制品的强度比含饱和双键的强度高出几乎两倍，显著地改善了树脂、玻璃两相间的界面结合状态。在无偶联剂存在时，如果基体与纤维表面可以发生化学反应，那么它们也能够形成牢固的界面。这种理论的实质即强调增加界面的化学作用是改进复合材料性能的关键。化学键理论在偶联剂选择方面有一定的指导意义。但是化学键理论不能解释为什么有的处理剂官能团不能与树脂反应却仍有较好的处理效果。

(4) 变形层理论　增强材料经处理剂处理后，能减缓热应力和内应力的作用，因此一些研究者对界面的形成及其作用提出了一种理论认为：处理剂在界面形成了一层塑性层，它能松弛界面的应力，减小界面应力的作用，这种理论称为“变形层理论”。此理论对聚合物基的石墨碳纤维复合材料较为适用。

(5) 拘束层理论　该理论认为，界面区（包括处理剂部分）的模量介于高模量增强材料和低模量基体材料之间的中等模量物质，能起到均匀传递应力，从而减弱界面应力的作用，这种理论或称为“抑制层理论”。

(6) 减弱界面局部应力作用理论　处理剂提供了一种具有自愈能力的化学键，这种化学键在外加载荷的作用下，处于不断断裂和形成的动态平衡中，即界面化学键在外力作用下断裂后，处理剂能沿增强材料的表面滑移，到新位置后又能形成新键，使基体与增强材料之间仍能保持一定的胶接强度，同时在这种变化过程中使应力松弛，从而减弱了界面上某些部位的应力集中。

3.1.3 界面的作用

一般来说，界面的作用是将增强体与基体材料黏结在一起形成复合材料整体，并承担将负载从基体传递到纤维。在某些情况下，偏转基体中裂缝的传播方向是界面的主要作用。

对以增强为目标的复合材料，人们寻求各种方法和技术增强纤维和基体之间的结合，以便界面能有效地传递应力。高界面强度，包括界面剪切强度和横向拉伸强度，被认为是获得高性能复合材料的必要条件。这对于高性能纤维增强聚合物基体复合材料大多是合理的。最常用的方法是纤维表面处理，赋予纤维表面新的物理或化学性质，以便与基体材料形成更牢固的结合。例如对玻璃纤维的偶联剂处理使纤维表面与基体之间发生化学反应，形成强界面结合。碳纤维的表面处理，例如氧化处理、等离子体刻蚀等，改善了纤维表面的化学或/和物理性质，能显著地增强碳纤维与聚合物间的界面结合。对高性能聚合物纤维，则常用化学刻蚀、化学接枝、等离子处理和交联剂等技术改善表面化学活性和物理性质，以达到与聚合物基体的强界面结合。

界面强结合的另一个作用是在复合材料使用过程中，对恶劣环境（力学、温度和湿度等工作条件）有强抵御性能。

对金属基复合材料，通常也要求具有高强界面结合。界面的作用同样是保证可靠的应力传递。在高温制备过程中界面区的反应产物一般有利于增强界面的化学结合，但降低了复合材料的总体力学性能。所以，需要在各项所期待具备的性能之中取一个折中，在复合材料的设计和制备时，适当控制界面化学反应。

有一类复合材料，例如陶瓷基复合材料，增强剂的加入主要是为了改善材料的韧性。这时，要求复合材料的界面有弱结合，由于低界面结合强度产生的纤维/基体脱结合，偏转裂缝传播方向和纤维拔出等现象增强了材料的韧性。界面结合强度对复合材料破坏过程和结果所起的作用可用图 3-3 说明。如果陶瓷基体与纤维之间有很强的界面结合，在复合材料某点产生的裂缝将快速穿越复合材料整体，产生平面状的断裂面［如图 3-3（a）］。换句话说，纤维/基体的强界面结合不允许在破坏过程中有额外的能量消耗，亦即具有强界面结合的陶瓷基复合材料的断裂过程是一种低能量断裂过程，与纯陶瓷材料的断裂情况没有什么不同。这种情况下，如果纤维的模量并不是显著高于基体，材料并无任何增韧效果。如果界面是弱结合，界面将起到阻滞裂缝传播的作用。由于脱黏合的发生，使得裂缝转向与其原始方向相垂直的方向传播［如图 3-3（b）］。此时，产生与原有裂缝相垂直的二次裂缝（亦即沿界面的裂缝），并消耗了额外的能量，总的断裂能增大了，材料获得韧性。

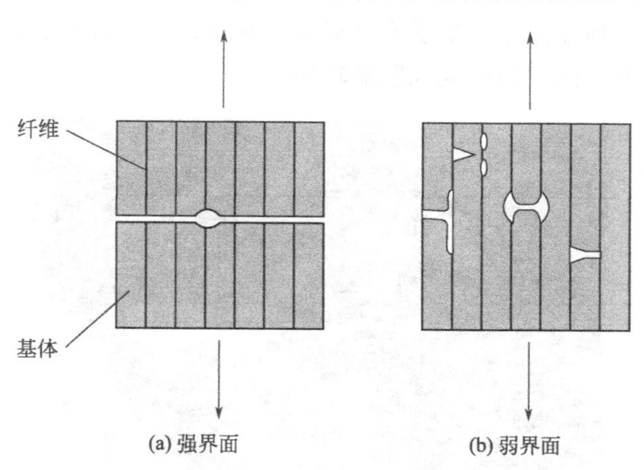

图 3-3 复合材料界面结合的断裂情况

为了获得弱结合的界面，必须避免纤维/基体间界面的化学反应或减弱反应的程度。常用的方法是在制备复合材料之前，在纤维表面涂布一层覆盖物。例如，在碳化硅纤维表面涂布碳薄层能有效地控制复合材料界面的力学性能，例如强度和韧性。

复合材料的性能取决于所选用的基体和增强材料的性质，以及制备过程中形成的它们之间的界面。对于给定的基体和增强体系统，界面的结构和性质是影响复合材料性能的决定性因素。复合材料的研究和生产人员希望通过控制界面获得所期望的复合材料性能。因此，对复合材料界面行为的研究常常成为复合材料领域的核心问题。

3.2 界面的微观结构

复合材料的界面是包含着两相之间过渡区域的三维界面相，是复合材料在热学、化学和力学环境下形成的微结构。界面的组成、性能、结合方式以及界面结合强度对复合材料的力学性能和破坏行为有重大影响。

3.2.1 聚合物基复合材料

3.2.1.1 聚合物基复合材料界面的特点

① 大多数界面为物理黏结，结合强度较低，结合力主要来自如色散力、偶极力、氢键等物理黏结力。偶联剂与纤维的结合（化学反应或氢键）也不稳定，可能被环境（水、化学介质等）破坏。

② PMC 的界面一般在较低温度下使用，其界面可保持相对稳定。

③ PMC 中增强剂本身一般不与基体材料反应。

3.2.1.2 聚合物基复合材料界面的微观结构

界面微区结构和特性对聚合物基复合材料的各种宏观性能起着关键作用。国内外学者利用高分辨率电镜、原子力显微镜等现代分析手段对界面微观结构进行了表征。例如，由纯丙烯酸纤维和丙烯酸-乙烯共混物基体制得的 PP/PP 复合材料能获得合格的超薄切片。用 RuO_4 对切片作重金属染色，切片的 TEM 图像如图 3-4 所示，其右下方为纤维。图像显示了在基体靠近纤维区域的穿晶层。它们规则排列，垂直于纤维表面，层厚约为 10nm。在这类复合材料中，没有观察到如同金属基复合材料中常常出现的具有明显边界的界相区和颗粒状界面产物。一般情况下，图像的衬度也明显较弱。

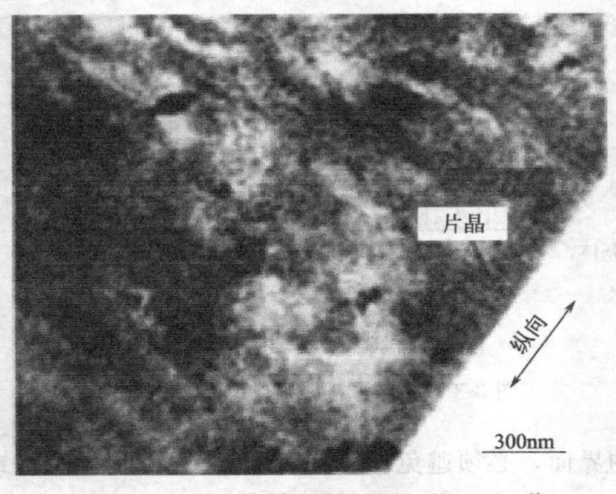

图 3-4 PP/PP 复合材料界面区的 TEM 像

3.2.1.3 聚合物基复合材料界面的破坏机理

复合材料的破坏机理要从纤维、基体及界面在载荷作用和介质作用下的变化来进行研究，其中，了解界面破坏的机理很重要，因为纤维和基体是通过界面构成一个复合材料整体的。

微裂纹受到外界因素作用时，其扩展的过程将逐渐贯穿基体，最后到达纤维表面。在此过程中，随着裂纹的发展，将逐渐消耗能量，并且由于能量的流散而减缓裂纹的发展，同时可减小对纤维的冲击。假设没有能量的消耗，能量集中于裂纹尖端上，就穿透纤维，导致纤维及复合材料破坏，属于脆性破坏特性（如图3-5）。通过提高碳纤维和环氧树脂的黏结强度，就能观察到这种脆性破坏。当裂纹在界面上被阻止，由于界面脱黏（界面黏结被破坏）而消耗能量，这是一种能量耗散的方式（如图3-6）。此外，裂纹能量的耗散还可以通过以下方式，如纤维的拔出、增强体与基体之间的摩擦、界面的可塑性变形等。如果界面黏结太强，在应力作用下，材料破坏过程中正增长的裂纹容易扩散到界面，直接冲击材料而发生脆性断裂。如果界面的黏结强度适当，使增强材料的裂纹沿着界面扩展，形成了曲折的路径，耗散较多的能量，则可提高韧性。因此，不能为了提高材料的拉伸、抗弯曲强度而片面地提高界面的黏结强度，应从综合的性能出发，设计适度的界面黏结。

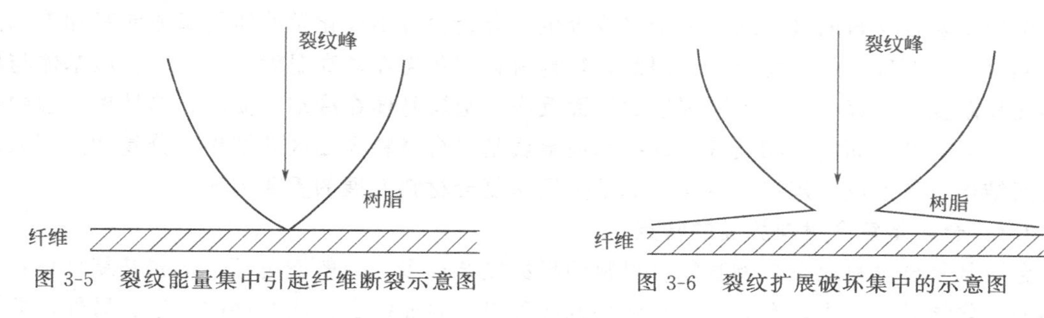

图3-5 裂纹能量集中引起纤维断裂示意图　　图3-6 裂纹扩展破坏集中的示意图

3.2.1.4 聚合物基复合材料的界面设计

控制界面层结构来调整界面性能，以适应不同环境的需要，是纤维增强聚合物基复合材料的研究目的之一。在聚合物基复合材料的设计中，首先应考虑如何改善增强材料与基体间的浸润性、界面黏结、减小残余应力等。

（1）改善基体对增强材料的浸润程度　在制备聚合物基复合材料时，一般是把热塑性聚合物（液态树脂）或热固性预聚体均匀地浸渍或涂刷在增强材料上。树脂对增强材料的浸润性是指树脂能否均匀地分布在增强材料的周围，这是树脂与增强材料能否形成良好黏结的重要前提。

（2）适度的界面结合强度　增强体与基体之间形成较好的界面黏结，才能保证应力从基体传递到增强材料、充分发挥纤维束中每根纤维同时承受外力的作用。

（3）减少复合材料中产生的残余应力　复合材料成型后，由于基体的固化或凝固发生体积收缩或膨胀（通常为收缩），而增强体则体积相对稳定使界面产生内应力；同时又因增强体与基体之间存在热导率、热膨胀系数、弹性模量、泊松比等的差异，在不同环境温度下界面产生热应力。这两种应力的加和总称为界面残余应力。前一种情况下，如果基体发生收缩，则复合材料基体受拉应力，增强体受压应力，界面受剪切应力。后一种情况下，通常是基体膨胀系数大于增强体，在成型温度较高的情况下，复合材料基体受拉应力，增强体受压应力，界面受剪切应力。但随着使用温度的增高，热应力向反方向变化。

可以选择纤维或基体的种类，尽量使纤维与基体之间的热膨胀系数相匹配从而降低界面残余应力；另外还可以在纤维与基体之间引入柔性界面层，来吸收并松弛残余应力。

（4）减缓界面区域的应力集中　由于界面两侧材料弹性常数的不连续性，界面极易产生应力集中，因此界面的周围又往往是复合材料内部损伤与缺陷的多发区。一般认为，复合材料受到外力作用时基体将产生复杂的应变，基体应变通过界面对纤维施加影响，载荷通过界面的剪切应变传递到纤维上，此时，纤维端部的界面剪切应力最大，剪切应力从纤维的端部向中部逐渐衰减，纤维的端部存在高度的应力集中，从而影响了复合材料的整体性能，这方面的界面控制主要集中于界面层的模量及厚度等方面。

J. Chang 等研究发现，界面层厚度大约为 0.12μm 时复合材料的抗冲击强度达到最大而抗层间剪切强度刚刚开始下降，界面层模量影响不大。T. Drall 在研究中发现，柔性界面层可以使集中于界面的应力得到分散，使应力均匀地传递。这是由于柔性界面层在应力的作用下可以产生形变，能够吸收使界面外微裂纹增长的能量。

3.2.2 金属基复合材料

金属基复合材料的基体通常为金属或合金，合金含有不同化学性质的组成元素和不同的相，同时又具有较高的熔化温度。因此，复合材料制备需在较高温度下进行，金属基体与增强体在高温复合时容易发生不同程度的界面反应，金属基体在冷却、凝固、热处理过程中还会发生元素扩散、固溶、相变等。这些均使金属基复合材料界面区的结构十分复杂。深入研究界面结构、界面反应规律、界面性能是金属基复合材料发展的重要内容。

3.2.2.1 金属基复合材料界面的特点

金属基复合材料比聚合物基复合材料的界面复杂得多。一般情况下，金属基复合材料是以界面的化学结合为主，有时也会有两种或两种以上界面结合方式并存的现象。另外，即使对于相同的组分、相同的工艺制备的复合材料，对应于不同的部位其界面结构也有较大的差别。

通常可以将金属基复合材料界面的类型分成三种，如表 3-1 所示。其中，Ⅰ类增强物与基体既互不反应也互不溶解，相对而言比较平整，而且只有分子层厚度，界面除了原组成物质外，基本上不含其他物质。Ⅱ类增强物与基体不反应但能互相溶解，界面为原组成物质构成的犬牙交错的溶解扩散界面，基体的合金元素和杂质可能在界面上富集或贫化。Ⅲ类增强物与基体互相反应生成的界面反应物有亚微级左右的界面反应产物层，各类界面间无严格的界限，在不同条件同样组成的物质可构成不同类型的界面。

表 3-1 金属基纤维复合材料界面的类型

类型Ⅰ	类型Ⅱ	类型Ⅲ
纤维与基体互不反应亦不溶解	纤维与基体互不反应，但相互溶解	纤维与基体反应形成界面反应层
钨丝/铜		钨丝/铜-钛合金
Al_2O_3纤维/铜		碳纤维/铝（>580℃）
Al_2O_3纤维/银	镀铬的钨丝/铜	Al_2O_3纤维/钛
硼纤维（表面涂 BN）/铝	碳纤维/镍	硼纤维/钛
不锈钢丝/铝	钨丝/镍	硼纤维/钛-铝
SiC 纤维/铝	合金共晶体丝/同一合金	SiC 纤维/钛
硼纤维/铝		SiO_2纤维/铝
硼纤维/镁		

金属基复合材料的界面结合类型与聚合物基复合材料有所不同，其界面结合大致可以分为以下三种类型。

① 机械结合理论：即基体与增强相既不相互反应也不互溶的第Ⅰ类界面。主要依靠增强剂的粗糙表面的机械“锚固”力和基体的收缩应力来“包紧”增强剂所产生的摩擦力而结合。界面粗糙度对结合力起决定作用，因此，表面刻蚀的增强体比光滑表面构成的复合材料强度大2～3倍。但是这种结合只有载荷平行于界面时承担的应力大，而垂直于界面时承担的应力非常小。

② 浸润与溶解结合理论：基体与增强相之间发生润湿，相互溶解而形成界面结合的第Ⅱ类界面。纤维与基体的相互作用力短，只有几个原子间距。增强体存在氧化物膜，使增强体与基体不润湿，需要破坏氧化物层才能使增强体与基体润湿并产生一定的结合力。在增强体表面能很小时，采用表面镀层处理（如CVD）使两相之间的接触角小于90°，产生润湿，形成一定的结合作用力。

③ 化学反应结合：基体与增强相之间发生化学反应，生成新的化合物层（界面反应层）的第Ⅲ类界面。界面反应层往往不是单一的化合物，如硼纤维增强钛铝合金，在界面反应层内有多种反应产物。一般情况下，随反应程度增加，界面结合强度亦增大，但由于界面反应产物多为脆性物质，所以当界面层达到一定厚度时，界面上的残余应力可使界面破坏，反而降低界面结合强度。

在实际情况中，界面的结合方式往往不是单纯的一种类型。例如，将硼纤维增强铝材料于500℃进行热处理，可以发现在原来机械结合的界面上出现了AlB_2，表面热处理过程中界面上发生了化学反应。

3.2.2.2 金属基复合材料界面的微观结构

基于增强性能的目标不同，金属基复合材料除选用不同的基体和增强体组合外，还采用各种各样、种类繁多的制作工艺。不同原材料和制作工艺的复合材料总是包含有本身特性的界面微观结构。金属基复合材料大都在高温下成型，在界面区常常形成有确定宽度的第三相（界面层）甚至第四相（次界面层）物质。此外，由于发生化学反应，产生孤立于界相的新的化合物或结晶颗粒也是其特性之一。

① 有界面反应产物的界面微结构　多数金属基复合材料在制备过程中发生不同程度的界面反应。轻微的界面反应能有效地改善金属基体与增强体的浸润和结合，是有利的；严重界面反应将造成增强体的损伤和形成脆性界面相等，十分有害；界面反应通常是在局部区域中发生的，形成粒状、棒状、片状的反应产物，而不是同时在增强体和基体相接触的界面上发生层状物。只有严重的界面反应才可能形成界面反应层。

碳/铝复合材料典型界面微结构如图3-7所示。当制备工艺参数控制合适时，界面反应轻微，界面形成少量细小的Al_4C_3，如图3-7（a）所示。制备时温度过高、冷却速度过慢将发生严重的界面反应，形成大量条块状Al_4C_3，如图3-7（b）所示。

② 有元素偏聚和析出相的界面微结构　由于增强体表面吸附作用，基体金属中合金元素在增强体的表面富集，为在界面区生成析出相创造了有利条件。在碳纤维增强铝或镁复合材料中均可发现界面上有Al_2Cu、$Mg_{17}Al_{12}$化合物析出相存在。图3-8为碳/镁复合材料界面析出物形貌，可清晰地看到界面上条状和块状的$Mg_{17}Al_{12}$析出相。

③ 增强体与基体直接进行原子结合的界面结构　只有少数金属基复合材料才有完全无反应或析出相的界面结构，如C/Cu电沉积热压扩散结合复合材料，如图3-9为其界面电子显微镜图。C与Cu的界面为直接原子结合，界面平直，无反应物和中间相存在。

大多数金属基复合材料中既存在大量的直接原子结合的界面，又存在反应产物等其他类型的界面结构。

(a)快速冷却23℃/min

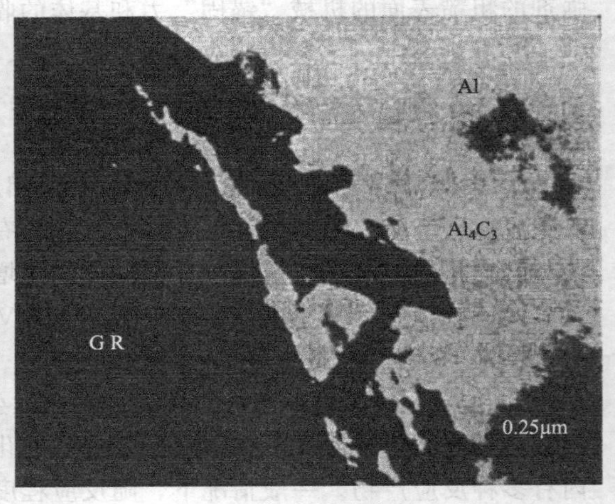

(b)慢速冷却6.5℃/min

图 3-7 碳/铝复合材料典型界面微结构图

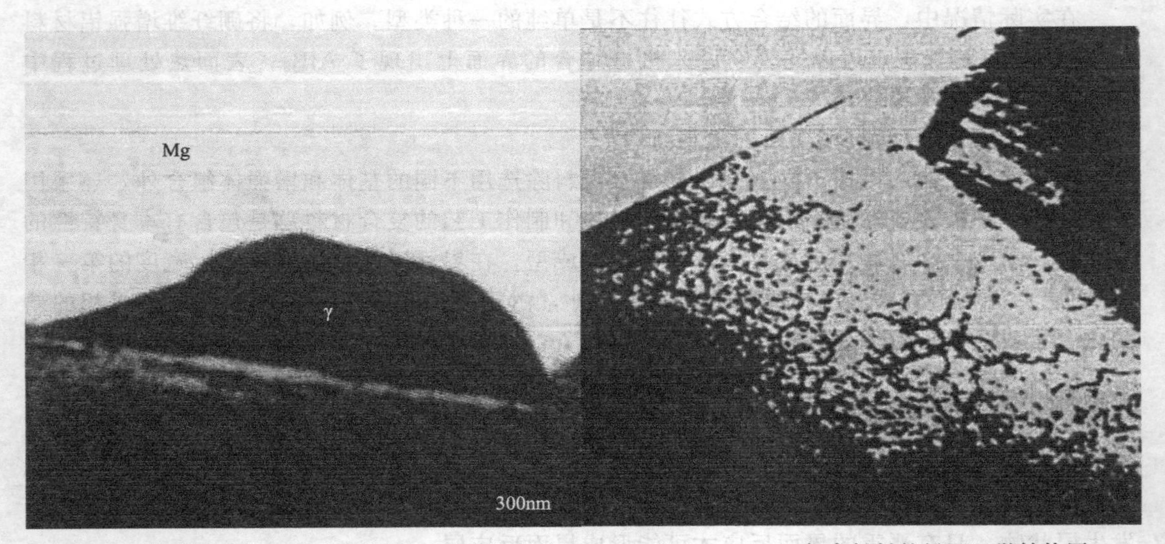

图 3-8 碳/镁（含铝）复合材料界面析出物形貌　　图 3-9 C/Cu 复合材料的界面显微结构图

3.2.2.3 金属基复合材料界面的稳定性

金属基复合材料的主要特点在于它比树脂基复合材料的使用温度高。对金属基复合材料的界面要求是在高温环境下能够长时间保持稳定。影响 MMC 界面稳定性的因素包括物理和化学两个方面。

(1) 物理方面的不稳定因素

① 主要指在高温条件下增强纤维与基体之间的熔融。例如，钨丝增强镍基合金，在 1100℃左右使用 50h，则钨丝直径仅为原来的 60%，强度明显降低，表明钨丝已经溶入镍合金基体中。在某些场合，这种互溶现象不一定产生不良的效果。例如，钨铼合金丝增强铌合金时，钨也会溶入铌中，但由于形成很强的钨铌合金，对钨丝的强度损失起到补偿作用，强度不变或还有所提高。

② 界面上的溶解作用有时还会出现先溶解再析出的现象。在界面上的溶解再析出过程可使增强物的聚集态形貌和结构发生变化，对性能产生极大的影响。例如，碳纤维增强镍复合材料，在高温下（600℃以上）碳会先溶入镍，而后又析出，析出的碳都变成石墨结构，同时由于碳变石墨使密度增大留下了空隙，为镍渗入碳纤维扩散聚集提供了位置，致使碳纤维的强度严重降低。而且随着温度的提高，镍渗入量的增加，碳纤维强度急剧下降。

（2）化学方面的不稳定因素　化学不稳定因素主要是复合材料在加工工艺和使用过程中发生的界面化学作用所致。增强材料与基体发生界面反应时，当形成大量脆性化合物，削弱界面的作用，界面在应力作用下发生，引起增强材料的断裂，从而影响复合材料性能的稳定性。界面反应的发生不仅与增强材料和基体的性质有关，还与反应的温度、时间有关。

① 连续界面反应　MMC 在制备过程中，或在热处理过程，也可在高温使用过程，增强材料与基体的界面反应连续进行。连续界面反应可以发生在基体或增强材料一侧，也可以在基体和增强材料界面上同时进行。影响 MMC 连续界面反应的因素主要有温度、时间。反应的量会随温度的变化和时间的长短发生变化。这类界面反应的典型如 C_f/Ni、B_f/Ti、C_f/Al 以及 SiC_f/Ti 等。观察发生深度界面反应后碳纤维/铝材料的断口时发现，虽然碳纤维表面受到刻蚀，但内部并无明显变化，即反应发生在碳纤维一侧。在硼纤维/钛材料中，则可以观察到硼向外扩散以致在纤维内部产生空隙的现象，表明反应发生在靠近基体一侧。

② 交换式界面反应　主要出现在基体为含有两个或两个以上元素的合金中。增强纤维优先与合金基体中某一元素反应，使含有该元素的化合物在界面层富集，而在界面层附近的合金基体中缺少这种元素，导致非界面化合物的其他元素在界面附近富集。同时，化合物的元素与基体中的元素不断发生交换反应，直至达到平衡。这是一个扩散入和排斥出界面层的过程。例如，碳纤维/铝钛铜合金材料中，由于碳与钛反应的自由能低，故优先生成碳化钛，使得界面附近的铝、铜富集。

③ 暂稳态界面　一般由于增强材料表面局部氧化造成。比如硼纤维增强铝，由于硼纤维上吸附有氧，并生成 BO_2。由于铝的活性强，可以还原 BO_2，生成 Al_2O_3，这种界面结合称为氧化结合；在长期热效应作用下，BO_2 的氧化膜会发生球化，这种局部球化也会影响材料性能。这种暂稳态界面属于准Ⅰ类界面。在 B_4C_p/Mg、SiC_f 或 SiC_w/Al 中也同样会出现这种暂稳态界面的变化，往往要注意这种界面不稳定性对 MMC 性能的影响。

界面结合状态对金属基复合材料沿纤维方向的抗张强度影响很大，对剪切强度、疲劳性能等也有不同程度的影响。表 3-2 为碳纤维增强铝材料的界面结合状态与抗张强度、断口形貌的关系。显然，界面结合强度过高或过低都不利，适当的界面结合强度有利于获得最佳的抗张强度。一般情况下，界面结合强度越高，沿纤维方向的剪切强度越大。在交变载荷作用下，复合材料界面的松脱会导致纤维与基体之间摩擦生热加剧破坏过程。因此就改善复合材料的疲劳性能而言，界面结合强度稍强一些为好。

表 3-2　碳纤维增强铝的抗张强度和断口形貌

结合状态	拉伸强度/MPa	断口形貌
不良结合	206	纤维大量拔出，长度很长，呈刷子状
结合适中	612	纤维有拔出现象，并有一定长度，铝基体有缩颈现象，并可发现劈裂状
结合稍强	470	出现不规则断面，并可看到很短的拔出纤维

续表

结合状态	拉伸强度/MPa	断口形貌
结合太强	224	典型脆性形式，平断口

3.2.2.4 金属基复合材料的界面设计

改善增强剂与基体的润湿性以及控制界面反应的速度和反应产物的数量，防止严重危害复合材料性能的界面或界面层的产生，进一步进行复合材料的界面设计，是金属基复合材料界面研究的重要内容。从界面优化的观点来看，增强剂与基体在润湿后又能发生适当的界面反应，达到化学结合，有利于增强界面结合，提高复合材料的性能。解决途径主要有纤维的表面涂层处理、金属基体的合金化及制备工艺和参数控制。

(1) 对增强材料进行表面处理　在增强材料组元上预先涂层以改善增强材料与基体的浸润性，同时涂层还应起到防止发生反应的阻挡层作用。

(2) 金属基体合金化　改变基体的合金成分，造成某一元素在界面上富集形成阻挡层来控制界面反应。一般基体改性合金化元素应考虑为与增强材料组成元素化学位相近的元素，这样亲和力大，容易发生润湿，此外化学位是推动反应的位能，差别小，发生反应的可能性小。

(3) 优化制备工艺方法和参数　优化制备工艺方法和严格控制工艺参数是优化界面结构和控制界面反应最重要的途径。由于高温下金属和增强体的化学活性很高，温度越高，反应越强，高温停留时间越长，反应越严重。因此在保证复合良好的情况下，制备温度应尽可能低，高温保持时间应尽可能短，在界面反应温度范围，冷却速度尽可能快，低于反应温度后，冷却应缓慢，以避免产生较大残余应力，影响材料性能。

3.2.3 无机非金属基复合材料

传统水泥和混凝土在得到广泛应用的同时，也因其脆性大，抗拉和抗冲击性能差以及凝固时易开裂等弱点而严重影响了它在许多工程中的应用。由于用纤维增强这类材料能明显改善这些缺陷，因此有关此项目的研究和应用得到了迅猛发展。纤维对水泥制品性能改善的机理目前尚未达成共识，但如同纤维增强其他基体复合材料一样，纤维与基体界面之间的作用是至关重要的。

3.2.3.1 化学纤维增强水泥基复合材料界面

化学纤维经过改性可以明显加强与水泥之间的化学或物理的黏结。通过 SEM 观察还可发现，碳纤维和聚酰胺纤维与水泥的结合都要比 PP 纤维好。碳纤维/水泥复合材料呈现完全脆性断裂形态，而聚酰胺纤维则会出现显著的由网状纤化物形成的原纤化现象。高强高模聚乙烯纤维与水泥黏结较弱，拔出后会留下光滑孔洞，且有严重的塑性变形。

3.2.3.2 钢纤维增强水泥石基体界面

钢纤维混凝土中，钢纤维表面一定厚度区域内混凝土结构与基体结构并不完全相同，赵尚传等对该区域进行了逐层逐点的研究与测试（如图 3-10），发现钢纤维表面一定厚度区域内存在薄弱疏松的空间结构区，即界面层，在混凝土受力过程中，界面层的存在使得纤维与基体间的应力传递得以维系。

国内学者已对界面层的结构、成分和性能进行了研究分析。谢建斌等通过 SEM 试验，将钢纤维混凝土界面层描述为多空隙和微裂纹结构，且厚度不均匀、结构疏松。李永鹏等进一步发现，界面区除含有C—S—H凝胶以及$Ca(OH)_2$晶体外，还存在较多针刺状的钙矾石晶体（AFt）。针对界面区的形成，东南大学的孙伟教授分析提出，纤维表面的界面层主要是由水泥水化产生的$Ca(OH)_2$晶体发生选择性定向排列并堆积而成。由于钢纤维与水的结合性更好，钢纤维表面会先形成一层水膜，然后水化产物以渗透扩散的方式进入该水膜，导致界面层的水灰比远大于基体，硬化后其结构疏松多孔，成为复合增强材料中的薄弱区域。

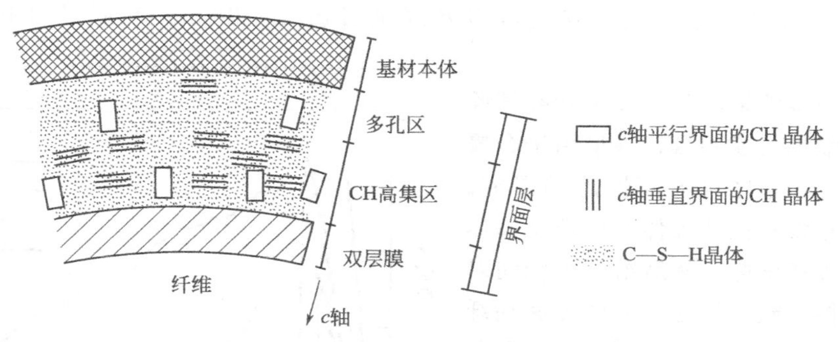

图3-10　钢纤维-水泥基体界面微观结构示意图

郭文峰等将界面区的薄弱解释为：大尺寸CH晶体无约束生长、富集导致孔隙率增大；C—S—H晶体含量降低且与纤维表面接触点减少，造成界面区域中原始裂隙点增多变大，从而大大削弱了界面区的致密性。高丹盈从界面微观结构角度出发，认为界面区中由六方晶片构成的CH晶体存在界面，使得钢纤维与混凝土基体界面区受到钢纤维传递的剪应力作用时极易失效破坏。

3.2.3.3　纤维与基体水泥间的相互作用

① 纤维间距≥两倍界面层厚度，各纤维的界面层将保持自身性状，互无干扰。

② 纤维间距＜两倍界面层厚度，由于界面层间互相交错、搭接，产生叠加效应，不同程度地引起界面层弱谷变浅，对界面层产生强化效应。

③ 纤维-集料间距＜两倍界面层厚度，也会产生界面层强化效应。

纤维间距＜两倍界面层厚度，则界面黏结强度、界面黏结刚度，纤维脱黏与拔出所做的功等力学行为均有不同程度的提高；纤维间距≥两倍界面层厚度，对诸界面力学行为均无明显影响。

3.3　复合材料界面的表征

复合材料的性能与界面性质紧密相关，因此需要对其界面性能进行准确的表征。对界面性能的表征主要有三方面：一是测定界面力学行为；二是分析界面的成分；三是分析界面的微结构。

3.3.1　复合材料界面微观力学分析

微复合材料试验方法已经能够直接定量或半定量地测出界面黏结强度，并且有些试验值已被用于复合材料宏观设计和估算损伤残余刚度及寿命的研究等方面。

（1）单纤维拔出试验法　单纤维拔出试验是一种有效的界面剪切强度测试方法，适用

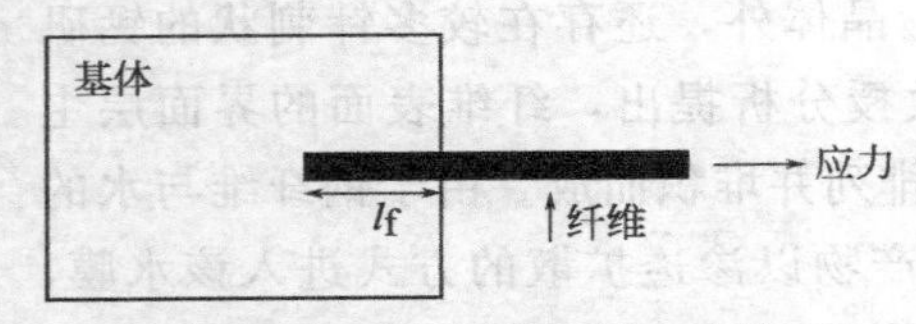

图 3-11 单纤维拔出试验示意图

于聚合物基复合材料。其基本原理是将单纤维包埋在基体片中，固化后将单纤维从基体片中拔出，记录拔出时所需要的力，即可得到界面的剪切强度，为了使单纤维从基体中拔出而不至于发生纤维断裂，必须使纤维埋入基体中的长度适当，图 3-11 为纤维拔出示意图。图 3-12 显示单纤维拔出试验典型的负载-位移曲线，从图中可以求出界面剪切强度以及纤维拔出（pull-out）和脱黏（debonding）的能量。

（2）单纤维断裂试验　纤维断裂试验也称纤维的临界长度测量，最早用于金属丝/金属基体复合材料界面性能的研究。其基本原理是将一根纤维伸直包埋于基体中，制成哑铃状试样，然后沿纤维轴向对基体进行拉伸，载荷将通过界面传递到纤维，并使纤维连续地发生断裂。这一现象会一直进行到载荷不能因小段纤维周围界面力的传递使纤维再发生断裂为止。利用光学显微镜或声发射装置对断裂后的碎片长度进行观察和测量，各个断裂纤维段中最长的那段纤维的长度称为临界长度 L_c，然后利用界面模型，即可得到界面的剪切强度 τ，图 3-13 为纤维断裂试验示意图。单纤维断裂试验便于获得大量数据以作统计处理。这对于探索环境条件对复合材料界面力学性能的影响特别有利。

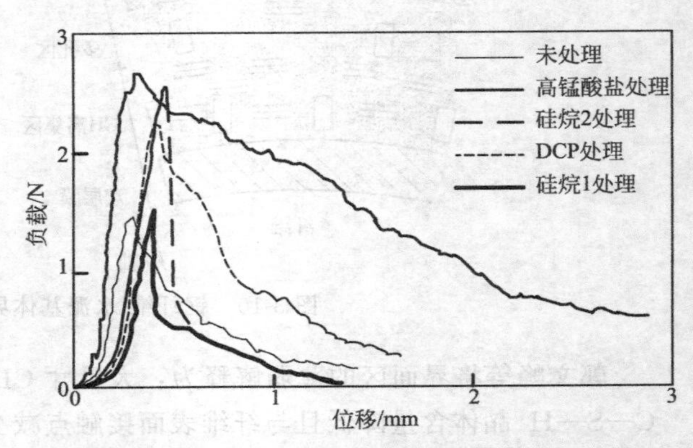

图 3-12 单纤维拔出试验典型的负载-位移曲线

（3）纤维压出试验　纤维压出试验也称顶出法，这种方法主要用于树脂基和陶瓷基复合材料界面剪切强度测定。图 3-14 为纤维压出试验原理图，须充分保证复合材料试样的截面与纤维轴向方向垂直。在纤维的末端用非常尖的金刚石锥沿纤维轴向施压，直至发生界面脱结合和纤维滑移，记录下纤维的脱黏力大小，求出脱黏时界面剪切应力，根据界面模型求出界面剪切强度。这种方法的一个显著优点是它可以直接从复合材料部件上切下一小片进行试验，得出与实际相接近的值，且操作简单。

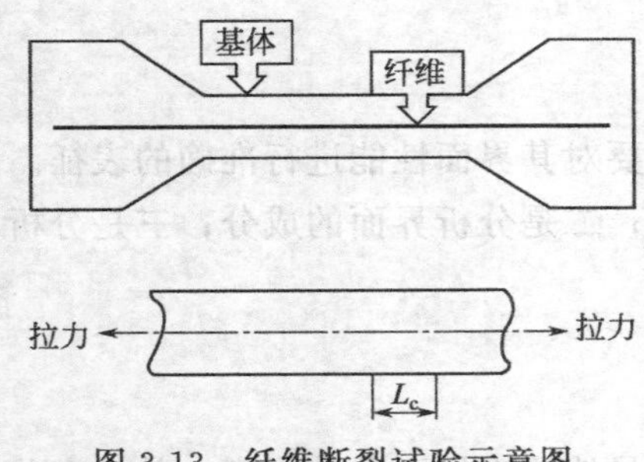

图 3-13 纤维断裂试验示意图

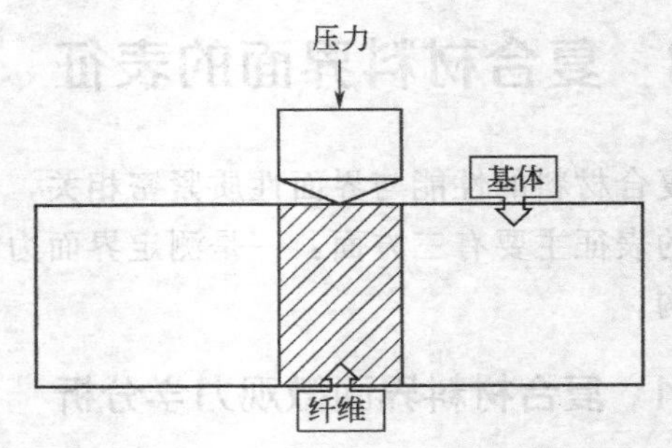

图 3-14 纤维压出试验示意图

3.3.2 界面的成分分析

界面的成分分析是指检测界面区域的化学元素组成，包括某给定微区的元素组成和某给定元素在界面区域的分布。

X光电子能谱（XPS）、俄歇电子能谱（AES）能给出纤维表面官能团含量和复合材料界面的元素和键合状态。X射线衍射（XRD）测试可以分析纤维表面晶体微观结构；对红外光谱（FTIR）数据的分析，可以了解聚合物在纤维表面是发生了物理吸附还是化学吸附。其他可用于界面成分分析的方法还有扫描二次离子质谱仪（SIMS）、电子能量损失谱仪（EELS）和拉曼光谱（Raman）等。

3.3.3 界面微观结构的表征

本节所述界面微观结构主要是指界面区域的结晶学结构和其他聚集态结构。扫描电镜（SEM）和透射电镜显微术（TEM）是研究界面微观结构最为广泛使用的方法。

透射电子像能区分试样中的晶态和无定形区域，能获得试样物质的晶格像，甚至分子原子像。近代透射电子显微镜能达到约0.1nm的高分辨率。

金属基复合材料制备过程中的界面反应常常形成新的产物。可应用透射电镜观察和EDX分析进行产物的鉴别，而选区电子衍射可用于检测反应产物的结晶性质。图3-15显示一种莫来石纤维增强合金基体复合材料界面区的电子显微图，可以看到界面附近颗粒状的反应产物。对界面产物的EDX分析结合SAD花样［3-15（b）］分析，可以确定该产物是$MgAl_2O_4$尖晶石晶体。

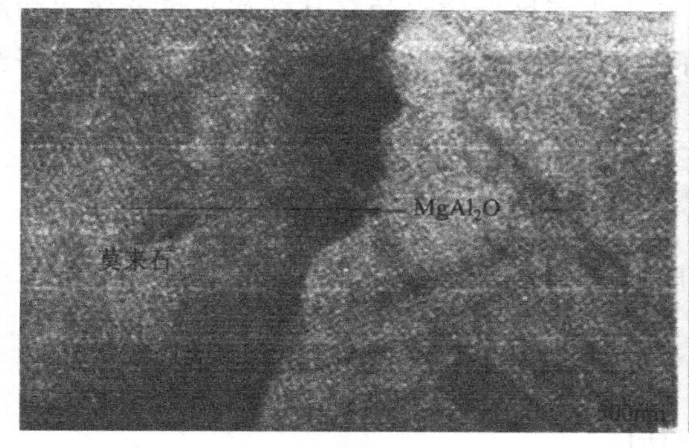

（a）TEM图像

（b）界面反应物的选取电子衍射（SAD）花样

图3-15 $3Al_2O_3 \cdot 2SiO_2$/Al-Cu-Mg金属基复合材料的界面区

3.4 增强材料的表面处理及界面改性

增强纤维的表面比较光滑，并且表面能低，较难与基体形成牢固的结合。为了改进增强纤维与基体之间的界面结构，改善两者间的结合性能，需要对增强纤维进行适当的表面处理。表面处理的方法是在增强纤维表面涂覆上一种称为表面处理剂的物质，包括浸润剂、偶联剂等其他助剂，以利于增强材料与基体间形成一个良好的黏结界面，从而达到提高复合材料各种性能的目的。

3.4.1 化学偶联剂改性技术

用化学偶联剂处理复合材料表面以改善界面的黏合目前已得到广泛应用，尤其适用于玻璃纤维增强塑料复合材料体系。玻璃纤维必须事先进行表面处理，否则制备的玻璃纤维增强塑料容易分层。对玻璃纤维表面来说，表面处理一般都用偶联剂进行处理。偶联剂不但能改善复合材料的界面黏接，而且对潮湿环境下的电性能和力学性能等方面效果显著。它是一类具有两种不同性质官能团的物质，分子中一部分是可与聚合物反应的有机官能团，另一部分官能团与增强物表面有较好的反应性，形成牢固的黏合。偶联剂在复合材料中的作用在于它在增强材料与树脂基体之间形成一个界面层，界面层能传递应力，从而增强了增强材料与树脂基体之间的黏合强度，提高了复合材料的性能，同时还可以防止其他介质向界面渗透，改善了界面状态，有利于制品的耐老化、耐应力及电绝缘性能。

偶联剂的种类很多，如硅烷偶联剂、铬络合物偶联剂、钛酸酯偶联剂等。其中最常用、种类最多的是硅烷偶联剂。这类偶联剂的通式为 R_nSiX_{4-n}。其中 X 为可与纤维表面发生反应的官能团；R 代表能与树脂反应或与基体相容的有机基团，不同的 R 基团适用于不同类型的树脂基体。R 为乙烯基或甲基丙烯酰基的硅烷偶联剂适用于不饱和聚酯树脂和丙烯酸树脂基体，因为偶联剂中的不饱和双键可与树脂中的不饱和双键发生反应，形成化学键。若 R 为环氧基团，则由于环氧基既能与不饱和聚酯中的羟基反应，又能与不饱和双键加成，还能与酚羟基发生化学作用，因此这种偶联剂对不饱和聚酯树脂、环氧树脂和酚醛树脂都适用。

玻璃纤维表面含有极性较强的硅羟基，用硅烷偶联剂处理时，玻璃纤维表面的硅羟基与硅烷的水解产物缩合，同时硅烷之间缩聚，使纤维表面极性较强的羟基转变为极性较弱的醚键，纤维表面为 R 基覆盖。这时 R 基团所带的极性基的特性将影响偶联剂处理后玻璃纤维的表面性能以及树脂对纤维的浸润性。有机硅烷偶联剂的处理机理如下。

(1) 有机硅烷水解，生成硅醇

```
       R                        R
       |                        |
   X—Si—X  ——水解——→  OH—Si—OH  +3HX
       |                        |
       X                        OH
```

(2) 玻璃纤维表面吸水后水解生成羟基

```
   OH      OH
   |       |
 —Si—O—Si—O—
   |       |
```

(3) 硅醇与吸水的玻璃纤维表面反应

① 硅醇与吸水玻璃纤维表面生成的氢键

```
    R                      R
    |          H           |
 OH—Si—O           O—Si—OH
    |          H           |
    O                      O
  H   H                  H   H
    O         O          O         O
    |         |          |         |
 —Si—O—Si—O—Si—O—Si—O—
    |         |          |         |
```

② 低温干燥，硅醇间进行醚化反应

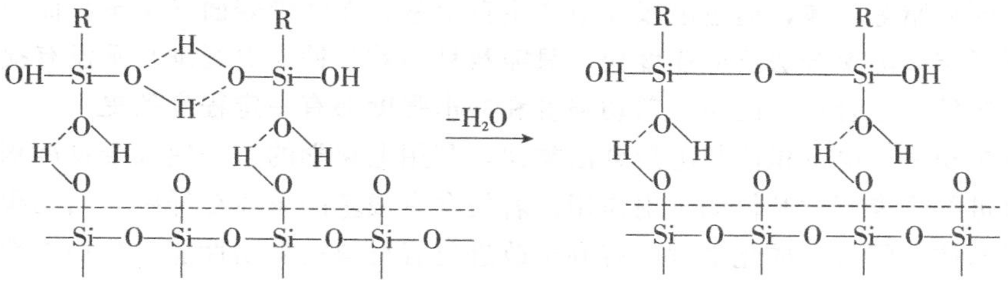

```
        R              R                            R                 R
        |     H        |                            |                 |
OH—Si—O      O—Si—OH              OH—Si————O————Si—OH
        |     H        |        -H2O                |                 |
        O              O       ———→                 O                 O
      H    H         H    H                       H    H            H    H
        O      O       O      O                     O       O         O       O
 - - - -|- - - -|- - - -|- - - -|- - -        - - - -|- - - -|- - - -|- - - -|- - -
 —Si—O—Si—O—Si—O—Si—O—              —Si—O—Si—O—Si—O—Si—
```

③ 高温干燥，硅醇与吸水玻璃纤维进行醚化反应

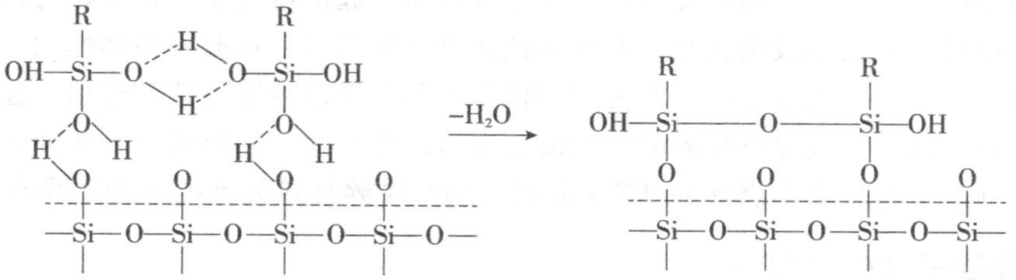

```
        R              R
        |     H        |                            R                 R
OH—Si—O      O—Si—OH                       |                 |
        |     H        |        -H2O        OH—Si————O————Si—OH
        O              O       ———→                 |                 |
      H    H         H    H                         O       O         O       O
        O      O       O      O             - - - -|- - - -|- - - -|- - - -|- - -
 - - - -|- - - -|- - - -|- - - -|- - -      —Si—O—Si—O—Si—O—Si—
 —Si—O—Si—O—Si—O—Si—O—
```

X 基团的种类和数量对偶联剂的水解、缩合速度与纤维的偶联效果、界面结合等都有极大的影响。当 X 为氯原子时，反应快速，偶联剂自缩合，难以再与纤维结合。最常采用的 X 基团为甲氧基（OCH_3）或乙氧基（OC_2H_5），反应温和，效果较好。X 基团的数目也是一个很重要的参数，通常 X 为 3，此时界面结合较强；当 X 为 2 时，界面区域硬度较小，更适合低模量的基体。

用表面处理剂处理玻璃纤维的方法如下。

① 前处理法。采用“增强型浸润剂”，在玻璃纤维抽丝过程中涂覆表面处理剂。这种方法既能满足抽丝和纺织工序要求，又能促进界面黏结。前处理法工艺及设备简单，纤维的强度保持较好，是比较理想的处理方法。其缺点是目前尚没有理想的增强型浸润剂。

② 后处理法。它是目前国内外普遍采用的方法。处理过程分两步进行：先是除去纺织型浸润剂；而后经处理剂浸渍、水洗、烘干，使玻璃纤维表面上覆上一层处理剂。除去纺织型浸润剂有洗涤法和热处理法。

处理剂处理纤维的关键是处理剂的浓度控制、处理剂的配制及烘干等。为得到理想的单分子层处理剂，浓度为百分之几到千分之几；适当调节 pH 值（防止酸值升高）。

③ 迁移法。此法是将化学处理剂加入到树脂中，在纤维浸胶过程中，处理剂与经过热处理后的纤维接触，当树脂固化时产生偶联作用。这种方法处理的效果比以上两种方法差，但工艺简便。适用于这种方法的处理剂有：KH550。

3.4.2 电化学改进技术

（1）电化学氧化法　它是目前工业上对碳纤维进行表面处理较为普遍采用的方法之一。该技术又被称为阳极氧化处理技术，其基本原理是以碳纤维作为阳极，镍板或石墨电极作为阴极，在含有 NaOH、NH_4HCO_3、HNO_3、H_2SO_4等电解质溶液中通电处理，利用电解水的过程在阳极生成的氧，对纤维表面进行氧化刻蚀。纤维的处理时间从数秒到数十分钟不等，处理后应尽快洗除表面的电解质。这种方法的特点是氧化反应速度快，处理时间短，氧化缓和，反应均匀且易于控制，处理效果显著。

(2) 电聚合法　将碳纤维作为阳极，在电解液中加入带不饱和键的丙烯酸酯、苯乙烯、醋酸乙烯、丙烯腈等单体，通过电极反应产生自由基，在纤维表面发生聚合而形成含有大分子支链的碳纤维。电聚合法反应速度快，只需数秒到数分钟，对纤维几乎没有损伤。经电聚合处理后，碳纤维复合材料的层间剪切强度和冲击强度都有一定程度的提高。

(3) 电沉积法　电沉积法与电聚合法类似，利用电化学的方法使聚合物沉积和覆盖于纤维表面，改进纤维表面对基体的黏附作用。若使含有羧基的单体在纤维表面沉积，则碳纤维与环氧树脂基体之间可形成化学键，有利于改进复合材料的剪切性能、抗冲击性能等。

电沉积或电聚合技术处理碳纤维的技术不仅能够改进碳纤维复合材料的机械性能，而且还有可能减少碳纤维复合材料燃烧破坏时纤维碎片所引起的电公害。例如，通过电聚合或电沉积在石墨碳纤维表面形成磷化物或有机磷钛化合物覆盖层，可起到阻燃作用。因为，磷酸盐、磷酸酯和有机磷钛酸酯的电化学覆层不仅可以起到偶联树脂基体的作用，还能在燃烧时因阻燃性而促进树脂形成导电性差的焦炭覆盖在碳纤维碎片上。特别是有机磷钛酸酯的电化学覆层，可在燃烧时残存不燃性的 TiO_2 残渣，使纤维碎片成为导电性差的残渣或碎片。

3.4.3 等离子体处理技术

近年来等离子体技术在处理增强纤维表面方面得到了广泛应用。等离子体是在特定条件下使气体部分电离而产生的非凝聚体系。它由中性的原子或分子、激发态的原子或分子、自由基、电子或负离子、正离子以及辐射光子组成。体系内正负电荷数量相等，整个体系呈电中性。它有别于固、液、气三态物质，被称作物质存在的第四态。在处理复合材料界面时所利用的等离子体是通过辉光放电或电晕放电方式生成的，因为所产生的粒子的温度接近或略高于室温，所以称这种等离子体为低温等离子体。

低温等离子体处理纤维表面的过程是一种气固相反应，可以使用活性气体（如氧）或非活性气体（如氦），也可以使用各种饱和或不饱和的单体蒸气。可除去纤维弱的表面层，改变纤维的表面形态（刻蚀或氧化）、创立一些活性位置（反应官能团）以及由纤维表层向内部扩散并发生交联等，从而改善纤维表面的浸润性和与树脂基体的反应性。等离子体处理时所需能量远低于热化学反应，改性只发生在纤维表面，处理时间短而效率高。

碳纤维、Kevlar 纤维和超高分子量聚乙烯纤维等均可采用等离子体处理技术来改善复合材料界面。例如，用 O_2 低温等离子体处理石墨碳纤维表面后，可使复合材料的剪切强度提高一倍以上；通过等离子体处理，在碳纤维表面接枝丙烯酸甲酯、顺丁烯二酸酐等能有效地改进碳纤维复合材料的层间剪切性能等。经等离子体处理后的 PPTA 纤维表面可产生多种活性基团，如—COOH、—OH、—OOH、—NH_2 等。若用可聚合的单体气体等离子体处理芳纶纤维表面，则可在纤维表面或内部发生接枝反应，不仅提高了纤维与基体的界面结合力，而且可使纤维在复合材料发生断裂破坏时不易被劈裂。利用非活性气体（He，Ar，H_2，N_2，CO_2，NH_3）等离子体处理聚乙烯，主要是被热蚀，交联很少；但利用 O_2 等离子体处理后，可以引入许多羰基和羧基使与环氧树脂很好结合。

3.4.4 增强纤维的表面涂层技术

对增强纤维表面进行涂层处理，可以改善纤维的浸润性和抑制纤维与金属基体之间界面反应层的生成。常用的增强材料的表面（涂层）处理方法包括物理气相沉积法（PVD）、化学气相沉积法（CVD）、电化学、溶胶-凝胶法等。

氧化铝纤维是一种较理想的金属基复合材料的增强纤维。但它与液态金属的浸润性差，一般采用金属涂层的方法改进其浸润性。例如，为使铝或银能够浸润，可采用CVD技术在氧化铝纤维表面涂覆镍或镍合金层。为了尽量提高复合材料中纤维的体积含量，涂层厚度必须很薄。而极薄的涂层又容易在液态金属中溶解掉，所以对制造工艺过程要严格控制。

硼纤维增强铝、钛等金属基体之前必须进行涂覆处理，常常利用CVD技术在硼纤维表面涂覆碳化硅或碳化硼、氮化硼等涂层。在硼纤维/铝合金材料的制造过程中，以下反应对硼纤维表面有损害作用：

$$Al+2B \longrightarrow AlB_2$$

$$4B+3O_2 \longrightarrow 2B_2O_3 \quad （熔点 577℃）$$

利用CVD技术在硼纤维表面涂覆碳化硅有助于改善浸润性和阻止界面反应。虽然氮化硼涂层对抑制界面反应有比较好的效果，但却给纤维与基体的界面结合带来不良影响。另外，为防止硼纤维和铝发生氧化反应，复合材料的成型与固化反应在惰性气氛中进行。

第4章 复合材料设计原理

4.1 复合材料的可设计性

4.1.1 复合材料的设计性

由于复合材料与复合材料结构有不同于单一工程材料与工程材料结构的许多特点，因此复合材料结构设计也有不同于单一工程材料结构设计的特点。复合材料设计是一个复杂的系统性问题，它涉及环境载荷、材料选择、成型方法及工艺过程、力学分析、检验测试、维护与修补、安全性、可靠性及成本等诸多因素。因此在对复合材料及结构进行设计时，应抓住主要因素，综合、系统地考虑以上各种问题。复合材料及结构设计必须遵循客观规律，因此它是一门科学。但在给定的条件及要求下，这种设计具有很大的灵活性，有许多因素是可变的，因此它也是一门艺术。在复合材料及结构设计时，减小质量与降低成本既是矛盾的又是统一的。对于航空、航天、船舶、汽车及其他大型结构，减轻结构自重可带来巨大的经济效应，但为此付出的代价往往是很高的，这需要在设计时加以权衡。通常，复合材料及结构设计的刚度和强度是设计中需要重点考虑的因素。对于前一个问题，已有较成熟的理论和方法，而对于后一个问题，目前仍有许多疑难问题需要解决。除了材料的刚度和强度外，复合材料的制造工艺也应在设计时加以考虑。由于复合材料的成型工艺过程较复杂，影响材料性能的因素很多，因此生产出来的产品质量不稳定，可靠性差。这些都给复合材料及结构的设计带来不少困难和问题，也影响了复合材料及结构设计的广泛应用。因此须采用先进的成型工艺方法，消除不利因素，确保产品质量。

设计复合材料及结构时，必须进行系统的实验工作，了解并掌握复合材料及结构在静载荷、动载荷、疲劳载荷及冲击载荷作用下，在不同使用环境（室温、高温、低温、湿热、辐射和腐蚀等）下的各种重要性能数据，建立不同材料体系性能的完整数据库，为材料的设计工作提供科学依据。随着计算机技术的迅速发展，材料的设计和制造已可以在计算机上以虚拟的形式实现。这样做的主要优点是：可节省大量的人力、物力和财力；缩短设计和研制周期；可考虑每一设计参数对复合材料及结构性能的影响；在计算机上可对虚拟设计及制造的产品进行评价，优化设计方案和成型工艺方法及过程。

复合材料在弹性常数、热膨胀系数和材料强度等方面具有明显的各向异性性质。复合材料的各向异性虽使分析工作复杂化，但也给复合材料的设计提供了一个契机。人们可以根据不同方向上对材料刚度和强度的特殊要求来设计复合材料及结构，以满足工程实际中的特殊需要。复合材料的不均匀性也是其显著的特点。这种不均匀性对复合材料宏观刚度的影响并不太明显，然而对其强度的影响特别显著，主要原因在于材料的强度过分依赖于局部特性。这一点在复合材料的设计中应特别注意。有些复合材料的拉压弹性模量及强度并不相同，且是非线性的。对复合材料进行分析时，需首先判断材料内部的拉压特性，并结合不同的强度准则对其进行分析。此外，复合材料的几何非线性及物理非线性也是要特殊考虑的。

复合材料的可设计性是它超过传统材料的最显著特点之一。复合材料具有不同层次上的宏、细、微观结构，如复合材料层合板中的纤维及纤维与基体的界面可视为微观结构，单层板可视为细观结构，而层合板作为宏观结构，因此可采用细观力学理论或数值分析手段对其进行设计。设计的复合材料可以在给定方向上具有所需要的刚度、强度及其他性能，而各向同性材料则不具有这样的可设计性，通常在不是最大需要的方向上也具有过剩的强度和刚度。

4.1.2 复合效应

将A、B两种组分复合起来，得到既具有A组分的性能特征又具有B组分的性能特征的综合效果，称为复合效应。复合效应实质上是由于组分A与组分B的性能及它们之间所形成的界面性能相互作用和相互补充，使复合材料的性能在其组分材料性能的基础上产生线性或非线性的综合。显然，由不同的复合效应可以获得种类繁多的复合材料。复合效应有正有负，即不同组分复合后，有些性能得到了提高，而另一些性能则可能出现降低甚至抵消的现象。

不同组分复合后，可能发生的复合效应有两种：即线性效应和非线性效应，线性复合效应包括平均效应、平行效应、相补效应和相抵效应；非线性复合效应包括相乘效应、诱导效应、系统效应和共振效应。

4.1.2.1 线性效应

（1）平均效应　平均效应又称混合效应，具有平均效应的复合材料的某项性能等于组成复合材料各组分的性能乘以该组分的体积分数之加和，可以用混合物定律来描述，即式（4-1）和式（4-2）：

$$K_c = \sum K_i V_i \text{（并联模型）} \tag{4-1}$$

$$1/K_c = \sum V_i / K_i \text{（串联模型）} \tag{4-2}$$

式中，K_c为复合材料的某项性能；V_i为组分材料i的体积分数；K_i为组分材料i与K_c对应的性能；Σ为对组成复合材料的各组元的加和。并联模型混合物定律适用于复合材料的密度、单向纤维复合材料的纵向（平行于纤维方向）杨氏模量和纵向泊松比等；串联模型混合物定律适用于单向纤维复合材料的横向（垂直于纤维方向）的杨氏模量、纵向剪切模量和横向泊松比等。式（4-1）和式（4-2）可用一个通式表示，即式（4-3）：

$$K_c^n = \sum K_i^n V_i \tag{4-3}$$

对于并联模型混合物定律，$n=1$；对于串联模型混合物定律，$n=-1$。当n处在1与-1之间的某一确定值时，可以用来描述复合材料的某项性能（如介电常数、热传导率等）随组分体积分数的变化。

（2）平行效应　平行效应是最简单的一种线性复合效应。它指复合材料的某项性能与其中某一组分的该项性能基本相当。例如，玻璃纤维增强环氧树脂复合材料与环氧树脂的耐腐蚀性能基本相同，即表明玻璃纤维增强环氧树脂复合材料在耐化学腐蚀性能上具有平行复合效应。平行复合效应可以表示为式（4-4）：

$$K_c \cong K_i \tag{4-4}$$

式中，K_c表示复合材料的某项性能；K_i表示 i 组元对应的该项性能。

（3）相补效应　复合材料中各组分复合后，可以相互补充，弥补各自的弱点，从而产生优异的综合性能，这是一种正的复合效应。相补效应可以表示为式（4-5）：

$$C = A \times B \tag{4-5}$$

式中，C 是复合材料的某项性能，而复合材料的性能取决于它的组元 A 和 B 的该项性能。当 A 和 B 组元的该项性能均具优势时，则在复合材料中获得相互补充。

（4）相抵效应　各组分之间出现性能相互制约，结果使复合材料的性能低于混合物定律预测值，这是一种负的复合效应。例如，当复合状态不佳时，陶瓷基复合材料的强度往往产生相抵效应。相抵效应可以表示为式（4-6）：

$$K_c < \sum K_i V_i \tag{4-6}$$

4.1.2.2　非线性效应

非线性复合效应是指复合材料的性能不再与组元的对应性能呈线性关系，它使复合材料的某些功能得到强化，从而超过组元按体积分数的贡献，甚至具有组元所不具备的新功能。

（1）相乘效应　相乘效应是把两种具有能量（信息）转换功能的组分复合起来，使它们相同的功能得到复合，而不相同的功能得到新的转换。例如，将一种具有 X/Y 转换性质的组元与另一种具有 Y/Z 转换性质的组元复合，结果得到具有 X/Z 转换性质的复合材料。相乘效应已被用于设计功能复合材料。相乘效应可以表示为式（4-7）：

$$(X/Y) \cdot (Y/Z) = (X/Z) \tag{4-7}$$

相乘效应的例子示于表 4-1。

表 4-1　功能复合材料的相乘效应

A 组元性质 X/Y	B 组元性质 Y/Z	相乘性质 X/Z
压磁效应	磁阻效应	压阻效应
压磁效应	磁电效应(法拉第效应)	压电效应
压电效应	(电)场致发光效应	压力发光效应
磁致伸缩	压电效应	磁电效应
磁致伸缩	压阻效应	磁阻效应
光电效应	电致伸缩	光致伸缩
热电效应	(电)场致发光效应	红外光转换可见光效应
辐照-可见光效应	光-导电效应	辐照诱导导电
热致变形	压敏效应	热敏效应
热致变形	压电效应	热电效应

石墨粉增强高聚物复合材料可以制成温度自控发热体，其控制原理是利用高聚物受热膨胀和受冷收缩，而石墨粉的接触电阻因高聚物基体的膨胀而变大和因高聚物收缩而变小，从而使流经发热体的电流随其温度变化自动调节而达到自动控温的目的。这就是利用高聚物基

体的热致变形效应和石墨粉填料的变形-电阻效应之间的相乘效应的一个例子。

（2）诱导效应　诱导效应是指在复合材料中两组元（两相）的界面上，一相对另一相在一定条件下产生诱导作用（如诱导结晶），使之形成相应的界面层。这种界面层结构上的特殊性使复合材料在传递载荷的能力上或功能上具有特殊性，从而使复合材料具有某种独特的性能。

（3）系统效应　系统效应是指将不具备某种性能的诸组分通过特定的复合状态复合后，使复合材料具有单个组分不具有的新性能。系统效应的经典例子是利用彩色胶卷能分别感应蓝、绿、红的三种感光乳剂层，即可记录宇宙间千变万化异彩纷呈的各种绚丽色彩。系统效应在复合材料中的体现尚有待说明。

（4）共振效应　共振效应又称强选择效应。它是指某一组分A具有一系列性能，与另一组分B复合后，能使A组分的大多数性能受到较大抑制，而使其中某一项性能在复合材料中突出地发挥。例如，在要求导电而不导热的场合，可以通过选择组分和复合状态，在保留导电组分导电性的同时，抑制其导热性而获得特殊功能的复合材料。利用各种材料在一定几何形状下具有固有振动频率的性质，在复合材料中适当配置时，可以产生吸振的特定功能。

非线性复合效应中多数效应尚未被认识和利用，有待于研究和开发。

4.2 材料的设计目标和设计类型

4.2.1 材料的使用性能和设计目标

（1）使用性能和约束条件　由于不同构件的功能不同，因此对于组成构件的材料的性能要求也不同，同时，所采用的材料还受到相应约束条件的限制。

由构件功能所要求的性能如下。

① 物理性能（如密度、导热性、导电性、磁性、微波吸收性或反射性、透光性等）；

② 化学性能（抗腐蚀性、抗氧化性等）；

③ 力学性能（如强度、模量、韧性、硬度、耐磨性、抗疲劳性、抗蠕变性等）。

对所采用材料的约束条件包括：资源、能耗、环保、成本、生产周期、寿命、使用条件（温度、气氛、载荷性质、工作介质等）。

（2）设计目标　设计目标基于主要性能要求和约束条件的综合。可以将设计目标表示为求极值的函数形式，在无法写出函数形式时，也可以用排序的方式来进行比较与判断。

4.2.2 复合材料的设计类型

对应不同的设计目标，可以有5种设计类型：安全设计、单项性能设计、等强度设计、等刚度设计和优化设计。

（1）安全设计　安全设计的含义是：要求所设计的结构或构件在使用条件下安全工作，不致发生失效。具体到材料，则表现为必须达到特定的性能指标（如强度、模量等）。

（2）单项性能设计　单项性能设计的含义是：使复合材料的某一项性能满足要求。例如透波或吸波、隐身、零膨胀、耐高温或耐某种化学介质等。但是设计者必须在重点满足主要要求的同时，尽可能兼顾其他性能的综合要求，以避免结构复杂和臃肿。

（3）等强度设计　对于材料来说，等强度设计就是要求其性能的各向异性能够符合工作条件环境要求的方向性。

（4）等刚度设计　等刚度设计是要求材料的刚性能够满足对于构件变形的限制条件，并且没有过多的冗余。

（5）优化设计　即使目标函数取极值的设计。由于目标函数可以有多种，因此按不同目标将有不同的优化对象，例如最小质量、最长寿命、最低成本、最低单位时间使用费用。

4.3 复合材料设计的基本思想

4.3.1 复合材料的结构设计过程

复合材料的出现与发展为材料及结构设计者提供了前所未有的契机。设计者可以根据外部环境的变化与要求来设计具有不同特性与性能的复合材料，以满足工程实际对高性能复合材料及结构的要求。这种可设计的灵活性再加上复合材料优良的特性（高比强、高比模等）使复合材料在不同应用领域竞争中成为特别受欢迎的候选材料。目前，复合材料的应用领域已从航空、航天及国防扩展到汽车及其他领域。另一方面，复合材料的成本高于传统材料，这在一定意义上限制了它的应用。因此，只有降低成本才可扩大它的应用，而材料的优化设计是降低成本的关键之一。

复合材料设计是将组分材料性能及复合材料细、微观结构同时考虑，以获得人们所期望的材料及结构特性。与传统材料设计不同，复合材料设计是一个复杂的设计问题，它涉及多个设计变量的优化及多层次设计选择。复合材料设计问题要求确定增强体的几何特征（连续纤维、颗粒等）、基体材料、增强材料和增强体的细观结构以及增强体的体积分数。这样，对于给定的特性及性能规范，要想通过上述设计变量进行系统的优化是一件比较复杂的事。有时，复合材料设计依赖于有经验的设计者，借助于已有的理论模型加以判断。

材料设计的传统方法是借助于设计手册，通过对候选材料实行“炒菜法”来完成的。近几十年来，以来自有经验设计者的启发式推理过程的设计工具——专家系统已得到很好的发展，并用于处理复合材料设计中的一些问题。然而，这种方法只能处理一些特殊问题。

一般来说，复合材料及结构设计大体上可以分为以下步骤（如图4-1）。首先确定复合材料及结构所承受的外部环境载荷，如机械载荷、热载荷及潮湿环境等。第二步，根据所承受的环境载荷选择合适的组分材料，包括组分材料种类及几何特征，这部分工作是基于人们对已有材料体系基本性能的了解和掌握。第三步，选择合适的制造方法及工艺条件，必要时需对工艺过程进行优化。第四步，利用细观力学理论或有限元分析方法或现代实验测量技术，确定复合材料代表性单元的平均性能与组分材料及细、微观结构之间的定量关系，进而确定复合材料梁、板、壳等宏观结构的综合性能。第五步，对于所有外部环境载荷和各种设计参数变化范围，分析复合材料内部的响应，如变形及应力场、温度场、振动频率等。最后是复合材料及结构的损伤演化及破坏过程分析，主要是利用损伤力学、强度理论、断裂力学等手段。上面六部分是复合材料及结构设计中的基本步骤。

在上述材料设计和结构设计中都涉及到应变、应力与变形分析，以及失效分析，以确保结构的强度与刚度。

复合材料结构往往是材料与结构一次成型的，且材料也具有可设计性。因此，复合材料

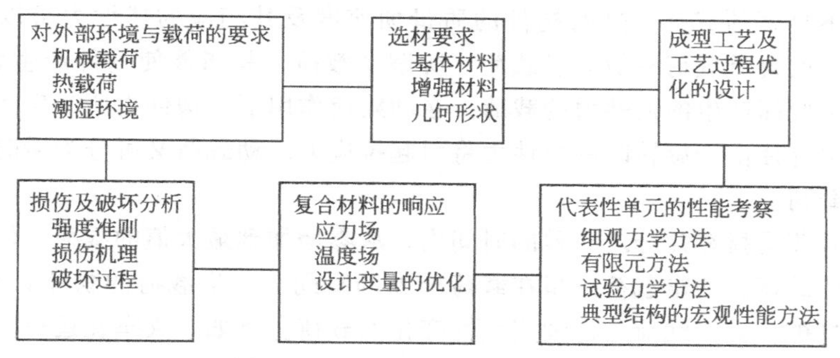

图 4-1　复合材料设计的基本步骤

结构设计不同于常规的金属结构设计，它是包含材料设计和结构设计在内的一种新的结构设计方法，它比常规的金属结构设计方法要复杂得多。但是在复合材料结构设计时，可以从材料与结构两方面进行考虑，以满足各种设计要求，尤其是材料的可设计性，可使复合材料结构达到优化设计的目的。

4.3.2　复合材料的结构设计条件

在结构设计中，首先应明确设计条件，即根据使用目的提出性能要求，搞清载荷情况、环境条件以及受几何形状和尺寸大小的限制等，这些往往是设计任务书的内容。

在某些至今未曾遇到过的结构中，通常结构的外形也不很清楚。这时，为了明确设计条件，就应首先大致假定结构的外形，以便确定在一定环境条件下的载荷。为此，常常经过多次反复才能确定合理的结构外形。

设计条件有时也不是十分明确的，尤其是结构所受载荷的性质和大小在许多情况下是变化的，因此明确设计条件有时也有反复的过程。

4.3.2.1　结构性能要求

一般来说，体现结构性能的主要内容如下。

① 结构所能承受的各种载荷，确保在使用寿命内的安全。

② 提供装置各种配件、仪器等附件的空间，对结构形状和尺寸有一定的限制。

③ 隔绝外界的环境状态而保护内部物体。

结构的性能与结构质量有密切关系。在运输用的结构（如车辆、船舶、飞机、火箭等）中，若结构本身的质量小，则运输效率就高，用于运输自重所消耗的无用功就少，特别是在飞机中，只要减小质量，就能多运载旅客、货物和燃料，使效率提高。另一方面，对于在某处固定的设备结构，看起来它的自重不直接影响它的性能，实际上减重能提高经济效益。例如，在化工厂的处理装置中往往使用大型圆柱形结构，它的主要设计要求是耐腐蚀性，因此其结构质量将直接影响到圆柱壳体截面的静应力和由风、地震引起的动弯曲应力等，减小质量就能起到减少应力腐蚀的作用，从而提高结构的经济效益。

此外，由于复合材料还可以具有功能复合的特点，因此对于某些结构物，在结构性能上还需满足一些特殊的性能要求。如上述化工装置要求耐腐蚀性，雷达罩、天线等要求有一定的电、磁方面性能，飞行器上的复合材料构件要求有防雷击的措施等。

4.3.2.2　载荷情况

结构承载分静载荷和动载荷。所谓静载荷，是指缓慢地由零增加到某一定数值以后就保持不变或变动不显著的载荷，这时构件的质量加速度及其相应的惯性力可以忽略不计。例如，固定结构物的自重载荷一般为静载荷。所谓动载荷，是指能使构件产生较大的加速度，并且不能忽略由此而产生的惯性力的载荷。在动载荷作用下，构件内所产生的应力称为动应力。例如，风扇叶片由于旋转时的惯性力将引起拉应力。动载荷又可分为瞬时作用载荷、冲击载荷和交变载荷。

瞬时作用载荷是指在几分之一秒的时间内，从零增加到最大值的载荷。例如，火车突然启动时所产生的载荷。冲击载荷是指在载荷施加的瞬间，产生载荷的物体具有一定的动能。例如，打桩机打桩。交变载荷是连续周期性变化的载荷。例如，火车在运行时各种轴杆和连杆所承受的载荷。

在静载荷作用下，结构一般应设计成具有抵抗破坏和抵抗变形的能力，即具有足够的强度和刚度；在冲击载荷作用下，应使结构具有足够抵抗冲击载荷的能力；而在交变载荷作用下的结构（或者使结构产生交变应力），疲劳问题较为突出，应按疲劳强度和疲劳寿命来设计结构。

4.3.2.3 环境条件

一般在设计结构时，应明确结构的使用目的、要求完成的使命，且还有必要明确它在保管、包装、运输等整个使用期间的环境条件，以及这些过程的时间和往返次数等，以确保在这些环境条件下结构的正常使用。为此，必须充分考虑各种可能的环境条件。一般分为下列四种环境条件。

① 力学条件：加速度、冲击、振动、声音等。

② 物理条件：压力、温度、湿度等。

③ 气象条件：风雨、冰雪、日光等。

④ 大气条件：放射线、霉菌、盐雾、风沙等。

这里，条件①和②主要影响结构的强度和刚度，是与材料的力学性能有关的条件；条件③和④主要影响结构的腐蚀、磨损、老化等，是与材料的理化性能有关的条件。

一般来说，上述各种环境条件虽有单独作用的场合，但是受两种以上条件同时作用的情况更多一些。另外，两种以上条件之间不是简单相加的影响关系，而往往是复杂的相互影响，因此，在环境试验时应尽可能接近实际情况，同时施加各种环境条件。例如，当温度与湿度综合作用时会加速腐蚀与老化。

分析各种环境条件下的作用与了解复合材料在各种环境条件下的性能，对于正确进行结构设计是很有必要的。除此之外，还应从长期使用角度出发，积累复合材料的变质、磨损、老化等长期性能变化的数据。

4.3.2.4 结构的可靠性与经济性

现代的结构设计，特别是飞机结构设计，对于设计条件往往还提出结构可靠度的要求，必须进行可靠性分析。所谓结构的可靠性，是指结构在所规定的使用寿命内，在给予的载荷情况和环境条件下，充分实现所预期的性能时结构正常工作的能力，这种能力用一种概率来度量称为结构的可靠度。由于结构破坏一般主要为静载荷破坏和疲劳断裂破坏，所以结构可靠性分析的主要方面也分为结构静强度可靠性和结构疲劳寿命可靠性。

结构强度最终取决于构成这种结构的材料强度，所以欲确定结构的可靠度，必须对材料特性作统计处理，整理出它们的性能分布和分散性的资料。

结构设计的合理性最终主要表现在可靠性和经济性两方面。一般来说，要提高可靠性就得增加初期成本，而维修成本是随可靠性而降低的，所以总成本降低（及经济性最好）时的可靠性最为合理，如图 4-2 所示。

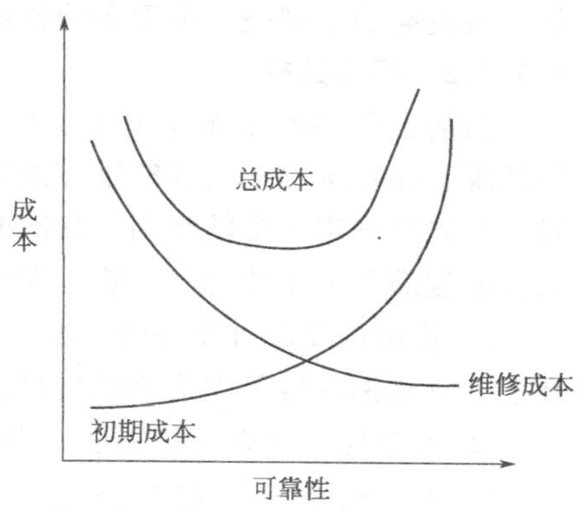

图 4-2　结构成本与可靠性关系

4.3.3　材料设计

材料设计，通常是指选用几种原材料组合制成具有所要求性能的材料的过程。这里所指的原材料主要是指基体材料和增强材料。不同原材料构成的复合材料将会有不同的性能，而且纤维的编织形式不同将会使其与基体构成的复合材料的性能也不同。对于层合复合材料，由纤维和基体构成复合材料的基本单元是单层，而作为结构的基本单元——结构材料，是由单层构成的复合材料层合板。因此，材料设计包括原材料选择、单层性能的确定和复合材料层合板设计。

原材料的选择与复合材料的性能关系甚大，因此，正确选择合适的原材料就能得到需要的复合材料的性能。

4.3.3.1　原材料选择原则

实际上，影响复合材料及结构设计的所有因素都是相互关联的。人们无法确定每一设计程序的先后顺序。对于复合材料的选材，也是这样的。首先，需对不同材料体系的基本特性有所了解。借助精确的实验技术或数值分析方法或先进的理论知识，可对复合后的材料特性进行评价，反过来为复合材料的选材提供理论上的依据。一般来说，材料的比较和选择标准根据用途而变化，不外乎是物性、成型工艺、可加工性、成本等几个方面，至于哪一个最重要应视具体结构而定。通常原材料选择依据以下原则。

① 比强度、比刚度高的原则。对于结构物，特别是航空、航天结构，在满足强度、刚度、耐久性和损伤容限等要求的前提下，应使结构质量最小。对于聚合物基复合材料，比强度、比刚度是指单向板纤维方向的强度、刚度与材料密度之比，然而，实际结构中的复合材料为多向层合板，其比强度和比刚度要比上述值低 30%～50%。

② 材料与结构的使用环境相适应的原则，通常要求材料的主要性能在整个使用环境条件下，其下降幅值应不大于 10%。一般引起性能下降的主要环境条件是温度，对于聚合物基复合材料，湿度也对性能有较大的影响，特别是在高温、高湿度的影响下会更大。聚合物基复合材料受温度与湿度的影响，主要是基体受影响的结果。因此，可以通过改进或选用合适的基体以达到与使用环境相适应的条件。通常，根据结构的使用温度范围和材料的工作温度范围对材料进行合理的选择。

③ 满足结构特殊性要求的原则。除了结构刚度和强度以外，许多结构物还要求有一些特殊的性能。如，飞机雷达罩要求有透波性，隐身飞机要求有吸波性，客机的内装饰件要求阻燃性等。通常，为满足这些特殊性要求，要着重考虑合理地选取基体材料。

④ 满足工艺性要求的原则。复合材料的工艺性包括预浸料工艺性、固化成型工艺性、机加装配工艺性和修补工艺性四个方面。

⑤ 成本低、效益高的原则。成本包括初期成本和维修成本，而初期成本包括材料成本和制造成本。效益指减重获得节省材料、性能提高、节约能源等方面的经济效益。因此成本

低、效益高的原则是一项重要的选材原则。

4.3.3.2 纤维选择

目前已有多种纤维可作为复合材料的增强材料，如各种玻璃纤维、Kevlar 纤维、氧化铝纤维、硼纤维、碳化硅纤维、碳纤维等，有些纤维已经有多种不同性能的品种。选择纤维时，首先要确定纤维的类别，其次要确定纤维的品种规格。选择纤维类别，是根据结构的功能选取能满足一定的力学、物理和化学性能的纤维。

① 若结构要求有良好的透波、吸波性能，则可选取 E-玻璃纤维或 S-玻璃纤维、Kevlar 纤维、氧化铝纤维等作为增强材料。

② 若结构要求有高的刚度，则可选用高模量碳纤维或硼纤维。

③ 若结构要求有高的抗冲击性能，则可选用玻璃纤维、Kevlar 纤维。

④ 若结构要求有很好的低温工作性能，则可选用低温下不脆化的碳纤维。

⑤ 若结构要求尺寸不随温度变化，则可选用 Kevlar 纤维或碳纤维。它们的热膨胀系数可以为负值，可设计成零膨胀系数的复合材料。

⑥ 若结构要求既有较大强度又有较大刚度时，则可选用比强度和比刚度均较高的碳纤维或硼纤维。

工程上通常选用玻璃纤维、Kevlar 纤维或碳纤维作为增强材料。对于硼纤维，一方面由于其价格昂贵；另一方面由于它的刚度大和直径粗，弯曲半径大，成型困难，所以应用范围受到很大限制。

除了选用单一纤维外，复合材料还可由多种纤维混合构成混杂复合材料。这种混杂复合材料既可以由两种或两种以上纤维混合铺层构成，也可以由不同纤维构成的铺层混合构成。混杂纤维复合材料的特点在于能以一种纤维的优点来弥补另一种纤维的缺点。

选择纤维规格，是按比强度、比刚度和性能价格比选取的。对于要求较高的抗冲击性能和充分发挥纤维作用时，应选取有较高断裂伸长率的纤维。关于各种纤维的比强度、比刚度、性能价格比和断裂伸长率见表 4-2，供选择纤维品种时参考。

表 4-2 纤维比强度、比刚度、性能特点

项目＼纤维	E-玻璃纤维	S-玻璃纤维	Kevlar-49	氧化铝纤维	硼纤维	碳化硅纤维	碳纤维 T300	碳纤维 T1000	高模量 P1000
比强度	0.67	1.04	1.9	0.35	1.64	0.98	1.74	3.9	0.99
比模量	29.6	32.1	85.5	97.4	160	135	130	162	328
强度价格比	—	0.22	0.11	0.007	0.013	0.015	0.153	—	0.037
模量价格比	—	6.67	4.96	1.9	2.0	2.13	8.51	—	1.03
断裂应变/%	2.43	3.25	2.23	0.36	0.88	0.73	1.33	2.4	0.30

纤维有交织布形式和无纬布或无纬带形式。一般玻璃纤维或芳纶纤维采用交织布形式，而碳纤维两种形式都采用，一般形状复杂处采用交织布容易成型，操作简单，且交织布构成复合材料表面不易出现崩落和分层，适用于制造壳体结构。无纬布或无纬带构成的复合材料的比强度、比刚度大，可使纤维方向与载荷方向一致，易于实现铺层优化设计，另外材料的表面较平整光滑。

4.3.3.3 基体选择原则

① 按使用环境条件选材。所谓使用环境是指材料或制品使用时经受周围环境的温度、

湿度、介质等，特别是温度和湿度的条件。根据用途的不同，温度条件可由南、北极的低温到赤道或沙漠地区的炎热气温，或者是宇航环境的高、低温，甚至在火灾时的高温等。湿度条件从在水中长期或间歇浸泡与露天雨淋到冬天的干燥状态（30%RH）。有的制品是在特殊气体中使用或者用于接触化学液体或溶液的场合。此外，自然暴露状态下除了风、雨、雾等影响外还受太阳光的曝晒等。按照使用环境条件选材时。

② 按照所要求的性能选材。因此首先要详细了解使用条件及其对材料性能的要求，然后根据性能要求选材并进行设计。但是根据材质性能数据选材时，制品设计者应该注意，树脂基复合材料和金属之间有明显的差别，对金属而言，其性能数据基本上可用于材料的筛选和制品设计，然而，黏弹性的塑料却不一样，各种测试标准和文献记载的树脂基复合性能数据是在许多特定条件下的性能，通常是短时期作用力或者指定温度或低应变速率下的，这些条件可能与实际工作状态差别较大，尤其不适于预测树脂基复合材料的使用强度和对升温的耐力，因此，所有的树脂基复合材料选材都要把全部功能要求转换成与实际使用性能有关的工程性能，并根据要求的性能进行选材。

在交变应力作用下应用的制品选材时，要考虑所选用材料的疲劳特性。通常把疲劳强度作为选材和制品设计应力。如果还未测到材料的疲劳强度，通常可以拉伸强度代用，金属材料的疲劳强度为拉伸强度的50%，未增强的树脂制品疲劳强度是拉伸强度的20%～30%，实在没有疲劳强度数据供设计参考，应在考虑到材料滞后效应和环境效应的情况下，选择足够安全系数。另外，材料的疲劳性能与其力学性能有着密切的关系，所以用纤维增强的树脂复合材料疲劳强度也显著提高。

③ 按制品的受力类型和作用方式选材。根据制品的受力类型和受力状态及其对材料产生的应变来筛选能满足使用要求的材料是很必要的。也就是说，要考虑上述各种环境下的外力作用，如拉伸、压缩、弯曲、扭曲、剪切、冲击或摩擦，或是几种力的组合作用。此外，还要考虑外力的作用方式是快速的（短暂）或是恒应力或恒应变的，是反复应力还是渐增应力等。

用于冲击负荷的制品，应选择冲击强度高的材料；用于恒定应力持续作用的制品而且必须防止变形时，应选择蠕变小的材料；用于反复应力作用的制品应选择疲劳强度比较高的材料。另外，选材时还应充分考虑到复合材料的各向异性和层间强度较低的特点等。

④ 按使用对象选材。使用对象是指使用复合材料制品的国别、地区、民族和具体使用者的范围。例如，国家不同，其标准规格也不同。如美国的电气部件用的复合材料，为保证其对热和电气的安全性，要求必须符合UI规格。另外，对色彩和图案及形状的要求也会因国家、民族的习惯和爱好而不同，应选择合适的色彩和形状。使用者不同，如儿童、老年、妇女用品也各有不同的要求。在工业上也要考虑使用对象，而选择不同的材料。

⑤ 按用途分类选材。为了便于普通工业用途的选材，人们把现有的复合材料种类根据其固有的特性，按用途进行分类。

按用途分类的方法有多种，有的按应用领域分类，如汽车运输工业、家用电器设备、机械工业、建筑材料、航空航天等；有的按应用功能分类，如结构材料（外壳、容器等）、低摩擦材料（轴承、滑杆、阀衬等）、受力机械零件材料、耐热耐腐蚀材料（化工设备、耐热设备和火箭导弹用材料）、电绝缘材料（电器制品）、透光材料。当有几种材料同属一类用途时，应根据其使用特点和材料性能进一步比较和筛选，最好选择两三种进行试验比较。比如说，外壳这类用途就包括动态外壳、静态外壳、绝缘外壳等，因此要求使用不同特性的复合材料。动态外壳是经常受到剧烈振动或轻微撞击的容器，要求材料除有刚性和尺寸稳定性外，还要有较好的冲击强度。室内应用可选用一般通用树脂或通用工程树脂基复合材料，户外应用则应选用热固性树脂基复合材料。而先进树脂基复合材料通常均用作结构件、承力件和功能部件等。

4.3.4 结构设计

复合材料结构设计除了具有包含材料设计内容的特点外，就结构设计本身而言，无论在设计原则、工艺性要求、许用值与安全系数确定、设计方法和考虑的各种因素方面都有其自身的特点，一般不完全沿用金属结构的设计方法。

4.3.4.1 结构设计的一般原则

复合材料结构设计的一般原则，除已经讨论过的连接设计原则和层合板设计原则外，尚需要遵循满足强度和刚度的原则。满足结构的强度和刚度是结构设计的基本任务之一。复合材料结构与金属在满足强度、刚度的总原上则是相同的，但由于材料特性和结构特性与金属有很大差别，所以复合材料结构在满足强度、刚度的原则上还有别于金属结构。

① 复合材料结构一般采用按使用载荷设计、按设计载荷校核的方法。

② 按使用载荷设计时，采用使用载荷所对应的许用值称为使用许用值；按设计载荷校核时，采用设计载荷所对应的许用值，称为设计许用值。

③ 复合材料失效准则只适用于复合材料的单层。在未规定使用某一失效准则时，一般采用蔡—胡失效准则，且正则化，相互作用系数未规定时也采用－0.5。

④ 没有刚度要求的一般部位，材料弹性常数的数据可采用试验数据和平均值，而有刚度要求的重要部位需要选取B基准值。

4.3.4.2 结构设计应考虑的工艺性要求

工艺性包括构件的制造工艺性和装配工艺性。复合材料结构设计时结构方案的选取和结构细节的设计对工艺性的好坏也有重要影响。主要应考虑的工艺性要求如下。

① 构件的拐角应具有较大的圆角半径，避免在拐角处出现纤维断裂、富树脂、架桥（各层之间未完全黏接）等缺陷。

② 对于外形复杂的复合材料构件设计，应考虑制造工艺上的难易程度，可采用合理的分离面分成两个或两个以上构件；对于曲率较大的曲面应采用织物铺层；对于外形突变处应采用光滑过渡；对于壁厚变化应避免突变，可采用阶梯形变化。

③ 结构件的两面角应设计成直角或钝角，以避免出现富树脂、架桥等缺陷。

④ 构件的表面质量要求较高时，应使该表面为贴膜面，或在可加均压板的表面加均压板，或分解结构件使该表面成为贴膜面。

⑤ 复合材料的壁厚一般应控制在7.5mm以下。对于壁厚大于7.5mm的构件，除必须采取相应的工艺措施以保证质量外，设计时应适当降低力学性能参数。

⑥ 机械连接区的连接板应尽量在表面铺贴一层织物铺层。

⑦ 为减少装配工作量，在工艺可能的条件下应尽量设计成整体件，并采用共固化工艺。

4.3.4.3 许用值与安全系数的确定

许用值是结构设计的关键要素之一，是判断结构强度的基准，因此正确地确定许用值是结构设计和强度计算的重要任务之一，安全系数的确定也是一项非常重要的工作。

(1) 许用值的确定 使用许用值和设计许用值确定的具体方法如下。

① 拉伸时使用许用值的确定方法。拉伸时使用许用值取由下述三种情况得到的较小值。

第一，开孔试样在环境条件下进行单轴拉伸试验，测定其断裂应变，并除以安全系数，经统计分析得出使用许用值。开孔试样参见有关标准。第二，非缺口试样在环境条件下进行单轴拉伸试验，测定其基体不出现明显微裂纹所能达到的最大应变值，经统计分析得出使用许用值。第三，开孔试样在环境条件下进行拉伸两倍疲劳寿命试验，测定其所能达到的最大应变值，经统计分析得出使用许用值。

② 压缩时使用许用值的确定方法。压缩时使用许用值取由下述三种情况得到的较小值。第一，低速冲击后试样在环境条件下进行单轴压缩试验，测定其破坏应变，并除以安全系数，经统计分析得出使用许用值。有关低速冲击试样的尺寸、冲击能量参见有关标准。第二，带销开孔试样在环境条件下进行单独压缩试验，测定其破坏应变，并除以安全系数，经统计分析得出使用许用值，试样参见有关标准。第三，低速冲击后试样在环境条件下进行压缩两倍疲劳寿命试验，测定其所能达到的最大应变值，经统计分析得出使用许用值。

③ 剪切时使用许用值的确定方法。剪切时使用许用值取由下述两种情况得到的较小值。第一，±45°层合板试样在环境条件下进行反复加载、卸载的拉伸（或压缩）疲劳试验，并逐渐加大峰值载荷的量值，测定无残余应变下的最大剪应变值，经统计分析得出使用许用值。第二，±45°层合板试样在环境条件下经小载荷加载、卸载数次后，将其单调地拉伸至破坏，测定其各级小载荷下的应力-应变曲线，并确定线性段的最大剪应变值，经统计分析得出使用许用值。

设计许用值的确定方法是在环境条件下，对结构材料破坏试验进行数量统计后给出的。环境条件包括使用温度上限和1%水分含量（对于环氧类基体为1%）的联合情况。对破坏试验结果应进行分布检查（韦伯分布还是正态分布），并按一定的可靠性要求给出设计使用值。

（2）安全系数的确定　在结构设计中，为了确保结构安全工作，又应考虑结构的经济性，要求质量小、成本低，因此，在保证安全的条件下，应尽可能降低安全系数。下面简述选择安全系数时应考虑的主要因素。

① 载荷的稳定性。作用在结构上的外力，一般是经过力学方法简化或估算的，很难与实际情况完全相符。动载比静载应选用较大的安全系数。

② 材料性质的均匀性和分散性。材料内部组织的非均质和缺陷对结构强度有一定的影响。材料组织越不均匀，其强度试验结果的分散性就越大，安全系数要选大些。

③ 理论计算公式的近似性。因为对实际结构经过简化或假设推导的公式，一般都是近似的，选择安全系数时要考虑到计算公式的近似程度。近似程度越大，安全系数应选取越大。

④ 构件的重要性与危险程度。如果构件的损坏会引起严重事故，则安全系数应取大些。

⑤ 加工工艺的准确性。由于加工工艺的限制或水平，不可能完全没有缺陷或偏差，因此工艺准确性差，则应取安全系数大些。

⑥ 无损检验的局限性。

⑦ 使用环境条件。

通常，玻璃纤维复合材料可保守地取安全系数为3，民用结构产品也有取至10的，而对质量有严格要求的构件可取2；对于硼/环氧、碳/环氧、Kevlar/环氧构件，安全系数可取1.5，对重要构件也可取2。由于复合材料构件在一般情况下开始产生损伤的载荷（即使用载荷）约为最终破坏载荷（即设计载荷）的70%，故安全系数取1.5～2是合适的。

4.3.4.4　结构设计与应考虑的其他因素

复合材料结构设计除了要考虑强度和刚度、稳定性、连接接头设计等以外，还需要考虑热应力、防腐蚀、防雷击、抗冲击等因素。

(1) 热应力 复合材料与金属零件连接是不可避免的。当使用温度与连接装配时的温度不同时，由于热膨胀系数之间的差异常常会出现连接处的翘曲变形。与此同时，复合材料与金属中会产生由温度变化引起的热应力。如果假定这种连接是刚性连接，并忽略胶接接头中胶勃剂的剪应变和机械连接接头中紧固件（铆钉或螺栓）的应变，则复合材料和金属构件中的热应力分别为：

$$\sigma_c=\frac{(\alpha_m-\alpha_c)\Delta TE_m}{\dfrac{A_c}{A_m}+\dfrac{E_m}{E_c}} \tag{4-8}$$

$$\sigma_m=\frac{(\alpha_c-\alpha_m)\Delta TE_c}{\dfrac{A_m}{A_c}+\dfrac{E_c}{E_m}} \tag{4-9}$$

式中，σ_c，σ_m分别为复合材料和金属材料中的热应力；α_c，α_m分别为复合材料和金属材料的热膨胀系数；E_c，E_m分别为复合材料和金属材料的弹性模量；A_c，A_m分别为复合材料和金属材料的横截面面积；ΔT 为连接件使用温度与装配时温度之差。

通常，$\alpha_m>\alpha_c$，所以复合材料在温度升高时产生拉伸的热应力，而金属材料中产生压缩的应力，温度下降时正好相反。复合材料结构设计时，对于工作温度与装配温度不同的环境条件，不但要考虑条件对材料性能的影响，还要在设计应力中考虑这种热应力所引起的附加应力，确保在工作应力下的安全。例如，当复合材料工作应力为拉应力，而热应力也为拉应力时，其强度条件应改为：

$$\sigma_I+\sigma_c\leqslant[\sigma] \tag{4-10}$$

式中，σ_I为根据结构使用载荷算得复合材料连接件的工作应力；σ_c为根据式（4-8）及式（4-9）计算得到的热应力；$[\sigma]$ 为许用应力。

为了减小热应力，在复合材料连接中可采用热膨胀系数较小的钛合金。

(2) 防腐蚀 玻璃纤维增强塑料是一种耐腐蚀性很好的复合材料，其广泛应用于石油和化工部门，制造各种耐酸、耐碱及耐多种有机溶剂腐蚀的储罐、管道、器皿等。这里所指的防腐蚀是指，碳纤维复合材料与金属材料之间的电位差使得它对大部分金属都有很大的电化腐蚀作用，特别是在水或潮湿空气中，碳纤维的阳极作用造成金属结构的加速腐蚀，因而需要采取某种形式的隔离措施以克服这种腐蚀。如在紧固件钉孔中涂漆或在金属与碳纤维复合材料表面之间加一层薄的玻璃纤维层（厚度约 0.08mm），使之绝缘或密封，从而达到防腐蚀的目的。对于胶接装配件可采用胶膜防腐蚀。另外，钛合金、耐蚀钢和镍铬合金等可与碳纤维复合材料直接接触连接而不会引起电化学腐蚀。

玻璃纤维复合材料和 Kevlar-49 复合材料不会与金属间引起电化腐蚀，故不需要另外采取防腐蚀措施。

(3) 防雷击 雷击是一种自然现象。碳纤维复合材料是半导体材料，它比金属构件受雷击损伤更加严重。这是由于雷击引起强大的电流通过碳纤维复合材料后会产生很大的热量使复合材料的基体热解，引起其力学性能大幅度下降，以致造成结构破坏。因此当碳纤维复合材料构件位于容易受雷击影响的区域时，必须进行雷击防护。如加铝箔或网状表面层，或喷涂金属层等。在碳纤维复合材料构件边界装有金属元件也可以减小碳纤维复合材料构件的损伤程度。这些金属表面层应构成防雷击导电通路，通过放置的电刷来释放电荷。

玻璃纤维复合材料和Kevlar-49复合材料在防雷击方面是相似的，因为它们的电阻和介电常数相近。它们都不导电，对内部的金属结构起不到屏蔽作用，因此要采用保护措施，如加金属箔、金属网或金属喷涂等，而不能采用夹芯结构中加金属蜂窝的方法。

大型民用复合材料结构，如冷却塔等，应安装避雷器来防雷击。

(4) 抗冲击　冲击损伤是复合材料结构中所需要考虑的主要损伤形式，冲击后的压缩强度是评定材料和改进材料所需要考虑的主要性能指标。

冲击损伤可按冲击能量和结构上的缺陷情况分为三类：①高能量冲击，在结构上造成贯穿性损伤，并伴随少量的局部分层；②中等能量冲击，在冲击区造成外表凹陷，内表面纤维断裂和内部分层；③低能量冲击，在结构内部造成分层，而在表面只产生目视几乎不能发现的表面损伤。高能量冲击与中等能量冲击造成的损伤为可见损伤，而低能量冲击造成的损伤为难见损伤。损伤会影响材料的性能，特别是会使压缩强度下降很多。

因此，在复合材料结构设计时，如果是受有应力作用的构件，应同时考虑低能量冲击载荷引起的损伤，则可通过限制设计许用应变或许用应力的方法来考虑低能冲击损伤对强度的影响。从材料方面考虑：碳纤维复合材料的抗冲击性能很差，所以不宜用于易受冲击的部位；玻璃纤维复合材料与Kevlar-49复合材料的抗冲击性能相类似，均比碳纤维复合材料的抗冲击性能好得多。因此常采用碳纤维和Kevlar纤维构成混杂纤维复合材料来改善碳纤维复合材料的抗冲击性能。另外，一般织物铺层构成的层合板结构比单向铺层构成的层合板结构的抗冲击性能好。

4.3.5 复合材料的力学性能设计

4.3.5.1 单向复合材料的力学性能设计

复合材料力学性能设计主要根据复合材料的力学原理进行，它一般可以表达为复合材料性能等于组分性能按体积分数加合的混合率。

① 单向复合材料纵向弹性模量的混合率（并联模型）

$$E_c = E_f\Phi_f + E_m\Phi_m \tag{4-11}$$

式中，下标c、f、m分别代表复合材料、纤维、基体；E为弹性模量；Φ为体积分数。

② 单向复合材料横向弹性模量的混合率（串联模型）

$$\frac{1}{E_c} = \frac{\Phi_f}{E_f} + \frac{\Phi_m}{E_m} \tag{4-12}$$

③ 单向复合材料在一般情况下力学性能的混合率通式

$$X_c^n = X_A^n\Phi_A + X_B^n\Phi_B \tag{4-13}$$

式中，X为某项力学性能，下标A、B表示组分；n为指数幂，并联模型中$n=1$，串联模型中$n=-1$。

④ 其他呈线性变化的物理性能的混合率　除力学性能外，式(4-13)还可应用于其他呈线性复合效应的物理性能的估算。在复合材料设计中，它可以表示各组分对性能的贡献，并可据此来调整组分的材质（X_i）和比例（Φ_i）以改变复合材料的性能。在有关复合材料力学和复合材料理化性能的著作中给出了许多公式，包括：单向连续纤维增强复合材料沿纤维方向和垂直于纤维方向（正轴方向）的弹性模量、泊松比、剪切模量及拉伸与压缩强度；短纤维增强复合材料的相应的力学性能；两种以上组分复合的混杂复合材料的性能；偏轴与正轴情况下的应力转换；复杂应力状态下的强度理论。

4.3.5.2 层合复合材料的力学性能设计

将单向复合材料层片叠排压合，每层取设定的不同方向，可以得到层合复合材料。层合复合材料具有各向异性。通过不同方向（0°、90°、30°、60°、45°等）和不同层次（对称、非对称、各层性能相同或不同等）铺叠次序的安排，可以灵活地组成具备各种性能的复合材料层合板或夹芯层合板。层合复合材料的力学分析包括对层合板在给定载荷下的应力分布、变形和强度储备计算。

4.3.6 复合材料其他物理性能的复合原理

由两种以上组分组成复合材料的目的是期望获得比单一材料更好的物理性能，假如已了解有关复合效果的复合定律的话，就有可能获得性能最佳的复合材料。但目前尚未掌握所有物理性能的复合规律。已经了解得比较清楚的是一些单纯加成性（符合线性法则）的简单物理性能。如密度、比热、介电常数、磁导率等。其中电导率、电阻、磁导率和热传导等物性，与力学性能的复合法则一样，混合物定律大致是成立的。

4.3.6.1 热导率

(1) 单向增强复合材料　纵向和横向的热导率可按以下两式估算。

纵向热导率：

$$K_L = K_{fL}\Phi_f + K_m\Phi_m \tag{4-14}$$

横向热导率：

$$K_T = K_m + [\Phi_f(K_{fT} - K_m)K_m]/[0.5\Phi_m(K_{fT} - K_m) + K_m] \tag{4-15}$$

式中，K 为热导率；下标 L、T 分别表示纵向和横向，f、m 分别表示纤维和基体。

(2) 二维随机短纤维增强复合材料　纤维排布平面法线方向的热导率为：

$$K_c = K_m K_m \Phi_f[(K_f - K_m)(S_{11} + S_{33}) + 2K_m]/A \tag{4-16}$$

$$A = 2\Phi_m(K_f - K_m)^2 S_{11}S_{33} + K_m(K_f - K_m)(1 + \Phi_m)(S_{11} + S_{33}) + 2K_m^2 \tag{4-17}$$

式中，S_{11}为形状因子，与短纤维的形状有关。

如果短纤维是椭圆形截面的粒状体（a_1、$a_2 \ll a_3$），则

$$S_{11} = a_2/(a_1 + a_2),\ S_{33} = 0 \tag{4-18}$$

如果此时短纤维为圆形截面，则

$$K_c = K_m[(3K_m + K_f)\Phi_f]/[2(K_m + K_f) + (K_m - K_f)\Phi_f] \tag{4-19}$$

(3) 三维随机短纤维增强复合材料　这种复合材料可视为各向同性，其热导率为：

$$K = K_m \frac{K_m\Phi_f(K_m - K_f)[(K_m - K_f)2(S_{33} - S_{11}) + 3K_m]}{3\Phi_m(K_m - K_f)^2 S_{11}S_{33} + K_m(K_m - K_f)R + 3K_m^2} \tag{4-20}$$

$$R = 3(S_{11} + S_{33}) - \Phi_f(2S_{11} + S_{33}) \tag{4-21}$$

式中，符号意义同式（4-15）和式（4-16）。对于圆形截面的柱形短纤维：

$$K = K_m \frac{\Phi_f(K_m - K_f)[7/2(K_m - K_f)]}{3/2(K_f - K_m) + \Phi_f(K_m - K_f)} \tag{4-22}$$

(4) 颗粒增强复合材料　当颗粒为球状时，复合材料的热导率为：

$$K = K_m \frac{(1 + 2\Phi_p)K_p + (2 - 2\Phi_p)K_m}{(1 - \Phi_p)K_p + (2 + \Phi_p)K_m} \tag{4-23}$$

式中，下标 p 代表颗粒。

4.3.6.2　热膨胀系数

当两种各向同性材料复合后，体系的热膨胀系数 α_c 为：

$$\alpha_c=(\alpha_1K_1\Phi_1+\alpha_2K_2\Phi_2)/(K_1\Phi_1+K_2\Phi_2) \tag{4-24}$$

式中，α_1、α_2 为组成复合材料组分的热膨胀系数；K 为热弹性常数；Φ 为体积分数。当两种材料的泊松比相等时，用 E 代替 K，则有

$$\alpha_c=(\alpha_1E_1\Phi_1+\alpha_2E_2\Phi_2)/(E_1\Phi_1+E_2\Phi_2) \tag{4-25}$$

对于物理常数差别不是很大的多层复合体系，可采用下式作为第一近似计算式：

$$\alpha_c=\sum\alpha_i\Phi_i \tag{4-26}$$

4.3.6.3　电导率

对于单向连续纤维增强复合材料，若基体的电导率大于纤维的电导率，则有如下两式。

纵向电导率：

$$C_L=C_m(1-\Phi_f)\{1-[1.77\Phi_f/(1-\Phi_f)]T^{-108}\} \tag{4-27}$$

横向电导率：

$$C_T=[0.5(1-2\Phi_f)(C_m-C_f)]\{1+[1-4C_fC_m/(1-2\Phi_f)^2(C_f-C_m)^2]^{1/2}\} \tag{4-28}$$

式中，C_L和 C_T分别为纵向和横向的电导率；T 为绝对温度。

对于颗粒增强复合材料，将颗粒看成是均匀分散于基体中的球形粒子，复合材料的电导率 C_c可以用下式表示为：

$$C_c=C_m\frac{(1+2\Phi_p)C_p+(2-2\Phi_p)C_m}{(1-\Phi_p)C_p+(2+\Phi_p)C_m} \tag{4-29}$$

式中，下标 c、m、p 分别代表复合材料、基体和颗粒；C 为电导率。

这种形式的公式还可以用以表示电阻、磁导率和复合规律。此公式的准确范围为 $V_p=0.1$，第一近似计算的范围为 $V_p=0.35$。

复合材料制件设计程序框图示于图 4-3。

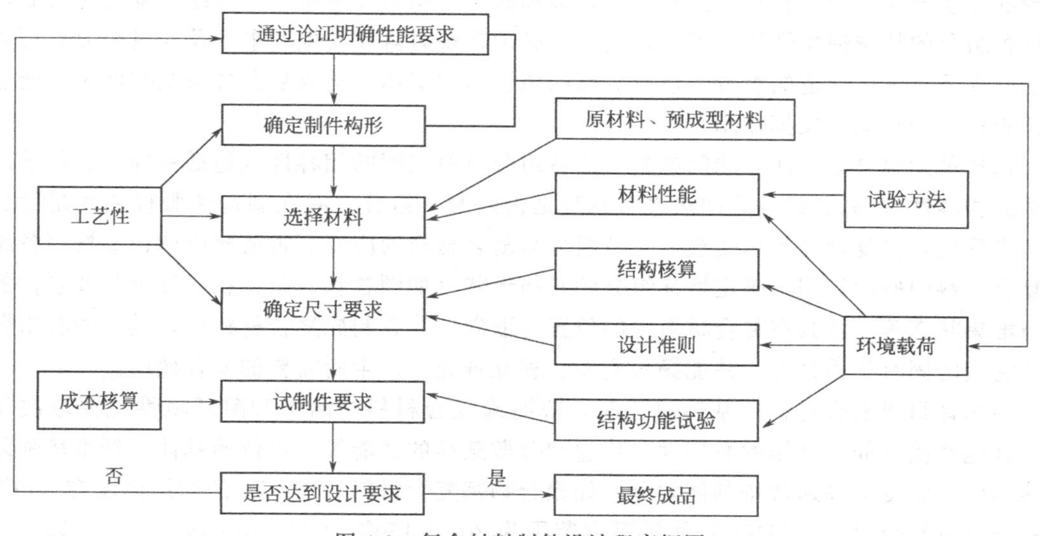

图 4-3　复合材料制件设计程序框图

复合材料的设计基于物理、化学、力学原理，它涉及多相混合物体系的宏观性能估算。因为复合材料学是一个新兴的学科，而且是一个典型的边缘学科，因此需要复合材料及结构

设计者与相邻学科的专家密切配合，努力学习有关知识，使自己具有广泛的、各门学科的综合知识，并能灵活应用；复合材料设计中遇到的问题往往是崭新的、没有现成答案的探索性课题，这给复合材料的设计增加了困难，但同时也给复合材料工作者提供了发展新思维、新概念、新方法的广阔空间与动力。

4.3.7 复合材料的一体化设计

各类复合材料制造的共同核心问题是将增强体掺入到基体中，或者将基体渗入增强体构成的骨架，使之形成相互复合的固态整体。通常增强体为固态，而基体则需经历由液态（或气态、固态）转变为固态的过程。增强体必须按照设计要求的方向和数量均匀分布，最后固定在已转变为固态的基体之中。原位生长复合材料则是基体由液态转变为固态的过程中，按预定的分布与方向原位生长出一定数量比例的增强体（晶须或颗粒）。

复合材料制造中的关键问题包括：对增强体尽量不造成机械损伤；使增强体按预定方向规则排列并均匀分布；基体与增强体之间产生良好的结合。

选择复合材料的制造方法是指选择其工艺方法和工艺参数。复合材料制造方法已有几十种，分别被不同的复合材料体系所采用。它们都需要依赖一系列的专用或通用设备。工艺方法和工艺参数的选择直接影响上述制造要求中所提到的三个关键问题，其中尤其以获得增强体与基体良好结合最为重要。复合材料的力学、化学、界面研究，将贯穿复合材料制造与评价过程的始终。

复合材料设计包括对组成复合材料的单元组分材料的选择、对复合制造工艺的选择和对复合效应的估算。选择组成复合材料的单元组分应明确如下几点。

首先，由于当前科技与生产水平的限制，可供选用的组分（包括增强体、基体及由它们所组成的材料体系）品种有限，其性能不能够呈连续函数而是呈阶梯形式变化。其次，设计者在选择单元组分时，应当事先明确各组分在组成复合材料后所承担的使用功能。第三，所选择的各组分应当符合材料设计的主要目标和服役期间的环境条件，在组成复合材料后，能发挥各组分的特殊使用性能。因此，设计者必须在现时科技与生产水平及经过努力后可以获得的前提下挑选最合适的组分，使所选择的增强体和基体在构成复合材料及构件时，能够按照预先选定的功能来发挥作用。

选择单元组分必须注意的问题是：①各组分材料之间的相容性（包括物理的、化学的和力学的相容性），如各组分之间热膨胀系数是否匹配，组分之间在制造和服役期间是否会产生有害反应，在复合材料承受载荷时各组分与复合材料的应变能否彼此协调；②按照各组分在复合材料中所起作用来确定增强组分的几何形状（如颗粒状、条带状、纤维状及它们的编织与堆集状态等）及其在复合材料中的位置与取向；③在制成复合材料后，其中的各组分应保持它们的固有优秀性质，并能扬长避短、相互补充，产生所需要的复合效应。

在选择组成复合材料的基体材料时，应明确复合材料的耐温和耐环境性主要取决于基体；其他性质（如对纤维的黏接性、传递和分散载荷的功能等）也依赖基体。纤维增强复合材料的使用温度范围通常按基体划分。如聚合物基复合材料（PMC）的使用温度在300℃以下；金属基复合材料（MMC）使用温度范围为300～450℃（Al、Mg基）、650℃以下（Ti基）、650～1260℃（高温合金基和金属间化合物基）；陶瓷基复合材料（CMC）的使用温度则可达980～2000℃。

复合材料与传统材料相比有许多不同的特点，最明显的是性能的各向异性和可设计性。

在传统材料的设计中，均质材料可以用少数几个性能参数表示，较少考虑材料的结构与制造工艺问题，设计与材料具有一定意义上的相对独立性。但复合材料的性能往往与结构及工艺有很强的依赖关系，可以根据设计的要求使受力方向具有很高的强度或刚度，是一种可设计的材料。因此在产品设计的同时必须进行材料结构设计，并选择合适的工艺方法。材料-工艺-设计三者必须形成一个有机的整体，形成一体化。

统计资料表明，在产品的设计阶段尽早考虑产品结构生命周期内所有的影响因素，建立完整、统一的产品结构信息模型，将工艺、制造、材料、质量、维修等要求体现在早期设计中。通过设计中各个环节的密切配合，避免在制造和使用过程中出现问题而引起不必要的返工，这样可以在较短的时间内以较少的投资获得高质量的产品。例如，美国研制 F414 发动机时，就采用了集成的设计、制造一体化技术，在研制全新的单晶低压涡轮叶片时，使原来的研制周期从 44 周缩短为 22 周。另外在研制先进战斗机（ATF）所用推重比为 10 的 F119-PW-100 新一代发动机时，采用了一体化产品研制技术，使性能、可靠性、维修性、可制造性及成本等多项指标达到了最佳的效果。在对现代复合材料结构进行设计的同时，也应对其性能进行适当的评价，以判断产品结构是否达到人们所期望的指标。

复合材料的材料-设计-制造-评价一体化技术是 21 世纪发展的趋势，它可以有效地促进产品结构的高度集成化，并保证产品的高效及高可靠性。

第5章

聚合物基复合材料

5.1 概述

树脂基复合材料（Resin Matrix Composite）也称纤维增强塑料（Fiber Reinforced Plastics），是技术比较成熟且应用最为广泛的一类复合材料。这种材料是用短切的或连续纤维及其织物增强热固性或热塑性树脂基体，经复合而成。以玻璃纤维作为增强相的树脂基复合材料在世界范围内已形成了产业，在我国俗称玻璃钢。树脂基复合材料于1932年在美国出现，1940年以手糊成型制成了玻璃纤维增强聚酯的军用飞机的雷达罩；其后不久，美国莱特空军发展中心设计制造了一架以玻璃纤维增强树脂为机身和机翼的飞机，并于1944年3月在莱特-帕特空军基地试飞成功。从此纤维增强复合材料开始受到军界和工程界的注意。第二次世界大战以后这种材料迅速扩展到民用，风靡一时，发展很快。1946年纤维缠绕成型技术在美国出现，为纤维缠绕压力容器的制造提供了技术贮备。1949年研究成功玻璃纤维预混料并制出了表面光洁，尺寸、形状准确的复合材料模压件。1950年真空袋和压力袋成型工艺研究成功，并制成直升机的螺旋桨。20世纪60年代在美国利用纤维缠绕技术，制造出北极星、土星等大型固体火箭发动机的壳体，为航天技术开辟了轻质高强结构的最佳途径。在此期间，玻璃纤维-聚酯树脂喷射成型技术得到了应用，使手糊工艺的质量和生产效率大为提高。1961年片状模塑料（Sheet Molding Compound，SMC）在法国问世，利用这种技术可制出大幅面表面光洁，尺寸、形状稳定的制品，如汽车、船的壳体以及卫生洁具等大型制件，从而更扩大了树脂基复合材料的应用领域。1963年前后在美、法、日等国先后开发了高产量、大幅宽、连续生产的玻璃纤维复合材料板材生产线，使复合材料制品形成了规模化生产。拉挤成型工艺的研究始于20世纪50年代，60年代中期实现了连续化生产，在70年代拉挤技术又有了重大的突破，近年来发展更快。除圆棒状制品外，还能生产管、箱形、槽形、工字形等复杂截面的型材，并还有环向缠绕纤维以增加型材的侧向强度。在70年代树脂反应注射成型（Reaction Injection Molding，RIM）和增强树脂反应注射成型（Reinforced Reaction Injection Molding，RRIM）两种技术研究成功，进一步改善了手糊工艺，使产品两面光洁，现已大量用于卫生洁具和汽车的零件生产。1972年美国PPG公司研究成功热塑性片状模型料成型技术，1975年投入生产。这种复合材料的最大特点是改变了热固性基体复合材料生产周期长、废料不能回收的问题，并能充分利用塑料加工的技术和设备，因而发展得很快。制造管状构件的工艺除缠绕成型外，80年代又发展了离心浇铸成型法，英国曾使用这种工艺生产10m长的复合材料电线杆、大口径受外压的管道等。从上述可知，新生产工艺的不断出现推动着聚合物复合材料工业的发展。聚合物基复合材料经过半个多世纪的发展，技术已日臻成熟，目前已形成了一个较完善的工业体系。其产品在交通运输、建筑、防腐、船舶、电子电器等各个工业部门得到广泛应用。

在20世纪90年代全球聚合物基复合材料平均年增长率为5.6%，几乎是工业化国家年GDP的两倍。2002年全球工业常用聚合物基复合材料的产量约为450万～460万吨，其中北美、欧洲和亚洲是三个最大生产和应用地区，主要的应用市场是建筑、交通、电子电器及消耗品等。其中，以玻璃纤维为增强材料的复合材料（GFRP）是市场应用的主体，2002年全球玻璃纤维增强材料的用量达220万吨。其中北美占33%，欧洲占32%，亚洲占30%，南美洲占3%，其他地区占2%。

近年来，以碳纤维为代表的高性能纤维增强聚合物基复合材料在工业领域的应用越来越广泛，并呈快速发展之势，已成为工业通用聚合物基复合材料的一个重要组成部分和新的增长点。

工业上通用聚合物基复合材料在世界各地发展的程度不仅与该地区的经济状况有关，而且与该地区复合材料应用的成熟程度有关。北美洲特别是美国，是全球工业聚合物基复合材料最大的生产国和最大的市场，2002年的产量达190万吨，约占全球产量近一半。据美国CFA（复合材料制造商协会）统计，目前美国有聚合物基复合材料生产线13000条，雇员23.6万人。在聚合物基复合材料产品中，约90%以上是采用玻璃纤维作增强材料，约75%用的是不饱和聚酯树脂或其他热固性树脂，25%是热塑性树脂。美国聚合物基复合材料市场规模最大和发展最快的是运输、建筑、防腐蚀领域，海洋、电子电器及休闲领域也具有相当的发展规模。

欧洲为世界又一个大的聚合物基复合材料生产地区和消费市场，以1998年为例，欧洲各国在聚合物基复合材料市场上所占份额大致为：德国、奥地利占33%；意大利占19%；法国占14%；比利时、荷兰、卢森堡占13%；英国占9%；西班牙、葡萄牙占8%；瑞典、挪威、丹麦和芬兰占4%。

亚太地区的聚合物基复合材料市场是全球最具发展潜力的市场。分析家认为亚太地区工业聚合物基复合材料将会在较长的时期内继续增长，2000—2006年年增长率可达7%。日本一直是该地区工业聚合物基复合材料生产大国，近年人均占有量高于该地区大多数其他国家，达到5.29kg左右（我国人均复合材料占有量仅为0.22kg）。日本近几年工业聚合物基复合材料生产线各种成型工艺所占比例见表5-1。

表5-1 日本工业聚合物基复合材料各种成型工艺比例构成

成型工艺	2000年/%	2001年/%
手糊	20.0	19.1
喷射	18.7	18.7
模压	43.0	45.4
其他压力成型	1.6	1.7
纤维缠绕	6.6	4.9
连续成型	4.8	5.6
其他	5.3	4.6

我国是亚太地区聚合物基复合材料生产大国之一，自 1958 年开始研制玻璃纤维增强聚合物基复合材料（玻璃钢）以来，到 20 世纪 90 年代初的 30 年期间，玻璃钢发展速度异常缓慢，到了 90 年代初产量才达到 10 万吨左右的水平，但到 90 年代后期有了明显的增长。2002 年玻璃纤维增强热固性复合材料产量达 56 万吨，玻璃纤维增强热塑性复合材料的产量约 18 万吨，总产量已居全球第二位。表 5-2 是 1990—2002 年我国工业聚合物基复合材料的年产量。

表 5-2 我国近 10 年玻璃钢/复合材料的年产量（不含台湾省） 单位：万吨

年份 \ 产品	玻璃纤维	不饱和聚酯	玻璃钢
1990	8.68	4.5	9.5
1991	9.69	6	11
1992	12.08	8	13.3
1993	13.4	11	14.5
1994	15	13	15
1995	16	15	15
1996	17	16	17
1997	17.5	20	22
1998	18	25	25
1999	20	32	30
2000	21.5	45	48
2001	28.3	50	50
2002	36.9	58	56

中国热固性玻璃钢市场比例如表 5-3 所示。

表 5-3 中国热固性玻璃钢市场比例（不含台湾省）

应用	建筑	化工	交通	船业	工业	其他
比例/%	40	24	6	4	12	14

目前我国大陆玻璃钢主要生产装备有：纤维缠绕定长管、夹砂管及卧式贮罐生产线 300 条；纤维缠绕连续管生产线 2 条；离心管道生产线 3 条；SMC、BMC 专用压机 200 台；拉挤成型生产线 200 条；树脂传递成型（RTM）100 台；喷射成型机 550 台；连续成型板材生产线 10 条；立式贮罐缠绕机 2 台。各种成型工艺所占比例如表 5-4 所示。

表 5-4 各种成型工艺所占比例

成型工艺	手糊(含喷射)	纤维缠绕	SMC、BMC	拉挤	其他
比例/%	65	22	10	2	1

5.2 聚合物基复合材料的性能及种类

5.2.1 聚合物基复合材料的性能

树脂基复合材料作为一种复合材料，是由两个或两个以上的独立物理相，包含基体材料

（树脂）和增强材料所组成的一种固体产物。树脂基复合材料的整体性能并不是其组分材料性能的简单叠加或者平均，这其中涉及一个复合效应问题。复合效应有正有负，性能的提高总是人们所期望的，但有的材料在复合之后某些方面的性能出现抵消甚至降低的现象是不可避免的。总之，聚合物基复合材料的主要性能表现如下。

（1）比强度、比模量大　玻璃纤维复合材料有较高的比强度、比模量，而碳纤维、硼纤维、有机纤维增强的聚合物基复合材料的比强度表现更为突出，相当于钛合金的3～5倍，它们的比模量相当于金属的4倍之多，这种性能可由纤维排列的不同而在一定范围内变动。

（2）耐疲劳性能好　金属材料的疲劳破坏常常是没有明显预兆的突发性破坏，而聚合物基复合材料中纤维与基体的界面能阻止材料受力所致裂纹的扩展。因此，其疲劳破坏总是从纤维的薄弱环节开始逐渐扩展到结合面上，破坏前有明显的预兆。大多数金属材料的疲劳强度极限是其抗张强度的20%～50%，而碳纤维/聚酯复合材料的疲劳强度极限可为其抗张强度的70%～80%。

（3）减振性好　受力结构的自振频率除与结构本身形状有关外，还与结构材料比模量的平方根成正比。复合材料比模量高，故具有高的自振频率。同时，复合材料界面具有吸振能力，使材料的振动阻尼很高。由试验得知：轻合金梁需9s才能停止振动时，而碳纤维复合材料梁只需2.5s就会停止同样大小的振动。

（4）过载时安全性好　复合材料中有大量增强纤维，当材料过载而有少数纤维断裂时，载荷会迅速重新分配到未破坏的纤维上，使整个构件在短期内不至于失去承载能力。

（5）有很好的加工工艺性　复合材料可采用手糊成型、模压成型、缠绕成型、注射成型和拉挤成型等各种方法制成各种形状的产品。

（6）具有多种功能性

① 有良好的摩擦性能，包括良好的摩阻特性及减摩特性；

② 高度的电绝缘性能；

③ 优良的耐腐蚀性能；

④ 有特殊的光学、电学、磁学的特性。

树脂基复合材料也有不足之处，其最大的缺点是刚性差，它的弯曲弹性模量仅为0.2×10^3GPa，而钢材为2×10^3GPa，它的刚度比木材大两倍，而比钢材小十倍。其次其耐热性虽然比塑料高，但低于金属和陶瓷。导热性也很差，摩擦产生的热量不易导出，从而使材料的温度升高，导致其破坏。此外，基体材料是易老化的塑料，所以它也会因日光照射、空气中的氧化作用、有机溶剂的作用而产生老化现象，但比塑料要缓慢些。虽然树脂基复合材料存在上述缺点，但它仍然是一种比较理想的结构材料。

5.2.1.1　聚合物基复合材料的力学性能

树脂基复合材料具有比强度高、比模量大、抗疲劳性能好等优点，用于承力结构的树脂基复合材料利用的是它的这种优良的力学性能，而利用各种物理、化学和生物功能的功能复合材料，在制造和使用过程中，也必须考虑其力学性能，以保证产品的质量和使用寿命。

但是，树脂基复合材料的强度、刚度特性由组分材料的性质、增强材料的取向和所占的体积分数决定，但由于制造工艺、随机因素的影响，在实际复合材料中不可避免地存在各种不均匀性和不连续性，残余应力、空隙、裂纹、界面结合不完善等都会影响到材料的性能，如表5-5、表5-6所示。

表 5-5 手糊工艺复合材料力学性能

组成项目	1∶1织物（玻璃/环氧）	4∶1织物（玻璃/环氧）	1∶1织物（玻璃/环氧-聚酯）	1∶1织物（玻璃306聚酯）	短纤维毡/聚酯
纵向拉伸强度/MPa	294.2	365.8	284.4	215.8	60～140
纵向拉伸模量/GPa	17.7	25.5	16.7	13.7	5.5～12
纵向压缩强度/MPa	245.2	304.0	245.2	176.5	110～180
纵向压缩模量/GPa	16.2	23.0	15.0	12.5	5.0～10.8
横向拉伸强度/MPa	294.2	139.7	284.4	215.8	60～140
横向拉伸模量/GPa	17.7	11.8	16.7	13.7	5.5～12
横向压缩强度/MPa	245.2	225.6	245.2	176.5	110～180
横向压缩模量/GPa	16.2	11.0	15.0	12.5	5.0～10.8
剪切强度/MPa	68.6	65.7	55.3	50.0	50.0
剪切模量/GPa	3.53	2.84	3.34	3.20	1.40
泊松比	0.14	0.20	0.14	0.14	0.23
弯曲强度/MPa	298.0	340.0	273.4	193.3	108～280
弯曲模量/GPa	16.7	23.4	16.7	14.2	6.9～13
冲击强度(kJ/m²)	230	294	265	240	98～180
纤维体积含量 V_f（或含胶量 W_R）/%	$W_R=45$	$W_R=45$	$W_R=47$	$W_R=52$	$W_R=40\sim55$

表 5-6 SMC、BMC 复合材料力学性能

组成项目	食品级 SMC	一般 SMC	电性能型 SMC	BMC 聚酯	BMC 酚醛	BMC 环氧
拉伸强度/MPa	100	60～130	140.0	30～70	29～49	20～59
压缩强度/MPa	150	60～100	130	20～40	98～147	98～147
弯曲强度/MPa	150	130～210	150	70～140	10～13	12～14
剪切强度/MPa	90	80	93	—		
弯曲模量/GPa	9.5	9.6～13	11.5	9.6～13	13.5	15.0
冲击强度(kJ/m²)	63.7	43～85	60	16～32	20	20
泊松比	0.3	0.3	0.3	0.3	0.3～0.5	0.3～0.5
巴氏硬度	45	40～60	50～60	50	60	60

与热固性复合材料相比，热塑性复合材料更耐冲击、断裂韧性高，可以多次循环加工利用，但是热塑性复合材料也多表现为低刚度、耐热性差的特点。在热塑性塑料材料中加入连续或非连续纤维可以改进力学、物理和热学性能等。纤维类型、纤维长度、纤维长度分布、纤维排布、界面、基体树脂形貌、工艺过程、环境因素以及时间依赖行为等因素均会影响最终得到的纤维增强热塑性复合材料产品的性能，长纤维或连续纤维增强塑料较短纤维复合材料力学性能更好。表 5-7 给出了几种长玻璃纤维增强热塑性树脂基复合材料的力学性能。

表 5-7 长玻璃纤维增强热塑性树脂基复合材料的力学强度

基体材料	纤维(质量分数)/%	拉伸强度/MPa	弯曲强度/MPa
PC	50	176	290
PPS	50	152	234
PBT	50	176	269
PP	40	120	178

5.2.1.2 树脂基复合材料的物理性能

树脂基复合材料的物理性能主要有热学性质、电学性质、磁学性质、光学性质、摩擦性质等（如表5-8）。对于一般的主要利用力学性质的非功能复合材料，要考虑在特定的使用条件下材料对环境的各种物理因素的响应，以及这种响应对复合材料的力学性能和综合使用性能的影响；而对于功能性复合材料，所注重的则是通过多种材料的复合而满足某些物理性能的要求。

表 5-8 织物、短纤维增强复合材料的热学性能

参数 工艺	玻璃纤维增强形式	树脂种类	纤维质量分数/%	线胀系数/$10^{-6}K^{-1}$	热导率/[W/(m·K)]	比热容/[kJ/(kg·K)]	热变形温度/℃	马丁耐热/℃
SMC	短切纤维	聚酯	15～30	14～22	0.186～0.244	1.3～1.5	150～180	110～150
BMC	短切纤维	聚酯	15～35	14～22	0.186～0.244	1.3～1.5	150～180	110～150
手糊	短切纤维毡	聚酯	30～40	18～36	0.186～0.267	1.3～1.4	130～160	100～130
手糊	布	聚酯	45～55	7～11	0.267～0.333	1.1～1.2	150～180	110～150
模压	短切毡 CSM 预成型	聚酯	25～35	18～32	0.186～0.256	1.3～1.4	180～200	150～180
RTM	CSM 预成型	聚酯	20～30	18～32	0.186～0.256	1.3～1.4	130～160	100～130
喷射	短切纤维	聚酯	30～35	22～36	0.175～0.222	1.3～1.4	130～160	100～130
层压	布	环氧	50～65	7～11	0.278～0.333	1.1～1.2	200	180
层压	布	环氧酚醛	50～65	7～11	0.278～0.333	1.1～1.2	250	200

树脂基复合材料的物理性能由组分材料的性能及其复合效应所决定。要改善树脂基复合材料的物理性能或对某些功能进行设计时，往往更倾向于应用一种或多种填料。相对而言，可作为填料的物质种类很多，可用来调节树脂基复合材料的各种物理性能。值得注意的是，为了某种理由而在复合体系中引入某一物质时，可能会对其他的性质产生劣化作用，需要针对实际情况对引入物质的性质、含量及其与基体的相互作用进行综合考虑。

一般而言，聚合物基复合材料具备比较优良的电学性能，其具有各向异性特性，组分材料性能、界面状态、纤维排列方向和工艺方法对材料的电学性能都有影响。如 SMC、BMC 复合材料性能见表 5-9。

表 5-9 SMC、BMC 复合材料电性能

组成 项目	通用型聚酯	电气型聚酯	酚醛型 SMC	通用型聚酯 BMC	电气型聚酯 BMC	酚醛型 BMC
密度/(g/cm³)	1.75～1.95	1.75～1.95	1.7～1.9	1.80～1.95	1.80～1.95	
吸水量/mg	20	20	15	9～20	9～16	60

续表

项目 \ 组成	通用型聚酯	电气型聚酯	酚醛型SMC	通用型聚酯BMC	电气型聚酯BMC	酚醛型BMC
体积电阻率/Ω·m	1.0×10^{12}	1.0×10^{13}	1.0×10^{14}	1.0×10^{13}	1.0×10^{15}	1.0×10^{18}(浸水24h)
电气强度/(MV/m)	11.0	12.0	13.0	13.0	15.0	3.5[(90±20)℃变压器调中]
介质损耗因数	0.015	0.015	0.05	0.015	0.007～0.015	0.1
介电常数	4.8	4.8	8.0	6.5	4.3～4.8	
表面电阻/Ω			1.0×10^{12}	1.0×10^{12}	1.0×10^{13}	
耐电弧/s	180	180			185～190	

5.2.1.3 树脂基复合材料的化学性能

大多数的树脂基复合材料处在大气环境中、浸在水或海水中或埋在地下使用，有的作为各种溶剂的贮槽，在空气、水及化学介质、光线、射线及微生物的作用下，其化学组成和结构及各种性能会发生各种变化。在许多情况下，温度、应力状态对这些化学反应有着重要的影响。特别是航空航天飞行器及其发动机构件在更为恶劣的环境下工作，要经受高温的作用和高热气流的冲刷，其化学稳定性是至关重要的。

作为树脂基复合材料的基体的聚合物，其化学分解可以按不同的方式进行，它既可通过与腐蚀性化学物质的作用而发生，又可间接通过产生应力作用而进行，这包括热降解、辐射降解、力学降解和生物降解。聚合物基体本身是有机物质，可能被有机溶剂侵蚀、溶胀、溶解或者引起体系的应力腐蚀。所谓的应力腐蚀，是指材料与某些有机溶剂作用在承受应力时产生过早的破坏，这样的应力可能是在使用过程中施加上去的，也可能是鉴于制造技术的某些局限性带来的。根据基体种类的不同，材料对各种化学物质的敏感程度不同，常见的玻璃纤维增强塑料耐强酸、盐、油脂等，但不耐碱。一般情况下，人们更注重的是水对材料性能的影响。水一般可导致树脂基复合材料的介电强度下降，水的作用使得材料的化学键断裂时产生光散射和不透明性，对力学性能也有重要影响。不上胶的或仅只热处理过的玻璃纤维与环氧树脂或聚酯树脂组成的复合材料，其拉伸强度、剪切强度和弯曲强度都很明显地受沸水影响，使用偶联剂可明显地降低这种损失。水及各种化学物质的影响与温度、接触时间有关，也与应力的大小、基体的性质及增强材料的几何组织、性质和预处理有关，此外还与复合材料的表面的状态有关，纤维末端暴露的材料更易受到损害。

5.2.2 聚合物基复合材料的种类

5.2.2.1 热固性树脂基复合材料

热固性树脂基复合材料主要有不饱和聚酯树脂基复合材料、环氧树脂基复合材料、酚醛树脂基复合材料、聚酰亚胺树脂基复合材料、双马来酰亚胺树脂基复合材料、氰酸酯树脂基复合材料、有机硅树脂基复合材料、三聚氰胺甲醛树脂基复合材料及其他热固性树脂基复合材料。

(1) 环氧树脂基复合材料　纤维增强环氧树脂是综合性能最好的一种，这是与它的基体材料环氧树脂分不开的。因环氧树脂的黏结能力最强，与纤维复合时，界面剪切强度最高。它的机械强度高于其他通用热固性树脂。由于环氧树脂固化时无小分子放出，故而纤维增强环氧树脂的尺寸稳定性最好，收缩率只有1%～2%，环氧树脂的固化反应是一种放热反应，一般易产生气泡，但因树脂中添加剂少，很少发生鼓泡现象。唯一不足的地方是环氧树脂黏度大，加工不太方便，而且成型时需要加热，如在室温下成型会导致环氧树脂固化反应不完全，因此不能制造大型的制件，使用范围受到一定的限制。

(2) 酚醛树脂基复合材料　纤维增强酚醛树脂是耐热性最好的一种材料，它可以在200℃下长期使用，甚至在1000℃以上的高温下，也可以短期使用。它是一种耐烧蚀材料，因此可用它做宇宙飞船的外壳。它的耐电弧性，可用于制作耐电弧的绝缘材料。它的价格比较便宜，原料来源丰富。它的不足之处是性能较脆，机械强度不如环氧树脂。固化时有小分子副产物放出，故尺寸不稳定，收缩率大。酚醛树脂对人体皮肤有刺激作用，会使人的手和脸肿胀。

(3) 不饱和聚酯树脂基复合材料　纤维增强聚酯树脂最突出的特点是加工性能好，树脂中加入引发剂和促进剂后，可以在室温下固化成型，由于树脂中的交联剂（苯乙烯）也起着稀释剂的作用，所以树脂的黏度大大降低了，可采用各种成型方法进行加工成型，因此它可制作大型构件，扩大了应用的范围。此外，它的透光性好，透光率可达60%～80%，可制作采光瓦。它的价格很便宜。其不足之处是固化时收缩率大，可达4%～8%，耐酸碱性差些，不宜制作耐酸碱的设备及管件。

(4) 其他热固性树脂基复合材料　聚酰亚胺的 T_g 一般在230～275℃，耐高温性能优异，但其溶解性极差，一般需在聚酰胺酸阶段直接浸渍纤维制成预浸料，但由于需在高温脱水的缺陷，限制了它的发展。目前改进方法主要从改善工艺性着眼，提出了用乙炔基封端的聚酰亚胺与之共混的改性方法，得到了工艺性、耐热性、力学性能均佳的复合材料。总之聚酰亚胺复合材料具有优异的耐热性、突出的机械力学性能，在航空、航天工业的应用中是必不可少的，但它本身也存在工艺性差、预浸料质量控制困难，以及价格昂贵等缺点，有待于进一步开发。

双马来酰亚胺是一类综合性能优异的树脂，它综合了聚酰亚胺和环氧树脂的特点。不仅具有突出的耐热性，又具有较佳的工艺性能，其性能价格比在各类热固性树脂中是最高的。双马来酰亚胺基复合材料获得了广泛应用，不仅在航空、航天等高科技领域备受青睐，而且在汽车、体育用品、电气设备等民用工业也具有广阔的应用前景。国外正以15%的年增长率逐步取代环氧树脂，大大推动了材料工业的发展。

5.2.2.2　热塑性树脂基复合材料

热塑性树脂基复合材料品种不仅与基体树脂、增强纤维的性能有关，而且与纤维增强方式、成型工艺以及设备有关。热塑性树脂基复合材料的发展主要体现在以下几方面：在基体树脂方面，由通用塑料、工程塑料向特种工程塑料和塑料合金发展；在增强材料方面，由玻璃纤维、碳纤维向高强度纤维、Kevlar 纤维以及混杂纤维发展；增强方式方面，由短纤维增强向中长纤维、长纤维及连续纤维增强方式发展。

(1) 通用热塑性树脂基复合材料　聚乙烯（PE)、聚氯乙烯（PVC)、聚苯乙烯（PS)、聚丙烯（PP）和 ABS 树脂为五大通用树脂，通用树脂基复合材料也是应用最为广泛的材料。

用玻璃纤维增强的聚丙烯突出的特点是机械强度与纯聚丙烯相比大大提高了，当短切玻璃纤维增加到30%～40%时，其强度达到顶峰，抗拉强度达到100MPa，大大高于工程塑料聚碳酸酯、聚酰胺等，尤其是使聚丙烯的低温脆性得到了大大改善，而且随着玻璃纤维含量提高，低温时的抗冲击强度也有所提高。FR-PP 的吸水率很小，是聚甲醛和聚碳酸酯的十分之一。在耐沸水和水蒸气方面更加突出，含有20%短切纤维的 FR-PP，在水中煮1500小时，其抗拉强度比初始强度只降低10%，如在23℃水中浸泡时则强度不变。但在高温，高浓度的强酸、强碱中会使机械强度下降。在有机化合物的浸泡下会降低机械强度，并有增重现象。聚丙烯为结晶型聚合物，当加入30%的玻璃纤维复合以后，其热变形温度有显著提高，可达153℃（1.86MPa），已接近了纯聚丙烯的熔点，但是必须在复合时加入硅烷偶联剂（如不加则变形温度只有125℃）。

聚苯乙烯类树脂目前已成为系列产品，多为橡胶改性树脂，这些聚合物再用长玻璃纤维或短切玻璃纤维增强后，其机械强度及耐高低温性、尺寸稳定性均大有提高。例如AS的抗拉强度为66.8～84.4MPa，而含有20%玻璃纤维的FR-AS的抗拉强度为135MPa，提高将近一倍，而且弹性模量提高几倍。FR-AS比AS的热变形温度提高了10～15℃，而且随着玻璃纤维含量的增加，热变形温度也随之提高，使其在较高的温度下仍具有较高的刚度，制品的形状不变。此外，随着玻璃纤维含量的增加，线膨胀系数减小，含有20%玻璃纤维的FR-AS线膨胀系数为2.9×10^{-5}℃$^{-1}$，与金属铝（2.41×10^{-5}℃$^{-1}$）相接近。对于脆性较大的PS、AS来说，加入玻璃纤维后冲击强度提高了，而对于韧性较好的ABS来说，加入玻璃纤维后，会使韧性降低，抗冲击强度下降，直到玻璃纤维含量达到30%，冲击强度才不再下降，而达到稳定阶段，接近FR-AS的水平。这对于FR-ABS来说，是唯一的不利因素。玻璃纤维与聚苯乙烯类塑料复合时也要加入偶联剂，不然聚苯乙烯类塑料与玻璃纤维黏结不牢，影响强度。

(2) 工程塑料基复合材料　通用工程塑料通常是指已大规模工业化生产、应用范围较广的5种塑料，即聚酰胺（尼龙，PA）、聚碳酸酯（PC）、聚甲醛（POM）、聚酯（主要是PBT）及聚苯醚（PPO）。

聚酰胺是一种热塑性工程塑料，本身的强度就比一般通用塑料的强度高，耐磨性好，但因它的吸水率太大，影响了它的尺寸稳定性，另外它的耐热性也较低，用玻璃纤维增强的聚酰胺，这些性能就会大大改善。玻璃纤维增强聚酰胺的品种很多，有玻璃纤维增强尼龙6（FR-PA6）、玻璃纤维增强尼龙66（FR-PA66）、玻璃纤维增强尼龙1010（FR-PA1010）等。一般玻璃纤维增强聚酰胺中，玻璃纤维的含量达到30%～35%时，其增强效果最为理想，它的抗拉强度可提高2～3倍，抗压强度提高1.5倍，最突出的是耐热性提高的幅度最大，例如尼龙6的使用温度为120℃，而玻璃纤维增强尼龙6的使用温度可达到170～180℃。在这样高的温度下，往往材料容易产生老化现象，因此应加入一些热稳定剂。FR-PA的线膨胀系数比PA降低了1/5～1/4，含30%玻璃纤维的FR-PA6的线膨胀系数为0.22×10^{4}℃$^{-1}$，接近金属铝的线膨胀系数（0.17～0.19）$\times10^{4}$℃$^{-1}$。另一特点是耐水性得到了改善，聚酰胺的吸水性直接影响了它的机械强度和尺寸稳定性，甚至影响了它的电绝缘性，而随着玻璃纤维加入量的增加，其吸水率和吸湿速度则显著下降。例如PA6在空气中饱和吸湿率为4%，而FR-PA6则降到2%。在聚酰胺中加入玻璃纤维后，唯一的缺点是使本来耐磨性好的性能变差了。因为聚酰胺的制品表面光滑，光洁度越好越耐磨，而加入玻璃纤维以后，如果将制品经过二次加工或者被磨损时，玻璃纤维就会暴露于表面上，这时材料的摩擦系数和磨耗量就会增大。因此，如果用它来制造耐磨性要求高的制品时，一定要加入润滑剂。

聚碳酸酯是一种透明度较高的工程塑料，它的刚韧相兼的特性是其他塑料无法相比的，唯一不足之处是易产生应力开裂、耐疲劳性差。加入玻璃纤维以后，FR-PC比PC的耐疲劳强度提高2～3倍，耐应力开裂性能可提高6～8倍，耐热性比PC提高16～20℃，线膨胀系数缩小为$1.6\sim2.4\times10^{6}$℃$^{-1}$，因而可制成耐热的机械零件。

未增强的纯聚酯结晶性高，成型时收缩率大，尺寸稳定性差、耐温性差，而且质脆。用玻璃纤维增强后，其性能是：机械强度比其他玻璃纤维增强热塑性塑料均高，抗拉强度为135～145MPa，抗弯强度为209～250MPa，耐疲劳强度高达52MPa。最大应力与往复弯曲次数的曲线与金属一样，具有平坦的坡度。耐热性提高的幅度最大，PET的热变形温度为85℃，而PR-PET为240℃，而且在这样高的温度下仍然能保持它的机械强度，是玻璃纤维增强热塑性塑料中耐热温度最高的一种。它的耐低温度性能好，超过了FR-PA6，因此在温度高低交替变化时，它的物理机械性能变化不大；电绝缘性能又好，因此可用它制造耐高温电器零件；更可喜的是它在高温下耐老化性能好，尤其是耐光老化性能好，所以它使用寿命长。唯一不足之处是在高温下易水解，使机械强度下降，因而不适于在高温水蒸气下使用。

聚甲醛是一种性能较好的工程塑料，加入玻璃纤维后，不但起到增强的作用，而且最突出的特点是耐疲劳性和耐蠕变性有很大提高。含有25%玻璃纤维的FR-POM的抗拉强度为纯POM的两倍，弹性模量为纯POM的三倍，耐疲劳强度为纯POM的两倍，在高温下仍具有良好的耐蠕变性，同时耐老化性也很好。但不耐紫外线照射，因此在塑料中要加入紫外线吸收剂。唯一不足之处是加入玻璃纤维后其摩擦系数和磨耗量大大提高了，即耐磨性降低了。为了改善其耐磨性，可用聚四氟乙烯粉末作为填料加入聚甲醛中，或加入碳纤维来改性。

聚苯醚是一种综合性能优异的工程塑料，但存在着熔融后黏度大、流动性差、加工困难和容易发生应力开裂现象、成本高等缺点。为改善上述缺点，采用加入其他树脂共混或共聚使其改性。这种方法虽然克服了上述缺点，但又使其力学性能和耐热性有所下降，故加入玻璃纤维使其增强，效果很好。加入20%玻璃纤维的FR-PPO，其抗弯弹性模量比纯PPO提高两倍，含30%玻璃纤维的FR-PPO，则提高三倍。因此可用它制成高温高载荷的零件。FR-PPO最突出的特性是蠕变性很小，3/4的变形量发生在24小时之内，因此蠕变性的测定可在短期内得出估计的数值，这一点是任何高分子复合材料难以达到的。它耐疲劳强度很高，含20%玻璃纤维的FR-PPO，在23℃往复次数为2.5×10^6次的条件下，它的弯曲疲劳极限强度仍能保持28MPa，如果玻璃纤维的含量为30%时，则可达到34MPa。FR-PPO的又一突出特点是热膨胀系数非常小，接近金属的热膨胀系数，因此与金属配合制成零件，不易产生应力开裂。它的电绝缘性也是工程塑料中居第一位的，其电绝缘性可不受温度、湿度、频率等条件的影响。它耐湿热性能良好，可在热水或有水蒸气的环境中工作，因此用它可制造耐热性的电绝缘零件。

(3) 高性能热塑性复合材料　高性能热塑性复合材料相对于热固性复合材料，具有优异的耐高温、韧性、损伤容限，良好的耐湿热、耐腐蚀、耐磨损、电力性能等特性。因此，世界各国竞相开发各种高强度、高耐热的脂基体复合材料。目前，如聚醚醚酮（PEEK，其熔点高达334～380℃）树脂基复合材料、聚醚酮（PEK）树脂基复合材料、聚苯硫醚（PPS）基复合材料、液晶聚合物基复合材料、聚醚砜（PES）基复合材料、聚芳醚砜酮（PPESK）基复合材料、聚芳醚酮（PPE-KK）基复合材料等已经开始在各个领域得到应用。

5.3 热固性树脂基复合材料的制造技术

5.3.1 手糊成型工艺

5.3.1.1 概述

手糊成型技术是制造玻璃钢制品最常使用的成型方法。所谓手糊成型技术是将纤维（或纤维织物）和树脂胶液交互地层铺，黏结在一起。手糊成型技术很少受到制品形状及大小的制约，模具费用也较低。因此，对于那些品种多、生产量小的大型制品，手糊成型技术是最适合的。

手糊成型的基本工序包括：模具的修整；涂脱模剂；喷涂胶衣；增强材料裁剪；树脂胶液的配制与涂刷；成型操作；固化、脱模、修边、装配等。

与其他成型技术相比，手糊成型技术具有如下优点。

① 操作简便，操作者容易培训；

② 设备投资少，生产费用低；

③ 能生产大型和复杂结构的制品；

④ 制品可设计性好，且容易改变设计；

⑤ 模具材料来源广，制作相对简单。

但手糊成型技术依赖于操作者的技能水平，制品质量不易保证和控制。此外，手糊成型技术生产效率较低，生产周期长，产品的力学性能也较使用其他成型方法的产品低。

5.3.1.2 原材料

手糊成型工艺所需原材料包括纤维及其织物（如玻璃纤维毡、粗纱织物、玻璃纤维织物、玻璃纤维粗纱等）、合成树脂（不饱和聚酯树脂、环氧树脂、胶衣树脂等）和辅助材料（催化剂、颜料、填料、脱模剂、夹芯材料及其他添加剂等）。

（1）玻璃纤维及其织物　根据玻璃纤维及其织物的不同形式，常用的玻璃纤维及其织物有以下几种。

① 无捻粗纱　玻璃纤维粗纱是以适当根数（通常为 60 根）合股的玻璃纤维束（纱）。一般以圆筒形收卷。无捻粗纱一般与其他纤维制品配合使用，用在填充死角或局部增强等部位，主要用于喷射成型和缠绕成型，也可用于制备棒状、管状 FRP 制件。

② 无捻粗纱布　是用玻璃纤维粗纱织成的布。这是手糊成型技术中最常用的玻璃纤维织物，它的优点是形变性好、易被树脂浸润、能提高 FRP 制品的刚度以及耐冲击性好、价格便宜、成型制件时节省工时等，是生产船和槽罐等要求足够强度的大型制件不可缺少的材料。无捻粗纱布的缺点是耐压缩度性能比较差，织纹粗，表面的凹凸大。由于具有方向性，材料利用率较差。

③ 短切玻璃纤维毡　把粗纱切成适当的长度（约 5cm），无方向而均一厚度地维积，加黏合剂而形成毡状的玻璃纤维织物。它的优点是形变性好、易被树脂浸润、气泡容易排除、施工方便，是一种最经济的增强材料。在强度要求无方向性但要求相当刚度的 FRP 制品中得到广泛使用。

④ 玻璃纤维织物　把单纱本身或按规定粗细并捻的纱线编织而成。因质（重）量、厚度、纱的种类、织法、密度等不同而有多种形式。FRP 常用的玻璃纤维织物有平纹、显平纹、斜纹、锻纹等。

a. 平纹：每一根经纱与每一根纬纱上下交错，所以组织坚固，但兼容性差，适于平板铺层用。

b. 显平纹：密度较平纹稀，组织松散，富有柔软性和兼容性，贴模性好。

c. 斜纹和锻纹：组织松散，富有柔软性，曲面成型时贴膜性好。斜纹和缎纹的 FRP 强度高；手糊成型中常用斜纹玻璃布。

⑤ 短切玻璃纤维　将玻璃纤维丝束或粗纱切割成一定的长度（3～50mm）。短切纤维常

在填料、预混料中使用。

表 5-10 为手糊成型使用的一些典型增强材料的规格性能等数据。

表 5-10　手糊成型增强材料的规格性能

名称	牌号	规格/mm	用途
方格布	EWR200-90	180±18	结构层增强
	EWR400-90	365±37	结构层增强
	EWR500-100	485±49	结构层增强
短切毡	MC300-104(208)	300	FRP 内衬过渡层，防渗层增强
	MC360-104(208)	360	FRP 内衬过渡层，防渗层增强
	MC450-104(208)	450	FRP 内衬过渡层，防渗层增强
	MC600-104(208)	600	FRP 内衬过渡层，防渗层增强
	MC900-104(208)	900	FRP 内衬过渡层，防渗层增强
单向布	WF600	600	单向补强用
	WF800	800	单向补强用
单向布/复合织物	WF1000	600/400 布/毡	结构层增强
	WF1200	800/400 布/毡	结构层增强
表面毡	WF・30M	30	表面富树脂层增强
	WF・40M	40	表面富树脂层增强
	WF・50M	50	表面富树脂层增强

(2) 合成树脂　手糊成型技术对树脂的要求：能够配制成黏度适宜的胶液；能在室温或较低温度下凝胶、固化，固化过程中无低分子物产生；价格便宜，无毒或低毒，来源广泛。在手糊成型技术中，最常用的有不饱和聚酯树脂、环氧树脂以及乙烯基树脂。

① 不饱和聚酯树脂　黏度低，流动性好，容易浸透玻璃纤维。胶液的使用期和固化温度调节范围大，可在不同条件下很方便地固化。聚酯树脂的贮存期一般为半年左右，价格便宜，但固化收缩大，表面质量较差。

② 环氧树脂　使用环氧树脂制造的玻璃纤维增强制品强度高，耐水耐碱性好，固化收缩低。但环氧树脂黏度较大，流动性差，使用时要加入一定的稀释剂。当使用胺类固化剂时，毒性较大。此外环氧树脂价格较贵，环氧固化物脆性也较大。

③ 乙烯基树脂　使用乙烯基树脂制备的玻璃钢，其耐溶剂和耐腐蚀性能优良。具有与环氧树脂相似的性能，又可以用与不饱和聚酯树脂相同的方法固化，价格也在环氧和不饱和聚酯树脂之间，多用于制备耐腐蚀玻璃纤维增强制品。

(3) 辅助材料　玻璃钢手糊成型用辅助材料包括固化剂、促进剂、填料、稀释剂、触变剂和脱模剂等。

① 固化剂（催化剂）　不饱和聚酯树脂常温固化剂过氧化甲乙酮，一般与作为促进剂的环烷酸钴配合使用。为满足不同固化条件的需要，不饱和聚酯固化剂多种多样：如冬季用低发热固化剂；改善胶衣装饰效果的固化剂等。

环氧树脂的室温或中低温固化剂一般为脂肪胺类，如三乙烯四胺、四乙烯五胺和双氰胺等。

② 促进剂　目前市场上销售的是60%环烷酸钴溶液作为不饱和聚酯树脂促进剂。另外，当低温下成型时，有时也采用微量添加就起固化促进作用的二甲基苯胺类促进剂。但使用这种促进剂的玻璃钢会呈黄褐色。

③ 填料　加入填料的目的是为了降低固化收缩率和热膨胀系数，减少固化时的发热量以防龟裂，改善制品的耐热性、电性能、耐磨耗性、表面平滑性及遮盖力，提高黏度或赋予触变性，降低成本。

常用的填料有碳酸钙、石棉、铅粉、石英粉、三氧化二铝粉、二氧化钛粉、玻璃微球、短切玻璃纤维、滑石粉、炭黑等。加入石英粉、三氧化二铝粉可提高压缩强度；使用二氧化钛粉可提高黏附力，加入炭黑可提高导电性，滑石粉、石膏粉可降低成本并减少树脂的固化收缩。

填料因吸收性强，大量使用填料有时会使树脂的固化特性发生变化。有强度要求的FRP物件，如没有特殊要求，最好不加入填料。

④ 触变剂　在树脂中加入触变剂可使树脂具有触变性。所谓触变性，就是指在混合搅拌、涂刷时，树脂黏度变低，而静止时黏度又变高。触变度大小是用测定黏度的方法，以6r/min与60r/min下测得的黏度值之比来表示，一般在1.2以上为宜。

具有触变性的树脂在立面上成型玻璃钢时，可以防止树脂的流挂、滴落和麻面，使成型操作更易进行。

活性二氧化硅是常用的触变剂，一般粒径为10～20μm，表面积为50～400m^2/g，表面带有羟基。这种基团在树脂静止时形成联结薄弱的网状结构，从而使树脂增稠；用量一般为树脂的1%～3%。此外，聚氯乙烯细粉、膨润土也是常用的触变剂。

⑤ 脱模剂　为保证把已固化的制品顺利地从模具上取下来和模具完好无损、重复使用，必须在模具的工作面上涂以脱模剂。

一般和树脂黏结力很小的非极性或极性很弱的物质都可以做脱模剂。选择脱模剂时，应考虑模具材料、树脂种类和固化温度、玻璃钢制品的制造周期与脱模剂的涂敷时间等因素。脱模剂的种类很多，一般可分为三大类：薄膜型、溶液型和油蜡型。

a. 薄膜型脱模剂　聚酯薄膜、聚氯乙烯薄膜、聚丙烯薄膜、聚乙烯醇薄膜、乙酸纤维素薄膜和聚四氟乙烯薄膜等。使用时将薄膜粘贴在模具的工作表面，粘贴时要防止薄膜起皱和漏贴。此类脱模剂使用方便，脱模效果好，但因变形小，不宜用于复杂形状制品脱模。

b. 溶液型脱模剂　溶液型脱模剂是应用最广泛的脱模剂。常用的溶液型脱模剂包括过氯乙烯、聚乙烯醇、聚苯乙烯、乙酸纤维素、硅橡胶脱模剂。表5-11为上述几种脱模剂的主要组成、适用范围以及使用时的注意事项。

表5-11　溶液型脱模剂组成，特性及适用范围

脱模剂	组成	适用范围和特性
过氯乙烯	过氯乙烯：甲苯/酮(1：1)＝(5～10)：(90～95)	使用温度120℃以下
聚乙烯醇	聚乙烯醇：乙醇＝(5～8)：(35～60)	使用温度150℃以下
硅橡胶	甲基硅橡胶：甲苯＝10：90	使用温度200℃
聚苯乙烯	聚苯乙烯：甲苯＝5：95	使用温度100℃以下

续表

脱模剂	组成	适用范围和特性
乙酸纤维素	二乙酸纤维素：乙醇：乙酸乙酯：双丙酮醇：甲乙酮：丙酮＝5：4：20：5：24：48	使用温度200℃

c. 油蜡型脱模剂　此类脱模剂常用的有硅酯（100%甲基三乙氧基硅烷）、黄干油、凡士林等油脂油膏及石蜡、汽车上光蜡等。石蜡脱模剂能使制品表面光洁，使用时只需在玻璃钢模或木模的成型面上涂上一层薄薄的蜡，但关键是要反复擦拭。硅酯虽有良好的脱模作用，但在胶衣涂刷或制品涂刷时，要注意涂敷性。

油膏、石蜡型脱模剂价格便宜，使用方便，脱模效果好，无毒，对模具无腐蚀作用。然而这类脱模剂的使用，会使制品的表面沾污，并给下道喷涂工序造成困难。因此，在使用上受到限制，其使用温度控制在80℃以下。

5.3.1.3　原材料准备

在开始手糊成型之前，必须准备好所用的原材料、增强材料和树脂胶液，这是保证成型工作顺利进行的基础。

（1）玻璃纤维织物的准备　玻璃纤维布一般须预先剪裁。简单形状可按尺寸大小剪裁，复杂形状则可利用厚纸板或明胶片做成样板，然后按照样板剪裁，剪裁应注意以下几点。

① 对于要求各向同性的制品，应注意将玻璃布按经纬向纵横交替铺放。对于在某一方向要求较高强度的制品，则应在此方向上采用单向布增强。

② 对于一些形状复杂的制件，玻璃布的微小变形不能满足要求时，有时必须将玻璃布在适当部位剪开，此时应注意尽量少开刀，并把剪开部分在层间错开。

③ 玻璃布拼接时搭接长度一般为50mm，对于要求厚度均匀的制件，可采用对接的办法。玻璃布拼接接缝应在层间错开。

④ 糊制圆环形制品时，将玻璃布剪裁成圆环形较困难。这时可沿布的经向45°角的方向将布剪裁成布带，然后利用布在45°角方向容易变形的特点，糊成圆环。圆锥形制品可按样板剪裁成扇形然后糊制，但也应注意层间错缝。

（2）树脂胶液的配制

① 不饱和聚酯胶液的配制　不饱和聚酯胶液可以先将引发剂和树脂混合搅匀，然后在操作前再加入促进剂搅拌均匀后使用；也可以先将促进剂和树脂混合均匀，操作前再加入引发剂搅拌均匀后使用。常用不饱和聚酯树脂配方如表5-12所示，加入引发剂的树脂胶液，存放时间不能过长。配胶量要根据施工面积的大小和施工人员的多少而定，一般一次配胶量以0.5～2.0kg为宜。

表5-12　常用不饱和聚酯树脂配方

原料＼编号	1	2	3	4	5
不饱和聚酯树脂	100	100	100	85	60
引发剂H(M)	4(2)	4(2)		4(2)	4(2)
促进剂E	0.1～4	0.1～4		0.1～4	0.1～4
引发剂B			2～3		
促进剂D			4		
邻苯二甲酸二丁酯		5～10			

续表

原料＼编号	1	2	3	4	5
触变剂				15	40

注：引发剂 H(M)为50%过氧化环己酮二丁酯糊（过氧化甲乙酮溶液，活性氧10.8%）；
引发剂 B为50%过氧化苯甲酰二丁酯糊；
促进剂 E为6%萘酸钴的苯乙烯溶液；
促进剂 D为10%二甲基苯胺的苯乙烯溶液。

手糊制品表面通常涂刷一层富树脂的胶衣糊，以保证制品表面的光洁度，其配比如表5-13所示。

表 5-13　常用胶衣配方

组成	胶衣树脂/%	引发剂 H/%	促进剂 E/%
配比	100	4	2～4

树脂黏度要求：黏度过高会造成涂胶困难且不易浸透玻璃布；黏度过低又会产生流胶现象，造成制品出现缺胶，影响质量。手糊成型的树脂黏度一般控制在0.2～0.8Pa·s之间。

凝胶时间要求：在一定温度下，从树脂胶液配制完毕到凝胶所需的时间叫做凝胶时间，树脂凝胶时间过短，在糊制过程中树脂发黏，胶液不能浸透玻璃布，影响质量；如果凝胶时间过长，在制件糊制完后，长期不能凝胶，引起树脂胶液流失和交联剂挥发，固化不完全，强度低。不饱和聚酯树脂凝胶时间、环境温度、促进剂用量间关系如表5-14所示。

表 5-14　不饱和聚酯树脂凝胶时间、环境温度、促进剂用量间关系

环境温度/℃	萘酸钴的苯乙烯溶液用量/%	凝胶时间/h
15～20	4	1～1.5
20～25	3～3.5	1～1.5
25～30	2～3	1～1.5
30～35	0.5～1.5	1～1.5
35～40	0.5～1	1～1.5

② 环氧树脂胶液的配制　环氧树脂胶液可以将稀释剂及其他助剂加入环氧树脂中、搅拌均匀备用。使用前加入固化剂，搅拌均匀使用。环氧胶液的黏度、凝胶时间和固化度对玻璃钢制品的质量影响很大。常用环氧树脂胶液配方如表5-15所示。

表 5-15　常温固化环氧树脂配方

原料＼编号	1	2	3	4	5	6	7	8	9	10	注
E-51、E-44、E-42	100	100	100	100	100	100	100	100	100	100	室温固化
乙二胺	6～8										
三乙烯四胺		10～14									
二乙烯三胺			8～12								
多乙烯多胺				10～15		4					
间苯二胺					14～15						
间苯二甲胺						20～22					

续表

编号 原料	1	2	3	4	5	6	7	8	9	10	注
酰胺基多元胺							40				低毒
120号								16～18			加热
590号									15～20		60℃固化
591号										20～25	12h

环氧树脂凝胶时间控制不如聚酯树脂那样方便。环氧树脂使用伯胺类固化剂时，凝胶时间较短，不便操作。可采用加入活性较低的二甲基丙胺、二乙胺基丙胺、聚酰胺等与伯胺共用来调整凝胶时间。活性低的固化剂要求较高的反应温度，而伯胺活性大，要求反应温度较低，两者共用后可利用伯胺反应放出的热量来促进低活性固化剂反应，从而获得适中的凝胶时间。

固化度指的是树脂的固化程度。固化度的控制对保证制件质量的关系很大。固化度可以通过调整配方组成中的固化剂和固化条件来控制。对于手糊制品，一般希望能在24h内具有一定的固化度以保证脱模，所需固化时间更长会影响生产效率。对于室温下不能在希望时间内固化的树脂体系应采取加热固化的措施。

(3) 模具的准备 模具是手糊成型中的主要设备。设计时，要综合考虑各方面的因素。模具必须要符合制品设计的精度要求以及有足够的刚度和强度，要容易脱模，造价要便宜。

模具的常用结构形式有以下几种，如图5-1所示。

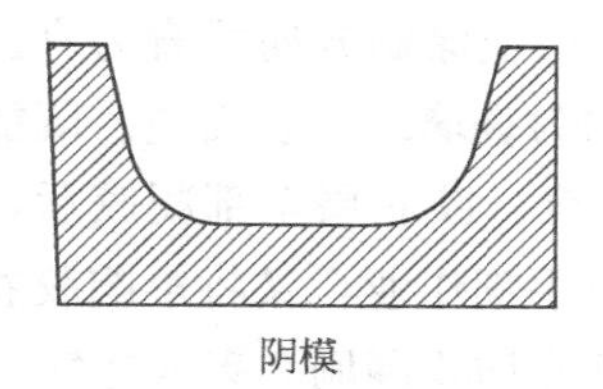

阴模

阳模

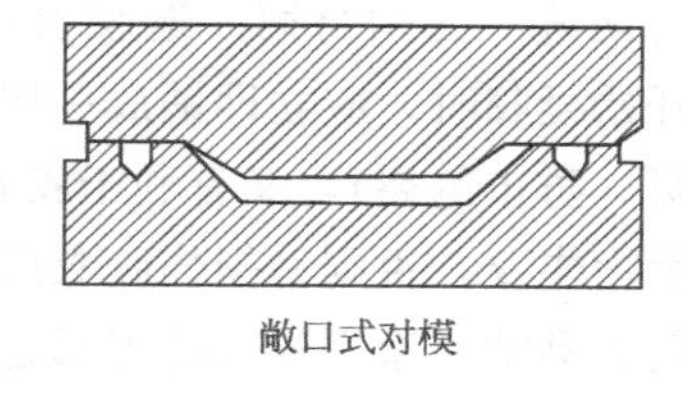

敞口式对模

图5-1 手糊成型模具分类

① 阴模：阴模的工作面是向内凹陷的，用阴模生产的制品外表面光滑，尺寸准确，但凹陷深的阴模操作不便。

② 阳模：阳模的工作面是向外凸出的，用阳模生产的制品内表面光滑，尺寸准确，操作方便，质量容易控制，是手糊成型中最常用的形式。

③ 对模：对模是由阳模和阴模组成。用对模生产的制品内外表面光滑、厚度精确。但对模在成型中要经常搬动，故不适宜大型制品的生产。

④ 拼装模：拼装模结构比较复杂。一般用于结构复杂制品的生产。

模具材料包括木材、石膏、石蜡、混凝土、泡沫塑料、可熔性盐、低熔点合金、玻璃钢、金属等。玻璃钢模具是最常用的，它可以由木模或石膏模翻制而成。其优点是质轻、耐久和制造简便，适宜于表面质量要求较高、形状复杂的中小型玻璃钢制品生产。对于精度要求高的小型批量生产的玻璃钢制品，则更多地采用金属模，常用的有铸铁、铸铝、铸铅合金、碳钢等。

玻璃钢模具应满足下面要求：收缩和变形要与原设计精度保持一致；具有良好的表面光洁度；能反复多次地承受固化时的放热、收缩、脱模时的机械和热冲击，模具使用寿命要长。

(4) 手糊成型用工具

① 喷枪，用于喷涂表面胶衣层。一般已有商品化的胶衣专用喷枪，一只喷枪同时配有几个尺寸的喷嘴供选用以适应不同黏稠度的胶液。

② 羊毛辊，用于手糊过程中浸渍和涂覆树脂胶液。商品化专用羊毛辊有4寸、6寸、8寸等规格。

③ 猪鬃辊用于驱赶气泡，操作时通过在铺层表面的辊动驱赶铺层中的气泡。尺寸规格有ϕ20mm和ϕ50mm两种，长50～150mm。

④ 螺旋辊用铝或钢或硬塑料制成，圆周表面开有螺旋沟槽，操作时通过在铺层表面的滚动来驱起气泡和压实铺层及赶匀树脂。

⑤ 刮板一般可用3mm左右厚度的玻璃钢板或聚乙烯等塑料板自制。商品用刮板玻璃钢材料商店也有出售。作用是对大面积平面区域的铺层糊制时的赶匀和除泡。操作方便，效率高。

⑥ 其他还有一些电动工具如角磨机、电钻、抛光机等和下料用的裁布剪。

5.3.1.4 糊制过程

(1) 涂胶衣层 在模具表面上涂刷脱模剂，干燥后便可开始涂胶衣层。胶衣层不宜太厚或太薄，太薄起不到保护制品作用；太厚容易引起胶衣层龟裂。胶衣层厚度一般为0.25～0.6mm，树脂用量为300～600g/m^2。胶衣树脂一般可加有色颜料，也可采用加入粉末填料的普通树脂代替，或不刷胶衣层直接铺贴玻璃纤维表面毡。表面层树脂含量高，故也称富树脂层。表面层不仅可美化制品，而且可保护制品不受周围介质侵蚀，提高其耐候、耐水、耐腐蚀性能，具有延长制品使用寿命的功能。胶衣层通常采用涂刷和喷涂两种方法。涂刮胶衣一般为两遍，必须待第一遍胶衣基本固化后，方能刷第二遍。两遍涂刷方向垂直为宜。待胶衣层开始凝胶时，应立即铺放一层较柔软的增强材料，最理想的为玻璃纤维表面毡。既能增强胶衣层（防止龟裂），又有利于胶衣层与结构层（玻璃布）的黏合。胶衣层全部凝胶后，即可开始手糊作业，否则易损伤胶衣层。但胶衣层完全固化后再进行手糊作业，又将影响胶衣层与制品间的黏结。涂刷胶衣的工具是毛刷，毛要短、质地柔软。注意防止漏刷和裹入空气。

(2) 铺层控制 铺层控制对于外形要求高的受力制品，同一铺层纤维尽可能连续，切忌随意切断或拼接，否则将严重降低制品力学性能，但往往由于各种原因很难做到这一点。铺层拼接的设计原则是：制品强度损失小，不影响外观质量和尺寸精度；施工方便。拼接的形式有搭接与对接两种，以对接为宜。对接式铺层可保持纤维的平直性，产品外形不发生畸变，并且制品外形和质量分布的重复性好。为不致将低接续区强度，各层的接缝必须错开，并在接缝区多加一层附加布，如图5-2所示。

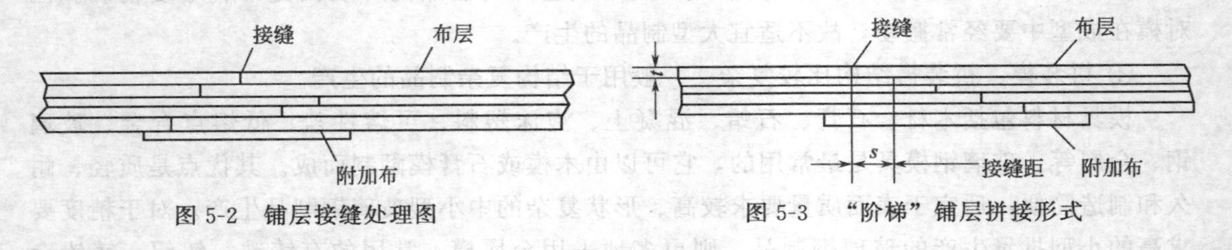

图5-2 铺层接缝处理图　　图5-3 “阶梯”铺层拼接形式

多层布铺放的接缝也可按一个方向错开，形成“阶梯”接缝连接，如图5-3所示。将玻璃布厚度t与接缝距s之比称为铺层锥度z，即$z=t/s$。铺层锥度$t=1/100$时，铺层强度与模量最高，可作为施工控制参数。

由于各种原因不能一次完成铺层固化的制品，如厚度超过7mm的制品，若采用一次铺层固化，就会因固化发热量大，导致制品内应力增大而引起变形和分层。于是，需两次拼接铺层固化。先按一定铺层锥度铺放各层玻璃布，使其形成“阶梯”，并在“阶梯”上铺设一层无胶平纹玻璃布。固化后撕去该层玻璃布，以保证拼接面的粗糙度和清洁。然后再在“阶梯”面上对接糊制相应各层，补平阶梯面，二次成型固化，如图5-4所示。铺层二次固化拼接的强度和模量并不比一次铺层固化的低。此外，对于大表面制品，在铺敷最后（外）一层表面上覆盖玻璃纸或聚氯乙烯薄膜，使制品表面与空气隔绝，从而可避免空气中氧对不饱和聚酯胶液的阻聚作用，防止制品表面因固化不完全而出现发黏。

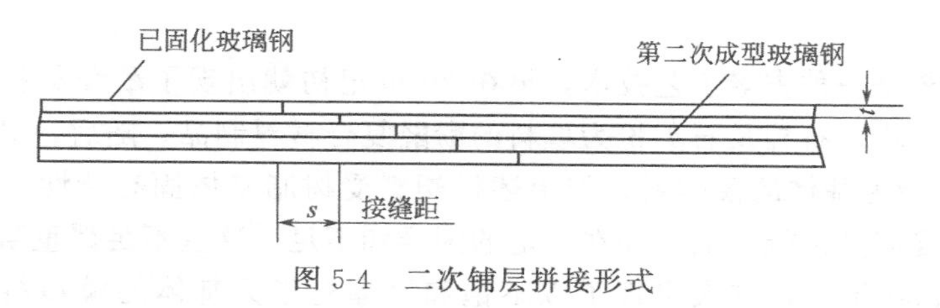

图5-4　二次铺层拼接形式

（3）固化　引发剂开始产生游离基的最低温度为临界温度，其临界温度大都在60～130℃。手糊成型大多是室温固化，因此，应选择活化能和临界温度较低的引发剂。固化过程可分为3个阶段：凝胶阶段、定型阶段（硬化阶段）、熟化阶段（完全固化阶段）。手糊工艺过程就是宏观控制这三个阶段的微观变化使制品性能达到要求。

固化度表明热固性树脂固化反应的程度，通常用百分率表示。控制固化度是保证制品质量的重要条件之一。固化度愈大，表明树脂的固化程度愈高。一般通过调控树脂胶液中固化剂含量和固化温度来实现。对于室温固化的制品，都必须有一段适当的固化周期，才能充分发挥玻璃钢制品的应有性能。手糊制品通常采用常温固化。糊制操作的环境温度应保证在15℃以上，湿度不高于80%。低温、高湿度都不利于不饱和聚酯树脂的固化。制品在凝胶后，需要固化到一定程度才可脱模。脱模后继续在高于15℃的环境温度下固化或加热处理。手糊聚酯玻璃钢制品一般在成型后24h可达到脱模强度，脱模后再放置一周左右即可使用。但要达到高强度值，则需要较长时间，聚酯玻璃钢的强度增长，一年后方能稳定。

判断玻璃钢的固化程度，除采用丙酮萃取测定树脂不可溶部分含量方法之外，常用的简单方法是测定制品巴柯硬度值。一般巴柯硬度达到15时便可脱模，而尺寸精度要求高的制品，巴柯硬度达到30时方可脱模。

制品室温固化后，有的需再进行加热后处理。其作用：使制品充分固化，从而提高其耐化学腐蚀、耐候等性能；缩短生产周期，提高生产率。一般环氧玻璃钢的热处理温度可高些，常控制在150℃以内。聚酯玻璃钢一般控制在50～80℃。

（4）脱模、修整与装配　当制品固化到脱模强度时，便可进行脱模，脱模最好用木制工具（或铜、铝工具），避免将模具或制品划伤。大型制品可借助千斤顶、吊车等脱模。脱模后的制品要进行机械加工，除去毛边、飞刺，修补表面和内部缺陷。表面加工，脱模后砂纸加水打磨表面，再抛光。为了防止玻璃钢机械加工时的粉尘，可采用水或其他液体润滑冷却。装配主要是对大型制品而言的，它往往分几部分成型，加工后要进行拼装，组装时可用机械连接或胶接。

（5）质量控制　手糊成型主要由手工操作完成，即便有一些电动工具也几乎都由工人手持操作。手糊成型工艺的质量控制在于操作的标准化、材料的定量化，复杂组合及操作的分解与简化。为防止翘曲，必须采用对称铺层。不同增强材料，标准含胶量不同，表面毡一般为90%，短切毡一般为70%，方格布一般为50%，具体的含胶量可依制品性能要求有所改变。

5.3.2 模压成型工艺

5.3.2.1 概述

模压成型工艺是将一定量的模压料（粉粒状、团状、片状等模压料）放入金属对模中，在一定温度和压力作用下，使模压料塑化（或熔化）、流动充满模腔，固化成型制品的一种方法。

模压成型工艺是一种古老工艺技术，早在20世纪初就出现了酚醛塑料模压成型，当时主要用于生产以木粉、石棉及石英粉为填料的酚醛复合材料制品。随后，又出现了以三聚氰胺-甲醛和脲醛树脂为基体的模塑料。但上述模塑料受树脂基体固有特性的影响，无论在加工、成型还是最终制品性能方面都存在一定的困难和不足，这些不足严重阻碍了它们的应用和发展。20世纪50年代，首次出现了以不饱和聚酯树脂为基体的模塑料（SMC/BMC前身），这种聚酯模塑料解决了酚醛、脲醛等早期模塑料在成型、加工及制品性能方面的不足。英国首次把这种模塑料命名为聚酯料团（Dough Molding Compounds，DMC）。DMC具有易成型、成本低、可着色、电性能好等显著优点，但随着科学技术的发展和DMC应用的不断扩大，人们发现DMC存在加料操作麻烦、力学性能低等诸多不足。人们自20世纪50—70年代用20多年的时间来不断改善与克服各种DMC的缺陷。70年代出现的经改进的DMC在国际上被称为块（散）状聚酯模塑料BMC（Bulk Molding Compounds）。按美国塑料工业协会（SPI）的定义，低收缩并经化学增稠的DMC称为BMC。20世纪60年代初，德国研究开发出另一种聚酯模塑料——片状模塑料SMC（Sheet Moulding Compounds），研究开发这种聚酯模塑料的动机是寻找更高效率的复合材料工艺方法。与DMC/BMC比较，SMC更适合成型大面积、结构复杂的制品，具有更高的物理力学性能。

我国的模塑料工业始于20世纪60年代初，当时重点发展酚醛模塑料，此外还有环氧/酚醛、环氧模塑料。60年代后期开始出现聚酯模塑料。1975年我国完全靠自己的力量开发出自己的SMC材料、生产设备和工艺技术。随后在1976年、1978年和1986年用国产的SMC开发成功客车、火车窗框、座椅和组合式水箱。模塑料的商业化应用在80年代中期步上正轨，并先后从国外引进多条模压生产线，开始自行开发模压设备。至今，全国共有模压专用压机200余台，模压企业逾百家。与SMC相比，BMC在我国的发展较慢。60年代后期我国开始生产聚酯料团，90年代，随着电器行业对新型高性能绝缘材料需求的增加，国内BMC的发展很快。

模压成形工艺的主要优点如下。

① 重现性好，不受操作者和外界条件的影响；

② 操作处理方便；

③ 操作环境清洁、卫生，改善了劳动条件；

④ 流动性好，可成型异形制品；

⑤ 模压工艺对温度和压力要求不高，可变范围大，可大幅度降低设备和模具费用；

⑥ 质量均匀性好，适宜于压制截面变化不大的大型薄壁制品；

⑦ 所得制品表面粗糙度低，采用低收缩添加剂后，表面质量更为理想；

⑧ 生产效率高，成形周期短，易于实现全自动机械化，生产成本相对较低。

模压成型的不足之处在于模具制造复杂，投资较大，加上受压机限制，最适合于大批量生产中小型复合材料制品。

随着金属加工技术、压机制造水平及合成树脂工艺性能的不断改进和发展，压机吨位和台面尺寸不断增大，模压料的成型温度和压力也相对降低，使得模压成型制品的尺寸逐步向大型化发展，目前已能生产大型汽车部件、浴盆、整体卫生间组件等。

5.3.2.2 模压成型工艺分类

模压成型工艺按增强材料物态和模压料品种可作以下分类。

① 纤维料模压法：将预混或预浸的纤维状模压料投入到金属模具内，在一定的温度和压力下成型复合材料制品。

② 碎布料模压法：将浸过树脂胶液的玻璃纤维布或其他织物，如麻布、有机纤维布、石棉布或棉布等的边角料切成碎块，在金属模具中模压成型复合材料制品。

③ 织物模压法：将预先织成所需形状的两维或三维织物浸渍树脂胶液，然后放入金属模具中模压成型复合材料制品。

④ 层压模压法：将预浸过树脂胶液的玻璃纤维布或其他织物，裁剪成所需的形状，然后在金属模具中模压成型复合材料制品。

⑤ 缠绕模压法：将预浸过树脂胶液的连续纤维或布（带），通过专用缠绕机提供一定的张力和温度，缠在芯模上，再放入模具中模压成型复合材料制品。

⑥ BMC/DMC 模压法：先用不饱和聚酯树脂、增稠剂、引发剂、交联剂、填料、内脱模剂和着色剂等混合成树脂糊浸渍短切纤维或玻璃纤维毡，得到 BMC/DMC 模压料，将模压料放入金属模具中，模压成型复合材料制品。

⑦ 片状模塑料（SMC）模压法：将定量的、揭去薄膜并按一定形状剪裁的 SMC 模压料放入金属对模中，在一定温度和压力作用下成型规定尺寸和形状复合材料制品。

⑧ 吸附预成型坯料模压法：先将玻璃纤维制成与制品结构、形状、尺寸相一致的坯料，将其放入金属对模内与液体树脂混合，模压成型复合材料制品。

⑨ 定向铺设模压法：将单向预浸料（纤维或无纬布）沿制品主应力方向取向铺设，模压成型复合材料制品。

5.3.2.3 模压料的制造

模压料是用合成树脂浸渍增强材料，经过烘干而成的模压制品的半成品。模压料主要由合成树脂、引发剂与促进剂、增强材料、填料、着色剂等组成。以下对一些常用的模压料的制备方法进行介绍。

(1) 胶布生产技术　胶布（浸渍玻璃布）广泛应用于制造层合板材、模压及卷制管材等各种制品。用于胶布生产的玻璃布主要是各种类型的加捻布，而树脂一般为酚醛树脂、环氧树脂等。

胶布的制备过程为连续过程：将表面处理过的玻璃布以一定速度通过胶槽，使之浸渍上一定数量的树脂液体，经过烘干装置，去除挥发物质，并使部分树脂由 A 阶段（胶液）转入 B 阶段（预固化），然后收卷。

浸渍胶布的质量是保证模压制品质量的关键环节。因此，选择合乎产品要求的树脂和玻璃布、合理的浸渍设备和浸渍工艺是十分重要的。

① 玻璃布的浸渍技术　浸渍技术有两种：一种为双面上胶技术；另一种为单面上胶技

术。常用工艺为双面上胶工艺。浸渍工艺要求为必须使玻璃布充分浸渍，以使玻璃纤维表面均匀浸渍树脂。同时，还要保证胶布达到含胶量的指标。影响胶布质量的主要因素是胶液的浓度、黏度和浸渍时间。另外，浸渍过程中玻璃布的张力和刮胶也对浸胶有一定影响。

a. 胶液浓度　胶液浓度的大小直接影响树脂对玻璃布的渗透能力和玻璃布表面黏合的树脂量。另一方面，胶槽内胶液浓度是否均匀，也是影响胶布含胶量是否均匀的一个重要因素。实际生产中，通过测定密度的方法来控制胶液浓度。为了保证玻璃布上胶均匀，首先应在胶槽外部配好一定浓度的胶液。需要注意的是，胶液的浓度与密度的关系受温度的影响。所以在实际生产中，需要根据环境调节确定树脂的密度。

b. 胶液的黏度　胶液的黏度直接影响到胶液对玻璃布的浸渍能力和玻璃布表面胶液的厚度。胶液的黏度过大，玻璃布不易被胶液浸透，黏度过小，则玻璃布表面挂不上胶。一般用胶液的浓度和温度来控制胶液的黏度。

c. 胶液的浸渍时间　玻璃布的浸渍时间是指玻璃布在胶液中通过的时间。浸渍时间的长短主要以玻璃布是否被胶液浸透为依据。浸渍时间一般为15～45s。增加浸渍时间对制品的性能无明显影响。浸渍时间取决于胶液的浓度、温度和胶布的含胶量。

d. 布的张力和刮胶的作用　为得到质量好的胶布，除了控制上述三个工艺参数外，还必须控制运行过程中的张力和刮胶方式。运行过程中玻璃布的张力大小，需根据玻璃布的规格和特性而定。如张力不均衡，一方面会造成上胶量不均；另一方面布进入烘箱后会出现倾斜或横向弯曲过大，使树脂的流动产生方向性。

e. 溶剂的选择　溶剂直接影响到胶液对玻璃布的浸透性和上胶量。当连续大量生产时，溶剂的用量大，溶剂在上胶过程中的损耗也大。因此，溶剂是浸胶工序中不可忽视的一个方面。对溶剂的一般要求为：能使树脂充分地溶解，在常温下挥发速度慢，而沸点又不能过高，在达到沸点后挥发速度要快。同时应毒性小，价格低廉。

② 胶布的干燥　玻璃布经过浸胶后，必须进行干燥处理，去除溶剂、水分及挥发物，同时使少量树脂聚合。

a. 干燥设备一般采用烘箱干燥。烘箱分为立式和卧式两种。卧式上胶机通常适用于牵引强度差的材料。该机长度较长，占地面积大，如图5-5所示。立式上胶机一般用浸渍牵引强度好的材料。该机占地面积小，但需要较高的厂房，如图5-6所示。

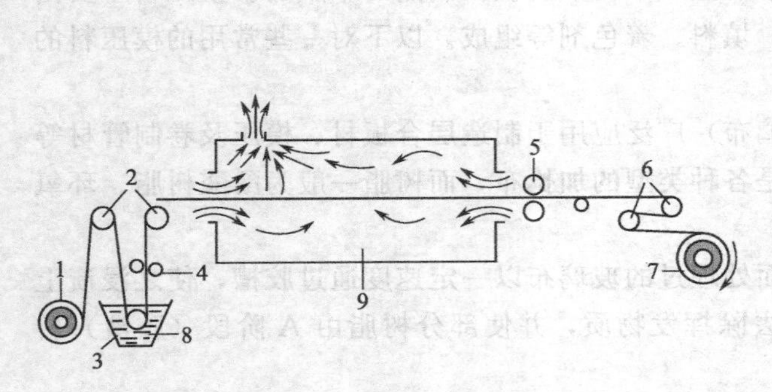

图5-5　卧式上胶机

1—玻璃布；2—导向辊；3—浸胶辊；4—挤胶辊；5—主动辊；6—调节辊；7—胶布；8—胶槽；9—烘箱

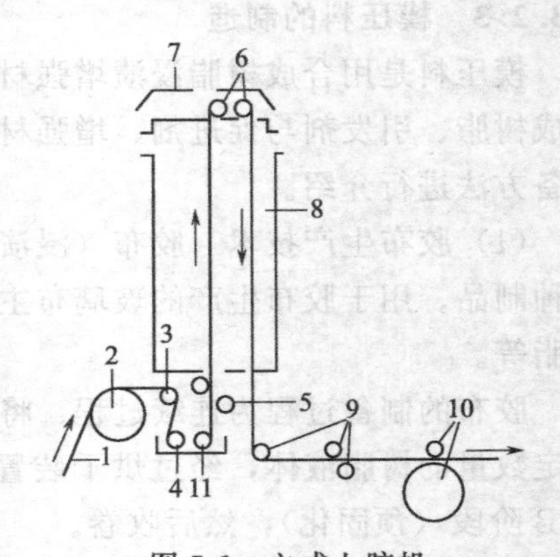

图5-6　立式上胶机

1—玻璃布；2，3—导向辊；4—浸胶辊；5—刮胶辊；6—张力辊；7—抽风罩；8—烘箱；9，10—牵引辊；11—胶槽

b. 干燥工艺。干燥过程包括去除玻璃布中的挥发物以及将少量树脂由A阶段转化到B阶段的过程。

Ⅰ. 烘箱的温度控制。为了能够充分将胶布上的挥发性物质汽化扩散到空气中，同时使部分树脂缓慢而均匀地由A阶段转化到B阶段，烘箱中的温度应由低升到高。

卧式上胶机的烘箱内部温度大致分为三段。胶布进口为第一段，此段温度较低，通常为90～100℃；烘箱中部为第二段，是整个烘箱内温度最高的区域，通常为120～150℃；胶布出口为第三段，温度较第一段低，通常低于100℃。立式上胶机的烘箱内部温度也分为三段。胶布进口为第一段，通常为30～60℃；中部为60～80℃；顶部为85～135℃。

烘箱内的温度不宜过高，温度过高会导致树脂的聚合速率加快，这样一方面难以控制胶布指标，另一方面往往导致表面汽化过急，而使表面产生小泡，影响制品的质量。温度也不宜过低，温度过低将导致设备的生产能力降低。具体的温度高低主要由树脂体系的种类和生产过程中的实际情况而定。

Ⅱ. 干燥时间。胶布的干燥时间是保证胶布质量的另外一个重要工艺参数。胶布的干燥时间取决于干燥温度、干燥过程中布面的风速、所用树脂体系的种类和胶布的流动度等。

(2) 短纤维预浸料生产技术

① 短纤维预浸料的制备　短纤维预浸料的制备一般有三种：预混法、预浸法和浸毡法。其中前两种又可根据具体要求条件的不同分为手工法和机械法。本节对上述三种方法进行简要介绍。

a. 预混法

Ⅰ. 手工预混法。这种方法不需用任何特殊设备，操作简单，易适应要求的变化，多用于小型研制用料的制备。对于一些特殊材料如高硅氧纤维，一般情况下只用手工操作，而不采用机械混合。这是因为高硅氧纤维十分脆弱，在强力的机械混合下，其强度的损失极大。

Ⅱ. 机械预混法。这一方法所用的主要设备有捏合机和撕松机。捏合机的作用是将树脂系统与纤维系统充分混合均匀。撕松机的主要作用是将捏合后的成团物料进行蓬松。

Ⅲ. 连续预混法。将胶液用齿轮泵从釜内打入质量计量器，计量后放入捏合机内。把风丝分离器活动罩移至捏合机上，使捏合机与风丝分离器连通。启动风丝分离器上排风器、蓬松机及切丝机。计量过的玻璃纤维在切丝机上切断，由蓬松机把玻璃纤维逐渐送入捏合机，2～3min后开动捏合机进行捏合，待切丝完毕即停切丝机、蓬松机，倒开风丝分离器上的排风器片刻，使附在风丝分离器网上的玻璃纤维下落后，再顺开排风器，移开活动罩，采用正转与反转的方法继续捏合6～8min。开动捏合机升降阀出料，料经撕松后由人工均匀地将料摊放在输送带上，进入烘干炉预烘和烘干。

b. 预浸法。预浸法除手工预浸法之外，一般都采用连续无捻粗纱。由于在备料过程中，纤维不像在预混法那样受到捏合和蓬松、撕松过程的强力搅动，因而纤维的原始强度不会有严重的损失，而且这种方法制成的预浸料体积小，使用方便，纤维取向性好，便于定向铺设压制成型。该法的机械化程度较高，操作简单，劳动强度小，设备简单，便于制造，可连续化生产；但日产量比预混法小，而且只适用于连续纤维制品（如无捻粗纱）。为了有利于树脂对纤维束的快速渗透和纤维束之间在成型时的互溶性，对粗纱制品有特殊的要求，并且结带性要小。预浸法分手工预浸法和机械预浸法两种类型。

Ⅰ. 手工预浸法。将纤维剪切成定长纤维（一般为600～800mm），并进行分束，按树脂∶纤维为40∶60（质量比）分别称重，并将纤维在树脂胶液中预浸渍，然后使经浸渍的纤维在一对简易刮胶辊之间，人工牵引；在预浸过程中，需经常调节树脂溶液的黏度，并保证按比例称量的纤维和树脂同时耗尽；预浸料在 80℃烘箱中烘干 20～40min；将烘干的预浸料剪切成所需长度，并在塑料袋中封存，或在使用前取出预浸料再进行切割。

Ⅱ. 机械预浸法。该法所采用的设备有纤维预浸渍机和预浸料切割机。玻璃纤维预浸料的工艺流程是：纤维从纱架导出，经集束环进胶槽浸渍；纤维经树脂浸渍后，通过刮胶辊进入第 1、2 级烘箱烘干，经烘干的预混料由牵引辊引出；采用冲床式物料切割机切割引出的浸料。整个过程中，需要控制的主要参数有树脂溶液密度，烘干箱各级温度及牵引速度等。

c. 浸毡法。浸毡法的工艺过程大体上和预浸法相同，所用的浸毡机结构原理也和预浸机大体相同。所不同的仅是浸毡法先将短切玻璃纤维均匀地铺洒在玻璃底布上，再用玻璃面布覆盖，然后使夹层浸胶、烘干，即得成品。

② 短纤维预浸料制备过程中的主要控制的因素　在不同的预浸料工艺方法中，所需控制的参数都有所不同，而且由于预浸料工艺的复杂程度各不相同，因而很难对每一预浸料工艺法的每步过程的每一控制因素作详细讨论，因而在此仅提出几个主要的因素加以简要的讨论。

a. 树脂溶液的黏度。在配制树脂溶液时，除了正确的配料计算和称量外，为使树脂能在纤维间均匀快速地渗透与附着，一般需在树脂中加入适量的溶剂来调节树脂溶液的黏度。这一点无论在预混法、预浸法和浸毡法中都是十分重要的。在生产过程中，往往用相对密度作为黏度的控制指标，一般控制在 1.00～1.025。

b. 纤维的短切长度。在用预混法生产模压料时，玻璃纤维不应切得过长，否则会导致物料缠结，不易撕松和烘干。但也不宜过短，过短会引起模压制品力学性能下降。通常，采用机械预混法时纤维切割长度为（30±5）mm，采用手工预混法时纤维切割长度为（40±5）mm。

c. 浸渍时间。在确保纤维均匀渗透的情况下，浸渍时间应尽可能缩短。尤其在预混料制备过程中，过长的捏合时间会损失纤维的原始强度，溶剂过多的挥发也会增加撕松工序的困难。

d. 烘干条件。模压料烘干的目的主要是去除溶剂等挥发分，使树脂部分由 A 阶向 B 阶转化。因此烘干条件直接影响模压料的质量优劣，而烘干温度的确定主要取决于模压料的类别，更确切地说是取决于所用树脂的固化性能。在预混料烘干时，料层要铺放均匀，且料层不宜过厚。

（3）SMC、BMC 生产技术

① SMC 生产技术　SMC 生产工艺流程和 SMC 机组如图 5-7 所示。工艺流程主要包括树脂糊制备、上糊、浸渍、稠化等过程。

a. 树脂糊的制备　树脂糊的制备方法有 3 种，常见配方如表 5-16 所示。

表 5-16　常用 SMC 配方

类型 配方	一般型	耐腐蚀型	低收缩型	制片时配比 （质量分数）
聚酯树脂	邻苯二酸型 100	间苯二酸型 100	邻苯二酸型 100	
引发剂	过氧化苯甲酰叔丁酯 1%	过氧化苯甲酰叔丁酯 1%	过氧化苯甲酰叔丁酯 1%	65%～75%
低收缩添加剂	热塑性树脂 0～10%		25%～45%	

续表

配方＼类型	一般型	耐腐蚀型	低收缩型	制片时配比（质量分数）
填料	$CaCO_3$ 70%～120%	$BaSO_4$ 60%～80%	$CaCO_3$ 120%～180%	65%～75%
内脱模剂	硬脂酸亚铅 1%～2%	硬脂酸亚铅 1%～2%	硬脂酸亚铅 1%～2%	
增稠剂	MgO(或 MgOH)1%～2%	MgO(或 MgOH)1%～2%	MgO(或 MgOH)1%～2%	
颜料	2%～5%			
安定剂	适量	适量	适量	
玻璃纤维				25%～35%

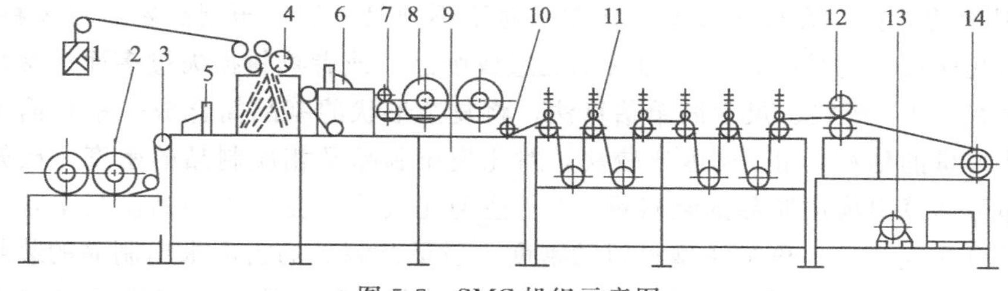

图 5-7 SMC 机组示意图

1—无捻粗纱；2—下薄膜；3—展平辊；4—切割器；5—下刮糊板；6—上刮糊板；7—展平辊；8—上薄膜；9—机架；10—导向辊；11—浸渍辊；12—牵引辊；13—传动装置；14—收卷装置

Ⅰ. 批混合法　此法是把增稠剂以外的各种材料按比例加入反应釜中，以一种糊状混合物的形式使用。在上 SMC 机组前加入增稠剂。增稠剂加入后，通常在 30min 内使用完。

Ⅱ. 批混合/连续混合法　该工艺的特点是用两个混料釜系统混合。一个装不饱和聚酯树脂、低收缩添加剂、引发剂、脱模剂和填料，另外一个釜里装载树脂、着色剂、增稠剂。生产时，用计量泵通过混合器进行混合。

Ⅲ. 连续混合法　配方中的所有液体或固体的计量、运输、混合全部实现机械化和自动化。

b. 浸渍过程　浸渍过程的目的是使树脂浸透纤维、驱赶气泡、使片材压紧。为此，SMC 机组中排列了各种类型的辊（光辊、槽辊、穿刺辊及螺旋辊等）。当片材从这些辊的上部、下部及周围经过时，因受到弯曲延伸作用而实现浸渍。

c. 增稠过程与存放过程　当 SMC 片材收卷完成后，一般要经过一定的增稠时间后才能使用。如 SMC 片材在室温下存放，大约需要 1～2 周。在 40℃稠化需要 48h 或 72h。目前也有在 SMC 机组上增设增稠区域或采用一些新型的增稠剂，SMC 制备成片材后即可进行压制。

片材的储存期与储存状态和条件有关。环境温度对 SMC 片材的储存期有明显的影响。以英国的 SCOTT BARD 公司生产的片材为例，它在 15℃以下的储存期为 3 个月；在 2～3℃的储存期为 6 个月。片材的储存期也与配方有关。如配方中加入阻聚剂，储存期就会长一些。

② BMC 生产技术　在捏合机中，各部分的混合分两步进行。首先将树脂、颜料、引发剂及填料充分混合，然后加入增强材料。在增强材料加入之前，混合时间不能太长，混合强度不能太大。而加入增强材料后，混合时间仅需要保证其均匀分布即可。典型的混合程序如

下：在同一容器中，将引发剂和氧化镁加入已经混合好的树脂中搅拌 10min；将填料加入容器中，搅拌 10min；加入增强材料后捏合 5min；挤压或按需要保持松散状态；增稠 24h 后可以使用。

5.3.2.4 压制工艺

（1）压制工艺简介 模压成型是将一定量的模压料加入预热的压模内，经加热加压固化成型塑料制品的方法。其基本过程是：将一定量经一定预处理的模压料放入预热的模具内，施加较高的压力使模压料填充模腔。在一定的压力和温度下使模压料逐渐固化，然后将制品从模具内取出，再进行必要的辅助加工即得产品。

模压成型工艺主要分为压制前的准备和压制两个阶段，其工艺流程如下。

① 压制前的准备

a. 装料量的计算 在模压成型工艺中，对于不同尺寸的模压制品要进行装料量的估算，以保证制品几何尺寸的精确，防止物料不足造成废品，或者物料损失过多而浪费材料。常用的估算方法有：Ⅰ. 形状、尺寸简单估算法，将复杂形状的制品简化成一系列简单的标准形状，进行装料量的估算；Ⅱ. 密度比较法，对比模压制品及相应制品的密度，已知相应制品的质量，即可估算出模压制品的装料量；Ⅲ. 注型比较法，在模压制品模具中，用树脂、石蜡等注型材料注成产品，再按注型材料的密度、质量及制品的密度求出制品的装料量。

b. 脱模剂的涂刷 在模压成型工艺中，除使用内脱模剂外，还在模具型腔表面上涂刷外脱模剂，常用的有油酸、石蜡、硬脂酸、硬脂酸锌、有机硅油、硅酯和硅橡胶等。

c. 预压 将模压料预先用冷压法压成质量一定、形状规整的密实体。采用预压作业可提高生产效率、改善劳动条件，有利于产品质量的提高。

d. 预热 在压制前将模压料加热，去除水分和其他挥发分，可以提高固化速率，缩短压制周期；增进制品固化的均匀性，提高制品的物理力学性能；提高模压料的流动性。

e. 表压值的计算 在模压工艺中，首先要根据制品所要求的成型压力，计算出压机的表压值。成形压力是指制品水平投影面上单位面积所承受的压力。它和表压值之间存在一函数关系：

$$T=\frac{Sf_1f_2}{f_{表}} \tag{5-1}$$

式中，$f_{表}$为成型压力，即表压，MPa；f_1为制品要求的单位压力，MPa；f_2为压机额定表压，MPa；S 为制品水平投影面积，cm^2；T 为压机吨位，N。

在模压成型工艺中，成型压力的大小决定于模压料的品种和制品结构的复杂程度，成型压力是选择压机吨位的依据。

② 压制工艺

a. 装料和装模 往模具中加入制品所需用的模压料过程称为装料，装料量按估算结果，经试压后确定。装模应遵循下列原则：物料流动路程最短；物料铺设应均匀；对于狭小流道和死角，应预先进行料的铺设。

b. 模压温度制度 模压温度制度主要包括装模温度、升温速率、成型温度和保温时间、降温的选择。

Ⅰ. 装模温度 装模温度是指将物料放入模腔时模具的温度，它主要取决于物料的品种和模压料的质量指标。一般地，模压料挥发分含量高，不溶性树脂含量低时，装模温度较低。反之，要适当提高装模温度。制品结构复杂及大型制品装模温度一般宜在室温～90℃。

Ⅱ. 升温速率 指由装模温度到最高压制温度的升温速率。对快速模压工艺，装模温度即为压制温度，不存在升温速率问题。而慢速模压工艺，根据模压料种类的不同，宜慎重选择升温的速率。由于模压料本身导热性差，升温过快，在制品中易造成内外固化不均匀而产生内应力，影响制品强度。升温过慢又降低生产效率。

Ⅲ. 成型温度 树脂在固化过程中会放出或吸收一定的热量，根据放热量可判断树脂缩聚反应的程度，从而为确定成型温度提供依据。一般情况下，先取一个稍大于树脂固化温度的温度范围，再通过工艺-性能试验选择合理的成型温度。成型温度与模压料的品种有很大关系。成型温度过高，树脂反应速度过快，物料流动性降低过快，常出现早期局部固化，无法充满模腔。温度过低，制品保温时间不足，则会出现固化不完全等缺陷。

Ⅳ. 保温时间 指在成型压力和成型温度下保温的时间，其作用是使制品固化完全和消除内应力。保温时间的长短取决于模压料的品种、成型温度的高低和制品的结构尺寸和性能。

Ⅴ. 降温 在慢速成型中，保温结束后要在一定压力下逐渐降温，模具温度降至60℃以下时，方可进行脱模操作。降温方式有自然冷却和强制降温两种。快速压制工艺可不采用降温操作，待保温结束后即可在成型温度下脱模，取出制品。

c. 压力制度

Ⅰ. 成型压力 成型压力是指制品水平投影面积上所承受的压力。它的作用是克服物料中挥发物产生的蒸气压，避免制品产生气泡、分层、结构松散等缺陷，同时也可增加物料的流动性，便于物料充满模具型腔的各个角落，使制品结构密实，机械强度提高。成型压力的选择取决于两个方面的因素：模压料的种类及质量指标，如酚醛模压料的成型压力一般为30～50MPa，环氧酚醛模压料的成型压力为5～30MPa，聚酯型模压料的成型压力为0.7～10MPa；制品结构形状尺寸，结构复杂、壁厚较厚的制品其成型压力要适当增加，外观性能及平滑度要求高的制品一般也选择较高的成型压力。

Ⅱ. 合模速度 装模后，上下模闭合的过程称为合模。上模下行要快，但在与模压料将接触时，其速度要放慢。下行快，有利于操作和提高效率；合模要慢，有利于模内气体的充分排除，减少气泡、砂眼等缺陷的产生。

Ⅲ. 加压时机 合模后，在一定时间、一定温度条件下适宜地加压操作。加压时机的选择对制品的质量有很大的影响。加压过早，树脂反应程度低，分子质量小，黏度低，在压力下易流失，在制品中产生树脂集聚或局部纤维裸露。加压过迟，树脂反应程度高，黏度大，物料流动性差，难以充满模腔，形成废品。通常，快速成型不存在加压时机的选择。

Ⅳ. 卸压排气 将物料中残余的挥发物、固化反应放出的低分子化合物及带入物料的空气排除过程称为排气。其目的是为了保证制品的密实性，避免制品产生气泡、分层现象。

d. 制品后处理 制品后处理是指将已脱模的制品在较高温度下进一步加热固化一段时间，其目的是保证树脂的完全固化，提高制品尺寸稳定性和电性能，消除制品中的内应力，减少制品变形。有时也可根据实际情况，采用冷模方法，矫正产品变形，防止翘曲和收缩。

e. 修饰及辅助加工 在模压制品定型出模后，为满足制品设计要求还应建立毛边打磨和辅助加工工序。毛边打磨是去除制品成型时在边缘部位的毛刺飞边，打磨时一定要注意方法和方向，否则，很有可能把与毛边相连的局部打磨掉。

对于一些结构复杂的产品，往往还需进行机械加工来满足设计要求。模压制品对机加工是很敏感的。如加工不当，很容易产生破裂、分层。

(2) 典型模压工艺 典型模压工艺一般可分为快速成型和慢速成型工艺。选定何种工艺主要取决于模压料类型，此外还应考虑生产效率及制品结构、尺寸性能要求等。快速成型和慢速成型工艺分别见表5-17，表5-18。

表 5-17 快速成型工艺

工艺参数 / 模压料	预热		模压		
	温度/℃	时间/min	成型温度/℃	成型压力/MPa	保温时间/(min/mm)
玻纤-改性酚醛料(FX-501)	90±5	2~5	155±5	45±5	1~1.5
玻纤-改性酚醛料(FX-502)			150±5	34±5	1~1.5
玻纤-镁酚醛料			145±5	9.8~14.7	0.3~1.0
SMC			135~150	29~39	1.0

表 5-18 慢速成型工艺

模压料 / 工艺参数	616 酚醛预浸料	环氧酚醛模压料	F-46+NA层压模压料(在100℃烘干5~15min)
装模温度/℃	80~90	60~80	65~75
加压时机	合模后30~90min，在(105±2)℃下一次加全压	合模后20~120min，在90~105℃下一次加全压	合模后加全压
成型压力/MPa	29~39	15~29	10~29
升温速度	10~30℃/h	10~30℃/h	150℃前为36~42℃/h 150℃后为25~36℃/h
成型温度/℃	175±5	170±5	230
保温时间	2~5min/mm	3~5min/mm	150℃保温1h，230℃保温15~30min
降温方式	强制降温	强制降温	强制降温
脱模温度/℃	<60	<60	<90
脱模剂	硬脂酸	硅酯	硅酯10%甲苯溶液

5.3.3 缠绕成型工艺

5.3.3.1 概述

纤维缠绕技术是树脂基复合材料制造技术之一，是将连续纤维经过浸胶后，按照一定的方式缠绕到芯模上，然后在一定的温度环境下固化，制成一定形状的制品。连续纤维的浸胶可以是先做成预浸带的方式，存放起来，成型时再用已浸有树脂的预浸带缠绕于芯模制得制品；也可以是经过胶槽浸胶后直接缠绕于芯模上制得制品；也可以是浸胶后经烘烤装置使纤维上的胶液得到初步的交联反应再不间断地缠绕于芯模制上制得制品。这三种方式，第一种是干法成型，第二种是湿法成型，第三种是半干法成型。三种方式各有特点，目前是以湿法缠绕的方式应用最为广泛。纤维缠绕技术的生产工艺流程如图5-8所示。

纤维缠绕成型所制成的产品可以充分发挥复合材料的特点，使制品最大限度地获得所要求的结构性能。纤维缠绕最早应该受启发于采用捆绑方式加强一些结构的环向抗张能力，作为一项制造技术应是在纤维增强复合材料技术出现之后的20世纪50年代。作为一种复合材料机械化生产程度很高的制造技术，其一经出现就得到迅速的发展和广泛的应用。在20世纪60年代几乎所有可能应用的领域都得到了应用。在宇航领域纤维缠绕复合材料以其高比强、高比模量、绝缘、耐烧蚀等优异的性能被用作最理想的结构材料使用，如火箭发动机壳体、喷管、储能容器、天线架等；在工业领域用来制造大型化工贮罐和输送液体介质的管道；在军事上被采用作为火箭发动机壳体的结构材料；在电气设备上用作高电压结构绝缘制品；航空领域中用来制造高速飞机的雷达罩等。半个多世纪以来，纤维缠绕技术已经发展得更加完善成熟。原材料生产已成为一个工业体系；缠绕设备从小到生产几毫米直径的杆件的设备，大到生产直径二十几米的化工贮罐的现场缠绕机；从两轴缠绕机到十几个轴的多功能缠绕机，建立了强大的基础。产品从航天、航空、国防到工业民用领域都得到了充分的应用。

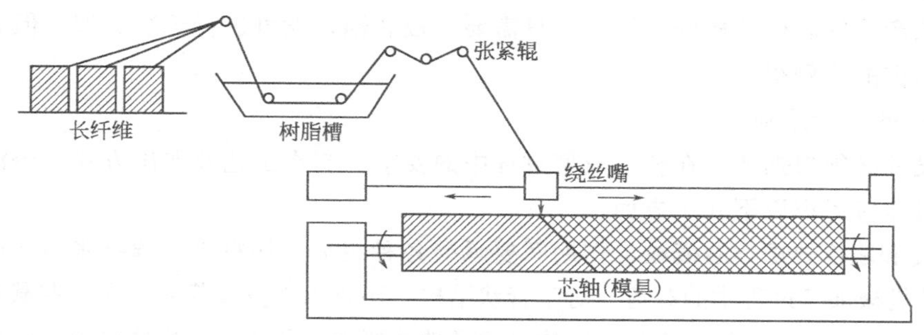

图 5-8 纤维成型工艺

5.3.3.2 芯模

复合材料制品在固化前是不定型的物体，只有将其附着于芯模上经过固化才能获得要求形状和性能的产品，芯模是复合材料产品生产的重要部分。芯模对于产品的生产是必不可少的，对产品的使用性能也有重要影响。

(1) 芯模材料 制造一个理想的芯模，芯模的选材至关重要，芯模可以由单一材料制造，也可以由多种材料组合而成。可用于制造芯模的材料种类很多，根据产品结构和性能要求及制造的难易、成本的高低、生产批量的大小决定材料的选择和芯模结构。

① 金属材料 金属材料是缠绕制品最适合的芯模材料，常用的有钢铁、铸钢、铸铝、铝合金、低熔点合金等。金属材料的特点是强度高、刚度高、耐磨、不易变形、尺寸稳定性好、耐热性好。适用于大批量生产。特别是钢铁、可单独使用，也可在多种材料组合芯模中作主承力结构，以承担产品质量、机器运转、固化加温等外载作用。用金属制作芯模，还有一个优点是可以把电器控制加热原件装置在芯模之中，可起到预热芯模和固化产品的作用。对于结构复杂的产品，在综合考虑制造成本及质量等因素之后，不易单独用。

② 石膏 制作纤维缠绕芯模所用的石膏一般为高强石膏。纯石膏芯模应用在小型且形状复杂、脱模困难的纤维缠绕产品中。石膏属易碎材料，在纤维缠绕制品有封头但端孔较小时，不宜使用，因为即使能够敲碎也很难取净。用石膏做芯模还有一个缺点，是尺寸稳定性不好，要实现金属芯模的表面状态是不可能的，要稳定尺寸需要长时间的摸索。

③ 砂 用黏结剂与砂子结合，可制成形状复杂的纤维缠绕用芯模。但受整体强度限制，芯模不可能做得很大，仅适合于小尺寸、批量少的产品芯模的制作。

④ 橡胶 用橡胶充气制作的芯模，缠绕时尺寸稳定性差，但脱模十分方便。橡胶被用作局部加压芯模时，对产品结构效率提高有很大作用。

⑤ 玻璃钢 玻璃钢用于芯模其优点是制作简单，组合分瓣容易，加工成本低于金属芯

模，一般的玻璃钢芯模企业自己就可独立制造。

⑥ 蜡模　蜡模制作简单，脱模方便，成本低，适用于制造小尺寸制品。但使用蜡模的产品固化温度必须低于蜡模的熔点。

可用于缠绕成型的芯模材料，还有塑料、木材等。缠绕产品的芯模往往是多种材料的组合，组合的形式也是多种多样的，需要有相当的经验和技巧方可制作出最简单易行、经济合理、性能优异的芯模。

(2) 芯模的制造　缠绕成型的产品种类繁多，形状各异，因此用缠绕成型的芯模也就多种多样。有时有些小型的压力密器都以金属、塑料等具有一定刚度和气密性的材料做衬里，使得制作该产品的芯模结构变得简单，只需要一根芯轴，就可进行缠绕成型。但有刚性内衬的缠绕产品占的比例很小。

① 芯模的设计原则

芯模设计必须根据产品在整个成型过程中的要求、制作工艺及取出方式、经济性和可能性而定。具体应考虑以下几个方面。

a. 强度和刚度要求　芯模在工作期间要承受各种载荷。如自重、缠绕张力、固化过程中的热应力及机械加工过程中的载荷，对于管状结构，还要承受拨模载荷。在这些载荷的作用下要求芯模不致破坏，并可保证产品的结构尺寸及性能要求。图 5-9 是芯模在缠绕和固化及脱模时的典型受力情况。典型的例子是产品在成型过程中局部塌陷；或轴向刚度不足，产品在缠绕和固化的旋转过程中受较大的交变应力的作用，以至于固化后结构强度刚度达不到设计要求。

b. 精度要求　当产品尺寸要求严格时，必须选用尺寸稳定性好、加工性能好的材料制作芯模。一般的选择是金属或塑料，石膏、橡胶等刚度低、变形大的材料不可选用。确定制

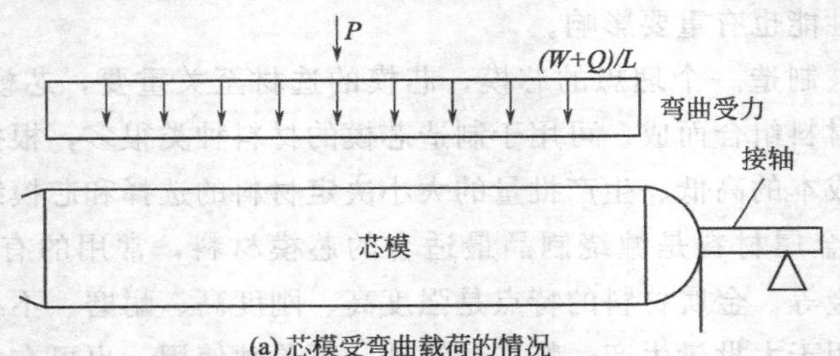

(a) 芯模受弯曲载荷的情况

P—缠绕张力在横向分力；W—芯模自重；Q—产品重；L—芯模长度

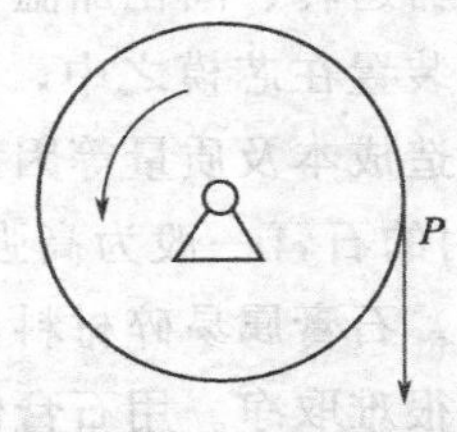

(b) 在缠绕机启动时对芯模的回转,扭矩和张力横向力及机加工产生的扭矩

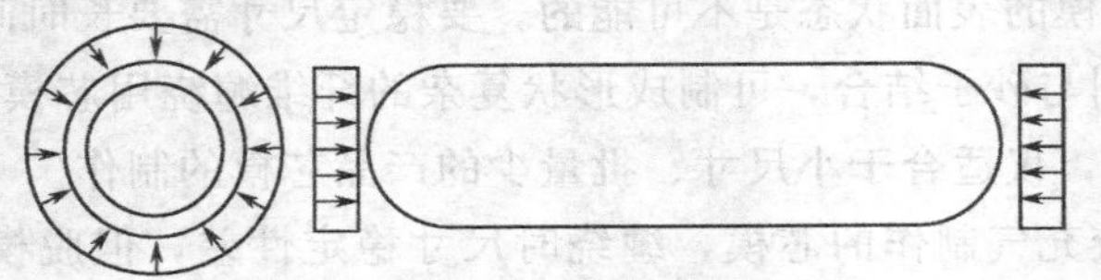

(c) 缠绕张力和固化收缩对芯模的外压载荷

图 5-9　芯模在缠绕和固化及脱模时的典型受力情况

作方法也必须考虑对芯模进行整体加工，以保证最终的芯模尺寸精度。

c. 脱模要求　可以脱模、便于脱模是芯模设计的关键之一。

d. 选材和工艺　芯模的成型工艺要求简单、周期短，材料来源广泛，价格便宜。

② 几种典型的芯模结构及使用范围

a. 整体结构钢芯模　主要用于制造管状结构或尺寸在轴向方向上逐渐变大或变小的回转体。如图 5-10 所示。

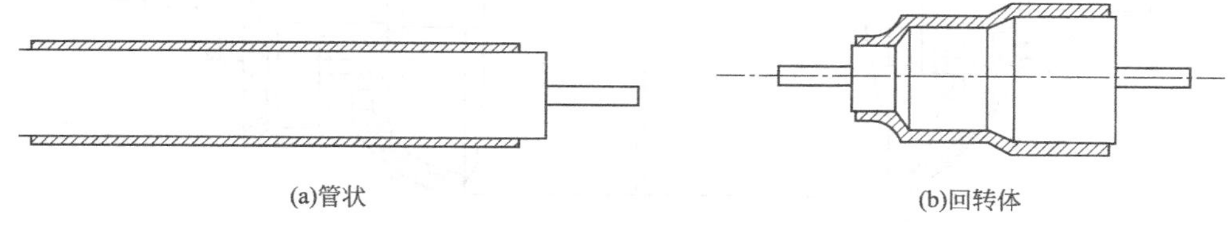

图 5-10　整体结构钢芯模

这种芯模用简单的金属加工工艺就可制造。刚度高、强度高、精度高，产品性能有保证，可重复使用，生产效率高。这种芯模在设计上要重点考虑拔模方式、拔模力、轴向刚度等因素。

b. 组合式金属芯模　对于两端尺寸小、中间尺寸大的回转体结构，且尺寸精度和结构性能要求高的产品，可采用可拆卸金属组合芯模。这种芯模可重复使用，见图 5-11。

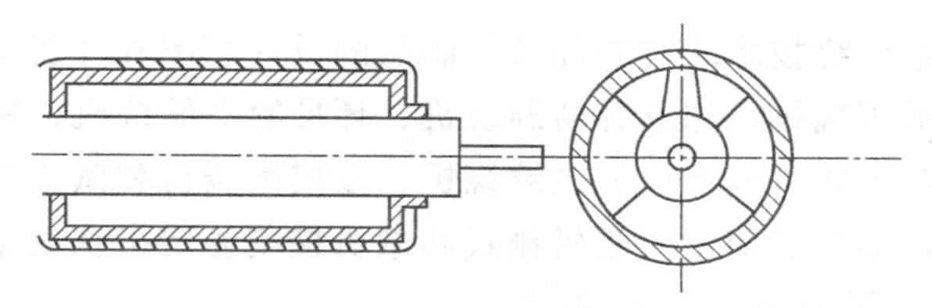

图 5-11　金属组合芯模示意图

组合芯模需要较高的设计技巧和机械加工水平，成本也较高，加工周期长。设计时重点考虑分型组合方式、反复组合的精度保证、成型时结构稳定性等因素。

c. 大型骨架石膏芯模　缠绕大型压力密器时一般采用大型骨架式石膏芯模，如图 5-12 所示。刮制的石膏为高强石膏，为提高石膏的性能按如下比例配制，石膏：水泥：水：酒精＝76：90：25：5。水泥对石膏起增强作用，酒精对刮制石膏起缓凝作用。刮制时芯模旋转要先慢后快，石膏要先干后稀，最后阶段要紧密注意模上已刮石膏的膨胀量，同时用稀石膏作封孔处理。刮好的石膏一般自然放置 7～10 天即可使用。使用前要用细砂纸轻轻打磨芯模表面，作隔离处理。此类芯模质量轻、重复性好、制造成本低，已成功地应用在多种火箭发动机壳体之中，国外也有许多成功应用的先例。石膏芯模的尺寸精度一般由刮刀决定，有时也可通过二次加工达到尺寸要求，特别是一些网格结构制品，通过二次加工形成网格槽，制得网格结构制品。

d. 砂芯模砂　芯模用于制造小型橡胶衬里的压力容器，仍然需要与刚性金属芯轴组合而成。砂子一般选用粒度 0.60～0.20mm（30～80 目）的江砂或石英砂，用筛子筛好后晾干备用。聚合度约 500 的聚乙烯醇颗粒与热水按 1：4 的比例溶化开。把砂芯模模具涂好脱模剂后，将聚乙烯醇溶液与砂按 10：100 的比例拌匀。将拌匀的砂料填入模腔之中，注意边填边捣实，填满捣实后将上口处刮平。将芯模及模具一起放入烘箱之中，在 110℃条件下烘

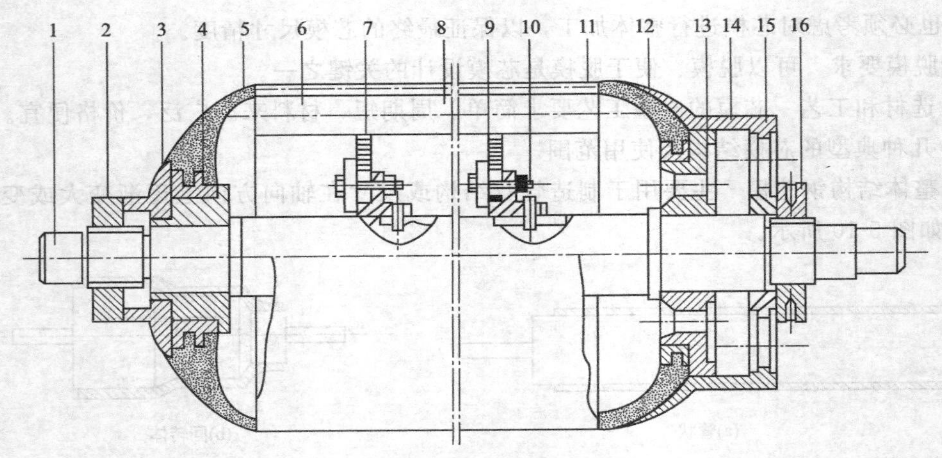

图 5-12 石膏隔板组合式芯模

1—芯轴；2，16—螺母；3—金属嘴；4—金属环；5—封头；6—圆筒（石膏）；7—隔板（GRP）；8—铝管；9—石膏板；10—销钉；11—纸绳；12—封头（石膏）；13—轴套（不锈钢）；14—金属嘴（铝）；15—加紧盘

6h 脱模。用此方法制作的砂芯模已广泛应用，适合用于小批量产品，产品尺寸稳定较好，脱模容易，只需用温水倒入即可将聚乙烯醇溶化掉，得到比较光洁的容器内壁，芯模结构简单制作容易。

5.3.3.3 缠绕机

纤维缠绕机是纤维缠绕技术的重要部分。制品的设计意图和性能通过缠绕机实现，按制品种类不同可分为管道缠绕机、球形容器缠绕机、环形容器缠绕机、罐形容器缠绕机、连续管道缠绕机。按其控制形式可分为机械式缠绕机、数控缠绕机和微机缠绕机，实际上也是缠绕机发展的三个阶段，但是目前主要是机械式和微机控制缠绕机在大量使用。

缠绕机是由主机、浸胶槽、纱架构成。主机是由两大运动单元组成，一个是主轴，芯模就是夹持在主轴上，通过主轴的旋转做回转运动；另一个是小车，小车携带绕丝嘴（和胶槽），完成沿主轴向的往复运动和其他运动。缠绕纤维通过丝嘴，随小车与主轴有规律地相对运动。将纤维缠绕至芯模上。主轴的转动与小车的往复运动是缠绕机的主要运动，它完成总体的纤维分布，而小车上丝嘴还要完成伸臂和翻转等运动细节。纤维在缠绕到芯模上之前要经过胶槽浸胶，浸胶质量通过控制胶槽完成，胶槽对纤维的张力也有微量的调解作用。输出纤维的单元是纱架，纱架的功能是存放和输出纤维，纱架对纤维的张力应具有控制和调节功能。一般来说，以上三个单元就可以完成缠绕成型，图 5-13 为缠绕机结构原理示意图。

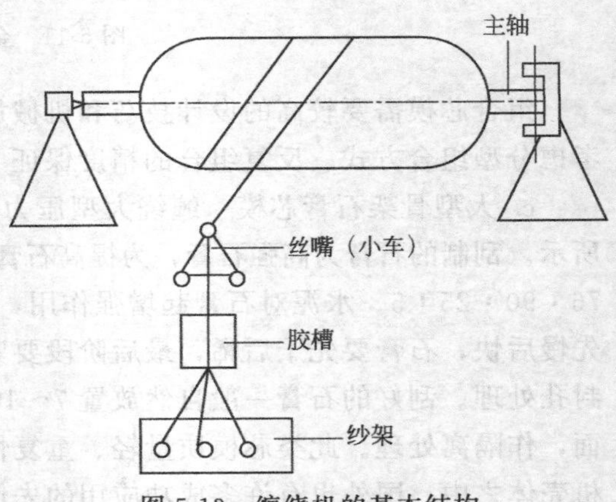

图 5-13 缠绕机的基本结构

5.3.3.4 成型工艺

在采用纤维缠绕成型工艺制造的各类产品中，一类重要的产品是（玻璃钢）内压容器。一般为有封头的圆筒形容器、球形容器及环形压力容器。除容器之外，一些复合材料结构件也可采用缠绕工艺成型，以求获得较高的结构性能。玻璃钢缠绕成型制品的形状多种多样，

但任何形式的缠绕都是由芯模与丝嘴相对运动完成的，如果纤维是无规则地缠，势必出现纤维在芯模上形成间隙或重叠，以及纤维滑线不稳定的现象，因此要求芯模和丝嘴应按一定的规律运动，达到纤维既不重叠，又不离缝，有规律地均匀连续布满芯模表面，并且在缠绕张力作用下，纤维在芯模表面仍稳定不打滑。满足这些条件的芯模与丝嘴的运动，就是缠绕规律。缠绕规律，应包括线型规律和芯模与丝嘴的运动规律。所谓线型规律就是纤维轨迹在芯模表面的分布规律。这种规律首先要遵守测地线原则，其次是可重复原则和均匀布满原则。满足这三个原则的线型在应用于实际缠绕时才能使纤维稳定均匀地布满制品表面。在实际缠绕时，纤维要按线型规律布置，这种纤维布置是通过缠绕机来实现的，实现线型规律的缠绕机的运动规律，就是缠绕机主轴与小车的速比。即芯模与丝嘴的运动规律。缠绕规律可归结为三种：环向缠绕、平面缠绕和螺旋缠绕。

① 环向缠绕 环向缠绕就是沿容器圆周方向的缠绕，其线型规律是纤维的轨迹在芯模直线段以一定螺距的螺旋线分布，其缠绕规律是芯模绕自己的轴线匀速转动，丝嘴在平行于芯模轴线方向作直线运动，芯模每转动一周，丝嘴移动一个纱片宽度（即螺距），如此循环下去直至纱片均匀布满芯模圆筒段的表面。环向缠绕的特点是：缠绕只能在筒身进行，邻近纱片相接但不相交。

② 平面缠绕 平面缠绕，其线型规律是纤维的轨迹为一个与芯模轴成很小夹角的平面与芯模相交后在芯模表面形成的曲线。考虑到均匀布满原则，线型围成的“平面”并非是一个纯粹的平面。缠绕时丝嘴在固定平面内围绕芯模做匀速圆周运动，芯模绕自己轴线慢速旋转，丝嘴每转一周，芯模转过一个微小的角度，反映在芯模表面上是一个纱片宽度。纱片与芯模纵轴组成的角度为缠绕角，对于小极孔柱形压力容器，平面缠绕可实现 0°～25°的小角度缠绕并使纤维获得较高的纵向强度发挥系数；对于球形容器，平面缠绕可获得 0°～90°全范围的缠绕角度，是球形容器成型使用的唯一一种缠绕规律。

③ 螺旋缠绕 螺旋缠绕也称测地线缠绕，其线型规律是其轨迹在筒身段以与母线成恒定的夹角，在封头上其轨迹符合测地线规律分布；主轴与丝嘴的运动规律为缠绕时芯模绕自己的轴线转动，丝嘴按要求速度沿芯模轴线往复运动，于是在芯模的筒身和封头上就实现了螺旋缠绕。

在螺旋缠绕中，纤维缠绕不仅在筒身上进行，也在封头上进行。纤维从容器一端的极孔圆周上某点出发，沿着封头曲面上与极孔圆相切的曲线绕过封头，随后，按螺旋缠绕纤维轨迹绕过圆筒段，进入另一端封头，到达和极孔相切的切点再返回到开始的封头；如此循环下去直至芯模表面均匀布满纤维为止。

含胶量是在浸胶过程中进行控制的，缠绕工艺的浸胶通常采用浸渍法和胶辊接触法，浸胶方式示意图如图 5-14 所示。

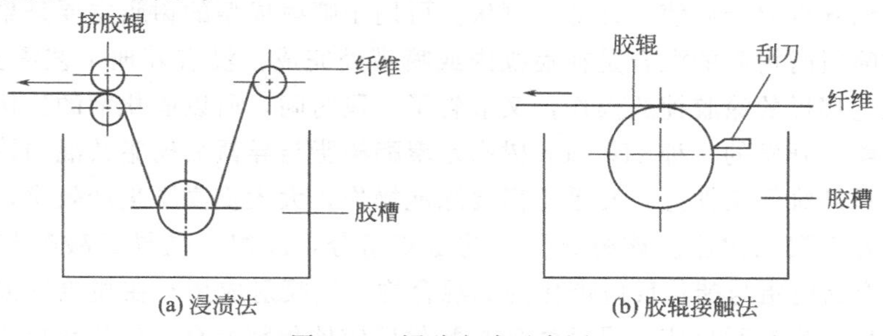

图 5-14 浸胶方式示意图

5.3.4 喷射成型工艺

5.3.4.1 概述

喷射成型工艺是将混有引发剂和促进剂的聚酯胶液分别从喷枪两侧喷出，同时将切断的玻璃纤维粗纱，由喷枪中心喷出，使其与树脂均匀混合，沉积到模具上，当沉积到一定厚度时，用辊轮压实，使纤维浸透树脂，排除气泡，固化后成制品。喷射成型技术是手糊成型的改进，半机械化程度。喷射成型技术在复合材料成型工艺中所占比例较大，如美国占9.1%，西欧占11.3%，日本占21%。目前国内用的喷射成型机主要是从美国进口。喷射成型适合于大型船体、浴盆、机器外罩、整体卫生间、汽车车身构件及大型浮雕制品等。

喷射成型是利用喷枪将树脂与纤维同时喷到模具上而制得玻璃钢的工艺方法。喷射成型法的主要设备是喷枪，喷枪的特殊性在于其上带有切割器，切割器与树脂胶液喷射协同动作，将连续纤维按要求长度切断成短切纤维，与树脂一齐喷射到模具上。喷射成型是手糊成型的发展，也有称为半机械化手糊法。其优点是：①用粗纱取代玻璃布，降低了材料费用；②机械化程度高，生产效率是手糊法的2～4倍，适于大型玻璃钢制品；③无搭接缝，产品整体性好；④减少飞边、剪屑和胶液剩余损耗；⑤产品尺寸、形状不受限制。

其缺点为：①树脂含量高，制品强度低；②产品只能做到单面光滑；③污染环境，有害工人健康。喷射成型工艺也可与其他工艺组合使用。这样可以发挥各自的优点。如与手糊工艺联合使用，进行毡层结构成型使用喷射法，然后手工铺方格布和除泡操作，完全可以省去涂胶操作；与缠绕工艺结合，在管道和贮罐生产时，内衬成型采用喷射法可提高机械化程度从而提高生产效率和质量的稳定性。在超大型制品成型（如船舶等）方面几乎具有不可替代的作用。

5.3.4.2 原材料

喷射成型使用的原材料只有连续纤维粗纱和喷射用树脂，这是由工艺特点决定的。

（1）喷射用连续纤维粗纱　纤维粗纱与缠绕及拉挤工艺用连续纤维粗纱不同，喷射用无捻粗纱要具备以下特点。

① 良好的切割性，连续切割时产生的静电少，为满足切割性能，浸润剂中的偶联剂常包括硅烷及有机铬（沃兰）化合物；

② 无捻粗纱切断后分散成原丝效率高，通常要求在90%以上；

③ 短切后的原丝具有优良的倒伏性，可平整覆盖在模具的各个角落而不翘起；

④ 浸渍速度快，易于用辊子压平驱起气泡；

⑤ 原丝筒退解性能好，粗纱线密度均匀，适用于各种喷枪及纤维输送系统。

（2）喷射用树脂　要求喷射用树脂体系具有固化速度快，浸渍速度快，气泡量少，且易于驱赶，与短切纤维混合后使纤维易于倒伏。可用于喷射成型的树脂主要是聚酯树脂和乙烯基酯树脂。在喷射时树脂的混合是在喷枪内或喷嘴处完成，没有其他工艺需要的混合时间，也没有手糊工艺那样的涂胶铺放操作，又节省了一段时间，所以固化剂的比例相对较大，可以很快固化。美国开发的一种 Hyrizon 树脂是聚酯树脂与异氰酸树脂共混的体系，用于喷射成型，其特点是纤维倒伏性好，几乎不需要除泡操作，大大提高了生产效率，且其固化后的玻璃钢性能也好于聚酯树脂。该树脂使用前是双组分，A 组分是异氰酸酯与苯乙烯的混合物，B 组分是聚酯树脂与酯化反应催化剂的混合物，当喷射成型时在喷枪处混合，聚酯树脂与苯乙烯混合后发生交联反应，异腈酸酯与酯化反应催化剂混合发生酯化反应，两种反应产物相互纠缠到一起形成复合高分子物，固化产物兼有聚酯树脂的强度和刚度及聚异氰酸酯的韧性，耐水性、耐药品性也优异。

5.3.4.3 喷射成型设备

与手糊成型工艺不同，喷射成型工艺的配胶、铺放积层等操作过程，都由设备完成。而这些构成中的工艺参数也都由设备控制。如胶液的组分配比，混合质量，短切纤维的长短，含胶量均匀性等。排除了操作因素对上述工艺参数稳定性的影响，实现起来也方便快捷，这样不但提高了生产效率也提高了产品质量的稳定性。

图5-15是喷射设备工作原理图。为提高生产效率、降低损耗设备，还要考虑移动台车的结构和高度、排风、温度控制、节能等因素。

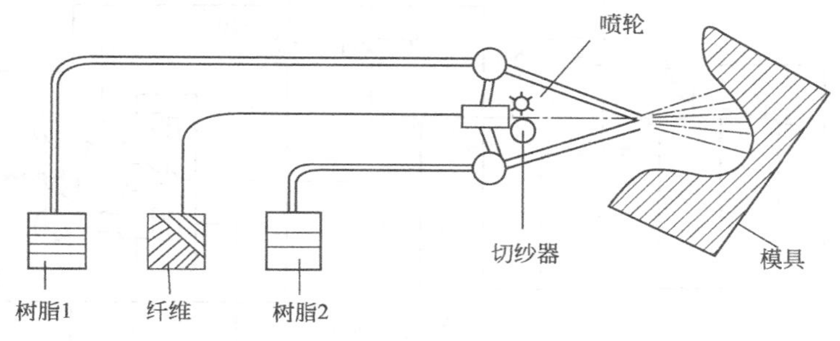

图5-15 喷射成型原理示意图

(1) 设备种类 从喷射方式上分有压缩空气喷射和非压缩空气喷射；从输送方法上分有压力罐式和泵输送式。

① 泵式供胶喷射机（如图5-16） 它是将树脂、引发剂和促进剂分别由泵输送到静态混合器中，充分混合后再由喷枪喷出，称为枪内混合型。其组成部分为气动控制系统、树脂泵、助剂泵、混合器、喷枪、纤维切割喷射器等。树脂泵和助剂泵由摇臂刚性连接，调节助剂泵在摇臂上的位置，可保证配料比例。在空压机作用下，树脂和助剂在混合器内均匀混合，经喷枪形成雾滴，与切断的纤维连续地喷射到模具表面。这种喷射机只有一个胶液喷枪，结构简单，质量轻，引发剂浪费少，但因系内混合，使完后要立即清洗，以防止喷射堵塞。

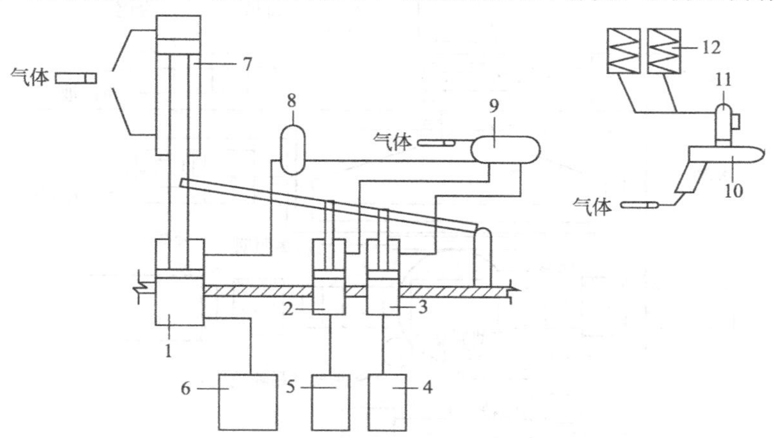

图5-16 泵式供胶喷射成型机工作原理

1—树脂泵；2，3—助剂泵；4，5—助剂贮罐；6—树脂贮罐；7—气缸；8—缓冲器；9—混合器；10—喷枪；11—纤维切割器；12—纱团

② 双压力罐式供胶喷射机（如图 5-17） 它是将树脂胶液分别装在压力罐中，靠进入罐中的气体压力，使胶液进入喷枪连续喷出。它由两个树脂罐、管道、阀门、喷枪、纤维切割喷射器、小车及支架组成。工作时，接通压缩空气气源，使压缩空气经过气水分离器进入树脂罐、纤维切割喷射器、喷枪，使树脂和玻璃纤维连续不断地由喷枪喷出，树脂雾化，玻璃纤维分散，混合均匀后沉落到模具上。这种喷射机是树脂在喷枪外混合，故不易堵塞喷枪嘴。

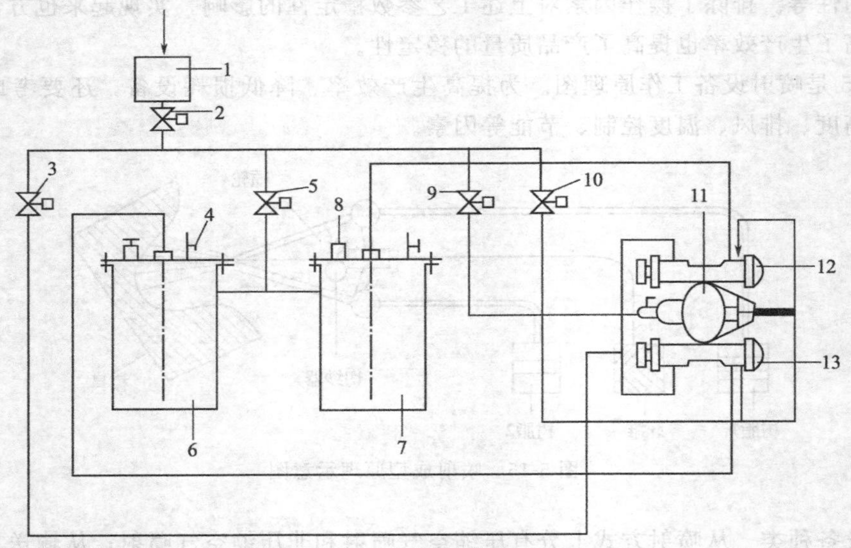

图 5-17 双压力罐供胶式喷射成型机示意图

1—气水分离器；2—气阀门；3—调压阀；4—放气阀；5—调压阀；6，7—压力罐；8—安全阀；9，10—调压阀；11—纤维切割器；12，13—树脂喷射器

（2）辅助设备 喷射成型还需要辅助设备才能在保证产品质量的同时又保证人身和环境的安全。图 5-18 是喷射成型设备及布置示意图。

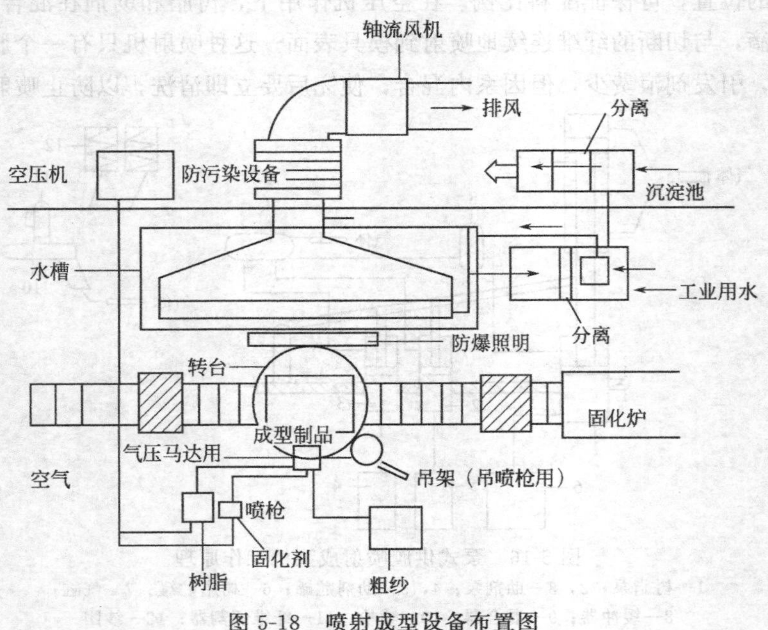

图 5-18 喷射成型设备布置图

5.3.4.4 喷射工艺

① 环境温度：喷射成型时的环境温度为15～35℃，而以（25±5）℃最为适宜，过高则树脂固化快，能引起系统堵塞或积层固化应力不均；过低则树脂黏度大，混合不均，固化速度慢，甚至可以引起立面流胶。

② 含胶量要求：喷射成型的含胶量约为60%，含胶量过低纤维浸胶不均，粘接不牢。

③ 树脂喷雾压力和树脂罐压力：这两个参数影响树脂的混合均匀程度和树脂的含量，喷射成型树脂含量约为60%，则喷雾压力为0.3～0.35MPa，而树脂罐压力在0.05MPa左右。

④ 喷枪夹角：两种不同组分树脂在枪口外的混合程度与喷枪夹角有关。不同的夹角喷出的树脂混合交距不同。一般选用20°角。喷嘴与模具表面的距离为350～400mm。

⑤ 积层次数：如果制品的结构厚度较大，必须分数次积层，一般一个单层厚度在1～3mm，单层积层过厚，不易压实、除泡，并可能在立面处造成垂落；过薄则生产效率低。

⑥ 平整度控制：喷射成型是手持喷枪，移动喷射，移动的速度决定一次喷射的厚度，搭接程度决定积层是否均匀。

5.3.5 拉挤成型工艺

5.3.5.1 概述

拉挤成型工艺是将浸渍树脂胶液的连续玻璃纤维束、带或布等，在牵引力的作用下，通过挤压模具成型、固化，连续不断地生产长度不限的玻璃钢型材。这种工艺最适于生产各种断面形状的玻璃钢型材，如棒、管、实体型材（工字形、槽形、方形型材）和空腹型材（门窗型材、叶片等）等。图5-19是典型的拉挤成型生产系统示意图。

拉挤成型是复合材料成型工艺中的一种特殊工艺，其优点是：①生产过程完全实现自动化控制，生产效率高；②拉挤成型制品中纤维含量可高达80%，浸胶在张力下进行，能充分发挥增强材料的作用，产品强度高；③制品纵、横向强度可任意调整，可以满足不同力学性能制品的使用要求；④生产过程中无边角废料，产品不需后加工，故较其他工艺省工，省原料，省能耗；⑤制品质量稳定，重复性好，长度可任意切断。拉挤成型工艺的缺点是产品形状单调，只能生产线形型材，而且横向强度不高。

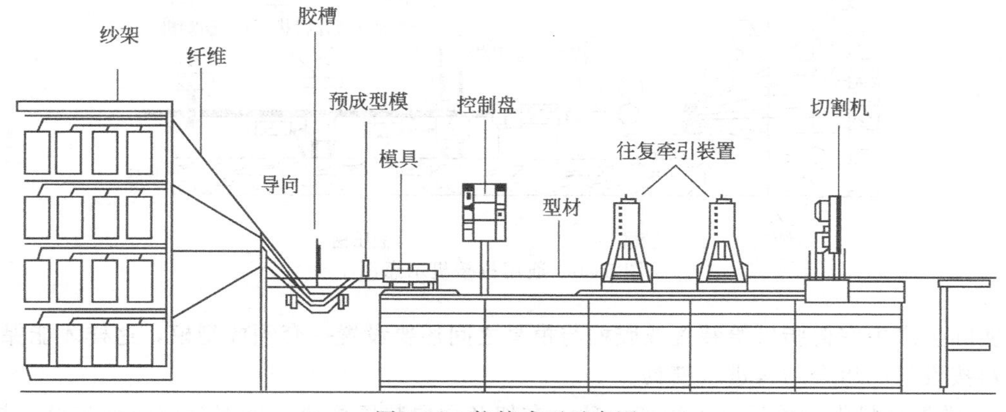

图5-19 拉挤成型示意图

拉挤工艺最早出现在1950年，人们公认Brandt Goldswor是拉挤工艺的鼻祖，他于1950年前首先开发并改进了用于制造简单截面形状的复合材拉挤机。但当时还不能确定拉挤工艺的商业价值。最初的拉挤制品主要是按已有的小尺寸型钢规格生产的复合材料制品，如方管、角钢、槽钢等，作为绝缘件使用在变压器中；也有一些按用途设计的型材，如捕鱼用的实心杆、帆船杆、帐篷杆、旗杆及一些建筑用的装饰物。

与用玻璃钢其他工艺制造的产品一样，拉挤产品也都是从军用等高技术含量的工程项目中开始应用，如早期核电站项目中用玻璃钢棒增强混凝土以取代钢筋。碳纤维拉挤生产的型材用在航空航天产品中。但是与缠绕和铺放工艺相比，拉挤工艺还是在批量生产的民用产品中找到了更加广阔的市场。

20 世纪 60 年代开始拉挤产品市场稳步增长。最初由美、英、欧洲诸国开始，早期的研究主要侧重于形状的研究。材料只是简单的连续粗纱浸渍聚酯树脂。到了 20 世纪 70—80 年代，增强材料扩展到连续毡、表面毡、各种玻璃纤维织物，有一维的、二维的乃至三维的及其组合使用。70 年代，出现了拉挤与缠绕组合的工艺方式，以提高或保证拉挤制品的横向强度。80 年代初酚醛树脂和丙烯酸树脂也开始应用于拉挤工艺。而酚醛树脂的应用是因为开发出了低压固化的酚醛树脂。此外，热塑性树脂也开始使用。拉挤模具的设计更加复杂化，因此从截面形状角度看，基本上分成了两个大类：一类是标准形状；另一类是非标准形状。随着拉挤技术的发展，拉挤产品的市场也得到了扩展，最为显著的就是建筑行业方面的应用。如截面形状复杂的装饰用型材、窗框等。最初的拉挤型材的应用都是在一些次要结构中。90 年代有了大截面型材的制造技术及疲劳性能的改善，拉挤型材也开始作为主承力结构使用。碳纤维的成本下降，使得低成本的碳纤维增强型材的应用推广成为可能。基础设施是拉挤产品最具潜力的市场。

5.3.5.2 成型设备

拉挤工艺成型设备有卧式和立式之分，但是目前一般以卧式为主。拉挤设备是非通用设备，设备的开发与制造大多是拉挤产品生产企业自主完成的，因此，结构尺寸规格千差万别，各具特色。图 5-20 是通用原理示意图。可以看出，一般的拉挤机是由增强材料供给单元、树脂供给单元、模具、牵引装置、同步切断装置、其他辅助装置组成。

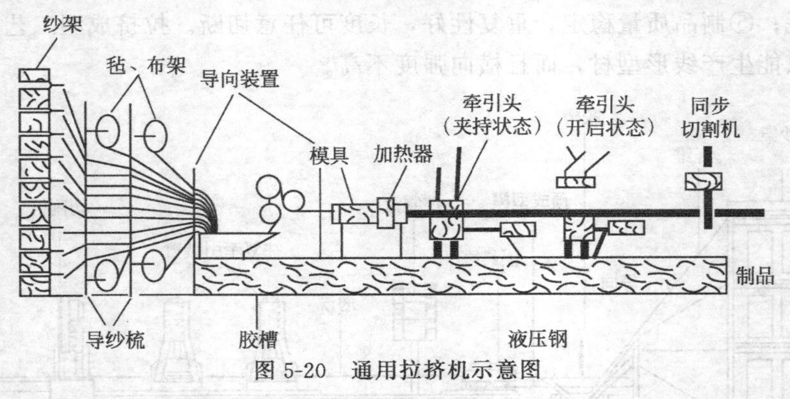

图 5-20 通用拉挤机示意图

实际生产中在树脂供给装置或胶槽与模具之间还要设置一套预成型模，这样才能保证增强材料按设计的组合结构进入模具。

① 增强材料供给单元是由纱架、毡、布架及导向装置构成。该部分应保证连续、规整，以适宜的张力供应增强材料。

② 树脂供给单元是由胶槽及树脂调配部分构成，胶槽的功能是保证增强材料从中经过后能充分地浸透树脂，因此胶槽应有一恒温加热装置。胶槽中树脂的添加也可以由自动供给

装置完成。

③ 模具是由硬度比较高的钢材制造，也可用镀铬的方式提高模腔的硬度和耐腐性。模腔的形状与制品断面形状一致。为减少成型物通过时的摩擦阻力，模腔必须抛光处理。一般的拉挤成型都是在模腔内固化，这样在模具外侧要有加热器，模具腔内的温度沿长度方向是不同的。模具根据工艺要求必须提供不同的温度环境。模具的结构可以是整体的，也可以是组合的。模具的长度根据产品的形状和拉挤速度不同而不同，较长的模具虽可提高拉挤速度，但同时也增加了牵引阻力，牵引力过大，一是可能增加设备的负荷，二是可能将产品拉断，在设计时要酌情考虑。模具的长度范围一般在0.4～1.2mm，一套模具的寿命大约为1万～2万米。模具的加热一般采用电加热，也有采用高频加热、射频加热等方式。高频加热和射频加热可提高固化速度和固化质量，适用于厚壁或粗杆结构。

④ 牵引装置一般分为两种：一种是液压式，液压式牵引是由两台往复液压牵引装置构成，工作时一台夹持产品牵引前进，另一台脱离产品处于返回状态，当夹持牵引那台行程结束时，另一台又夹持产品继续前进，前一台则脱离产品作返回动作，这样往复地倒换保证牵引产品持续前进；第二种是履带式连续牵引装置。产品由上下两个连续运转的履带装置夹持持续前进。

⑤ 产品在达到需要长度时要将其切断，这个功能由设备上的同步切断装置完成。所谓同步是指切割机工作时必须与持续前进的产品同步运动。同步运动行程与切割时间协调，当切割结束后装置将返回到起始位置，准备下一次的切割动作。切割装置的动作可以由程序自动控制完成，也可由操作者控制完成，这取决于生产厂对设备的要求。

还有一种间歇式拉挤设备，这种设备的特殊之处在于有一个可开启的模具，当模具闭合时牵引机停止；当在模具中的一段产品固化后模具开启，牵引机工作，将产品移出，然后模具再次闭合，牵引机再次停止。模具的开闭是由一台压机完成的。这种设备可生产在长度方向上有波纹等的产品，如复合材料螺纹钢。这种方法从产品的固化机理上和模压工艺相似。

5.3.5.3 成型工艺

图5-21是拉挤工艺过程中对物料在模腔中状态的典型描述。这是确定拉挤各工艺参数的基础。

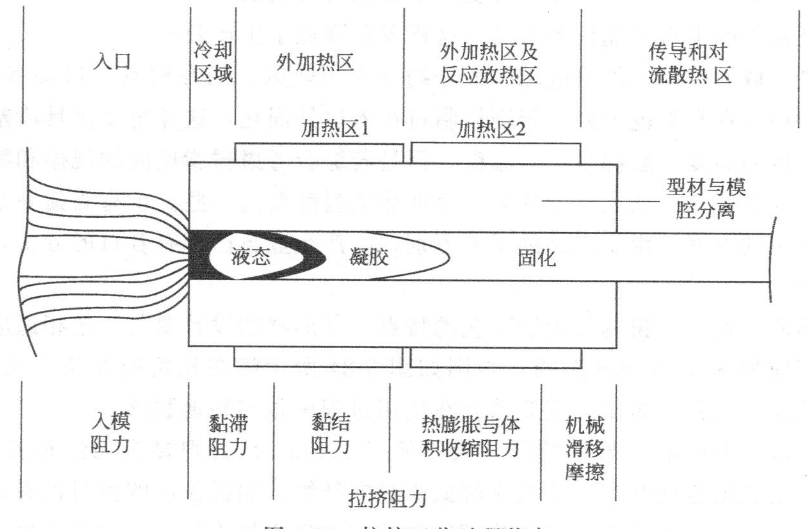

图5-21 拉挤工艺过程状态

图 5-22 是拉挤速度与模腔温度分布关系图。由图 5-21 与图 5-22 结合分析可知，当拉挤速度过快，将发生产品不固化或固化不充分，使产品出模后开裂；而速度太慢又使生产效率降低，且固化了的区域过长，产品在模内磨损加剧，模具的磨损也加剧。下面是影响产品质量和生产效率的几个因素。

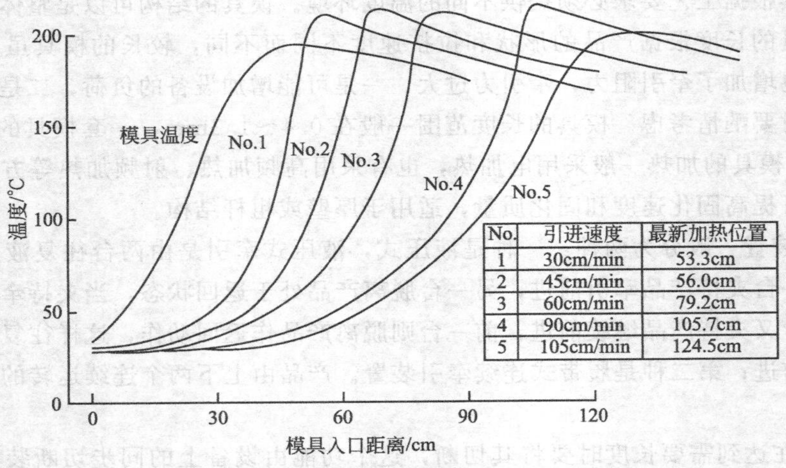

No.	引进速度	最新加热位置
1	30cm/min	53.3cm
2	45cm/min	56.0cm
3	60cm/min	79.2cm
4	90cm/min	105.7cm
5	105cm/min	124.5cm

图 5-22　模具内温度分布与拉挤速度的关系

(1) 胶液黏度　胶液黏度过大，纤维浸渍不充分，产品横向强度降低。胶液黏度太低，特别是入模后黏度低，使模腔压力低，产品密实度不足，产品表面也凹凸不平。因此拉挤树脂体系中大都添加粉状填料，不仅是解决阻燃等产品功能特性，也是一个工艺上的考虑。

(2) 树脂体系的反应活性　树脂体系的反应活性，特别是对温度的敏感性十分重要。工艺上要求树脂体系在胶槽时应有较长的适用期，因为与缠绕工艺相比，拉挤工艺树脂的消耗速度很慢，若适用期短，树脂就有可能固化于胶槽中；反之，在树脂随增强材料进入模腔后又要有较高的反应活性，否则拉挤速度就慢。

(3) 模具长度　适当增加模具长度可以提高拉挤速度，但模具过长给加工精度带来困难，特别是薄壁型材，产品在模腔中所受的摩擦阻力也随之加大，这样的结果一是易损伤产品表面，二是在生产中有可能拉断产品，这样反而降低了生产效率。

(4) 加热区域的控制　加热区域一般分约 3 个加热区，而在模具入口要有冷却水降温，以保证入口的温度在常温范围内，否则树脂将在入口处固化，这样将使模具堵塞，生产不能继续。加热区域的温度一般都是一个温度。但是若综合考虑树脂反应的规律和物料在不停地移动，及生产效率，应该从入口起的第一个加热区温度要高一些。也有为提高牵引速度，增加一个后固化区的方案。由于产品的千差万别，生产企业自己都有各自的方案，并且被事实证明是可行的。

(5) 产品的形状　拉挤制品由于工艺的特点，其形状的设计要与工艺相适应。产品若有拐角，形状则应如图 5-23 那样选择。否则如图 5-24 所示将在拐角的外角出现富树脂区域，该区域有可能在产品刚刚拉出时就脱落或在使用过程中很容易地脱落。

型材的壁厚也有限制，最小壁厚一般不低于 2.5mm，否则要么无法布置横向增强层，使产品很容易沿长度方向开裂；要么大幅减少纵向纤维，勉强拉出的型材没有足够的纵向强度。壁厚亦不宜过厚，否则将由于传热原因影响固化反应的进行或反应热集聚，造成中心区

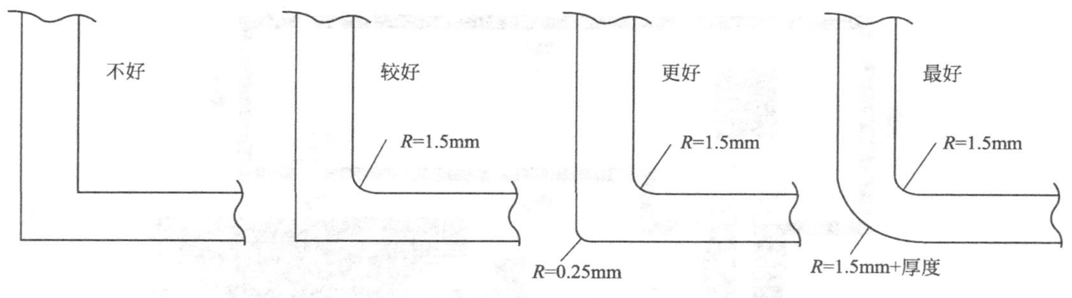

图 5-23 尖角处的几种方案比较

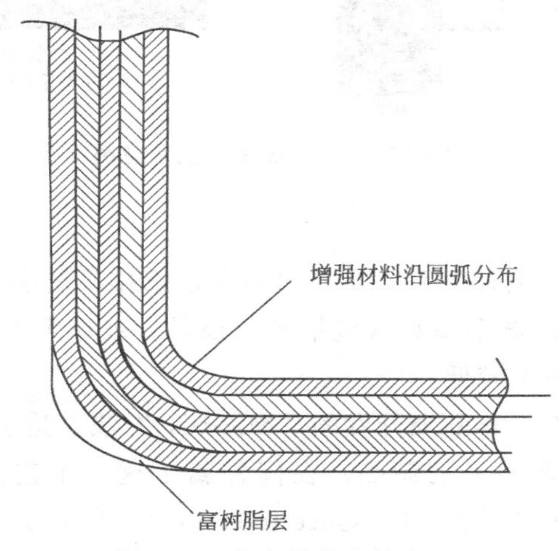

图 5-24 尖角处的富树脂区

域开裂。当然通过研究，已经有直径超过 80mm 的实心棒生产了。

(6) 拉挤速度 拉挤速度是生产企业努力追求的目标，拉挤速度的提高必须有与之相匹配的树脂体系、加热方式及产品的形状，目前最高拉挤速度已有了超过 1m/min 的报道。

5.3.6 树脂传递模塑成型工艺

5.3.6.1 概述

树脂传递模塑（Resin Transfer Molding，RTM）是一种采用对模方法制造聚合物基复合材料制品的工艺。反应性的热固性液态树脂在较低压力下注入含有干纤维预成型体的模腔中，树脂将模腔中的空气排出，同时浸润纤维。树脂在排气口出现时，即模腔充满后，注射过程结束，树脂开始固化，树脂固化达到一定强度后开模，取出制品。整个工艺过程如图5-25所示。

相对于其他玻璃钢成型工艺，RTM 工艺具有以下特点。

① 模具制造和材料选择灵活性强，制品产量在 1000～20000 件时，采用 RTM 工艺可获得最佳生产经济效益。

② 能制造具有良好表面质量、高尺寸精度的复杂构件，在大型构件的制造方面优势更为明显。

③ 模塑的构件易实现局部增强、夹芯结构；可以设计增强材料的类型、铺层结构。

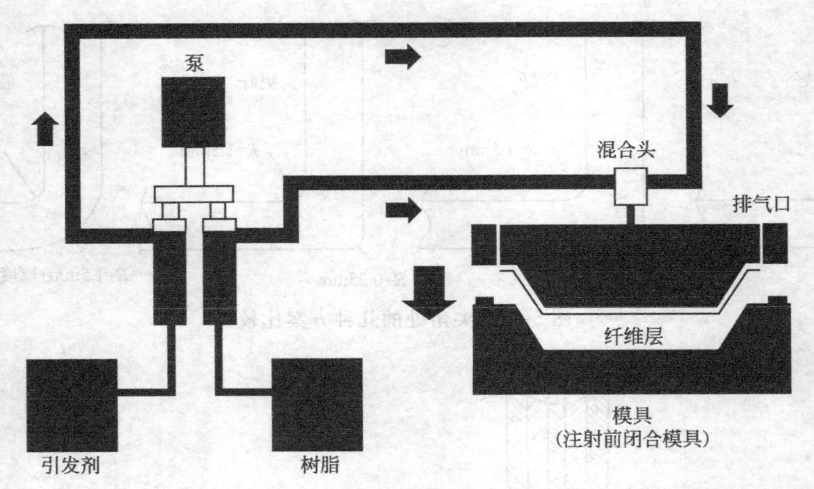

图 5-25 RTM 成型工艺示意图

④ 纤维含量最高可达 60%。

⑤ 闭模操作工艺，工作环境清洁，成型过程苯乙烯排放量小，有利于环保。

⑥ 低压注射，可采用玻璃钢模具（包括环氧模具、玻璃钢表面铸镍模具）、铝模具等，模具设计自由度高，模具成本较低。

RTM 一般认为源自 1940 年欧洲开发的“MARCO”法，是手糊成型工艺改进的一种闭模成型技术，可以生产出两面光的制品。在国外属于这一工艺范畴的还有树脂注射工艺（Resin Injection）和压力注射工艺（Pressure Injection）。到了 20 世纪 80 年代末，才受到各国的重视。进入 90 年代后，原材料研究取得很大成果，各种优质的 RTM 专用树脂相继开发成功，标志着 RTM 在汽车工业的应用真正步入繁荣发展时期。目前，RTM 成型技术的应用已广泛覆盖了建筑、交通、电信、卫生、航空航天等领域。从当前的研究水平来看，RTM 技术的研究发展方向将包括微机控制注射机组、增强材料预成型技术、低成本模具、快速树脂固化体系、工艺稳定性和适应性等。随着汽车以及航空、航天、建筑等行业突飞猛进的发展，RTM 工艺将在各行业产品性能要求高、外观美、改型快的基础上，以及批量小、大制品的产品的生产上利用其独特的优势发挥巨大的作用。RTM 工艺在大规模生产应用中的成本问题较为突出。采用随机和定向增强材料及夹芯结构的组合为基本思想，降低产品的重量，以降低产品的成本；相对于 SMC 工艺，在模具的投入上 RTM 相对较小，但在材料利用率上 RTM 工艺没有优势。因此控制材料的利用率是降低成本的有效手段。同时，提高生产效率，提高有效作业时间，对生产成本的下降有着非常重要的意义。

RTM 技术适用范围很广，目前已广泛用于建筑、交通、电信、卫生、航空航天等工业领域。已开发的产品有：汽车壳体及部件、娱乐车构件、螺旋桨、8.5m 长的风力发电机叶片、天线罩、机器罩、浴盆、沐浴间、游泳池板、座椅、水箱、电话亭、电线杆、小型游艇等。

5.3.6.2 RIM 用材料与工艺装备

（1）材料特点　RTM 工艺用的原材料有树脂体系、增强材料和填料等。树脂体系可以根据不同的产品、不同的形状及结构进行选择。增强材料从纤维种类分有玻璃纤维、碳纤维和芳纶纤维、天然纤维和一些有机纤维，从结构形式分有表面毡、短切毡、方格布、预成型体以及缝编复合织物等。填料的使用可以根据产品的不同性能要求进行选择，有氢氧化铝、碳酸钙、玻璃微珠等。

(2) 材料选取原则及性能要求

① 树脂体系 对树脂体系的基本要求：黏度较低（0.1～1.5Pa·s)，对增强材料的浸润性好，能顺利、均匀地通过模腔，浸透纤维，快速充满整个模腔；固化放热低（80～150℃)，防止损坏玻璃钢模具；固化收缩率小，防止产品变形等；固化时间短，一般胶凝时间为5～30min，固化时间不超过60min；固化时没有低分子物析出，气泡能自消除；能和固化体系很好地匹配。

② 增强材料 一般的RTM增强材料主要用玻璃纤维制品以及有机纤维制品；RTM产品的纤维含量可以达到25%～60%（质量比)。

RTM工艺对增强材料的要求：铺覆性好，容易制成与制品相同的形状；质量均匀；容积压缩系数大，对制品的力学性能和树脂注入模具的压力影响较大；耐冲刷性好，在树脂注入过程中能保持铺覆原位；对树脂的阻力较小，易被树脂浸透；机械强度高；铺覆时用时短，效率高。

对于工业化生产，增强材料预成型作为一个独立的工艺过程存在。批量生产常用的预成型工艺是热压成型。增强材料通常为连续纤维毡，采用热塑性或热固性树脂作黏结剂来实现热压后的定型，黏结剂用量一般在4%～8%（质量分数)。

利用特殊设计的编织机，将纤维编织成和制件基本一致的形状，也是预成型的一种方法，这种工艺最大的优点是可非常精确地设计纤维的分布，使增强效果达到最优。对于要求高性能的制件，常采用编织工艺，编织工艺主要应用于航空航天领域，体育运动器材方面的应用也较多。

增强材料喷射成型是制备预成型体的另一项工艺技术。其原理类似于喷射成型，用一个多孔的具有预制件形状的屏，屏后面具有真空吸附系统，采用压缩空气系统将经黏结剂处理过的短纤维喷到预成型屏上，真空的作用使纤维固定，达到需要的厚度以后，升温使黏结剂固化。一般2min完成一件预成型体的制造。

(3) RTM模具 由于RTM工艺是低压成型，可以采用的模具除了传统的金属机加工模具以外，在生产中大量使用的是玻璃钢模具，包括聚酯模具、环氧模具、电铸镍模具以及铝铸造模具等。各类模具的特点，如表5-19所示。

表5-19 常用RTM模具类型特点比较

模具类型	聚酯模具	环氧模具	电铸镍模具	铸铝模具	MIT模具	钢模
模具材料	不饱和聚酯玻璃钢	环氧玻璃钢	电铸镍铜合金表层+环氧玻璃钢	铸铝	聚酯或环氧玻璃钢	模具钢
加热方式	较少加热	电热布、水或油加热	电热布、水或油加热	电热、液体介质加热	电热布、水或油加热	电热、液体介质加热
成型温度	室温～60℃	室温～80℃	60～80℃	60～100℃	60～80℃	60～140℃
翻转性	容易变化	中等	中等	良	中等	精确
气孔	有	有	无	需要后加工	有	无
精度	一般	稍好	较高	较高	稍好	高
模具寿命/件	<500	<1000	2000～10000	>10000	>5000	>20000

续表

模具类型	聚酯模具	环氧模具	电铸镍模具	铸铝模具	MIT模具	钢模
模具维护周期	短	稍长	稍长	较长	短	长
制造周期/天	20～40	30～60	40～60	20～40	30～60	40～90
模具成本	1	2～3	8～10	6～14	4～6	10～30

RTM模具一般具有以下特点。

① 具有注射口、排气口、密封结构，在注射过程中密封良好，不发生树脂泄漏，真空辅助的模具，密封要求更高，不能有空气泄漏；

② 设计有上下模具导向、定位装置，模具锁紧机构，制品脱模机构；

③ 模腔尺寸精确，上下模配合精确，模具型面具有很高的表面精度；

④ 具有足够的强度和刚度，在注射压力下不发生变形；

⑤ 有一定的加热装置，可以将模具加热到一定温度（60～120℃），模具型面温度分布均匀，可对温度进行检测和调节。

(4) 主要工艺装备　RTM工艺中使用的设备主要包括以下几部分。

① 预成型设备　根据预成型的方式不同，所使用的设备各不相同。对于手工预成型，剪刀或气动剪刀、模板、裁毡台、毡架就是全部的设备。另外，利用计算机技术将三维制品模型根据设计需要转换为二维模板，再根据使用的纤维毡的幅宽将生产中要使用的所有模板进行排版，以确定最佳的裁剪方案，然后用自动裁床裁切纤维毡。这种技术的特点是裁切准确、边角废料少、生产效率极高。

热压成型的设备也比较灵活，预成型机可使闭模工艺减少循环时间，加快预成型生产，满足复杂形状的预成型制品高表面质量的要求。

利用喷射工艺生产预成型体的典型设备生产的预成型体形状非常精确，几乎不需要额外的裁剪，生产成本低，只有热压成本的2/5～3/5。

② 树脂注射设备　树脂注射设备包括加热恒温系统、混合搅拌器、计量泵以及各种自动化仪表。注射机按混合方式可分为单组分式、双组分加压式、双组分泵式、加催化剂泵式4种。现在用于批量生产的注射机主要是加催化剂泵式。

典型设备具有以下特殊功能：设计有模内压力检测、催化剂检测、自动凝胶计时器等装置；具有自动注射阀（Auto Sprue）与注射机相连，可以实现注射结束后自动清洗枪头混合部分，减少了污染，适用自动化连续生产。

③ 开合模和加压设备　开合模简易的办法是用电机起吊，锁模采用螺杆或连杆机构（搭扣式），也可以采用多个小的气缸或液压缸来锁模。生产效率较高时，一般采用液压机或气动压机实现快速的开合模和加压。

④ 真空系统和加热系统　RTM生产工艺中最难解决的是制品中的残留气泡，真空辅助法能有效地解决这一难题。真空辅助是在灌注树脂的同时，在模具的排胶孔接真空泵抽真空，这样不仅增加了树脂传递过程的压力，也可排除树脂中的气泡和水分，更重要的是打开了树脂在模腔中的通道，形成完整的通路；同时，将大大改善纤维的浸润性，提高注射速度。但如果模具没有密封好，将会增加产品中的气泡。

工业化生产时对模具进行加热，将极大地提高生产效率，提高产品出模的固化程度。一般的模具加热方法分为两种。一种是背衬管路法，即在模具背面加入热介质的循环管路，可以采用水循环进行加热；但必须保证加热系统处于封闭状态，不能漏水。另一种是电热布法，即在模具制作过程中加入导电的电热布，通过电控控制温度。

⑤ 集成制造技术　在生产线上采用一上模、两下模将工作时间和辅助时间重叠的生产方式，比单模节约了 1/3 的时间。它的控制系统将所有的生产参数进行了集中控制，可根据不同的部件进行编程，控制压力、温度、真空度、固化时间、自动开模等参数和过程，根据不同加工部件结构复杂程度，每小时可生产 3～5 件带胶衣部件，仅需一名操作人员。液体模塑设备正在向自动化、集成化的方向发展，包括计算机控制和机械手结合的新技术正在不断地应用到该项技术中，以提高生产效率和降低制造成本。经过计算机控制可实现树脂的无脉冲流动，速度、压力等注射参数自动控制，能快速成型大型部件。

(5) 工艺理论的发展概况　近年来，国际上已有许多研究机构开展了液体模塑成型工艺理论等技术基础方面的研究，如美国 Ohio 州立大学、Delaware 大学、Michigan 州立大学、NIST、英国的 Nottingham 大学等，其研究内容包括：成型和固化过程的分析，纤维预成型体渗透率的预测模型及测试，预成型体成型过程中纤维的变形分析和液体模塑成型工艺的实验研究。这些研究大多依据通过多孔介质里的流动模型，根据达西定理，忽略惯性力的影响，开展充模和固化过程的一维、二维模拟，或三维薄壁壳体的等温数值计算，为液体模塑成型工艺过程分析奠定了基础。然而，在实际应用中，成型过程需要考虑树脂流动、热传导和化学反应过程之间的相互耦合作用，需要进行真实的三维分析，且当树脂黏度较低，注射速率较高时，还需考虑惯性力、变物性等因素，对达西定理进行修正。这类问题的定量描述取决于对界面发生的物理/化学现象的充分认识和对相应运动边界问题的成功求解，是目前尚待深入研究的重要问题。

5.3.7　其他成型工艺

5.3.7.1　袋压成型

袋压法为低压成型工艺。其成型过程是用手工铺叠方式，将增强材料和树脂（含预浸材料）按设计方向和顺序逐层铺放到模具上，达到规定厚度后，经加压或抽真空、加热、固化、脱模、修整而获得制品。工序与手糊成型工艺的区别仅在于加压固化这道工序。因此，它们只是手糊成型工艺的改进，是为了提高制品的密实度和层间黏结强度。

袋压成型法的优点是：①产品两面光滑；②能适应聚酯、环氧和酚醛树脂；③产品质量比手糊高。

袋压成型分压力袋法和真空袋法 2 种。

(1) 压力袋法　压力袋法是将手工铺放好的未固化制品放入一橡胶袋，固定好盖板，然后通入压缩空气或蒸汽 (0.25～0.5MPa)，使制品在热压条件下固化。

(2) 真空袋法　此法是将手工铺放好的未固化的制品，加盖一层真空袋膜，制品处于真空袋膜和模具之间，密封周边，抽真空 (0.05～0.07MPa)，使制品中的气泡和挥发物排除。真空袋成型法由于真空压力较小，故此法适用于聚酯和环氧复合材料制品的成型。其产品的铺设方式以及排列顺序如图 5-26 所示。

袋压成型的模具要有足够的强度，能经受成型过程中的热压作用和外力冲击等。在使用前必须仔细地检查模具和橡胶袋或真空袋，防止漏气。所选用的橡胶袋和真空袋要防止树脂等的侵蚀。真空袋压成型时，当真空压力较小时可以用刮板辅助加压，以便排除气泡。以高强度玻璃纤维、碳纤维、硼纤维、芳纶纤维和环氧树脂为原材料，用袋压成型方法制造的高

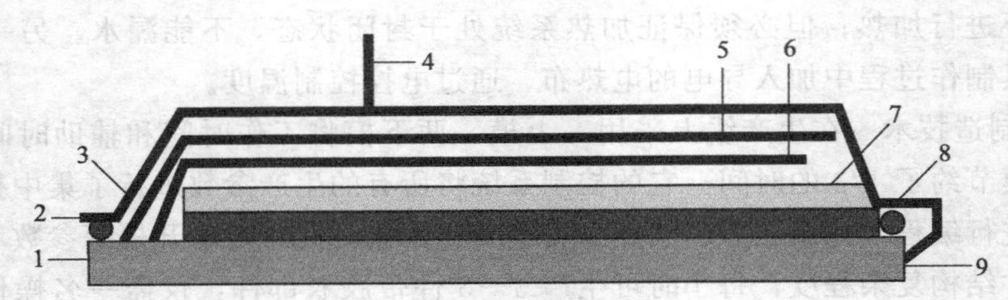

图 5-26 真空袋法产品铺设方式

1—模具；2—密封胶带；3—真空袋膜；4—真空泵口；5—透气毡；
6—带孔隔离膜；7—脱模布；8—产品；9—压敏胶带

性能复合材料制品，已广泛用于飞机、导弹、卫星和航天飞机。如飞机舱门、整流罩、机载雷达罩、支架、机翼、尾翼、隔板、壁板及隐形飞机等。

5.3.7.2 卷绕成型

卷绕成型工艺是用预浸胶布在卷管机上热卷成型的一种复合材料制品成型方法。其原理是借助卷管机上的热辊，将胶布软化，使胶布上的树脂熔融。在一定的张力作用下，辊筒在运转过程中，借助辊筒与芯模之间的摩擦力，将胶布连续卷到芯管上，直到要求的厚度，然后经冷辊冷却定型，从卷管机上取下，送入固化炉内固化。管材固化完全后脱去芯模，即得到复合材料管材。

(1) 材料

① 基本组成 卷绕成型工艺生产所需的主要原材料有增强材料（如玻璃布、石棉布、合成纤维布、玻璃纤维毡、石棉毡、碳纤维、石棉纸、牛皮纸等）和合成树脂（如酚醛树脂、氨基树脂、环氧树脂、不饱和聚酯树脂、有机硅树脂等）。玻璃布一般采用平纹布或人字纹布。斜纹布容易变形，这给浸胶和卷管工艺都带来很大的不便，不宜用来卷管。

② 预浸胶布的制备工艺 预浸胶布的制备是使用经热处理或化学处理的玻璃布，经浸胶槽浸渍树脂胶液，通过刮胶装置和牵引装置控制胶布的树脂含量，在一定的温度下，经过一定时间的烘烤，使树脂由A阶转至B阶，从而得到所需的预浸胶布。通常将此过程称为玻璃布的浸胶。该过程如图 5-27、图 5-28 所示。

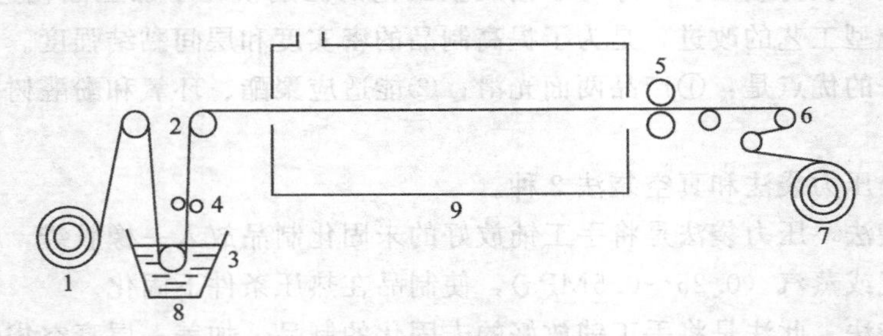

图 5-27 卧式浸胶机示意图

1—玻璃布；2—导向辊；3—浸胶辊；4—挤胶辊；5—牵引辊；6—调节辊；7—收卷；8—胶槽；9—烘箱

(2) 工艺与工装 卷管成型工艺示意图见图 5-29。生产基本过程是：首先清理各辊筒，然后将加热辊（前支撑辊）加热到设定温度，调整好胶布张力。在压辊不施加压力的情况下，将引头布先在涂有脱模剂的管芯上缠约1圈，然后放下压辊，将引头布贴在热辊上，同时将胶布拉上，盖贴在引头布的加热部分，与引头布相搭接。引头布的长度 800～1200mm，视管径而定，引头布与胶布的搭接长度，一般为 150～250mm。在卷制厚壁管材时，可在卷

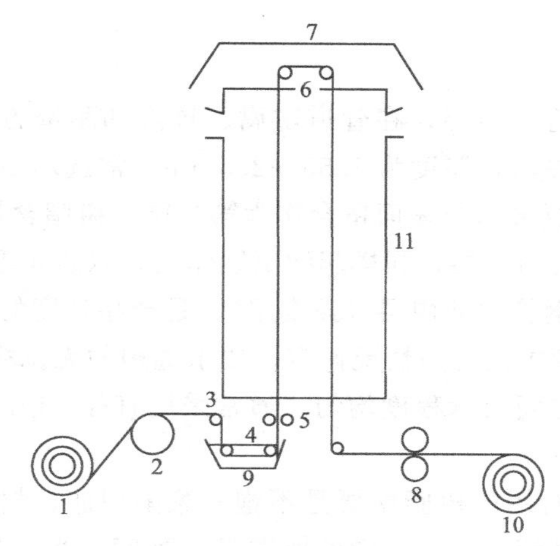

图 5-28 立式浸胶机示意图

1—玻璃布；2，3—导向辊；4—浸胶辊；5—刮胶辊；6—张力辐；
7—抽风罩；8—牵引辊；9—胶槽；10—收卷；11—烘箱

制正常运行后，将芯模的旋转速度适当加快，在接近设计壁厚时再减慢转速，至达到设计厚度时切断胶布。然后在保持压辊压力的情况下，继续使芯模旋转1～2圈。最后提升压辊，测量管坯外径，合格后从卷管机上取下，送入固化炉内固化成型。

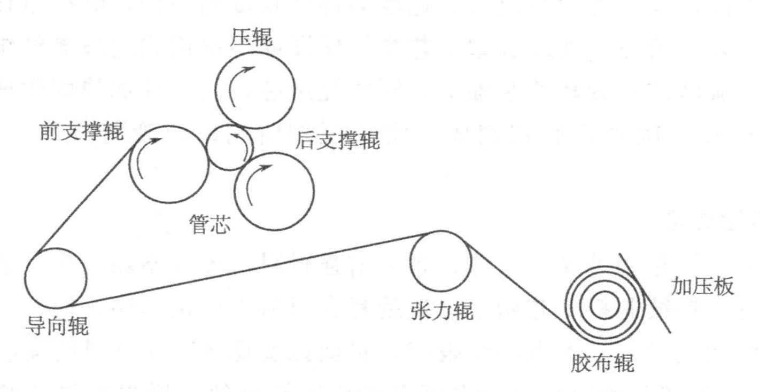

图 5-29 卷管工艺示意图

5.3.7.3 管道连续成型

连续缠管工艺研究始于20世纪50年代，美国最早研制出立式移动芯轴式连续缠管机。同期，法国研制出外牵引卧式连续缠管机。60年代末期，美国又研制出链条钢带式连续缠管机，一般用于小口径管道的生产。80年代，出现采用塑料管和玻璃钢复合工艺，即EPF法，用此法生产的复合材料管比普通玻璃钢管的防腐、抗渗性更好。

我国从20世纪70年代开始进行研究玻璃钢连续缠管设备，并已投产使用。进入90年代，我国先后从以色列、意大利和美国引进了连续缠管生产线，可以生产直径400～2400mm的玻璃钢管。

与定长玻璃钢管生产工艺相比，连续缠管工艺有如下特点：连续生产，易实现自动化管理和快速固化，生产效率高；需要的辅助设备少，特别是模具需用量少，产品更换投资少；产品长度可任意切断，使用长管（12m或15m）可以减少管接头数量，降低工程造价，减少施工量；生产过程自动化，工艺参数集中控制，产品质量稳定并容易保证。

(1) 材料

① 增强材料

a. 表面毡用于玻璃钢管内表层，在管道防腐、抗渗和耐磨方面起着重要作用，它是一层富树脂层，含量在90%左右，厚度为1.55～2.5mm。常选用30～60g/m^{2}的表面毡。

b. 短切玻纤毡或针刺复合毡与表面毡合作为第二层，树脂含量为70%±5%，它是内衬层与加强层的过渡层。紧接内衬层，同样起耐腐蚀作用，以防止毛细管现象的发生。

c. 无捻粗纱用于玻璃钢管的结构层（强度层），是产品强度的关键，树脂含量达25%～35%，起增强作用，其厚度根据受力情况而定。要求选用的无捻粗纱易浸透树脂，缠绕过程不起毛，纤维束内各股纱之间松紧程度均匀。通常采用直径13μm合股2400～4800tex无捻粗纱。

② 树脂基体　连续缠管用的树脂主要是不饱和聚酯树脂，树脂的牌号取决于产品的使用条件和工艺要求。连续缠管工艺对树脂的要求是：黏度适当，易浸透纤维，凝胶时间长，固化时间短，固化放热低，固化收缩小。

此外，为了防止埋在地下的管道受土壤中腐蚀性介质的侵蚀，通常在管道外表加上一层保护层，由100%的耐腐树脂组成。另外，该层中加有增韧剂、抗老化剂，用以对管道起抗老化、增加使用寿命的作用。其厚度一般为0.25～0.5mm。

③ 辅助材料　为了提高管材的刚度，通常在增强层中加入石英砂，其添加量最高可达30%。脱模剂用聚酯薄膜，薄膜裁成带，宽度为钢带宽度的一倍，缠绕搭接1/2。

(2) 工艺与工装　管道的连续成型工艺是用预浸或现浸树脂的玻璃纤维或玻璃布带，按一定的缠绕规律在旋转或不旋转的芯轴上，同时经过芯轴内、外加热固化成型，在外力的作用下牵引脱模，再经二次固化后切割成一定长度的管材。改变管径时，只需要更换芯轴即可。

5.3.7.4　板材连续成型

连续制板工艺主要是用玻璃纤维毡、布为增强材料，连续不断地生产各种规格平板、波纹板和夹层结构等。连续制板工艺始于二战后复合材料工业由军转民时代。首先是在法国实现工业化生产，此后美国、日本也相继投产，目前以美国Filon公司的连续制板生产技术最先进。我国自1965年初开始研究，首先研究成功的是钢丝网增强聚氯乙烯波形板连续生产线，产品为横波形瓦，厚度为0.8～1.0mm，宽1000mm，长度不限。20世纪70年代在上海研制成功纵波聚酯玻璃钢生产线。80年代，秦皇岛耀华玻璃钢厂、南京复合材料总厂、无锡树脂厂先后从英国Laminated Profiles公司和美国Filon公司引进了玻璃钢板材连续生产线。美国Filon公司的板材生产技术，达到国际先进水平。目前，国内连续板材生产线已有11条，其中4条引进，国产机组品种已多规格化。既能用好料（毡材）生产透明板材，又能利用废料回收的粉料生产板材的机组已成功投产，产品畅销市场。

(1) 原材料

① 树脂及辅助剂　连续波形板成型多数使用不饱和聚酯树脂。从生产的工艺性及产品的使用性出发，希望所选不饱和聚酯树脂有较高的机械强度、良好的耐冲击性和耐候性、较低的固化收缩率以及适当的黏度，以便对玻璃纤维有良好的浸润性。对于采光的波形瓦来讲，希望树脂固化后有良好的透光性能。在树脂的胶液配方中，还要引入引发剂、促进剂、颜料、填料等。

② 增强材料　通常有玻璃纤维毡、玻璃布和短切玻璃纤维。当然随用途不同，各种人

造纤维、无机纤维、植物纤维等均可采用。目前，多选用玻璃纤维无捻粗纱，经过短切成毡。

（2）板材连续成型工艺　板材连续成型工艺，国内外大致相同，只是在设备的局部构造和工艺措施方面略有不同。

将玻璃纤维毡经过浸胶槽浸透树脂，进入成型机之前，在浸胶毡的上下两面铺放聚酯薄膜，并由对辊排除起泡，形成“夹芯带”后进入固化室内，由加热器使之凝胶固化，在成型机的连续运转过程中，固化定型成波纹板。当波纹板走出固化室时，由收卷装置将上下聚酯薄膜收卷再用。最后经过纵横向切割机切边和定长切断。成品可以是卷状，也可以切成6m长的板材。

5.3.8 连接及胶接

复合材料结构连接在复合材料结构中占有重要地位，它既包复合材料元件（或组件）之间的连接，也包括复合材料元件（或组件）与金属元件（或组件）之间的连接，结构连接会增加结构质量，在连接处也容易发生破坏，还增加了制造困难，因此在结构设计中应尽量减少连接数量。但是由于材料尺寸的限制，或者为了便于加工、运输以及开口等需要，在结构中没有连接又几乎是不可能的。

通常用于金属结构部件之间的两种主要连接方法，即机械紧固件连接和胶接连接也适用于复合材料的连接。纤维增强复合材料与一般金属材料的区别是：强度和刚度是各项异性的，层间强度低。在连接部位的应力集中或应变集中严重，在此区域载荷重新分配的能力较弱，因而对连接区的内力和变形进行分析就变得非常重要。对复合材料的连接进行分析和正确设计，是保证结构连接成功的首要条件。

（1）机械连接　机械紧固件连接的优点有：①抗高温和抗蠕变的能力大；②连接强度分散性小；③抗剥离能力大；④易于拆卸、组合、检查。

机械紧固件连接的缺点有：①复合材料层合板开孔产生应力集中，承载能力降低，一般只能达到连接基板开孔时极限强度的20%～50%；②接头质量较大；③总的结构连接效率低。

（2）胶接连接　胶接连接的主要优点有：①不会因钻孔引起应力集中和纤维切断，不减少承载横剖面面积；②与连接形式相同的机械连接件比较，在受力较小的次要结构上，胶接连接件能够减重约25%，在受力大的主要结构上，胶接连接件能够减重5%～10%；③能够获得平滑的结构表面，连接元件上的裂纹不易扩展，密封性较好；④大面积胶接成本低；⑤可用于不同材料之间的连接，无电化腐蚀问题；⑥加载后的永久变形较小；⑦便于实现连接强度的优化设计。

胶接连接的缺点有：①连接元件表面需要仔细处理；②强度分散性大，由于湿度、温度等环境因素的影响，胶接强度会逐渐降低；③对胶接质量的无损探伤比较困难；④在大多数性情况下是不可拆卸的。

5.4 热塑性聚合物基复合材料的制造技术

热塑性聚合物基复合材料在所有复合材料市场中占据一个相当大的比重。尽管热固性复合材料在高性能材料应用方面仍然占据着主要的地位，但自从20世纪80年代热塑性复合材料的新兴以来，它的使用正在稳步地增加。这种发展趋势还会继续下去，因为热塑性复合材料在某些方面比热固性复合材料有优势，比如热塑性复合材料的力学性能（断裂韧性）和耐化学性比热固性复合材料更好。另外，热塑性给实现自动化加工和低成本提供了可能性，而且热塑性材料的再加工成型是可行的。热塑性树脂基复合材料的加工技术和热固性树脂基复合材料的加工技术在某些方面是相似的，但在有些方面存在差异。这些相似性是人们对热固性树脂基复合材料工业的长期认识，希望用相似的方式来制造两种类型的复合材料。所以，长纤维缠绕法和手工铺砌制备方法等在热固性复合材料和热塑性复合材料方面都广泛使用。但由于两种树脂的流动特性不同，所以发展新的热塑性树脂基复合材料的制备（加工）工艺既是有意义的也是必需的。

由于热塑性材料的热塑性特点，热塑性树脂基复合材料可用多种加工方法进行加工。尽管这些加工技术之间明显地不同，但它们的加工具有共同点：首先需要给热塑性树脂基复合材料加热并形成可流动的熔体，然后将复合材料熔体按一定的方式形成部件，冷却部件温度到固化点以下，最后把形成的部件从模具中取出。热塑性复合材料加工的基本过程如图 5-30 所示。在很多情况下，中间需要生产一种叫预浸渍材料的中间产品，在后面的加工过程中再将其转化为最终产品。用于制备复合材料的树脂有很多不同的形态：片状、纤维状、粉末状或溶液态。树脂的不同形态将影响到纤维浸渍过程的动力学特性和最终的复合成本。

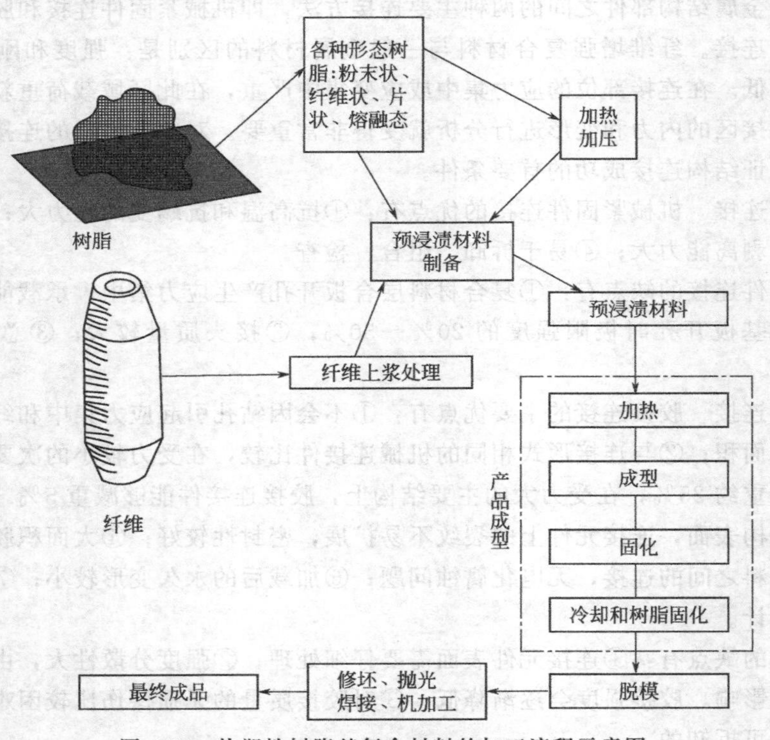

图 5-30　热塑性树脂基复合材料的加工流程示意图

树脂的第一大性质是它的流动特性。从加工工艺方面来说，除了在最终产品的固化过程中有所强调外，我们对半晶态树脂和无定形树脂不加以特别区别。树脂的结晶率和晶化程度会对产品最终的某些特性如耐溶剂性等有很大的影响。通常无定形树脂的加工温度的范围更宽一些，半晶态树脂的结晶率和晶化程度依赖于温度，从而温度的变化会引起产品的性能发生变化，而无定形树脂则不会出现这种问题。纤维尤其是碳纤维的存在会提高树脂结晶成核速率，从而影响纤维邻近处树脂的晶体结构。在热塑性复合材料加工过程中最重要的流动特性是熔体剪切黏度。热塑性树脂的熔体剪切黏度值要比热固性树脂的高1～2个数量级。热塑性树脂的熔融和成型温度也要比热固性树脂高得多。高温和高黏度给热塑性树脂加工提出了很大的挑战。使用不同形态的热塑性树脂制作预浸渍材料是应付这些挑战的一个方法。用于制作预浸渍材料的不同形态树脂可以通过常用的热塑性树脂的加工工艺如熔融、挤压成片和熔融纤维纺丝得到。研磨和铣削经常被用来生产粉末试样。因为粉末成型要求的颗粒尺寸很小（与纤维的直径在一个数量级，8～15μm），所以很多时候即使直接聚合得到粉末形态的树脂，在使用前也要经过在低温下的研磨。

就热塑性树脂基复合材料的加工工艺来讲，可以按纤维长度来区分：非连续复合材料和连续复合材料。非连续复合材料中的纤维长度为几十微米至厘米级长度；连续复合材料中的纤维长度为制品长度或与制品相当长度。下面将首先介绍预浸渍材料的制造技术，然后分别介绍非连续纤维复合材料和连续纤维复合材料的制备技术。

5.4.1 热塑性聚合物基复合材料预浸料制造技术

热塑性树脂熔融黏度高、熔融温度或成型温度高，在低沸点溶剂中溶解能力差或根本不溶解，给热塑性树脂浸渍纤维以及成型加工带来困难，也限制了热塑性复合材料的应用和发展。于是制备热塑性树脂基复合材料预浸渍材料的技术关键是如何解决热塑性树脂对增强纤维的浸渍，预浸渍材料的制造就成为热塑性复合材料研究的首要课题。相比之下，热固性树脂固化之前可以很容易转变为低黏度状态，在该状态下易于浸渍纤维。目前开发较为成功的预浸渍材料制备技术有多种。下面将介绍主要的热塑性树脂基复合材料预浸渍材料的制备技术。

（1）溶液浸渍法　溶液浸渍法是选择一种合适的溶剂，也可以是几种溶剂配成的混合溶剂，将树脂完全溶解，使其黏度下降到一定水平，然后采用热固性树脂浸渍时所使用的工艺来浸润纤维，之后将溶剂挥发制得预浸渍材料。其工艺流程为：单向平行张紧的纤维通过喂丝架输送到树脂槽内浸渍溶液状树脂，然后通过干燥箱将水分或其他溶剂烘干，再经压辊系统压实，在树脂非固化状态下由卷带装置缠绕成卷，制成预浸渍材料。

这种方法有利于克服热塑性树脂熔融黏度大的缺点，可以很好地浸渍纤维；制备技术工艺简单。但这种方法也存在不足：一是溶剂的蒸发和回收费用昂贵，且有环境污染问题；如果溶剂清除不完全，在复合材料中会形成气泡和孔隙，影响制品的性能。二是可以采用这种预浸渍材料的复合材料在使用中的耐溶剂性会受到影响。三是一些热塑性树脂很难找到合适的溶剂，在去除溶剂的过程中还存在物理分层，溶剂沿树脂/纤维界面渗透以及溶剂可能聚集在纤维表面的小孔和孔隙内，造成树脂与纤维界面粘接不好。尽管如此，目前一些采用其他制备技术不易浸渍的高性能树脂基复合材料的制备大多仍采用这一浸渍技术。

（2）熔融浸渍法　熔融浸渍法是将热塑性树脂加热熔融后浸渍纤维的一种制备技术。早在1972年，美国PPG公司就采用这一技术生产连续玻璃纤维毡增强聚丙烯复合材料。熔融法是一种非常好的方法，与溶液浸渍法相比较，熔融浸渍法由于工艺过程无溶剂，减少了环境污染，节省了材料。预浸渍材料树脂含量控制精度高，提高了产品质量和生产效率。特别适用于结晶性树脂制备预浸带，但熔融高黏度对工艺设备提出很高的要求。熔融浸渍法又可分为直接浸渍法和热熔胶膜法两种预浸渍方法。前者是通过纤维或织物直接浸在熔融液体的树脂中制造预浸渍材料。通过熔融技术，在高黏度下浸渍纤维，因为熔体黏度高，将树脂压入纤维很困难，实际的办法是在一定的张力下将平行的丝束从树脂熔融中拉过而浸渍纤维，为了得到很好的浸渍效果，熔体的黏度不能太高。热熔胶膜法是将树脂分别放在加热到成膜温度的上下平板上，调节刮刀与离型纸间的缝隙以满足预浸渍材料树脂含量的要求，开动机器，主要通过牵引辊使离型纸与纤维一起移动，上下纸的胶膜将纤维夹在中间，通过压辊将熔融的树脂嵌入到纤维中浸渍纤维，通过夹辊控制其厚度，经过冷却板降温，最后收起上纸，成品收卷。热熔胶膜法由于其工艺的特殊性，并非所有的树脂基体都能满足这一工艺要求。采用热熔法制备预浸渍材料的树脂必须满足以下三个基本要求：①能在成膜温度下形成稳定的胶膜；②具有一定的黏性，以便预浸渍材料的铺贴；③熔融树脂的最低黏度不要太高，便于预浸纤维。目前这一技术已成功地用于连续玻纤毡增强 PP、PBT、PET 及 PC 等热塑性复合材料中，然而这种生产方法技术复杂、设备投资较大，一条年产万吨复合片材的生产线约需投资千万美元以上。

熔融浸渍也可采用拉挤技术，即采用一种特殊结构的拉挤模头，使纤维束经过这一充满高压熔融的模头时，反复多次承受交替的变化，促使纤维和熔融树脂强制性地浸渍，达到理想的浸渍效果，但这一方法只能用于生产长纤维增强粒料（长度一般切割成 6～10mm）而非片材。对于热塑性复合材料，熔融拉挤是最传统的方法，也是比较可取的方法。其缺点是预浸渍材料僵硬，悬垂性不好，且与模具的切合不好，浸渍效果不十分理想，易出现孔隙等。

(3) 反应浸渍制备技术　反应浸渍制备技术是利用单体或预聚体初始分子质量小、黏度低及流动性好的特点，使纤维与之浸润、反应，从而达到理想的浸渍效果。采用反应浸渍技术要求单体聚合速度合适，反应易于控制。目前仅主要对热塑性聚氨酯、尼龙 6 等一些可以进行阴离子型聚合的体系进行了研究，存在的主要问题是工艺条件比较苛刻、反应不易控制，尚不具有实用价值。

(4) 粉末工艺法　粉末工艺法是将粉状树脂以各种不同方式施加到增强体上。这种工艺生产速度快，效率高，工艺控制方便，在一条生产线上可以浸渍广泛的树脂基体，其中一些方法在国外已经完成由研究向生产的转化。根据工艺过程的不同及树脂和增强体结合状态的差异，粉末预浸法可分为以下几种方法。

① 悬浮液浸渍法　悬浮液浸渍法是制备纤维增强热塑性树脂基复合材料的一种相对新的工艺方法。这种工艺是将树脂粉末及其他添加剂配制成悬浮液，增强纤维长丝经过浸液槽中，在其中经悬浮液充分浸渍后，进入加热炉中熔融、烘干。也可通过喷涂、刷涂等方法使树脂粉末均匀地分布于纤维增强体中。经过加热炉处理后的纤维/树脂束可制成连续纤维预浸带或短切纤维复合材料粒料。另一种是由热塑性树脂粉末、短切增强纤维、分散剂、表面活性剂、絮凝剂、黏合剂、抗泡剂等组分组成的稳定悬浮体系，再用造纸法利用现有的造纸设备生产增强热塑性片状模塑料，进而可用于模压或其他各种加热成型方法。这种方法工艺简单，生产效率高，成本低，具有广泛的适用性，可应用于各种热塑性树脂基体，可有效地控制产品质量，适于生产大型制品，是一种很有发展前途的工艺方法。

② 流态化床浸渍工艺　流态化床浸渍工艺是使每束纤维或织物通过一个有树脂粉末的流态化床，树脂粉末悬浮于一股或多股气流中，气流在控制的压力下穿过纤维，所带的树脂粉末沉积在纤维上，随后经过熔融炉使树脂熔化并黏附在纤维上，再经过冷却成型阶段，使其表面均匀、平整，冷却后收卷。这种工艺设备简单、投资少、操作容易掌握，可以连续生

产，树脂利用率高，预浸树脂含量可多可少，也适用于热塑性树脂和热固性树脂。

高分子聚合物特别是新型热塑性树脂，多是电阻率很高的电介质，只有处在一个特殊的带电环境中，才能带上电荷。采用静电发生器产生的电场，使附近的空气电离，形成电离区，静电电压强度越大，空气的电离程度越厉害，使带电的空气与树脂粉末接触，粉末即可带电。静电流态化床工艺是在流态化床工艺的基础上，增加了静电场的作用，使树脂粉末带电，从而大大增加了树脂在增强体上的沉积和对增强体的附着作用。带静电荷的干燥树脂粉末在气流作用下翻腾，纤维事先经过扩散器被空气吹松散后进入流化床，带静电的粉末很快沉积于接地的纤维上（沉积量由流化床电压和纤维通过的速率控制），再经烘炉加热熔化使粉末熔结在纤维的表面，最后在成型过程中使纤维得以浸润。

这种工艺能快速连续生产热塑性浸渍带，纤维损伤少，聚合物无降解，有成本低的潜在优势。粉末浸渍技术的不足之处是浸润仅在成型加工过程中才能完成，且浸润所需的时间、温度、压力均依赖于粉末直径的大小及其分布状况。

（5）悬浮熔融法　根据树脂情况选定合适的悬浮剂，配成悬浮液，让纤维通过悬浮液，使树脂粒子均匀地分布在纤维上，然后加热烘干悬浮剂，同时使树脂熔融浸渍纤维，从而得到需要的预浸带。

（6）混合纱法　混合纱法是将热塑性树脂纺成纤维或薄膜带，然后根据含胶量的多少将一定比例的增强纤维和树脂纤维束紧密地合并成混合纱，再通过一个高温密封浸渍区，将树脂纤维熔成连续的基体，该法的优点是树脂含量易于控制，纤维能得到充分的浸润，因此，可以直接缠绕成型得到制件，是一种很有前途的方法。混合纱技术的最大优点是具有良好的加工性能，可以编织成各种复杂形状，包括三维结构，也可以直接缠绕，制得性能优良的复合材料制品。但由于制取极细的热塑性树脂纤维（$<10\mu m$）非常困难，同时编织过程中易造成纤维损伤，限制了这一技术的应用。

（7）纤维混编法　根据未经任何化学处理的纺织品具有良好的柔软性和悬垂性的特征，开发了纤维混编技术。纤维混编法即先将热塑性树脂加工成纤维，该纤维再与增强纤维混编，编成带状、空心状、二维或三维等几何形状的织物，以此代替增强纤维浸渍树脂这一工序，此后再进入下一道加工工序的生产预浸渍材料的方法。制得的混编织物使用非常方便，质地柔软，具有良好的成型加工性能，可编织成所要求的产品界面形状，也可以直接使用。只要按要求铺制成规定的厚度，加温加压冷却后，即可制得所要求的复合材料。这种方法的优点：一是可适应各种编织形式，为热塑性树脂基复合材料的设计提供了较大的自由度；二是自动化程度高；三是材料选择范围广泛，任何可编织的纤维和可纺丝的树脂都可用于混编，大大扩大了热塑性树脂基复合材料的范围。

混杂方法有拼捻法、缠绕缠织法和共编织法三种。拼捻法是将增强纤维与热塑性树脂纤维以单丝互相紧密地混杂；缠绕法是用热塑性树脂纤维缠绕增强纤维的一种方法；共编织法是用连续增强纤维和热塑性树脂纤维共同编织制成的共编织物。目前，复合纱的制备主要有两种方式：一种是将多种纤维均匀地相互夹杂；另一种是将树脂纤维缠绕在增强纤维上。二维织物的制备主要通过将混杂后的复合纱或未经混杂的树脂纤维、增强纤维纺织成二维织物。前者称混杂编织织物，后者称共编织物。

（8）包缠纱法　包缠纱法就是以纤维的形式，按照所要求的比例，将增强纤维与热塑性树脂短切纤维机械地结合起来而获得的。在此类预浸渍材料中，增强纤维作为芯纱，处于伸直的状态且纤维之间保持平行，外层包覆着非连续纤维形式的热塑性树脂。热塑性树脂纤维以机械的方式相互纠缠，形成覆盖层，将增强纤维裹在中央，形成了具有包缠结构的线状预浸渍材料（简称包缠纱）。在加热将热塑性树脂熔融前，包缠纱可始终保持良好的柔性。在此基础上，将其进行缠绕或其他的纺织加工，可制得二维或三维形式的预浸渍材料，例如可编织成具有不同截面形状的预成型件。包缠纱的结构良好的编织性能，可以编织成各种织物，并以织物的形式直接使用。只要按要求铺制成规定的形状和厚度，加温和加压冷却后，即可制得复合材料构件，也可用于拉挤和缠绕。

(9) 薄膜层叠法和镶嵌法　该法实际上是纤维浸渍与复合材料成型同时完成。先将热塑性树脂热熔制成衬有脱模纸的薄膜，铺层时撕去脱模纸与织物或增强纤维交替铺置，然后加热加压将树脂压入纤维区制成复合材料。该方法比较简单，但用这种工艺制成的复合材料，由于熔体的黏度太高，不能很好地浸渍织物或纱，因而要加工低孔隙含量的复合材料很困难，且仅能用于模压制品的加工。也有人认为，如果合理地选取压制参数，则可以利用这种方法生产出高质量的复合材料。例如，A10 攻击机的内侧襟翼的加强筋和蒙皮就是 GF/PPS 薄膜层叠预浸渍料预压制的。

(10) Atochem 法　这个方法将黏附有热塑性树脂粉的增强纤维进一步密封包在同种树脂或低熔点树脂的套子里，形成连续柔软的纱束，可以纺织成各种形式的织物，然后直接铺层成型。这个方法称作 Atochem 法。该方法的缺点是由密封纤维束制成的复合板层可能包含有过多的富树脂区。

就目前的工艺状态看，上述各种浸渍工艺，没有一种是十分完善的，或者明显优于其他的浸渍工艺，由于不同的应用领域要使用不同的材料，必须根据所用的材料选取最佳的工艺。

5.4.2 非连续纤维复合材料制造技术

在过去几十年里，热塑性塑料材料得到迅速发展并逐步实现了商业化。由于高分子材料的分子质量必须超过某个临界值时才能显示一定的力学性能，因此具有商业价值的热塑性塑料材料几乎都具有较高的黏度。而热塑性塑料的工艺性与其高熔体黏度密切相关，高熔体黏度导致纤维取向难于控制、无纤维填充空区以及高能源消耗。对于非连续纤维增强热塑性树脂基复合材料来说，这些问题非常值得关注。下面对一些经常使用的非连续（短纤维和长纤维）纤维增强热塑性树脂基复合材料的成型技术进行一些介绍。

(1) 注射成型技术　注射成型工艺是热塑性树脂基复合材料的主要加工方法之一，历史悠久，应用最广。其优点是成型周期短，能耗低，产品精度高，一次可成型复杂及带有嵌件的制品，一模能生产几个制品，生产效率高。缺点是不能生产高性能连续纤维增强复合材料制品以及对模具质量要求较高。这种技术主要用来生产各种机械零件、建筑制品、家电壳体、电器部件、车辆配件等。注射成型工艺的核心是模具。不同的产品可以有无限多的形状，根据特殊需求可以设计出各种模具构造，从而模具的设计和生产也是多种多样的。模具很多参数是共同和基本的：半模、浇口、热交换系统、表面处理、排气口和模具强度。下面将分别介绍注射成型加工工艺过程和相关模具部件。

① 注射成型过程　通过混合技术（如挤出混合技术）使纤维和基体达到均匀混合，得到固化后的均匀混合料后切成细粒并用于注射成型。在非连续纤维增强热塑性树脂基复合材料注射成型过程中，首先将粒料通过喂料口加进已加热的注塑机料筒；在注塑机的料筒里，粒料中的基体被加热到超过其熔点（半晶态基体）或软化点（无定形树脂基体）的某一温

度；这个过程产生一个由软化后的聚合物和增强纤维混合组成具有流动性的熔体；之后，这个熔体经注射机螺杆转动往前推进并继续混合；最后，这个熔体抵达料筒末端并在高压下通过一个小小的喷嘴注塑到金属模具中。这个模具在低于固化点的温度下维持一定时间，当复合材料部件固化后，将模具打开并取出部件。这样就完成了一个注射成型过程。然后，模具关闭准备下一个注塑循环。这个工艺过程的示意图如图5-31所示。

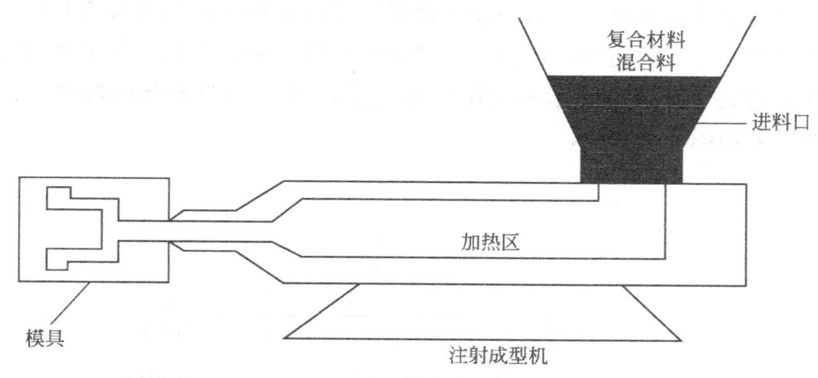

图5-31 注射成型工艺示意图

注射成型技术生产效率高，常用于大批量小型部件的生产。因为模具通常非常昂贵，生产要求高质量的部件非常值得利用这项技术。这种成型技术已广泛用于非连续纤维增强热塑性树脂基复合材料试样和制品。注射成型工艺制备非连续纤维增强耐高温热塑性树脂基复合材料的工艺参数如表5-20所示。一般来说，复合材料由于纤维的存在成型温度要高于基体本身的成型温度，并随纤维含量的增加成型温度一般需要略有增加。

表5-20 非连续纤维增强耐高温热塑性树脂基复合材料注射成型工艺参数①

工艺参数	机器类型	加工温度	成型压力	螺杆速度	后推压力	压缩比	收缩率/%
数值	往复式螺杆	310～420℃	适中	适中	345Pa	1～3	0.05～0.5

① 本表参数是针对耐高温热塑性树脂复合材料来说的，如PPS、PEEK、PEI、PAI和PES等。对于其他塑料如PP、PE和PA等，加工温度要低得多，如尼龙的加工温度在250℃左右，温度太高会使塑料材料退化，温度太低则加工成型困难。

② 半模 每个模具由两个半模组成，它们夹在一起就构成了模具的模腔空间。模具内形貌与最后成型的产品形貌正好相反。从模腔中间的隔层去掉一些材料可以很容易增大制品的尺寸。相反地，要给模腔中间隔层加一些材料来减小制品的尺寸却是非常困难的。所以，从一开始就应该考虑好制品需要的尺寸变化。在设计中我们可以一开始使用较小的模具空间，然后再逐步增大它。通常，一个空的（或凹型的）半模可以形成部件的外部形状，所以叫做型腔。和它对应的半模是凸形的，形成部件的内部形状，所以把它叫做型芯。然而，“型腔”和“型芯”有时可能产生误导。例如，当我们说到磁盘或塑料刀的模具时，模具的两个半模是相同的，都是凹型的。

型腔通常被认为是把树脂注射进入模具的一端，所以也被叫做“热端”。有时我们把它叫做“固定端”，因为它经常被固定在注射机的定压板上。通常型腔是由整块材料构成的，其中包括许多镶件。型腔里应该避免隆起的截槽，因为它们会在打开模具时阻止产品的弹出。如果产品设计需要这些截槽，型腔必须有拼块允许产品的弹出。在打开模具的时候，我们可以用凸轮、杆或角度针来固定住拼块。偶尔会使用两个以上的拼块，但由于模具构造复杂，这样的情形很少。很重要的一点是树脂的注入压强在模腔中产生的力会有让腔体打开的趋势。在整块材料构造条件下，产生的力被腔体壁承受，在有拼块的型腔中，力必须由型腔外部的一些辅助设施来承担，如当关闭模具的时候，固定在模具旁孔边的楔子就可以锁住半膜。

(2) 模压成型　尽管模压成型常用于热固性树脂基复合材料的制备，但也是制备热塑性树脂基复合材料的制造技术之一。对于非连续纤维增强热塑性树脂基复合材料，将复合材料原料（通常是粒料或切成的短棒）放进一个已加热的模腔里，在压力和温度的作用下复合材料填充到模具的模腔中。这个工艺一般用于小规模制备热塑性复合材料产品，而且较为特殊。模压成型工艺如图 5-32 所示。

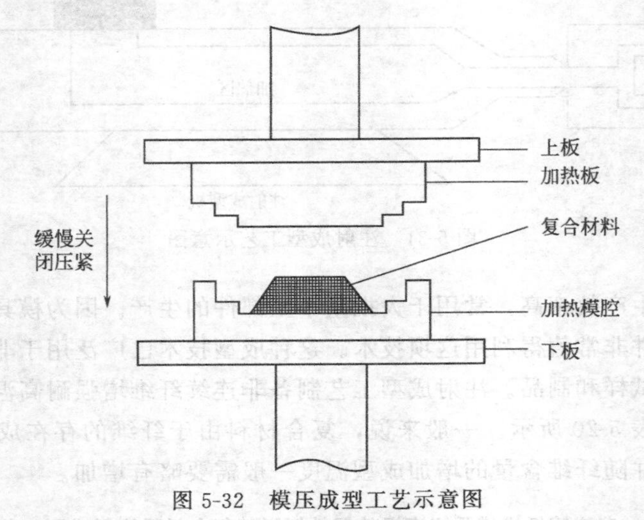

图 5-32　模压成型工艺示意图

模压成型工艺的模具因为设计简单，模具通常很低廉。另外，因为在成型过程中复合材料需要混合和搅拌，纤维长度能够得到保持。在成型过程中由于没有发生纤维重新取向，一般可以生产出均匀的制品。然而，相比于注射成型工艺，其周期性过长和复杂外形制品不易制备。因为每一模腔都必须单独装料，这项技术对于小制品的应用不值得推荐。非连续纤维增强热塑性树脂基复合材料模压成型工艺与注射成型的特点对比见表 5-21。

表 5-21　非连续纤维增强热塑性树脂基复合材料注射、模压和层压成型技术对比

成型技术	纤维类型	复合材料原料类型	额定循环时间/s	成型压力/MPa	模具成本	工艺成本
注射成型	很短	粒料	20～240	70～140	高	低
模压成型	由短至长	粒料、片状、短切棒状	数小时	7～35	中	高
层压成型	短切纤维毡	片状	30～300	14～41	中-高	中

(3) 层压成型技术　层压成型技术是一项快速的成型工艺，常用于非连续玻璃纤维和碳纤维等增强热塑性复合材料制品的成型。这种工艺实际上是一种快速的模压成型工艺。在整个工艺过程中，首先将预先切割好的热塑性复合材料片材放置在一个大小合适的炉子中加热至高于基体树脂的融化或软化点 25～50℃的温度，然后将经加热的片材堆叠并快速转移到一个在水压或机械压力下的模腔里。在压力作用下，基体树脂流动并填充整个模具（如图 5-33）。

因为模具很好地保持在基体树脂凝固点以下的温度，制品可以快速凝固，当制品具有充分的刚度时可以被取出。在冷却和凝固的过程中压力保持不变。因为纤维的长度得以保持，这种成型技术适合生产高强和高冲击性能的制品，而且制造周期短，可与注射成型技术媲美。这个制造技术与注射成型工艺比较见表5-21。

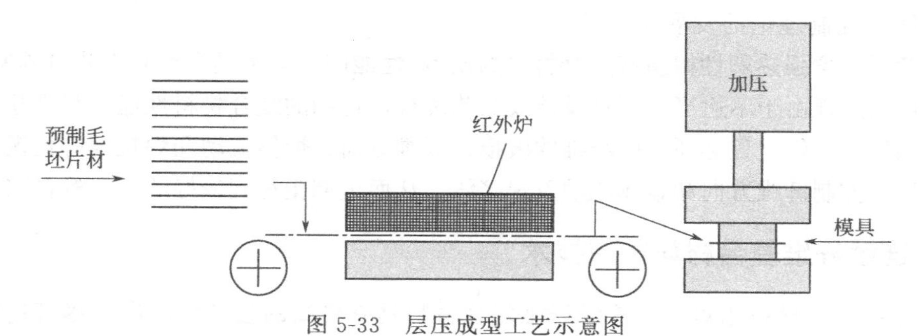

图5-33 层压成型工艺示意图

（4）挤出成型技术 挤出成型是热塑性复合材料制品生产中应用较广的工艺之一。其主要特点是生产过程连续，生产效率高，设备简单，技术容易掌握等。挤出成型工艺主要用于生产管、棒、板及异型断面型材等产品。增强塑料管、玻纤增强门窗和异型断面型材，在我国有很大市场。挤出成型工艺过程是利用挤出机给复合材料加热得到熔体，并将复合材料熔体沿挤出机料筒向下传输。在挤出机的末端，熔体在压力下被强迫通过一个喷嘴并冷却固化得到所需的复合材料。这种工艺可用于大量制造非连续纤维增强热塑性树脂基复合材料结构件。挤出成型工艺示意图如图5-34所示。

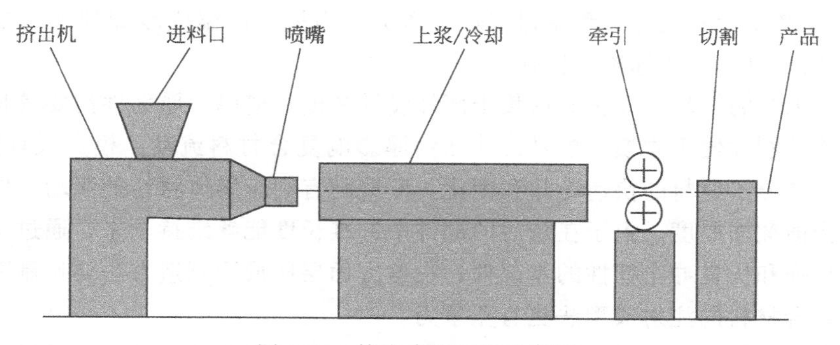

图5-34 挤出成型工艺示意图

（5）连接和固定 热塑性树脂基复合材料不像热固性复合材料制品一样不能通过加热与其他物品进行连接。由于热塑性树脂基体的热塑性的特点，在通常情况下可以被熔化。因此，除了胶黏剂连接和机械连接之外，对于热塑性树脂基复合材料来说还可以考虑更广泛的粘接技术。

这些连接技术包括电磁连接、摩擦连接、无线电密封连接、热焊和超声波焊连接。尽管这些方法不同，但本质上它们都涉及熔融连接工艺。在每一项技术中，能量被提供给要连接的热塑性复合材料。能量引起热塑性树脂基体的局部熔融，从而可以达到两部分的交界面连接的目的。由于能量能够被聚焦在某一点上，熔融和连接是局部的，因此容易被控制。这些连接技术提供了快速、简易、经济的连接方法，多数热塑性复合材料可以通过这些技术很好地与其他物件连接。当然，即使有上面的这些连接技术，传统的胶黏连接和机械连接始终是最广泛使用的热塑性塑料材料的连接方法。

（6）计算机辅助工艺与质量保证　通过计算机的辅助，可以大批量生产非连续纤维增强复合材料制品。生产设备注射成型机的自动化可通过计算机控制，从而可以大大提高生产效率，计算机的辅助工艺的成功主要取决于传感器和传感技术的有机结合，并且将伴随机器人技术和非线性控制理论的发展而发展。

非连续纤维增强热塑性树脂基复合材料的质量/性能问题与模具设计和工艺过程密切相关。我们经常可以发现由于不适当的模具设计或工艺过程，得到的复合材料性能不很理想。合理的模具设计和工艺操作过程必须考虑纤维的破损、纤维方向、熔体流动和焊接线等情况，尽量避免纤维破损、控制纤维方向和熔体流动及焊接线，从而可期望得到较好的复合材料综合性能。

5.4.3 连续纤维复合材料制造技术

连续纤维复合材料相对于非连续纤维复合材料具有更高的强度和刚度。尽管连续和非连续热塑性复合材料的制造技术有某些相似之处，然而由于纤维长度的不同，连续纤维复合材料的成型工艺与非连续纤维复合材料的成型工艺有很多的不同。下面将介绍连续纤维复合材料的成型工艺。

（1）层压成型技术　平面任意取向连续纤维增强热塑性预浸渍片材的加工过程，通常是通过一个快速模压成型方法即层压成型方法来实现的，这个加工工艺与非连续纤维的层压成型工艺是相似的。在这个成型过程中，连续纤维复合材料预浸渍片材在烘箱中加热到高于基体树脂的熔融/软化温度 20～40℃。然后，将经加热的片材叠合在一起并迅速传送到一个配有快速闭合压床的金属模具中。当压床闭合时，复合材料填满模腔。填充所需的压力在 10～41MPa，在整个冷却固化过程中保持这个压力。当模具的温度冷却到低于基体树脂的熔融/软化温度时，基体会迅速冷却固化。

层压成型工艺的循环时间长短依赖于部件设计和模具壁厚。厚部件需要较长时间散热使部件获得足够的刚性便于脱模。模具设计和壁厚影响复合材料流动。模具设计要避免锐角，因为这不利于高分子材料的快速冷却和固化，厚壁则有利于熔体材料的流动。层压成型工艺允许部件改变横截面厚度。由于在最后的部件中纤维长度能够维持下来，通过层压成型工艺可以制造出高强和优良冲击韧性的零部件，在这方面层压成型制造方法要比制造非连续纤维增强热塑性复合材料的注射成型法更有竞争力。

（2）铺层成型技术　连续纤维热塑性复合材料的各种层压板制品可以通过铺层成型技术来制得，如图 5-35 所示。铺层成型工艺过程中需要对层合板进行加压，加压的目的是使制品的结构密实，防止分层并驱除因水分、挥发物、溶剂和固化反应的低分子产物形成的气泡，挤出多余的树脂，并使制品在冷却过程中不发生变形等。铺层加压固化方法包括平板热压法、压力袋法、真空袋法、热压罐法和液压釜法等。制造层合板所需压力需要根据聚合物

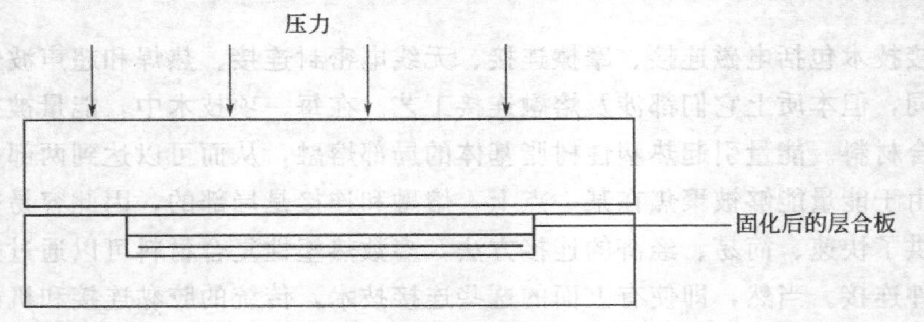

图 5-35　铺层成型工艺示意图

基体和产品的形式来定，一般在0.7～2.0MPa。

用平板热压法固化制品需要一个高度平坦和尺寸稳定的平台或利用辅助材料使整个过程中的压力分布均匀，采用正压力模具或上下具有金属平板的模具进行热压成型。由于不需要化学固化，所以热压成型的整个过程非常迅速。先将聚合物基体加热至熔融状态，运用压力使各层牢固地结合在一起，层合板在压力条件下固化。层合板也可以在压力下直接冷却，或者迅速传送到一个冷压床上，然后重新施压。

用压力袋法固化制品是通过向压力袋通入压缩空气来对制品加压，压力通过压力袋均匀地沿法线方向作用到制品表面。由于压力较高，对模具的强度和刚度要求较高，还需要考虑传热效率，故模具一般采用轻金属制造。加热方式通常通过电阻丝采用模具内加热的方法。压力袋法设备简单，可适用各种尺寸的制品。

真空袋法和热压罐法也同样被用来生产高质量的层合板。这些工艺的热压温度依赖于复合材料热塑性基体的性质。由于热压温度明显地比热固性复合材料的温度要高，所以就需要耐更高温度的制袋材料和密封材料。生产高性能热塑性复合材料，热压罐法的温度需要高达316～427℃，压力达到0.69～1.38MPa。用真空袋法或热压罐法进行热压成型时，热压温度比聚合物基体的熔融/软化温度高出10～38℃。为了获得良好的纤维/基体结合，压力要一直持续到温度降至基体固化点为止。

此外，液压釜法也被用来生产高质量的层合板。这个方法是通过水温和水压对制品加温加压，同时还应对工件抽真空排气。液压釜是一个直立放置密闭的釜体，内部冲水作介质。经液压釜固化的制品致密性好。

(3) 隔膜成型技术　隔膜成型就是将热塑性预浸渍材料叠合在一起构成预先设定的形状，然后加温固化制备复合材料构件的一个成型技术。这个技术用来制造具有特殊轮廓的构件，而不是简单的平直层合板。在这个工艺过程中，预浸渍材料被放置在两个密封的、可发生塑性变形的薄铝片中间。在复合材料层间抽真空，整个夹心材料被加热到聚合物的熔融/软化温度以上，并施加静压力使夹心材料顶住具有预先设置形状的模具。这个工艺与铝或钛的超塑成型工艺相似。在金属超塑成型过程中，这些金属被加热并经塑性变形达到所需要的形状。在热塑性隔膜成型过程中，在加工温度条件下，复合材料变软、变柔并发生变形和固化。金属膜片和复合材料都是在相同的温度和压力条件下成型的。

(4) 热压成型技术　这种工艺就是将已固化的平直层合板进行加热，最后在压力下成型。这个工艺分两步完成。首先，将热塑性复合材料层合板加热到聚合物基体熔融/软化温度以上；然后，利用成型技术按预设的形状将材料热压成型。由于层合板中增强纤维具有方向性，这些方向将在最后的部件中保留。编织纤维布和单向预浸渍材料在热压成型工艺制备层合板工艺中被广泛采用。

热压成型工艺示意图见图5-36，先将层合板放在加热炉的支撑架上进行加热，然后迅速将它们传送到配套的模具中，并在此最终成型。模具在一定的均匀压力条件下闭合使软化的层合板与模具的形状一致。所需的压力可以通过气压、液压或机械压力来获得。循环周期以分钟计算，包括层合板的加热、模具闭合、成型、冷却所需时间。层合板加热所需时间依赖于层合板厚度和加热炉参数，而模具的闭合和成型时间依赖于层合板的厚度和机床结构。

(5) 拉挤成型工艺　尽管拉挤成型过程主要与热固性聚合物复合材料有关，这一成型过程经过改进也用于连续纤维增强热塑性复合材料的制备。这一过程主要是通过将复合材料牵

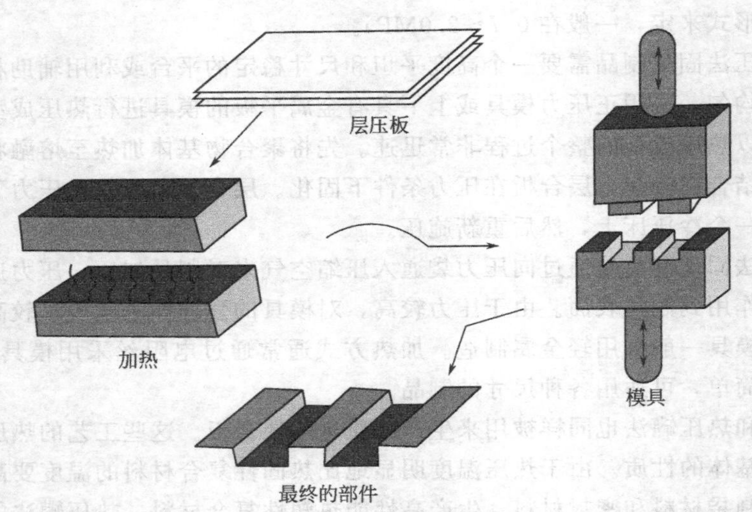

图 5-36 热压成型工艺示意图

引经过一个加热的模具，从而生产出具有连续纤维长度的等截面板材。与热固性材料拉挤加工工艺相比，拉挤过程中一个重要的区别在于模具所需温度。热塑性拉挤过程所需模具温度比热固性拉挤过程所需温度高得多。这两种不同类型材料的拉挤过程中的第二个不同点就是，由于热固性材料是化学交联固化的，所以它们可以在模具温度条件下脱模。而热塑性拉挤板为了避免在离开模具时发生变形，必须在低于成型温度时才能离开模具。

通过定向排布的单向纤维预浸渍料、交插排布和以一定角度排布的预浸渍料片材可以生产制得拉挤产品。织物预浸渍料和随机配合预浸渍料也可以被用于热塑性拉挤工艺。为了防止模具表面的摩擦引起纤维变形，在板的最外层要求使用单向预浸渍料的单板层。

拉挤成型过程中由于热塑性材料在模具中的拉挤不受化学固化反应的影响，所以热塑性材料的拉挤速率比热固性材料的拉挤速率快得多。虽然目前由于热传递速率的影响，热塑性材料的拉挤速率仍比较慢。一旦发展了更加先进的加热和冷却技术，热塑性材料的拉挤速率将会显著提高。

（6）纤维缠绕成型工艺　尽管长纤维缠绕法是目前发展较晚的制备热塑性复合材料的方法之一，但这一方法在热塑性材料的制备上的应用已经成为工业界以及高等院校实验室的研究热点。热塑性复合材料长纤维缠绕法的主要目标是在缠绕过程中使损伤结构压实，可以避免产生在使用热固性复合材料时由于冗长的小柱缠绕固化循环时间而引发的损伤。热塑性复合材料的长纤维缠绕法的另一个优点是可以在凹面上进行缠绕，并且不受树脂储放时间的限制。

热固性复合材料缠绕所用的基本设备都可用于热塑性复合材料，如图 5-37 所示。不同的是热塑性复合材料缠绕需要添加一个加热源将预浸渍材料加热到熔融/软化温度以上，并且需要利用压实技术使进入的预浸渍材料压实融合。在这一过程中可以利用超声波、激光、聚焦红外线、传导和对流等加热技术进行局部加热；可以利用牵引、加热滚筒和滑动装置等压实技术来提供在线压力。

尽管热塑性复合材料的长纤维缠绕法相对来讲还不成熟，制造者和设备生产者已经在热塑性材料的传热方面作了研究，这一研究将使缠绕过程中的加热和压实结构分离。在热塑性材料的缠绕中通常会产生环状损伤，并且在压实过程中还曾出现过螺旋图形。利用热塑性材料缠绕和后加工（压热器法/真空袋法）压实相结合，能够生产出纤维性能可以保持 95%～

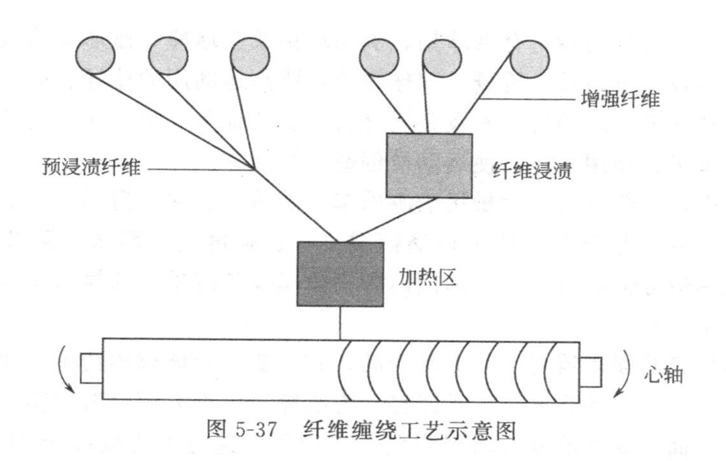

图 5-37　纤维缠绕工艺示意图

100%的长纤维压力容器和管。

(7) 热塑性复合材料的连接技术　连续纤维增强热塑性复合材料的连接方法很多，举例如下。

① 铆接　用于热塑性复合材料铆接用的铆钉，一般都是用连续纤维增强热塑性塑料制造，最好是用拉挤棒材制造。施工时，铆钉预热到可以加压塑变的温度，铆钉与孔径应能严密配合，不能大，也不能小。也可以用金属螺栓。铆接的优点是耐冲击性好，无电化学腐蚀，价格便宜。

② 焊接　热塑性复合材料的焊接处理，是将被连接材料的焊接表面加热到熔化状态，然后搭接加压，使之接成一体。复合材料焊接原理与塑料焊接相似，但必须注意焊接处的纤维增强效果不能降低很多。

③ 管件对接焊　热塑性复合材料管的对接焊方法有直接对接焊和补强对接焊两种。这种连接方法的优点是工艺简单，可在现场施工，不需对管件进行机械加工，连接强度高，不易断裂。缺点是成本高，工艺要求严格，要保证尺寸紧密配合。

④ 缠绕焊接　用预浸带沿焊缝手工或机械缠绕，同时用火焰喷枪对接触点加热熔融，使之与被连接件粘牢。选择预浸带时，要注意纤维的方向和含量。此法较实用，被连接材料能保留较好的性能，但易出现加热不均的现象。

⑤ 薄板超声波　此法是用超声波对被连接处进行加热焊接，一般能够获得较高的连接强度。

5.5 聚合物基复合材料的应用

(1) 树脂基复合材料在医疗、体育、娱乐方面的应用　在生物复合材料中，复合材料可用于制造人工心脏、人工肺及人工血管等，用人造复合材料器官挽救生命的设想将成为现实。复合材料牙齿、复合材料骨骼及用于创伤外科的复合材料呼吸器、支架、假肢、人工肌肉、人工皮肤等均有成功事例。

在医疗设备方面，主要有复合材料诊断装置、复合材料测量器材及复合材料拐杖、轮椅、搬运车和担架等。

复合材料体育用品种类很多。有水上体育用品，如复合材料皮艇、赛艇、划艇、帆船、帆板、冲浪板等；球类运动器材有网球拍、羽毛球拍及垒球棒、篮球架的篮板等；冰雪运动中有复合材料滑雪板、滑雪杖、雪橇、冰球棒等；跳高运动用的撑杆、射箭运动的弓和箭等也都选用复合材料代替传统的竹、木及金属材料。实践证明，很多体育用品改用复合材料制造后，大大地改善了其使用性能，使运动员创造出好成绩。

在娱乐设施中，复合材料已大量用于游乐车、游乐船、水上滑梯、速滑车、碰碰车、儿童滑梯等产品，这些产品充分发挥了玻璃钢质量轻、强度高、耐水、耐磨、耐撞、色泽鲜艳、产品美观及制造方便等特点。目前国内各大公园及各游乐场的娱乐设施，都已基本上用玻璃钢代替了传统材料。

复合材料钓鱼竿是娱乐器材中的大宗产品，它主要分为玻璃钢钓鱼竿和碳纤维复合材料钓鱼竿两类。其最大特点是强度高、重量轻、可收缩、携带方便、造型美观等。

在乐器制造方面，高性能复合材料得到推广应用，这是因为碳纤维-环氧复合材料的比模量高、弯曲刚度大、耐疲劳性好和不受环境温湿度影响等特点所致。用复合材料制造的扬声器、小提琴和电吉他，其音响效果均优于传统木质纸盒和云杉木产品质量。复合材料在乐器方面的用量占总产量的比例不大，但它在提高乐器质量方面，仍不失为一种有发展前途的方向。

(2) 树脂基复合材料在建筑工业中的应用　在建筑工业中发展和使用树脂基复合材料对减轻建筑物自重、提高建筑物的使用功能、改革建筑设计、加速施工进度、降低工程造价、提高经济效益等都十分有利，是实现建筑工业现代化的必要条件。

① 树脂基复合材料的建筑性能

a. 材料性能的可设计性　树脂基复合材料的性能可根据使用要求进行设计，如要求耐水、防腐、高强，可选用树脂基复合材料。由于树脂基复合材料的重量轻，制造方便，对于大型结构和形状复杂的建筑制品，能够一次成型制造，提高建筑结构的整体性。

b. 力学性能好　树脂基复合材料的力学性能可在很大范围内进行设计，由于选用的材料不同，增强材料的铺设方向和方向差异，可以获得性能差别很大的复合材料，如单向玻纤增强环氧复合材料的拉伸强度可达 1000MPa 以上，比钢（建筑钢）的拉伸强度还高，选用碳纤维作增强材料，制得的树脂基复合材料弹性模量可以达到建筑钢材水平，而其密度却比钢材小 4～5 倍。更为突出的是树脂基复合材料在制造过程中，可以根据构件受力状况局部加强，这样既可提高结构的承载能力，又能节约材料、减轻自重。

c. 装饰性好　树脂基复合材料的表面光洁，可以配制成各种鲜艳的色彩，也可以制造出不同的花纹和图案，适宜制造各种装饰板、大型浮雕及工艺美术雕塑等。

d. 透光性　透明玻璃钢的透光率达 85%以上（与玻璃相似），其最大特点是不易破碎，能承受载荷。用于建筑工程时可以将结构、围护及采光三者综合设计，能够达到简化采光设计，降低工程造价之目的。

e. 隔热性　建筑物的作用是能够防止由热传导、热对流引起的温度变化，给人们以良好的工作和休息环境。一般建筑材料的隔热性能较差，例如普通混凝土的热导率为 1.5～2.1W/（m·K），红砖的热导率为 0.81W/（m·K），树脂基复合材料的夹层结构的热导率为 0.05～0.08W/（m·K），比普通红砖小 10 倍，比混凝土小 20 多倍。

f. 隔声性　隔声效果好坏是评价建筑物质量的标准之一。但传统材料中，隔声效果好的建筑材料往往密度较大，隔热性差，运输和安装困难。树脂基复合材料的隔声性能虽然不很理想，但它有消逝振动音波及传播音波的作用，经过专门设计的夹层结构，可达到既隔声又隔热的双层效果。

g. 电性能 玻璃钢具有良好的绝缘性能，它不受电磁波作用，不反射无线电波。通过设计，可使其在很宽的频段内都具有良好的透微波性能，对通信系统的建筑物有特殊用途，如可用于制造雷达天线罩和各种机房。

h. 耐化学腐蚀 玻璃钢有很好的抗微生物作用和耐酸、碱、有机溶剂及海水腐蚀作用的能力。特别适用于化工建筑、地下建筑及水工建筑等工程。

i. 透水和吸水性 玻璃钢吸湿性很低，不透水，可以用于建筑工程中的防水、给水及排水等工程。

② 建筑用树脂基复合材料的应用情况。随着建筑工业的迅速发展，复合材料越来越多地被用于建筑工程。

a. 承载结构：用作承载结构的复合材料建筑制品有柱、桁架、梁、基础、承重折板、屋面板、楼板等。这些复合材料构件，主要用于化学腐蚀厂房的承重结构、高层建筑及全玻璃钢-复合材料楼房大板结构。

b. 围护结构：复合材料围护结构制品有各种波纹板、夹层结构板，各种不同材料复合板，整体式和装配式折板结构和壳体结构。用作壳体结构的板材，它既是围护结构，又是承重结构。这些构件可用作工业及民用建筑的外墙板、隔墙板、防腐楼板、屋顶结构、遮阳板、天花板、薄壳结构和折板结构的组装构件。

c. 采光制品：透光建筑制品有透明波形板、半透明夹层结构板、整体式和组装式采光罩等，主要用于工业厂房、民用建筑、农业温室及大型公用建筑的天窗、屋顶及围扩墙面采光等。

d. 门窗装饰材料：属于此类的材料制品有门窗断面复合材料拉挤型材、平板、浮雕板、复合板等，一般窗框型材用树脂玻璃钢。复合材料门窗防水、隔热、耐化学腐蚀，用于工业及民用建筑，装饰板用作墙裙、吊顶、大型浮雕等。

e. 给排水工程材料：市政建设中给水、排水及污水处理工程中已大量使用复合材料制品，如各种规格的给水玻璃钢管、高位水箱、化粪池、防腐排污管等。

f. 卫生洁具材料：属于此类产品的有浴盆、洗面盆、坐便盆，各种整体式、组装式卫生间等，广泛用于各类建筑的卫生工程和各种卫生间。

g. 采暖通风材料：属此类的复合材料制品有冷却塔、管道、板材、栅板、风机、叶片及整体成型的采暖通风制品。工程上应用的中央空调系统中的通风橱、送风管、排气管、防腐风机罩等。

h. 高层楼房屋顶建筑：如旋转餐厅屋盖、异形尖顶装饰屋盖、楼房加高、球形屋盖、屋顶花园、屋顶游泳池、广告牌和广告物等。

i. 特殊建筑：大跨度飞机库、各种尺寸的冷库、活动房屋、岗亭、仿古建筑、移动剧院、透微波塔楼、屏蔽房、防腐车间、水工建筑、防浪堤、太阳能房、充气建筑等。

j. 其他：复合材料在建筑中的其他用途还很多，如各种家具、马路上的阴井盖、公园和运动场座椅、海滨浴场活动更衣室、公园仿古凉亭等。

(3) 树脂基复合材料在化学工业中的应用 以树脂为基体的复合材料作为化学工业的耐腐蚀材料已有50余年历史，由于树脂基复合材料比强度高、无电化学腐蚀现象与热导率低、良好的保温性能及电绝缘性能、制品内壁光滑、流体阻力小、维修方便、重量轻、吊装运输方便等优点，已广泛用于石油、化肥、制盐、制药、造纸、海水淡化、生物工程、环境工程及金属电镀等工业中。

① 在环境保护领域中的应用　随着工业的发展，环境污染问题已成为当今世界令人关心的问题之一，许多国家投入巨大人力、物力，致力于环境保护工业这一新兴工业部门。

玻璃钢在给排水管道工程中已得到了广泛的应用，最近几年，越来越多的废水处理系统的管道用玻璃钢制造，一个基本原因就是废水的耐蚀介质的种类和腐蚀性能都在不断增加，这就要求使用耐蚀性能更好的材料，而耐腐蚀玻璃钢是满足这种需求的最好材料。

复合材料在环境保护方面应用包括一般工业废气处理、油水处理、含毒物质污水处理、垃圾焚化处理及城市废水脱臭处理等。

② 在高纯水和食品领域中的应用　这是树脂基复合材料应用的一个新领域。树脂基复合材料优良的耐蚀性能意味着这种材料具有活泼、不污染的特性，理所当然地成为高度清洁物品如贮存高纯水、药品、酒、牛奶之类的可选用材料。

③ 在氯碱工业中的应用　氯碱工业是玻璃钢作耐腐材料的最早应用领域之一，目前玻璃钢已成为氯碱工业主要材料。玻璃钢已用于各种管道系统、气体鼓风机、热交换器外壳、盐水箱以至于泵、池、地坪、墙板、格栅、把手、栏杆等建筑结构上。同时，玻璃钢也开始进入化工行业的各个领域。

④ 在造纸工业中的应用　造纸工业以木材为原料，制纸过程中需要酸、盐、漂白剂等，对金属有极强的腐蚀作用，唯有玻璃钢材料能抵抗这类恶劣环境，玻璃钢材料已在一些国家的纸浆生产中显现其优异的耐蚀性。

⑤ 在金属表面处理工业中的应用　金属表面处理厂所使用的酸，大多为盐酸，基本上用玻璃钢是没有问题的。

⑥ 火力发电　火力发电以燃烧及燃油为主，发电厂中一般管道或废水处理设施均可用玻璃钢制品，而排烟脱硫装置则为防蚀之重点。

⑦ 海水淡化　海水淡化分为传统蒸馏及反渗透膜法，由于海水十分容易侵蚀铁质材料，故淡化厂内大部分的管道及容器均使用玻璃钢制品。

⑧ 温泉上的应用　温泉的用途有发电及洗浴，从温泉的抽取到输送，均已大量使用玻璃钢管。

⑨ 在医药工业上应用　药品种类繁多，每种原料有所不同，但玻璃钢用于医药工业受到青睐。

⑩ 运输用途　在槽车上，已证实使用玻璃钢比使用橡胶内衬实用，例如在运输盐酸时，已证实橡胶内衬会因沉淀物而穿孔，而沉淀物确实为盐酸的基本问题，除非是100℃的纯盐酸。从众多实例中，已证实乙烯基树脂来制槽体或作内衬为一正确的选择。此乃因乙烯基树脂除具备优良耐化学特性外，更提供良好的机械特性及耐疲劳性，以适应道路运输受力构件力学性能的要求。

(4) 树脂基复合材料在交通运输工业方面的应用

① 基础设施中的公路安全设施、道路、桥梁及站场等；

② 汽车制造工业中的各种汽车配件，如车身外壳、传动轴、制动件及车内座椅、地板等；

③ 摩托车和自行车制造工业中的车身构件、车轮等；

④ 铁路工业中的牵引机车，各种车辆（客车、货车、冷藏车、贮罐车等）；

⑤ 铁路通信设施；

⑥ 桥梁及道路建设及修补；

⑦ 各种制动件；

⑧ 水上交通中的各种中小船身壳体；

⑨ 大小船上舾装件；

⑩ 港口及航道设施；

⑪ 飞机制造工业中的各种复合材料制件桨叶、机翼、内部设施等；

⑫ 围绕航空运输工业中的机场建设等。

（5）树脂基复合材料在能源工业方面的应用

① 火力发电工业方面的通风系统，排煤灰渣管道，循环水冷却系统，屋顶轴流风机、电缆保护设施、电绝缘制品等；

② 水力发电工业中的电站建设，大坝和隧道中防冲、耐磨、防冻、耐腐蚀过水面的保护，阀门，发电和输电线路中的各种电绝缘制品等；

③ 在新能源方面，树脂基复合材料风力发电机叶片、电杆及电绝缘制品等。

（6）树脂基复合材料在机械电器工业中的应用　树脂基复合材料具有比强度高、比模量高、抗疲劳断裂性能好、可设计性强、结构尺寸稳定性好、耐磨、耐腐蚀、减振、降噪及绝缘性好等一系列优点，集结构承载和多功能于一身，可以在机械电器工业获得极其广泛的应用。机械设备如风机、泵、阀门、制冷机械、空压机、起重机械、运输机械、工程机械、汽车、农用发动机、拖拉机、各类内燃机、农机具、牧畜机械、农业排灌机械、农副产品加工机械、收获和场上作业机械、机床、铸造设备、印刷机械、橡胶和塑料加工机械、石油钻采机械、矿山采机械、矿山机械、电影机械及食品机械等，其中有很多设备的零部件既要求有一定强度和刚度以承载，又要求有耐磨、耐腐蚀、能减振和降噪等功能的零部件，传统上它们是由金属材料制造的，现在都可以采用树脂基复合材料来制造，以获得更高的效益/成本比率。电气行业曾是复合材料应用最早的部门，也是用量最大的部门之一。树脂基复合材料是优良的绝缘材料，用它制造仪器仪表、电机及各种电器中的附件，不仅可以减轻自重和提高其可靠性、耐用性，还可以延长其使用寿命。

（7）树脂基复合材料在电子工业中的应用　电子工业是近20年来迅速发展的高技术产业，电子功能材料是电子元器件和电子装备的基础和支撑，广泛应用在电子行业的各个领域。随着电子元器件制造技术的飞跃进步，电子产品正向小型轻量薄型化、高性能化、多功能化的方向发展，进而推动电子材料的不断进步。复合材料具有许多优异性能，如比强度高、比刚度大、抗疲劳性好、耐腐蚀、尺寸稳定、密度低以及独特的材料可设计性等。因此，自问世以来发展迅速，已广泛应用在电子工业上，用作结构件及结构功能件，赋予产品以轻质、高强度、高刚度、高尺寸精度等特性，提高了产品的技术指标，更好地适应了现代高科技的发展要求。虽然复合材料用作电子功能材料的应用研究起步较晚，但已成为电子产品不可缺少的关键材料，体现出其在电子装备中的优异性能和广阔前景。

用复合材料制作的电子功能材料种类很多，最具代表性的是印刷线路板基板材料。作为连接和支撑电子器件的印刷线路板，它应用在众多的电子产品中，是必不可少的部件。复合材料在电子工业中的另一大类应用是制作各种天馈线，包括反射面和天线罩，还有馈源、波导等高频部件，赋予诸多电子设备，特别是通信收发设备、雷达等产品特种功能更是制造技术的战术指标。同时，利用有些复合材料的吸波性能，还可制成屏蔽材料和隐身材料。

（8）树脂基复合材料在国防、军工及航空航天领域中的应用　复合材料以其典型的轻量特性，卓越的比强度、比模量，独特的耐烧蚀和隐蔽性，材料性能的可设计性，制备的灵活性和易加工性等受到军方青睐，在实现武器系统轻量化、快速反应能力、高威力、大射程、精确打击、高自下而上力方面起着巨大作用。

复合材料的进步为武器系统选材和产品设计奠定了坚实的基础，在兵器装备上获得了广泛应用，其应用技术取得了重大的突破，应用水平有了显著的提高。美国陆军已研究证实了水陆两用车复合材料舱门和炮塔可减重 15.5%。美国陆军的 M113A3 装甲人员输送车已采用 S2 玻璃纤维增强酚醛树脂复合材料制造车体，取代了早期的 Kevlar 纤维复合材料，提高了防火和烟雾特性，降低了成本。美国还研究了 MIAI 主战坦克上各部件复合材料化的可行性，优选出 22 个部件采用复合材料制造，可减重 1440kg，降低成本 1835 美元。

国外在导弹和火箭方面已完成了复合材料化、轻量化和小型化，并且正向新的、更高的水平前进，包括经济承受能力方面的低成本化。如前苏联的“赛格”反坦克导弹从外观上看实现了塑料化。它的主要复合材料结构件有：风帽、壳体、尾翼座、尾翼等。使用的材料为玻璃纤维增强酚醛塑料，复合材料构件占总体零件数的 75%。美国的“陶式”反坦克导弹、法国的“霍特”反坦克导弹、“阿皮拉斯”反坦克火箭弹的发射筒、发动机壳体分别用玻璃纤维增强环氧树脂和芳纶纤维增强环氧树脂制造。

随着我国复合材料技术和应用技术水平的提高，复合材料在兵器上的应用范围越来越大。如芳纶纤维增强复合材料已用于主战坦克的首上装甲和炮塔复合装甲；玻璃纤维增强复合材料用于反坦克导弹的战斗部壳体、尾翼座、发动机壳体以及火箭弹的喷管等。20 世纪 90 年代复合材料在兵器上应用进入了一个新时代，高强度玻纤增强树脂复合材料用于多管远程火箭弹和空空导弹的结构材料和烧蚀-隔热材料，使金属喷管达到了塑料化，烧蚀-隔热-结构多功能化，实现了喷管收敛段、扩张段和尾翼架多部件一体化，大大减轻了武器的重量，提高了战术性能，简化了工艺，降低了成本。

复合材料，特别是碳纤维复合材料等在航空航天器结构上已得到广泛的应用，现已成为航空航天领域使用的四大结构材料之一。复合材料在航空航天领域除主要作为结构材料外，在许多情况下还可满足各种功能性要求，如透波、隐身等。复合材料在航空航天领域中主要应用是在：飞机、直升机的结构部件；地面雷达罩、机载雷达罩、舰载雷达罩以及车载雷达罩等；人造卫星、太空站和天地往返运输系统等方面。

(9) 树脂基复合材料在农、林、牧、渔及食品业中的应用　复合材料在农、林、牧、渔及食品业中的应用涉及如下问题：农作物、植物、花卉及鱼类保护，改进种植和养殖技术，创造优良的生长环境，生产优质产品；农业和渔业产品包装、防腐及贮运；农业、渔业建筑、设备及器具；食品业生产、贮运设备、饮食用具。

复合材料设备、器具及建筑在食品业和渔业中已使用多年，应用最多的产品有：鱼类育苗池、输水管、越冬温室、秧盘、除草机、冷冻室、粮仓、渔船、农用车辆、鲜鱼运输箱等。复合材料在农业和渔业方面应用的主要优点是：强度高、质量轻、使用方便；防腐、耐水、使用寿命长；综合性能高，节省能源、成本低等。

在食品工业中，复合材料主要用作新鲜食品的冷藏、冷冻、酿造池罐、贮水设备、鱼舱、牛奶贮运罐、厨房设施、饮食餐具等。在饮食业中，使用复合材料的主要优点是强度高、质量轻、不易损坏、使用方便；在酿造业中应用，主要优点是防腐、耐水、使用寿命长；在饮食餐具、厨房设施中应用，主要优点为无毒、表面光洁、易清洗、易消毒等。

第6章 金属基复合材料

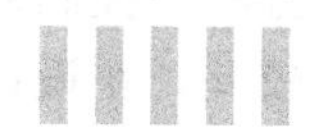

6.1 概述

当复合材料的主要组分为金属、合金或金属间化合物就是金属基复合材料（Metal Matrix Composite，MMC)。金属基复合材料的发展与现代科学技术和高技术产业的发展密切相关，特别是航空、航天、电子、汽车以及先进武器系统的迅速发展对MMC材料提出了更高的性能要求。MMC融合了金属与陶瓷的特性，因此既具有优异的力学性能，又具有导电、导热、耐磨损、不吸湿、不放气、尺寸稳定、不老化等一系列金属特性，是一种优良的结构材料。这些优良的性能决定了它从诞生之日起就成为了新材料家族中的重要一员，国内外对于MMC的研究日益活跃。

面对现代科技的挑战，设计和制造综合性能优异的金属基复合材料势在必行。近年来，金属基复合材料获得了惊人的发展。在航天、机器人、核反应堆等高技术领域，镁基、铝基、钛基等轻质复合材料起到了支撑作用；碳化硅晶须增强的铝基复合材料薄板用于先进战斗机的蒙皮和机尾的加强筋；钨纤维增强高温合金基复合材料可用于飞机发动机部件；石墨/铝、石墨/镁复合材料具有很高的比刚度和抗热变形性，是卫星和宇宙飞行器用的良好的结构材料。本章将对MMC材料的基本情况进行介绍。

6.1.1 金属基复合材料的分类

6.1.1.1 按基体分类

主要包括铝基、镁基、钛基、镍基、耐热金属基、金属间化合物基等复合材料。

6.1.1.2 按增强材料类型分类

（1）非连续增强复合材料　非连续增强金属基复合材料由短纤维、晶须、颗粒为增强物与金属基体组成的复合材料。增强物在基体中随机分布时，其性能是各向同性。非连续增强物的加入，明显提高了金属的耐磨、耐热性，提高了高温力学性能、弹性模量，降低了线膨胀系数等。非连续增强金属基复合材料最大的特点是可以用常规的粉末冶金、液态金属搅拌、液态金属挤压铸造、真空压力浸渍等方法制备，并可用铸造、挤压、锻造、轧制、旋压等加工方法进行加工成型，制造方法简便，制造成本低，适合于大批量生产，在民用工业中的应用领域十分广阔。

（2）连续纤维增强复合材料　它是利用高强度高模量的碳（石墨）纤维、硼纤维、碳化硅纤维、氧化铝纤维、金属合金丝等增强金属基体组成的高性能复合材料。通过基体、纤维类型、纤维排布方式、体积分数的优化设计组合，可获得各种高性能复合材料。在纤维增强金属基复合材料中纤维具有很高的强度、模量，是复合材料的主要承载体，对基体金属的增强效果明显。基体金属主要起固定纤维、传递载荷、部分承载并赋予其特定形状的作用。连续纤维增强金属因纤维排布有方向性，其性能有明显的各向异性，可通过不同方向上纤维的排布来控制复合材料构件的性能。在沿纤维轴向上具有高强度、高模量等性能，而横向性能较差，在设计使用时应充分考虑。连续纤维增强金属基复合材料要考虑纤维的排布、体积分数等，制造工艺复杂、难度大、成本高。

(3) 层状复合材料 层状复合材料是指在韧性和成型性较好的金属基体材料中，含有重复排列的高强度、高模量片层状增强物的复合材料。这种材料是各向异性的（层内两维同性）。如碳化硼片增强钛、胶合板等。双金属、表面涂层等也是层状复合材料。

层状复合材料的强度和大尺寸增强物的性能比较接近，而与晶须或纤维类小尺寸增强物的性能差别较大。因为增强薄片在二维方向上的尺寸相当于结构件的大小，因此增强物中的缺陷可以成为长度和构件相同的裂纹的核心。

由于薄片增强的强度不如纤维增强相高，因此层状结构复合材料的强度受到了限制。然而，在增强平面的各个方向上，薄片增强物对强度和模量都有增强效果，这与纤维单向增强的复合材料相比具有明显的优越性。

6.1.2 复合材料的研究历史及现状

金属基复合材料的实际研究开始于20世纪20年代关于铝和氧化铝的粉末烧结研究，对于弥散强化机理的研究，是利用小颗粒第二相阻碍位错运动，通过存在于金属基体中的微细氧化物或者沉淀相颗粒而获得强化。20世纪30年代又出现了沉淀强化理论，并在以后的几十年中得到了很快的发展。金属基复合材料真正的起步是纤维增强金属基体的研究，1963年美国国家航空和宇航局（NASA）成功地制备出W丝增强的Cu基复合材料，成为金属基复合材料研究和开发的标志性起点。随后又有SiC/Al、Al_2O_3/Al复合材料的研究报道。1978年美国最先报道了B/Al复合材料在哥伦比亚航天飞机上的应用；1982年日本丰田公司率先报道了Al_2O_3·SiO_2/Al复合材料用于汽车活塞上，开创了金属基复合材料用于民用品的先例；之后金属基复合材料的研究日趋活跃，相继研究了多种纤维增强金属基复合材料如C/Cu、C/Mg、SiC_w/Al等，某些已在航空航天、汽车工业等获得应用。

6.1.3 金属基复合材料的研究趋势与展望

金属基复合材料作为材料家族的一支新军，虽然其历史仅仅几十年，但业已显示出强大的生命力。随着现代技术的发展以及节能、环保要求的提高，对具有特殊性能的新材料的需求越来越大，而复合材料本身的特点决定了其将越来越受到重视。本节简要介绍金属基复合材料存在的主要问题及研究趋势。

6.1.3.1 存在的问题

MMC的发展具有基体多样性、品种变化性、技术复杂性、使用的局限性和长期预研性的特点。因此，MMC的研究还不够系统、充分，尚存在许多问题待解决。如果要使其推广使用，还必须解决以下几个问题。

(1) 制备成本与制备技术 金属基复合材料普遍存在制备成本问题。在制备过程中，所用设备专一，制备工艺复杂，很难应用于生产。若要使复合材料真正进入到产业化，还需要进行更深一步的研究，简化制造工艺，降低制造成本，增强复合材料的市场竞争力。

(2) 增强体/金属的润湿性　复合材料性能的优劣性依赖于增强体与基体的结合及增强体的分布状况，而决定结合及分布状况的主要因素之一便是润湿性。由于大多数金属基体与增强体润湿差甚至不润湿，这就给复合材料的制备带来困难。研究表明，添加合金元素及提高液态金属温度会提高增强体与基体的润湿性，但该做法又会提高成本或牺牲复合材料的性能，且润湿效果并不十分明显。

(3) 增强体与基体的界面　由于金属基体熔点较高，需要在较高温度下制备复合材料，基体与增强体之间不可避免发生程度不同的界面反应及元素偏聚等。界面反应的程度决定了界面的结构性能。界面反应的主要结果有促进增强体与基体的润湿，产生界面反应产物——脆性相，造成增强体损伤和改变基体成分。界面反应促进润湿对制备复合材料是有利的。这类反应轻微，不损伤颗粒、晶须等增强体。但是一旦反应生成脆性相进而形成脆性层，就会造成增强体严重损伤，同时造成强界面结合，复合材料性能急剧下降，甚至低于基体性能。

(4) 增强体在基体中的分布　在制备金属基复合材料过程中，增强体在基体中偏聚是研究者遇到的难题之一。如何使其分布均匀也同样决定着复合材料的性能。在国内的研究中，试图通过离心铸造、加强搅拌、配制中间合金、原位复合等手段解决该问题。但上述方法中还存在许多缺点，如离心铸造只能获得表面复合层和中间合金的材料性能等。因此，如何使增强体分布均匀始终是众多学者研究的对象。

6.1.3.2　金属基复合材料研究的前沿趋势

当代 MMC 的结构和功能都相对简单，而高科技发展日益要求 MMC 能够满足高性能化和多功能化的挑战，因此新一代 MMC 必然朝着“结构复杂化”的方向发展。下面对已经初露端倪的一些研究前沿和趋势进行简要的介绍。

(1) 微结构设计的优化　金属基复合材料的性能不仅取决于基体和增强体的种类和配比，更取决于增强体在基体中的空间配置模式（形状、尺寸、连接形式和对称性）。传统上增强体均匀分布的复合结构只是最简单的空间配置模式，而近年来理论分析和实验结果都表明，在中间或介观尺度上人为调控的有序非均匀分布更有利于发挥设计自由度，从而进一步发掘 MMC 的性能潜力、实现性能指标的最优化配置，是 MMC 研究发展的重要方向。

① 多元/多尺度 MMC　多元复合强化的研究理念逐渐引起研究者的更大兴趣，通过引入不同种类（例如 TiB 和 TiC 混杂增强钛基 MMC）、不同形态（例如晶须和颗粒混杂增强镁基 MMC）、不同尺度（双峰 SiC 颗粒增强铝基 MMC）的增强相，利用多元增强体本身物性参数不同，通过相与相以及相界面与界面之间的耦合作用呈现出比单一增强相复合条件下更好的优越性能。

② 微结构韧化 MMC　随增强体含量些微增大，MMC 的强度和韧性/塑性存在着相互倒置关系，即强度的提高伴随韧性/塑性的降低。通过将非连续增强 MMC 分化区隔为增强体颗粒富集区（脆性）和一定数量、一定尺寸、不含增强体的基体区（韧性），这些纯基体区域作为韧化相将会具有阻止裂纹扩展、吸收能量的作用，从而使 MMC 的损伤容限得到提高。与传统的均匀分散 MMC 相比，这种新型的复合材料具有更好的塑性和韧性。

③ 层状 MMC　层状金属基复合材料在现代航空工业中的应用十分广泛，如用作飞机蒙

皮。GLARE 层板是由玻璃纤维增强树脂层与铝箔构成的层状铝基复合材料，在 A380 上的用量达机体结构质量的 3%以上。在微米尺度上，受自然界生物叠层结构达到强、韧最佳配合的启发，韧脆交替的微叠层 MMC 研究越来越引起关注，主要包括金属/金属、金属/陶瓷、金属/MMC 微叠层材料，主要目的是通过微叠层来补偿单层材料内在性能的不足，以满足各种各样的特殊应用需求，如耐高温材料、硬度材料、热障涂层材料等。

④ 泡沫 MMC　多孔金属泡沫是近几十年发展起来的一种结构功能材料，作为结构材料，它具有轻质和高比强度的特点；作为功能材料，它具有多孔、减振、阻尼、吸声、散热、吸收冲击能、电磁屏蔽等多种物理性能。由于其满足了结构材料轻质、多功能化及众多高技术的需求，已经成为交通、建筑及航空航天等领域的研究热点。目前研究较多的是泡沫铝基复合材料，大致可分为两个范畴：一是泡沫本身是含有增强体的铝基复合材料；二是泡沫虽然由纯铝基体构成，但在其孔洞中引入黏弹性体、吸波涂料等功能组分。

⑤ 双连续/互穿网络 MMC　为了更有效地发挥陶瓷增强体的高刚度、低膨胀等的特性，除了提高金属基复合材料中的陶瓷增强体含量外，另一种有效的作法是使陶瓷增强体在基体合金中成为连续的三维骨架结构，从而以双连续的微结构设计来达到这一目的。

(2) 结构-功能一体化　随着科学技术的发展，对金属材料的使用要求不再局限于机械性能，而是要求在多场合服役条件下具有结构功能一体化和多功能响应的特性。在金属基体中引入的颗粒、晶须、纤维等异质材料，既可以作为增强体提高金属材料的机械性能，也可以作为功能体赋予金属材料本身不具备的物理和功能特性。例如，用于空间热控构件及电子封装的高导热、低膨胀的碳化硅颗粒或石墨纤维/铝复合材料，由于减振的高阻尼碳化硅或石墨颗粒/铝或镁复合材料，用于电刷的石墨/铜复合材料，用于卫星天线、线膨胀系数接近于零的石墨纤维/镁基复合材料等。

(3) 制备与成型加工一体化　成型和加工技术难度大、成本高始终是困扰金属基复合材料工程应用的主要障碍之一。特别是当陶瓷颗粒增强体含量高到一定程度时（如体积分数超过 50%），传统的铸造及塑性加工成型几乎不可能，机械加工也十分困难。因此开发制备与成型加工一体化工艺具有重大的工程意义。

经过二十多年的发展，MMC 已经成功地从实验室走向市场，并在诸多应用领域站稳了脚跟，这受益于广泛而深入的基础研究工作，为低成本、高效率生产 MMC 提供有力的技术支撑。今后的研发工作主要应着眼于两个方面，即在进一步完善已有 MMC 材料和技术的同时，寻求新一代 MMC 设计与制备的突破口，从而为 MMC 的可持续发展奠定基础。

6.2 金属基复合材料的制备技术

要得到具有指定性能和与之相应的组织结构的金属基复合材料，其复合手段和制备技术是至关重要的。从某种意义上讲，制备技术的发展水平在很大程度上制约着金属基复合材料的功能发挥，同时制约着金属基复合材料在更广泛领域、更关键场合的应用。用于制造金属基复合材料的方法很多，在选择复合材料的制备工艺时，必须注意：使用工艺能使增强体均匀分布于基体中，能够满足复合材料结构和强度设计要求，使增强体的强度功能充分发挥，材料综合性能得以提升；可制备出具有理想界面结构和性能的复合材料，尽可能避免制造过程中，在界面处产生的有害化学反应；同时设备投资要少，工艺简单，便于规模生产，尽可能制造出接近最终产品的形状、尺寸和结构，减少后续加工工序。

金属基复合材料的制造方法可分为以下三种。

① 固态制造技术。是指在制造金属基复合材料的过程中，基体处于固态制成复合材料体系的方法。固态法包括粉末冶金法、热压法、热等静压法、轧制法、挤压和拉拔法等。

② 液态制造技术。是指在基体金属处于熔融状态下与增强体材料组成新的复合材料的方法。它包括真空压力浸渍法、挤压铸造法、搅拌铸造法、液态金属浸渍法、共喷射沉积法、热喷涂法等。

③ 自生复合技术。是指在基体金属内部加入反应元素或通入反应气体在液态金属内部反应，形成微小的陶瓷或金属间化合物增强相的方法。它包括定向凝固法和反应自生成法。

6.2.1 固态制造技术

6.2.1.1 热压法（扩散黏结法）

热压法主要用于制备纤维增强金属基复合材料。其基本原理是先将增强纤维按设计要求与基体金属制成复合材料预制片，然后将预制片按设计要求裁剪成所需的形状、叠层排布。再放入热压模具内，预制片（带、丝）在加热加压过程中基体金属发生塑性变形、移动，氧化膜破裂。基体金属逐渐充填到增强纤维之间的空隙中，使金属与增强物紧密黏结在一起，此时发生基体金属与增强物之间元素的相互扩散，最终制成复合材料零件。热压法制备航空发动机叶片工艺过程如图 6-1 所示。

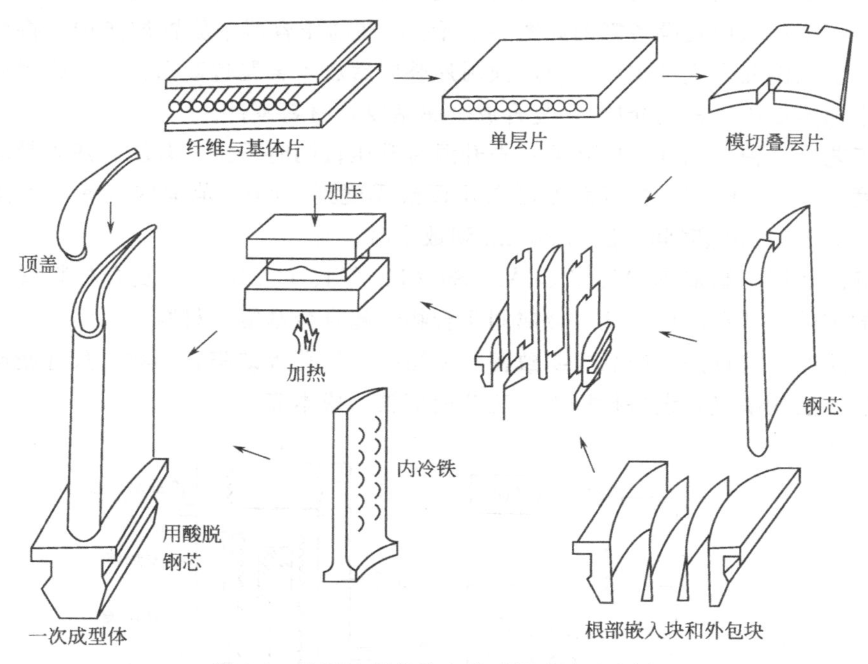

图 6-1 热压法制备航空发动机叶片示意图

（1）预制片的制备 金属基复合材料预制片的制备主要有三种方法：等离子喷涂法、箔黏结法和液态金属浸渍法。

① 等离子喷涂法。先将粗纤维（硼纤维、碳化硅单丝等）缠绕在圆筒上，纤维之间保持一定的距离，然后放在低真空喷涂装置中喷涂基体金属形成含有增强纤维的预制片。

② 箔黏结法。先将硼纤维、碳化硅纤维用在真空加热时易挥发的有机黏结剂粘贴在金

属箔上，或将金属箔压成波纹状，将纤维放在波纹中。两片箔将纤维夹在其中组成预制片。为确保复合完好，黏结剂必须完全挥发不留杂质。

③ 液态金属浸渍法。由于碳纤维、氧化铝纤维等单丝直径小，组成束丝的纤维多，金属进入纤维间隙十分困难，需采用液态金属浸渍法制成复合丝或带，再将复合丝或带按设计要求排列成复合片，供进一步热压使用。

（2）热压过程　预制片的制备完成以后，热压法一个最重要的过程就是热压过程（完成最终复合）。为了防止基体金属的氧化，热压过程必须在真空或保护气氛下进行。热压温度、压力为主要工艺参数。温度的确定应接近基体金属的固相线温度或稍高于固相线温度，既能使金属在热压过程中充分充填所有的空隙，有利于扩散黏结，又能使界面反应发生得不太严重。热压时间一般为10～20min。热压过程的压力选用可在较大范围内变化。热压温度高选用压力小，热压温度低则在高压力下才能复合，压力过大、温度过低均会使纤维受损伤。

热压法是目前制造直径较粗的硼纤维和碳化硅纤维增强铝基、钛基复合材料的主要方法。其产品作为航天发动机主仓框架承力柱、发动机叶片、火箭部件等已得到应用，热压法也是制造钨丝/超合金、钨丝/铜等复合材料的主要方法之一。

6.2.1.2 热等静压法（HIP）

热等静压法也是热压法的一种，用惰性气体加压，工件在各个方向上受到均匀压力的作用。热等静压工作原理及设备简图如图6-2所示，在高压容器中放置加热炉，将金属基体与增强体按一定比例混合或排布后，或用预制片叠层后放入金属包套内，抽气密封后装入热等静压装置中加热加压（氩气介质），复合成金属基复合材料零件。

热压工艺有三种：先升压后升温；先升温后升压；同时升温、升压。热等静压主要工艺参数为温度、压力、时间。热压温度可在几百摄氏度到2000℃范围内选择，工作压力可高达100～200MPa，保温时间一般为30min到数小时。

热等静压适用于制造B/Al、SiC/Al、SiC/TiC/Al、C/Mg多种复合材料管、桶、柱及形状复杂的零件，特别适用于钛、金属间化合物、超合金基复合材料。

热等静压产品特点是：产品组织致密，无缩孔、气孔等缺陷，形状、尺寸精确，性能均匀。热等静压法的缺点是设备投资大、工艺周期长、成本高。

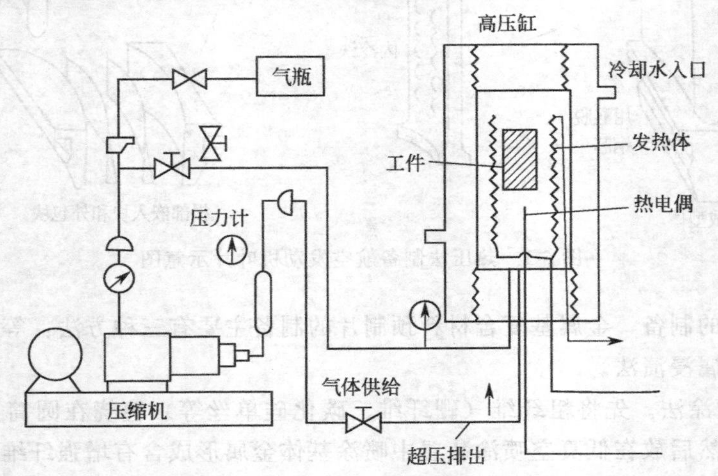

图6-2　热等静压工作原理及设备简图

6.2.1.3 热轧法、热挤压和热拉法

热轧法主要用来将已经复合好的金属基复合材料锭坯进一步加工成板材。也可将金属箔和连续纤维组成的预制片轧成板材。热轧法主要完成的是金属基体与增强纤维之间的黏结。为了提高黏结强度，常在纤维表面涂上银、镍、铜等涂层，经反复加热和轧制最终制成复合材料。适用的复合材料有 SiC_p/Al、SiC_w/Cu、W/Cu、Al_2O_3/Al、W/Al、Al_2O_{3w}/Cu、W/Cu 等。

热挤压和热拉法主要用于颗粒、晶须、短纤维增强金属基复合材料坯料的进一步加工，制成各种形状的管材、型材、棒材、线材等，对制造金属丝增强金属基复合材料是很有效的方法。经挤压、拉拔后，复合材料的组织变得均匀、缺陷减少或消除，性能明显提高，短纤维和晶须还有一定的择优取向，纵轴拉伸强度显著提高。

6.2.1.4 粉末冶金法

粉末冶金法是最早用来制备金属基复合材料的一种固态制备法，既可以制造形状复杂的复合材料零件，也可以制备复合材料坯锭，供进一步挤压、轧制、锻造用。此法可用于制造铝基、铜基、钛基复合材料，也可制造金属间化合物复合材料。图 6-3 为粉末冶金法制备金属基复合材料的一般工艺流程：将金属基体粉末和增强体粉末（颗粒或晶须）按需要的比例均匀混合，混合后经冷压得到半成品，其致密度约为 80%，冷压的半成品装入密封模具，升温至基体合金固相线附近，经热压或烧结等手段制造完全致密金属基复合材料。

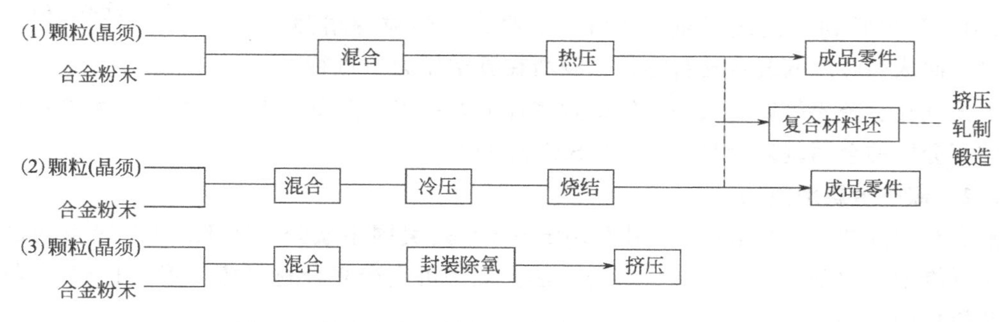

图 6-3 粉末冶金法制备金属基复合材料工艺流程图

粉末冶金法适用于制备各种颗粒或晶须增强的金属基复合材料，增强相体积分数不受限制，所制得的材料性能较高。这种工艺过程的成本与铸造法制造颗粒增强金属基复合材料相比高，但零件批量大，成本可相对降低。

6.2.2 液态制造技术

液态法是制备金属基复合材料的主要方法。液态法的共同特点是金属处于熔融状态，流动性好，容易充填到液态金属中，还可以采用传统的冶金工艺，实现批量生产。此法发展迅速，较成熟，多种不同类型的金属基复合材料均可采用。

6.2.2.1 真空压力浸渍

采用高压惰性气体，将液态金属压入由增强物制成的预制件中，制备出金属基复合材料的有效方法是真空压力浸渍（Vacuum Pressure Infiltration）。

图 6-4 是典型真空压力浸渍设备结构图。浸渍炉由耐高压的壳体、熔化金属的加热炉体、预制件预热炉体、坩埚升降装置、真空系统、温控系统和气体加压系统组成。金属熔化过程可抽真空或充保护气体，防止金属氧化和增强物损伤。

此法工艺过程：首先将增强物制成预制件，放入模具，将基体金属放入坩埚。装有预制件的模具和装有基体金属的坩埚装入浸渍炉内，紧固和密封炉体，通过真空系统将预制件模具和炉腔抽成真空，当炉腔内达到预定真空后开始通电加热预制件和基体金属。控制加热过程使预制件和基体金属分别达到预定温度，保温一定时间使模具升液管插入基体金属。由于模具内继续保持真空，当炉内通入惰性气体后，金属液迅速吸入模腔内。随着压力不断升高，液态金属渗入预制件中，充填增强物之间的空隙，完成浸渍，形成复合材料。

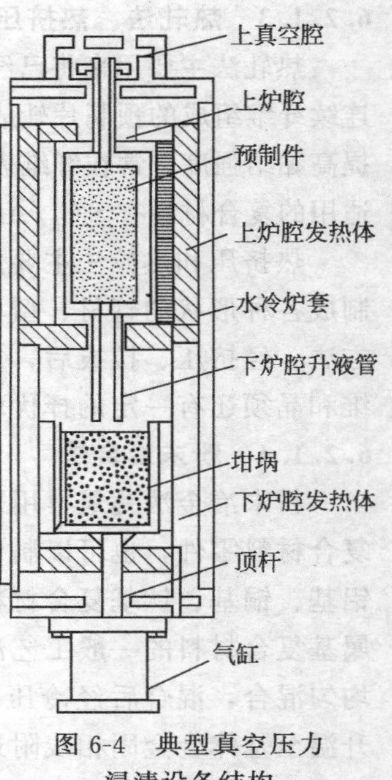

图 6-4　典型真空压力浸渍设备结构

主要工艺参数包括预制件预热温度、金属熔体温度、浸渍压力和冷却速度。金属熔体温度越高，流动性越好，越容易填充到预制件中；预制件温度越高，金属熔体不会因渗入预制件而迅速冷却凝固，因此浸渍越充分；浸渍压力是浸渍的直接动力，压力升高，浸渍能力提高。

真空压力浸渍法的工艺特点：使用面宽，适用于 Al、Mg、Zn、Cu、Ni、Fe 等基体的金属基复合材料，可适用于 C、SiC、B、Al_2O_3 等增强物的连续纤维、短纤维、晶须、颗粒等增强物；可一次成型金属基复合材料零件；浸渍在真空压力下进行，基本上无气孔、疏松等铸造缺陷，组织致密性能好；工艺简单，工艺参数易于控制；可以制备高体积分数的金属基复合材料（75%SiC_p/Al）。

6.2.2.2　液态金属浸渍法

液态金属浸渍法（Liquid-metal Infiltration）是美国宇航公司的 Kendall 等发明的一种制造碳纤维增强铝基、镁基复合材料的方法。此法可生产复合材料棒、管，T、L 型材，以及形状简单的零件。

液态金属浸渍法制备碳/铝、碳/镁复合丝的装置如图 6-5 所示。其工艺过程是碳纤维先经过预处理炉，将纤维表面的有机涂层烧掉，并进入专用的化学气相沉积炉，进行纤维化学气相沉积处理，在每根纤维表面沉积上一层极薄的 Ti-B 涂层。化学气相沉积炉中的化学反应如下：

$$TiCl_4(v) + 2Zn(v) \xrightarrow{700℃} 2ZnCl_2(v) + Ti(s)$$

$$BCl_3(v) + Ti(v) \xrightarrow{700℃} TiCl_3(v) + B(s)$$

$$2BCl_3(v) + 4Ti(s) \xrightarrow{700℃} TiB_2(s) + 3TiCl_2(v)$$

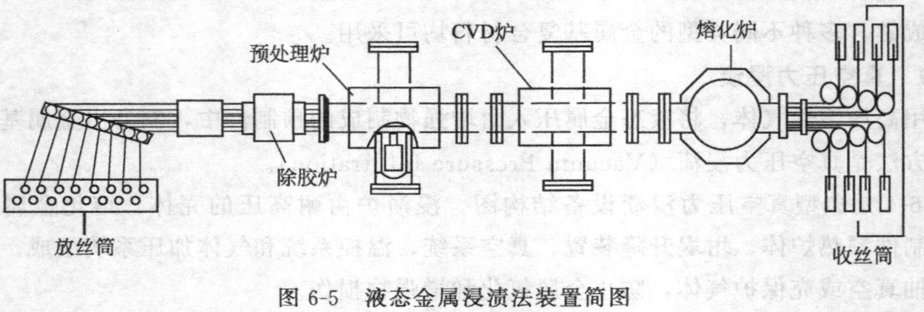

图 6-5　液态金属浸渍法装置简图

经 Ti-B 表面处理后的碳纤维直接浸入熔融铝或镁液中，液态铝、镁可自发浸渍到纤维束中，形成复合丝。表面处理后的纤维束必须防止与空气接触，否则不能浸渍成功。制成的复合材料丝再经热压或铸造进一步制成复合材料零件。

液态金属浸渍法适用于一束多丝、直径细的连续纤维。但此工艺过程比较复杂，特别是复合前需作表面处理，得到的产品是尺寸小的丝、带，需进行二次加工，因此成本高，应用受到很大限制。

6.2.2.3 液态金属搅拌铸造法

液态金属搅拌铸造法（Liquid-metal Stir Casting）（简称熔铸法）是一种适合于工业规模生产的颗粒增强金属基复合材料的主要方法。工艺方法简单，制造成本低廉。

其工艺原理：将颗粒增强物直接加入到熔融的金属液中，通过一定方式的搅拌使颗粒增强物均匀地分散在金属熔体中，与金属基体复合成颗粒增强金属基复合材料熔体后可浇铸成锭坯铸件。工艺难点：①加入的增强颗粒细小，一般粒径为 10～30μm，与金属的浸润性差，不易进入金属或在金属中团聚。②强烈的金属搅拌容易造成金属液态氧化和大量吸气。

克服工艺难点的主要措施：①在金属熔体中添加合金元素改善浸润性。如在铝熔体中加入钙、镁、锂可以降低铝熔液的表面张力，提高铝与陶瓷颗粒的浸润性。②颗粒增强物的表面处理。对颗粒进行加热处理，在高温下使有害物质挥发去除，同时在表面形成极薄的氧化层，如 SiC 颗粒经高温氧化，在表面形成一层 SiO_2 层，在复合过程中改善 SiC 浸润性。③复合过程的气氛控制。一般采用真空、惰性气体保护来防止复合过程中的吸气和氧化。④有效的机械搅拌。强烈的搅动使液体金属以高的剪切速率流过颗粒表面，能有效地改善金属与颗粒之间的浸润性。可以通过高速旋转机械搅拌或超声波搅拌来完成有效的搅拌复合。

根据液态金属搅拌法的工艺特点、所选设备的不同分类一般有：涡旋法、回转运动搅拌混合法、往复运动搅拌混合法、超声搅拌法、电磁场搅拌法等。

6.2.2.4 共喷沉积法

喷射成型技术是英国斯旺西大学 A. Singer 教授于 1968 年首先提出的，其目的是在于从熔融金属直接制得固态成品或半成品，并于 1970 年首次公开报道。而作为一种工程技术则是从 1974 年英国 Ospray 公司取得专利权开始的。

共喷沉积法是将液态金属在经惰性气体流的作用雾化成细小的液态金属流，同时将颗粒连续、均匀地加入雾化金属液滴中，共同沉积到预先设置的底板上，凝固形成金属基复合材料。共喷沉积法装置简图如图 6-6 所示。

共喷沉积装置主要有熔炼室、雾化沉积室、颗粒加入器、雾化气体、控制柜等组成。主要工艺参数有熔体金属温度、惰性气体压力、流量、速率、颗粒加入速率、沉积板温度等。

共喷沉积法的特点是：①使用面广，适用于 Al、Cu、Fe、Ni、Co 基及金属间化合物。增强颗粒可以为 SiC、Al_2O_3、TiC、Cr_2O_3、石墨等。产品形式有圆棒、圆锭、板材、管材等。②生产工艺简单，效率高。③快速凝固，金属熔滴冷却速度高达10^3～10^6K/s，晶粒和组织细化，无宏观偏析，组织致密。④增强物分布均匀。⑤有少量气体存在，空隙率为 2%。

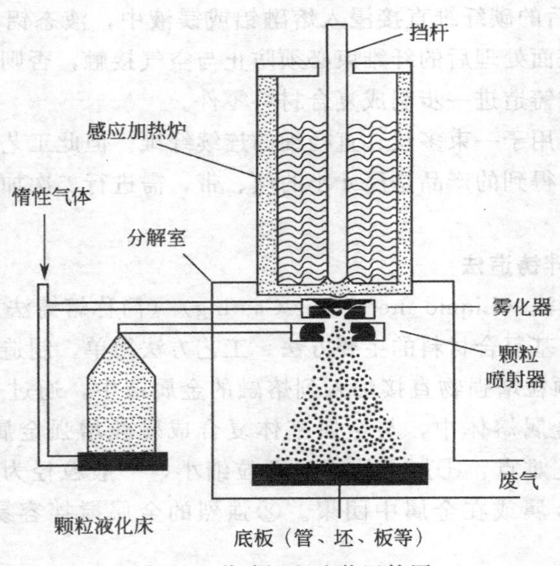

图 6-6　共喷沉积法装置简图

6.2.3　原位自生成技术

原位自生成法是指增强材料在复合材料制造过程中在基体中自己生成和生长的方法，增强材料以共晶的形式从基体中凝固析出，也可以与加入的相应元素发生反应，或者由合金熔体中的某种组分与加入的元素或化合物之间的反应生成。前者得到定向凝固共晶复合材料，后者得到反应自生成复合材料。原位法制成的复合材料中增强体与基体之间的相容性好，结合牢固，能有效传递应力，界面上不发生有害的化学反应，有优异的力学性能。

6.2.3.1　定向凝固法

把具有共晶成分的合金加热熔化后，在凝固过程中，通过控制冷凝方向，在基体中生长出排列整齐的、类似纤维的条状或片层状共晶增强材料，得到金属基复合材料。控制不同的工艺参数，共晶增强体的尺寸和含量可以得到控制。有效的增强材料应呈共晶杆状而不是呈片状，这就要求在液相中有大的温度梯度和较低的生长速率。

定向凝固共晶复合材料主要用于高温结构材料，如发动机叶片和涡轮叶片。常用的金属基体为镍基、钴基及金属间化合物。目前凝固共晶复合材料存在的主要问题是：为了保证微观组织的控制，需要非常慢的共晶生长速率，材料体系的选择和共晶增强材料的体积分数有很大的局限性。

6.2.3.2　反应自生成法

反应自生成法是在国际 20 世纪 80 年代末期、国内 90 年代发展起来的制备金属基复合材料的有效方法，主要有 Martin-Mariatta 公司发明的固相反应生成增强物（XD）法和液相反应自生增强物法（Ia-sifa）两种。其共同特点是：在基体金属中通过反应生成增强相来增强金属基体，而不是外加增强体，增强体与基体界面结合良好。

(1) 固相反应生成增强物（XD）法　把预期构成增强相（陶瓷相或金属间化合物）的两种以上组元粉末与基体粉末均匀混合，然后加热到基体熔点以上温度，使混合粉末之间的元素发生放热反应，温度迅速升高，并在基体金属溶液中生成 1μm 以下的弥散颗粒增强物，增强物与基体界面洁净，结合力强。反应生成的增强相含量可以通过加入反应元素的多少来控制。颗粒增强物性质稳定，可以熔化加工。已制备出的金属基复合材料有：TiB/Al、TiB_2/NiAl、TiB_2/TiAl、SiC/$MoSi_2$，其中以 TiB_2/TiAl 最为成熟。

（2）液相反应自生增强物法（Ia-sifa） 液相反应自生增强物法是在基体金属溶液中加入能反应生成预期增强相的元素或化合物，在熔融的基体合金中，在一定的温度下反应，生成细小、弥散、稳定的颗粒增强物，形成自生金属基复合材料。例如，在铝液中加入钛元素和碳元素生成 TiC 增强相，或在 AlTi 合金中通入甲烷气体，则溶液中发生甲烷与铝液的反应，生成细小弥散 TiC 增强相颗粒：

$$Ti + CH_4 \longrightarrow TiC + 2H_2 \text{（铝液中）}$$

$$2B + Ti \longrightarrow TiB_2 \text{（铝液中）}$$

液相反应自生增强物法是一种新发展起来的工艺方法，适用于铝基、镁基、钛基、铁基等复合材料。由于使基体金属中自生增强物，界面干净，结合良好，但反应过程控制比较困难。

6.2.4 复合材料的二次加工技术

在复合材料的制造过程中，既可以直接制成构件，也可以先制成半成品，再经过后续加工获得成品。对于已成型好的复合材料板材、长条型材、管材、棒材等还需要按照设计要求，经过成型、机械加工、连接或热处理等工艺过程，再装配成构件。

6.2.4.1 成型

金属基复合材料通过一些方法成型为某种要求的形状，并且使制品致密化（消除孔隙）的工艺过程。复合材料加工的最大困难是延性材料和脆性材料共存，这决定了其与传统加工方法的不同。以下简要介绍几种成型加工方法。

（1）挤压 挤压是在一端施加压力，将挤压筒内的金属基复合材料通过模子挤出成型的塑性加工方法。在挤压过程中，坯料所处的三向不等的压应力状态使材料的塑性变形能力有明显提高。该工艺方法可以获得棒材、管材、线材、异形材。

（2）轧制、模锻、旋压 轧制是利用具有旋转轧辊的轧机对金属基复合材料所进行的塑性加工方法。这是金属基复合材料最主要的塑性加工方法，主要适用于基体合金塑性较好（铝、锌等）的非连续增强复合材料，有时也可用于加工连续纤维增强金属基复合材料板材。

模锻是根据锻件形状要求用特定的金属模具来束缚大部分金属基复合材料的坯锭进行锻造成型的方法。与对应的合金基体相比，在相同工艺条件下金属基复合材料的流变应力高、塑性低。金属基复合材料的模锻具有成型精度高和可直接获得形状复杂构件的优点。但具有对模具质量要求高，成本高的缺点。

旋压是将平板状或预先成型的金属基复合材料毛坯固定在旋转模芯的一端，用具有一定边缘形状、可作轴向和径向运动的旋轮对毛坯加压，经过一次或多次的旋压加工，得到各种形状和壁厚的空心回转体制品的塑性加工方法。旋压产品精度高，力学性能好（可产生形变强化效果），尺寸范围广。因此，旋压是制造筒形件、空心锥体、杯形件、半球体、薄壁管材等金属基复合材料精密制品（包括大型制品）的有效方法。

（3）超塑性及薄板成型工艺 超塑性成型具有材料塑性高、变形抗力小、可以一次精密成型等优点，尤其适应于非连续增强金属基复合材料的二次塑性加工成型。国外已采用超塑性成型工艺制成 10%SiC_w/7064Al 复合材料机翼前缘肋条板和正弦波桁条，以及 SiC_w/

7475Al 复合材料飞机舱门部件。

(4) 室温锥形金属包层法　板状复合材料弯曲时，在中性轴的外侧受到拉力，内侧受到压缩力，而复合材料受到拉力时纤维容易断裂。通过附加金属包层使弯曲变形时中性轴偏移，复合材料大部分受压应力、小部分受较小拉应力，来解决纤维因拉应力断裂的问题。25mm 厚的 B/Al 复合材料可加工成帽状。

(5) 滚压成型法　用两张与复合材料相同厚度的铝合金板，把复合材料夹于其中做成夹层结构，合金板比复合材料略长，以防止复合材料末端变平坦，然后用三个辊子滚压成型。

6.2.4.2　机械加工

机械加工的目的是将复合材料的构件按照设计要求加工成一定的尺寸、形状和精度的零部件。传统的切、车、铣、磨工艺一般都可用于 MMC。但是往往会遇到刀具磨损的问题。当材料比较薄时可用机械剪切断；当材料横截面积不太大时，可用砂轮片切断；当材料横截面积较大时可采用一些先进的加工手段，如激光刀、喷水刀、金刚石刀、放电切割等。复合材料钻孔难度较大，必须使用碳化钨钻头，且要求钻头有负的倾斜角和较宽的横刃，以减少加工时的热量。

6.2.4.3　连接

研究开发高效、高质量的金属基复合材料的焊接技术，是获得某些金属基复合材料复杂结构及大型结构的必要前提，另外，焊接技术还可用于对金属基复合材料铸件的某些宏观缺陷的修补。与对应的基体合金相比，非金属增强体的存在使得金属基复合材料连接的技术难度大为增加。特别是对于连续纤维增强金属基复合材料，在熔化区内增强体的分布可能受到很大的影响，甚至于从熔化区内消失。即使对于颗粒增强金属基复合材料，在熔化区内的排斥作用也往往会造成复合材料的明显不均匀性。而这种显著的不均匀性又常常使焊缝成为应力集中甚至破坏的位置。因此，一般都倾向于采用可使焊合区较窄的工艺，如钎焊、摩擦焊、激光或电子束焊等连接技术。

除了各种焊接方法，机械连接和胶接也是复合材料的有效连接方法。在选择金属基复合材料连接技术方法和确定、改进技术参数时，应着重考虑三方面的因素：增强体类型与含量，基体合金的熔点，热能控制。

6.2.4.4　热处理

金属基复合材料的有效的热处理制度不同于其基体合金，甚至形成了一些金属基复合材料所特有的、全新的热处理原理与工艺。

(1) 时效析出硬化处理　金属基复合材料固溶处理后的时效析出硬化（或称强化），在原理上与对应的基体合金并没有本质区别。但在过程上、行为上及强化效果上却有不同之处。这是因为，金属基复合材料中增强体的存在将对基体合金的时效析出行为产生直接（如通过界面溶质偏聚）和间接的影响。间接的影响是指通过影响（一般为提高）基体的位错密度和空位浓度来改变析出相的形核和长大行为。已有大量的试验结果表明，增强体与基体合金之间的热（错配）应力对非连续增强金属基复合材料中基体的位错密度以及空位浓度有很大的影响。

(2) 淬火强化处理　通过淬火进一步提高金属基复合材料基体的位错密度从而达到强化的目的，这是金属基复合材料所特有的一种热处理制度，它是充分利用增强体与基体合金之间的热错配应力来提高位错密度的。

（3）反应强化处理　通过较高温度下的保温实现增强体与基体合金之间的一系列化学反应，从而达到进一步强化的目的，这是金属基复合材料所特有的又一种热处理制度。根据反应程度可将这种处理制度分为两种类型：一是通过适当的界面反应来提高界面结合强度从而提高金属基复合材料的强度；二是通过增强体与基体合金之间严重的化学反应形成大量的可起到增强体作用的新相，从而提高金属基复合材料的强度。但对于界面结合较强的纤维增强复合材料需采用减少界面结合的冷热循环热处理，以减小应力集中，防止复合材料的脆性断裂。

6.3 金属基复合材料的性能

传统的金属或合金的本质特征是集韧性、强度、可加工性及环境稳定性为一体，虽通过合金化或控制组织结构可以显著调整、改善金属材料的绝大多数力学性能指标，但一般来说却不能有效地提高金属材料的弹性模量。另外，在很多领域要求金属高导热、导电的同时又必须具有良好的力学性能，而传统的合金强化方法则会导致导热、导电性的急剧下降。金属基复合材料则是解决上述这些矛盾的最有效途径。

6.3.1 铝基复合材料

6.3.1.1 铝基复合材料的特点

硼纤维性能好、尺寸较大（直径为100～140μm），使硼-铝复合材料在制造工艺上较为简单，是连续纤维增强金属基复合材料中最早研究成功和应用的材料之一。

目前硼-铝复合材料的主要研究内容如下。

① 研制强度高、刚性大、质量轻的构件，这在航空航天领域中显得尤为重要。

② 改进大型构件的制造技术，研制可靠耐用的材料及构件。

③ 改进硼-铝复合材料的制造应用技术，促使其成本尽可能降低。

硼/铝复合材料综合了硼纤维优越的强度、刚度和低密度及铝合金基体的易加工性和工程可靠性。表6-1对比了硼/铝复合材料与硼-环氧树脂、高强石墨-环氧树脂和高强钛合金Ti-6Al-4V。表中同时给出了单向增强的性能和增强物0°±60°排列的各向同性的性能。大多数工程应用要求采用能使材料性能介于上述两者之间的增强方式。由表可见，由于增强纤维的作用使比模量得到明显改善。硼纤维的比模量约为钢、铝、钼、铜和镁等任何一种标准工程材料的五六倍，这是由于硼的共价结合在本质上比金属键结合更强。而金属键的结合力又比树脂的结合力强得多。这样，金属键结合的材料的比模量约为树脂的10倍。所以，树脂的低刚度将导致树脂基复合材料的横向模量和剪切模量都低。硼/铝的这种优点同样表现在多向增强的复合材料上。像铝这样具有较高模量的基体的另一个优点表现在抗压负载上。基体模量高对防止纤维在基体中发生微观曲折很重要。在纤维受压时这种微观曲折问题由于纤维直径小而更为严重，一般认为，这便是细石墨纤维复合材料抗压强度低的一个主要原因。

与树脂基复合材料相比，硼/铝的弹性模量更接近各向同性，而且其非轴向强度较高。硼/铝复合材料的横向抗拉强度和剪切强度大约与铝合金基体的强度相等，这就比树脂基材料可能达到的强度要高得多。

表 6-1 多相增强复合材料的性能

项目	抗拉强度(0°)/MPa	拉伸模量(0°)/GPa	抗拉强度(90°)/MPa	拉伸模量(90°)/GPa	抗弯强度(0°)/MPa
硼/环氧树脂 0°±45°	660	110	103	32	1930
硼/环氧树脂 0°±60°	430	73	280	73	1490
硼/铝 0°±60°	500	180	490	180	—
硼/铝 0°	1300	220	130	130	>1980
石墨/环氧树脂 0°±45°	430	78	62	12	—
铝合金 7075-T6	500	66	490	67	—
Ti-6Al-4V	900～1100	105	900～1100	105	—

6.3.1.2 基体

硼纤维增强的金属基体应该具有良好的综合性能，即较高的断裂韧性，较强的阻止在纤维断裂处的裂纹扩展能力；较强的抗腐蚀性，高的强度及与纤维结合性较好等特点。对于高温下使用的复合材料，还要求基体具有较好的抗蠕变性。此外基体应能熔焊或钎焊。

表 6-2 铝合金基体的性能

合金	弹性模量/GPa	屈服强度/MPa	抗拉强度/MPa	断裂应变量/%
1100	63	42	86	20
2024	71	128	240	13
5052	68	135	265	13
6061	70	77	136	16
Al-7Si	72	65	120	23

目前使用的铝合金并不完全符合硼纤维对金属基体的要求，但某些合金已得到成功使用，其中最为普遍使用的是变形铝合金。表 6-2 为硼/铝复合材料使用的基体铝合金的代号和性能。

6.3.1.3 硼/铝复合材料制备

硼/铝复合材料的制备可采用等离子热喷涂技术。如图 6-7 所示，将硼纤维缠绕在圆筒上，使纤维间保持 0.1mm 间隙，然后用等离子喷涂铝或其合金，厚度约 0.3mm，切开已喷好铝的 B 纤维，成片状进行铺层，根据需要在每层间加铝箔，其最里与最外层加纯铝，加温、加压进行复合。

这种工艺的优点是，纤维在缠绕筒上就被基体固定住，因而纤维间距好控制，喷涂条带的耐久性和强度好，以及易于复合、黏结。在制造 B/Al 复合材料时，在硼和铝合金中还可加入第三组元以改进一些性能，如高温横向性能、抗腐蚀性和韧性。

除了上述制造工艺外，B/Al 复合材料的制造还有电沉积、金属粉末成型、铸造和纤维缠绕配合等工艺。常用纤维缠绕加等离子喷涂基体这样的工艺来制造平板和大直径圆环。用这种工艺制造的复合材料试验结果表明，此种 B/Al 复合材料具有极好的高温强度和耐疲劳性能。

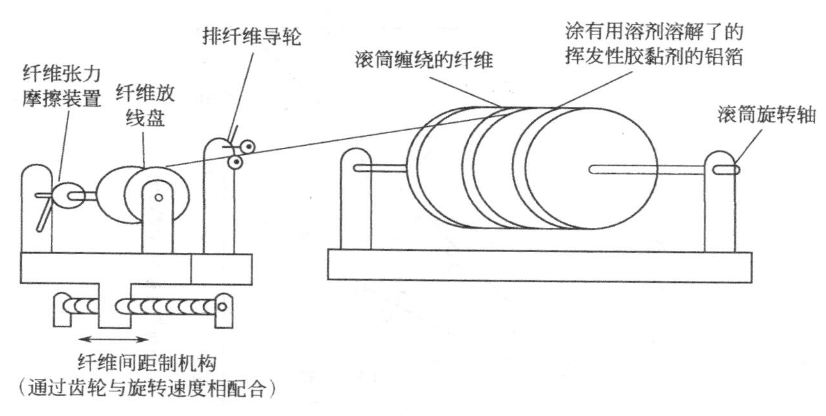

图 6-7 纤维的滚筒缠绕

6.3.1.4 硼/铝复合材料力学性能

(1) 弹性模量 几乎所有的通用工程机械和结构的设计均使其工作载荷不超过所用材料的弹性范围。弹性模量决定了结构在载荷下的尺寸，在这些用途中它是相当重要的。有选择地使用硼/铝复合材料来增强或加固金属结构也取决于对材料弹性模量的了解，因为正是组元材料模量的比值决定了结构内部的负荷分布。

单向增强硼/铝复合材料可看做是一种正交材料，它在横向上各向同性并具有五个独立的弹性常数。然而，硼/铝复合材料常常作为薄片使用，这种薄片也是复杂叠层的结构单元。于是可以把它作为一个处于平面应力状态的正交薄片来对待，因而只需四个独立的弹性常数。组元硼纤维和铝基体的弹性常数见表 6-3。

表 6-3 组元硼纤维与铝基体的弹性常数

弹性常数	硼纤维/GPa	铝基体/GPa
杨氏模量 E	390～430	72
泊松比 γ	0.21	0.33
剪切模量 G	115～143	29

硼/铝复合材料的纵向弹性模量 E_{11}，可用混合定则公式精确地计算如下：

$$E_{11}=E_{\mathrm{F}}V_{\mathrm{F}}+E_{\mathrm{M}}V_{\mathrm{M}} \tag{6-1}$$

式中，下标 F 和 M 表示纤维和基体，而 V 表示体积分数。

横向模量的关系较为复杂，然而研究人员所得到的理论值与实验值能很好相符。图 6-8 为这两个模量的理论值与实验值的符合情况。图中所示弹性模量的各向异性并不大，对于通常使用的 50%纤维体积分数的复合材料来说，纵向与横向模量的比值约为 3∶2。

(2) 拉伸强度及应力-应变特性 非均质的正交材料，如硼/铝复合材料，其强度和全部应力-应变特性必然是复杂的。像单一的工程材料一样，结构复合材料的最终性能是原材料的性能、成分以及加工和制造过程的结果。

① 纵向拉伸特性 硼/铝复合材料的轴向拉伸特性取决于增强纤维的性能和复合材料的纤维含量。复合材料纵向强度和断裂应变受纤维性能制约，基体性能和残余应力状态对复合材料的应力-应变特性影响不大。

硼/铝复合材料的纵向应力-应变曲线如图 6-9 所示。图中给出了制造状态（F 状态）和热

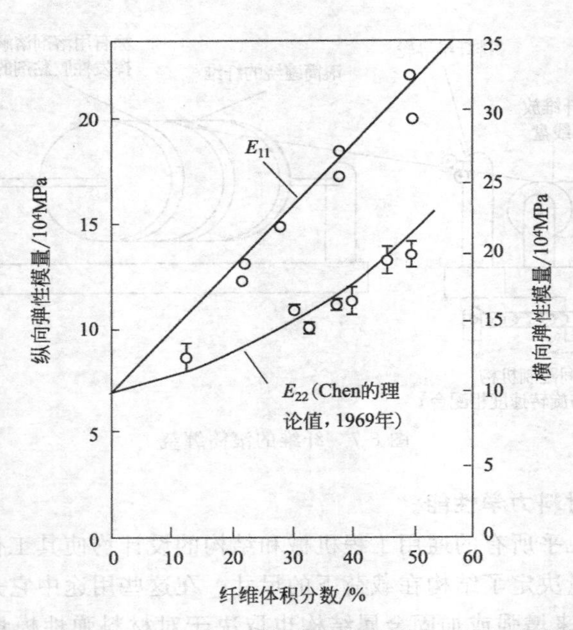

图 6-8 硼-6061/铝复合材料的纵向弹性模量和横向弹性模量

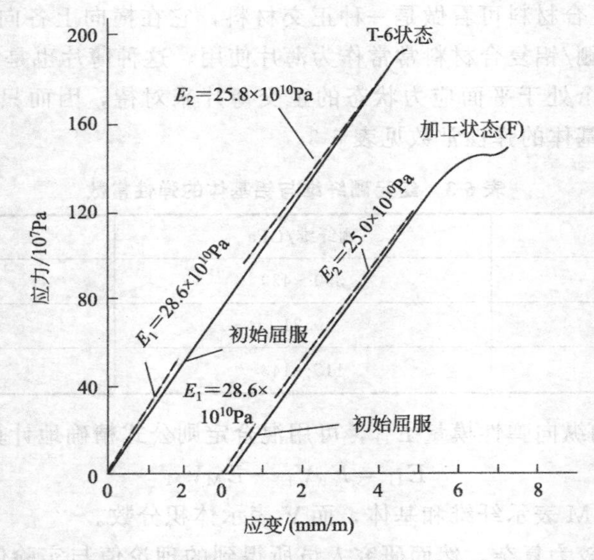

图 6-9 典型硼/铝复合材料应力-应变曲线

处理状态（T-6 状态）的两种特性。图中两种应力-应变曲线的特征都有一个初始的直线区域，然后在另一个直线区域之前有一个过渡的非线性区域，最后在断裂前有一个非线性区域。

② 纵向拉伸强度　硼铝复合材料具有很高的拉伸强度，这主要是由于增强纤维的抗拉强度高。图 6-10 为复合材料强度与纤维体积分数的关系。对于一定的纤维类型，复合材料的强度一般随纤维体积分数的增加而增加。如果纤维强度的重复性好，试验表明复合材料的纵轴抗拉强度随纤维体积分数的变化实质上是呈线性关系。与线性有较大的偏离，通常是由于不同试样之间纤维强度的变化所致。由于复合材料纵轴强度与纤维体积分数呈线性关系，因而可以用混合定则来表示复合材料强度与纤维强度之间的关系，即

$$\sigma_c = \sigma_f V_f + \sigma_m (1 - V_f) \tag{6-2}$$

硼/铝复合材料纵向抗拉强度随温度的变化如图 6-11 所示。这种变化主要取决于纤维强度随试验温度的升高而降低，并且也取决于纤维-基体发生反应所引起的纤维强度下降。而纤维强度下降，在温度超过 430℃并长时间停留的情况下更为严重。高温纵向强度主要取决于纤维强度这一事实证明，提高复合材料高温强度的方法主要是依靠提高纤维的高温强度。

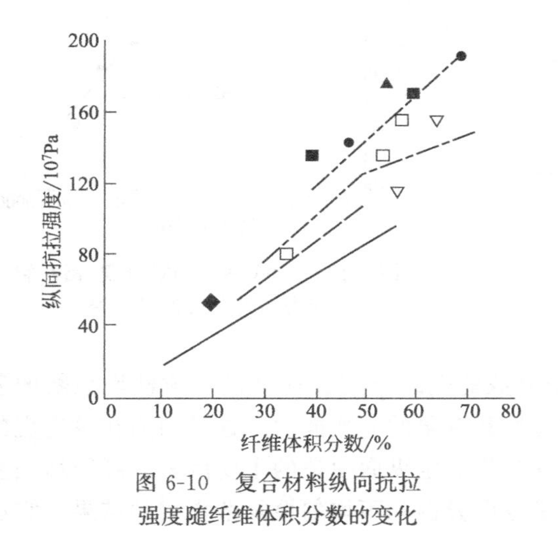

图 6-10 复合材料纵向抗拉强度随纤维体积分数的变化

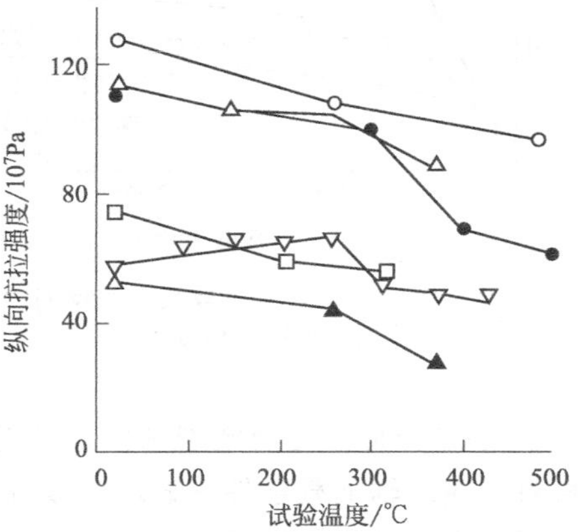

图 6-11 复合材料纵向抗拉强度随试验温度的变化

③ 横向拉伸　在构件中横向拉伸性能是重要的考虑因素。在多数情况下纤维（含 50%）增强金属基复合材料的横向抗拉强度只有纵向抗拉强度的 10%～15%，而横向弹性模量约为纵向模量的 60%。横向性能对纤维和基体两者的性能都是敏感的。

所有的硼/铝复合材料的横向拉伸特性可以根据断口的形貌分为三种常见的类型：第一类复合材料的断裂的特征是断口全为基体破裂；第二类断口特征则同时含有基体破裂和纵向纤维劈裂；第三类断口的典型情况是基体破裂和纤维-基体界面破裂。

当复合材料承受横向拉伸载荷时，是发生第一类还是第二类复合材料断裂，主要取决于基体和纤维的相对强度。第一类和第二类断口形貌复合材料的典型应力-应变曲线如图 6-12 所示，150μm 硼纤维增强铝基的复合材料断裂主要是由于基体的破裂，断口为第一种类型，100μm 硼纤维增强铝基的复合材料断裂特征为第二种断口类型。

④ 蠕变及持久强度　硼/铝复合材料在航空航天方面的应用要求这种材料具有良好的高温性能。而它的高温性能比单一材料复杂得多，因为不仅每种组元单独有组织结构的变化，而且有残余应力状态的变化和纤维与基体之间的反应。硼/铝复合材料是否能够适应在高温下工作，取决于材料的高温蠕变和持久强度性能。

温度在 500℃以下，单向增强硼/铝复合材料的纵轴蠕变和持久强度超过目前所有的工程合金，这是由于硼纤维特殊的高抗蠕变性能所致。硼纤维直到 650℃测不到蠕变，其 815℃的蠕变率仍大大低于冷拉钨丝。其优良的纵轴性能的典型数据如图 6-13 所示。

此图表示了在 300℃和 500℃下 100μm 硼/铝（6061）的断裂应力随持久时间的变化，并与工程合金 Ti-6Al-4V 500℃的数据进行了比较。在这些温度下进行的蠕变试验没有显示出复合材料有任何明显的塑性变形。记录下的最大永久延伸率为0.2%。

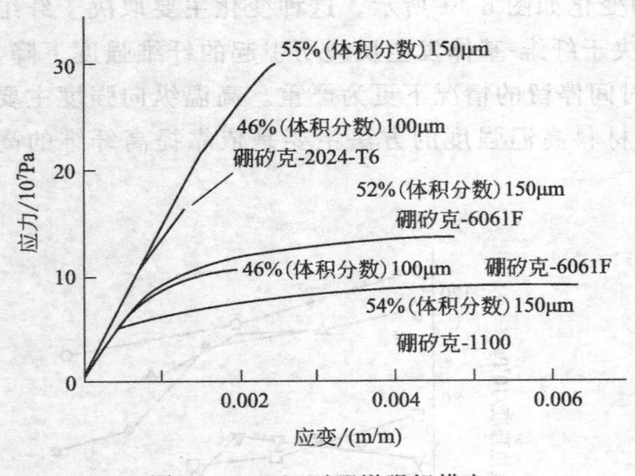

图 6-12 25℃下硼增强铝横向拉伸应力-应变曲线

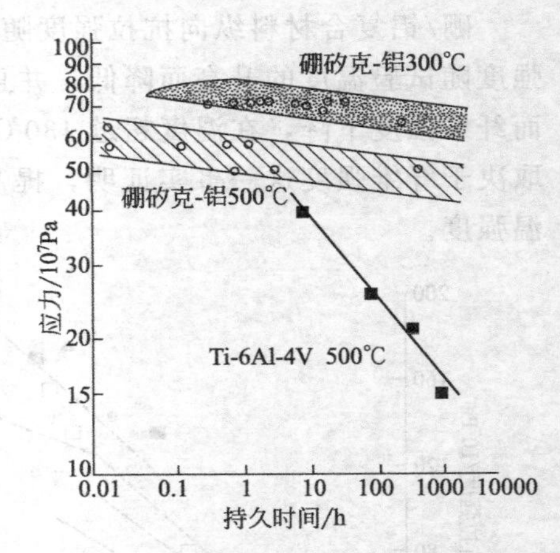

图 6-13 300℃和500℃时硼/铝断裂应力与持久时间的关系

⑤ 缺口拉伸强度及断裂韧性　具有高体积分数的硼纤维或其他高模量脆性增强物的复合材料，在纵轴加载条件下显示出接近弹性的特性和有限的应变能力。这是因为在等应变的条件下，模量较高的纤维承受着大部分载荷，并成为决定纵向模量的主要因素。纤维增强复合材料中的断裂过程比单一材料复杂得多，它是各向异性和不均匀性复杂作用的结果。它虽仅具有有限的应变能力，但仍不是真正的脆性材料。

如图 6-14 所示，纤维增强复合材料试样的缺口敏感性低于像 Ti-6Al-4V 这样的合金。裂纹横向扩展所要求的断裂韧性参数 K 值，在每种情况下都等于或超过所采用的未增强的铝基体合金的数值，复合材料的韧性随纤维体积分数的增加而增加。

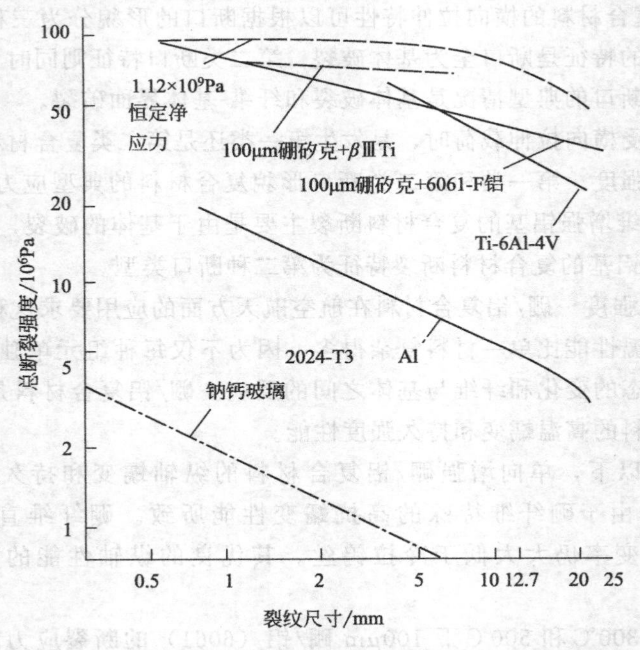

图 6-14 缺口试样的总断裂强度随加工裂纹尺寸的变化

6.3.2 钛基复合材料

钛比其他任何普通的结构材料有更高的比强度，钛在中温时比铝合金能更好地保持其强度。除此之外，钛还有另外两个优点：第一，钛合金的热膨胀系数比其他绝大多数结构材料小，并且接近于硼；第二，钛的强度高，因而在制造复合材料时，非纵轴的增强物的用量就可以少于弱基体的需要量。因此研究钛基复合材料备受关注。

6.3.2.1 硼/钛复合材料

硼纤维最初的一种应用是增强钛合金，但由于硼钛之间具有严重的界面反应，所以早期的硼/钛复合材料研究没有成功。随着人们对界面反应认识的提高以及对界面反应控制手段的采用，硼/钛复合材料在制备工艺方面才取得重大成功。

(1) 硼/钛复合材料界面组织结构 20世纪60年代，人们研究了Ti-6Al-4V薄片与硼纤维热压制得的复合材料的性能，其抗压强度增加了4%，但拉伸强度降低很多。在对其金相组织进行研究时发现，硼纤维被厚度为1～2μm的白色反应物所包围，在化合物之外有一个暗色的两相结构的急剧腐蚀区。进一步的研究表明，此两相区中的白色部分为TiB_2，而暗色则为腐蚀区。拉伸试验表明，在拉伸初期，试验值与按混合定则计算值符合得较好，随后产生了偏离，这表明具有明显界面反应的复合材料中也具有混合定则的特征。而在此之前常常认为，只有在无反应的系统中复合材料才可能具有混合定则的特征。同时拉伸试验也表明，如果对界面反应能够有效控制，使反应界面层厚度控制在有效范围内，满足混合定则的复合材料是可能的。

为获得理想的硼/钛复合材料界面组织结构，提出了以下解决方法。

① 高速工艺。制备工艺要满足高速化，可以采用轧制法，就是使箔片和纤维在轧辊之间通过，经电加热制成带状复合材料。典型温度为1000℃，此温度下停留时间为1～2s，测定的反应层厚度小于50nm。这种工艺制成的带材得到了预测的性能。

② 低温工艺。它与高速工艺不同，因使用热压，所以时间不能太短，合理的热压时间为15min，温度为830℃，便于减小高温下界面反应的程度。

③ 研制低活性的基体。研究表明，硼钛界面反应受基体成分的影响。对钛进行合理的合金化，可以减小界面反应。首先可以从现有的合金成分中选择低活性基体，其次要专门研制供复合材料使用的钛合金基体材料。目前两种合金受到了特别重视，一种是Ti-6Al-4V；另一种为Ti-11Mo-5Zr-5Sn。

④ 研制减小反应的涂层。研究表明，在硼纤维表面涂覆碳化硅涂层，可以延缓硼纤维与钛之间的界面反应，能使界面反应层厚度得到有效控制，界面结构明显改善，性能得到提高。但由于碳化硅涂层的成本较高而可靠性较低，因此需要研究开发更为理想的涂层材料。

⑤ 选择具有较大反应容限的系列及在设计上减少强度降低的方法（较为复杂，不展开介绍）。

(2) 硼/钛复合材料制备 图6-15为轧制法制备硼/钛复合材料示意图。将30根硼纤维按0.15mm的中心距分两层夹在带轧槽的纯钛箔中间。这样可以使纤维排列精确。将三层箔片和30根纤维的叠排层喂入带耐热合金热滚轮的连续扩散焊合机，焊合速度为15cm/min，使复合材料的加热条件相当于在1000℃的静态加热时间，略多1s，带材的尺寸被修整到0.25cm×0.03cm，大约有25%（体积分数）的硼。

这种工艺制成的硼/钛复合材料的界面硼化物的厚度为25～50nm。但由于高速工艺的缺点

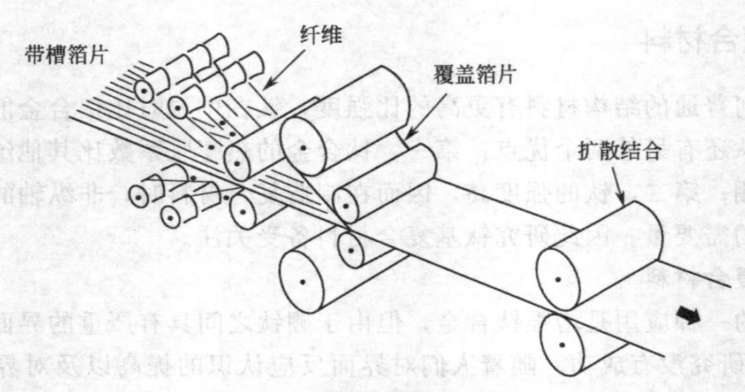

图 6-15 带材制造示意图

是制成后存在残余应力，因此需进行退火，退火后的强度及断裂应变量均有所提高。其纵向强度为 1000MPa，纵向模量 150～160GPa，横向强度 400MPa，横向模量130～140MPa。

6.3.2.2 碳化硅纤维/钛复合材料

另一种钛复合材料是碳化硅纤维增强钛复合材料。其中以 Ti-6Al-4V 为基体的复合材料，其典型抗拉强度为 900MPa，弹性模量为 900MPa。采用 0.1mm 的 Ti-6Al-4V 的箔片与 SiC 席片，在 850℃、压力 40MPa 的条件下进行 1h 的扩散制成。在多数情况下，为帮助控制间隔，使用了粉末附加剂。纤维席片预先用胶黏剂固定，然后在加热过程中将胶黏剂挥发掉。钛与碳化硅的反应层为 0.5μm 厚。对于含 18%～38%纤维的复合材料，在纤维方向上测得的典型抗拉强度范围是 800～950MPa，即低于基体的抗拉强度（991MPa）。另一方面，复合材料的弹性模量符合混合定则。

与 SiC 纤维增强钛基复合材料相比，颗粒增强钛基复合材料取得了更快的发展。目前冷等静压与热等静压结合的 CHIP 法已成为制造钛基复合材料的经济适用方法。该法首先将基体粉末与增强颗粒混合，然后在测量弹性用的模具内冷等静压到净成型或近净成型的形状。将所得预制件从模具中取出，用真空烧结法致密到大约 95%的理论密度。紧接着再用热等静压获得 100%的全密度。目前利用 CHIP 法在可压实的钛合金粉内掺入 TiC 颗粒已获得一个叫做 Cerme Ti 的复合材料系列。所获零件密度均匀、形状复杂，经增强后高温强度与刚度获得改善，并把 Ti-6Al-4V 的使用温度提高 110℃。复合后延性虽较未复合有所降低，但硬度、刚度和拉伸强度均增加。

6.3.3 镍基复合材料

金属基复合材料最有前途的应用之一是做燃气涡轮发动机的叶片。这类零件在高温和接近现有合金所能承受的最高应力下工作，因此成了复合材料研究的一个主攻方向。对于像燃气轮机零件这类用途，必须采用更加耐热的镍、钴、铁基材料。由于制造和使用温度较高，制造复合材料的难度和纤维与基体之间反应的可能性都增加了。同时，对这类用途还要求有在高温下具有足够强度和稳定性的增强纤维，符合这些要求的纤维有氧化物、碳化物、硼化物和难熔金属。

由于高温合金大多数都是镍基的，因此在研制高温复合材料时，镍也是优先考虑的基体。本节所介绍的材料大多数都是用纯镍或简单镍合金作为基体的。而增强物则以单晶氧化铝（蓝宝石）为主，它的突出优点是，高弹性模量、低密度、纤维形态的高强度、高熔点、良好的高温强度和抗氧化性。

6.3.3.1 蓝宝石杆

Verneuil 法生长的粗蓝宝石杆受到了很大的重视。蓝宝石杆的强度决定于其表面完整性而不取决于同尺寸有关的缺陷或其结构中的固有缺陷。用火焰抛光法可制出几乎无表面缺陷的直径 1mm，长度 5～10cm 的蓝宝石杆。

然而，尽管有这样的强度，火焰抛光的蓝宝石杆还不能认为是一种实用的增强纤维，因为每根短杆都是单个制备的，而且晶体生长、机械加工和抛光都是很昂贵的。

6.3.3.2 镍-蓝宝石反应的性质和影响

蓝宝石和镍在使用温度下发生一定程度的化学反应是不可避免的。在火焰抛光蓝宝石的近乎完整的表面上，很小的缺陷也会使强度严重下降。因此为了得到最高的纤维强度并在复合材料中充分利用它，就必须在纤维上涂覆防护层来防止或阻滞纤维同基体合金的反应。

研究结果表明，为保护纤维表面，钨是最令人满意的涂层元素，但如果涂层太薄则不够稳定。因此还需对一些难熔陶瓷涂层如碳化物、硼化物和氧化物进行研究。在选择这类涂层时，必须避免选用其氧化物比 Al_2O_3 更稳定的金属。纤维涂层除了防止同基体的反应以外，还必须保证纤维-基体有适当结合以得到最佳的复合材料性能。

6.3.3.3 镍基复合材料的制造

热压法成功地制造了 Al_2O_3-NiCr 复合材料。其最成功的工艺是先在 Al_2O_3 晶杆上涂一层 Y_2O_3（约 1μm 厚），随后再涂一层钨（约 0.5μm 厚）。涂钨的目的除了可以进一步加强防护外，还赋予表面以导电性，这样可以电镀相当厚的镍镀层。这层镍可以防止在复合材料迭层和加压过程中纤维与纤维的接触和最大限度地减少对涂层可能造成的损伤。经过这种电镀的杆放在镍铬合金薄板之间，板上或者有沟槽，或者有焊上的镍铬合金丝或条带，以便使杆能很好地排列并保持一定的间距。加压在真空中进行，典型条件是温度 1200℃、压力 41.4MPa。

除了热压法制得的镍基复合材料外，人们还采用了其他方法如电镀、液态渗透、爆炸成型和粉末冶金法制造镍基复合材料，但均不很成功。

6.4 金属基复合材料的应用

经过几十年的发展，金属基复合材料除了用于航空航天、军事领域外，也可用于交通运输工具、电子元器件等民用领域。下面将对金属基复合材料的典型工程应用实例进行简要介绍。

6.4.1 航天与空间应用

金属基复合材料在航天器上首次成功应用是美国 NASA 将硼纤维增强铝基复合材料（B/Al）用于航天飞机轨道器中段（货舱段）机身构架的加强桁架的管形支柱（如图 6-16），整个机身构架更有 300 件带钛套环和端接头的 B/Al 复合材料管形支撑件。与原设计方案（拟采用铝合金）相比，减重达 45%，产生了巨大的效益。

硼/铝复合材料还具有较强的中子吸收能力，用来制造废核燃料的运输容器和储存容器可显著减重。另外硼/铝复合材料还可以制作移动防护罩、控制杆、喷气发动机网扇叶片、飞机机翼蒙皮、结构支撑件、飞机垂直尾翼、导弹构件、飞机起落架部件、自行车架、高尔

图 6-16 航天飞机用复合材料构架

夫杆等部件。

另一著名工程应用实例是 60％石墨纤维/6061 铝基复合材料被成功地用于美国哈勃太空望远镜的高增益天线悬架（也是波导）。这种悬架长达 3.6m，要求具有足够的轴向刚度和超低的轴向线性膨胀系数，以及良好的波导功能，以保证在太空运行时天线保持正确位置、抗弯抗振动，及飞行器与控制系统之间良好的信号传输。

美国 ACMC 公司与亚利桑那州立大学光学研究中心合作，采用 SiC 颗粒增强铝基复合材料研制成超轻量化空间望远镜（包括结构件和反射镜，该望远镜的主镜直径为 0.3m，整个望远镜仅重 4.54kg）。ACMC 公司用粉末冶金法制造的碳化硅颗粒增强铝基复合材料还用于激光反射镜、卫星太阳能反射镜、空间遥感器中扫描用高速摆镜等。

6.4.2 航空及导弹等应用

对于安全系数及使用寿命都要求极高的航空工业，金属基复合材料始终是最具挑战性的应用领域，在商用飞机上应用就更是如此。因此，金属基复合材料的航空应用进程大大滞后于航天应用。最早的航空应用实例是 20 世纪 80 年代美国洛克希德·马丁公司将 DWA 复合材料公司生产的 $25\%SiC_p/6061Al$ 复合材料用作飞机上承放电气设备的支架。该设备架长约 2m，其比刚度比 7075 铝合金约高 65％。

美国将粉末冶金法制备的 $SiC_p/6092Al$ 复合材料用于 F-16 战斗机的腹鳍，以替代原有的 2214 铝合金蒙皮，使刚度提高 50％，寿命由原来的数百小时提高到设计的全寿命（8000h），寿命提高达 17 倍。并且可大幅度减少检修次数，提高飞机的机动性。此外，F-16 上部机身有 26 个可活动的燃油检查口盖，其寿命只有 2000h，并且每年都要检查 2～3 次。采用碳化硅颗粒增强铝基复合材料后，刚度提高 40％，承载能力提高 28％，预计平均翻修寿命可高于 8000h，裂纹检查期延长为 2～3 年。

F-18“大黄蜂”战斗机上采用碳化硅颗粒增强铝基复合材料作为液压制动气缸体，与替代的铝青铜相比，不仅质量减轻、线性膨胀系数降低，而且疲劳极限还提高了 1 倍以上。

更为引人注目的是，20 世纪 90 年代末以来，碳化硅颗粒增强铝基复合材料在大型客机上获得正式应用。惠普公司从 PW4084 发动机开始，将以 DWA 公司生产的挤压态碳化硅颗粒增强变形铝合金基复合材料（17.5SiC_P/6069Al，T6）作为风扇出口导流叶片，用于所有采用PW4000系发动机的波音777上。惠普公司研究表明，作为风扇出口导流叶片或压气机静子叶片，铝基复合材料耐冲击（冰雹、鸟撞等外物打伤）能力比树脂基（石墨纤维/环氧树脂）复合材料好，且任何损伤易于发现。

罗-罗公司采用SCS-6/Ti-6Al-4V复合材料制造超音速飞机蒙皮；美国怀特实验室及美国空军采用SCS-6/Ti-6Al-4V复合材料板及SCS-6/Ti-22Al-23Nb复合材料用于宇航飞机和先进战斗机的涡轮部件。另外SiC纤维增强钛基复合材料在发动机机匣、低压轴、压气机转子叶片等部件上得到应用。

6.4.3 在微电子系统中的应用

高体积分数SiC_p/Al复合材料具有高导热、低膨胀、低密度、低成本等优点，已作为电子封装材料在美国等获得应用。例如，采用无压浸渗法制备的高体积分数SiC_p/Al复合材料作为印刷电路板芯板已用于F-22“猛禽”战斗机的遥控自动驾驶仪、发电元件、飞行员头部上方显示器、电子计数测量阵列等关键电子系统上，替代包铜的钼及包铜的锻钢，可以使质量减轻70%。且由于此种材料的热导率可高达180W/（m·K），从而降低了电子模块的工作温度，减少了冷却的装置。另外，该材料还在电子元器件基座、外壳等器件上获得了应用。更可喜的是，作为电子封装材料在商用微电子系统上的应用也取得突破性进展：SiC_p/Al复合材料印刷电路芯板已用于地轨道全球移动卫星通信系统（摩托罗拉铱星，共66颗）；作为电子封装材料，其还用于火星“探路者”和“卡西尼”土星探测器等著名航天器上。

6.4.4 在其他领域的应用

（1）地面武器装备上的应用　除对构件有严格轻量化要求的航空航天等军事领域外，在普通的地面武器上也有应用。例如，美国曾将氧化反应浸渗法制备的SiC-Al_2O_3/Al复合材料作为附加装甲，用于“沙漠风暴”地面进攻的装甲车；美国GardenGrove光学器材公司用SiC_p/Al复合材料制备了Leopardl坦克火控系统瞄准镜。

（2）在交通运输工具上的应用　交通运输工具是金属基复合材料最重要的民用领域之一，但这一领域特别是汽车工业对价格极为敏感。金属基复合材料用于汽车工业主要是颗粒及短纤维增强的铝基、镁基、钛合金基复合材料。

其最早应用成功的实例是1983年起日本丰田公司研制的5%Al_2O_3短纤维局部增强铝基复合材料活塞，以替代原有的镍铸铁镶圈，不仅质量减小10%，而且热导率提高3倍，疲劳寿命也明显延长。连杆是汽车发动机中继活塞之后第二个成功应用金属基复合材料的例子，1984年，Fogar等用氧化铝长纤维增强铝合金制造了第一根连杆。后来，日本Mazda公司亦制造出了Al_2O_3/Al合金复合材料连杆。这种连杆质量轻，比钢质连杆轻35%；抗拉强度和疲劳强度高，分别为560MPa和392MPa；而且线性膨胀系数小，可满足连杆工作时性能要求。

碳化硅颗粒增强铝基复合材料不仅耐磨性好、摩擦系数大，而且与传统的铸铁材料相比密度小、导热性好，特别适合于制作汽车及火车的制动盘，可以使质量降低50%～60%，明显减少刹车距离。自1995年以来，福特和丰田汽车公司开始部分采用Alcan公司的20% SiC/Al-Si复合材料来制作刹车盘，美国Lanxide生产的SiC_p/Al复合材料汽车刹车片已于1996年投入批量生产，日产量达1000片；德国已将该材料制作的刹车盘成功应用于时速为

160km/h 的高速列车上，使悬挂系统质量减轻约 50%。

(3) 在运动器械上应用 Alcan 公司生产的 10% Al_2O_3/6061Al 复合材料自行车框架，已在“障碍跨越者 M2”山地自行车上得到应用，并已形成规模生产；BP 公司研制的 20% SiC_p/2124Al 复合材料自行车框架也已在 Raleigh 赛车上使用。这两种铝基复合材料自行车框架不仅具有较高的比刚度，而且实践证明其还具有良好的抗疲劳性。参加过美国杯赛的双体船“美国之帆”号交叉悬臂是由碳化硅颗粒增强铝基复合材料经挤压而成的，其长约 10m。

第7章 水泥基复合材料

7.1 概述

7.1.1 纤维增强水泥基材料的概述

7.1.1.1 纤维增强水泥基复合材料的定义

当用水泥净浆、砂浆或混凝土做基材（统称“水泥基材”，cement matrix），用纤维（fiber）做增强材（reinforcement），则所组成的复合材料可统称为“纤维增强水泥基复合材料”（fiber reinforced cement composite，FRCC），或简称为“纤维水泥复合材料”（fiber cement composite）。其确切定义是：“纤维增强水泥基复合材料是以水泥净浆、砂浆或混凝土做基材，以非连续的短纤维或连续的长纤维做增强材组合成的复合材料。当所用水泥基材为水泥净浆或砂浆时，称之为纤维增强水泥（fiber reinforced cement）；当所用水泥基材为混凝土时，则称之为纤维增强混凝土（fiber reinforced concrete）”。

当用纤维增强树脂（fiber reinforced plastic，FRP）的筋棒、网片或三维型材做水泥砂浆或混凝土的增强材时，由于所用增强材已非纯粹的连续长纤维，故此类复合材料不应归属纤维增强水泥基复合材料。

7.1.1.2 纤维增强水泥基复合材料的发展历史

纤维增强水泥基复合材料的发展过程可划分为如下几个阶段。

（1）距今1000多年前—19世纪末　在古代，先人们即用天然纤维作为某些无机胶结料的增强材，以减少收缩裂缝，保持整体性并降低脆性。例如，中国山西平遥古城附近的双林寺，已历时1000余年，寺内10余座大殿的砖墙，均用掺有麻丝的石灰黏土做抹灰料。中国古代流传至今的具有数百年历史的众多庙宇中供奉的塑像是由掺有植物纤维（麻丝、稻草或棕榈纤维等）的黏土塑造而成的。古埃及人用掺有稻草的黏土制成太阳晒干的实心砖，古罗马人将马的鬃毛剪短后掺入石膏浆体中，可见用多种天然纤维增强脆性无机胶结料在人类历史上已沿用了1000多年。

（2）20世纪初—30年代　奥匈帝国的Ludwig Hatschek（1856—1919年）于1900年发明用圆网抄取机制造石棉水泥板，并在Voecklabruck建立了世界上第一座石棉水泥制品工厂，首创用纤维增强水泥净浆制成薄壁制品。1912年意大利的Adolf Mazza发明用抄取法制造石棉水泥管。至20世纪30年代，全世界已有37个国家生产石棉水泥制品。石棉水泥在世界范围内已形成一门产业。从 1911—1933 年间，英、美、法等国均有人建议在混凝土或钢筋混凝土中掺加短切钢丝或其他金属丝以改善它们的性能，并申请了专利，但当时并未引起广泛的兴趣。

(3) 20 世纪 40—60 年代　1942—1943 年意大利的 Nervi 发明了钢丝网水泥（ferrocement），实际上可视作用连续的钢纤维所制成网片增强的水泥砂浆，可用以制作某些薄壁制品，但一般并不将它列入纤维增强水泥基复合材料。在此时期内，有人探索用石棉以外的其他纤维增强水泥基材的可能性。例如，在第一次与第二次世界大战期间，欧洲有些国家在制造石棉水泥制品时，用纸浆纤维或矿物棉代替部分或全部石棉。20 世纪 50 年代末—60 年代初中国水泥工业研究院等单位探索用中碱玻璃纤维增强普通硅酸盐水泥砂浆或混凝土。前苏联 Birykovich 等探索用无碱玻璃纤维（即 E-玻璃纤维）增强石膏矾土水泥砂浆。但事后因发现水泥化合物对中碱或无碱玻璃纤维的碱性侵蚀而未能获得成功。

(4) 20 世纪 60—70 年代　此时期内新型纤维增强水泥基复合材料的开发有较大的进展，尤其是玻璃纤维增强树脂基复合材料的迅速发展对之起了一定的刺激与推动作用。1963 年，美国 Romualdi 提出了“纤维阻裂机理”，促进了钢纤维增强混凝土的开发。从 70 年代起钢纤维增强混凝土（steel fiber reinforced concrete，SFRC）开始进入实用阶段。1964 年，丹麦 Krenchel 的博士论文《纤维增强材》（*Fiber Reinforcement*）首次应用复合材料理论探讨了纤维增强无机胶凝材料的机理。60 年代中期，美国 Goldfein 等进行了用尼龙、聚丙烯等人造合成纤维增强水泥砂浆的探索性研究。1967 年，英国建筑科学研究院（BRE）的 Majumdar 试制成含锆的抗碱玻璃纤维并继而研制了抗碱玻璃纤维增强波特兰水泥砂浆，1971 年起英国开始生产牌号为 Gem-FIL 的抗碱玻璃纤维与玻璃纤维增强水泥（glass fiber reinforced cement，GRC 或 GFRC），美、日等国也相继进行了 GRC 的小批量生产。70 年代国际土建材料曾一度出现所谓“纤维热”，其重要标志是从 1972 年起国际上曾多次召开规模不等的纤维增强水泥基复合材料学术讨论会；其中规模较大的一次是 1975 年 9 月由国际材料与结构研究实验联合会（RILEM）主办的在伦敦召开的国际纤维增强水泥与混凝土学术讨论会，有 36 个国家、300 多名代表出席。

(5) 20 世纪 80 年代—21 世纪初　鉴于石棉中所含微细纤维（直径≤3μm）有害于人体，从 20 世纪 80 年代初期起，若干发达国家相继限制石棉水泥制品的生产与使用，因而推动了非石棉纤维水泥（non-asbestos fiber cement，或称无石棉纤维水泥 asbestos-free fiber cement）制品的研制与开发。非石棉纤维水泥制品的主要品种有压蒸的木浆纤维增强水泥、木浆纤维增强硅酸钙、抗碱玻璃纤维增强水泥以及合成纤维增强水泥，这些品种已投入工业规模的生产。此外，还研制了碳纤维增强水泥、压蒸的芳纶纤维增强水泥，但因价格较贵，尚难大量推广。

1979 年英国建筑科学研究院（BRE）公布了 GRC 的 10 年材性报告，发现抗碱玻璃纤维增强波特兰水泥历时 10 年的材性变化结果表明：在干燥环境中其力学性能无明显变化，但在潮湿环境中或经大气暴露后其抗拉强度、弯拉强度和韧性均明显下降，为此在 20 世纪 80 年代国际上有关科研单位均致力于提高 GRC 长期耐久性的研究。为提高 GRC 的耐久性，西方国家主要采取了抗碱玻璃纤维外覆阻蚀膜层、波特兰水泥中外掺高火山灰活性混合材或聚合物乳液等措施；中国建筑材料科学研究院则采取了抗碱玻璃纤维与低碱度水泥相复合的“双保险”技术措施，取得明显成效，并在国际同行中引起了较大反响。

20世纪80年代初期美国大力开发合成纤维增强混凝土（synthetic fiber reinforced concrete，SNFRC）。所用合成纤维主要有聚丙烯或尼龙等，在开发过程中发现即使掺入少量（体积率为0.1%～0.3%）合成纤维于混凝土中，就可起到明显的阻裂与增韧效应，该技术在实际工程中广为应用。

美国Lankard发明的高强度、高韧性的注浆纤维增强混凝土（slurry infiltrated fiber concrete，SIFCON），适用于若干有特殊要求的工程中。不少发展中国家致力于研究用植物纤维做增强材制造价格较低廉的纤维水泥制品。一系列高性能纤维增强水泥基复合材料相继问世，已初步应用于试点工程上。已故的中国工程院资深院士吴中伟教授生前曾在其《纤维增强-水泥基材料的未来》一文中指出："从材料发展史来看，先民用泥结卵石、草筋泥、火山灰石灰、各种三合土，以至近代的水泥基复合材料，说明复合化是材料发展的主要途径之一。复合化的技术思路（哲学）为超叠加效应，对材料的高性能化有重要意义，不论在性能叠加与经济效益叠加上均可举出例子。"纤维增强在复合化中占突出地位，在（多种）高强水泥基材料中对增加韧性、抗冲击性等起着关键作用"。吴中伟教授的上述论断，使我们受到很大的启发。预期在21世纪内，通过中外学者与专家们的共同努力、不断创新，必将进一步扩大它们的应用领域，从而为人类社会带来显著的社会效益与经济效益。

7.1.1.3 纤维增强水泥基复合材料的分类

纤维增强水泥基复合材料的分类，可采用以下4种方法。

（1）按所用纤维的类别与品种　可将纤维增强水泥基复合材料分为表7-1中所列出的5大类与若干个小类，并代表其典型的品种。

表7-1　纤维增强水泥基复合材料按纤维类别与品种的分类

序号	按纤维大类	按纤维小类	典型的纤维增强水泥复合材料品种
1	天然无机纤维增强水泥基复合材料	矿物纤维增强水泥基复合材料	(1)石棉水泥 (2)石棉硅酸钙
		金属纤维增强水泥基复合材料	(1)钢纤维增强混凝土 (2)注浆(钢)纤维混凝土(SIFCON) (3)注浆(钢)网混凝土(SIMCON) (4)金属玻璃纤维增强混凝土
2	人造无机纤维增强水泥基复合材料	人造矿物纤维增强水泥基复合材料	(1)抗碱玻璃纤维增强低碱度水泥 (2)抗碱玻璃纤维增强改性波特兰水泥
		碳纤维增强水泥基复合材料	(1)PAN基碳纤维增强水泥 (2)沥青基碳纤维增强水泥
		陶瓷纤维增强水泥基复合材料	碳化硅纤维增强MDF水泥
3	天然有机纤维增强水泥基复合材料	木浆纤维增强水泥基复合材料	(1)木浆纤维增强水泥 (2)压蒸木浆纤维增强水泥 (3)木浆纤维增强硅酸钙
		非木浆植物纤维增强水泥基复合材料	(1)剑麻纤维增强水泥 (2)椰壳纤维增强水泥

续表

序号	按纤维大类	按纤维小类	典型的纤维增强水泥复合材料品种
4	人造有机纤维增强水泥基复合材料	合成纤维增强水泥基复合材料	(1)纤化聚丙烯薄膜增强水泥砂浆 (2)丙纶纤维增强混凝土 (3)维纶纤维增强水泥 (4)维纶纤维增强混凝土 (5)腈纶纤维增强混凝土 (6)尼龙纤维增强混凝土 (7)压蒸芳纶纤维增强水泥
5	混杂纤维增强水泥基复合材料	用两种或两种以上不同类别纤维制得的纤维增强水泥基复合材料	(1)石棉-维纶纤维水泥 (2)石棉-纤维素纤维水泥 (3)钢纤维-乙纶纤维增强混凝土 (4)钢纤维-丙纶纤维增强混凝土 (5)纤化聚丙烯薄膜-玻璃纤维增强水泥 (6)抗碱玻璃纤维-合成纤维增强水泥 (7)碳纤维-丙纶纤维增强混凝土

(2) 按所用水泥基材的类别与组成　表 7-2 列出按水泥基材的类别与组成对纤维增强水泥基复合材料进行分类。

表 7-2　纤维增强水泥基复合材料按水泥基材分类

序号	按水泥基材类别	按水泥基材组成	典型的纤维增强水泥基复合材料品种
1	纤维增强普通硅酸盐水泥基复合材料	纤维增强水泥净浆（或砂浆）	(1)石棉水泥 (2)维纶纤维增强水泥 (3)木浆纤维增强水泥 (4)注浆(钢)纤维混凝土(SIFCON) (5)注浆(钢)网混凝土(SIMCON) (6)碳纤维增强水泥
		纤维增强混凝土	(1)钢纤维增强混凝土 (2)金属玻璃纤维增强混凝土 (3)丙纶纤维增强混凝土 (4)尼龙纤维增强混凝土
2	纤维增强特种水泥基复合材料	纤维增强特种水泥净浆（或砂浆）	(1)抗碱玻璃纤维增强低碱度水泥 (2)石棉增强硅酸钙 (3)木浆纤维增强硅酸钙 (4)非木植物纤维增强低碱度水泥
		纤维增强特种水泥混凝土	(1)不锈钢纤维增强耐火混凝土 (2)丙纶(或尼龙)纤维增强抗硫酸盐水泥混凝土 (3)钢纤维增强膨胀混凝土
3	纤维增强高级水泥基材料	纤维增强高级水泥净浆（或砂浆）	(1)纤维增强 MDF 水泥 (2)纤维增强 DSP
		纤维增强高级水泥混凝土	RPC

表 7-2 中第 2 类的硅酸钙是由钙质材料与硅质材料在水热合成（压蒸）过程中通过化学反应形成的，因钙质材料可用普通硅酸盐水泥或石灰，或同时使用此两种材料，故将它视为特种水泥。国际标准 ISO-8336 也将水泥与硅酸钙均作为纤维增强水泥平板的基材。第 3 类，即纤维增强高级水泥基材料，在国外也称之为“超高性能混凝土”（ultra high performance concrete，UHPC)，可属于高性能纤维增强水泥基复合材料（high performance fiber reinforced cement composite，HPFRCC)，其中的MDF为macro defect free cement的缩写，MDF水泥可译为无宏观缺陷水泥。DSP为densified system containing homogeneous arranged ultra-fine particle的缩写，DSP可译为均布超细粒致密体系。RPC为reactive powder concrete的缩写，可译为活性粉末混凝土。

(3) 按单位体积纤维增强水泥基复合材料中纤维的含量　单位体积纤维增强水泥基复合材料中纤维的含量通常均用纤维所占体积百分率来表示，称之为“纤维体积率”（fiber volume percentage)，其所用符号为V_f%，表7-3列出按纤维体积率范围对纤维增强水泥基复合材料进行分类。

表7-3　纤维增强水泥基复合材料按纤维体积率范围分类

序号	按纤维体积率分类	纤维体积率范围/%	典型的纤维增强水泥基复合材料品种
1	低纤维体积率纤维增强水泥基复合材料	0.1～1.0	(1)维纶纤维增强混凝土
			(2)低掺率丙纶纤维增强混凝土
			(3)尼龙纤维增强混凝土
			(4)低掺率腈纶纤维增强混凝土
			(5)V_f=0.5%～1%的钢纤维增强混凝土
2	中纤维体积率纤维增强水泥基复合材料	>1.0～5.0	(1)V_f=1.5%～2.5%的钢纤维增强混凝土
			(2)抗碱玻璃纤维增强水泥
			(3)维纶纤维增强水泥
			(4)碳纤维增强水泥
			(5)RPC
3	高纤维体积率纤维增强水泥基复合材料	>5.0～20.0	(1)石棉水泥
			(2)石棉增强硅酸钙
			(3)压蒸木浆纤维增强水泥
			(4)木浆纤维增强硅酸钙
			(5)若干混杂纤维增强水泥基复合材料
			(6)注浆(钢)纤维混凝土(SIFCON)

纤维体积率的大小与纤维增强水泥基复合材料的制备工艺的选择有很大关联，低纤维体积率纤维增强水泥基复合材料的制备通常可采用搅拌-浇筑工艺，高纤维体积率纤维增强水泥基复合材料的制备则需采用专门的制作技术与制备。

(4) 按所用纤维的长度及其在纤维增强水泥基复合材料中的取向　表7-4列出按所用纤维的长度及其在纤维增强水泥基复合材料中的取向进行分类，在复合材料中呈一维或二维定向排列的长纤维一般称为连续纤维，呈二维乱向或三维乱向分布的短纤维一般称为非连续纤维，一维取向（unidimensional orientation）用1D表示，二维取向（two-dimensional orientation）用2D表示，三维取向（three-dimensional orientation）用3D表示。纤维在复合材料中的取向很大程度上取决于所采用的成型方法。

表 7-4 纤维增强水泥基复合材料按纤维长度与取向分类

序号	按纤维长度	按纤维取向	典型的纤维增强水泥基复合材料品种
1	连续纤维增强水泥基复合材料	1D 定向	(1)抗碱玻璃纤维无捻粗纱增强水泥
			(2)连续碳纤维增强水泥
		2D 定向	被覆玻璃纤维网格布增强水泥
		1D 定向＋2D 定向	纤化聚丙烯薄膜-抗碱玻璃纤维无捻粗纱增强水泥
2	非连续纤维增强水泥基复合材料	2D 部分定向	(1)抄取法(或流浆法)制作的石棉水泥或石棉硅酸钙
			(2)抄取法(或流浆法)制作的维纶纤维增强水泥
			(3)抄取法(或流浆法)制作的木浆纤维增强水泥或硅酸钙
			(4)Netcem 法制作的纤化聚丙烯薄膜增强水泥
		2D 乱向	(1)喷射法制作的 GRC
			(2)喷射法制作的其他纤维增强水泥
		3D 乱向	(1)预拌法制作的 GRC
			(2)预拌法制作的其他纤维增强水泥
			(3)普通钢纤维增强混凝土
			(4)预拌法制作的各种合成纤维增强混凝土
3	连续与非连续纤维增强水泥基复合材料	1D 定向＋2D 定向	Wellcrete 法制作的 GRC
		1D 定向＋2D 部分定向＋2D 乱向	Retiver 法制作的 FRC

7.1.2 聚合物混凝土概述

聚合物混凝土是一种有机、无机的复合材料。从 1930 年开始，塑料被首次用于混凝土中，到 1950 年它的潜在用途引起了人们的重视，在一定规模上开始了塑料用于混凝土的实验研究，并取得了显著的研究成果。

1975 年 5 月，在英国伦敦召开的第一届国际聚合物混凝土会议上第一次使用聚合物混凝土这一专业用词语。1978 年 10 月，在美国奥斯汀召开了第二届国际聚合物混凝土会议，世界各国的专家发表了大量关于聚合物混凝土的专题论著，这些论著大大促进了在水泥及混凝土中应用聚合物的研究工作。此后，聚合物混凝土在一些国家引起重视，较大规模地开展了研究国际聚合物混凝土会议，着重讨论和研究了聚合物在水泥及混凝土中的应用，使世界各国对聚合物水泥及其混凝土兴趣与日俱增，掀起了聚合物混凝土用于工程的高潮。目前，美国、日本、德国、俄罗斯等国家都非常重视聚合物混凝土的研究与应用，我国在该领域也开始了试验研究工作，有的已在工程中应用，并取得了良好效果。

聚合物混凝土这一新型材料学科，是介于聚合物科学、无机胶结材料化学及混凝土工艺学之间的边缘学科，现已逐渐成为一个独立的研究方向。随着科学技术的发展，聚合物混凝土必将成为一种前途光明、发展迅速的新型建筑材料。

目前，聚合物混凝土主要分为以下三类。

① 聚合物浸渍混凝土 (PIC)，它是将已硬化的普通混凝土，经干燥和真空处理后，浸

渍在以树脂为原料的液态单体中，然后用加热或辐射（或加催化剂）的方法，使渗入到混凝土孔隙内的单体产生聚合作用，使混凝土和聚合物结合成一体的一种新型混凝土。按其浸渍方法的不同，又分为完全浸渍和部分浸渍两种。

② 聚合物混凝土（PC），它是以聚合物（树脂或单体）代替水泥作为胶结材料与骨料结合，浇筑后经养护和聚合而成的一种混凝土。

③ 聚合物水泥混凝土（PCC），它是在普通水泥混凝土（水泥砂浆）拌和物中，加入单体或聚合物，浇筑后经养护和聚合而成的一种混凝土。

以上三种聚合物混凝土，其生产工艺不同，它们的物理力学性质也有所区别，其造价和适用范围亦不同。

7.2 水泥基体的种类及性能

7.2.1 硅酸盐水泥

7.2.1.1 硅酸盐水泥定义及其特性

（1）硅酸盐水泥定义及组成　《水泥的命名、定义和术语》（GB/T 4131—1997）中将水泥定义为：加水拌成塑性浆体，能胶结砂、石等适当材料并能在空气和水中硬化的粉状水硬性胶凝材料。硅酸盐水泥是由硅酸盐水泥熟料、0～5%石灰石或粒化高炉矿渣、适量石膏磨细制成的水硬性胶凝材料，称为硅酸盐水泥（即国外通称的波特兰水泥）。硅酸盐水泥分两种类型，不掺混合材料的称Ⅰ型硅酸盐水泥，代号P·Ⅰ。在硅酸盐水泥粉磨时掺加不超过水泥质量5%的石灰石或粒化高炉矿渣混合材料的称Ⅱ型硅酸盐水泥，代号P·Ⅱ。通用硅酸盐水泥六大品种各品种的组分和代号应符合表7-5的规定。

表 7-5　通用硅酸盐水泥的组分材料及掺量　　单位：%

品种	代号	组分				
		熟料＋石膏	粒化高炉矿渣	火山灰质混合材料	粉煤灰	石灰石
硅酸盐水泥	P·Ⅰ	100	—	—	—	—
	P·Ⅱ	≥95	≤5	—	—	—
		≥95	—	—	—	≤5
普通硅酸盐水泥	P·O	≥80 且<95	>5 且≤20			—
矿渣硅酸盐水泥	P·S·A	≥50 且<80	>20 且≤50	—	—	—
	P·S·B	≥30 且<50	>50 且≤70	—	—	—
火山灰质硅酸盐水泥	P·P	≥60 且<80	—	>20 且≤40	—	—
粉煤灰硅酸盐水泥	P·F	≥60 且<80	—	—	>20 且≤40	—
复合硅酸盐水泥	P·C	≥50 且<80	>20 且≤50			

硅酸盐水泥的组分材料主要有如下几种。

① 硅酸盐水泥熟料：由主要含CaO、SiO_2、Al_2O_3、Fe_2O_3的原料，按适当比例磨成细粉烧至部分熔融所得以硅酸钙为主要矿物成分的水硬性胶凝物质。通常由硅酸三钙（C_3S）、硅酸二钙（C_2S）、铝酸三钙（C_3A）、铁铝酸四钙（C_4AF）四种矿物组成。其中硅酸钙矿

物不小于 66%，氧化钙和氧化硅质量比不小于 2.0。

② 石膏：天然石膏或工业副产品石膏。天然石膏应符合《天然石膏》（GB/T 5483—2008）中规定的 G 类或 M 类二级（含）以上的石膏或混合石膏。工业副产石膏即以硫酸钙为主要成分的工业副产物，采用前应经过试验证明对水泥性能无害。

③ 活性混合材料：系指符合《用于水泥中的粒化高炉矿渣》（GB/T 203—2008）、《用于水泥和混凝土中的粒化高炉矿渣粉》（GB/T 18046—2008）、《用于水泥和混凝土中的粉煤灰》（GB/T 1596—2005）、《用于水泥中的火山灰质混合材料》（GB/T 2847—2005）标准要求的粒化高炉矿渣、粒化高炉矿渣粉、粉煤灰、火山灰质混合材料。火山灰质混合材料按其成因，分成天然和人工的两大类。

④ 非活性混合材料：活性指标分别低于 GB/T 203、GB/T 18046、GB/T 1596、GB/T 2847 标准要求的粒化高炉矿渣、粒化高炉矿渣粉、粉煤灰、火山灰质混合材料；还有石灰石、砂岩等，其中石灰石中的三氧化二铝含量应不大于 2.5%。

⑤ 窑灰：从水泥回转窑窑尾废气中收集的粉尘。符合《掺入水泥中的回转窑窑灰》（JC/T 742—2009）的规定。

⑥ 助磨剂：水泥粉磨时允许加入助磨剂，其加入量应不大于水泥质量的 0.5%，助磨剂应符合《水泥助磨剂》（JC/T 667—2004）的规定。

硅酸盐水泥熟料的主要矿物如下：硅酸三钙（$3CaO \cdot SiO_2$，简写为 C_3S），含量 36%～60%；硅酸二钙（$2CaO \cdot SiO_2$，简写为 C_2S），含量 15%～37%；铝酸三钙（$3CaO \cdot Al_2O_3$，简写为 C_3A），含量 7%～15%；铁铝酸四钙（$4CaO \cdot Al_2O_3 \cdot Fe_2O_3$，简写为 C_4AF），含量 10%～18%。前两种矿物称硅酸盐矿物，一般占总量的 75%～82%。后两种矿物称溶剂矿物，一般占总量的 18%～25%。各种矿物单独与水作用时所表现出的特性如表 7-6 所示。

表 7-6 硅酸盐水泥熟料中四种矿物的技术特性

性能指标		熟料矿物			
		C_3S	C_2S	C_3A	C_4AF
水化速率		快	慢	最快	中
耐化学侵蚀性		中	良	差	优
干缩性		中	小	大	小
水化热		高	低	最高	中
强度	早期	高	低	中	低
	后期	高	高	低	中

（2）硅酸盐水泥特性　水泥矿物组成对强度、水化速率和水化热的影响如下。

① 硅酸三钙水化快，28 天强度可达其一年强度的 70%～80%，就 28 天或一年强度而言，是四种矿物中最高的。其含量通常为 50%，有时甚至高达 60%以上。含量越高，水泥的 28 天强度越高，但水化热也越高。

② 硅酸二钙水化较慢，早期强度低，1 年以后，赶上 C_3S；其含量一般为 20%左右。含量越高，水泥的长期强度越高，且水化热也越小。

③ 铝酸三钙水化迅速，放热多，凝结很快，如不加石膏等缓凝剂，易使水泥急凝；它

的强度3天内就大部分发挥出来，故早期强度较高，但绝对值不高，以后几乎不再增长，甚至倒缩。所以，其含量应控制在一定的范围内。

④ 铁铝酸四钙早期强度类似 C_3A，而后期还能不断增长，类似于 C_2S。C_3A 与 C_4AF 之和占22%左右。

各种矿物的放热量和强度，是指全部放热量和最终强度，其发展规律如图7-1和图7-2所示。

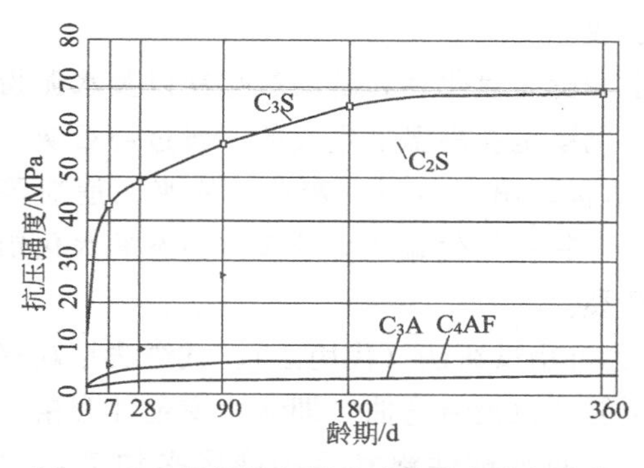

图7-1 水泥熟料在硬化时的强度增长曲线

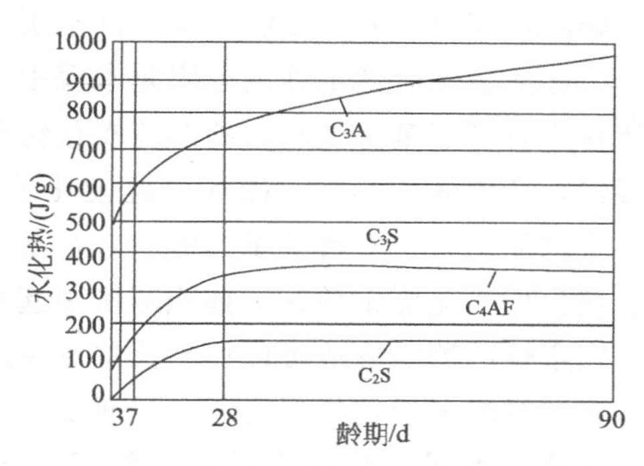

图7-2 水泥熟料在硬化时的放热曲线

水泥熟料是由多种不同特性的矿物所组成的混合物，改变熟料矿物成分之间的比例，水泥的性质即发生相应的变化。例如，要使用水泥具有凝结硬化快、强度高的性能，就必须适当提高熟料中 C_3S 和 C_3A 的含量；要使用水泥具有较低的水化热，就应降低 C_3A 和 C_3S 的含量。

7.2.1.2 水泥的质量标准

(1) 水泥的物理指标

① 细度 细度是指水泥颗粒的粗细程度。水泥颗粒的粗细对水泥的性质有很大的影响。颗粒越细，水泥的表面积就越大，因而水化较快、充分，水泥的早期强度较高。但磨制特细的水泥将消耗较多的粉磨能量，成本增高，而且在空气中硬化时收缩也较大。

硅酸盐水泥和普通硅酸盐水泥以比表面积表示，不小于 $300m^2/kg$；矿渣硅酸盐水泥、火山灰质硅酸盐水泥、粉煤灰硅酸盐水泥和复合硅酸盐水泥以筛余表示，$80\mu m$ 方孔筛筛余不大于10%或 $45\mu m$ 方孔筛筛余不大于30%。

② 标准稠度用水量 标准稠度用水量是指水泥拌制成特定的塑性状态（标准稠度）时所需的用水量（以占水泥质量的百分数表示）。由于用水量多少对水泥的一些技术性质（如凝结时间）有很大影响，所以测定这些性质必须采用标准稠度用水量，这样测定的结果才有可比性。硅酸盐水泥的标准稠度需水量与矿物组成及细度有关，一般在24%～30%。

③ 凝结时间 水泥的凝结时间分初凝和终凝。初凝时间为自水泥加水拌和时起，到水泥浆（标准稠度）开始失去可塑性为止所需的时间。终凝时间为自水泥加水拌和时起，至水泥浆完全失去可塑性并开始产生强度所需的时间。

水泥的凝结时间在施工中具有重要意义。初凝的时间不宜过快，以便有足够的时间对混凝土进行搅拌、运输和浇筑。当施工完毕之后，则要求混凝土尽快硬化，产生强度，以利下一步施工工作的进行。为此，水泥终凝时间又不宜过迟。

水泥凝结时间的测定，是以标准稠度的水泥净浆，在规定温度和温度条件下，用凝结时间测定仪进行。国家标准（GB 175—2007）规定，硅酸盐水泥初凝不小于45min，终凝不大于390min；普通硅酸盐水泥、矿渣硅酸盐水泥、火山灰质硅酸盐水泥、粉煤灰硅酸盐水泥和复合硅酸盐水泥初凝不小于45min，终凝不大于600min。实际上，硅酸盐水泥的初凝时间一般为60～180min，终凝时间为300～480min。

④ 安定性　水泥的体积安定性是指水泥在凝结硬化过程中，体积变化的均匀性。如水泥硬化后产生不均匀的体积变化，即为体积安定性不良。使用安定性不良的水泥，能使构件产生膨胀性裂缝，降低工程质量，甚至引起严重事故。

引起体积安全性不良的原因是水泥中含有过多的游离氧化钙和游离氧化镁以及水泥粉磨时所掺入石膏超量。熟料中的游离氧化钙和游离氧化镁是在高温下生成的，属过烧石灰。水化很慢，产生体积膨胀，破坏已经硬化的水泥石结构，出现龟裂、弯曲、松脆、崩溃等现象。当水泥熟料中石膏掺量过多时，在水泥硬化后，其三氧化硫还会继续与固态的水化铝酸钙反应生成水化硫铝酸钙，体积膨胀引起水泥石开裂。

安定性的测定方法可以用雷氏法（标准法），也可用试饼法（代用法）。试饼法是观察水泥净浆试饼沸煮后的外形变化，目测试饼未发现裂缝，也没有弯曲，即认为安定性合格。雷氏法是测定水泥净浆在雷氏夹中沸煮后膨胀值，当两个试件沸煮后的膨胀平均值不大于5mm，即认为安定性合格。当试饼法与雷氏法有争议时以雷氏法为准。

游离氧化钙引起的安定性不良，必须采用沸煮法检验。由游离氧化镁引起的安定性不良，必须采用压蒸法才能检验出来，因为游离氧化镁的水化比游离氧化钙更缓慢。由三氧化硫造成的安定性不良，则需长期浸在常温水中才能发现。由于这两种原因引起的安定性不良均不便于检验，所以国家标准规定，水泥中氧化镁含量不得超过5.0%，若经过压蒸试验水泥的安定性合格，可放宽到6.0%；三氧化硫含量不得超过3.5%，以保证安定性良好。

国家标准规定，水泥安定性必须合格。安定性不良的水泥不得用于工程中。

⑤ 强度　强度是选用水泥的主要技术指标。由于水泥在硬化过程中强度是逐渐增长的，所以常以不同龄期强度表明水泥强度的增长速率。目前我国测定水泥强度的试验按照《水泥胶砂强度检验方法》（GB/T 17671—1999）进行。该法是将水泥、标准砂及水按规定比例拌制成塑性水泥胶砂，并按规定方法制成40mm×40mm×160mm的试件，达到规定龄期，测定其抗折及抗压强度。

水泥强度是评定水泥质量的重要指标，通常把28d以前的强度称为早期强度，28d及其后的强度则称为后期强度。按早期强度大小又分为两种类型，普通型和早强型（R型）。不同品种、不同强度等级的通用硅酸盐水泥，其不同龄期的强度应符合表7-7的规定。

表7-7　通用硅酸盐水泥不同龄期的强度

品　种	强度等级	抗压强度/MPa		抗折强度/MPa	
		3d	28d	3d	28d
硅酸盐水泥	42.5	≥17.0	≥42.5	≥3.5	≥6.5
	42.5R	≥22.0		≥4.0	
	52.5	≥23.0	≥52.5	≥4.0	≥7.0
	52.5R	≥27.0		≥5.0	
	62.5	≥28.0	≥62.5	≥5.0	≥8.0
	62.5R	≥32.0		≥5.5	

续表

品 种	强度等级	抗压强度/MPa		抗折强度/MPa	
		3d	28d	3d	28d
普通硅酸盐水泥	42.5	≥17.0	≥42.5	≥3.5	≥6.5
	42.5R	≥22.0		≥4.0	
	52.5	≥23.0	≥52.5	≥4.0	≥7.0
	52.5R	≥27.0		≥5.0	
矿渣硅酸盐水泥 火山灰硅酸盐水泥 粉煤灰硅酸盐水泥 复合硅酸盐水泥	32.5	≥10.0	≥32.5	≥2.5	≥5.5
	32.5R	≥15.0		≥3.5	
	42.5	≥15.0	≥42.5	≥3.5	≥6.5
	42.5R	≥19.0		≥4.0	
	52.5	≥21.0	≥52.5	≥4.0	≥7.0
	52.5R	≥23.0		≥4.5	

(2) 水泥的化学指标　通用硅酸盐水泥的化学指标应符合表7-8的规定。

表7-8　通用硅酸盐水泥的化学指标　　单位:%

品种	代号	不溶物（质量分数）	烧失量（质量分数）	三氧化硫（质量分数）	氧化镁（质量分数）	氯离子（质量分数）
硅酸盐水泥	P·Ⅰ	≤0.75	≤3.0	≤3.5	≤5.0	≤0.06
	P·Ⅱ	≤1.50	≤3.5			
普通硅酸盐水泥	P·O	—	≤5.0			
矿渣硅酸盐水泥	P·S·A	—	—	≤4.0	≤6.0	
	P·S·B	—	—		—	
火山灰质硅酸盐水泥	P·P	—	—	≤3.5	≤6.0	
粉煤灰硅酸盐水泥	P·F	—	—			
复合硅酸盐水泥	P·C	—	—			

在表7-8中，如果硅酸盐水泥和普通硅酸盐水泥的压蒸试验合格，则水泥中氧化镁的含量（质量分数）允许放宽至6.0%。如果矿渣硅酸盐水泥、火山灰质硅酸盐水泥、粉煤灰硅酸盐水泥和复合硅酸盐水泥中氧化镁的含量（质量分数）大于6.0%时，需进行水泥压蒸安定性试验并合格。当对水泥的氯离子含量（质量分数）有更低要求时，该指标由买卖双方协商确定。

(3) 碱含量（选择性指标）　水泥中碱含量按 $Na_2O+0.658K_2O$ 计算值表示。若使用活性集料，用户要求提供低碱水泥时，水泥中的碱含量应不大于0.60%或由买卖双方协商确定。

7.2.1.3　硅酸盐水泥的水化反应与凝结硬化

水泥加水拌和后，最初形成具有可塑性又有流动性的浆体，经过一定时间，水泥浆体逐渐变稠失去塑性，这一过程称为凝结。随时间继续增长产生强度，强度逐渐提高，并变成坚硬的石状物体——水泥石，这一过程称为硬化。水泥凝结与硬化是一个连续的复杂的物理化学变化过程，这些变化决定了水泥一系列的技术性能。因此，了解水泥的凝结与硬化过程，对于了解水泥的性能有着重要的意义。

（1）硅酸盐水泥加水后的水化产物　水泥颗粒与水接触后，水泥熟料各矿物立即与水发生水化作用，生成新的水化物，并放出一定的热量。

① 硅酸三钙　硅酸三钙与水作用时，反应较快，水化放热量大，生成水化硅酸钙（C—S—H）及氢氧化钙（CH），水化过程如下：

$$3CaO \cdot SiO_2 + nH_2O \longrightarrow xCaO \cdot 2SiO_2 \cdot yH_2O + (3-x)\ Ca(OH)_2$$

水化硅酸钙几乎不溶于水，而立即以胶体微粒析出，并逐渐凝聚成为凝胶。氢氧化钙呈六方晶体，有一定溶解性，使溶液的石灰浓度很快达到饱和状态。因此，各矿物成分的水化主要是在石灰饱和溶液中进行的。

② 硅酸二钙　硅酸二钙与水作用时，反应较慢，水化放热小，生成水化硅酸钙，也有氢氧化钙析出，水化过程如下：

$$2CaO \cdot SiO_2 + mH_2O \longrightarrow xCaO \cdot 2SiO_2 \cdot yH_2O + (2-x)\ Ca(OH)_2$$

水化硅酸钙在C/S和形貌方面与C_3S水化生成的产物都无大区别，故也称为C—S—H凝胶。但CH生成量比C_3S的少，结晶却粗大些。

③ 铝酸三钙　C_3A水化产物组成与结构受溶液中氧化钙、氧化铝离子浓度和温度影响很大。

a. 无石膏环境　C_3A水化生成不同结晶水的水化铝酸钙（C_4AH_{19}、C_4AH_{13}、C_3AH_6、C_2AH_8等）。常温下，有如下反应：

$2\ (3CaO \cdot Al_2O_3) + 27H_2O = 4CaO \cdot Al_2O_3 \cdot 19H_2O + 2CaO \cdot Al_2O_3 \cdot 8H_2O$

即：$2C_3A + 27H = C_4AH_{19} + C_2AH_8$。

C_4AH_{19}在低于85%相对湿度时，即失去6个H，而成为C_4AH_{13}。

C_4AH_{19}、C_4AH_{13}、C_2AH_8均为六方片状晶体，在常温下处于介稳状态，有向C_3AH_6等轴晶体转化的趋势，其水化反应为：

$$C_4AH_{13} + C_2AH_8 = 2C_3AH_6 + 9H$$

此转变随温度的升高而加速，而C_3A本身的水化热很高，所以极易转变成C_3AH_6。在温度较高（35℃以上）的情况下，C_3A甚至可以直接生成水石榴石（C_3AH_6），其水化反应为：

$$C_3A + 6H = C_3AH_6$$

在液相的氧化钙浓度达到饱和时，其水化反应为：

$$C_3A + CH + 12H = C_4AH_{13}$$

此反应在硅酸盐水泥浆体的碱性液相中最容易发生，而处于碱性介质中的C_4AH_{13}在室温下又能稳定存在，其数量迅速增多，就足以阻碍粒子的相对运动，据认为是使浆体产生瞬时凝结的一个主要原因。

b. 石膏环境　在有石膏的情况下，C_3A水化的最终产物与石膏掺入量有关。最初形成的三硫型水化硫铝酸钙，简称钙矾石。由于其中的铝可被铁置换而成为含铝、铁的三硫型水化硫铝酸盐，故常用AFt表示。钙矾石结晶完好，属三方晶系，为柱状结构，其结构式可以写成$3CaO \cdot Al_2O_3 \cdot 3CaSO_4 \cdot 32H_2O$。若$CaSO_4 \cdot 2H_2O$在$C_3A$完全水化前耗尽，则钙矾石与$C_3A$作用转化为单硫型水化硫铝酸钙（$3CaO \cdot Al_2O_3 \cdot CaSO_4 \cdot 12H_2O$），以AFm表示，它也属三方晶系，呈层状结构。

④ 铁铝酸四钙　它的水化速率比 C_3A 略慢，水化热较低，即使单独水化也不会引起快凝。其水化反应及其产物与 C_3A 很相似。

(2) 水泥的凝结硬化过程　水泥的凝结硬化过程是很复杂的物理化学变化过程。自1882年以来，世界各国学者对水泥凝结硬化的理论经过了一百多年的研究，至今仍持有各种论点。水泥加水拌和后，凝结硬化过程大致分为四个阶段：初始反应期、诱导期、凝结期、硬化期。

① 初始反应期　水泥的水化反应首先在水泥颗粒表面剧烈地进行，生成的水化物溶于水中。此种作用继续下去，使水泥颗粒周围的溶液很快地成为水化产物的饱和溶液。

② 诱导期　水泥继续水化，在饱和溶液中生成的水化产物，便从溶液中析出，包覆在水泥颗粒表面，使得水化反应进行较缓慢，这一阶段称作诱导期。水化产物中的氢氧化钙、水化铝酸钙和水化硫铝酸钙是结晶程度较高的物质，而数量多的水化硅酸钙则是大小为10～1000Å（$1Å=10^{-10}m$）的粒子（或结晶），比表面积很大，相当于胶体物质，胶体凝聚便形成凝体。由此可见，水泥水化物中有凝胶和晶体。以水化硅酸钙凝胶为主体，其中分布着氢氧化钙等晶体的结构，通常称之为凝胶体。水化开始时，由于水化物尚不多，包有凝胶体膜层的水泥颗粒之间还是分离着的，相互间引力较小，此时水泥浆具有良好的塑性。

③ 凝结期　随着水泥颗粒不断水化，凝胶体膜层不断增厚而破裂，并继续扩展，在水泥颗粒之间形成了网状结构，水泥浆体逐渐变稠，黏度不断增高，失去塑性，这就是水泥的凝结过程。

④ 硬化期　以上过程不断地进行，水化产物不断生成并填充颗粒之间空隙，毛细孔越来越少，使结构更加紧密，水泥浆体逐渐产生强度而进入硬化阶段。

由上述可见，水泥的水化反应是由颗粒表面逐渐深入到内层的。当水化物增多时，堆积在水泥颗粒周围的水化物不断增加，以致阻碍水分继续透入，使水泥颗粒内部的水化愈来愈困难，经过长时间（几个月，甚至几年）的水化以后，多数颗粒仍剩余尚未水化的内核。因此，硬化后的水泥石是由凝胶体（凝胶和晶体）、未水化水泥颗粒内核和毛细孔组成的不匀质结构体。

关于熟料矿物在水泥石强度发展过程中所起的作用，可以认为硅酸三钙在最初约四个星期以内对水泥石强度起决定性作用；硅酸二钙在大约四个星期以后才发挥其强度作用，大约经过一年，与硅酸三钙对水泥石强度发挥相等的作用；铝酸三钙在1～3天或稍长的时间内对水泥石强度起有益作用。目前对铁铝酸四钙在水泥水化时所起的作用，认识还存在分歧，各方面试验结果也有较大差异。多数人认为铁铝酸四钙水化速率不低，但到后期由于生成凝胶而阻止了进一步的水化。

(3) 影响水泥凝结硬化的主要因素　水泥的凝结硬化过程除受本身的矿物组成影响外，尚受以下因素的影响。

① 细度　水泥颗粒越细，总表面积越大，与水接触的面积也越大，则水化速度越快，凝结硬化也越快。

② 石膏掺量　水泥中掺入石膏，可调节水泥凝结硬化的速度。在磨细水泥熟料时，若不掺入少量石膏，则所获得的水泥浆可在很短时间内迅速凝结。这是由于铝酸钙电离出高价铝离子（Al^{3+}），而高价离子可促进胶体凝聚。当掺入少量石膏后，石膏将与铝酸三钙作用，生成难溶的水化硫铝酸钙晶体（钙矾石），减少了溶液中的铝离子，延缓了水泥浆体的

凝结速度，但石膏掺量不能过多，因过多不仅缓凝作用不大，还会引起水泥安定性不良。合理的石膏掺量，主要决定于水泥中铝酸三钙的含量及石膏中三氧化硫的含量。一般掺量约占水泥质量的3%～5%，具体掺量通过试验确定。

③ 养护时间（龄期） 随着时间的延续，水泥的水化程度在不断增大，水化产物也不断增加。因此，水泥石强度的发展是随龄期而增长的。一般在28天内强度发展最快，28天后显著减慢。但只要在温暖与潮湿的环境中，水泥强度的增长可延续几年，甚至几十年。

④ 温度和湿度 温度对水泥的凝结硬化有着明显的影响。提高温度可加速水化反应，通常提高温度可加速硅酸盐水泥的早期水化，使早期强度能较快发展，但对后期强度反而可能有所降低。在较低温度下硬化时，虽然硬化缓慢，但水化产物较致密，所以可获得较高的最终强度。当温度降至负温时，水化反应停止，由于水分结冰，会导致水泥石冻裂，破坏其结构。温度的影响主要表现在水泥水化的早期阶段，对后期影响不大。

水泥的水化反应及凝结硬化过程必须在水分充足的条件下进行。环境湿度大，水分不易蒸发，水泥的水化及凝结硬化就能够顺利进行。如果环境干燥，水泥浆中的水分蒸发过快，当水分蒸发完后，水化作用将无法进行，硬化即行停止，强度不再增长，甚至还会在制品表面产生干缩裂缝。因此，使用水泥时必须注意养护，使水泥在适宜的温度及湿度环境中进行硬化，从而不断增长其强度。

7.2.2 掺混合材料的硅酸盐水泥

为了调整水泥强度等级，扩大使用范围，改善水泥的某些性能，增加水泥的品种和产量，充分利用工业废料，降低水泥成本，可以在硅酸盐水泥中掺入一定量的混合材料。所谓混合材料就是天然或人工的矿物材料，一般多采用磨细的天然岩或工业废渣。

7.2.2.1 混合材料

混合材料按其性能可分活性混合材料和非活性混合材料。

磨细的混合材料与石灰、石膏或硅酸盐水泥一起，加水拌和后能发生化学反应，生成有一定胶凝性的物质，且具有水硬性，这种混合材料称为活性混合材。活性混合材的这种性质称为火山灰性。因为最初发现火山灰具有这样的性质，因而得名。活性混合材料中一般均含有活性氧化硅和活性氧化铝，它们能与水泥水化生成的氢氧化钙作用，生成水硬性凝胶。属于活性混合材料的有：粒化高炉矿渣、火山灰质混合材料和粉煤灰。

（1）粒化高炉矿渣 高炉矿渣是冶炼生铁时的副产品，它已成为建材工业的重要原料之一，是水泥工业活性混合材料的主要来源。粒化高炉矿渣是将炼铁高炉的熔融矿渣，经急速冷却处理而成的质地疏松、多孔的粒状物。一般用水淬方法进行急冷，故又称水淬高炉矿渣。粒化高炉矿渣的活性除取决于化学成分外，还取于它的结构状态。粒化高炉矿渣在骤冷过程中，熔融矿渣任其自然冷却，就会凝固成块，呈结晶状态，活性极小，属非活性混合材料。

粒化高炉矿渣的化学成分有：CaO、MgO、Al_2O_3、SiO_2、Fe_2O_3等氧化物和少量的硫化物。在一般矿渣中CaO、SiO_2、Al_2O_3含量占90%以上，其化学成分与硅酸盐水泥的化学成分相似，只不过CaO含量较低，而SiO_2含量偏高。

（2）火山灰质混合材料 它是以活性SiO_2和活性Al_2O_3为主要成分的矿物材料。火山灰质混合材料没有水硬性，但具有火山灰性，即在常温下能与石灰和水作用生成水硬性化合物。火山灰质混合材料的品种很多，天然的有火山灰、凝灰岩、浮石、沸石岩、硅藻土等；人工的有煤矸石、烧页岩、烧黏土、煤渣、硅质渣等。

（3）粉煤灰　粉煤灰或称飞灰，是煤燃烧排放出的一种黏土类火山灰质材料。我国粉煤灰绝大多数来自电厂，是燃煤电厂的副产品。其颗粒多数呈球形，表面光滑，色灰，密度为1770～2430kg/m^3，松散容积密度为516～1073kg/m^3。以SiO_2和Al_2O_3为主要成分，含有少量CaO。按粉煤灰中氧化钙含量，区分为低钙灰和高钙灰。普通低钙粉煤灰，CaO含量不超过10%，一般少于5%。

粉煤灰的矿物相主要是铝硅玻璃体，含量一般为50%～80%，是粉煤灰具有火山灰活性的主要组成部分，其含量越多，活性越高。

根据《用于水泥和混凝土中的粉煤灰》（GB/T 1596—2005）规定，用于拌制混凝土和砂浆的粉煤灰应符合表7-9中技术要求。

表7-9　拌制混凝土和砂浆用粉煤灰技术要求

技术要求		级别		
		Ⅰ	Ⅱ	Ⅲ
细度(45μm方孔筛筛余)/%≤		12.0	25.0	45.0
需水量比/%≤		95.0	105.0	115.0
烧失量/%≤		5.0	8.0	15.0
三氧化硫/%≤		3.0		
含水量/%≤		1.0		
游离氧化钙/%≤	无烟煤或烟煤灰	1.0		
	褐煤或次烟煤灰	4.0		
安定性检验	褐煤或次烟煤灰	合格		

粉煤灰在混凝土中的作用分为物理作用和化学作用两方面。优质粉煤灰（Ⅰ级或Ⅱ级当中需水量比小于100%的粉煤灰）属于低需水性的酸性活性掺和料。由于其中玻璃微珠的含量高，多孔碳粒少，烧失量和需水量比低，对减少新拌混凝土的用水量、增大混凝土的流动性，具有优良的物理作用。而其硅铝玻璃体在常温常压条件下，可与水泥水化生成的氢氧化钙发生化学反应，生成低钙硅比的C—S—H凝胶。故采用优质粉煤灰取代部分水泥后，可以改善混凝土拌和物的和易性；降低混凝土凝结硬化过程的水化热；提高硬化混凝土的抗化学侵蚀性，抑制碱集料反应等耐久性能。虽然粉煤灰混凝土的早期强度有所下降，但28d后的长期强度可赶上，甚至超过不掺粉煤灰的混凝土。

凡不具有活性或活性甚低的人工或天然的矿物质材料称为非活性混合材料。这类材料与水泥成分不起化学反应，或者化学反应甚微。它的掺入仅能起调节水泥强度等级、增加水泥产量、降低水化热等作用。实质上非活性混合材料在水泥中仅起填充料的作用，所以又称为填充性混合材料。石英砂、石灰石、黏土、慢冷矿渣以及不符合质量标准的活性混合材料均可加以磨细作为非活性混合材料应用。

对于非活性混合材料的质量要求，主要应具有足够的细度，不含或极少含对水泥有害的杂质。

7.2.2.2 掺混合材料水泥

(1) 普通硅酸盐水泥　根据国家标准（GB 175—2007），普通硅酸盐水泥的定义是：凡由硅酸盐水泥熟料、活性混合材料（掺加量为>5%且≤20%，其中允许用不超过水泥质量8%的非活性混合材料或不超过水泥质量5%的窑灰代替）、适量石膏磨细制成的水硬性胶凝材料，称为普通硅酸盐水泥（简称普通水泥），代号P·O。普通水泥中混合材料掺加量按质量百分比计。

普通硅酸盐水泥强度等级分为42.5、42.5R、52.5和52.5R两个等级与两种类型（普通型和早强型）。普通硅酸盐水泥中掺入少量混合材料的作用，主要是调节水泥强度等级。由于混合材料掺加量较少，其矿物组成的比例仍在硅酸盐水泥范围内，所以其性能、应用范围与同强度等级硅酸盐水泥相近。但普通硅酸盐水泥早期硬化速度稍慢，其3天强度较硅酸盐水泥稍低，抗冻性及耐磨性也较硅酸盐水泥稍差。普通硅酸盐水泥被广泛应用于各种混凝土工程中，是我国主要水泥品种之一。

(2) 矿渣硅酸盐水泥　凡由硅酸盐水泥熟料和粒化高炉矿渣（>20%且≤70%）、适量石膏磨细制成的水硬性胶凝材料称为矿渣硅酸盐水泥（简称矿渣水泥），代号P·S。

矿渣水泥加水后，其水化反应分两步进行。首先是水泥熟料矿物与水作用，生成氢氧化钙、水化硅酸钙、水化铝酸钙等水化产物。这一过程与硅酸盐水泥水化时基本相同。而后，生成的氢氧化钙与矿渣中的活性氧化硅和活性氧化铝进行二次反应，生成水化硅酸钙和水化铝酸钙。矿渣水泥中加入的石膏，一方面可调节水泥的凝结时间；另一方面又是激发矿渣活性的激发剂。因此，石膏的掺加量可比硅酸盐水泥稍多一些。矿渣水泥中的SO_3的含量不得超过4%。

矿渣水泥的密度、细度、凝结时间和体积安定性的技术要求与硅酸盐水泥大体相同。矿渣水泥是我国产量最大的水泥品种，共分32.5、32.5R、42.5、42.5R、52.5、52.5R六个强度等级。

① 早期强度低，后期强度高　矿渣水泥的水化首先是熟料矿物水化，然后生成的氢氧化钙才与矿渣中的活性氧化硅和活性氧化铝发生反应。同时，由于矿渣水泥中含有粒化高炉矿渣，相应熟料含量较少，因此凝结稍慢，早期强度较低。但在硬化后期，28d以后的强度发展将超过硅酸盐水泥。一般矿渣掺入量越多，早期强度越低，但后期强度增长率越大。为了保证其强度不断增长，应长时间在潮湿环境下养护。

此外，矿渣水泥受温度影响的敏感性较硅酸盐水泥大。在低温下硬化很慢，显著降低早期强度；而采用蒸汽养护等湿热处理方法，则能加快硬化速度，并且不影响后期强度的发展。矿渣水泥适用于采用蒸汽养护的预制构件，而不宜用于早期强度要求高的混凝土工程。

② 具有较强的抗溶出性侵蚀及抗硫酸盐侵蚀的能力　由于水泥熟料中的氢氧化钙与矿渣中的活性氧化硅和活性氧化铝发生二次反应，使水泥中易受腐蚀的氢氧化钙大为减少；同时因掺入矿渣而使水泥中易受硫酸盐侵蚀的铝酸三钙含量也相对降低。矿渣水泥可用于受溶出性侵蚀，以及受硫酸盐侵蚀的水工及海工混凝土。

③ 水化热低　矿渣水泥中硅酸三钙和铝酸三钙的含量相对减少，水化速度较慢，故水化热也相应较低。此种水泥适用于大体积混凝土工程。

④ 抗冻性差　在低温条件下，火山灰反应缓慢甚至停止。所以在低温（10℃）以下需要强度迅速发展的工程结构中，应对水泥混凝土采用加热保温措施，否则不应使用。

(3) 火山灰质硅酸盐水泥　凡由硅酸盐水泥熟料和火山灰质混合材料（>20%且≤40%）、适量石膏磨细制成的水硬性胶凝材料称为火山灰质硅酸盐水泥（简称火山灰水泥），代号P·P。火山灰水泥和矿渣水泥在性能方面有许多共同点，如早期强度较低，后期强度增长率较大，水化热低，耐蚀性较强，抗冻性差等。常因所掺混合材料的品种、质量及硬化环境的不同而有其本身的特点。

① 抗渗性及耐水性高　火山灰水泥颗粒较细，泌水性小，火山灰质混合材料和氢氧化钙作用，生成较多的水化硅酸钙胶体，使水泥石结构致密，因而具有较高的抗渗性和耐水性。

② 在干燥环境中易产生裂缝　火山灰水泥在硬化过程中干缩现象较矿渣水泥更显著，当处在干燥空气中时，形成的水化硅酸钙胶体会逐渐干燥，产生干缩裂缝。在水泥石的表面上，由于空气中的二氧化碳能使水化硅酸钙凝胶分解成碳酸钙和氧化硅的粉状混合物，使已经硬化的水泥石表面产生“起粉”现象。因此，在施工时，应特别注意加强养护，需要较长时间保持潮湿状态，以免产生干缩裂缝和起粉。

③ 耐蚀性较强　火山灰水泥耐蚀性较强的原理与矿渣水泥相同。但如果混合材料中活性氧化铝含量较高时，在硬化过程中氢氧化钙与氧化铝相互作用生成水化铝酸钙，在此种情况下则不能很好地抵抗硫酸盐侵蚀。

火山灰水泥除适用于蒸汽养护的混凝土构件、大体积工程、抗软水和硫酸盐侵蚀的工程外，特别适用于有抗渗要求的混凝土结构。不宜用于干燥地区及高温车间，亦不宜用于有抗冻要求的工程。由于火山灰水泥中所掺的混合材料种类很多，所以必须区别出不同混合材料所产生的不同性能，使用时加以具体分析。

(4) 粉煤灰硅酸盐水泥　凡由硅酸盐水泥熟料和粉煤灰（>20%且≤40%）、适量石膏磨细制成的水硬性胶凝材料称为粉煤灰硅酸盐水泥（简称粉煤灰水泥），代号P·F。粉煤灰水泥各龄期的强度要求与矿渣水泥和火山灰水泥相同。细度、凝结时间、体积安定性的要求与硅酸盐水泥相同。

粉煤灰本身就是一种火山灰质混合材料，因此实质上粉煤灰水泥就是一种火山灰水泥。粉煤灰水泥凝结硬化过程及性质与火山灰水泥极为相似，但由于粉煤灰的化学组成和矿物结构与其他火山灰质混合材料有所差异，因而构成了粉煤灰水泥的特点。

① 早期强度低　粉煤灰呈球形颗粒，表面致密，内比表面积小，不易水化，早期强度发展速率比矿渣水泥和火山灰水泥更低，但后期可明显地超过硅酸盐水泥。图7-3为粉煤灰水泥强度增长和龄期关系的一例。

② 干缩小，抗裂性高　由于粉煤灰表面呈致密球形，吸水能力弱，与其他掺混合材水泥比较，标准稠度需水量较小，干缩性也小，因而抗裂性较高。但球形颗粒的保水性差，泌水较快，若处理不当易引起混凝土产生失水裂缝。

由上述可知，粉煤灰水泥适用于大体积水工混凝土工程及地下和海港工程。对承受载荷较迟的工程更为有利。

五种常用水泥比较见表7-10。

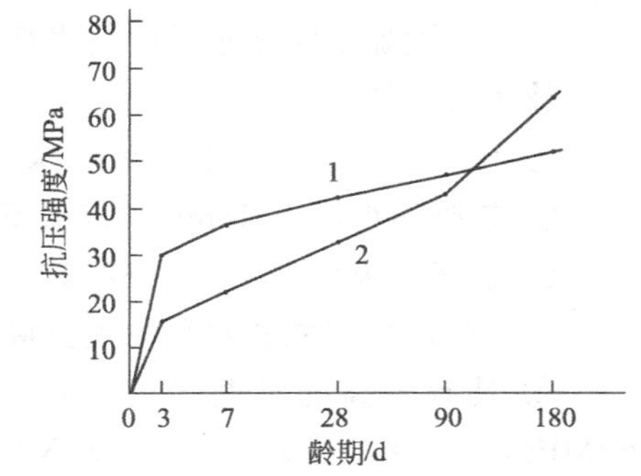

图7-3　粉煤灰水泥强度增长与龄期的关系
1—硅酸盐水泥；2—掺30%粉煤灰

表 7-10 通用水泥的性能特点

项目	硅酸盐水泥	普通水泥	矿渣水泥	火山灰水泥	粉煤灰水泥
特性	早期强度高；水化热较大；抗冻性较好；耐蚀性差；干缩较小	与硅酸盐水泥基本相同	早期强度低，后期强度增长较快，水化热较低；耐蚀性较强；抗冻性差；干缩性较大	早期强度低，后期强度增长较快；水化热较低；耐蚀性较强；抗渗性好；抗冻性差；干缩性大	早期强度低，后期强度增长较快；水化热较低；耐蚀性较强；干缩性小；抗裂性较高；抗冻性差
适用范围	一般土建工程中钢筋混凝土结构；受反复冰冻作用的结构；配制高强混凝土	与硅酸盐水泥基本相同	耐热混凝土结构；大体积混凝土结构；蒸汽养护的构件；有抗硫酸盐侵蚀要求的工程	地下、水中大体积混凝土结构和有抗渗要求的混凝土结构；蒸汽养护的构件；有抗硫酸盐侵蚀要求的工程	地上、地下及水中大体积混凝土结构件；抗裂性要求较高的构件；有抗硫酸盐侵蚀要求的工程
不适用范围	大体积混凝土结构；受化学及海水侵蚀的工程	与硅酸盐水泥基本相同	早期强度要求高的工程；有抗冻要求的混凝土工程；抗渗性混凝土	处在干燥环境中的混凝土工程；早期强度要求高的工程；有抗冻要求的混凝土工程	有抗碳化要求的工程；早期强度要求高的工程；有抗冻要求的混凝土工程

7.2.3 硫铝酸盐水泥

硫铝酸盐水泥是以无水硫铝酸钙熟料（$3CaO \cdot 3Al_2O_3 \cdot CaSO_4$）为主要成分的一种新型水泥。此类水泥以其早期强度高、干缩小、抗渗性好、耐蚀性好，而且生产成本低等特点，在混凝土工程中得到广泛应用。

从无水硫铝酸钙复合矿物研究中已经开发出的硫铝酸盐水泥系列包括普通硫铝酸盐水泥和高铁硫铝酸盐水泥（又称铁铝酸盐水泥）。普通硫铝酸盐水泥主要品种有：快硬硫铝酸盐水泥、膨胀硫铝酸盐水泥、低碱度硫铝酸盐水泥、自应力硫铝酸盐水泥和高强硫铝酸盐水泥。高铁硫铝酸盐水泥主要品种有：快硬铁铝酸盐水泥、膨胀铁铝酸盐水泥、自应力铁铝酸盐水泥和高强铁铝酸盐水泥。本节将着重介绍普通硫铝酸盐水泥和高铁硫铝酸盐水泥。

根据石膏掺入量和混合材的不同，此类水泥可分为 5 个品种。

7.2.3.1 快硬硫铝酸盐水泥

（1）快硬硫铝酸盐水泥的定义及矿物组成　以适当成分的生料，经煅烧所得以无水硫铝酸钙和硅酸二钙为主要矿物成分的熟料，加入适量的石膏和 0～10%的石灰石，磨细制成的早期强度高的水硬性胶凝材料，称为快硬硫铝酸盐水泥，代号 R·SAC。快硬硫铝酸盐的主要水化产物是：高硫型水化硫铝酸钙（AFt）、低硫型水化硫铝酸钙（AFm）、铝胶和水化硅酸盐等，在水化反应时互相促进，因此水泥的反应非常迅速，早期强度非常高。

（2）快硬硫铝酸盐水泥的技术性质　国家标准《硫铝酸盐水泥》（GB 20472—2006）规定的技术要求如下。

① 比表面积不得小于 $350m^2/kg$；

② 初凝不得早于 25min，终凝不得迟于 180min；

③ 强度等级分为 42.5、52.5、62.5、72.5。

（3）快硬硫铝酸盐水泥的主要特性

① 具有较高的早期强度，而且后期强度能不断增长，12h～1d 抗压强度能达 30～60MPa，3～28d 强度可达 60～80MPa，6 年龄期强度缓慢增长。其凝结时间也能满足要求。

② 水化放热快。这种水泥虽然水化放热总量比硅酸盐水泥低，但水化放热集中在 1d 龄期。因此，快凝硫铝酸盐水泥适应于冬期施工。

③ 不收缩、高抗渗性。快硬硫铝酸盐水泥石的结构较硅酸盐水泥石、膨胀与自应力硅酸盐水泥石结构致密得多，所以具有高抗渗性，在3.0MPa水压下不渗漏。

④ 具有较好的低、负温性能。在0～10℃条件下施工，不用覆盖即可施工。－20～0℃时，只需添加少量防冻剂及简单覆盖即可正常施工，即使处于塑性状态也不怕受冻，3～7d强度可达设计强度等级的70％～80％。

⑤ 高抗冻融性能。抗冻等级达到F270以上，60次冻融循环强度不仅不降低，甚至还提高。

⑥ 高抗腐蚀性。这种水泥对海水以及复合盐类的饱和溶液等均有极好的耐腐蚀性，明显高于抗硫酸盐硅酸盐水泥和铝酸盐水泥。

⑦ 钢筋锈蚀。这种水泥因碱度低（pH＜12），钢筋表面不能形成钝化膜，在水化初期由于含有较多空气和水，对钢筋早期有轻微锈蚀，但由于水泥石结构致密，水与空气不能进入，因此，随着混凝土制作过程中混入的空气和水分的耗尽，钢筋锈蚀便不再发展。

（4）快硬硫铝酸盐水泥的应用　快硬硫铝酸盐水泥主要用于抢修工程、冬季低温施工工程、堵漏工程，配制早强、抗渗和抗硫酸盐侵蚀混凝土以及喷射混凝土，生产水泥制品、玻璃纤维增强水泥制品和混凝土预制构件等。但由于钙矾石在150℃以上会脱水，强度大幅度下降，故耐热性较差。

7.2.3.2　膨胀硫铝酸盐水泥

指以无水硫铝酸钙和硅酸二钙为主要矿物成分的熟料，加入适量石膏磨细制成的具有可调膨胀性能的水硬性胶凝材料，代号E·SAC。根据28d膨胀量，分为微膨胀硫铝酸盐水泥和膨胀硫铝酸盐水泥。

（1）膨胀机理　水泥膨胀的动力主要来源于硬化过程中膨胀相的形成。按膨胀相的不同，膨胀类型分为以下几种。

① 由含铝酸钙矿物与含硫酸盐类物质水化反应生成高硫型水化硫铝酸钙时产生的体积膨胀称为水化硫铝酸钙型膨胀；

② 轻度过烧CaO在水泥硬化过程中遇水形成$Ca(OH)_2$而使水泥石发生的体积膨胀称为氢氧化钙型膨胀；

③ 经800～900℃灼烧的菱镁矿或白云石中的MgO与水作用形成$Mg(OH)_2$时造成水泥石的体积膨胀称为氢氧化镁型膨胀；

④ 在水泥硬化过程中金属铁与氧化剂作用而产生的膨胀称为氧化铁型膨胀；

⑤ 金属铝与水泥水化时析出的$Ca(OH)_2$发生作用放出氢气而引起水泥石的体积膨胀称为氢气型膨胀。

目前，工程中使用最广、用量最大的膨胀水泥的膨胀类型属高硫型水化硫铝酸钙型。由于其膨胀值大，所以自应力水泥的膨胀源也都属该类型。

硫铝酸盐水泥水化过程中主要矿物$3CaO \cdot 3Al_2O_3 \cdot CaSO_4$形成$3CaO \cdot Al_2O_3 \cdot 3CaSO_4 \cdot 32H_2O$和$Al_2O_3 \cdot 3H_2O$时固相体积要增大123％。

（2）膨胀硫铝酸盐水泥的特点及应用　膨胀硫铝酸盐水泥最大的特点是：强度高，与快硬硫铝酸盐水泥相似；抗渗性和耐腐蚀性优于快硬硫铝酸盐水泥；具有可调的膨胀性能；在自然条件下，自应力保持率较高，可达70％。这种水泥主要用于配置补偿收缩混凝土和防渗工程。

7.2.3.3　自应力硫铝酸盐水泥

凡以适当成分的生料，经煅烧所得以无水硫铝酸钙和硅酸二钙为主要矿物成为的熟料，加入适量石膏磨细制成的强膨胀性水硬性胶凝材料，称为自应力硫铝酸盐水泥，代号 S·SAC。按 28d 自应力值，硫铝酸盐水泥国家标准（GB 20472—2006）划分为 3.0、3.5、4.0、4.5 四个级别，水泥比表面积、凝结时间、自由膨胀率应符合表 7-11 的规定；各级别各龄期自应力值应符合表 7-12 的要求；抗压强度 7d 不小于 32.5MPa，28d 不小于 42.5MPa；28d 自应力增进率不大于 0.010MPa/d。水泥中的碱含量按 $Na_2O+0.658K_2O$ 计小于 0.50%。

表 7-11 比表面积、凝结时间、自由膨胀率要求

项目		指标值
比表面积/(m^2/kg)		≥370
凝结时间/min	初凝 不早于	40
	终凝 不迟于	240
自由膨胀率/%	7d 不大于	1.30
	28d 不大于	1.75

表 7-12 各龄期自应力值的要求 单位：MPa

级别	7d	28d	
3.0	≥2.0	≥3.0	≤4.0
3.5	≥2.5	≥3.5	≤4.5
4.0	≥3.0	≥4.0	≤5.0
4.5	≥3.5	≥4.5	≤5.5

自应力原理：在配置钢筋的混凝土中，水泥石体积膨胀时带动钢筋同时张拉，在弹性变形范围内的被拉伸的钢筋压缩混凝土使混凝土产生压应力，从而提高其抗拉强度和抗折强度。靠水泥石自身膨胀而产生的混凝土压应力，人们通常称之为自应力。由于水泥石膨胀是矿物与水发生化学反应的结果，所以自应力又称化学预应力。

7.2.3.4 高强硫铝酸盐水泥

高强硫铝酸盐水泥代号是 H·SAC。根据 28d 抗压强度可分为 72.5、82.5、92.5 三个标号。国家标准《硫铝酸盐水泥》(GB 20472—2006) 中并未对此进行单独规定。

7.2.3.5 低碱度硫铝酸盐水泥

低碱度硫铝酸盐水泥根据 7d 抗压强度，分为 32.5、42.5、52.5 三个强度等级。低碱度硫铝破盐水泥在国家标准《硫铝酸盐水泥》（GB 20472—2006）中规定比表面积不低于 400m^2/kg；初凝不早于 25min，终凝不迟于 3h；水泥浆液 1h 的 pH 值不大于 10.0；28d 自由膨胀率在 0～0.15%；强度指标具体数值列于表 7-13。

表 7-13 低碱度硫铝酸盐水泥强度指标

强度等级	抗压强度/MPa		抗折强度/MPa	
	1d	7d	1d	7d
32.5	25.0	32.5	3.5	5.0
42.5	30.0	42.5	4.0	5.5

续表

强度等级	抗压强度/MPa		抗折强度/MPa	
	1d	7d	1d	7d
52.5	40.0	52.5	4.5	6.0

7.2.4 镁质胶凝材料

镁质胶凝材料是由磨细的苛性苦土（MgO）或苛性白云石（MgO 和 $CaCO_3$）为主要组成的一种气硬性胶凝材料。该材料不宜用纯水而需用调和剂拌制，常用的调和剂为氯化镁溶液。其硬化体的性质与 MgO 的活性及水化产物的相组成等多种因素有关。

7.2.4.1 镁质胶凝材料的原料及煅烧

（1）镁质胶凝材料的原料　苛性苦土的主要原料是天然菱镁矿，苛性白云石的主要原料是天然的白云石。此外，以含水硅酸镁（$3MgO \cdot 2SiO_2 \cdot 2H_2O$）为主要成分的蛇纹石、冶炼轻质镁合金的熔渣等也可作为制取镁质胶凝材料的原料。

菱镁矿的主要成分是 $MgCO_3$，并常含有一些氧化硅、黏土、碳酸钙等杂质。菱镁矿分晶质的和非晶质的，前者晶形结构清楚，具有玻璃光泽，因含杂质不同而有不同的颜色。后者呈瓷土状，一般为白色。它们的相对密度为 2.9～3.3。我国菱镁矿蕴藏量丰富，已探明的储量达 28 亿吨，相当于世界总储量的 30%。主要分布于辽宁、四川、山东、新疆、西藏等地区。我国矿质纯度高，$MgCO_3$占 90%以上，铁及碳酸钙等含量较低。其化学成分如表 7-14 所示。

表 7-14　菱镁矿的化学成分举例

化学成分/%	SiO_2	Al_2O_3	Fe_2O_3	CaO	MgO	烧失量
辽宁	0.67	0.19	1.01	0.12	46.78	51.39
山东	3.63	3.36	0.60	0.89	45.72	49.20

白云石是碳酸镁与碳酸钙的复盐［$CaCO_3 \cdot MgCO_3$或写成 $CaMg(CO_3)_2$］，常含有一些铁、硅、铝、锰等氧化物杂质，其颜色随所含杂质而异。相对密度为 2.85～2.95。其理论组成应为 $CaCO_3$∶$MgCO_3$＝1∶1，即 CaO 30.41%；MgO 21.87%；CO_2 47.72%。有晶质和非晶质两种类型，在结构上又可分为颗粒的、致密的、板状的、鳞状的等数种。在我国，白云石矿较之菱镁矿储量更大，分布面也更广，是发展镁质胶凝材料的重要资源。但在天然矿床中，常在白云石与石灰石之间还存在某些过渡组成，一般只有当 $MgCO_3$含量大于 25%时才称为白云石。

（2）镁质胶凝材料的煅烧　MgO 是碳酸镁在煅烧过程中分解而成的。不论是以菱镁矿或白云石以及碱式碳酸镁［$Mg(OH)_2 \cdot 4MgCO_3 \cdot 5H_2O$］等为原料，分解反应均为吸热反应。分解过程中，因分解出二氧化碳和水，所以 MgO 具有多孔结构。由于煅烧温度与煅烧时间直接影响原料的分解程度及产物（MgO）的结晶状态，因此易控制在能使原料充分分解（此时产物体系中的内部孔隙最多）又不至于使 MgO 晶体致密化（过烧）时，所得产品的活性最好。

碳酸镁一般在 400℃开始分解，600～650℃分解反应剧烈进行。实际生产时，煅烧温度常控制在 800～850℃。分解 1kg $MgCO_3$所需热量约为 14.4×10^5J。

在生产苛性白云石（亦称轻烧白云石）时，应使白云石矿中的$MgCO_3$充分分解而又避免其中的$CaCO_3$分解，一般煅烧温度宜控制在650～750℃。这时所得的镁质胶凝材料主要是活性MgO和惰性的$CaCO_3$。在上述温度范围内，白云石的分解按下列两步进行，首先是复盐的分解，紧接着是碳酸镁的分解：

$$MgCO_3 \cdot CaCO_3 = MgCO_3 + CaCO_3$$

$$MgCO_3 = MgO + CO_2$$

在生产苛性白云石作为镁质胶凝材料时，要避免煅烧温度过高，因为过高的煅烧温度会生成CaO而对镁质胶凝材料的性能产生不良影响。试验研究工作指出：只要控制好白云石的煅烧温度和CO_2的分压力，上述的目的是完全可以实现的。

(3) MgO的活性与煅烧温度的关系　MgO的结构及水化活性与煅烧温度有很大关系。致密的天然方镁石的水化反应活性是非常小的，只有将其磨至相当细时，才能在室温下开始与水缓慢作用。但是在450～700℃煅烧并经磨细到一定细度的MgO，在常温下，数分钟内就可完全水化。又如在1000℃煅烧的白云石，在常温下为了水化其中95%的MgO，所需的时间为1800h。这是由于氧化镁的水化反应活性决定于其内部结构。当其他条件相同时，MgO的结构又主要决定于原料在分解过程中的煅烧温度与煅烧时间。在保证原料能充分分解时，当煅烧温度较低时，则所得产物的晶格较大，并且在晶粒之间存在着较大的空隙和相应的庞大的内比表面积。这时它们与水反应的面积大，反应速度快。如果提高煅烧温度或延长煅烧时间，则晶格的尺寸减小，结晶粒子之间也逐渐密实，那就大大延缓了它的水化反应。

国内外的许多研究结果表明，煅烧MgO的活性随所用原料、煅烧温度及煅烧时间而定，其中影响最大的因素是煅烧温度。当达到$MgCO_3$分解温度后，随着煅烧温度的上升，MgO的活性随之下降。

7.2.4.2 氧化镁-水体系

氧化镁与水拌和后产生下述反应：

$$MgO + H_2O = Mg(OH)_2$$

氧化镁的水化反应速度决定于本身的水化活性（与MgO的结构密切相关），如前所述，MgO的活性主要决定于煅烧温度。表7-15表示$MgCO_3$经不同煅烧温度制取的MgO的水化速度（以水化程度的百分率表示）。该试验结果证明，当煅烧温度提高时，水化速度显著减少。

斯米尔诺夫等曾研究过氧化镁浆体的水化过程和结构强度的发展过程，所采用的MgO具有不同的分散度（比表面积分别为$125m^2/g$、$32m^2/g$、$15m^2/g$、$3m^2/g$），浆体的组成是：10%MgO+90%砂。其中除分散度为$3m^2/g$的MgO的水固比采用0.27外，其他的水固比均为0.32。

表7-15 MgO水化速度与煅烧温度的关系

水化时间/d	煅烧温度/℃		
	800	1200	1400
1	75.4	6.49	4.72
3	100.0	23.40	9.27

续表

水化时间/d	煅烧温度/℃		
	800	1200	1400
30	—	94.76	32.80
360	—	97.60	—

可见，虽然内比表面积大的 MgO，其水化速度快，其强度的发展也较快，但是其结构强度的最终值很低。产生这种情况的原因显然与 MgO 溶液的过饱和度特别高有关。试验证明，经一般煅烧温度（600～860℃）所得的 MgO，在常温下水化时，其最大浓度为 0.8～1.0g/L。而其水化产物 $Mg(OH)_2$ 在常温下的平衡溶解度为 0.01g/L 左右，所以其相对过饱和度为 80～100。这个数值与别的胶凝材料相比是相当大的。因为过大的过饱和度会产生大的结晶应力，使形成的结晶结构网受到破坏。

一是由于 MgO 的溶解度本来就比较小，如果提高煅烧温度，降低其比表面积，则其溶解速度与溶解度更低，其水化过程就很慢。虽然经过很长时间的硬化，浆体可以得到较高的强度，但是很长的硬化周期对生产是很不合算的。二是如果提高 MgO 的内比表面积，虽然可以相应地增大 MgO 的溶解速度和溶解度，加快水化过程，但是其过饱和度太大，会产生很大的结晶应力，并导致结构的破坏，使强度显著降低。这两个问题都是 MgO 应用上的障碍。通过生产和科学研究的实践，人们找到了一些既能使凝结时间较快而又能得到强度较高的镁质胶凝材料的途径，这些途径大多是围绕降低过饱和度和提高溶解度而采取的措施。在常用的办法中，主要是将镁质胶凝材料不是用水拌和而改用 $MgCl_2$ 水溶液或其他起类似作用的水溶液拌和。下面讨论 $MgO-MgCl_2-H_2O$ 体系中的一些原理。

7.2.4.3 氧化镁-氯化镁-水体系

为了有效地使用镁质胶凝材料，要解决两个问题：一是要加速 MgO 的溶解；二是要降低体系的过饱和度。而降低过饱和度的有效途径是提高水化产物的溶解度或者迅速形成复盐。

用氯化镁溶液代替水作 MgO 的调和剂，就是解决上述问题的途径之一。试验证明，以 $MgCl_2$ 溶液代替水来调制 MgO 时，可以加速其水化速度，并且能与之作用形成新的水化物相。这种新的水化物相的平衡溶解度比 $Mg(OH)_2$ 高，因此其过饱和度也相应降低。这种用 $MgCl_2$ 溶液调制的镁质胶凝材料就是目前广泛关注的氯氧镁水泥。因由瑞典学者 S. Sorel 于 1867 年所发明，故又称索瑞尔水泥（Sorel Cement），简称镁水泥。

(1) 镁水泥水化相形成机制及相变

① 镁水泥的水化过程及其影响因素

a. 镁水泥的水化过程　镁水泥水化的动力学过程与普通硅酸盐水泥基本相似：即菱镁粉（MgO）与 $MgCl_2$ 溶液拌和后，立即发生急剧反应，放出热量，该阶段的时间很短，仅为 5～10min；接着有一个反应速率缓慢的阶段，一般可持续几小时；然后反应重新加快，出现了第二放热峰；最后，反应速率随时间而下降并逐渐趋于稳定。因此，可将镁水泥水化过程划分为诱导前期、诱导期、加速期和减速稳定期四个阶段。

b. 影响水化过程的主要因素　在镁水泥水化过程中，MgO 的活性及分散程度以及 MgO 与 $MgCl_2$ 和 H_2O 的比例关系是影响水化过程与水化产物的重要因素。

现用相同的原料，以不同的摩尔比配制镁水泥浆体，其水化过程的放热速率如表 7-16。

表 7-16 不同 $Mg(OH)_2/MgCl_2$ 比时的水化热

编号	配比 $Mg(OH)_2:MgCl_2:H_2O$	t_2/h	t_3/h	水化热[①]/(J/g)		
				8h	10h	12h
1	2∶1∶8	4.5	12.5	147	253	382
2	3∶1∶8	4	12.5	139	231	339
3	4∶1∶8	3	8	225	317	395
4	5∶1∶8	3	6.5	275	378	468
5	6∶1∶8	1.5	5	333	432	515

① 水化热以每克 MgO 放出的热量为准。

在 $Mg(OH)_2$ 与 $MgCl_2$ 比值不变的情况下，改变 $MgCl_2$ 与 H_2O 的比例关系，也就是改变了所用 $MgCl_2$ 溶液的浓度，对反应水化热的影响如表 7-17 所示。

表 7-17 不同 $MgCl_2/H_2O$ 时的水化热

编号	配比 $Mg(OH)_2:MgCl_2:H_2O$	t_2/h	t_3/h	水化热[①]/(J/g)		
				8h	10h	12h
2-1	3∶1∶7	4	12.5	104	184	290
2-2	3∶1∶8	3.5	12.3	139	231	349
2-3	3∶1∶11	1.5	6	321	409	485
4-1	5∶1∶5	4	11.5	170	273	202
4-2	5∶1∶8	3	6.5	276	373	468
4-3	5∶1∶11	1.5	5.5	341	433	500

① 水化热以每克 MgO 放出的热量为准。

试验表明，随着 $MgCl_2$ 溶液浓度的降低，水化过程中的诱导期缩短，加速期提前结束，水化放热量增大。这是由于 $MgCl_2$ 溶液变稀后，相对提高了 MgO 的含量，在此环境中新相较易生成。因此水化时间缩短，放热量增加，且硬化体中的孔隙增多，对产品性能影响不利。所以 $MgCl_2$ 溶液的浓度不宜太低。

菱镁粉的细度对镁水泥早期水化放热总量影响较大。细度增大，早期水化总热量均有明显提高。而 5∶1∶8 配比较 3∶1∶8 配比更为明显。但当菱镁粉细度达到某一限度（约 5000cm/^{2}g）后，放热总量继续增长的幅度较小。

② 镁水泥的水化相　在以 $MgO-MgCl_2-H_2O$ 为主的三元体系中，将有哪些化合物产生？这些化合物是否能长期稳定？这是关系到镁水泥性质及应用前景的关键问题，百余年来一直受到人们的关注。

C. R. Bury 等于 1932 年发表了他们在研究 $MgO-MgCl_2-H_2O$ 体系中所得到的三元化合物 $3Mg(OH)_2 \cdot MgCl_2 \cdot 8H_2O$（简称 3·1·8 相或相 3）。1976 年和 1980 年，Sorrell 等首次用 X 射线衍射分析（XRD）确定了固相中除了相 3 外，还有 $5Mg(OH)_2 \cdot MgCl_2 \cdot 8H_2O$（简称 5·1·8 相或相 5）和 $Mg(OH)_2$。并指出了相 3 和相 5 是该体系中两种主要的晶体相，此外有胶凝区、液相区。国内外许多研究者的结果表明，在镁水泥凝固初期的水化相有 5·1·8、3·1·8 和 $Mg(OH)_2$。证明了该相图是镁水泥的物化基础。根据相图可知，欲配制性能良好的镁水泥，除了充分注意 MgO 的活性外，选择 MgO、$MgCl_2$、H_2O

三者之间的恰当比例是非常重要的。

③ 5·1·8 相和 3·1·8 相的形成机制　在 $MgO-MgCl_2-H_2O$ 体系中的主要化学反应可先假设为如下几种情况。

a. 以 MgO、Mg^{2+}、Cl^- 和 H_2O 为初始反应物

5·1·8 相：$\frac{1}{2}(5MgO+Mg^{2+}+2Cl^-+13H_2O) = Mg_3Cl(OH)_5 \cdot 4H_2O$

3·1·8 相：$\frac{1}{2}(3MgO+Mg^{2+}+2Cl^-+11H_2O) = Mg_2Cl(OH)_3 \cdot 4H_2O$

$Mg(OH)_2$相：$MgO+H_2O = Mg(OH)_2$

b. 以 Mg^{2+}、Cl^-、OH^- 和 H_2O 为初始反应物

5·1·8 相：$3Mg^{2+}+Cl^-+5OH^-+4H_2O = Mg_3Cl(OH)_5 \cdot 4H_2O$

3·1·8 相：$2Mg^{2+}+Cl^-+3OH^-+4H_2O = Mg_2Cl(OH)_3 \cdot 4H_2O$

$Mg(OH)_2$相：$Mg^{2+}+2OH^- = Mg(OH)_2$

c. 以 $Mg(OH)_2$、Mg^{2+}、Cl^- 和 H_2O 为初始反应物

5·1·8 相：$\frac{1}{2}[5Mg(OH)_2+Mg^{2+}+2Cl^-+8H_2O] = Mg_3Cl(OH)_5 \cdot 4H_2O$

3·1·8 相：$\frac{1}{2}[3Mg(OH)_2+Mg^{2+}+2Cl^-+8H_2O] = Mg_2Cl(OH)_3 \cdot 4H_2O$

d. 5·1·8 相向 3·1·8 相的转变

$Mg_3Cl(OH)_5 \cdot 4H_2O = Mg_2Cl(OH)_3 \cdot 4H_2O+Mg(OH)_2$

④ 镁水泥中的相转变　镁水泥制品在使用过程中，常受到空气中的二氧化碳、水蒸气的侵蚀以及日晒雨淋等作用而使制品的强度下降、光泽性变差、形变增加并产生龟裂等，致使其应用范围受到限制。因此研究者们十分关注镁水泥制品在使用过程中的相转变。

镁水泥浆硬化体的初期物相，有相 5、相 3、$Mg(OH)_2$、未反应完的 MgO 和 $MgCl_2 \cdot xH_2O$。在空气中放置后，会形成氯碳酸镁盐［$2MgCO_3 \cdot Mg(OH)_2 \cdot MgCl_2 \cdot 6H_2O$，简称 2·1·1·6 相］。Sorrell 等研究了从一个月到 50 年间的建筑物外部镁水泥制品后，认为氯碳酸镁盐与水作用可能浸出氯化镁并可以转变为水菱镁矿［$4MgCO_3 \cdot Mg(OH)_2 \cdot 4H_2O$，简称 4·1·4 相］。

我国中科院夏树屏教授等对镁水泥建筑的物相进行了系统研究。他们采集了不同地区、不同龄期的镁水泥试样，其中有长达 25～30 年经自然风化、日晒雨淋的室外建筑物样品。采用 XRD、红外、热分析和化学分析等方法对样品的相组成进行分析研究。其结果表明镁水泥的物相十分复杂，除耐水性差是由于氯盐溶解造成外，碳化作用也有显著影响。现已发现的碳酸盐有四种：$MgCO_3$、$MgCO_3 \cdot 3H_2O$、$2MgCO_3 \cdot Mg(OH)_2 \cdot MgCl_2 \cdot 6H_2O$、$4MgCO_3 \cdot Mg(OH)_2 \cdot 4H_2O$。在镁水泥放置一年后的样品中，也发现了 3·1·8 相和 5·1·8相向氯碳酸镁盐（2·1·1·6 相）的转变。在长期存放室外的样品中，除了存在相 5、相 3、2·1·1·6 相以及 $Mg(OH)_2$外，还有水菱镁矿（4·1·4 相）和菱镁矿等。

由上述分析可知，镁水泥制品耐水性和耐久性差的根本原因在于相 5 和相 3 是不稳定的。因此，提高镁水泥耐水性和耐久性的关键是改善相 5 和相 3 的稳定性。

(2) 镁水泥的强度及其影响因素

① 镁水泥的凝结速度及相 5 或相 3 的强度发展规律　镁水泥的凝结时间与所用 MgO 的

活性密切相关。在其他条件相同时，以同一原料用不同温度煅烧的MgO，其凝结时间如表7-18所示。其结果表明镁水泥的凝结时间随MgO煅烧温度的升高、比表面积的减小而减慢的规律。

表 7-18　镁水泥凝结时间与MgO活性的关系

煅烧温度/℃	600	700	800	900	1000	1100	1200
比表面积/(m^2/g)	121.1	85.2	48.9	29.5	26.5	16.1	—
初凝时间(h : min)	1 : 30	1 : 55	1 : 57	4 : 25	4 : 17	6 : 21	9 : 57
终凝时间(h : min)	2 : 07	2 : 33	3 : 20	5 : 40	5 : 11	8 : 11	13 : 02

若以同一种活性的MgO为原料，其凝结时间的测定结果如表7-19所示。结果表明，相5比相3的凝结时间短，凝结速度快。

表 7-19　相5和相3的凝结时间

编号	相区	$MgO:MgCl_2:H_2O$	初凝(h : min)	终凝(h : min)	物相鉴定结果
1	5·1·8相点	5 : 1 : 13	1 : 32	3 : 10	单一的5·1·8相
2	3·1·8相点	3 : 1 : 11	4 : 40	9 : 45	单一的3·1·8相
3	E相区	3.75 : 1 : 12.25	5 : 32	9 : 46	相5+相3
4	F相区	5 : 1 : 14.39	3 : 53	4 : 55	主要为相5

② 镁水泥硬化体的强度　用氯化镁溶液调制的镁质胶凝材料硬化体的结构与其他胶凝材料硬化体的结构有许多共同的特点。即它们都是多相多孔结构，它们的结构特性决定于水化物的类型和数量、水化物之间的相互作用以及孔隙率的大小和孔径分布的规律。镁水泥的水化相前面已经讨论了，它们之间的相互作用，如果控制得好，可以形成具有很高强度的结晶结构网。但是，由于其水化物，特别是它们之间的结晶接触点，具有高的溶解度，所以在潮湿条件下其强度很快降低。从这个意义上来说，它是不耐水的。但在干燥条件下是具有硬化快、强度高的特点的。

③ 影响镁水泥强度发展的因素

a. MgO与$MgCl_2$比值（摩尔比）对强度的影响　如前所述，在$MgO-MgCl_2-H_2O$体系中，配料比的变化将导致硬化体中水化相的类型、数量及其稳定性的变化，因而影响强度发展。现以苛性白云石（MgO与$CaCO_2$的混合物）配制的镁水泥为例，试验表明当$MgO/MgCl_2$大于6时强度有所降低，而且这个比值愈大，强度降低愈多，因为在这种情况下生成的5·1·8相是不稳定的，它要向3·1·8相转变，引起结构破坏而强度降低。

b. 温度对强度的影响　现以5·1·8相点和3·1·8相点的组成配料，浆体分别于20℃、40℃、60℃的环境中硬化。结果表明，在20～40℃，随着养护温度的升高，强度均有提高；当养护温度在40～60℃，温度升高，相5的强度仍有提高，其增幅变小，但按3·1·8相配料的浆体，其14d的强度明显下降。此外，MgO的活性、分散程度、$MgCl_2$溶液浓度等因素也将影响镁水泥的强度。

(3) 提高镁水泥耐水性的途径　如前所述，镁水泥硬化体是由水化物5·1·8相和3·1·8相为主的晶体交叉连生而成的晶体网状结构，由于水化产物在水中的溶解度大，因此耐水性差是镁水泥的结构特性。例如镁水泥制品的软化系数随着泡水时间的延长而降低，养护28d的试样泡水1个月，其软化系数为0.55，泡水2个月为0.26，泡水3个月为0.13。并且制品在潮湿环境中使用易返卤、翘曲。其主要原因是氯镁盐的吸湿性大，水化相的稳定性差，结晶接触点的溶解度大。因而在有水介质的作用下可造成硬化体结构网的破坏和解体。根据晶体化学理论和热力分析可知5·1·8相和3·1·8相都是不稳定的介稳相，并且相5的稳定性比相3更差。因此，在常温常压下，相5遇水后可自动转变为相3和$Mg(OH)_2$，相3在水介质作用下将继续水解为Mg^{2+}、Cl^-和$Mg(OH)_2$，致使原结构破坏和解体。

为提高镁水泥的抗水性，国内外科技界做了许多工作，归纳起来主要有下述途径。

① 降低水介质的作用　除了根据气硬性胶凝材料的使用特点，注意使用环境或在制品表面涂刷防水层外，还可在镁水泥的拌制过程中加入少量的有机物。如三聚氰胺树脂、脲醛树脂、有机硅等，使相5周围产生高聚物或疏水的保护层，减少氯离子与水分子的接触，从而提高水化物结构的相对稳定性及其耐水性。

② 掺入适当的添加剂　研究结果表明，在镁水泥浆中掺入3%～8%的磷酸或磷酸盐，其泡水1个月后的软化系数可达0.9，但以后随着泡水时间的延长其软化系数降低；加入15%的红砖粉、赤页岩粉，或适量的粉煤灰、硅藻土等也可改善镁水泥的耐水性。由于添加剂的种类和数量不同，因此改善和提高镁水泥的耐水程度及其原因也不相同。有的添加剂主要是起稳定相5和降低硬化体中孔隙率而达到提高强度和改善耐水性的目的。也有些添加剂除阻止相5转变外，还可参与反应，形成部分新相。据研究资料表明，掺入占镁水泥净浆量4%的含有Ca、Al、Fe、Si等元素的复合添加剂后，浸水6个月的试件，其软化系数仍可达到0.85以上。根据XRD、DTA、SEM分析结果表明，在加入复合添加剂的试件中已有掺杂的海泡石｛$Mg_4[(H_2O)_6(OH)_2Si_6O_{15}]\cdot 3H_2O$｝结构和镁硅铝或镁硅磷化合物形成的凝胶体。这些新相阻止和保护了5·1·8相骨架结构不致被破坏。还有研究者证明所加入的活性SiO_2，在氯氧镁浆体中能迅速地与MgO反应，较快地生成具有水硬性的$MgSiO_2$而使镁水泥的结构稳定性和耐水性有很大的提高，可满足一般建筑的使用要求。

另外，还有一种改进耐水性常用的方法，即不采用氯化镁作调和剂，因为氯化镁的吸湿性大，所以也常改用硫酸镁（$MgSO_4\cdot 7H_2O$）、铁矾（$FeSO_4$）等。实践证明，改用硫酸镁和铁矾作调和剂后，可以降低吸湿性，提高耐水性。但是其强度较用氯化镁者为低。

7.2.5 其他品种水泥

7.2.5.1 铝酸盐水泥

铝酸盐水泥又称高铝水泥（也称矾土水泥），是以铝矾土和石灰石为原料，经高温煅烧得到以铝酸钙为主要成分的熟料，经磨细而成的水硬性胶凝材料。这种水泥与上述的硅酸盐水泥不同，是一种快硬、早强、耐腐蚀、耐热的水泥。

(1) 高铝水泥的矿物成分和水化产物　高铝水泥的主要矿物成分是铝酸一钙（$CaO\cdot Al_2O_3$，简写为CA）和二铝酸一钙（$CaO\cdot 2Al_2O_3$，简写为CA_2）；此外尚有少量硅酸二钙及其他铝酸盐，如七铝酸十二钙（$12CaO\cdot 7Al_2O_3$，简写为$C_{12}A_7$）、六铝酸一钙（$CaO\cdot 6Al_2O_3$，简写为CA_6）、硅铝酸二钙（$2CaO\cdot Al_2O_3\cdot SiO_2$，简写为$C_2AS$）。

铝酸一钙（CA）具有很高的水硬活性，其特点是凝结正常，硬化迅速，是高铝水泥强度的主要来源。

二铝酸一钙（CA_2）的早期强度低，但后期强度能不断增高。高铝水泥中增加CA_2含量，水泥的耐热性提高，但含量过多，将影响其快硬性能。

高铝水泥的水化过程，主要是铝酸一钙的水化过程。一般认为其水化反应随温度不同而不同：当温度小于 20℃时，主要水化产物为水化铝酸一钙（$CaO \cdot Al_2O_3 \cdot 10H_2O$，简写为 CAH_{10}）；温度在 20～30℃时主要水化产物为水化铝酸二钙（$2CaO \cdot Al_2O_3 \cdot 8H_2O$，简写为 C_2AH_8）；当温度大于 30℃时，主要水化产物为水化铝酸三钙（$3CaO \cdot Al_2O_3 \cdot 6H_2O$，简写为 C_3AH_6）。此外，尚有氢氧化铝凝胶（$Al_2O_3 \cdot 3H_2O$）。

二铝酸一钙（CA_2）的水化反应与铝酸一钙相似，但水化速度较慢。硅酸二钙则生成水化硅酸钙凝胶。

水化铝酸一钙和水化铝酸二钙为片状或针状晶体，它们互相交错搭接，形成坚强的结晶体骨架，同时所生成的氢氧化铝凝胶填塞于骨架空间，形成比较致密的结构。经 5～7 天后水化产物的数量就很少增加，强度即趋向稳定。因此高铝水泥早期强度增长得很快，而后期强度增进得不太显著。硅酸二钙的数量很少，在硬化过程中不起很大的作用。

随着时间的推移，CAH_{10} 或 C_2AH_8 会逐渐转化为比较稳定的 C_3AH_6，这个转化过程随着环境温度的上升而加速。由于晶体转化的结果，使水泥石内析出游离水，增大了孔隙体积，同时也由于 C_3AH_6 本身强度较低，所以水泥石的强度明显下降。一般浇灌 5 年以上的高铝水泥混凝土，剩余强度仅为早期强度的二分之一，甚至只有几分之一。

(2) 高铝水泥的技术性质

① 密度与堆积密度　高铝水泥的密度为 3.20～3.25g/cm^3，堆积密度为 1000～1300kg/m^3。

② 细度　根据国家标准（GB 201—2000），比表面积不小于 300m^2/kg 或 45μm 筛余不大于 20%。

③ 凝结时间　《铝酸盐水泥》（GB 201—2000）规定，CA-50、CA-70、CA-80 初凝时间不得早于 30min，终凝时间不得迟于 6h；CA-60 初凝时间不得早于 60min，终凝时间不得迟于 18h。

④ 强度　各类型铝酸盐水泥的强度不得低于表 7-20 所示内容。

表 7-20　铝酸盐水泥的强度

水泥类型	抗压强度/MPa				抗折强度/MPa			
	6h	1d	3d	28d	6h	1d	3d	28d
CA-50	20	40	50	—	3.0	5.5	6.5	—
CA-60	—	20	45	85	—	2.5	5.0	10.0
CA-70	—	30	40	—	—	5.0	6.0	—
CA-80	—	25	30	—	—	4.0	5.0	—

(3) 高铝水泥的特性与应用　高铝水泥与硅酸盐水泥相比有如下特性。

① 早期强度增长快　这种水泥的 1 天强度即可达 3 天强度的 80%以上，属快硬型水泥，适用于紧急抢修工程和早期强度要求高的特殊工程，但必须考虑到这种水泥后期强度的降低。使用高铝水泥时，要控制其硬化温度。最适宜的硬化温度为 15℃左右，一般不得超过 25℃。如果温度过高，水化铝酸二钙会转化为水化铝酸三钙，使强度降低。若在湿热条件下，强度下降更为剧烈。所以高铝水泥不适合用于蒸汽养护的混凝土制品，也不适用于在高

温季节施工的工程。

② 水化热大　高铝水泥硬化时放热量较大，且集中在早期放出，1天内即可放出水化热总量的70%～80%，而硅酸盐水泥仅放出水化热总量的25%～50%。因此，这种水泥不宜用于大体积混凝土工程，但适用于寒冷地区冬季施工的混凝土工程。

③ 抗硫酸盐侵蚀性强　高铝水泥水化时不析出氢氧化钙，而且硬化后结构致密，因此它具有较好的抗硫酸盐及抗海水腐蚀的性能。同时，对碳酸水、稀盐酸等侵蚀性溶液也有很好的稳定性。但晶体转化成稳定的水化铝酸三钙后，孔隙率增加，耐蚀性也相应降低。高铝水泥对碱液侵蚀无抵抗能力，故应注意避免碱性腐蚀。

④ 耐热性高　高铝水泥在高温下仍保持较高强度。如用这种水泥配制的混凝土在900℃温度下，还具有原强度的70%，当达到1300℃时尚有50%左右的强度。这些尚存的强度是由于水泥石中各组分之间产生固相反应，形成陶瓷坯体所致。因此，高铝水泥可作为耐热混凝土的胶结材料。

高铝水泥一般不得与硅酸盐水泥、石灰等能析出氢氧化钙的胶凝材料混合作用，在拌和浇灌过程中也必须避免互相混杂，并不得与尚未硬化的硅酸盐水泥接触，否则会引起强度降低并缩短凝结时间，甚至还会出现“闪凝”现象。所谓闪凝，即浆体迅速失去流动性，以至无法施工，但可以与已经硬化的硅酸盐水泥接触。

7.2.5.2　快硬系列水泥

(1) 快硬硅酸盐水泥　凡以硅酸盐水泥熟料和适量石膏磨细制成的，以3d抗压强度表示强度等级的水硬性胶凝材料，称为快硬硅酸盐水泥（简称快硬水泥）。

这种水泥指早期强度增进较快的水泥，也称早强水泥。快硬水泥的制造过程和硅酸盐水泥基本相同，主要依靠调节矿物组成及控制生产措施，使得水泥的性质符合要求。快硬水泥的凝结速度略快于一般水泥的凝结速度，熟料中硬化最快的矿物成分是$3CaO \cdot Al_2O_3$（8%～14%）和$3CaO \cdot SiO_2$（50%～60%），两者的总量应不少于60%～65%，为加快硬化，可适当增加石膏的掺量（可达8%）和提高水泥的细度，通常比表面积达$450m^2/kg$。

快硬水泥的其他性质特点是：凝结硬化快；早期强度及后期强度均高，抗冻性好；与钢筋黏结力好，对钢筋无侵蚀作用；抗硫酸侵蚀性优于普通水泥，抗渗性、耐磨性也较好，但水化放热大，抗蚀力较差，易受潮变质。它适用于紧急抢修工程、低温施工工程和高标号混凝土预制件等，但不能用于大体积混凝土工程及经常与腐蚀介质接触的混凝土工程。由于快硬水泥细度大，易受潮变质，在运输和贮存时，必须特别注意防止受潮，并应与其他品种水泥分开贮运，不得混杂。一般贮存期不应超过1个月。

(2) 快凝快硬硅酸盐水泥　凡以适当成分的生料烧至部分熔融，所得以硅酸三钙、氟铝酸钙为主的熟料，加入适量的硬石膏、粒化高炉矿渣、无水硫酸钠，经过磨细制成的一种凝结快、早期强度增长快的水硬性胶凝材料称为快凝快硬硅酸盐水泥（简称为双快水泥）。

快凝快硬水泥的主要特点是凝结硬化快，早期强度增长很快。适用于机场道面、桥梁、隧道和涵洞等紧急抢修工程，以及冬期施工、堵漏等工程。施工时不准与其他水泥混合使用。

由于快凝快硬水泥在运输和贮存时，易风化，应特别防止受潮，并且须与其他品种水泥分别贮运，不得混杂水泥应贮放于干燥处，不宜高叠。一般贮存期不应超过3个月，使用时须重新检验强度。

7.3 纤维增强水泥基复合材料

7.3.1 纤维在水泥基复合材料中的作用机理

纤维增强水泥基复合材料，是在水泥基材料基体中均匀分散一定比例的特定纤维，使水泥基材料的韧性得到改善，抗弯性和抗压比得到提高的一种水泥基复合材料。在水泥基材料中掺入纤维是目前改善水泥基材料向轻质、高强、高韧性等方向较为有效的方法之一，其逐渐成为一种新型建筑材料——纤维增强水泥基材料（fiber reinforced cement，FRC）在国内外得到了迅速发展与应用。例如应用在矿山、隧道、铁路、公路路面、工业与民用建筑、水利水电、防爆抗震和维修加固等工程。

7.3.1.1 纤维的作用机理与选用原则

纤维具有优良的阻裂、强化等作用，不仅可以大大减少水泥基材料内部原生裂缝并能有效地阻止裂缝的引发和扩展，将脆性破坏转变为近似于延性断裂。在受荷（拉、弯）初期，水泥基体与纤维共同承受外力且前者是主要受力者；当基体发生开裂后，横跨裂缝的纤维成为外力的主要承受者，即主要以纤维的桥联力抵抗外力作用。若纤维的体积掺量大于某一临界值，整个复合材料可继续承受较高的载荷，并产生较大的变形，直至纤维被拉断或从基体中拔出，以致复合材料破坏。因此，纤维的加入明显改善水泥基材料的抗拉、抗弯、抗剪等力学性能，以及抗裂、耐磨等长期力学性能，尤其是高弹性模量的纤维还可以大大增强水泥基材料的断裂韧性和抗冲击性能，显著提高水泥基材料抗疲劳性能和耐久性。

（1）纤维作用机理　目前的研究以表明，纤维在水泥基体中至少有以下三个主要的作用。

① 提高基体开裂的应力水平，即使水泥基体能够承受更高的应力。

② 改善基体的应变能或延展性，从而增加它吸收能量的能力或提高它的韧性。纤维对基体韧性的改善往往比较显著，甚至在它对基体的增强作用小的情况下也是如此。

③ 能够阻止裂纹的扩展或改变裂纹前进的方向，减少裂纹的宽度和平均断裂空间。对于早期的水泥基材料来说，由于纤维的存在，阻碍了集料的离析和分层，保证了混凝土早期均匀的泌水性，从而阻止沉降裂纹的产生。

（2）纤维选用原则　不论哪种纤维，作为水泥基复合材料的增强材料，其必须遵循以下基本原则。

① 纤维的强度和弹性模量都要高于基体。

② 纤维与基体之间要有一定的黏结强度，两者之间的结合要保证基体所受的应力能通过界面传递给纤维。

③ 纤维与基体的热膨胀系数比较接近，以保证两者之间的黏结强度不会在热胀冷缩过程中被削弱。

④ 纤维与基体之间不能发生有害的化学反应，尤其不能发生强烈的反应，否则会引起纤维性能的降低而失去强化作用。

⑤ 纤维的体积率、尺寸和分布必须适宜。一般而言，基体中纤维的体积率越高，其增强效果越显著，但一定要考虑到纤维能否充分分散。

7.3.1.2 纤维的品种与性能

用于水泥基复合材料的纤维种类繁多，按其材料可分为：金属材料，如不锈钢纤维和低碳钢纤维；无机纤维，如石棉纤维、玻璃纤维、硼纤维、碳纤维等；合成纤维，如尼龙纤维、聚酯纤维、聚丙烯等纤维；植物纤维，如竹纤维、麻纤维等。按其弹性模量的大小可以分为高弹模纤维，如钢纤维、碳纤维、玻璃纤维等；低弹模纤维，如聚丙烯纤维、某些植物纤维等。高弹性模量的纤维主要是提高复合材料的抗冲击性、抗热爆性能、抗拉强度、刚性和阻裂能力，而低弹性模量的纤维主要是提高水泥复合材料的韧性、应变能力以及抗冲击性能与韧性有关的性能。按其长度可分为非连续的短纤维和连续的长纤维，如玻璃纤维无捻粗纱、聚丙烯纤化薄膜等。目前用于配置纤维水泥基材料的纤维主要是短纤维，使用较普遍的有钢纤维、玻璃纤维、聚丙烯纤维和碳纤维，主要用于改善水泥基材料力学及其他应用性能，包括抗拉强度、抗压强度、弹性模量、抗开裂耐久性、疲劳负荷寿命、抗冲击和磨损、抗干缩及膨胀、耐火性及其他热性能。

7.3.1.3　纤维的黏结性能与表面处理

对于纤维增强材料，力学行为不仅取决于纤维和水泥基材料的性质，而且还取决于它们之间的黏结，水泥基系统界面的本性特别复杂，因为在水泥和某些类型的纤维间可能会发生化学反应。另外，当水泥逐渐水化或体积随时间变化时界面本性会随时间发生变化。

纤维与水泥基体之间存在着界面层，该界面层对两者的黏结强度有很大的影响。纤维与水泥基体界面层的微结构由以下三部分组成：①双层膜，此膜的厚度一般仅1～3μm，主要含有氢氧化钙（CH）晶体与水化硅酸钙（C—S—H）凝胶，较牢固地黏附在纤维表面上。②CH晶体富集区，此区内CH晶体不仅大量集中，并且还有明显的取向性。另外，其结构较为疏松，是界面层的一个薄弱环节。③多孔区，此区内主要集中了大量C—S—H凝胶，孔隙率很大，是界面层的又一薄弱环节。界面层总的厚度可由约10μm至50μm以上不等，为提高纤维与水泥基体的黏结强度，必须尽可能减小界面层的厚度，尤其是其中CH富集区与多孔区的厚度。当使用硅酸盐水泥时，通过加入适量的减水剂（尤其是高效减水剂）以减低水灰比，或选用某些高火山灰活性的矿物掺料（如硅灰、粉煤灰与磨细矿渣粉等）替代部分水泥，均有助于减薄界面层，从而改善纤维与水泥基体的界面黏结。

7.3.1.4　影响纤维增强效果的因素

纤维与水泥基体界面黏结性能的关键在于界面黏结强度，界面黏结强度的大小涉及很多因素，如纤维性能参数、水泥基体性能参数（水泥、配合比等）及外界环境介质等，其中以纤维性能参数对黏结强度的影响最大。近三十年来，国内外的学者从试验测试和利用计算机数值模拟技术建立界面力学模型两个方面对此进行了大量的研究，得出纤维增强效果的表达式为：

$$\sigma_{\mathrm{ftm}}=\sigma_{\mathrm{tm}}\left(1+\alpha\frac{l}{d}V_{\mathrm{f}}\right) \tag{7-1}$$

式中，σ_{ftm}表示纤维增强水泥基材料的抗折强度；σ_{tm}表示基体水泥基材料的抗折强度；V_{f}表示纤维的体积率；l/d表示纤维的长径比；α表示纤维对抗折强度的综合影响系数。

根据式（7-1）可以确定影响纤维的增强效果的因素主要有以下几个方面。

（1）纤维种类的影响　纤维种类对界面黏结性能的影响主要表现在纤维的弹性模量的差异上，弹性模量差别不大的合成纤维对界面黏结性能的影响因品种不同所引起的差异一般不大。高弹性模量的纤维，如碳纤维、芳族聚酰胺纤维等，因其与基体有着较高的弹性模量比值，当纤维与水泥基体联合受力时，有利于应力从基体向纤维的传递，从而有效地抑制裂缝的扩展，增大黏结强度，同时高弹性模量的纤维一般又都具有较小的泊松比，在拔出过程中，纤维不易发生伸长变形，而且水泥基体也有紧缩的趋势，则增大了纤维拔出阻力，体现出比低弹性模量合成纤维如聚丙烯纤维、尼龙纤维等具有更好的黏结性能。通过圆环法的对比试验研究了相同体积掺量下（均为0.5%）的聚丙烯纤维、尼龙单丝纤维和尼龙网状纤维对水泥基复合材料干缩开裂形态的影响。结果表明，这三种纤维阻裂限缩的能力差异主要体现在弹性模量上。

（2）纤维长度和长径比的影响　当使用连续的长纤维时，因纤维与水泥基体的黏结较好，故可充分发挥纤维的增强作用。当使用短纤维时，则纤维的长度与其长径比必须大于它们的临界值。纤维的临界长径比是纤维的临界长度与其直径的比值。大量试验都已证明，长径比大的纤维增强增韧以及阻裂效果较为明显，这主要是因为在同样的黏结强度下，长径比大的纤维与基体接触面积也大，从而提高黏结性能。在工程应用中应选择合适的长径比，长径比太小，由于黏结面积小，易于从基体中拔出而破坏；长径比太大，易导致纤维拌和不均匀，而且拌和工作性下降，影响工程质量。纤维埋入基体深度对黏结性能也有一定影响。

（3）纤维体积率的影响　纤维体积率表示在单位体积的纤维增强水泥基复合材料中纤维所占的体积分数。用各种纤维制成的纤维增强水泥基复合材料有一临界纤维体积率，当纤维的实际体积率大于临界体积率时，复合材料的抗拉强度可以提高。若使用定向连续纤维，希望与水泥基体黏结较好，则用钢纤维、玻璃纤维、聚丙烯纤维。制得的三种纤维增强水泥基复合材料的临界纤维体积率分别为0.31%，0.40%与0.75%。若使用非定向的短纤维，纤维与水泥基体的黏结又不够好时，则临界纤维体积率要相应地增大。

（4）纤维取向的影响　纤维在纤维增强水泥基复合材料中的取向对其利用率有很大影响，纤维取向与应力方向一致时，其利用效率高。总的来说，纤维在该复合材料中的取向方式有表7-21中的四种，表中列出了不同取向的效率系数。

表7-21　纤维在纤维增强水泥基复合材料中的取向

纤维取向	纤维形式	效率系数
一维定向	连续纤维	1.0
二维乱向	短纤维	0.38～0.76
二维定向	连续纤维(网格布)	各向1.0
三维乱向	短纤维	0.17～0.29

（5）纤维形状与表面状况的影响　纤维形状不同是指纤维截面形状不同，形成表面形状不同，此时纤维与基体的接触面积不同，界面黏结强度也不同。例如，截面长宽比为5的矩形纤维表面积却是相同体积正方形截面的1.35倍，则理论上界面黏结力也应是正方形截面的1.35倍。

除了纤维形状影响黏结性能外，纤维的外形、表面粗糙度及表面质量对黏结性能的影响也很大。表面光滑，与基体黏结强度差，可通过改变其外形以增加黏结强度。例如当纤维表面凹凸不平，纤维与基体界面形成较强的机械咬合力。有学者研究了两端带钩的钢纤维与平直型纤维对界面黏结性能的影响。试验结果表明，端钩型钢纤维的黏结应力是平直型纤维的2～3倍，尤其是纤维拔出时所消耗的能量是平直型纤维的5～6倍。但关于合成纤维形状对界面黏结性能的影响，目前国内外学者研究较少。

此外，合成纤维的化学成分、密度、曲率、浸润角等性能参数均对界面黏结性能有影响。事实上，除了纤维性能参数对纤维与水泥基体界面黏结性能有重要的影响外，其他诸如水泥基体性能、外界环境介质也会对界面黏结性能产生十分明显的影响。

7.3.1.5 纤维的抗裂、增强与增韧作用

许多专家学者对纤维混凝土基本强度特性（抗压强度、抗拉强度、抗折强度等）和基本变形特性（单、多轴应力作用下的变形）进行了大量试验研究，结果表明，与普通混凝土相比，纤维混凝土具有较高的抗拉和抗弯强度，而尤以韧性提高的幅度为最大。

纤维混凝土的韧性是指基体开裂后继续维持一定抗变形能力，常用与应力-应变曲线下的面积有关的参数来衡量。当纤维受拉时，受拉区基体将产生开裂，这时纤维将起到承担拉力的作用。当裂缝进一步扩展，基体裂缝间的残余应力会逐步减小，此时纤维因为具有较大的变形能力，可以继续承担截面上的拉力，这种状况直到纤维被拉断或从基体中拔出，这种作用改变了混凝土的受力破坏特征。

（1）纤维限制收缩时的阻裂作用　水泥混凝土在水化硬化的过程中由于水化反应、环境温湿度变化等因素会导致混凝土内部水分消耗和温度变化，从而引起混凝土的体积产生一系列收缩变形。这些收缩变形包括：塑性收缩、化学收缩、干燥收缩、自收缩、温度收缩等。混凝土材料开裂往往是由于在约束作用下混凝土自身体积变形产生的应力大于材料本身的抗拉强度而导致的。混凝土材料变形产生的应力与混凝土材料的弹性模量和体积变形相关，其关系式为：

$$\sigma = \varepsilon E \tag{7-2}$$

式中，σ 为混凝土体积变形产生的应力，MPa；ε 为混凝土的体积变形，10^{-6}；E 为混凝土材料的弹性模量，GPa。

对于普通混凝土，当由收缩变形产生的拉应力大于抗拉强度时，混凝土便出现了裂缝。收缩产生的拉应力大于混凝土抗拉强度是混凝土材料收缩开裂的前提条件。降低收缩开裂的技术途径有两个：一是降低混凝土材料的收缩变形；二是提高混凝土的抗拉强度以提高收缩开裂应力的壁垒。降低混凝土收缩的方法一般有：增加粉煤灰等矿物掺和料、添加膨胀组分等。

提高混凝土抗拉强度的常用方法是掺加纤维增强材料。纤维均匀地分布在混凝土内部，与水泥基体黏结良好的纤维，将与水泥基体形成一个整体并在水泥基体中承担加劲筋的角色，从而可以抑制原有裂缝的扩展并延缓新裂缝的产生。此外，纤维可以形成三维体系并有效阻隔水分散失的通道，减少或延缓水分的散失，减小毛细管收缩应力，同时纤维还可以阻止集料的沉降，提高混凝土的均匀性。因此，纤维的加入可以大大提高混凝土的抗裂性能。

（2）纤维与水泥基材料的复合增强作用　纤维-水泥基复合材料可以看成由两相组成：一种是基相，即水泥基体材料；另一种是分散相，具有高弹性模量、高抗拉强度、高极限变形性能的纤维，均匀分散在基相里。当载荷作用于复合材料，分散相纤维并不是直接受力的。载荷直接作用于基体材料上，基相承担载荷并主要作为传递和分散载荷的介质，将载荷传递到分散相纤维上。这样，载荷主要由高强度、高模量的分散相承担，分散相纤维约束基体变形并阻碍基体的位错运动。当混凝土中裂缝受荷扩展时必将会遇到纤维，当裂纹绕过纤维继续扩展时，跨越裂纹的纤维将应力传递给未开裂的混凝土，裂纹尖端应力集中程度不仅能缓和，而且有可能消失。分散相阻碍基体位错运动的能力愈大，增强的效果越明显。

对于纤维混凝土复合材料，纤维是其增强材料，纤维可以是高强度、高模量，但也可以是低模量的，对于高弹性模量纤维复合材料，以上原理是适用的，但对于低弹性模量纤维和混杂纤维增强的情况，则有待进一步研究。同时对于混凝土这样一种基体成分极多的复合材料而言，前述复合材料的增强机理也有一定的局限性，需要就具体问题进行进一步的探讨。

纤维-水泥基复合材料的增强作用取决于纤维、基体及纤维-基体界面的结构和性能及其体积含量。纤维的加入可大大提高混凝土的抗拉强度、抗冲击性能和延性等性能。

(3) 纤维增强水泥基材料的韧性　混凝土是一种典型的脆性材料，其破坏过程中应力-应变关系经历四个阶段：线弹性阶段、非线性强化阶段、应力突然跌落阶段和应变软化阶段。对于某些特殊组成的脆性材料和加载模式，最后两个阶段可能只会出现其一。它表示了一般脆性材料的脆性破坏特性：应力达到极限值后，材料所能承受的应力突然跌落至某一值，剩余强度逐步下降，直至某一定值。

通常情况下，采用纤维增强的方法可以有效地提高混凝土韧性。当纤维受弯和受拉时，受拉区基体开裂后，纤维将起到承担拉力并保持基体裂缝缓慢扩展的作用，基体裂缝间也保持着一定的残余应力。随着裂缝的扩展，基体裂缝间的残余应力逐步减小，而纤维具有较大的变形能力可继续承担截面上的拉力，直到纤维被拉断或者从基体中拔出，这个过程是逐步发生的，纤维在此过程中就起到了明显的增韧效果。

S. P. Shah 在阐明纤维增强复合材料中的增韧机理时认为，这种复合材料在基体出现第一条裂缝后，如果纤维的拔出抵抗力大于出现第一条裂缝时的载荷，则它能承受更大的载荷。在裂开的截面上，基体不能承受任何拉伸，而纤维承担着这个复合材料上的全部载荷。随着复合材料上载荷的增大，纤维将通过黏结应力把附加的应力传递给基体。如果这些黏结应力不超过固结体强度，基体就会出现更多的裂缝。这种裂缝增多的过程将继续下去，直至纤维断掉或是黏结强度失效而导致纤维被拔出。素混凝土的挠度一旦超过与之相应的极限抗弯强度时突然破坏了，而纤维混凝土即使在挠度大大超过了素混凝土的断裂挠度时尚能继续承受相当大的载荷。检验断裂的纤维增强试件，发现与素混凝土不同，纤维混凝土试件在第一条裂缝出现后不会立刻破裂，而是所有的荷重必然由桥连着裂缝的纤维所承担，破坏转移到纤维的拔出或纤维拉伸，这增大了纤维混凝土的断裂能和韧性，可以用载荷-挠度曲线下面的面积来表征。

7.3.2 玻璃纤维增强水泥基复合材料

7.3.2.1 概述

玻璃纤维增强水泥（GRC）是一种轻质高强、不燃的新型材料，它克服了水泥制品挠抻强度低、冲击韧性差的缺点，具有容重及热导率小的优点，很受人们欢迎。

我国是最早研究玻璃纤维增强水泥基复合材料的国家之一。南京某建筑公司早在 1957 年即用连续玻璃纤维作配筋材料，制作一些不用钢筋的混凝土楼板，短期效果很好，引起了各方面的重视。

1958 年，全国各研究单位的高等院校都开始玻璃纤维增强水泥混凝土的研究，形成了对玻璃纤维增强水泥的研究、开发应用的高潮。只是当时对玻璃纤维在硅酸盐水泥中会受到侵蚀的化学原理并不清楚，致使研究开发的玻璃纤维增强混凝土制品一年后即被破坏。查其原因，主要是玻璃纤维在混凝土中，受水泥水化析出的氢氧化钙［$Ca(OH)_2$］侵蚀所致，因为$Ca(OH)_2$是碱性，硅酸盐水泥混凝土中，其pH值可达13.5。

1966年，英国公布了Majumday的抗碱玻璃纤维专利，使玻璃纤维增强水泥制品进入了一个新的发展时期。但是，英国用抗碱玻璃纤维和普通硅酸盐水泥匹配得到的玻璃纤维增强水泥，只能制作非承重构件和小建筑制品，其根本原因仍然归因于抗碱纤维还不足以抵抗硅酸盐水泥中氢氧化钙的强烈侵蚀。因此，玻璃纤维增强水泥复合材料的耐久性，仍然是一个需要研究的重要课题。

1983年，中国建筑材料研究院在原国家科委、原国家经委及原国家建材局的支持下，在研究含抗碱玻璃纤维的同时，又开展了低碱水泥的研究。用抗碱玻纤维增强低碱水泥复合材料的研究获得了成功，以加速老化和自然老化对比试验结果预测其耐久性，其强度半衰期可以超过100年。这一研究走出了一条用抗碱玻璃纤维增强低碱水泥的“双保险”技术道路，其耐久性研究已处于国际领先地位。

在玻璃纤维增强水泥复合材料的生产工艺上，我国已研究成功铺网喷浆工艺、玻璃纤维短切喷射成型、喷浆真空脱水圆网抄取技术及预拌和浇筑成型等工艺。

研究成功的低碱水泥已在上海和江西定点生产，研究成功的抗碱玻璃纤维也在襄樊、蚌埠、营口和温县（河南省）定点生产。

1985年，我国成立了玻璃纤维增强水泥协会，归属中国建筑材料工业协会领导，挂靠在房建材料与混凝土研究所。

玻璃纤维增强水泥复合材料的应用已日见推广。已推广的产品有GRC复合外墙板、槽形单板、波形瓦、中波瓦、温室支架、牧场围栏立柱、凉亭和室外建筑艺术制品。

玻璃纤维增强水泥复合材料在美国、日本、英国、法国、德国及新加坡等国家得到了迅速发展。

7.3.2.2 玻璃纤维增强水泥基复合材料的原材料

（1）玻璃纤维增强材料（抗碱玻璃纤维） 用于玻璃纤维增强水泥复合材料的玻璃纤维必须是抗碱玻璃纤维，这种纤维的成分中含有一定量的氧化锆（ZrO_2）。在碱液作用下，纤维表面的ZrO_2会转化成含$Zr(OH)_4$的胶状物，经脱水聚合在玻璃纤维表面形成致密保护膜层，从而减缓了水泥在液相中的$Ca(OH)_2$对玻璃纤维的侵蚀。

（2）水泥基体材料 用于玻璃纤维增强水泥复合材料的基体材料为硫铝酸盐水泥。硫铝酸盐水泥是以适当成分的生料、经煅烧所得之无水硫铝酸钙（$3CaO \cdot 3Al_2O_3 \cdot CaSO_4$）和硅酸二钙（$\beta$-$2CaO \cdot SiO_2$）为主要矿物成分的熟料，加入适量石膏和0～10%石灰石，经磨细制成的早期强度高的水硬性胶凝材料，称为快硬硫铝酸盐水泥，代号为R·SAC。快硬硫酸盐水泥属低碱水泥，pH值为9.8～10.2。由于水泥石液相碱度低，故对玻璃纤维的腐蚀性较小。

（3）填料 GRC中的填料主要是砂子，其最大直径为$D_{max}=2mm$，细度模数$M_x=1.2\sim1.4$,含泥量不大于0.3%。

（4）外加剂 GRC复合材料用的外加剂有减水剂和早强剂等。

7.3.2.3 玻璃纤维增强水泥基复合材料的成型工艺

（1）配料设计 玻璃纤维增强水泥复合材料的配料设计视所选用的成型工艺的不同而有所区别，详见表7-22。

表 7-22 不同成型工艺的配料参考

成型工艺	玻璃纤维	水泥	砂子	外加剂	灰砂比	水灰比
直接喷射法	玻纤粗纱，长度 30～40mm，体积率 3%～5%	62.5 硫铝酸盐水泥	$D_{max}=2mm$ $M_x=1.2\sim1.4$	试验定	1：0.3～1：0.5	0.32～0.38
喷射抽吸法	玻纤粗纱，长度 30～44mm，体积率 2%～5%	62.5 硫铝酸盐水泥	$D_{max}=2mm$ $M_x=1.2\sim1.4$			起始 0.5～0.55 最终 0.25～0.3
铺网喷浆法	网格布，体积率 2%～3%	62.5 硫铝酸盐水泥	$D_{max}=2mm$ $M_x=1.2\sim1.4$	试验定	1：1～1：1.5	0.42～0.45
预混合法	玻纤粗纱，长度 35～50mm，体积率 3%～5%	62.5 硫铝酸盐水泥	$D_{max}=2mm$ $M_x=1.2\sim1.4$	试验定		0.35～0.5
缠绕成型	粗纱、纱团，体积率 30%～50%	62.5～72.5 硫铝酸盐水泥		试验定		0.35～0.5

(2) 成型工艺　玻璃纤维增强水泥复合材料的成型方法很多，有喷射成型法、预先混合成型法、缠绕成型法等。

① 直接喷射法　喷射成型原理是将玻璃纤维无捻粗纱切成一定长度，由压缩气流喷出，再与雾化的水泥砂浆在空间内混合，一同喷射到模具上，如此反复操作，直至达到设计厚度。喷射成型的共同特点是都需要喷射成型机。直接喷射法是利用喷射机直接喷射而成，喷射机由水泥砂浆（或净浆）喷射部分和玻璃纤维切割部分组成，两部分喷射束形成一个夹角者称为双枪式，两部分喷射束相重合者称为单枪式。直接喷射成型法的玻璃纤维的长度和掺量可在一定范围内调节；切断的玻璃纤维无捻粗纱可分散成原丝，并能与水泥基体均匀混合分布；纤维在复合材料中呈爪维分布。直接喷射法的工艺流程如图 7-4 所示。

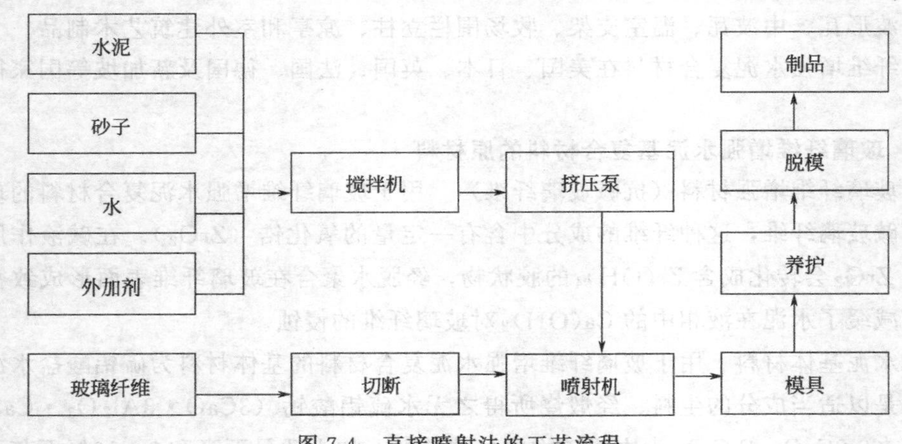

图 7-4　直接喷射法的工艺流程

② 喷射-抽吸法　喷射-抽吸法除具有直接喷射法的特点外，还有如下特点：制品密实，强度有所提高；生产周期短，效率高；可模塑成一定形状，故可生产多种外型制品。喷射-抽吸脱水成型工艺流程如图 7-5 所示。喷射-抽吸法的主要设备如图 7-6 所示。生产其他模塑制品尚需要真空吸盘（运切断板坯用）和塑型模具。喷射工艺与直接喷射法同。整修是指完成真空抽吸后，可用边压实边抽真空法整修。模塑是指用真空盘将喷射成型的湿板坯吸至另一成型模具上，然后用手工及工具模塑成型。

③ 铺网-喷浆法　此法是将一定数量和一定规格的玻璃纤维网格布，按设计配置在水泥浆体中，用以制得规定厚度的 GRC 复合材料制品。铺网-喷浆法的特点：此法是将连续玻璃纤维网布有规则地排列到水泥基体中，制得设计厚度的水泥复合材料制品或构件。将连续玻

璃纤维铺设到水泥复合材料中，使玻璃纤维强度的利用率提高。铺网-喷浆法的成型工艺流程如图 7-7 所示。

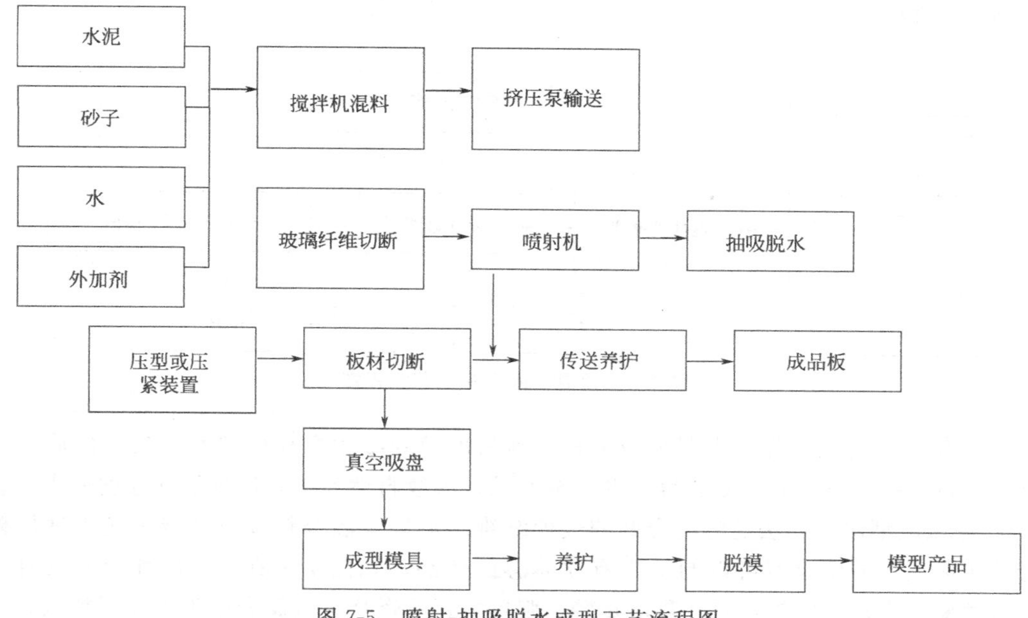

图 7-5　喷射-抽吸脱水成型工艺流程图

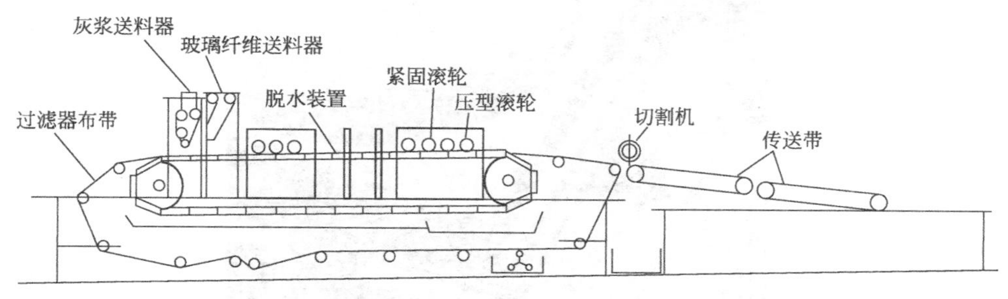

图 7-6　喷射-抽吸法的主要设备

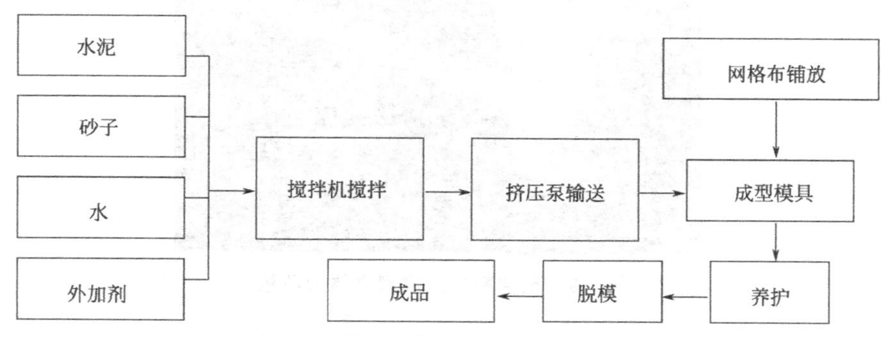

图 7-7　铺网-喷浆法的成型工艺流程图

铺网-喷浆法的主要设备有强制式砂浆搅拌机、砂浆输送泵、砂浆喷枪、空气压缩机等。铺网-喷浆法的成型：用喷枪先在模具上喷一层砂浆，然后用人工将玻璃纤维网格布铺到砂浆层上，再喷一层水泥砂浆，铺第二层网格布，如此反复进行，直至达到设计厚度。成型后的制品，需经过养护后才能达到强度。养护方法同直接喷射法。

④ 预混合法　预混合成型法分为：浇筑法、冲压成型法和挤出成型法三种，其工艺流程如图 7-8 所示。

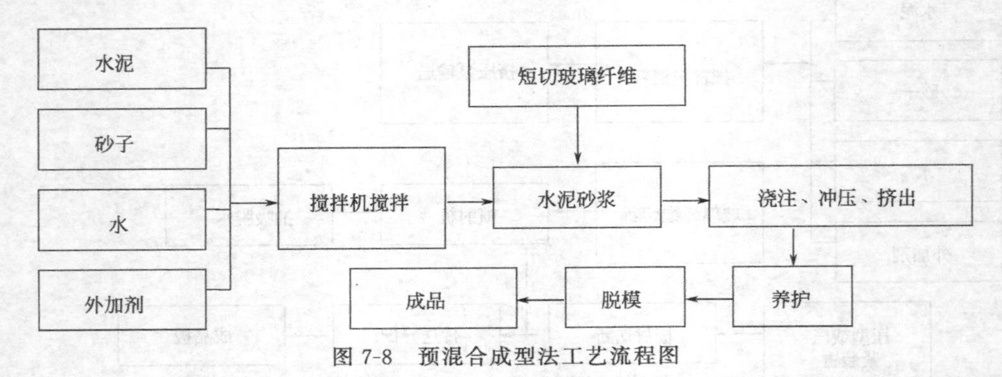

图 7-8　预混合成型法工艺流程图

a. 浇筑法　此法是先将水泥浆与定长切断的玻璃纤维用搅拌机拌和均匀，然后浇注入模具内。待养护定形达到一定强度后脱模成制品，继续自然养护，达到设计强度后出厂。

b. 冲压成型法　此法是将混合好的玻璃纤维水泥砂浆混合料按设计定量送入冲压模内进行冲压成型。冲压成型可以制造出有立体感的产品，如图 7-9 所示。这种产品具有重量感，造型变化丰富，此外，它还具质量轻、强度大、不燃烧、抗震和施工方便等特点。

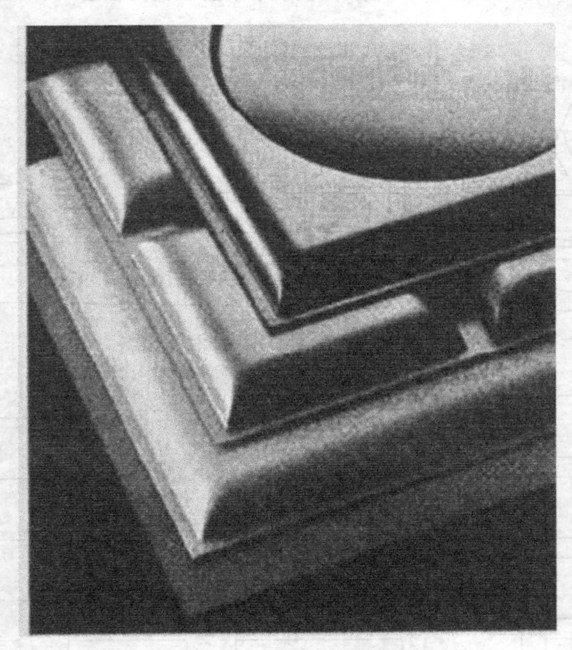

图 7-9　预混料冲压成型立体天花板

c. 挤出成型法　此法是先将玻璃纤维和水泥砂浆混合均匀，制成预混合料，连续不断地送入挤出机通过挤出机端部模型挤出成型。这种方法最适合制造线型型材制品和空心板，如图 7-10 所示。

⑤ 连续玻璃纤维缠绕成型　此法是以连续玻璃纤维粗纱，通过水泥净浆浸胶槽浸胶，然后缠绕到一个旋转的模型上。缠绕工艺还可以与喷射工艺相结合使用，以获得需要的玻璃

(a) GRC线型制品

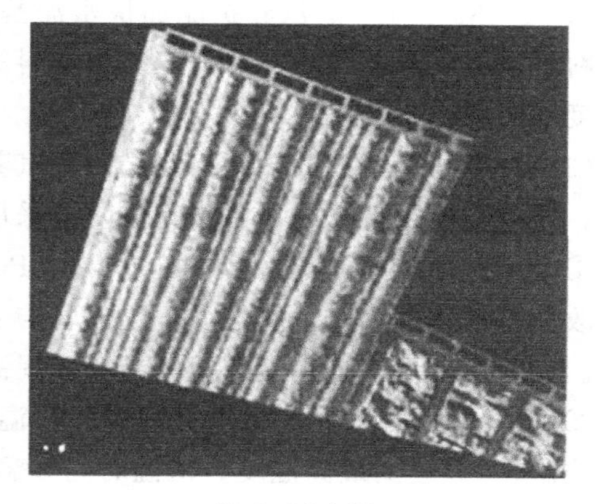

(b) GRC空心板

图 7-10 挤出法生产的 GRC 制品

纤维掺量。此外，用于 GRC 制品的生产方法还有离心浇筑制管法、湿态抄取制板法等。在这些成型方法中，以喷成型法应用最广，生产出来的 GRC 复合材料制品质量也较好。

7.3.2.4 GRC 复合材料制品的养护技术

在水泥基复合材料制品的生产过程中，养护方法十分关键，常用的制品养护方法有三种。

(1) 室温式自然养护　水泥基复合材料的固化必须要有足够的水分。从理论上讲如果水灰比（W/C）等于 0.42，即使不再补充水分，水泥基复合材料也能保持全部水化。但在自然条件下，复合材料制品中的水分会不断蒸发，使水泥浆失水，加之为了高强，加入减水剂或塑化剂以减少水的用量。因此，不补充水分很难保证水泥水化所需的水。这就要求水泥基复合材料在固化过程中不断补充水分，而养护就起到这一作用，确保外部环境能够给制品固化提供水分。

当然，水泥复合材料的固化，除了有足够的水分外，还要有一定的温度。自然或室温养护的温度应该保持在 15℃以下。

自然养护水泥基复合材料的供水办法多是采用蓄水、喷水或洒水等方法。大多数企业采用浸水覆盖的办法，即在制品上铺一层麻袋或草袋，不断地向麻袋或草袋上浇水，这种方法除了能保持大量水分外，还能防止制品内的水分蒸发。

(2) 高温低压蒸汽养护　为了缩短水泥复合材料制品的生产周期，常采用提高水化温度的办法。普通低压蒸汽养护的最高温度为 40～1000℃，最佳养护温度为 65～80℃。

蒸汽养护一般分为四个阶段。

① 静停期　它是在蒸汽养护之前，先在室温条件下静置一段时间，使复合材料进行初步水化，产生初始强度，以改善后期强度的目的。静停时间一般为 2～4h。

② 升温阶段　经过静停期后，水泥基复合材制已经有了一定的强度，具有抵抗外力的能力，故外温速度可以提高，最高可达 33℃/h。如果没有静停阶段，升温速度宜放慢，一般为 11℃/h。升温速度过快会引起水泥结构的破坏。

③ 恒温期　指在最高温度下保持的时间，强度增长与温度和时间的乘积有关一般，养护温度越高时间越短。

④ 降温阶段　养护温度在恒温期过后，开始降低到室温或自然温度，降温（亦称冷却）

速度为 22～33℃/h。蒸汽养护能加快水泥基复合材料的生产周期，提高工厂的生产率。但有资料报道称，蒸汽养护对水泥基复合材料的耐久性有不利影响，故一定要控制养护过程中的温度和湿度。

(3) 高温高压蒸汽养护　高温高压蒸汽养护的温度超过 100℃，因此必须将饱和蒸汽压提高，这就需要用特殊的设备来完成，常采用蒸压釜养护设备。

① 蒸压养护的蒸汽压力为 0.6～2.0MPa，相应的温度为 160～210℃。在这种养护制度下，改变了水化作用和水化性质，生成物与 100℃下蒸汽养护有本质不同，性能上有明显的改善。如强度发展快，徐变与收缩减小，提高抗硫酸盐性能和抗风化等。

② 高压高温蒸汽养护同样有静停、升温、恒温和降温四个阶段。其中升温、升压的时间应控制在 3h 达到最高温度。恒温时间和温度应取决于要求达到的强度。在 175℃条件下，常需要 8h。恒温结束后的降温降压速度，应在 20～30min 内结束。

高压高温蒸汽养护，只有在复合材料基体-水泥浆中加有粉煤灰、磨细矿渣和磨细石英粉条件下，才能获得满意的强度。

7.3.3 钢纤维增强水泥基复合材料

7.3.3.1 概述

钢纤维增强水泥基复合材料分为两类：①钢纤维增强水泥混凝土复合材料，简称为钢纤维混凝土；②钢丝网增强水泥砂浆复合材料，一般称为钢丝网水泥。钢丝网水泥强度高、冲击韧性好，成型工艺性好。20 世纪 50 年代我国和前苏联都曾研究和开发过这种材料，我国主要用于制造楼层板和钢丝网水泥农船。但由于钢丝网水泥楼板不隔声，造价高，虽然能减轻建筑物质量，终于没有被推广应用。钢丝网水泥农船的优点是价格便宜、省木、省钢，建造和维修方便，曾一度在我国南方长江流域推广应用，但由于钢丝网水泥船的质量（自重）大、能耗大、航速慢，再加上钢材产量的提高和新材料的出现，钢丝网水泥船已在 20 世纪 80 年代被淘汰。钢丝网水泥已渐渐被人遗忘。

(1) 钢纤维混凝土的定义　钢纤维混凝土是水泥浆固化后的水泥石、砂、石集料和钢纤维组成的三相复合材料。其中砂、石集料主要起提高拉压强度和防止水泥固化过程中的收缩开裂的作用，钢纤维则起到提高抗拉强度、抗弯强度和冲击韧性的作用。也可以把水泥浆和集料配制成的混凝土看作基体材料，把钢纤维看作增强材料，这样划分有利于钢纤维混凝土的材料设计和制造。

(2) 钢纤维混凝土的性能　钢纤维混凝土是一种高强混凝土，其抗拉强度和抗弯强度比普通混凝土高数倍，弯曲韧性高 20 倍。因而，大大改善了水泥混凝土的脆性，满足了结构物的使用要求。钢纤维混凝土的主要性能见表 7-23。

表 7-23　钢纤维混凝土的主要性能

技术性能	性能指标
抗压强度	比未增强水泥混凝土提高 50%
抗拉强度	提高 0.4～2 倍
抗弯强度	2～3 倍
抗冲击强度	8～30 倍

续表

技术性能	性能指标
弹性模量	无显著影响
韧性	10～50倍
耐疲劳性	10^5次循环，受弯时残余强度2/3左右
干缩	钢纤维90kg/m^3，减少20%～80%；当加入速凝剂时，减少30%～50%
热传导	增加10%～30%
徐变性能	无明显影响
热膨胀系数	无明显影响
耐磨性	提高30%

7.3.3.2 钢纤维混凝土的原材料

钢纤维混凝土的生产原料主要有水泥、细集料（砂子）、粗集料（碎石子）、水、减水剂、速凝剂及钢纤维等。为了提高钢纤维混凝土的性能，有时还需要加入一定量的矿物外掺粉料（如硅灰、粉煤灰等）。

（1）钢纤维　工程试验证明，钢纤维混凝土被破坏时，往往是钢纤维被拉断，因此要提高钢纤维的韧性，但也没有必要过于增加它的抗拉强度。若用硬化方法可获得较高的抗拉强度，则其质地易变脆，在搅拌过程中也易被拉断，反而降低了强化效果。因此，仅从强度方面看，只要不是易脆断的钢材，通常强度较高的纤维均可满足要求。

钢纤维的尺寸主要由强化特性和施工难易性所决定。钢纤维如太粗或太短，其强化特性较差；如过长或过细，则在搅拌时容易结团。

较合适的钢纤维尺寸是：纤维直径一般为0.15～0.75mm，断面积为0.1～0.4mm^2，长度为20～50mm。资料表明，在1m^3混凝土中掺入0.5mm×0.5mm×30mm的钢纤维时，其总表面积达到1600m^2，是与其质量相同的18根ϕ16mm×5.5mm的钢筋的320倍左右。

为使钢纤维能均匀地分布于混凝土中，必须使钢纤维具有合适的长径比，一般均不应超过纤维的临界长径比值。当使用单根状钢纤维时，其长径比不应大于100，适宜的长径比为60～80。

为了增加钢纤维与混凝土之间的黏结强度，常采用增大表面积或将钢纤维表面加工成凹凸形状等方法。但也不宜将钢纤维做得过薄或过细，因为这样不仅在搅拌时易被折断，而且还会提高成本。表面呈凹凸形状的钢纤维，只是在同一方向定向时效果显著，在均匀分散情况下则不一定有效。

钢纤维用于水泥混凝土中，主要是起到增强作用。水泥混凝土增强用钢纤维的主要技术指标应符合表7-24中的要求。

表7-24　水泥混凝土增强用钢纤维主要技术指标

名称	相对密度	直径/10^{-3}mm	长度/mm	软化点/熔点	弹性模量/10^3MPa	抗拉强度/MPa	极限变形/10^{-4}	泊松比
低碳钢纤维	7.8	250～500	20～50	500/1400	200	400～1200	4～10	0.3～0.33
不锈钢纤维	7.8	250～500	20～50	500/1400	200	600～1600	4～10	

钢纤维混凝土对每一种规格与每一种混凝土组分，均存在着一个钢纤维最大掺量的限值。若超过这个限值，则在拌制过程中钢纤维会相互缠绕，结成一个“刺猬”。钢纤维的掺量以体积率表示，一般为0.5%～2.0%。钢纤维的材质一般为低碳钢，在一些特殊要求的工程也可用不锈钢。钢纤维的分类有以下几种不同的方法：按钢纤维长度、按钢纤维加工制造方法及按钢纤维外形。钢纤维的外形是十分重要的，研究证明，对于纤维增强水泥基材料，纤维与水泥基材料基体之间的黏结力是影响水泥基材料力学性能的关键因素之一。对于直线形钢纤维增强水泥基材料，在破坏时大量的钢纤维不是被拉断而是被拔出，从而严重影响了钢纤维的增强效果。为此，近几年来研制出了各种外形的钢纤维，以增加钢纤维与基体间的咬合力。

用于钢纤维混凝土的钢材有低碳钢和不锈钢两种，其物理力学性能如表7-25所示。

表7-25 钢纤维的物理力学性能

品种	相对密度	抗拉强度/MPa	弹性模量/10^4MPa	极限拉伸率/%	泊松比
低碳钢纤维	7.8	1000～2000	20～21	3.5～4	0.3～0.33
不锈钢纤维	7.8	2100	15.4～16.8	3.0	

(2) 水泥基体材料

① 生产钢纤维混凝土时，一般采用通用水泥，也可以根据使用条件要求选用其他品种水泥。目前水泥的品种已经达到100多种。

② 石子：选用一般混凝土用的碎石或卵石。最大粒径应为钢纤维长度的1/2～2/3。卵石或碎石的最大粒径一般不宜大于15mm，常选用粒径为15～20mm。用喷射法施工时，最大粒径不能大于10mm。石子的含泥量不大于1%。一般，以选用石灰岩和其他火成岩为佳。

③ 砂子：混凝土用的砂子为河砂，粒径为0.15～5mm，含泥量不大于3%。

④ 水：采用自来水或清洁的淡水，不能用对钢纤维有腐蚀作用的水。

⑤ 减水剂：减水剂的选用是为了降低水灰比，改善混凝土的施工性能，简化工艺过程，提高钢纤维混凝土的强度和致密性，必要时可掺加减水剂或超塑化剂。常用的减水剂有木质素磺酸钙减水剂、高效磺化煤焦油减水剂、磺化水溶性树脂减水剂等。根据减水剂的种类和性能，其掺用量一般为水泥质量的0.3%～2.0%。配制钢纤维喷射混凝土时，则需掺入适量的速凝剂。

⑥ 活性矿物外加料：外加料常选用粉煤灰，其密度2～2.3g/cm^3。松散容重为550～800kg/m^3，其成分为SiO_2、Al_2O_3和Fe_2O_3，主要是SiO_2，其含量占三组分的95%左右。粉煤灰的细度应为比表面积20～25m^2/g。

为保证钢纤维混凝土拌和物具有良好的和易性，混凝土的砂率一般不应低于50%。水泥用量一般较掺钢纤维的混凝土高10%左右。配制的钢纤维混凝土拌和物应有较好的工作性，使短切纤维可均匀地分布于混凝土中，在浇筑时无离析、泌水现象并易于捣实。钢纤维混凝土硬化体应具有尽可能高的致密度，以保证钢纤维混凝土的抗渗、抗冻融、耐腐蚀、抗风化等性能。某些纤维（如玻璃纤维、矿棉与多数植物纤维）要求所用的水泥基材具有低碱度，以防止或减少基材对纤维的化学腐蚀。

总而言之，钢纤维混凝土原材料是保证质量的基础和前提，在选用原材料时必须满足实际要求。

7.3.3.3 钢纤维混凝土的配制工艺

钢纤维混凝土的配制与普通混凝土不同。

(1) 钢纤维的要求检验

① 为了使钢纤维能均匀地分布于混凝土中，钢纤维的长径比必须不超过临界长径比值。当使用单根状钢纤维时，其长径比不得大于100，一般情况为60～80。

② 对每一种混凝土组分和每一规格钢纤维，都存在着最大掺量的限制，超过此值，钢纤维在搅拌过程中会相互缠结，不易分散。钢纤维的最大掺量以体积率表示，一般为0.1%～3%。

(2) 搅拌设备的选择

① 钢纤维混凝土一般要用强制式搅拌机拌制，当钢纤维含量增加时，可减少每次拌和量（如表7-26）。

表7-26 强制式和自由落体式搅拌机使用情况的对比

混合料性能	强制式搅拌机	自由落体式搅拌机
混合料均匀性	均匀钢纤维结团	易出现钢纤维结团
混合料的工作性	适中	混合料易离析
纤维掺入情况	便于掺入	不便于掺入
出料情况	顺利	不易出料，粘机

② 为了使钢纤维在混凝土中均匀分布，加料时应采取通过摇筛或分散加料机。当选用集束钢纤维时，可不用这两种附加设备。

(3) 钢纤维混凝土混合料拌制工艺　为了使钢纤维混凝土混合料中的各组分分布均匀，加料顺序和搅拌机选择十分重要，常有以下两种方案。

在加料过程中，各种组分要计量准确，钢纤维的加入方式要选用分散机。加入时间有两种：一种是将钢纤维加入到砂、石、水泥中干拌均匀，然后再加水湿拌和；另一种是先将砂、石、水泥、水及外加剂拌制成混合料，然后再将钢纤维均匀加入混合料中搅拌制成钢纤维混凝土混合料。

上述两种方法均需在试拌中进行调整，一定要使混合料中的各组分分布均匀。

(4) 钢纤维混凝土浇筑工艺　钢纤维混凝土的浇筑方法及振捣方式，对混凝土的质量及钢纤维在混凝土的取向有很大影响。

① 采用混凝土泵浇灌大型钢纤维混凝土工程时（如大型基础及堤坝等），钢纤维在混凝中呈三维随机分布。

② 采用插入式振动器浇筑钢纤维混凝土时，大部分钢纤维在混凝土中呈三维随机分布，少量钢纤维呈二维随机分布。

③ 采用平板式振动器浇灌钢纤维混凝土时，大部分钢纤维在垂直振动器平板方向呈二维随机分布，少量钢纤维呈三维随机分布。

④ 采用喷射法成型时，钢纤维在成型面上呈二维随机分布，喷射法成型适用于矿山井巷、交通隧道、地下洞室等工程。

喷射成型钢纤维混凝土时，钢纤维的长度一般不大于30mm，纤维的长径比不大于80。

⑤ 挤压成型是利用螺旋挤压机，将混凝土混合料从一个模口挤出。采用这种工艺必须采用脱水措施。常采用的是化学或矿物外加剂，加入高效速凝剂也很必要。

挤压成型的钢纤维混凝土，钢纤维大部分呈几维随机分布，但靠近模口的周边有可能出现纤维单向分布。

7.3.4 其他纤维增强水泥基体复合材料

利用纤维来改善水泥基复合材料的物理力学性能由来已久，例如在中国古代很早就用草筋掺入黏土中增强抗裂性砌墙。诸如植物纤维增强水泥基材料、矿物纤维增强水泥基材料等。用于水泥基材料增强的合成纤维主要有聚丙烯纤维、尼龙纤维、聚氨酯纤维（贝纶纤维）等。

植物纤维用于水泥基材料则是近几十年的事，所用的植物纤维大都是强度较高的纤维，如茎类纤维、叶类纤维、表层类纤维和木制纤维。这些纤维作水泥基材料的增强材料成本低，且属于绿色环保材料。在某些工程范围内具有一定的发展前景。但由于植物纤维在水泥基材料搅拌工程中往往会渗出一些可能影响水泥凝结等性能的有机物，从而使植物纤维增强水泥基材料的应用受到了一定限制。很多研究者目前正对这一问题进行研究。

石棉纤维是由天然的结晶态纤维质矿物制成的，每一根纤维都是由许多单丝组成，单丝直径小于 0.1μm。石棉纤维在使用前都要用梳棉机将纤维束碾开，以便更好地发挥纤维的增强作用。石棉纤维之所以能够在水泥制品中得到广泛的应用，是因为石棉纤维具有较高的抗拉强度和弹性模量，它与水泥具有良好的适应性，与水泥基的界面黏结强度高，且易分散，因而纤维的掺量甚至高达 10%以上。石棉水泥制品的主要生产工艺方法有：抄取法、半干法与流浆法（这种方法主要用于生产各种板材）；Mazza 法、挤出法和注射法（这些方法主要用于生产压力管和各种异形制品）。

组成聚丙烯纤维混凝土的原材料主要有：聚丙烯膜裂纤维、水泥和骨料。聚丙烯纤维混凝土对水泥没有特殊要求，采用 42.5MPa 或 52.5MPa 硅酸盐水泥或普通硅酸盐水泥即可。配置聚丙烯纤维混凝土所用的粗骨料和细骨料，与普通水泥混凝土基本相同。细骨料可用细度模数为 2.3～3.0 的中砂或 3.1～3.7 的粗砂，粗骨料可用最大粒径不超过 10mm 的碎石或卵石。

尼龙纤维使最早用于纤维增强水泥基材料的聚合物纤维之一，但由于价格昂贵，因此使用量不大。尼龙纤维增强水泥基材料具有很强抗冲击能力和很高的抗折强度，但用于水泥基材料增强的尼龙纤维长度不宜过短，一般长度应大于或等于 5mm。尼龙纤维具有很强的耐蚀能力，可以用包括硅酸盐系列水泥在内的所有水泥作胶结料。但尼龙纤维耐热性较差，当温度达到 130℃时就会发生明显变形。

聚氨酯纤维和芳纶纤维是聚合物纤维中抗拉强度和弹性模量都较高的纤维，而且韧性还高于玻璃纤维和碳纤维。这两种纤维本身都是由直径 10～15μm 的原丝组成的纤维束，与尼龙纤维相比，它们具有更好的耐温性（可以达 200℃），耐碱蚀能力则比尼龙纤维差，但高于玻璃纤维和碳纤维。

这两种纤维的长径比以及在混凝土中的掺量（体积率 V_f）对水泥基材料的性能（特别是强度）有很大的影响。例如当 V_f 由 0%增加到 4%，L_f 由 5mm 增加到 25mm 时，芳纶纤维可提高水泥基材料的抗弯强度近 2 倍。另外，如果对纤维表面进行适当的处理（如环氧树脂浸渍），以改善纤维与水泥硬化浆体界面的黏结，可以进一步提高它们的增强效应，同时还可以改善纤维的耐蚀能力。试验数据表明，未经处理的芳纶纤维在pH值为12.5的碱溶液中浸泡2年后，剩余强度仅达6%，而经环氧树脂处理后，在同样的碱溶液中浸泡2年后，剩余强度仍可在85%以上。

聚氨酯纤维和芳纶纤维增强水泥基材料主要用于薄壳结构和一些板材，纤维体积率一般为3%～5%，水泥选用强度等级大于或等于42.5MPa的普通硅酸盐水泥或其他硅酸盐系列的水泥，也可掺适量的减水剂及超细混合材。

7.4 聚合物混凝土复合材料

7.4.1 聚合物混凝土复合材料的分类与特点

普通水泥混凝土是以水泥为胶结材料，而聚合物混凝土是以聚合物或聚合物与水泥为胶结材料。

按照混凝土中胶结材料的不同组成，聚合物混凝土复合材料为聚合物混凝土或树脂混凝土、聚合物浸渍混凝土和聚合物改性混凝土。

聚合物混凝土全部以聚合物代替水泥作胶结料；聚合物浸渍混凝土是将低黏度的单体、预聚体、聚合物等浸渍到已硬化的混凝土空隙中，再经过聚合等步骤使水泥混凝土与聚合物成为整体而成的；聚合物改性混凝土是以水泥和聚合物为胶结料与骨料结合而成的混凝土，即在水泥混凝土的组成中加入聚合物。掺加的聚合物的量比一般减水剂的量要多很多。

混凝土聚合物复合材料中，因聚合物全部或部分取代水泥，因此与普通水泥混凝土相比有许多特殊性能，并且这些性能随聚合物品种的掺量不同而变化。表7-27列出了聚合物混凝土与普通混凝土的性能比较。

表7-27 聚合物混凝土与普通混凝土的性能比较

品种 测试性能	普通混凝土	PIC	PC	PMC
抗压强度	1	3～5	1.5～5	1～2
抗拉强度	1	4～5	3～6	2～3
弹性模量	1	1.5～2	0.05～2	0.5～0.75
吸水率	1	0.05～0.10	0.05～0.2	—
抗冻循环次数/质量损失	700/25	(2000～4000)/(0～2)	1500/(0～1)	—
耐酸性	1	5～10	8～10	1～6
耐磨性	1	2～5	5～10	10

7.4.2 聚合物混凝土

7.4.2.1 聚合物混凝土的组成

聚合物混凝土主要有有机胶结料、填料和粗细骨料组成。为了改善某些性能，必要时可加入短纤维、减水剂、偶联剂、阻燃剂、防老剂等添加剂。

常用的有机胶结料有环氧树脂、不饱和聚酯树脂、呋喃树脂、脲醛树脂及甲基丙酸甲酯单体、苯乙烯单体等。以树脂为胶结料需要选择合适的固化剂、固化促进剂，固化剂的选择及掺量要根据聚合物的品种而定，固化剂及固化促进剂的用量要依据施工现场环境温度进行适当调整，一般只能在规定的范围内变动。选择胶结料时应注意以下几点。

① 在满足使用要求的前提下，尽可能采用价格低的树脂；

② 黏度低，并且对黏度可进行适度的调整，便于同骨料混合；

③ 硬化时间可适当调节，硬化过程中不会产生低分子物质及有害物质，固化收缩小；

④ 固化过程受现场环境条件如温度、湿度的影响要小；

⑤ 与骨料黏结良好，有良好的耐水性和化学稳定性，耐老化性能好，不易燃烧。

掺加填料的目的是减少树脂的用量，降低成本，同时较多的是无机填料，如玻璃纤维、石棉纤维、玻璃微珠等。纤维状填料有助于改善材料的冲击韧性，提高抗弯强度。采用石英粉、滑石粉、水泥、沙子和小石子等可改善材料的硬度，提高抗压强度。选用填料首先要解决填料和聚合物之间的黏结问题，如果填料对所用聚合物没有良好的黏结力，则作为填料不会有好的效果。

采用的骨料有河沙、河砾石和人造轻骨料等。通常要求骨料的含水率低于1%，级配良好。

为了提高胶结材料与骨料界面的黏合力，可选用适当的偶联剂，以提高聚合物混凝土的耐久性并提高其强度。加入减缩剂是为了降低树脂固化过程中产生的收缩，过高的收缩率容易引起混凝土内部的收缩应力，导致收缩裂缝的产生，影响混凝土的性能。

聚合物混凝土配合比直接影响到材料的性能和造价，配合比设计包括以下几个方面。

① 确定树脂与硬化剂的适当比例，是固化后聚合物材料有最佳的技术性能，并可适当调整拌和料的使用时间。

② 按最大密室体积法选取骨料（粉状、砂、石）的最佳级配。骨料级配可以采用联系级配或间断级配。

③ 确定胶结材料和填充材料之间的配比关系，根据对固化后聚合物混凝土技术性能的要求和对拌和料施工工艺性能的要求确定两者的比例。

在配比设计计算时常把树脂和固化剂一起算作胶结料，按比例计算填充料，填料应采用最密实级配；配比中骨料的比例要尽量大，颗粒级配要适当。根据选用的树脂不同和使用目的不同，各种聚合物混凝土和树脂砂浆的配比是各不相同的，通常配合比为：

胶结料：填料：粗细骨料＝1：（0.5～1.5）：（4.5～14.5）

混合砂浆配合比：

胶结料：填料：细骨料＝1：（0～0.5）：（3～7）

通常聚合物占总质量的9%～25%，或者树脂用量为4%～10%（用10mm粒径的骨料）或者10%～16%（1mm粒径的粉状骨料）。表7-28给出了几种树脂混凝土的配合比。

表7-28　几种树脂混凝土的配合比

材料名称		环氧混凝土	聚酯混凝土	呋喃混凝土
胶结料	液体树脂	环氧树脂12	不饱和聚酯10	呋喃树脂12
	粉料	石粉15	石粉14	呋喃粉32
石英骨料粒径/mm	＜1.2	18	20	12
	5～10	20	20	13
	10～20	35	38	31

续表

材料名称		环氧混凝土	聚酯混凝土	呋喃混凝土
其他材料	增韧剂适量、 稀释剂适量	引发剂适量、 促进剂适量	—	

7.4.2.2 聚合物混凝土的制备工艺

聚合物胶结混凝土的生产工艺同普通混凝土基本相同，可以采用普通混凝土的拌和设备和浇筑设备制作。由于树脂混凝土黏度大，必须采用机械搅拌，用树脂混合搅拌机将液态树脂及固化剂预先充分混合，再往搅拌机内加入骨料进行强制搅拌，由于黏度高，在搅拌中不可避免地会混进气体形成气泡，所以有时在抽真空状态下进行搅拌。生产构件时有多种成型方式，如浇铸成型、振动成型、压缩成型、挤出成型等。

聚合物混凝土的养护方式有两种：一种是常温养护；另一种是加热养护。常温养护适用于大构件制品或形状复杂的制品。采用这种养护方式混凝土的硬化收缩小，生产中由于不需加热设备，节省能源，费用较低。加热养护多用于压缩成型和挤出成型的制品。这种方式不受环境温度的影响，但需加热设备，消耗能源，因而费用增加。

7.4.2.3 树脂混凝土的性能

与普通混凝土相比，树脂混凝土是一种具有极好耐久性和良好力学性能的多功能材料。其抗拉强度、抗压强度、抗弯强度均高于普通混凝土，其耐磨性能、抗冻、抗渗性、耐水性、耐化学腐蚀性良好。

(1) 强度　在强度方面表现在强度和早期强度高，一天强度可达 18 天的 50%以上，3 天强度可达 28 天强度的 70%以上，因此可以缩短养护期，有利于冬季施工和快速修补。对金属、水泥混凝土、石材、木材及其他材料有很好的黏结强度。值得注意的是，树脂混凝土的强度对温度敏感性大，耐热性差，强度随温度的升高而降低。

(2) 固化收缩　树脂的固化过程是放热反应过程，树脂混凝土浇筑之后其放热反应所产生的热量使混凝土的温度上升。在放热反应开始后的一段时间内，树脂混凝土仍处于流动态到胶凝态阶段，放热的结果不会导致收缩应力的产生。在达到放热峰之后，开始降温并产生收缩，这时混凝土已经硬化，收缩越大所产生的拉应力越大，树脂不同收缩值也不同，例如环氧树脂浇筑体的体积收缩率为 3%～5%，而不饱和聚酯浇筑体的体积收缩为 8%～10%。由于树脂混凝土的收缩率比普通混凝土的大几倍到几十倍，因此在工程应用中经常发生树脂混凝土开裂和脱空等问题。通过研究发现，加入弹性体可以使收缩率减小，使树脂混凝土的整体性和抗裂性提高。

(3) 变形性能和徐变　树脂类高聚物不是脆性材料，变形性能比较好，因此树脂混凝土的变形量比水泥混凝土大得多，而且受温度的影响十分明显。

所谓徐变是指树脂砂浆在一定载荷作用下，除弹性变形外，还产生一种随时间缓慢增加的非弹性变形。这种非弹性变形实质上是聚合物砂浆内部质点的黏性滑动现象，是高聚物分子链被拉长或压缩的结果。因此，树脂混凝土的徐变比水泥混凝土大许多，而且随温度的升高而增大。在 18～49℃的温度范围内徐变值的变化达几个百分点。

(4) 吸水率、抗渗性和抗冷冻性　树脂混凝土的组织结构致密，显气孔率一般只有 0.3%～0.7%，为水泥混凝土的几十分之一。所以树脂混凝土几乎是一种不透水的材料，吸水率极低，水很难侵入其内部。抵抗水蒸气、空气和其他气体的渗透性能良好，所以抗渗性特高。抗冻性能也很好。表 7-29 和表 7-30 为树脂混凝土的吸水率、抗渗性和抗冻融性。

表 7-29 树脂混凝土的吸水率和抗渗性

类别	抗渗性	吸水率/d					
		1	3	7	14	28	90
聚酯混凝土	20 个压力不透水	0.06	0.12	0.12	0.12	0.12	0.12
环氧混凝土	20 个压力不透水	0.05	—	0.13	—	0.20	—

表 7-30 树脂混凝土冷冻试验结果

类别	冷冻次数	质量变化率/%	弹性模量/10^4MPa	弯曲强度/MPa
环氧混凝土	0	—	2.27	17.0
	100	0.04	2.75	16.7
	300	0.07	2.51	16.7
聚酯混凝土	0	—	3.29	22.2
	100	0.06	3.29	22.0
	200	0.14	3.29	—
	300	0.15	3.24	—
	400	0.18	3.20	—21.3

(5) 抗冲击性、耐磨性　树脂混凝土抗冲击性、耐磨性高于普通混凝土，分别为普通混凝土的 6 倍和 2～3 倍。环氧砂浆及环氧混凝土具有较高的强度，因而具有较高的抗冲磨强度及抗气蚀能力。环氧砂浆的抗冲磨强度一般为高强水泥砂浆的 2～3 倍，抗气蚀强度为高强混凝土的 4～5 倍。由于混凝土中胶结材料含量比砂浆少，所以环氧混凝土抗冲磨强度与高强水泥混凝土比较，提高一般不超过 1 倍。

(6) 化学稳定性　树脂混凝土构造严密，孔隙率低，组成材料的耐磨蚀稳定性好，所以树脂混凝土的化学稳定性比水泥混凝土有很大提高，提高的程度因树脂种类不同而有所差别。树脂混凝土的耐候性视树脂种类、骨料种类、用量及配比等因素而定。日本学者大浜禾彦根据多年室外暴露试验结果推算后认为，树脂混凝土的耐久性可保证使用 20 年。

7.4.3 聚合物浸渍混凝土

聚合物浸渍混凝土，是一种用有机单体浸渍混凝土表层的空隙，并经聚合处理而成一整体的有机-无机复合的新型材料。其主要特征是强度高，比普通水泥混凝土的强度提高 2～4 倍，混凝土的密实度得到明显改善，几乎不吸收、不透水，因此抗冻性及耐化学侵蚀能力提高，尤其对硫酸盐、碱和低浓度酸有较强的耐腐蚀性。

聚合物浸渍混凝土用的材料主要是普通水泥混凝土制品和浸渍液两种。浸渍液可以由一种或几种单体加适量的引发剂、添加剂组成。混凝土基材和浸渍液的成分、性质都对聚合物浸渍混凝土的性质有直接影响。

聚合物浸渍混凝土中聚合物的主要作用是黏结和填充混凝土中的孔隙和裂隙的内表面，浸渍液的主要功能是：①浸渍液对裂缝的黏结作用，消除了混凝土裂隙尖端的应力集中；②浸渍液增加了混凝土的密实性；③形成一个连续的网状结构。由此可见，聚合物浸渍混凝土使混凝土中孔隙和裂隙被填充，使原来多孔体系变成较密实的整体，提高了强度和各项性能；由于聚合物的黏结作用使混凝土各相间的黏结力加大，所形成的混凝土-聚合物互穿网络结构，改善了混凝土的力学性能并提高了耐久性，改善了抗渗、抗磨损、抗腐蚀等性能。

7.4.3.1 浸渍混凝土的材料组成和制备工艺

(1) 材料组成 浸渍混凝土主要有基材和浸渍液两部分组成。

① 基材 国内外采用的基材主要是水泥混凝土，其中包括钢筋混凝土制品，其制作成型方法与一般混凝土预制构件相同，作为被浸渍的基材应满足下列要求：有适当的孔隙，能被浸渍液浸填；有一定的基本强度，能承受干燥、浸渍、聚合过程的作用应力，不因搬动而产生裂隙灯缺陷；不含有溶解浸渍液或阻碍浸渍液聚合的成分；构件的尺寸和形状要与浸渍、聚合的设备相适应；要充分干燥，不含水分。

② 浸渍液 浸渍液的选择主要取决于 PIC 的最终用途、浸渍工艺和制作成本等。用作浸渍液的单体应满足如下要求：有适当的黏度，浸渍时容易深入基材内部；有较高的沸点和较低的蒸气压，以减少浸渍后和聚合过程中的损失；经加热等处理后，能在基材内部聚合并与其形成一个整体；单体形成的聚合物的玻璃化温度必须超过材料的使用温度；单体形成的聚合物应有较高强度和较好的耐水、耐碱、耐热、耐老化等性能。

常用的单体及聚合物有苯乙烯、甲基丙酸甲酯、丙烯酸甲酯以及不饱和聚酯树脂和环氧树脂等。除此之外根据单体的不同还需要引入引发剂、促进剂和稀释剂等。

(2) 制备工艺 聚合物浸渍混凝土无论是室内加工制品还是现场施工，其工艺过程都较复杂，而且还需要消耗较多的能量。主要步骤有干燥、抽真空、浸渍和聚合。

将准备浸渍的混凝土先进行干燥处理，排除基材中的水分，以确保单体浸填量和聚合物对混凝土的黏着力，这是浸渍处理成功的关键，通常要求混凝土的含水率不超过 0.5%。干燥方式一般采用热风干燥，干燥温度和时间与制品的形状、厚度和浸渍混凝土的性质有关，干燥温度一般控制在 105～150℃。

抽真空的目的是将阻碍单体渗入的空气从混凝土空隙中排除，以加快浸渍速度和提高浸填率。浸填率是衡量浸渍程度的重要指标，以浸渍前后的质量差与浸渍前基材质量的百分比来表示。抽真空实在密闭容器中进行的，真空度以 6666.1Pa 为宜。混凝土在浸渍前是否需要真空处理，应视浸渍混凝土的用途而定。高强度混凝土需要采用抽真空处理，强度要求不高时可以不采用抽真空处理。

浸渍可分为完全浸渍和局部浸渍两种。完全浸渍是指混凝土断面被单体完全浸透，浸填量一般在 6%左右，浸渍方式应采用真空-常压浸渍或真空-加压浸渍，并要选用低黏度的单体。完全浸渍可全面改善混凝土的性能，大幅度提高强度。局部浸渍的深度一般在 10mm 以下，浸填量 2%左右，主要目的是改善混凝土的表面性能，如耐腐蚀、耐磨、防渗等。浸渍方式采用涂刷法或浸泡法。浸渍时间根据单体种类、浸渍方式、基材状况及尺寸而定。施工现场进行浸渍处理多为局部浸渍。

渗入混凝土空隙的单体通过一定的方式使其由液态单体转变为固态聚合物，这一过程叫聚合。聚合的方法有辐射法、加热法和化学法。辐射法不用加引发剂而是靠高能辐射聚合；加热法需要加入引发剂加热聚合；化学法不需要辐射和加热，只用引发剂和促进剂引起聚合。

7.4.3.2 浸渍混凝土的性能

混凝土浸渍后性能得到明显改善。下面从结构与性能关系上介绍浸渍混凝土的性能。

(1) 强度 混凝土浸渍处理后强度大幅度提高，提高的程度与基材的种类、性质有关，单体的种类与聚合方式有关。微观研究表明，浸渍混凝土强度提高的主要原因是聚合物充填了混凝土内部的孔隙，包括水泥石的孔隙、骨料的微裂隙、骨料与水泥石之间的接触裂隙等，从而增强了混凝土内部各相的黏结力，并使混凝土变得致密，聚合物所形成的连续网络大大提高了混凝土的强度，并使混凝土应力集中效应降低也极大地提高了强度。浸渍混凝土不仅强度提高，而且强度的变异系数也减小

(2) 弹性模量　浸渍混凝土的弹性模量比普通混凝土提高50%左右。最大压缩变形增加40%～70%，应力-应变曲线近似于直线。

(3) 吸水率与抗渗性　普通混凝土中的孔隙在浸渍之后被聚合物填充，使得浸渍混凝土的吸水率、渗透率显著减小，抗渗性显著提高。

(4) 耐化学腐蚀性　浸渍混凝土耐腐蚀性采用快干湿循环试验，将试件在各种介质中浸泡1h，再经80℃干燥6h，交替1次为一个循环。试验结果表明，浸渍混凝土对碱和盐类有良好的耐腐蚀稳定性，对无机酸的耐蚀能力也有一定程度的提高。

(5) 抗磨性能　在浸渍混凝土中聚合物使水泥之间的黏聚力增加，而且使水泥对骨料的黏结力增加，这两种作用都明显提高混凝土的抗磨性能。

7.4.4 聚合物改性混凝土

将聚合物乳液掺入新拌混凝土中，可使混凝土的性能得到明显改善，这类材料称为聚合物改性混凝土。用于水泥混凝土改性的聚合物品种繁多，基本上分为三种类型：聚合物乳液、水溶性聚合物和液体树脂。

聚合物乳液做水泥材料改性剂时，可以部分取代或全部取代拌和水。聚合物乳液具有如下几个方面的特性：①作为减水塑化剂，在保持砂浆和易性良好、收缩较小的情况下，可以降低水灰比；②可以提高砂浆与老混凝土的黏结能力；③提高修补砂浆对水、二氧化碳和油类物质的抗渗能力，而且还能增强对一些化学物质侵蚀的抵抗能力；④在一定程度上可以用作养护剂；⑤增加砂浆的抗弯、抗拉强度。

当选择聚合物做混凝土或砂浆的改性剂时，必须满足很多要求，如：①改善和易性和弹性；②增加力学强度，尤其是弯曲强度、黏结强度和断裂伸长率；③减少收缩；④提高抗磨性能；⑤提高耐化学介质性能，尤其是冰盐、水和油；⑥提高耐久性。

制备聚合物分散体系应尽量注意以下问题：①对水泥的水化和胶结性能无不良影响；②在水泥的碱性介质中不被水解或破坏；③对钢筋无锈蚀作用。

聚合物改性水泥材料的性能分为硬化前和硬化后的性能，首先讨论硬化前的性能。

(1) 减水剂　聚合物乳胶有较好的减水性，使砂浆和易性大大改善。聚灰比越大减水效果越明显，最大减水率可达到43%。

(2) 坍落度　聚合物水泥混凝土的坍落度随单位用水量即水灰比及聚灰比的增加而增大。当水灰比不变时，聚灰比越高，其坍落度越大。要达到预定坍落度的聚合物水泥混凝土，其所需的水灰比会随聚灰比的增大而大大降低。这一减水效果对于混凝土早期强度的发挥及干燥收缩的降低是很有益的。

(3) 含气量　聚合物水泥砂浆中的含气量较高，可达到10%～30%，在拌制聚合物改性混凝土时，只要采用优质消泡剂，其含气量就会少得多，可降到2%以下，与普通水泥混凝土基本相同。这是因为混凝土与砂浆相比，骨料颗粒粗一些，空气容易排除。

(4) 密度及空隙率　聚合物水泥砂浆的平均密度取决于很多因素，主要有骨料的性质和

用量、密实方法、水灰比等。随聚合物水分散体含量增加，PMC 的密度下降。当 P/C 为 0.2～0.25 时，密度出现极大值，这是由于在此用量下聚合物分散体的塑化作用，提高了成型性，有利于混合物的密实。

加入聚合物乳液引起材料内孔隙的重分布，使孔隙率提高，因此在聚合物水泥砂浆密度下降的同时，伴之以显著的孔隙变小及整体分布均匀。例如，不加聚合物的混凝土中，半径为 30～45nm 的孔隙含量最大。加入丁苯胶乳后，半径为 3～10nm 的孔隙数增多。大孔隙数目减少。

(5) 凝结时间　聚合物水泥混凝土的凝结时间有随聚灰比增加而有所延长的趋势。该现象可能是由于聚合物悬浮液中所含的表面活性剂等成分阻碍了水泥的水化反应所造成的。

在聚合物水泥混凝土中，由于水分自混凝土表面蒸发及水泥的水化，致使聚合物悬浮液脱水，于是聚合物粒子相互粘连，形成黏结性的聚合物薄膜，强化了作为胶结料的水泥硬化体。因此，硬化后的聚合物水泥混凝土的各种性能均比普通水泥混凝土好。

(6) 强度　除 PVAC 混凝土外，聚合物水泥混凝土的抗压强度、抗弯强度、抗拉强度及抗剪强度均随聚灰比的增加而有所提高，其中尤以抗拉强度及抗弯强度的增加更为显著。

养护条件直接影响聚合物改性砂浆的强度，聚合物水泥砂浆和混凝土一样，理想的养护条件是：早期水中养护以促进水泥水化，然后干燥养护，以促进聚合物成膜。

无机胶结材料中加入有机聚合物外加剂，可显著提高与其他材料的黏附强度。聚合物改性水泥材料与多孔基材的黏附强度，决定于亲水性聚合物与水泥悬浮体的液相一起向基体的孔隙及毛细孔内的渗透。在孔隙及毛细管内充满水泥水化产物，并且水化产物被聚合物增强，从而保证了胶结材料与基体之间良好的黏结强度。黏结强度受聚合物品种影响也与聚灰比有关。

(7) 变形性能　在乳胶改性砂浆横断面的扫描照片中，可清楚地看到乳胶形成的纤维像桥一样横跨在微裂缝上，有效地阻止裂缝的形成和扩展。因此，乳胶改性砂浆的断裂韧性、变形性能都比水泥砂浆有很大提高，弹性模量也有明显降低。

(8) 徐变行为　聚合物水泥砂浆在不受外力的情况下，随时间变化而产生的变形称为徐变。PMC 的徐变总的趋势是随聚合物含量的增大而增大。养护条件和聚合物的种类对徐变是有影响的。干养护时徐变随聚合物含量的增加而增大；湿养护时聚合物水泥混凝土的徐变是普通混凝土的两倍以上，而不同聚合物含量的徐变几乎相等。

(9) 耐水性和抗冻性　水对聚合物水泥混凝土的作用可用吸水性、不透水性和软化系数等指标描述。吸水性是指试样置于水中一定时间后的吸水量，即质量的增加。不透水性指材料组织水渗透的性质。软化系数是指湿试样与干试样的强度比。

任何聚合物掺加剂都可使混凝土的吸水性减小。这是因为聚合物填充了孔隙，使总空隙量、大直径空隙量及开口空隙量减少。在较好的情况下，吸水量可下降 50%，软化系数达 0.8～0.85，这样的聚合物水泥混凝土属于水稳定材料。

聚合物改性水泥砂浆的吸水性和抗冻性与改性砂浆的孔结构有关，而孔结构受乳液中聚合物类型和聚灰比的影响。一般聚合物改性砂浆的吸水性和渗透性随聚灰比的增加明显减少，因为大的孔隙均被填充或用连续的聚合物膜封闭。大多数 PMC 比普通水泥混凝土吸水率和渗透率都明显降低，不同类型聚合物、不同聚灰比其吸水率变化情况不同，一般来说，随聚合物含量增加吸水率和透水率减小更为明显。

因为水的渗透减少和空气的引入，PMC 的冻融耐久性得以改进。在 $P/C=5\%$时，乳液改性砂浆的抗冻性进一步改进。

(10) 收缩与耐磨性　聚合物改性水泥混凝土的收缩受到聚合物种类及添加剂的影响，有的聚合物使收缩增加，有的使收缩减少。如聚灰比为12%的丙烯酸酯共聚乳液砂浆的收缩率比空白砂浆减小60%，而氯丁胶乳水泥砂浆的干缩则比空白砂浆有所增加。聚合物掺加剂可使水泥砂浆的耐磨性大幅度提高。材料耐磨性提高的本质并不是由于结构中矿物部分的密度和强度增加，而是由于在磨损表面上有一定数量的有机聚合物，聚合物起粘接作用，防止水泥材料的颗粒从表面脱落。聚合物的品种及掺量均会影响PCM的耐磨性。

(11) 化学稳定性　聚合物改性水泥混凝土另一重要特性是抗碳化能力和化学稳定都比普通混凝土有明显提高。聚合物改性水泥砂浆中，聚合物的填充作用和聚合物膜的密封作用可由气体穿透量的减少来证实，如空气、二氧化碳、水蒸气和不渗透，而且随聚灰比的增加防碳化作用、耐腐蚀性提高效果十分明显。良好的不透水性也提供了较高的耐氯化物渗透能力。

7.5 水泥基复合材料的应用

7.5.1 玻璃纤维增强水泥基复合材料的应用

7.5.1.1 在建筑工程方面的应用

(1) GRC复合材料外墙板　这种外墙板是由内外两层厚6～8mm的GRC板组成，中间填充轻质保温材料。复合外墙板分工厂预制和现场组装两种。前者是在工厂预制成中间有保温材料的整体夹层结构板；后者则是先在工厂预制好带肋的GRC复合材料单板，安装时再在现场填充轻质保温材料和内层墙板。GRC复合材料外墙板的外表面层可以做成不同形式，可以加上各种装饰图案或不同饰面材料。GRC复合材料外墙板的总厚度，可以根据建筑物的地理位置，由设计决定。一般，墙板的厚度为10～12cm，其保温效果与普通红砖墙相比，优越得多，它比一砖半墙（37cm）的热阻值大30%～80%，质量轻85%～90%。北京已有多栋楼使用了GRC外墙板，在亚运会工程和中外合资饭店上也已使用。墙板尺寸为3.2m×2.8m、6.6m×2.8m、3.3m×3.9m、4.2m×5m几种，使用时间已近20年，效果良好。使用GRC复合材料外墙板的最大优点是能增大建筑物的使用面积，使墙厚从37cm减少到12cm；减少墙体质量；降低结构框架和基础的承载负荷；减少建造费用和建筑物使用过程中的能耗。

(2) 折板　GRC复合材料折板规格为3300mm×1100mm×100mm（长×宽×厚）。这种板的承载能力可以根据玻璃纤维含量、铺设方向进行设计。折板3m跨度，跨中集中载荷可分别达到300kg、600kg和900kg。折板本身的材料厚度为10mm。GRC复合材料折板主要用于屋面板（轻钢结构），网架结构板。

(3) 网架结构板　已经用于网架结构的GRC复合材料板规格有方形和三角形两种。其尺寸分别为3m×3m、1.6m×1.6m和1.8m×1.8m×1.8m（等边三角形锥体）。三种板材的厚度均为15mm。

(4) 波形瓦　波形瓦有中波、小波和大波三种，其产品规格基本上与石棉水泥一致，主要用来取代建筑工程中的石棉水泥瓦。如表7-31所示。

表 7-31 GRC 波形瓦的规格

名称	长/mm	宽/mm	厚/mm	波距/mm	波高/mm	波数/个
大波瓦	2800	994	8	167	50	6
中波瓦	2400	745	6.5	131	33	5.7
小波瓦	1800	720	6.0	63.2	16	11.5

GRC 复合材料波形瓦的优点是承载能力比石棉水泥瓦高，吸水率小于15%，低于石棉水泥瓦，抗冲击强度是石棉水泥瓦的10倍，而且能耐干热和湿冷的交替变化。GRC 复合材料波形瓦主要用作屋面防雨，厂房、仓库、简易房屋的屋面及围护墙板，临时车库、凉棚、自行车棚等。凡是以往用石棉水泥瓦的地方，都可以用 GRC 复合材料波形瓦代替。

(5) 空心板　国内生产的空心板规格为3300mm×1100mm×150mm，沿板宽度有三个孔，上下两层 GRC 复合材料板厚10mm，孔间肋厚20mm。GRC 复合材料空心板主要用作屋面板，网架结构围护板和装饰性外墙板。

(6) 永久性模板　永久性 GRC 复合材料模板又称一次性模板，如果在其表面加上装饰性条纹、图案时，也称为装饰性模板。这种板的厚度为8～15mm，浇筑混凝土时，可以把它当成结构的外表面层，施工完成后不需要脱模，而且还可以省去结构表面的抹灰、装饰工序，使用效果很好。

(7) 室内壁柜侧板和隔板　这是一种厚8～10mm 的 GRC 复合材料平板，可用作住宅建筑物内部的壁柜（衣柜或厨房食品柜）的侧整板、隔板和顶板。其优点是防火、防虫、省工、省料和施工方便。

(8) 通风（烟）道　住宅建筑的厕所风道、厨房烟道，以往都是砖砌的，施工不便，采用 GRC 复合材料方形通风管内壁光滑，可增加通风面积，减少通风阻力，而且占地面积小，施工方便。此种通风管已在全国推广，特别是框架结构多层建筑采用此风管后优点更多。

(9) 整体卫生间　用 GRC 复合材料顶盖和侧壁板装配成整体卫生间，内部配陶瓷坐便器和 GRC 复合材质仿瓷浴缸。仿瓷浴缸是用 GRC 复合材料坯体，喷涂仿瓷涂料制成。这种浴缸属中低档产品，耐冲击，保温效果好，物美价廉，适用于经济性建筑住宅。

(10) 装饰板　用 GRC 复合材料制造的装饰板种类很多，大体上可分为人造大理石花纹板、仿瓷装饰板、浮雕型装饰板及普通彩色板等。GRC 复合材料人造大理石装饰板的尺寸目前已可以做到1.5m×2.0m。这类装饰板的优点是强度高、防火、耐热、不变形，成本只是树脂人造石材的40%～60%。这种装饰板除能仿天然石纹外，同时还可以做成带字、带图案的装饰板，装饰效果经济实惠。

(11) 吊顶　用 GRC 复合材料可以制成立体造型的吊顶板，如圆壳型和锥壳型吊顶反射板等。实践证明，这种立体型吊顶板实用、经济、装饰效果好，已在中国大百科全书出版社的大厅中成功应用。

(12) 活动房子用　GRC 复合材料板材可以组装成小商亭、岗亭门卫室和临时性活动房子等。活动房子大小和平面布置可以视用途设计，可以作为临时性或半永久性住房、办公室、仓库或商店。在施工现场、旅游景点、灾区和在城市改造旧房拆建时解决居民临时居住问题等方面都有很大用处。

7.5.1.2 GRC 复合材料在管道工程中的应用

GRC 复合材料管可以用离心法成型、缠绕法或卷制法成型。现在已制成的 GRC 复合材料管直径有 50mm、100mm、150mm、200mm 和 400mm。管材承压力（内压）可以根据要求进行设计。目前制成的直径为 100mm 和 150mm 管的破坏水压力为 1.8～2.0MPa。这种 GRC 管与钢筋混凝土管相比，同口径的管质量轻 20％～30％，造价低 10％～20％。管接头采用承插式连接，管道铺设施工时，挖沟宽度可减少 20％。

GRC 复合材料管可以用作输水管、输气管、落水管、电缆管、画风管、排水管等。

7.5.1.3 GRC 复合材料在农、牧、渔业中的应用

（1）农用沼气池　发展沼气池是解决农民燃料能源的主要途径，GRC 复合材料沼气池可以在工厂预制，也可以在现场制作。GRC 复合材料沼气池的优点是气密性好、产气率高。一个 $6m^3$ 的沼气池可以解决 5 口之家的做饭和照明之用，能节谋 1.2t，经济效益和社会效益都很显著。

（2）农用粮仓　粮仓是农民家居中很重要的组成部分，过去大都是用木柜或围仓，每年都有很大消耗。改用 GRC 复合材料粮仓后，既可年复一年反复应用，又可以防止鼠害，减少粮仓损失。GRC 复合材料粮仓有圆柱形和方柜形两种，能存粮 500～1000kg，基本上满足了各农户的存粮要求。

（3）太阳能利用器材　GRC 复合材料太阳能利用器材有太阳能灶壳体和太阳能热水器外壳。由于 GRC 复合材料强度高、成本低、保温性好、耐水及耐自然老化等特点，已在河北、河南等农村推广应用，效果很好。

（4）在农业温室结构中的应用　我国现有的农业温室大部分是用钢材作骨架，不论是临时性温室还是永久性温室，钢结构骨架都有很多缺点，如易生锈、不耐久、需要涂料保护等。最大的一个缺点是接触塑料薄膜处温度过高，易使塑料薄膜老化破坏。与钢管结构和钢筋结构相比较，分别节省钢材 20.8％和 13％，每亩成本降低 70％和 73％，而使用寿命是钢管结构的两倍；与竹木结构相比，每亩成本近似，但使用寿命长 7～10 倍。此外，GRC 骨架断面小，间距大，透光率和钢管结构相似，能够承受 $10kg/m^3$ 吊挂长蔓作物，因而深受农民欢迎。

（5）牧场围栏立柱　用 GRC 复合材料型材作牧场围栏立柱效果甚佳。立柱长 2m，角型断面，每根质量小于 10kg，埋地 50cm，露在地面上的立柱 3m、拉挂围网，代替40mm×40mm 的角钢，可降低成本 40％。由于 GRC 型材无回收使用价值，故不像钢材那样容易丢失，深受牧民欢迎。

（6）葡萄架　用 GRC 复合材料型材作葡萄园的葡萄架，轻便实用，而且能够降低葡萄架的造价。

7.5.1.4 GRC 在艺术雕塑方面的应用

GRC 复合材料的塑造工艺性很好，故可用于城市园林及广场的艺术雕塑，效果很好。如威海市用 GRC 塑造了十二属相及大型体育浮雕——田径之歌。雕塑用仿金表面，浮雕涂以各色仿瓷涂料，使人看后非常壮观、悦目。1987 年，中国建材研究院还用 GRC 复合材料塑造了一尊菩萨像，并于当年运往日本供奉。GRC 复合材料艺术雕塑在当前城市改造、美化环境的建设中，将会起到很大作用，很有发展前途。

7.5.2 钢纤维混凝土的应用

（1）隧洞衬砌和护坡　采用喷射钢纤维混凝土代替钢筋混凝土衬砌、护坡或钢筋网喷射混凝土，具有节省断面、强度高、韧性好、施工简便等优点，是当今国内外钢纤维混凝土应用最广泛的一个工程领域。我国近年来在铁路隧洞和堑坡工程修补、水工输水隧洞、矿井等

工程中试用效果很好，已组织力量进一步推广。浙江省齐溪电站输水隧洞，用喷射钢纤维混凝土比钢筋混凝土衬砌节省钢材2.7倍，造价降低53%。挪威采用喷射钢纤维混凝土占全国隧洞衬砌工程量的60%，与钢筋网喷混凝土相比，在等厚度情况下造价降低5%～15%。根据挪威的经验，用湿喷法具有回弹率低（5%～10%，相当于干喷的1/3）、效率高、无粉尘、纤维混合均匀、水灰比易控制等优点。在喷射施工中（特别是干喷）纤维的回弹率高于水泥浆和骨料的回弹率，这是一个值得注意研究和改进的问题。

（2）路面、桥面和机场跑道　钢纤维混凝土在这方面的应用也是相当广泛的，使用方式包括新建和修补工程。由于钢纤维混凝土具有良好的抗裂性、弯曲特性、耐冲击性、耐疲劳性等特点，使面层厚度减少，伸缩缝间距加长，路面和跑道的使用性能优良，维修费用降低，寿命延长。据日本的经验，面层厚度较普通混凝土可减少30%～50%，公路伸缩缝间距可达30～100m，机场跑道的伸缩缝间距可达30m。用于路面和桥面修补罩面层厚仅为3～5cm,可减少工程量，特别是降低了桥面的自重载荷。我国目前每年生产的碳钢纤维约有40%用于路面工程。黑龙江省大庆、辽宁省盘锦市、山西省太原市等先后在车流较大的公路段用钢纤维混凝土修筑了试验路面。大庆的试验段长500m、宽7m，纤维掺量为0.8%，路面厚12cm，与厚24cm的普通混凝土路面相比，造价接近。经一年多的营运，路面无裂缝，无破碎，状况良好。国外在用钢纤维混凝土筑路时大都采用专门的施工机械。美国还试用了辗压钢纤维混凝土筑路，与普通的浇筑方法相比，在获得相同路面性能情况下可减少水泥和纤维用量。由于纤维在辗压作用下的分布和取向对路面的受力有利，用辗压法修筑钢纤维混凝土路面可能是一种有发展前途的方法。

（3）桥梁结构和铁路轨枕　钢纤维混凝土除了用于桥梁上的罩面层、人行道以及桥面板混凝土接缝处局部增强等外，最近在建造我国四川省大足县珠溪河桥时，还将其用于桥梁结构中，在这个拱桥的肋拱的弯曲拉应力较大部位使用了掺量为1.0%的钢纤维混凝土，拱圈的断面尺寸较普通钢筋混凝土肋拱结构减小，工程造价降低11%。为解决在铁路轨道接头处和小半径曲线段预应力轨枕破坏较严重的问题，国内试制了钢纤维混凝上预应力轨枕，在轨道下受力大的部位掺入0.77%的钢纤维，可使静载抗裂度提高50%，疲劳性能明显改善。试制的轨枕已于1986年铺设在石太线上一段曲线轨道上。

（4）水工建筑物　主要将钢纤维混凝土用于高速水流作用的部位，如溢洪道、泄水孔、有压输水道、消力池、闸底板等。例如美国贝利水坝泄洪洞、莫纽门特水闸挑鼻坝以及我国浙江省百丈涤高压引水洞衬砌等都用过钢纤维混凝土进行修补，纤维掺量一般在1.0%～1.5%，在经过一二年运行后检查，没发现严重的磨蚀和剥落。但近年来的试验研究和某些工程长期观测表明，钢纤维混凝土抗气蚀能力的提高幅度有限，抗冲磨能力几乎没有改善，因此它不足以抵抗严酷条件下的气蚀和冲磨作用。美国肯柱阿坝消力池经9年运行，钢纤维混凝土修补层已完全破坏。为此，进一步改善钢纤维混凝土的抗气蚀是推进其在水工中应用的关键。例如将硅粉掺入高强钢纤维混凝土，可使抗冲磨能力提高1～3倍，抗气蚀能力提高1～19倍，并已在葛洲坝二江泄水闸和映秀湾电站拦河闸底板修补中试用。

（5）港口和海洋工程　人们最担心的是海水环境中钢纤维混凝土的腐蚀问题，所以对这一领域中的应用持慎重态度。然而日本和挪威的实用经验是令人鼓舞的。日本钢材俱乐部采用钢纤维混凝土做钢管桩防蚀层，在海水中浸泡10年，钢纤维混凝土防蚀层完好，钢管桩表面无锈蚀仍有金属光泽。挪威将钢纤维混凝土用于北海海底输气管道的隧洞衬砌、Forsmark核电站海底核废料库的支护、海上展油平台后张预应力管道孔的封堵以及码头混凝土受海水腐蚀部位的修补等。我国浙江省半升洞码头靠船结构也曾用钢纤维混凝土修补。

(6) 建筑结构和制品 尽管这个领域应用或试用的种类极其繁多，但就钢纤维混凝土的用量而言相对较少。钢纤维混凝土由于裂后变形性能好，适用于抗震抗爆结构。在钢筋混凝土框架节点中用1.5%钢纤维代替1.7%的箍筋（体积率），可使抗剪强度提高27%，耗能能力提高28%，主筋黏结滑移降低60%～78%，并可避免节点处钢筋拥挤。采用钢纤维混凝土折曲斜撑加强的钢筋混凝土框架的刚度提高2～3倍，耗能能力提高2倍，极限载荷下层间位移角大于1/50，具有良好的抗震性能，特别适于已有框架结构的抗震加固。钢纤维混凝土用于防爆结构，不仅抗冲击能力强，而且具有抗破碎抗震塌能力，强爆后碎片的飞溅速度降低。空军设计研究局研制的防护门在防护效果试验中，经受多发火箭、炮弹命中，门扇损坏范围小，易于修复，并且有效地保护了门后库内装备的安全。

局部增强和用以减小混凝土裂缝宽度，提高钢筋使用应力是其在建筑结构中应用的另一特点。在钢筋混凝土梁受拉区配置适量的钢纤维混凝土可使裂缝宽度降低40%，从而可提高钢筋的使用应力，这在部分预应力梁中也有实用意义。将钢纤维混凝土用于钢筋混凝土桩顶代替增强钢板，可节省投资40%，在桩尖部位用钢纤维增强，可使桩的贯入能力提高，锤击次数减少，经试用收效明显。

建筑墙板和屋面可能是一个有潜力的应用领域。日本已制成珍珠岩钢纤维混凝土复合墙板。我国目前正在研究用钢纤维膨胀混凝土做刚性防水屋面，掺1.5%钢纤维和15%水泥质量的膨胀剂所获得的自应力混凝土性能良好。庆安钢铁厂在该厂试用了钢纤维混凝土刚性防水屋面，经一年多的雨雪、干湿、冻融等作用，未发现漏雨和裂痕。此种刚性防水屋面一次性投资略高于三毡四油屋面，因为减少维修、延长使用寿命，可获得较好的经济效益。

其他的应用实例很多，如承受重级工作制的工业厂房地面和仓库地面、薄壁蓄水结构、离心管、污水井、游泳池、自行车赛场跑道，以及各类建筑物和构筑物的修补、补强加固、抗震加固等。

(7) 耐火混凝土和耐火材料 用不锈钢纤维增强耐火混凝土和耐火材料制品，我国近两年来已有40余个企业采用，其增强效果和经济效益是十分可观的。庆安钢铁厂生产的不锈钢纤维，用于增强水泥窑和玻璃熔窑的窑衬，延长窑衬的寿命2～4倍；用于浇筑耐火材料，经测试，高温抗折强度达2.9MPa，达到日本同类产品水平；用于耐火捣打料（纤维质量比4%）制钢水罐内衬，与砖砌衬里相比使罐衬的寿命提高2倍以上，每吨钢水材料费用消耗降低54%。

7.5.3 聚合物混凝土的应用

7.5.3.1 地面和道路工程

由于聚合物改性混凝土良好的耐磨性及耐腐蚀性，可用于地面和路面，施工方法如下。

① 直接用聚合物浇筑地面。

② 聚合物混凝土形成地面板，然后铺砌。

③ 在地面做一层聚合物水泥砂浆涂层。

聚合物改性混凝土物料的配置顺序为：聚合物乳液与水拌和，然后加入水泥、砂及石。拌和时间一般为3～7min，配合比可参照前面所讲的工艺方法进行设计。聚合物改性水泥砂浆及水泥混凝土的拌和可用砂浆或混凝土拌和设备，并参照现有的拌和工艺进行。但拌和时间及速度的确定应考虑尽可能减少拌和浆体内气泡的含量，必要时加入除气泡剂。

聚合物改性混凝土在工厂生产时物料的配置可以简化。制备聚合物改性混凝土混合料时，要严格控制水的用量以保证浆体的工作性，但流动性也不宜太大，否则会影响强度。混合浆体应在配制后3h内使用，已凝固的物料不宜再用。

聚合物改性水泥混凝土地面浇灌和硬化时，地面空气、湿度及基底层的温度，以及浇灌混合物温度应不低于5℃，底层具有足够的强度。准备浇灌聚合物混凝土的底面应除尘清洗并用聚合物乳液（乳液：水=1：8）打底，用量为0.15～0.2L/m^2。

聚合物混凝土用于地面工程时，与普通混凝土的施工过程相同，同样要求振动捣实，每段底面的振动时间应不少于30s，当其表面均匀出现水分时可结束振捣，然后整平表面，勾出伸缩缝。聚合物改性混凝土的养护应考虑到本身的水硬化特性。聚合物改性混凝土的成型及养护期间的适宜温度在5～30℃。因此，成型后初期要防止聚合物上浮到混凝土表面，即表面不要聚积水并应覆盖，防止雨水。因此，成型后表面最好用湿麻袋或塑料薄膜覆盖。普通混凝土的较长时间内潮湿养护方法对聚合物改性混凝土反而不利。聚合物改性水泥混凝土最适合的养护方法是，先潮湿然后再干燥养护，以利于聚合物混凝土中聚合物的形成结构。因此要求聚合物改性混凝土在1～3天潮湿养护后，在环境温度下干燥养护。为了加速聚合物的结构形成过程，也可以采用提高养护温度的方法。但蒸养的方法不适用。

聚合物改性砂浆铺筑房屋地面，在摊铺成型养护一段时间后，等聚合物改性水泥砂浆达到一定强度后（一般在摊平后7～10昼夜），用磨光机磨平地面，磨平过程中，先用粗粒金刚砂，再用中粒金刚砂打磨。做好的聚合物改性水泥砂浆地面厚度约20nm。在打磨过程中露出砂眼及孔洞时，应用下列成分的混合料最后嵌平：普通硅酸盐水泥1，聚合物乳液0.35，细砂21，必要的添加剂和水，磨光后可以打蜡或上漆，地面做成后28天才可以使用。其强度应不低于要求设计砂浆标号的75%。厚度偏差不大于10%，表面与水平面或规定的坡差的偏差不超过相应房间尺寸的0.2%。

聚合物改性水泥砂浆或水泥混凝土，虽然其多种性能得到明显改善，但由于聚合物的掺入，会提高混凝土的成本。一般提高2～4倍。在欧美等发达国家，由于化学工业较先进，因此聚合物的成本相对会低一些，聚合物的掺入，使得混凝土的成本增加幅度相对较小。在我国，由于化学工业仍然较落后，因此聚合物的成本相对要高一些，这是聚合物改性混凝土在我国没有得到广泛使用的一个重要原因。

由于聚合物改性水泥混凝土具有良好的防水性质，在桥梁道路路面得到大量使用。由于使用聚合物改性水泥混凝土可避免施工过程中黏结及防水所需要的复杂工艺过程，因而可以用于高等级刚性水泥混凝土路面，可降低水泥混凝土面层的厚度，减轻面层开裂，从而延长使用寿命。

7.5.3.2 结构工程

在建筑结构中应运用聚合物改性混凝土是一个很有吸引力的课题，这一课题的解决将导致建筑结构的革新。

前苏联契尔金斯基进行了这方面的试验。用普通钢筋水泥混凝土梁作对比，在试验梁的受拉区1/3高度截面用聚醋酸乙烯改性水泥混凝土制成（聚合物乳液/水泥=0.2～0.3）。混凝土梁的尺寸为120cm×20cm×20cm。试验时，梁的支距为110cm，在距支座40cm处施加两个集中载荷。

试验结果为，当梁的理论破坏载荷为21580kN时，普通混凝土对比梁在载荷为16100kN时破坏，而在拉伸区应用聚合物改性水泥混凝土梁，破坏载荷为20000kN。上述试验证明，聚合物和改性水泥混凝土梁具有较强的抗折能力及较大的抗拉伸性。

已在跨度为2.1m的公路小桥中用聚合物水泥混凝土作桥梁。钢筋为30×L2C高强钢筋，梁的拉伸区用轻集料聚合物改性水泥混凝土。将这种结构与同跨度的预应力梁相比，可节省高强钢筋15%～20%，减少安装块体质量20～27t，成本下降20%～35%。并且制造复合混凝土梁不需要复杂的设备。

日本建筑研究院开始研制尺寸为150nm×150nm×1800nm及150nm×250nm×2100nm的聚合物钢筋水泥混凝土梁，聚合物外加剂为丁苯胶乳和聚丙烯酸类胶乳，以及环氧树脂（聚合物/水泥＝0.1）。他们证明，这种混凝土具有较大塑性，虽然价格比普通钢筋水泥混凝土高70%，但其发展前途相当乐观。

对于预应力的混凝土有很高要求。现在用于预应力结构中的混凝土变形率较小，抗拉强度也较低，在空气中收缩较大，压缩时蠕变明显。试验证明，在水泥混凝土中掺加聚合物外加剂可部分克服上述缺陷。

预应力聚合物水泥混凝土对制造强度高、性能优异的结构，具有广阔的发展前景。在预应力聚合物水泥混凝土中，聚合物相呈现新的性质。加入相当量的聚合物（聚合物/水泥达0.2）可改善混凝土在应力状态下的性质，这也证明了聚合物相与水泥石相的相互作用具有重要效能。

由于聚合物外加剂的掺入，加荷时混凝土中的微裂纹张开程度发展比在普通水泥混凝土中小得多，横向变形减小。在混凝土的压应力达到强度的50%时，混凝土的微观破裂界限约提高20%。

试验证明，在长期压缩作用下，甚至在高度压缩条件下（0.8～0.85），聚合物水泥混凝土中亦不形成临界裂纹。聚合物水泥混凝土的这一重要性质可解释为：第一，由于混凝土的非弹性变形，钢筋中均匀作用应力及其偏心迅速减小；第二，聚合物外加剂使微裂纹界限提高，并阻止受压缩的混凝土结构的破坏。这时，压缩应力使抗拉强度下降的不良影响减小至最小程度。

聚合物水泥混凝土预应力结构首先可应用于化学工业生产中的承重和防护建筑，也适用于水利、能源及交通行业中干湿交替作用小的工程结构，其中包括建造水中及水下结构物，以及隧道、地下排水设施等。

在许多条件下，聚合物水泥混凝土也适用于建造一般条件和在静、动载荷作用下的预应力结构。由于聚合物外加剂可提高结构的强度、质量、耐腐蚀性及耐久性，因此，聚合物水泥混凝土代替普通水泥混凝土的经济效益是难以准确估计的。同时，单独的计算表明，用聚合物水泥混凝土代替一般水泥混凝土后，在减少水泥用量的条件下，钢筋用量可减少25%～35%，或者构件的抗裂性可提高30%。

7.5.3.3 轻质混凝土

为了减小构件的质量，在混凝土和砂浆中加入聚合物外加剂可达到很好的效果。在普通水泥混凝土中加入发泡剂虽可降低构件质量，但会使强度大幅度下降。而聚合物外加剂可在很大程度上弥补这一不足。

轻集料聚合物水泥混凝土具有密度小、强度高的特点，抗拉强度通常高于无聚合物的混凝土。采用陶粒、耐火土及其混合物制得了容量为1600～1800kg/m^{3}混凝土。

轻集料聚合物水泥混凝土的抗折强度及抗拉强度比无聚合物时提高30%～40%，断裂伸长率比普通水泥混凝土提高5倍。在轻集料混凝土中加入聚合物胶乳，常使混凝土的塑性超过弹性（弹塑性系数 $\lambda_p>0.5$），而弹性模量降至1/3。

轻质聚合物水泥混凝土具有优异的使用性能。例如轻质聚合物水泥混凝土具有很好的抗冻性，导热性小［容重为1500～1600kg/m^{3}时，热导率为1.67kJ/（m^2·h·℃）］，耐热性好，甚至可经受400℃的短时高温作用。

树脂用于多孔混凝土后，使混凝土的抗压强度提高30%，抗折强度提高100%。

7.5.3.4 修补工程

聚合物改性水泥砂浆及改性水泥混凝土良好的黏结性能被广泛地用于修补工程。用普通水泥砂浆或普通混凝土进行修补工程，由于新拌混凝土与旧混凝土之间不能很好地结合，经常会发生修补的混凝土脱落，不能起到修补作用。原因在于旧混凝土被修补的表面存在一定量的结构孔隙，如果旧混凝土在干燥情况下就将新拌混凝土覆盖上去，由于毛细作用，新拌混凝土的水分将进入旧混凝土内，致使靠近旧混凝土表面的新拌混凝土浆体失去水分，不能正常水化，最终新旧混凝土之间形成一层软弱夹层。如果旧混凝土是在潮湿状态下进行修补，即旧混凝土的孔隙已充满水，虽然新拌混凝土中的水分不被旧混凝土所吸收，但被水分充满的旧混凝土空隙中，也不会有新拌混凝土中的水泥水化产物进入，因此，两者之间并没有产生相互穿插的连接。同时，由于新拌混凝土在硬化过程中产生收缩，会使新旧混凝土界面产生剪应力，引起局部破坏，从而减弱了相互之间的联结强度，影响修补效果。因此，由于混凝土本身的特性，用混凝土浆体进行修补工程不能取得满意效果。

用聚合物改性混凝土进行修补工程，由于以下原因，会有良好的修补效果。

① 新拌聚合物水泥混凝土浆体中的聚合物会渗透进入旧混凝土的孔隙中，在新混凝土硬化及聚合物成膜后，在新旧混凝土之间形成穿插于新旧混凝土之间的聚合物联结桥，大大地增强了新旧混凝土之间的连接强度。

② 聚合物改性水泥混凝土有良好的黏结能力，这主要是由于聚合物水泥混凝土中的聚合物具有良好的黏结能力，因而可使新混凝土的连接作用得到加强。

③ 聚合物水泥混凝土的硬化收缩较小，并且刚性小，变形能力大，在新旧混凝土界面之间由于新拌聚合物水泥混凝土硬化引起的收缩而产生的剪应力及破坏裂隙较少，因而对新旧混凝土之间连接强度的破坏作用小。

④ 新拌混凝土聚合物中的聚合物对新旧混凝土之间的结合部位起到一定的密封作用，因而使得界面处的抗腐蚀性能提高了，对保持新旧混凝土之间联结强度有利。

用聚合物混凝土对水泥混凝土路面、桥面及地面进行修补，都取得了相当好的效果。也可用聚合物水泥浆对水泥混凝土路面的裂隙，或水泥混凝土构件的裂隙进行修补。

用聚合物水泥混凝土对破损水泥混凝土路面进行修复时，应首先清除被修补表面的杂物，然后在修补表面喷洒或涂一层较稀的聚合物乳液，再用新拌聚合物水泥混凝土浆体进行修补。修补后，要进行妥善的养护，最好的养护方式是先湿养，然后再在较干燥条件下养护，既使得水泥能正常水化，又能使聚合物良好地结膜。为了进一步提高新旧混凝土之间的黏结强度，也可对旧混凝土表面进行处理，如清除原有表面，在表面刻槽以增加新旧混凝土之间的接触面积，从而增加新旧混凝土之间的连接强度，改善修补效果。

聚合物改性水泥混凝土的修补效果与所选的聚合物类型、聚合物的掺量等因素有关。用聚苯乙烯-丁二烯乳液（SBR）及聚丙烯酸酯改性水泥混凝土，进行水泥混凝土的修补取得了良好的效果。

7.5.3.5 其他方面的应用

除上述用途外，聚合物改性水泥混凝土还可用作建筑物装饰材料、保护涂层等。

(1) 装饰材料 装饰层、保护-装饰层以及立面涂层，就其性质而言应满足下面的基本要求：装饰材料的抗压强度应为被装饰混凝土强度的1～2倍；外装饰层材料有较好的气候稳定性；涂层与基底之间有较高的抗剪黏结强度，涂层的变形模量不大于基底材料的变形模量的两倍半。

聚合物改性水泥混凝土能容易地满足这些要求，作为装饰材料使用。用于混凝土结构装饰材料的配比（质量比）为：白水泥17，耐碱颜料2～3.5。惰性填料为砂粉或石灰石粉，增强剂为石棉。聚合物外加剂为聚醋酸乙烯乳液或丁苯橡胶乳液。装饰外表面时，聚合物/水泥＝0.15～0.2；装饰内表面时，聚合物/水泥＝0.05～0.1。

石膏聚合物水泥装饰材料用于建筑物内、外的装饰和平整表面。配比为（质量比）：普通硅酸盐水泥20～30、半水石膏60～70及火山灰材料10左右。这种组分与聚合物外加剂一起可制得具有优异性能的装饰材料。

上述装饰材料可在一般条件下硬化，也可在湿热条件下以及干燥或潮湿条件下硬化。这类装饰材料与水泥混凝土、石膏混凝土、砖、玻璃、木材及纸张等有很好的黏结性，与多种塑料及涂用涂料及合成漆的表面也能很好地黏合。

(2) 保护涂层 聚合物水泥材料广泛应用于各种容器的保护涂料，保护容器材料免受储液的侵蚀，防止容器材料对液体的不良影响。

聚合物水泥油灰防水层用于墙壁楼板、深埋的底部以及用于防护地下结构物，如隧道、地沟、坑道、管道等的器壁，也可用于有水下设施的底板（如储水池、沉降池等）。聚合物水泥防水层一般不与食用水直接接触，否则应采用满足卫生要求的聚合物水泥材料。

建造一般用途的防护涂层是采用标号为150～200号，聚合物/水泥＝0.05的混凝土，厚度为20～30mm。设置厚度为10～30mm涂层时，若有含盐及碱的水介质的侵蚀作用，则可利用同样强度的聚合物水泥混凝土，聚合物与水泥的比值取0.1。

还要指出，聚合物水泥混凝土也是电离射线的良好防护材料。

(3) 特殊用途 腐蚀条件下可使用聚合物水泥混凝土，如前苏联推荐在腐蚀介质条件下使用添加糠醇和盐酸苯胺的水泥混凝土。

用掺加聚合物的方法，可配制成无收缩的聚合物水泥混凝土。这种混凝土在一般湿度和复合硬化条件下硬化（在水中硬化数昼夜，然后在空气中硬化），膨胀变形分别为1.3mm/m及0.7mm/m。其抗折强度比同标号的密实混凝土的抗折强度大50%到一倍。抗冲击强度比普通混凝土高15%～20%，可经过300次冻融循环。此类聚合物水泥混凝土的弹性模量较普通混凝土减小约25%左右，而极限延伸率提高20%～25%。无收缩聚合物水泥混凝土具有较低的透水性、透盐性、透油性和透苯性，压力为1～2MPa时渗透系数为$(4\pm3)\times10^{-9}$cm/s。

掺加聚合物可制成高度不透气的聚合物水泥密封料。在压力达到0.7MPa时亦不透气，抗压强度为19～20.2MPa，放置一个月后抗压强度为17.6～18.2MPa；经过60次冻融循环后轻度没有明显降低。此类混凝土由铝酸盐水泥、砂、石灰及水溶性苯酚甲醛聚合物组成，用量比1∶3∶0.15∶1。这种混凝土已用于煤气管道的接头防护。

在气候特别严寒的地区，可用聚合物制成抗冻性能良好的抗冰冻聚合物水泥混凝土。

用聚合物制成的聚合物水泥混凝土铁道枕木具有特别好的耐久性。

特殊的聚合物水泥适用于保护铁丝网水泥结构中的铁丝网。用聚乙烯醇缩丁醛和普通硅酸盐水泥的混合物于静电场中敷于钢丝网上，涂层中水泥含量应为40%以上，以保证最大的密度，钢丝网表面涂层厚度为60～70μm。裂纹张开程度达0.1mm以上时，涂层厚度可增至100μm。

通过掺加聚合物可消除混凝土的分层离析现象，保证混凝土浆体的质量。掺加的聚合物外加剂不影响混凝土的硬化及硬化后的各种性质。最适用的是亲水性、非离子型，主要是极高相对分子质量（可达数百万）的聚合物。聚氧化乙烯及聚氧化丙烯、甲基及羟基纤维素、聚丙烯酰胺、聚丙烯醇即属于这类聚合物。聚氧化乙烯（相对分子质量为4×10^6）具有不大的塑化效应，实际上对强度无影响。

掺加占水泥质量0.6%的聚氧化乙烯可使水泥浆体经1小时的分层度减小20%。混凝土加入1.5kg/m^{3}的上述外加剂可使混凝土浆体（水泥用量300kg/m^3）的析水作用减小40%～50%。聚氧化乙烯外加剂也可使混凝土浆体的内摩擦减小50%，泵及管道的摩擦减少近一倍。对于喷射混凝土，掺加聚氧化乙烯可使混凝土回弹损耗减少25%～40%。聚合物水泥混凝土由于其优良的性能，其用途越来越广泛。

第 8 章 陶瓷基复合材料

8.1 概述

众所周知，现代陶瓷复合材料具有高强度、高模量、超高硬度、耐腐蚀及质量小等许多优良的性能，到陶瓷材料的致命弱点是脆性太大，严重阻碍了其作为结构材料的应用。了解纤维增强陶瓷基复合材料的增韧机制的前提是我们承认任何固体材料，在外界载荷作用环境中通过两种方式吸收能量：材料变形和形成新的表面。因而对于脆性较高的陶瓷来说，在试验过程中所允许的形变非常小，只能够通过增加断裂表面和裂纹的扩展路径来消耗能量。

8.1.1 连续纤维增强陶瓷基复合材料

连续纤维增韧陶瓷基复合材料（CMC）可以从根本上克服陶瓷脆性，是陶瓷基复合材料发展的主流方向。根据增强纤维排布方式的不同，可以分成单向排布纤维复合材料和多向排布纤维复合材料。

（1）单向排布纤维复合材料　单向排布纤维增韧陶瓷基复合材料的显著特点是它具有各向异性，即沿纤维长度方向的纵向性能要大大高于其横向性能。

在这种材料中，当裂纹扩展遇到纤维时会受阻，这样要使裂纹进一步扩展就必须提供外加应力。图 8-1 为这一过程的示意图。当外加应力进一步提高时，由于基体与纤维间界面的解离，同时又由于纤维的强度高于基体的强度，从而使纤维可以从基体中拔出。当拔出的长度达到某一临界值时，会使纤维发生断裂。因此，裂纹的扩展必须克服由于纤维的加入而产生的拔出功和纤维的断裂功，这使得材料的断裂更为困难，从而起到了增韧的作用。实际材料断裂过程中，纤维的断裂并非发生在同一裂纹平面，这样主裂纹还将沿纤维断裂位置的不同而发生裂纹转向。这也同样会使裂纹的扩展阻力增加，从而使韧性进一步提高。

（2）多向排布纤维增韧复合材料　而许多陶瓷构件则要求在二维及三维方向上均具有优良的性能，这就要进一步研究多向排布纤维增韧陶瓷基复合材料，如图 8-2 与图 8-3 所示。

二维纤维韧化机制主要包括纤维的拔出与裂纹转向机制，使其韧性及强度比基体材料大幅度提高。

三维多向编织纤维增韧陶瓷是为了满足某些情况的性能要求而设计的。这种材料最初是从宇航用三向 C/C 复合材料开始的，现已发展到三向石英/石英等陶瓷复合材料。

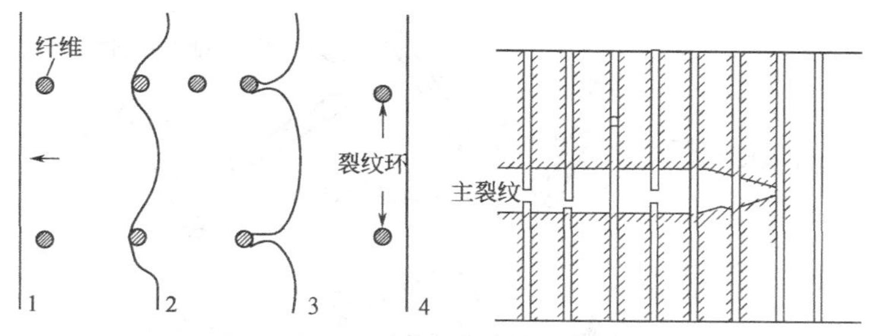

图 8-1 裂纹垂直于纤维方向扩展示意图

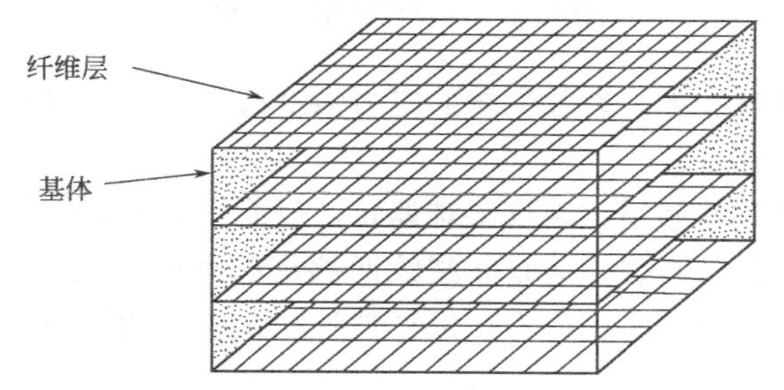

图 8-2 纤维布层压复合材料示意图

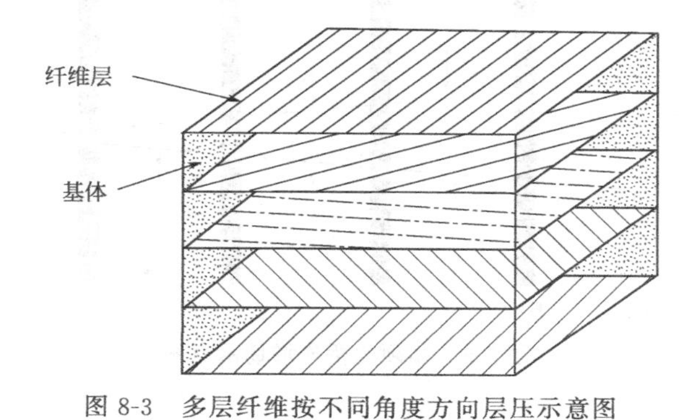

图 8-3 多层纤维按不同角度方向层压示意图

8.1.2 短纤维、晶须增韧陶瓷基复合材料

短纤维通常小于 3mm，常用的是 SiC 晶须、Si_3N_4晶须和 Al_2O_3晶须，常用的基体则为 Al_2O_3、ZrO_2、SiO_2、Si_3N_4 及莫来石等。晶须增韧效果不随温度而变化，因此，晶须增韧被认为是高温结构陶瓷复合材料的主要增韧方式。

晶须增韧陶瓷基复合材料的性能与基体和晶须的选择，晶须的含量及分布等因素有关。研究表明，复合材料的断裂韧性随晶须含量 V_f（晶须的体积含量）的增加而增大。但是，随着晶须含量的增加，由于晶须的桥连作用，使复合材料的烧结致密化困难。

晶须对陶瓷基体的强韧化机理主要是靠晶须的拔出桥连与裂纹转向机制对强度和韧性的提高产生作用，如图 8-4 所示。

裂纹偏转是指当裂纹扩展到晶须时，因晶须模量极高，裂纹被迫沿晶须偏转，裂纹只得绕过晶须，裂纹沿晶须轴向和径向进行扩展，这意味着裂纹的前行路径更长。当裂纹平面不再垂直于所受应力的轴线方向时，该应力须进一步增大，使裂纹继续扩展。裂纹偏转改变裂

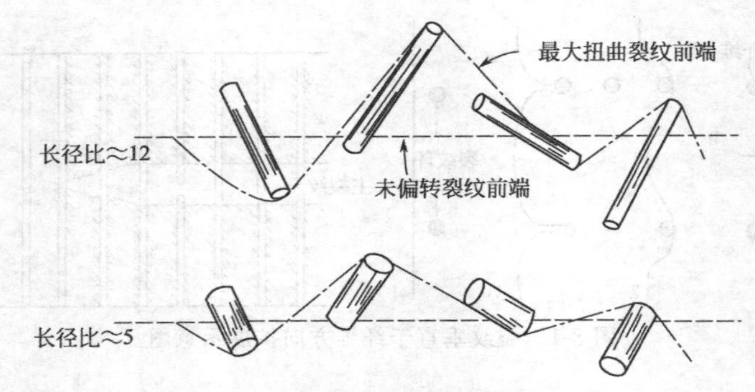

图 8-4 裂纹偏转增韧示意图

纹扩展的路径，不断吸收能量。裂纹尖端的应力强度减少，裂纹偏转角度越大，能量释放率就越低，增韧效果就越好。

对于特定位向和分布的晶须，裂纹很难偏转，只能沿着原来的扩展方向继续扩展，这时紧靠裂纹尖端处的晶须并未断裂，而是在裂纹两侧搭起小桥，使两侧连接在一起，如图 8-5 所示。这会在裂纹表面产生一个压应力，以抵消外加拉应力的作用，从而使裂纹难以进一步扩展，起到增韧的作用。

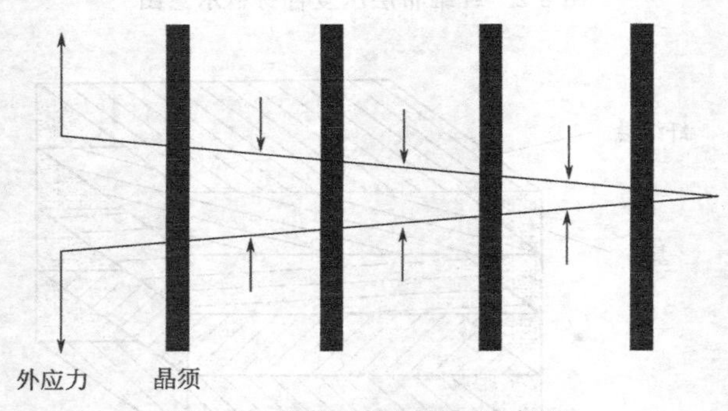

图 8-5 晶须的桥连增韧示意图

8.1.3 颗粒增韧

用颗粒作为增韧剂，制备颗粒增韧陶瓷基复合材料，其原料的均匀分散及烧结致密化都比短纤维及晶须复合材料简便易行。因此，尽管颗粒的增韧效果不如晶须与纤维，但如颗粒种类、粒径、含量及基体材料选择得当，仍有一定的韧化效果，同时会带来高温强度、高温蠕变性能的改善。所以，颗粒增韧陶瓷基复合材料同样受到重视，并开展了有效的研究工作。

从增韧机理上分，颗粒增韧分为非相变第二相颗粒增韧、延性颗粒增韧、纳米颗粒增韧。非相变第二相颗粒增韧主要是通过添加颗粒使基体和颗粒间产生弹性模量和热膨胀失配来达到强化和增韧的目的。此外。基体和第二相颗粒的界面在很大程度上决定了增韧机制和强化效果。目前使用的较多的是氮化物和碳化物等颗粒。延性颗粒增韧是在脆性陶瓷基体中加入第二相延性颗粒来提高陶瓷的韧性，一般加入金属粒子。金属粒子作为延性第二相引入陶瓷基体内，不仅改善了陶瓷的烧结性能，而且可以以多种方式阻碍陶瓷中裂纹的扩展，如裂纹的钝化、偏转、钉扎及金属粒子的拔出等，使得复合材料的抗弯强度和断裂韧性得以提高。

8.2 陶瓷基复合材料的成型加工技术

8.2.1 简介

纤维增强陶瓷基复合材料的制备方法十分关键，它影响着复合材料本身的完整性和分布状态，同时影响着纤维的体积分数、气孔的含量和分布状态、基体的致密度和均匀性等。而传统陶瓷制备方法限制了这些性能的提高，不能够满足现代科学领域的需求，为此新的纤维增强陶瓷基复合材料的制备方法在近些年的研究中不断涌现出来。

8.2.2 连续纤维增强陶瓷基复合材料的制备与加工

连续纤维增韧陶瓷基复合材料（CMC）可以从根本上克服陶瓷脆性，它是陶瓷基复合材料发展的主流方向。用于陶瓷基复合材料的增韧纤维需要具有较高的耐热性、化学稳定性和良好的机械属性。目前，最常见的陶瓷基复合材料增韧纤维有：碳纤维，氧化铝纤维和碳化硅纤维。主要包括：溶胶-凝胶法、浆料浸渍-热压法、先驱体转化法和化学气相渗透法等。下面将依次介绍这几种方法。

（1）溶胶-凝胶法（Sol-Gel）　溶胶-凝胶法制造复合材料的过程包括用溶胶浸渍纤维增强体骨架，然后水解、缩聚，形成凝胶，凝胶经干燥和热解后形成复合材料。此法具体工艺流程如图 8-6 所示。这种方法的优点主要体现在两个方面：一是制造过程中对纤维的机械损伤小；二是制得的复合材料质地均匀。这主要是由于溶胶中不含有颗粒，能够均匀地渗透于增强体的空隙中，充分浸润增强纤维；而且此方法热解的温度一般都控制在 1400℃ 以下，减少了高温环境对纤维性能造成的损伤。

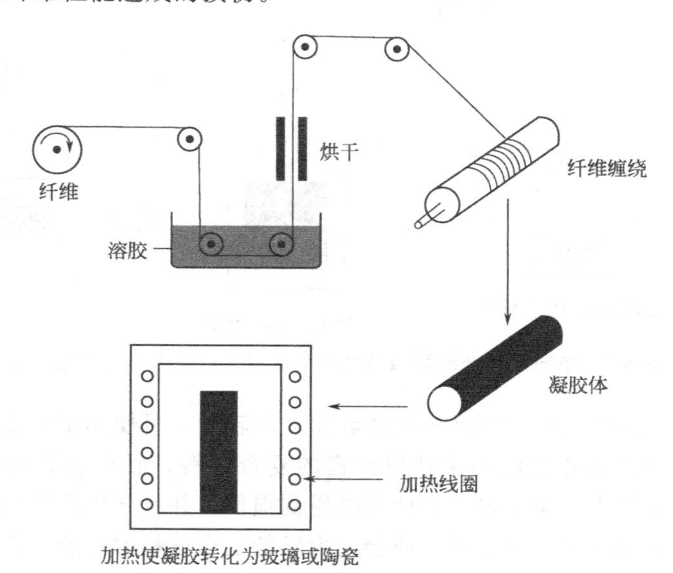

图 8-6　溶胶-凝胶法制备陶瓷基复合材料的流程图

近年来的研究中，将溶胶-凝胶法和浆料浸渍法结合起来制造多相陶瓷基体。用溶胶法可以在较低的温度下实现陶瓷基体的致密化，同时浆料法中颗粒的加入又防止了致密化过程中材料的体积收缩，从而进一步降低了基体的孔隙率。然而，这种方法的缺点在于醇盐的转化效率低从而导致致密化效率较低，需要多次浸渍才会完成致密化，同时这种方法只能用于制备氧化物陶瓷基体。

(2) 浆料浸渍-热压法　浆料浸渍-热压法可以制备纤维增强玻璃和低熔点陶瓷基复合材料，诸多以玻璃相为基体的复合材料已经被开发出来。LAS（$Li_2O \cdot Al_2O_3 \cdot SiO_2$）、MAS（$MgO \cdot Al_2O_3 \cdot SiO_2$）、BAS（$BaO \cdot Al_2O_3 \cdot SiO_2$）系玻璃陶瓷与 SiC 纤维具有很好的化学及物理相容性，采用这种方法成功地制备出了 SiC_f/LAS、SiC_f/BAS，另外 C_f/BAS、C_f/LAS 也有见报道。

如图 8-7 所示，连续纤维增强陶瓷基复合材料的工艺主要包括以下几步。

① 纤维浸渍：连续纤维束浸渍浆料，浆料由陶瓷粉末、溶剂和有机黏结剂组成；

② 无纬布制备：将浸有浆料的纤维缠绕在轮毂上，经烘干制成无纬布；

③ 无纬布切割：将无纬布切割成一定尺寸，层叠在一起；

④ 脱黏结剂：经 500℃高温处理，黏结剂挥发、逸出；

⑤ 热压烧结：按预定规律（即热压制度）升温和加压，在高温作用下将发生基体颗粒重排、烧结和在外压作用下的黏性流动等过程，最终获得致密化的复合材料。

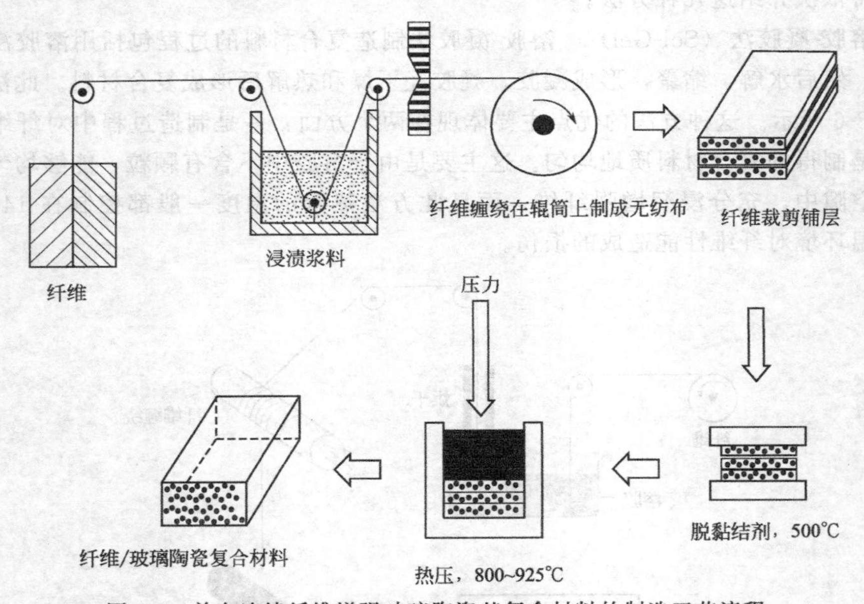

图 8-7　单向连续纤维增强玻璃陶瓷基复合材料的制造工艺流程

浆料浸渍热压法的优点可以概括为基体软化温度较低，可使热压温度接近或低于陶瓷软化温度，从而利用陶瓷的黏性流动来获得致密的复合材料。而它的缺点包括：为了熔解陶瓷，烧结过程中流动性大，烧结温度会使纤维受到损伤，并且导致纤维与基体之间发生化学反应，在这种高温状态下产生的额外反应会大大降低复合材料的性能。因此这种方法应避免应用于高熔点陶瓷材料中，而更适合低熔点的陶瓷基复合材料和玻璃材料。

(3) 先驱体转化法　先驱体转化法又称聚合物浸渍裂解法（Polymer Infiltration Pyrolysis，PIP）制备陶瓷基复合材料是 20 世纪 70～80 年代发展起来的新工艺和新技术。其基本原理是：合成先驱体聚合物，将纤维预制体在先驱体溶液中浸渍，在特定温度和环境中固化，然后在一定的温度和气氛下裂解和转化为无机陶瓷基体，再经反复浸渍裂解来达到致密化效果。

最为常用的几类陶瓷先驱体是聚硅烷（Polysilane，PS）、聚硅氧烷（Polysiloxane，PSO）、聚碳硅烷（Polycarbonsilane，PCS）、聚硅氮烷（Polysilazane，PSZ），它们都已经商品化。它们裂解后可得到 Si—C、Si—O、Si—N、Si—C—O、Si—C—N、Si—N—O 陶瓷。陈朝辉等以二维碳纤维布、硅树脂先驱体、SiC 微粉和乙醇溶剂为原料，采用 PIP 工艺制备了 2D C_f/Si—O—C 材料。工艺流程如图 8-8 所示，将 SiC 微粉、先驱体硅树脂和乙醇溶剂及添加剂等混合均匀制成浆料，将碳布裁剪成一定形状，铺入模具中，均匀、适量地涂刷浆料，然后模压成素坯，交联后裂解，脱模得到碳布层压板粗坯。由于浆料中含有先驱体，常压裂解后材料的孔隙率很高，因此必须经过反复的先驱体（SR/ethanol）浸渍-交联-裂解过程来使粗坯致密化，制得致密的 2D C_f/Si—O—C 复合材料。

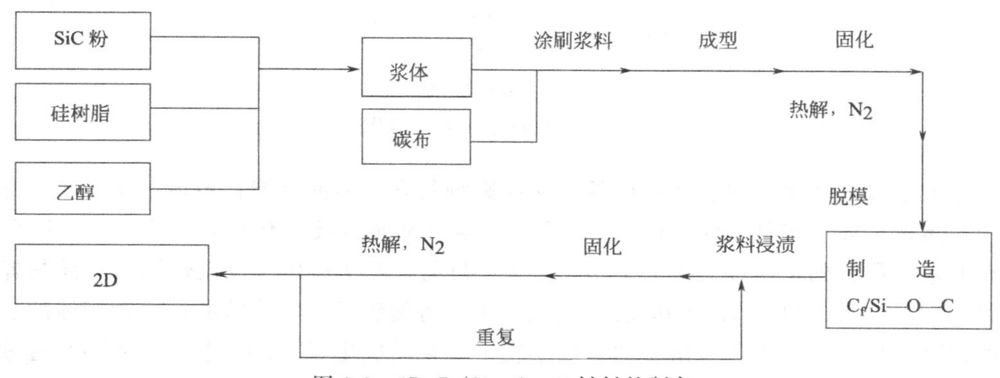

图 8-8 2D C_f/Si—O—C 材料的制备

先驱体转化法可以对先驱体进行分子设计，制备所期望的单相或多相陶瓷基体，但同时基体密度在裂解前后相差很大，致使基体的体积收缩很大（可达 50%～70%）。这种方法能得到组成均匀的单向或多相陶瓷基体，具有更高的陶瓷转化率；预制件中没有基体粉末，防止纤维受到额外的机械损伤，但陶瓷基复合材料制品孔隙率较高，致密化周期较长。此外，这种方法还有裂解温度较低，无压烧成，可减轻纤维与基体间的化学反应的特点。

（4）化学气相法　化学气相法主要包括化学气相沉积法（CVD）和化学气相渗透法（Chemical Vapor Impregnation，CVI），如图 8-9 所示。化学气相沉积法是指通过一些反应性混合气体在高温状态下反应，分解出陶瓷材料并沉积在各种增强材料上形成陶瓷基复合材料的方法。CVD 法生产周期长、效率低、成本高；坯件的间隙在沉积过程中容易堵塞或形成闭孔，即使提高压力，源气也无法通入，难以制造高致密度复合材料。

化学气相渗透法是在 CVD 法基础上发展起来的，它是一种最常用的制备纤维增强陶瓷基复合材料的方法。CVI 法是将纤维预制体置于密闭的反应室内，采用气相渗透的方法，使气相物质在加热的纤维表面或附近产生化学反应，并在纤维预制体中沉积，从而形成致密的复合材料。

化学气相渗透法的主要优点是：①由于在远低于基体熔点的温度下制备材料，避免了纤维与基体间的高温化学反应，制备过程中对纤维损伤小，材料内部的残余应力小。②通过改变工艺条件，能制备多种陶瓷材料，有利于材料的优化设计和多功能化。③能制备形状复杂、近净尺寸和纤维体积分数大的复合材料。主要缺点是：生产周期长，设备复杂，制备成

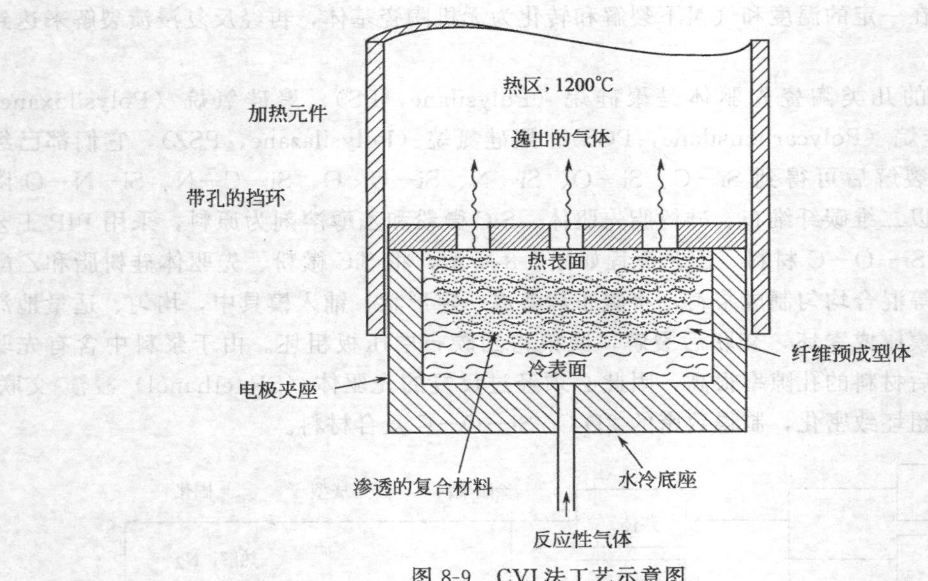

图 8-9 CVI 法工艺示意图

本高；制成品孔隙率大，材料致密度低，从而影响复合材料的性能；不适于制备厚壁部件。

（5）熔融金属直接氧化法（Lanxide 法） 熔融金属直接氧化法是美国 Lanxide 公司首先提出并进行研究的，所以又称为 Lanxide 法。目前，此法适用于以氧化铝为基体陶瓷基复合材料，如 SiC_f/Al_2O_3。Lanxide 法工艺原理为：将编织成一定形状的纤维预制体的底部与熔融的铝合金接触，在空气中熔融的金属铝发生氧化反应生成 Al_2O_3 基体。Al_2O_3 通过纤维坯体中的空隙由毛细管作用向上生长，最终坯体中的所有空隙被 Al_2O_3 填满，制成致密的连续纤维增强陶瓷基复合材料（CFCC）。熔融金属直接氧化法制造 CFCC 示意图如图 8-10 所示。

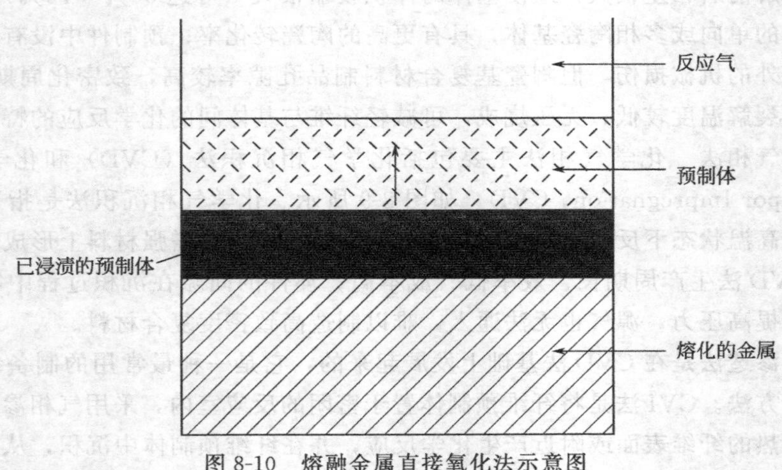

图 8-10 熔融金属直接氧化法示意图

直接氧化法工艺优点是：对增强体几乎无损伤，所制得的陶瓷基复合材料中纤维分布均匀；在制备过程中不存在收缩，因而复合材料制件的尺寸精确；工艺简单，生产效率较高，成本低，所制备的复合材料具有高比强度、良好韧性及耐高温等特性。

8.2.3 晶须或颗粒增强陶瓷基复合材料的制备与加工

晶须或颗粒增强陶瓷基复合材料的制备工艺比连续长纤维复合材料简便得多，所用设备也不太复杂。与陶瓷材料相似，晶须或颗粒增韧陶瓷基复合材料的制造工艺也可大致分为配料、成型、烧结、精加工等几个步骤，这一过程看似简单，实则包含着相当复杂的内容。

（1）配料　粉体的性能直接影响陶瓷的性能，制备高纯、超细、组分均匀分布、无团聚的粉体是获得优良陶瓷基复合材料的关键的第一步。

粉体制备方法包括机械法和化学法。机械法最常用的是球磨和搅拌振动磨。化学法可分为固相法、液相法和气相法三种。液相法是目前工业上和实验室中广泛采用的方法，主要用于氧化物系列超细粉末的合成。气相法多用于制备超细、高纯的非氧化物陶瓷材料。

（2）成型　成型是获得高性能陶瓷基复合材料的关键之一。有多种成型方法：干法、等静压、挤压、轧制、注浆、注射、胶态成型等。陶瓷基复合材料的成型不仅需要考虑陶瓷粉体的物理性质（如颗粒大小、尺寸分布、成型应力及颗粒团聚等），还要考虑到材料混合中的化学行为（如流变学、表面化学、胶体化学等）。

干法成型是将干燥的粉料装入模具，加压后即可成型。通常包括干压法和冷等静压法。干压法采用金属模具，具有装置简单、成型成本低廉的优点，但它的加压方向是单向的，粉末间传递压力不太均匀，故易造成烧成后的生坯变形或开裂，只适用于形状比较简单的制件。冷等静压法是利用流体静压力从各个方向均匀加压于橡皮模具内粉体而成型，因此不会发生生坯密度不均匀的问题，适合于批量生产。

胶态成型工艺（Gel-casting）是由美国橡树岭国家重点实验室于20世纪90年代初发明的陶瓷材料湿法成型技术，是一种接近净尺寸成型技术。该技术由于工艺简单、含脂量低，制备的坯体均匀、强度高而具有可机械加工、加工量小等诸多优点，得到广泛关注。

（3）烧结　从生坯中除去黏合剂组分后的陶瓷素坯在适当的温度和气氛条件下，烧固成致密制品的过程叫烧结。为了烧结，必须有专门的窑炉。

（4）精加工　由于高精度制品的需求不断增多，因此在烧结后的许多制品还需进行精加工。精加工的目的是为了提高烧成品的尺寸精度和表面平滑性，前者主要用金刚石砂轮进行磨削加工，后者则用磨料进行研磨加工。

在实际磨削操作时，除选用砂轮外，还需确定砂轮的速度、切削量、给进量等各种磨削条件，才能获得好的结果。

陶瓷的制备质量与其制备工艺有很大的关系。在实验室规模下能够稳定重复制造的材料，在扩大的生产规模下常常难以重现。在生产规模下可能重复再现的陶瓷材料，常常在原材料波动和工艺装备有所变化的条件下难以实现。这是陶瓷制备中的关键问题之一。

先进陶瓷制品的一致性，则是它能否大规模推广应用的最关键问题之一。现今的先进陶瓷制备技术可以做到成批地生产出性能很好的产品，但却不容易保证所有制品的品质一致。

8.3 陶瓷基复合材料的应用

陶瓷基复合材料已实用化或即将实用的领域包括：刀具、滑动构件、航空航天构件、发动机制件、能源构件等。

在纤维增强陶瓷基复合材料中，利用CVI法制备的C_f/SiC、SiC_f/SiC复合材料的主要应用目标是高温氧化环境下的部件，例如涡轮叶片、火箭发动机喷管等。利用先驱体转化-热压烧结法制备的 C_f/SiC 复合材料主要用于航空航天发动机构件和原子反应堆等领域。法国用 C_f/SiC、SiC_f/SiC 复合材料制成的喷嘴和尾气调节片已经用于“幻影”-2000 战斗机的 M53 发动机和狂飙 Raffle1 战斗机的 M88 航空发动机上。

结构陶瓷材料中，SiC_w/Si_3N_4 是最为看好的结构材料体系。利用其耐高温、耐磨损性能，在陶瓷发动机中可用作燃气轮机的转子、定子；无水冷陶瓷发动机中的活塞顶和燃烧器；柴油机的火花塞、活塞罩、气缸套等的材料。利用它的抗热震性、耐腐蚀、摩擦系数低、热膨胀系数小等特点，在冶金和热加工中广泛用于测温热电偶套管、铸模、坩埚、烧舟、马弗炉炉膛、燃烧嘴、发热体夹具、炼铝炉炉衬、铝液导管、铝包内衬、铝电解槽衬里、热辐射管、传送辊、高温鼓风机零部件和阀门等。利用它的耐腐蚀、耐磨损、良导热等特点，在化工工业上用于球阀、密封环、过滤器和热交换器部件等。而 SiC_w/Al_2O_3 作为结构材料也具有广阔的应用前景，如作磨料、磨具、刀具和造纸工业用的刮刀；耐磨的球阀、轴承以及内燃机的喷嘴、缸套、抽油阀门和各种内衬等。

颗粒增强陶瓷基复合材料主要用作高温材料和超硬高强材料。在高温领域可用作陶瓷发动机中燃气轮机的转子、定子和蜗形管、无水冷陶瓷发动机中的活塞顶盖，也可制作燃烧器、柴油机的火花塞、活塞罩、气缸套、副燃烧室以及活塞-涡轮组合式航空发动机的零件等。在超硬、高强材料方面，SiC_p/Si_3N_4 复合材料已用来制作陶瓷刀具、轴承滚珠、工模具、柱塞泵等。

第9章 复合材料实验

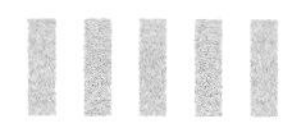

实验1 通用热固性树脂基本性能测试

实验1-1 环氧树脂的环氧值测定

一、实验目的

掌握分析环氧树脂环氧值的方法。

二、实验原理

环氧值 E 定义为100g环氧树脂中环氧基团物质的量（摩尔数）。

基于0.1mol高氯酸标准滴定液与溴化四乙铵作用所生成的初生态溴化氢同环氧基的反应，使用结晶紫作指示剂，或对于深色产物使用电位滴定法测定终点。其化学反应方程式为：

$$(C_2H_5)_4NBr + HClO_4 \longrightarrow (C_2H_5)_4NClO_4 + HBr$$

$$-\underset{\diagdown O \diagup}{HC-\!\!-CH_2} + HBr \longrightarrow -\underset{\displaystyle OH}{\underset{|}{CH}}-CH_2-Br$$

一旦高氯酸过量则HBr过量。由空白实验与试样所耗高氯酸的差值计算样品的环氧值。该方法的缺点是不适用于含氮元素的环氧树脂。

三、实验仪器和设备

分析天平、滴定管等及必要的分析纯化学试剂。

四、实验步骤

1. 取100mL冰乙酸与0.1g结晶紫溶解后作为滴定指示剂。

2. 取8.5mL70%高氯酸水溶液加入1000mL的容量瓶中，在加入300mL冰乙酸，摇匀后再加20mL乙酸酐，最后以冰乙酸冲稀到刻度。

3. 标定高氯酸溶液。称 m 克邻苯二甲酸氢钾（相对分子质量204.22），用冰乙酸溶解，再用 V 毫升高氯酸溶液滴定至显绿色终点，高氯酸浓度（mol/L）为：

$$N=\frac{1000m}{V\times 204.22} \tag{9-1}$$

4. 取100g溴化四乙铵溶于400mL冰乙酸中，加几滴结晶紫指示剂于其中。

5. 称取环氧树脂0.5g左右（精确至0.2mg）放入烧瓶中，加入10mL三氯甲烷溶解，加入20mL冰乙酸，再用移液管移10mL溴化四乙铵溶液，立即用已标定了的高氯酸溶液滴定，由紫色变为稳定绿色为滴定终点。记下所耗毫升数 V_1 和温度 t。

6. 同时并行取 10mL 三氯甲烷、20mL 冰乙酸以及用移液管移 10mL 溴化四乙铵溶液放入烧瓶中，立即用高氯酸滴定，同样由紫色变成稳定绿色为滴定终点。记录所耗毫升数 V_0（空白实验）。

7. 环氧值按下式计算：

$$E=\frac{(V_1-V_0)N}{10m} \tag{9-2}$$

式中，m 为环氧树脂质量，g；N 为高氯酸标准溶液浓度，mol/L；V_1、V_0 为试样和空白实验所耗高氯酸体积，mL。

8. 注意所用环氧树脂应不含氮元素。

五、思考题

1. 对上述两个环氧值的定义进行分析，并试述你自己认为的较为准确的环氧值定义。

2. 在国标中规定标定高氯酸溶液浓度时的温度应与实验时滴定时的温度相同，如有差别就要予以校正，按误差理论分析，用肉眼判断滴定管的毫升数时的精度是 0.1mL，那么上述两温度相差几度以上就一定要校正（高氯酸的体积膨胀系数是 $1.23\times10^{-4}℃^{-1}$）？

实验 1-2　不饱和聚酯树脂酸值测定

一、实验目的

掌握不饱和聚酯树脂酸值测定方法。

二、实验原理

酸值定义为中和 1g 不饱和聚酯树脂试样所需要 KOH 的毫克数。它是不饱和聚酯树脂的一个重要参数，表征树脂中游离羟基的含量或合成不饱和聚酯树脂时聚合反应进行的程度。

三、实验仪器及设备

分析天平、滴定管及分析纯化学试剂。

四、实验步骤

1. 取 1g 酚酞与 99g 乙醇混合配成滴定终点指示剂。

2. 取甲苯和乙醇以体积比 1∶1 配成混合溶剂。

3. 称取 5.6g KOH 试剂溶于约 1000mL 蒸馏水中，然后称取 0.1g（精确到 0.2mg）左右的邻苯二甲酸氢钾标定准确的 KOH 溶液的浓度（mol/L），以酚酞溶液作指示剂，粉红色 15s 不褪为终点。

4. 取适量（1～2g）不饱和聚酯树脂于 250mL 锥形瓶中，分别用 20mL 移液管取混合溶剂注入树脂试样瓶中和空白锥形瓶中，摇动使树脂完全溶解。

5. 分别各取数滴酚酞指示剂，并用 KOH 溶液分别滴定，以 15s 粉红色不褪为终点，分别记录所耗 KOH 溶液的毫升数 V 和 V_0。

6. 按下式计算酸值：

$$\text{酸值}=\frac{56.1\times(V-V_0)N}{m} \tag{9-3}$$

式中，m 为树脂试样的质量，g；V 为试样所耗 KOH 的量，mL；V_0 为空白实验所耗 KOH 的量，mL；N 为 KOH 标准溶液的浓度，mol/L；56.1 为 KOH 的相对分子质量。

该测定酸值的方法在合成不饱和聚酯和饱和聚酯时可以作为监控反应程度的一种方法。在掺入苯乙烯交联剂后的不饱和聚酯树脂产品的酸值测定时也适用。

实验1-3 酚醛树脂凝胶、挥发分、树脂含量和固体含量测定

一、实验目的

掌握对酚醛树脂几个重要技术参数的测定方法，证实酚醛树脂由B阶向C阶段过渡时放出小分子的事实。

二、实验原理

酚醛树脂由于苯酚上羟甲基（$—CH_2OH$）的作用，它的固化与环氧树脂和不饱和聚酯树脂不同，在加热固化过程中两个$—CH_2OH$作用将会脱下一个H_2O和甲醛（CH_2O），甲醛又会马上与树脂中苯环上的活性点反应生成一个新的$—CH_2OH$。这个过程的快慢和放出水分子的本质，将需要用实验证实，从而帮助学生理解树脂含量和固体含量的不同含义。

三、实验仪器和设备

分析天平、可调电炉、聚速板、秒表、称量瓶或坩埚等。

四、实验步骤

1. 将聚速板置于可调电炉上加热，插入一支温度计，调至（150±1)℃且恒定，迅速取A阶酚醛树脂的乙醇溶液1～1.5g放入聚速板中央的凹坑处，同时用秒表计时并开始用玻璃棒摊平和不断搅动，树脂逐渐变成黏稠起丝，直至起丝挑起即断时为终点，停止秒表，记录此时间，即为该树脂样品的150℃条件下的凝胶时间，以秒数表示。重复操作三次，同一树脂每次相差不应大于5s，取其平均值。

2. 取一已恒重的称量瓶或坩埚，称量为m_1。取1g左右的A阶酚醛树脂溶液于称量瓶中，称量总重为m_2，然后将它放入（80±2)℃的恒温烘箱中处理60min，取出放入干燥器中冷却至室温，称量为m_3，则树脂含量R_c是指挥发溶剂后测出的溶液中树脂的百分比，即

$$R_c=\frac{m_3-m_1}{m_2-m_1}\times 100\% \quad (9\text{-}4)$$

3. 将称量为m_3的试样再放入（160±2)℃恒温烘箱中处理60min，取出在干燥器中冷却至室温后称量为m_4，则固体含量S_c是指A阶树脂进入C阶后树脂的百分比，即

$$S_c=\frac{m_4-m_1}{m_2-m_1}\times 100\% \quad (9\text{-}5)$$

挥发分V_c就是指B阶树脂进入C阶段树脂过程中放出的水和其他可挥发的成分所占B阶树脂的百分比，即

$$V_c=\frac{m_3-m_4}{m_3-m_1}\times 100\% \quad (9\text{-}6)$$

高温固化绝对脱水量（m_3-m_4）和溶剂量（m_2-m_3）与树脂溶液总量（m_2-m_1）之比称为总挥发量F_c：

$$F_c=\frac{m_2-m_4}{m_2-m_1}\times 100\% \quad (9\text{-}7)$$

由此，V_c与F_c的区别是显而易见的。

五、思考题

1. 酚醛树脂凝胶时间测定中取树脂溶液的量多量少是否影响测量准确性？为什么？

2. 酚醛树脂与环氧树脂在固化过程中的差别可以了解为什么模压酚醛树脂模塑料（预浸料）时要中途放气1～3次的原因，也能了解不同著作中所指树脂挥发分的物理意义。

实验1-4 环氧树脂热固化制度的制定方法实验

一、实验目的

进一步了解树脂高温热固化的机理，掌握对环氧树脂配方进行固化时制定升温固化制度的方法。学会使用差热分析仪和示差扫描量热仪，并掌握实验结果分析的基本方法。

二、实验内容

1. 选定一个较高温度才能固化的环氧树脂配方；

2. 用差热分析仪（DTA）或示差扫描量热仪（DSC）对选定的树脂配方进行热分析，得到热分析曲线；

3. 根据热分析曲线进行分析判断，提出该树脂配方比较合理的热固化制度。

三、实验原理

欲比较每一种环氧树脂配方的优劣，一定要使它的试样达到一定的固化度，否则就无法进行比较。如何检测它的固化度和怎样采用较合理的固化制度使树脂真正达到指定固化度一直是复合材料研究中的两个主要问题：第一个问题是在其他实验中训练；第二个问题就是本次实验中的主要训练内容。

环氧树脂在固化时不论是亲核试剂还是亲电子试剂作固化剂，其交联反应都发生放热现象，因此采用热分析仪将试样与惰性参比物在加热升温条件进行比较，就可以得到两者之间的差别，从该差别中可以分析出试样树脂在加热条件下交联反应的进程和反应动力学信息，由此制定出该树脂配方热交联固化时加热升温的基本程序。这个加热升温程序常被称为树脂的热固化制度。不同固化制度下的树脂固化度不同。

DTA和DSC曲线相似而又有本质差别，但都能指示三个重要的温度，即开始发生明显交联反应的温度T_i、交联反应放热（或吸热）的峰值温度T_p和反应终止的温度T_f。通常，环氧树脂与固化剂一经混合接触就开始缓慢地发生交联反应，只是常温下反应很慢不易为仪器感知，一旦仪器感知就表示发生了“明显”的交联反应。“明显”二字具有相对性。曲线顶峰温度T_p是仪器炉散热、加热、反应热效应综合反映的一个量，但可以被认为是交联反应放热最多的那一时刻。随着时间推移，试样反应热逐渐减少，系统的温度又趋于参比物，T_f点则被认定该试样的固化交联完成的标志。由此我们不难作出如下判断。

1. 要想使该环氧树脂配方交联固化，其固化温度一定要高于T_i，否则它不交联或交联太慢；

2. 为了不使该树脂系统交联反应很激烈，不好控制，选择的固化温度不宜开始就高于T_p；

3. 到了T_f以后，再拖延固化时间已不可能提高该树脂体系的固化程度。

在实际生产和科研中，对环氧树脂进行固化并不是总处在等速升温的环境中，而是在某一温度下保温一段时间。最典型的一个固化制度如图9-1所示。

图中$T_p > T_1 > T_i$，$T_2 = T_p$。通常T_2保温区持续时间的长短，可以适当调节树脂的固化度。但是，影响固化的因素很多，如试件大小、形状、材料厚薄、加热方式等。这个实验

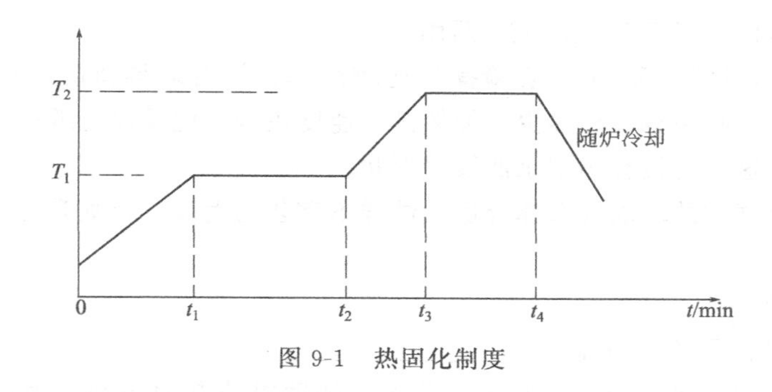

图 9-1 热固化制度

仪提供一个选择固化温度的方法，它的可靠性是已得到公认的。

四、实验仪器

差热分析仪（DTA）或示差扫描量热仪（DSC）、分析天平。

差热分析仪由七部分组成：加热炉、炉中样品和参照物支持器、低能级直流放大器、温度检测器、炉温控制仪和气氛供控系统。参照物和试样由同一套加热系统加热，于是就认定如无反应热效应或热物理效应，则参照物和试样的温度一样，它们之间的温差 $\Delta T=0$。一旦试样有热效应（熔化、挥发、分解、反应热等），则温差 $\Delta T\neq 0$ 时。记录仪的两支笔分别记录参照物和试样的温度，$\Delta T=0$ 时，两记录线几乎重合；$\Delta T\neq 0$ 时，则明显分开。

由于 DTA 受室内和炉内环境、温度、操作条件等因素影响，只能定性判断，定量性不好，由此发展了更准确的热分析仪 DSC。

示差扫描量热仪（DSC）与 DTA 相比有如下几点差别：一是参照物和试样分别加热，分别控制和补偿（如图 9-2）；二是增加补偿加热器和补偿功率放大器；三是记录的曲线不是 T-t 曲线，而是热变化率 $\mathrm{d}H/\mathrm{d}t$ 对温度或时间的曲线。该仪器工作原理比 DTA 仪更复杂一些。当试样有放热效应时其温度就将高于参比物，而仪器系统不允许两者有温度差，则马上由示差热电偶产生一个温差电势，经放大送入功率补偿放大器，自动调节各自的补偿加热电流，试样的加热功率下降，参照物的加热功率上升。于是试样放热速率等于试样与参照物补偿功率之差。虽然试样的放热速率不能直接测量，但试样与参照物补偿功率之差可以记录。这样，虽然 DTA 和 DSC 曲线相似，但物理含义不同。DSC 曲线是反映放热速率与温度 T（或时间 t）的关系，其曲线之间包络的面积就是放出的总热量。所以 DSC 可以用来测定反应热和反应活化能。

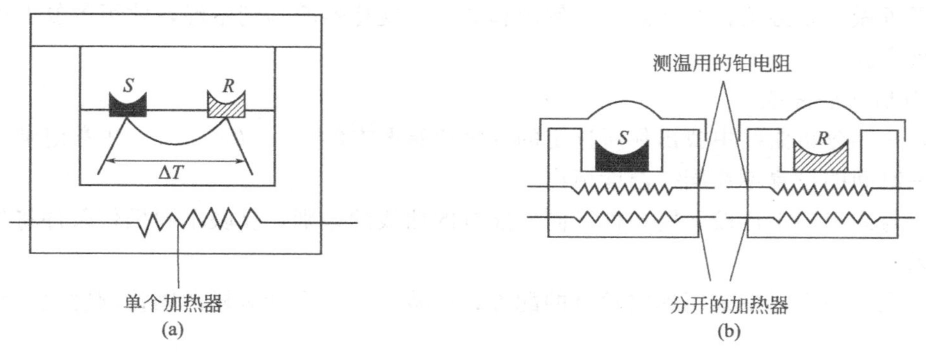

图 9-2 （a）DTA 和（b）DSC 加热原理示意图

S—试样；R—参比物

国产的热分析仪可以 DTA 和 DSC 两用。

值得一提的是，DTA 和 DSC 实验操作比较简单，但要取得精确的结果却不容易。因此，学生在实验中务必注意试样多少、加热升温速度快慢、记录仪走纸速度快慢、通氮气的流速大小等，因为这些直接影响记录曲线的形状。

注意事项：装试样的坩埚要选择合适，试样不宜装的太满，否则升温时树脂溢出毁坏样品支撑杆。

五、实验步骤

1. 选择环氧树脂配方及其配制

环氧树脂配方的主要组分是树脂和固化剂，辅助组分有增韧剂、固化促进剂、阻燃剂等。为了实验成功，最好不要选择室温固化剂，也不要选择 200℃以上交联反应的固化剂。

(1) 称取环氧树脂 E-51 若干克。

(2) 按环氧值计算所选固化剂的用量，称取固化剂。

(3) 在容器中混合均匀，待用。

(4) 检查一下所需组分是否都按比例称取并与树脂混合均匀。要防止图省事随意挑一点环氧树脂和固化剂在一张硬纸上或玻璃上混合几下了事，否则得不到好的实验结果，也无法检查原因。

2. 做热分析实验

根据实验室仪器状况，做 DTA 或 DSC 均可。

(1) 打开加热炉，准备放入试样和参比物，同时对仪器接通电源预热 30min。

(2) 用尖镊子将作为参比物的小坩埚放入炉中的参比物支持器中。

(3) 称取按配方配好的环氧树脂 10～20mg（精确到 0.2mg），并装入坩埚中（常用的方法是先称坩埚，加物料后再称量），用尖镊子将其小心放入炉中试样支持器上。注意 DTA 和 DSC 支持器不同（国产仪器可以两用），一定要按要求选定参比物和试样的支持器（又名支撑竿）。

(4) 关好加热炉，注意不要碰坏支持器。

(5) 用电脑设计程序、输入样品名称、操作者姓名、升温速度、实验温度范围、试样质量等参数，同时按一定流速通氮气。

(6) 一切都准备就绪后，就可以按动电脑上的启动键，开始做实验了。

实验进行到 T_f 之后终止，停止加热。

如需重做，则必须打开加热炉，使炉和炉中的支持器冷却到室温，才可重复上述操作要点重做该实验。

3. 分析实验曲线

(1) 从热分析曲线中找出你所选定的环氧树脂配方的 T_i、T_P、T_f。注意记录仪的两支笔在同一时间的位置不在同一温度标出。

(2) 与同组同学比较不同条件下同一配方的曲线的差别，反映不同操作条件将如何影响实验结果。

(3) 假如在实际中采用你实验过的配方，你将制定一个什么样的固化制度呢？详细说明其理由。

(4) 如有可能，以不同的试样的量在相同条件下操作，估计交联反应从 T_i 到 T_f 所持续的时间长短与试样质量多少的关系。

（5）如做的是DSC曲线，从曲线上计算交联反应热，以焦耳/克为单位表示。

$$\int_{t_1}^{t_2} \Delta\omega \, \mathrm{d}t = \int_{T_i}^{T_f} \mathrm{d}H \tag{9-8}$$

六、思考题

1. 参比物与试样的质量数是否需要一致？

2. 列表比较DTA曲线和DSC曲线所提供的信息的差别。由此涉及用DSC仪还可以分析树脂的哪些性能？

实验1-5 树脂浇铸体制作及其巴科尔硬度测试

一、实验目的

1. 掌握树脂浇铸体工艺技术要点；

2. 学会清除热应力方法的操作要点；

3. 掌握巴科尔（Barcol）硬度计的使用方法。

二、实验内容

1. 选择适合于浇铸的树脂配方，并进行树脂浇铸、固化；

2. 对树脂浇铸体试样进行热应力清除；

3. 用巴科尔硬度计检测树脂浇铸体的固化情况，比较热应力清除前后巴氏硬度的变化。

三、实验原理

以聚合物为基体的复合材料制品在设计时基体的性能数据通常用树脂浇铸体性能来代替，掌握树脂浇铸技术很有必要。

本实验的重点是学习树脂浇铸技术，包括选择合理的配方、合理的固化制度以及搅拌、真空脱泡、浇入模具等操作内容。

建议浇铸马丁耐热和热变形温度实验的试样（每种3根），其模具空腔尺寸如下。

马丁耐热试样：120mm×15mm×10mm；

热变形温度试样：120mm×10mm×15mm。

树脂浇铸体或树脂基复合材料在热固化之后由于高温交联固化反应，体积会发生微量收缩，冷却后就存在不同程度的热应力，如果这种内应力不消除，将导致所测试的某些性能存在很大误差。

四、实验仪器和设备

1. 平板浇铸模具，马丁耐热和热变形温度试样模具；

2. 巴科尔硬度计；

3. 必要的树脂和固化剂等。

五、实验步骤

1. 选择一个合理的浇铸用树脂配方并实施浇铸和固化

（1）对浇铸用树脂配方最重要的要求有两条：一是在加热过程和固化反应中不挥发或不放出可挥发的小分子；二是温度在 T_i 以下它的黏度较小，或随温度逐渐升高黏度变大缓慢。否则，得不到好的树脂浇铸体样品。

（2）提供两个参考配方

不饱和聚酯树脂配方：

组分	用量	固化制度
聚酯树脂 196#	100（质量份）	40～50℃预固化 3h 后再在 100℃固化 2h
过氧化苯甲酰糊	3（质量份）	
环烷酸钴促进剂	1.0（质量份）	

环氧树脂配方：

组分	用量	固化制度
环氧树脂－51	100（质量份）	100℃预固化 2h 后再在 160℃ 固化 2h
MNA	80（质量份）	
苄基二甲胺促进剂	1.0（质量份）	

(3) 清理模具，在配合面和模腔内表面涂上薄薄一层硅脂，一方面便于脱模；另一方面保证树脂在加热后黏度变小时不致漏流。

(4) 将称量好的树脂配方中的各组分（其中 10g 以上精确到 0.5g，促进剂精确到 0.1g）混合并用玻璃棒直立在容器中画圈搅拌均匀，防止把空气打进树脂中。静置 10min，观察树脂中的气泡上升在表面集聚的状态，如它们不自动消失就有必要在真空瓶中脱泡，即马上将试样放入真空干燥瓶中，用真空泵与上部的出口阀相连，缓慢打开阀门，使干燥瓶中的试样减压消泡。

(5) 将模具放入固化炉中，并调置模具于水平状态。

(6) 将无气泡树脂流体靠模具一边慢慢倒入模具中（不要断流，切勿带入气泡），马上检查有无漏流。如有漏流，则应倒出树脂重新清理模具，重新操作。

(7) 按固化制度升温固化。

(8) 将固化好的树脂浇铸体冷却脱模、修边或制作试样。

(9) 目测固化好的树脂浇铸体外观，并作出评价。然后用直尺侧立检查浇铸体平面看是否翘曲。有内应力它就会翘曲变形，特别是薄板或面积较大的板。

2. 消除树脂浇铸体的内应力

(1) 油浴消除内应力方法：对油的要求是材料不与其起化学反应，不吸收，不溶解，不被溶胀。加工好的试样用棉纱擦净后平稳地置于盛有油的容器中，且使试样整个地浸入油中，然后将盛有油并浸入试样的容器放入烘箱内，使箱内温度在 1h 由室温升至“处理温度”，恒温 3h 后关闭电源，随炉冷却到室温；将试样从油浴中取出用滤纸或餐巾纸将表面的油渍擦干。“处理温度”的选择很重要，建议略高于待测试样的 T_g。这是因为热固化后的树脂没有软化点，但仍然有玻璃化转变区和 T_g。

(2) 空气浴消除内应力方法：将加工好的试样用棉纱擦净后平整地码在一平铝板上，然后将铝板托起平稳地放入烘箱内，箱内温度 1h 内从室温升至“处理温度”，恒温 3h 再随炉冷却，取出后放于干燥器中。

检查试样还存在内应力否，如有，则按前述方法再消除内应力，直至内应力消除为止。

3. 用巴科尔硬度计测定树脂浇铸体试样的硬度

(1) 选择适合于测量热固性树脂和复合材料的 HBa-1 型或 GYZJ934-1 型巴氏硬度计。

(2) 巴氏硬度计虽然是以压痕深浅来表示试样的硬度，但它不是一个绝对硬值，而是一个与玻璃硬度相比较的相对值。所以每次使用前一定要用玻璃校正或标定。具体方法是取一个平板玻璃置于巴氏硬度计压头下，用力压下去，看指针是否指向 100，如不是则调整为 100。

(3) 树脂浇铸体的上表面应平整光滑、无气泡和裂纹。将试样平放于实验台面上，不应悬空和翘曲，然后握住巴氏硬度计以较大的手力往试样上表面压下，同时观察和记录表头指出的最大数。重复10～20次，每次测点应至少相隔5mm，将结果用统计法求出算术平均值、标准差和离散系数。

（4）测量树脂浇铸体试样内应力消除之前和之后的巴氏硬度，比较两组结果并讨论。

（5）测量完以后还应将玻璃片再校核一次，看巴氏硬度计的压头是否受损，如压头受损则玻璃片所测数就不会是100，此时的处理办法是将前面所测数据全面检查，凡反常数据都应丢弃。

六、思考题

1. A阶酚醛树脂能否制作浇铸体？酚醛树脂玻璃钢的基体性能如何确定？

2. 用脂肪氨作固化剂的环氧树脂浇铸体和低沸点交联剂的不饱和聚酯树脂浇铸体为什么预固温度不能太高？

3. 选择低黏度环氧树脂有利于做好浇铸体。如果树脂常温下黏度大则配胶时搅动的气泡不易排出，提高温度可使黏度下降，但如固化剂选择不当，在升温时又会使交联反应加快，黏度上升过快，没有足够的低黏度持续时间，树脂中的气泡还是不易排出，因此做完该次实验后各自总结做好树脂浇铸体的经验和教训。

实验2 纤维、织物基本性能及纤维与稀树脂溶液的接触角测定

实验2-1 单丝强度和弹性模量测定

一、实验目的

掌握单丝强度和弹性模量的实验方法。

二、实验原理

单丝试样与材料力学实验的试样比较，其试样尺寸微小，因此，其测试设备也微小，但拉伸过程极为相似，计算拉伸强度和弹性模量的方法也相似。

三、实验仪器与设备

单丝强力仪、带微米刻度的显微镜或杠杆千分表、秒表、尖镊子。

四、实验步骤

1. 了解单丝强力仪的工作原理和操作方法。它的主要技术参数有7项：负荷量程范围0～0.98N；最小伸长读数0.01mm；下夹持器下降速度为2～60mm/min，有级变速11挡；最大行程100mm；最小负荷感量10^{-4}N；走纸速度误差≤1%；工业电源220V，50Hz。单丝强力仪实际上是一台小型电子万能试验机，负荷数和伸长量均数字显示，外形由主机台、控制器和记录仪三部分组成。

2. 准备和校验：将主机台控制器和记录仪三部分用19芯和5芯连线连接，通电预热30min。检查“上升”和“下降”开关，看下夹持器运动是否正常。用100g砝码调满，然后去砝码调零，再用50g砝码校核负荷显示数。如有误差可反复调零和调满，同时调好记录仪纵向零位和满格位。

3. 选择拉伸速度2mm/min。

4. 用秒表校核记录仪的走纸速度。

5. 按图9-3所示选择单根碳纤维或玻璃纤维于纸框中位粘好。试样至少10个，并编号。

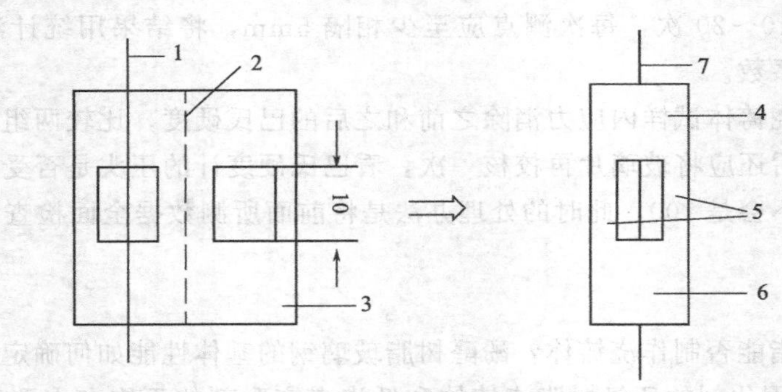

图 9-3 单丝试样制作纸框图

1—单丝； 2-折叠痕；3—纸框；4—上夹头夹处；5—剪断处；6—下夹头夹处；7—单丝

6. 依编号将纸框在主机上夹头夹好，慢慢上升下夹持器，使之正好夹住纸框下端。小心剪断纸框两边。记录上下夹持器距离 L_0。

7. 防下记录笔和走纸阀，同时开启“下降”进行拉伸。一般要求在 20s 之内将纤维拉断，数码管自动显示最大负荷数和断裂伸长值，记录仪记录负荷-伸长曲线。

8. 取下被拉断的单丝，放在显微镜物台上测量单丝的直径 d，或用杠杆千分表测 d 值。

9. 按如下式计算单丝拉伸强度和模量

拉伸强度：

$$\sigma_{拉}=\frac{4P}{\pi d^2} \tag{9-9}$$

拉伸模量：

$$E=\frac{\frac{4P'}{\pi d^2}}{\frac{\Delta L}{L_0}}=\frac{4P'L_0}{\pi d^2\Delta L} \tag{9-10}$$

式中，P 为断裂负荷，N；P'为记录直线段上某一点的负荷，N；d 为纤维单丝直径，mm；L_0 为起始受拉单丝长度，mm；ΔL 为对应于 P'那一点单丝伸长的长度，mm。

10. 依编号拉伸，将所有有效实验的 $\sigma_{拉}$和 E 分别计算其算术平均值 $\overline{X}$、标准差 S 和离散系数 C_v。

实验 2-2 丝束（复丝）表观强度和表观模量测定

一、实验目的

掌握丝束表观强度和表观模量测定法。

二、实验原理

丝束（复丝）和单丝不一样，它是一个多元体，如果直接加载拉伸，则纤维断裂参差不齐，所以国际规定将丝浸上树脂，让其黏结为一个整体。然而这个整体由纤维和树脂掺杂组成，不是一个均匀体，于是就将此种情况下测试的丝束强度和模量用“表观”二字限定。

三、实验仪器和材料

万能试验机、牛皮纸和环氧树脂及固化剂。

四、实验步骤

1. 选定已知支数和股数的玻璃纤维或碳纤维，使之浸渍常温固化的环氧树脂和固化剂的混合物（如E-51为100g、丙酮20g、二乙烯三胺10g）。然后将已浸树脂的丝束剪成长度为360mm左右的丝束，共10根，并排放在脱膜纸上，并保证有250mm长的平直段，两头用夹子夹住拴一小重物使丝束展直，并在两头粘上牛皮纸加强（如图9-4），放置8h固化定形。

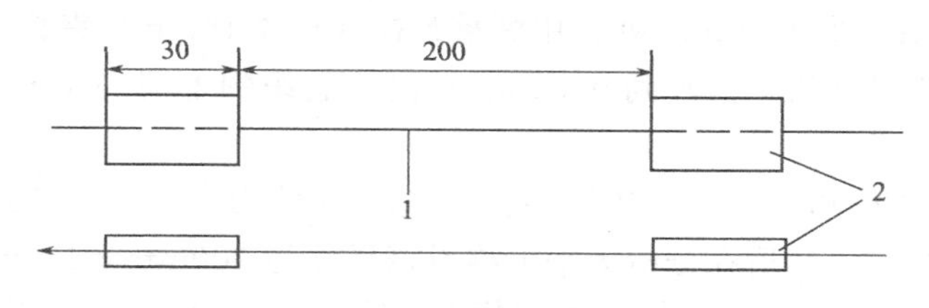

图9-4　纤维束拉伸试验试样

1—纤维束；2—纸片

2. 了解万能试验机的使用方法，选择0～500N的量程和2mm/min的拉伸速度。

3. 将试样的牛皮纸加强部分在试验机上下夹头夹住。取规定的标距（标距多长视仪器配置的应变片卡而定），精确到0.5mm。用应变片卡或位移计和记录仪记录拉伸时的伸长量。

4. 进行拉伸试验，记录每个样品的断裂载荷P_b和负荷变形曲线，断裂在夹头处的样品作废，有效试样不能低于5根。

5. 取一定长度为L的丝束一段，称其质量为m，则该纤维束的线密度$t=m/L$（g/mm或g/m）。

6. 按下式分别计算丝束的表观强度σ_t、表观模量E_a和股强度f：

$$\sigma_t=\frac{P_b}{A}=\frac{P_b\rho}{t} \tag{9-11}$$

$$E_a=\frac{\Delta P}{A}\times\frac{L_0}{\Delta L} \tag{9-12}$$

$$f=\frac{P_b}{\text{丝束股数}}=\frac{P_b}{n} \tag{9-13}$$

式中，P_b为断裂载荷，N；ρ为纤维密度（玻璃纤维2.55g/cm^3，碳纤维1.87g/cm^3）；A为丝束的横截面积，$A=\frac{t}{\rho}$，mm^2；ΔP为变形曲线直线段上某一载荷值，N；ΔL为对应ΔP的标距L_0的变形量，mm；L_0为测试规定的标距，mm；n为丝束中所含纱的股数。

7. 求σ_t和E_a的算术平均值、标准差和离散系数。

8. 学生可以测定一组不浸胶丝束的强度数据，观察断裂模式的不同。

实验2-3　织物厚度、单位面积质量测定

一、实验目的

掌握测定玻璃布或其他纤维织物厚度和单位面积质量的方法。

二、实验原理

由于部分经、纬纱松紧不匀或原纱支数不稳定而造成织物厚度、单位面积质量波动，国际规定在一定条件下测定这两个物理量，并将此物理量作为玻璃布技术指标中的主要项目。

三、实验仪器及设备

织物测厚仪、分析天平。

四、实验步骤

1. 取玻璃布或织物一卷，在平整桌面上展开，自然铺平，不要拉得过紧或过松。

2. 在距织物边沿不少于50mm处，用测量圆柱（直径16mm）夹住织物面，施加98kPa压力，同时读取织物厚度值，精确到0.02mm；同一卷织物上间隔10mm以上测量10～20个厚度值。

3. 在自然铺平的织物上，在距边沿不少于50mm处用100mm×100mm硬质正方形模板和锐利小刀切取织物，然后在分析天平上称量该尺寸为100mm×100mm织物的质量，计算其单位面积的质量数（g/m^2）；同一卷织物上间隔100mm以上取样不少于5个。

4. 亦可在同一规格织物不同卷中进行统计，求出平均厚度、单位面积质量，以及它们各自的标准差和离散系数。

五、实验报告

实验报告一般应包括如下几项内容。

1. 实验日期、气温、气候；
2. 实验材料和试样外观；
3. 实验内容；
4. 使用仪器、量程及精度；
5. 实验操作技术要点；
6. 原始数据记录；
7. 数据处理及实验结果；
8. 实验结果分析及讨论（含心得体会和建议）。

六、思考题

1. 单丝强度实验中，测量单丝直径在拉伸试验前或试验后有什么区别？

2. 分析丝束表观强度与单丝强度之间的差别，并用实验数据予以例证。

3. 丝束浸胶和不浸胶在拉伸试验中有什么不同现象？数据分散性如何？

4. 工业生产预浸布时，常在宽度方向左、中、右切取三块100mm×100mm的试样称量，简单判断预浸布的含胶量及左、中、右的含胶量的分布情况，这样做是否可行？

5. 已知T300，3K的碳纤维密度为0.198g/m，预制做碳纤维含量为50g/m^2的单向布，3K碳纤维复丝应多少毫米宽紧密排列？

实验2-4 纤维与稀树脂溶液的接触角测定

一、实验目的

1. 掌握测量纤维/稀树脂溶液接触角的技术要求；

2. 学会测定固体表面张力γ_s的方法及操作程序，加深固-液界面浸润状态的了解。

二、实验内容

1. 校准接触角测定仪；

2. 测定一种纤维和一种稀树脂溶液的接触角；

3. 测定多种液体的表面张力以及这些液体与同一种纤维的接触角，进而求出纤维的临界表面张力γ_s。

三、实验原理

复合材料学中的重要内容之一是增强纤维被液体树脂浸润的状态。目前，碳纤维和高强玻璃纤维在生产时就已进行表面处理剂（偶联剂）处理，而众多的玻璃纤维和玻璃布仍然是采用石蜡乳剂处理表面。为了改善复合材料的性能，了解树脂-纤维浸润状态很有必要。树脂对纤维的浸润性好或坏，接触角的大小是常用的表征方法之一。虽然黏附功 W_{sL} 表征浸润性比较合理，但目前还不可能直接测定 W_{sL}，仍然通过接触角来表述，Young-Dupre 公式描述了黏附功 W_{sL} 和接触角 θ 之间的关系：

$$W_{sL}=\gamma_L(1+\cos\theta) \tag{9-14}$$

式中，γ_L 为液体表面张力。

掌握接触角测定技术是本专业实验课教学训练的重要内容，但是，国内固-液接触角测定仪的技术状态并不很理想，准确测定纤维和树脂的接触角还很困难。

另一方面，我们已知某液体与某固体产生浸润的必要条件是 $\gamma_s>\gamma_L$，本实验要求用一系列已知表面张力的液体测量其对同一种纤维的接触角外推到接触角等于零时的表面张力，称为临界表面张力 γ_c，Zisman 通过式（9-15）认为该临界表面张力接近该固体的表面张力 γ_s。

$$\cos\theta=1+b(\gamma_c-\gamma_L) \tag{9-15}$$

式中，b 为固体物质的特性常数。

当 γ_L 不同时，θ 也不同，可以作一根斜线，外推到 $\theta=0°$ 时 $\gamma_L(0°)=\gamma_c$。

总之，掌握表面张力和接触角的测定方法并实施准备的测定，我们就可以求到固-液接触的黏附功 W_{sL}。

四、实验仪器

接触角测定仪。

通常接触角测定仪由显微镜、照明系统、试样工作台、照相系统和调节系统等几部分组成。其中主机上有一个可以转动的纤维支架，工作台上有液体样品池，可以上下左右滑动，还可以加热升温。但任何一台接触角测定仪的核心部分是带角度视野的显微镜和液体样品池与纤维支架。可以将纤维与液体接触的状态在显微镜下观察甚至于照相。上海化工学院吴叙勤教授研制一个简单的样品液体池和纤维支架，放于光学显微镜下就可测定纤维与液体的接触角，且效果良好。

五、实验步骤

1. 调试仪器

（1）观察接触角测定仪的组成和结构，调整主机底座螺旋使主机处于水平工作状态；

（2）接通电源，首先调节照明系统，使显微镜的视野明亮，并使角度盘清晰；

（3）调节显微镜光路中心与纤维支架旋转中心是否一致，让显微镜的十字中心对准样品池，并上下左右移动注意视野的范围；

（4）如要将接触角拍成照片，显微镜上要有安装照相机的接口；

（5）如欲在测试过程中对液体试样池加热升温，则应通电试加热并调节控制加热系统，使之能按事先要求加热升温。

2. 测定一种纤维和一种液体的接触角

（1）建议选择玻璃纤维和环氧树脂稀溶液。配制树脂稀溶液。并加盖不让它处于挥发溶剂状态。

（2）将纤维用针从纤维支架的小孔中慢慢引出并用透明胶带将纤维绷紧固定在支架上，然后将安有纤维的纤维支架安放在样品池上方处。

（3）检查工作台和液体样品池是否水平，然后小心缓慢地用注射器将待测液体样品注入样品池中并使之液面鼓起而不外溢。

（4）缓慢地转动支架旋钮，将带有纤维的架子向下旋入液体中，特别注意纤维与液体接触的方式。

（5）从显微镜中观察，并旋转支架使纤维处于主机和显微镜光路中心，纤维的影像与目镜的十字线重合，如图 9-5（a）所示。

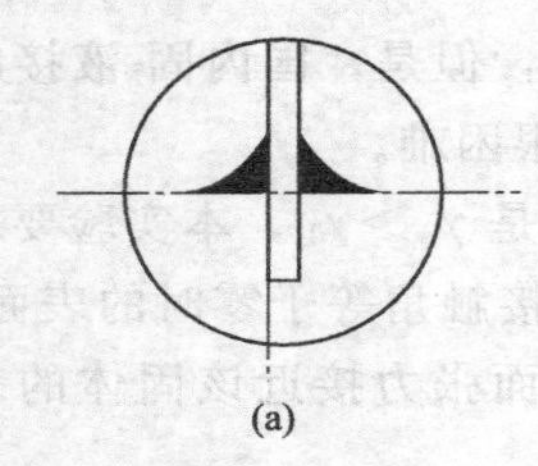

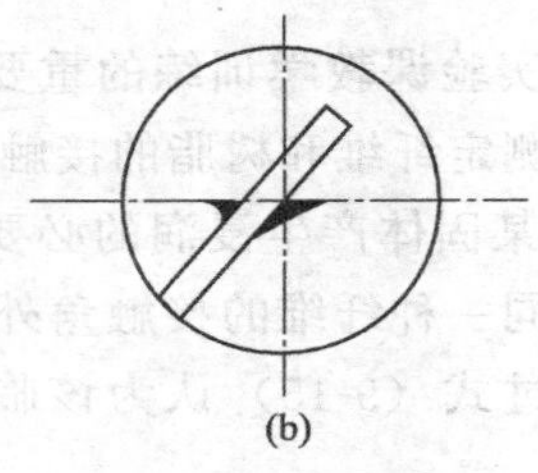

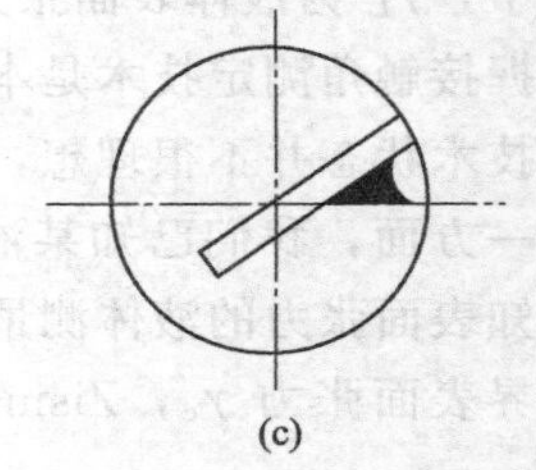

图 9-5 接触显微镜视图

（6）旋转支架使纤维与液体接触按图 9-5 自左向右调试，直至图 9-5（c）状态，此时显微镜中读出的角度值即为所测纤维于该液体的接触角 θ。

（7）反复进行不同纤维与液体的接触方式，并观察所测得的接触角是否一致。

（8）对液体样品池加热，测定不同温度下的接触角，但应注意加热会加速液体溶剂的挥发，使溶液浓度变化。

3. 悬滴法测定纤维与树脂溶液接触角

（1）将纤维绷直固定在纤维支架上，将显微镜调节到有清晰的纤维视图；

（2）将待测液体滴挂在纤维丝上，形成抱在纤维上的一个液珠，如图 9-6 所示。将显微镜的刻度尺对准液珠，分别求出 H、d 和 R，并按式（9-16）求出接触角：

$$\tan\frac{\theta}{2}=\frac{H-\frac{d}{2}}{\frac{R}{2}} \tag{9-16}$$

式中，θ 为接触角；H 为液滴的高度，mm；R 为液滴的长度，mm；d 为纤维直径，mm。

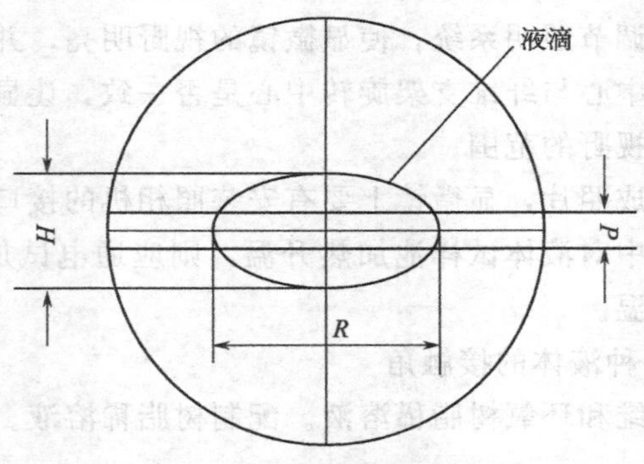

图 9-6 悬滴法显微镜视图

4. 测定一种纤维与多种已知表面张力的液体的接触角，外推求纤维的表面张力 γ_s

(1) 选择4～5种已测或已知表面张力的液体和一种纤维。

(2) 按上述测定纤维与液体接触角的操作方法测定该种纤维分别与几种液体的接触角。注意每次都应调换一种新的同种纤维，且不同液体装入样品池之前，样品池应洗干净，再用待测液体反复淋洗两次。

(3) 将所测接触角 θ 和对应的 γ_L，按公式 $\cos\theta=1+b(\gamma_c-\gamma_L)$ 作图，一个坐标轴为 $\cos\theta$，另一个坐标轴为 γ_L，外推到 $\theta=0°$ 时，$\gamma_L=\gamma_c$，此即为该纤维的表面张力 γ_s。

(4) 验证 $\gamma_s>\gamma_L$ 是液体浸润固体的一个先决条件是否成立。

六、思考题

1. 液体具有挥发性对测量接触角是否有影响？它是如何产生影响的？

2. 液体与纤维的接触角与温度高低有关系吗？试加以解说。

实验3 复合材料工艺方法试验

实验3-1 手糊成型工艺试验

手糊成型工艺属于低压成型工艺，所用设备简单，投资少，见效快，有时还可现场制造某些制品，方便运输，所以在国内很多中小企业仍然是以手糊为主要生产方式，就是大型企业中手糊工艺也经常被用来解决一些临时的、单件的生产问题。

手糊成型工艺的最大特点是灵活，适宜于多品种、小批量生产。目前，在国内采用手糊成型生产的产品由浴盆、波纹瓦、雨阳罩、冷却塔、活动房屋、贮槽、贮罐、渔船、游艇、汽车壳体、大型圆球屋顶、天线罩、卫星接收天线、舞台道具、航空模型、设备护罩或屏蔽罩、通风管道、河道浮标等。因此，复合材料专业的学生掌握手糊工艺技术很有必要。

一、实验目的

1. 掌握手糊成型工艺的技术要点、操作程序和技巧；

2. 学会用石膏或木材制作简单形状的模具，并使模具表面达到较高质量；

3. 合理剪裁玻璃布和铺设玻璃布；

4. 进一步理解不饱和聚酯树脂和胶衣树脂配方、凝胶、脱模强度、富树脂层等物理概念和实际意义。

二、实验内容

1. 根据各校具体情况选定某一切实可行的制品，安排制作过程为实验内容；

2. 用添加阻燃剂方法手糊3mm厚和4mm厚且长、宽各300mm的阻燃玻璃钢平板；

3. 按制品要求剪裁玻璃布；

4. 手糊工艺操作；

5. 脱模并修毛边，如有可能还可装饰美化；

6. 对自己手糊制品进行非破坏性质量评定。

三、实验原理

不饱和聚酯树脂中的苯乙烯既是稀释剂又是交联剂，在固化过程中不放出小分子，所以手糊制品几乎90%是采用不饱和聚酯树脂。

四、实验仪器和药品

1. 手糊工具：辊子、毛刷、刮刀；

2. 模具制作：盒子、刮板、砂纸、木工工具；

3. 树脂、引发剂、促进剂、颜料、脱膜膏、封孔剂、阻燃剂等。

五、实验步骤

1. 模具制作

(1) 场地准备，制作模具和手糊要占据一定的场地，通常不宜在实验桌上进行。另外，要求手糊场地气温在15～25℃，不潮湿，无灰尘飞扬，通风，清洁。

(2) 根据模具大小选择木板为底座，便于模具移动。例如做一头盔模具，就需0.4m×0.4m的木板作底座。

(3) 用半水石膏粉（$GaSO_4 \cdot 1/2H_2O$）调入水中堆制粗糙的模型，要求外表面光滑的制品用阴模，要求内表面光滑的制品用阳模。

(4) 配制封孔剂，称取25g酒精漆片（又名虫胶漆片）溶于50mL乙醇中，溶解后以纱布滤去渣子，装瓶加盖，待用。

(5) 将石膏模具表面铲平，粗磨，达到手模无明显粗粒和凹坑为止，再用棉纱擦净浮粉，然后用毛刷或用镊子夹住一小团棉纱沾自配封孔剂涂于模具工作表面，通涂一遍后晾干。

(6) 对模具工作表面精磨和抛光，以400号水磨砂纸小心精磨模具工作表面，直至细腻光滑；擦净浮粉后再用抛光膏和抛光轮对模具表面抛光。

2. 玻璃布、毡剪裁

(1) 按铺层顺序选择表面毡和玻璃布，并分别预算各自的层数；

(2) 按制品的形状画出几何展开图，如圆锥形展开成扇形，球形可展开成瓜片形平面图，并要按玻璃布拼接是搭接还是对接，算好具体形状的尺寸；

(3) 复杂形状处可利用45°剪裁或斜纹布易变形的特点，尽量减少局部剪开的方法。

3. 手糊成型试验操作

(1) 对模具表面涂脱模剂，反复涂擦以免有局部遗漏。脱模剂可自己配制：取石蜡和凡士林以1：1质量比在铝盒中加热到80～100℃熔化、搅匀，再加入0.3份煤油调匀，即可使用。

(2) 配制胶衣树脂（按不饱和聚酯树脂常规配方，胶衣树脂也是不饱和聚酯树脂的一种），首先在模具表面涂刷一层胶衣树脂，保证400～500g/m^{2}的用量，稍候，观察胶衣树脂即将凝胶时，将表面毡轻轻铺放于模具表面，注意不要使表面毡过分变形，以贴合为宜。

(3) 取引发剂与不饱和聚酯树脂按比例配合搅匀，然后再加入促进剂，搅匀，马上淋浇在表面毡上，并用毛刷正压（不要用力刷涂，以免表面毡走样），使树脂浸透表面毡，观察不应有明显气泡。这一层是富树脂层，一般应保证65%以上的树脂含量。

(4) 待表面毡和树脂凝胶时马上铺上第一层玻璃布，并立即涂刷树脂，一般树脂含量约50%；紧接着第二层、第三层依次重复操作，注意玻璃布接缝错开位置，每层之间都不应有明显气泡，即不应有直径1mm以上的气泡。

(5) 最后外层是否需要使用表面毡应视制品要求。

(6) 手糊完毕后需待玻璃钢达一定强度后才能脱模，这个强度定义为能使脱模操作顺利进行而制品形状和使用强度不受损坏的起码强度，低于这个强度而脱模就会造成损坏或变形。通常气温在15～25℃、24h即可脱模；30℃以上10h对形状简单的制品可脱脂；气温低于15℃则需要加热升温固化后再脱模。

(7) 修毛边，并美化装饰。

4. 自我质量评定

(1) 表面质量是否平整光滑，有否肉眼可见气泡、分层？

(2) 形状尺寸与设计尺寸是否相符？

5. 手糊阻燃复合材料平板

(1) 按如下比例配制不饱和聚酯树脂：

191号不饱和聚酯树脂	100质量份
四溴邻苯二甲酸二烯丙酯	10质量份
Sb_2O_3粉	3质量份
50%过氧化环己酮二丁酯混合液	5质量份
0.42%钴浓度环烷酸钴苯乙烯糊	2～3质量份

(2) 在一平板上铺一脱模纸，然后按手糊方法，将300mm×30mm的20号玻璃布(0.2mm厚) 10块，分层涂刷树脂，然后叠合起来，再覆上一张脱模纸，用平板平压，可得到约4mm厚的玻璃钢平板。同样取300mm×300mm的18号玻璃布(0.18mm厚) 8～9张手糊操作，可得到约3mm后的玻璃钢平板。12h以后可脱去脱模纸，放在平整地方留待其他实验用。

(3) 按上述操作，做一块不添加阻燃剂的不饱和聚酯树脂与玻璃布复合的300mm×30mm×3mm的平板，以备燃烧试验比较之用。

六、思考题

1. 模具表面为什么要用封孔剂封孔？

2. 为什么要待表面毡树脂开始凝胶时才能进行铺玻璃布和涂刷树脂？

3. 判断制品是否达到脱模强度有什么方法？有哪些因素影响制品顺利脱模？

4. 什么是富树脂层？它起什么作用？有人说“树脂含量高，且树脂含量表里可以做到不一”是手糊制品的独有特点，对否？

实验3-2 复合材料模压工艺试验

模压成型为“在封闭的模腔内，借助压力，一般尚需加热以成型一种塑料制品的方法”。它概括了“模压”二字并附加“加热”条件这样一种成型方法。因此，本实验训练的重点也是在模、压、热三个条件上。

一、实验目的

1. 掌握模压工艺的基本过程与技术要点；

2. 学会使用油压机，并操作实践；

3. 通过对酚醛树脂预浸料的进一步了解，学会拟定模压工艺条件的方法。

二、实验内容

1. 制备模塑料(预浸料)；

2. 模压比热容实验的试样，模压Φ50～100mm、厚1～3mm的圆形试样用；或根据平板导热仪加热板尺寸压制厚度大于或等于5mm的试样供其他实验用。

三、实验原理

A阶酚醛树脂具有明显的B阶段，且由B阶段向C阶段转变只需加热就能完成。采用

A阶酚醛树脂浸渍玻璃纤维及其织物的预浸料被广泛地应用于模压玻璃钢制品，在电器、汽车、机械、化工等工业中占有重要地位。B阶酚醛树脂由于分子中的羟甲基每两个要脱下一水分子和一甲醛分子，甲醛马上与树脂中苯环上的活性点反应又生成一个羟甲基，该羟甲基与另一羟甲基再反应脱下一水分子和一甲醛分子，如此持续下去最终交联进入C阶段。这一转化过程要放出水分，如果不在高压下进行，这些水分子在高温下形成水蒸气逸出来就会使树脂形成孔泡，性能下降，因此，凡酚醛树脂固化就需在高温、高压下完成，并且在树脂凝胶之前提起半个模具使之放气多次，即使气泡形成缺陷也还能再加压加以弥补。

四、实验仪器和原材料

液压机（又称油压机）、钢模具、氨酚醛树脂乙醇溶液、玻璃纤维或玻璃布。

油压机的工作原理是巴斯卡定律，压力泵将油加压于油缸的活塞，活塞作用于上下平台并加压力，油道阀门控制并改变阀门方向使之加压和卸压并使平台上下运动。通常两块平台之一固定不动，另一块可上下运动。目前国内生产的油压机以吨位命名，常用的有45t、100t、250t、500t等，大型油压机在1000t以上。

油压机一般由主机架、油泵、油缸和活塞、工作平台、阀门、压力指示表、加热和温控系统组成。

油压机的额定压力与指示表压之间的关系，通常是按下式计算的：

$$P_c=10^{-1}\times P_m\frac{\pi D^2}{4} \tag{9-17}$$

式中，P_c为油压机的额定压力，kN；P_m为允许的油缸的最大压强（表压），MPa；D为油缸活塞受压面直径（注意此活塞直径不一定是可见到的带动平台运动的外部的圆柱的直径），cm。

如图9-7所示，往往$D>d$，d误认为是D，直接测量d代入式（9-17）中将造成P_m大于允许的最大表压值的错误，因此，应特别注意。

有的模压制品不容易从阴模中脱模，所以模具设计时可以充分利用油压机的下方的顶出杆，帮助脱模。

工业生产预浸料采用Z型捏合机和疏松机，本次实验用量少，只能采用手工捏合和疏松。

五、实验步骤

1. 预浸料制备（因量少，只能手工制备）

（1）取酚醛树脂乙醇溶液（含胶量60%～65%）1200g，玻璃乱纤维1000g，将玻璃纤维剪成20～40mm的短纤维（如是玻璃布可剪成20mm×20mm的碎片）在容器内混合，又称为捏合。

（2）戴上乳胶手套在容器内揉搓，使玻璃乱纤维充分浸润，该预浸料干树脂含量可达40%以上。注意树脂太浓，纤维不能充分浸润，树脂太稀又使纤维吸收不完。纤维捞出晾干后树脂含量偏低，晾干后马上疏松。

（3）将已疏松的浸上树脂的乱纤维摊在平铝板上（或铁丝网上）于80℃温度烘30min，达到既不发黏，挥发分（含乙醇溶剂）总量又不高于6.5%。

（4）将预浸料装塑料口袋封严待用。

2. 模压成型操作

（1）模具准备：具“封闭的模腔”的模具一般是由阴、阳模组成，首先是准确测量模具

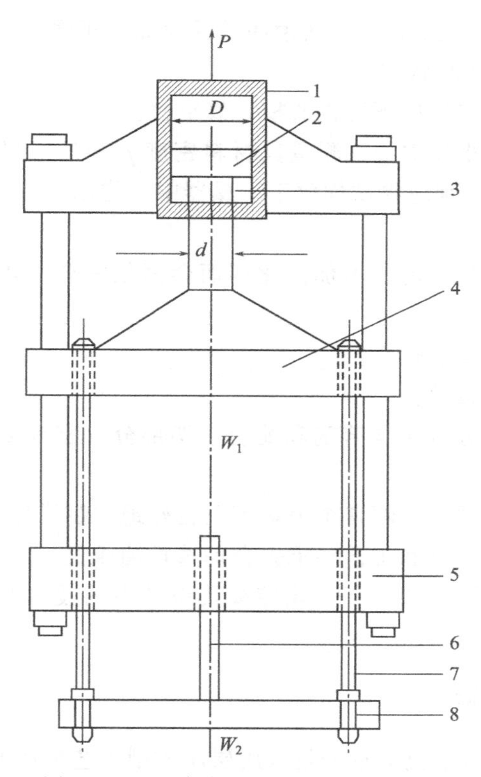

图 9-7 上压式液压机执行机构示意图

1—液压缸；2—活塞；3—密封；4—动横梁（平台）；5—下横梁；6—顶杆；7—拉杆；8—顶出横梁

型腔的容积 V，然后是涂脱模剂，确定没有遗漏局部后将阴阳模同时预热到 170℃、30min。

（2）按下式计算预浸料的用量 G：

$$G=(1+\gamma)\rho\nu \tag{9-18}$$

式中，γ 为损耗系数，取值 0.05；ρ 为模压成型后制品的密度 g/cm^3；ν 为模具型腔容积或制品实占空间体积，cm^3。

准确称取预浸料，精确到 0.1g。模压料不应偏多或偏少，以免造成制品尺寸不能到位或缺陷。

（3）在 90～110℃预热预浸料 15min，然后趁模具热、模压料软时填压预浸料入模腔，迅速合模，置于油压机工作平台上，轻轻加压使之模压料密致。

（4）在 170℃高温下初压力不宜太高，以 5～10MPa 合适，3～5min 后将上模提起一点，起“放一次气”的作用，每隔 1min 就放气一次，质量或壁厚较大的制品，放气 3～5 次即可，加压-放气-加压反复操作；同时注意模具中挤压流出来的树脂，用一小木棒挑动，观察凝胶前黏度变化。

（5）按式（9-19）和模具型腔投影面积 S 计算模腔中模压料所受压强的大小：

$$P=p_m\frac{\pi D^2}{4S} \tag{9-19}$$

式中，P 为模压料压强，MPa；p_m 为油压机压力指示表值，MPa；D 为油缸活塞受压面直径，cm；S 为模压制品或模具型腔的投影面积，m^2。

掌握加压时机，当外流出来的树脂黏度变大，快接近凝胶时迅速升压，达到 30～

50MPa，注意表压不应超过式（9-17）所说明的最大油缸压强，保温保压 30～60min。

（6）保温保压时注意流胶状态。

（7）随机降温，当达 80℃以下可以脱模，修毛边。

（8）目测模压制品的外观质量，测量其材料密度 ρ 和外形尺寸；如果模压的是后续实验——比热容试验的试样，则应将试样放于干燥器中，待用。

六、思考题

1. 热固性酚醛树脂为什么可以不加固化剂而会固化完全？环氧树脂和不饱和聚酯树脂不加固化剂能固化吗？

2. 预浸模塑料工艺要点是什么？

3. 加压时机为什么很重要？

4. 模压料用量与挥发分（包含溶剂和缩合水两部分）有什么关系？挥发分大小对模压制品的质量有否影响？

5. 从模压工艺全过程看，由哪几个因素可以较好地控制模压制品质量？

6. 怎样根据模压制品特性和工艺要求去合理选择油压机？

7. 通过模压工艺操作请谈谈封闭式模腔模具设计中的技术要点。如何估算制品的外形尺寸收缩量？

实验 3-3　层压工艺试验

目前，国内外绝缘材料平板基本上是采用层压成型工艺生产的。用此工艺方法生产的复合材料制品还有印刷电路敷铜板、纺织器材、管材、渔竿、木材三合板、五合板等。

一、实验目的

1. 进行层压板生产工艺操作训练，掌握层压板制作过程的技术要点；

2. 了解纤维织物铺层方式对层压板性能的影响。

二、实验内容

1. 预浸布制作；

2. 预浸布铺层和层压板成型。

三、实验原理

层压方式可以生产多种不同用途的板材和大型结构的平行试样，所采用的树脂包括环氧树脂、酚醛树脂、不饱和聚酯树脂，其基本工艺如下。

玻璃布→高温脱蜡→偶联剂处理→烘干→浸胶→烘至 B 阶段→收卷→剪裁→铺层→层压→脱模修边。

层与层之间完全靠树脂在压力帮助下加温固化而粘牢在一起形成一定厚度的板。生产中除温度、压力因素外，预浸布树脂含量是一个重要因素。

四、实验设备及器材

浸胶机、层压机（油压机）、不锈钢薄板、树脂、玻璃布等。

浸胶机如图 9-8 所示，包括布卷、脱蜡炉、偶联剂浸槽、烘干炉、浸胶槽、烘至 B 阶树脂的加热炉、收卷七部分。

层压机也是液压机的一种，只是工作平台是多层的，工作原理和操作与油压机类似。

层压机的工作台面积大，公称压力大，一般都在 1000t 以上，有的达 3000t 甚至更大。常用 2000t 层压机有 18～20 层，工作台面尺寸 1050mm×1850mm，通常主工作油缸在下

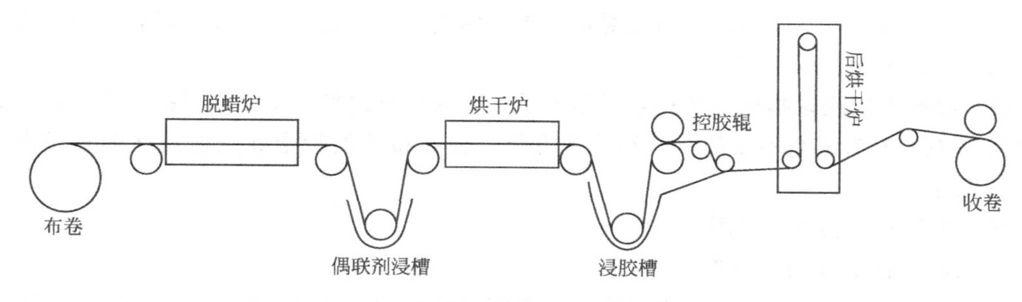

图 9-8 玻璃布浸胶机示意图

面，平台由下向上运行加压，与一般油压机相反。油压机和层压机的加热方式有电热和蒸汽加热两种。本次实验实际上不用这么大的层压机，只能用平台平整光滑的油压机和平整的不锈钢板成型层合板。

本次实验若没有浸胶机，亦可采用手工法浸胶。其方法是将玻璃布剪成 1.5m 长，布宽视烘炉和层压板宽度而定，将其高温脱蜡后浸偶联剂，晾干或烘干，在一胶槽中浸透树脂，然后用圆管夹住玻璃布，再将玻璃布提抽而过，最后烘至 B 阶段，待用。这样做的缺点是预浸布含胶量不均匀。

五、实验步骤

1. 浸胶布制作

(1) 选择玻璃布，国内的玻璃布分有碱和无碱，制层压板的多是无碱玻璃布。玻璃布规格分号，号越大，厚度和单位面积质量也大，例如 13 号布为 $160g/m^2$，18 号布为 $240g/m^2$。注意经纬密度各是多少，布宽有 900mm 和 1200mm 等多种。

(2) 配制偶联剂水溶液，一般浓度为 0.1%～0.3%，如树脂选用酚醛树脂，则偶联剂用 KH-550；如是环氧树脂则用 KH-550 或 KH-560；如是不饱和聚酯树脂，偶联剂最好用 KH-570，一定不用 KH-550。

(3) 配制树脂，对树脂要求是有明显的 B 阶段，并且浸胶布在常温下有 5～7 天以上的存放期。这里提供三个配方供学生选用。

① 氨酚醛树脂的乙醇溶液，60%的胶含量。

② 环氧树脂（E-44）100 质量份与胶含量为 60%～65%的氨酚醛树脂 100 质量份混在一起，经 80℃搅拌反应脱水 60～90min，加少量丙酮调至含胶量 60%，可用于浸胶。

③ 不饱和聚酯树脂 184 号或 199 号在聚合完毕时不加苯乙烯稀释就直接出料，冷却后为固体，取其 100 质量份用 40 份丙酮溶解，然后配入邻苯二甲酸二丙烯酯（DAP）15～20 份，过氧化二异丙苯 2 份，过氧化苯甲酰 0.3 份，搅匀即可用于浸渍玻璃布制备不饱和聚酯树脂浸胶布。

(4) 制备浸胶布的具体操作。按图 9-8 所示进行。脱蜡炉温度调至 400～430℃，偶联剂烘炉为 110～120℃，胶槽后的烘炉调至 70～90℃，即可开机预浸。在收卷处取样分析如下指标：挥发分高低、胶含量和不溶性树脂含量三项。如布发黏，收卷后不易退卷，应提高后炉温度；挥发分过高，不溶性树脂含量低于 3%，也应提高后炉温度；反之要降低温度；含胶量由控胶辊的压力控制，一般在 33%～37%。

注意浸胶布牵引速度快慢对上述三项亦有影响，一般控制在 1.0～3.0m/min 的速度为宜，但不能一概而论，因为牵引速度受很多因素影响，如脱蜡炉的长度、浸胶槽的形式与浸渍时间、后炉温度、树脂种类等。

(5) 浸胶布的质量指标也往往随层压制品的要求而有差别，千万不要把某些指标（如含胶量35%左右）看成是不变的，产品千变万化，浸胶布的质量指标数值最终还是要由产品质量来确定。

(6) 收卷密封装袋，待用。

2. 浸胶布铺层和层压成型。

(1) 取浸胶布置于洁净平台上铺平，按规定尺寸剪裁，注意经纬密度不同的方向性。

(2) 按式（9-20）计算浸胶布用量。

$$G=\rho Ah \tag{9-20}$$

式中，G 为浸胶布总量，g；ρ 为层压板密度，g/cm^3；A 为层压板面积，cm^2；h 为板预定的厚度，cm。

对15mm、10mm、4mm厚度的板各压制一块，以备其他实验用。

(3) 将单片预浸布按预定次序逐层对齐叠合，上、下面各放一张聚酯膜，并置于两不锈钢薄板之间，然后一起放入层压机中。不锈钢板应对齐，以免压力偏斜，使试样厚度不均。

(4) 加热、加压分三个阶段进行。

预热阶段：温度100℃，压力5.0MPa，保温30min；

保温保压阶段：将温度升到165～170℃，压力6～10MPa，时间60～80min；

降温阶段：保压降温，随层压机冷却，待温度低于60℃后可卸压脱模取板，最后修边，目测层压板内部分层等缺陷。

六、思考题

1. 如玻璃布经纬密度不一样，在铺设预浸布时不按中面对称原则，会发生什么现象？不妨在制备层压板时一试。

2. 层压板可能出现哪些缺陷？又如何解决？

3. 层压板加压是否也有时机问题？

4. 在连续浸胶生产中如何监督预浸布的质量？

实验3-4 热塑性塑料注射成型

一、概述

热塑性塑料的注射成型原理是物料在注射机料筒内，受到机械剪切力、摩擦热及外部加热的作用。塑化熔融为流动状态，然后以较高的压力和较快的速度，流经喷嘴注射到温度较低的闭合模具内，经过一定时间冷却之后开启模具，取得制品。

注射成型时，塑料在热、力、水分、氧气等作用下，除引起高分子的化学变化之外，主要是一个物理变化过程。塑料的流变性、热性能结晶行为、定向作用等因素，对注射工艺条件及制品性质都会产生很大影响。本实验是按热塑性塑料试样注射制备方法的基本要求制备塑料试样的，然后测定塑料的性能。通过实验要求学生了解实验设备的基本结构，作用原理和使用方法；熟悉制备试样的操作要点；掌握工艺因素，实验设备与注射成型制品的关系。

二、仪器及原料

注射成型机：TT80型　　1台

试样模具：长条、圆片、哑铃　　1组

测温计：(量程 0～300℃，精确度±2℃) 1只

秒表 一块

原料：ABS、PS、PE 和 PP 等。

三、实验步骤及内容

1. 内容

根据原料成型工艺特点及试样质量要求，拟出实验方案。

(1) 塑料原料的干燥条件；

(2) 注射压力、注射速度；

(3) 注射、保压、冷却时间；

(4) 料筒温度、喷嘴温度；

(5) 模具温度、塑化压力、螺杆转速、加料量；

(6) 制品后处理条件。

在制样过程中，上列 (2) ～ (5) 项内容，可以采用不同的方案，以考察注射工艺条件与试样性能的关系。

2. 实验步骤

(1) 按注射成型机使用说明书或操作规程做好实验设备的检查、维护工作。

(2) 用“调整操作”方式，安装好试样模具。

(3) 注射机温度仪指示达到实验条件时，再恒温 10～20min，恒温时间到后，加入塑料进行对空注射。如从喷嘴流出的料条光滑明亮，无变色、银丝、气泡，说明料筒温度和喷嘴温度比较合适，即可按拟出的实验条件用半自动操作方式开动机器，制备试样。此后，每次调整料筒温度也应有适当的恒温时间。

在成型周期固定的情况下，用测温计测定塑料熔体的温度，制样过程中塑料温度测定不少于两次。

(4) 在成型周期固定的情况下，用测量计分别测量模具动、定模型腔不同部位的温度，测量点不少于三处，制样过程中，模温测定不少于两次。

(5) 注射压力以注射时螺杆头部施加于塑料的压力表示。

(6) 成型周期各阶段的时间，在固定情况下，用继电器和秒表测量。

(7) 制备试样过程中，模具的型腔和流道不允许涂擦润滑性物质。

(8) 制备试样数量，按测试需要而定，制备每一组试样时，一定要在基本稳定的工艺条件下重复进行。必须在至少舍去五模后，才能开始取样。若某一工艺条件有变动，则该组已制备的试样作废。所选取的试样在去流道赘物时，不得损伤试样本体。

(9) 试样的外观质量应符合塑料试验标准的规定。

(10) 试样处理应按塑料试验方法或产品标准的规定，或本实验提出的条件进行。

四、实验结果记录及作业

1. 填写实验记录。

2. 将制成的试样用应力仪观察应力分布情况。

3. 试样作下列性能检验：冲击强度测定 (方法见 GB/T 1043.1—2008)、压缩强度测定 (方法见 GB/T 1041—2008)。

五、问题讨论

1. 提出实验方案的料筒温度、注射压力、注射-保压时间应考虑哪些问题?

2. 试样产生缺料、溢料、凹痕、气泡、真空泡时，与哪些因素有关？

六、注意事项

1. 因电气控制线路的电压为220V，操纵机器时，应防止人身触电事故发生。

2. 在闭合动模、定模时，应保证模具方位整体的一致性，避免错合损坏。

3. 安装模具的螺栓、压板、垫铁应适用牢靠。

4. 禁止料筒温度在未达到规定要求进行手塑或注射动作。手动操作方式在注射-保压时间未结束时不得开动预塑。

5. 主机运转时，严禁手臂及工具等硬质物品进入料斗内。

6. 喷嘴阻塞时，忌用增压的办法清除阻塞物。

7. 不得用硬金属工具接触模具型腔。

8. 机器正常运转时，不应随意调整油泵溢流阀和其他阀件。

9. 严防人体触动有关电器，以免使机器出现意外而造成设备、人身事故。

实验 3-5　纤维缠绕工艺试验

纤维缠绕工艺是复合材料中最具特性的一种成型工艺方法，它的核心或重点是排纱技术，本实验课的训练重点也是排纱，兼顾网格理论强度分析。纤维缠绕是一束纤维纱成扁带状排布，且连续不断。

一、实验目的

1. 了解纤维缠绕工艺的基本特点，熟悉缠绕规律并学会缠绕线型的调试方法；

2. 观察纤维在轴对称模具上的分布状态，结合网格理论的强度分析，加深对纤维缠绕件结构特点的认识；

3. 通过纤维缠绕容器的内压试验操作，以实际数据校核网格理论的准确性。

二、实验内容

1. 轴对称带曲面封头的纤维缠绕芯模制作；

2. 按网格理论设计内压数据和缠绕参数，根据纤维缠绕规律与成型调试进行实际缠绕工艺操作；

3. 内胎制作和内压爆破试验。

三、实验原理

纤维缠绕是连续纤维复合材料的特殊成型工艺。纤维缠绕结构的形状通常是轴对称的封闭面主体形状，连续纤维均匀地按一定规律排布在芯模的表面上，树脂固化后就形成一个复合材料壳。这种壳式结构包括管、罐、球等，通常它们都是耐内压的结构，在内压工作状态下，所有壳体上的纤维都处于被拉伸的应力状态，充分发挥了连续纤维复合材料的高抗拉强度的优点。所以说，纤维缠绕结构是最能体现复合材料优点的。纤维缠绕成型工艺的重要性亦体现在此。

采用水压试验直至纤维缠绕壳爆破，可观察到结构形状与结构强度薄弱点之间的关系。

四、实验仪器和器材

1. 纤维缠绕机；

2. 芯模轴、形状刮板、麻绳、石膏等；

3. 水压力泵、乳胶片或囊、施压连接头和耐压管等。

纤维缠绕机的结构示意如图9-9所示。它由四部分组成，主轴转动部分带动芯模转动、沿芯模轴向螺旋缠绕部分、环向缠绕的丝杆传动部分，这些都由齿轮 A、B、C、D、Z_1、Z_2、Z_3、Z_4部分调节。水压泵由进水阀、加压泵活塞和计压表、出水管等组成。电动泵和手摇泵基本原理一样。

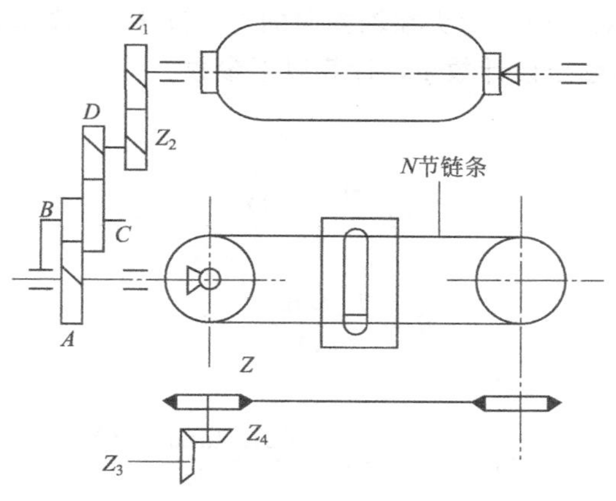

图 9-9 螺旋缠绕传动链

$$i_{主-车}=\frac{N}{Z}\times\frac{Z_4}{Z_3}\times\frac{A}{B}\times\frac{C}{D}\times\frac{Z_2}{Z_1}$$

五、实验步骤

1. 轴对称曲面封头的芯模制作

(1) 取一头粗一头细带台阶式钢铁轴一根，表面涂上薄薄一层黄油。

(2) 根据事先预定的形状、长度和直径在钢轴上绕上草（麻）绳，绕的方法要保证麻绳头固定不散而又不能在后续脱模工序中抽落下来，麻绳缠绕的厚度最好使刮板的间隙保证在10～20mm。这样刮石膏时不至很厚而使芯模质量太大，又不致石膏层很薄而使芯模经不起缠绕纱带的张力而破碎。

(3) 如图 9-10 所示，将形状刮板固定在钢轴的两头而能绕钢轴旋转，取半水石膏粉（即熟石膏粉）调入水盆中，迅速搅匀，不应用有块状物而成稀稠糊泥状，然后用勺将此石膏糊浇在麻绳上。同时不断地转动轴或刮板，使之形成一个表面光滑的轴对称的带曲面封头的芯模。

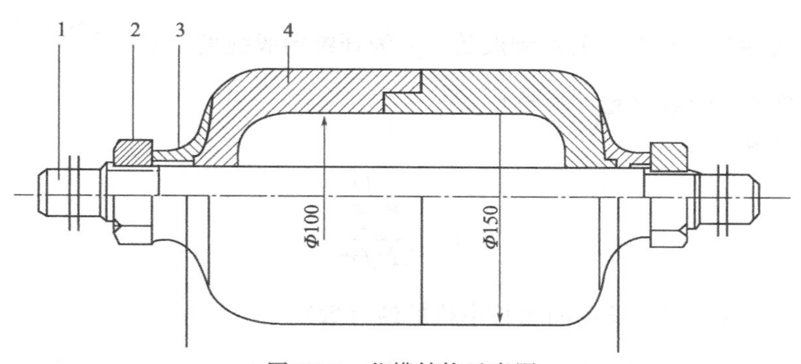

图 9-10 芯模结构示意图

1—芯轴；2—螺母；3—极孔嵌件；4—石膏

(4) 石膏芯模需经晾干2～3天才能用。

2. 纤维缠绕操作和线型调试

(1) 根据芯模的基本尺寸确定缠绕线型：已知的参数为芯模最大直径 D、极孔直径 d、圆柱段长度 L_c、两头的对称曲面封头在轴方向的封头高 L_e、选择的纤维束纱片（或称为粗纱）宽度 b、缠绕容器的耐压设计数 p，计算以下参数。

缠绕角 α：

$$\sin\alpha = \frac{d}{D} \tag{9-21}$$

圆柱段单程线转角：

$$\theta_c = \frac{L_c \tan\alpha}{\pi D} \times 360° \tag{9-22}$$

封头转角：

$$\theta_e = 90° + \sin^{-1}\left(\frac{2L_e \tan\alpha - d}{D}\right) \tag{9-23}$$

单程线芯模转角：

$$\theta_t = \theta_c + 2\theta_e \tag{9-24}$$

丝嘴往返一次芯模转角：

$$\theta_n = \left(\frac{K}{n} + N\right) \times 360° \pm \frac{\Delta\theta}{n} \tag{9-25}$$

式中，n 为缠绕一个标准线在极孔的切点数；$\Delta\theta$ 为时序相邻芯模转角增量。

速比：

$$i = i_0 \pm \Delta i = i_0 \pm \frac{\Delta\theta}{n \times 360°} \tag{9-26}$$

微调速比：

$$\Delta i = \frac{b}{n\pi D \cos\alpha} \tag{9-27}$$

螺旋缠绕层数：

$$J = \frac{p\pi\left(\frac{D}{2}\right)^2}{Nf\cos\alpha M} \tag{9-28}$$

式中，N 为纱带（粗纱）的纤维股数；f 为纤维的股强度；$M = \frac{2\pi D\cos\alpha}{b}$ [一个缠绕循环是两层，其总的纱带数（粗纱根数）]。

环向缠绕层数：

$$n = \frac{p\,\frac{D}{2}}{2Nfm} \tag{9-29}$$

式中，$m = \frac{1}{b}$（每厘米长度的周长中排的纱片数）。

一旦 J 和 n 出现小数点，则进位为整数，然后再反算出设计容器的爆破压力 p。

(2) 将芯模表面用玻璃纸全覆盖，贴好作为脱模膜；定好丝束的张力为丝束强度的5%～8%。

(3) 确定速比 $i_0=\frac{K}{n}+N$，需查参考文献。速比微调 Δi 由主轴转动带动纵向螺旋缠绕的载纱带的小车运动的挂轮比 $\frac{A}{B}\times\frac{C}{D}$ 的值决定。缠绕操作时应注意纵向缠绕和环向缠绕的机器传动装置的差别。观察 Δi 的正负号影响。

(4) 确定纵向层数和环向层数的层次序分配，要明确列出先后顺序，并在操作中执行。

(5) 配制树脂，装好纱团，按列好的纵环先后次序开始缠绕，一直进行到全部缠完。

(6) 观察纱带的排布情况，环向是按丝杠螺距宽度排纱，纵向是按速比微调 Δi 排纱。

(7) 缠绕完成后，将缠绕件加热升温固化，并不断旋转，以免流胶。注意芯模的热容量以及潮湿等原因。要适当延长热固化时间。否则，将会固化不完全。

(8) 脱模：将钢轴由小头向粗头方向敲出来，然后从轴孔将麻绳头取出并抽出所有麻绳，最后轻缓并小心将石膏壳弄碎并掏出来。纤维缠绕壳都比较薄，注意别使壳受损。

3. 内胎制作和水压爆破试验

(1) 按芯模外形（也即纤维缠绕壳内腔形）尺寸用乳胶片剪裁并用橡胶胶水粘连成一个可用水密封的内胎，内胎具有一进水嘴，靠金属接头和高压泵加压水管相连接。

(2) 将乳胶内胎从缠绕壳极孔放入壳内，摆正位置后将壳一极孔用金属螺纹连接件堵死，再将内胎装满自来水。

(3) 将试件用钢带夹固定，以免内压爆破时飞起造成损害。

(4) 按图9-11所示将试件与高压泵加压水管相连，注意密封不漏水。

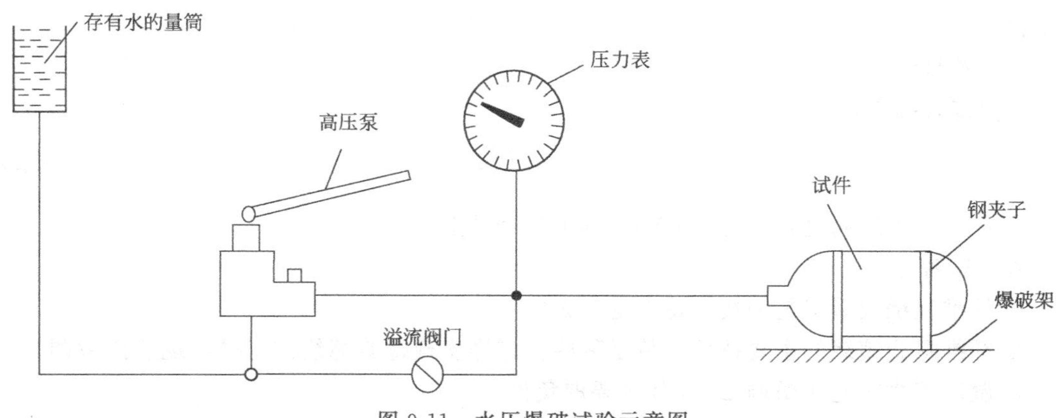

图9-11 水压爆破试验示意图

(5) 需要测缠绕壳变形的，此时可在试件上粘好应变片，并与应变仪相连。

(6) 先加出压1MPa，检查和调整试验装置，使其处于正常状态。卸压。人员远离试件。

(7) 加压速度为每分钟8～10MPa，直至缠绕壳破坏，记录破坏压力和破坏情况。

(8) 按网格理论作以下基本假定：

① 在内压容器中，只有纤维承受载荷作用，而基体的承载能力忽略不计；

② 纤维只承受轴向载荷，且每根纤维束的承载能力相同。

对壳体设计强度进行校核并讨论其差别。环向纤维的强度：

$$\sigma_{f\theta}=\frac{pR}{2t_{G\theta}}\ (2-\tan^2\alpha) \tag{9-30}$$

$$t_{G\theta}=\frac{\beta}{\rho_f}\times 10^{-5}\times\gamma_\theta \tag{9-31}$$

式中，$\sigma_{f\theta}$为环向纤维强度，MPa；p 为破坏压力，MPa；R 为壳体的中半径，cm；α 为缠绕角度，(°)；$t_{G\theta}$为壳体中环向纤维的厚度，cm；γ_θ为环向缠绕时单位宽度粗纱股数，cm^{-1}；β 为粗纱号数（即线密度 t），g/km；ρ_f为纤维密度，g/cm^3。

纵向纤维强度：

$$\sigma_{f\alpha}=\frac{pR}{2\times t_{G\alpha}\cos^2\alpha} \tag{9-32}$$

$$t_{G\alpha}=\frac{\beta}{\rho_f}\times 10^{-5}\times\gamma_\alpha \tag{9-33}$$

式中，$\sigma_{f\alpha}$ 为纵向纤维强度，MPa；$t_{G\alpha}$为壳体中，纵向纤维的厚度，cm；γ_α 为纵向缠绕单位宽度粗纱股数，cm^{-1}；

其余符号同上。

环向复合强度：

$$\sigma_{c\theta}=\frac{pR}{t_c} \tag{9-34}$$

$$t_c=\frac{t_{G\theta}+t_{G\alpha}}{V_f} \tag{9-35}$$

式中，$\sigma_{c\theta}$ 为环向复合强度，MPa；t_c 为壳体圆筒段计算厚度，cm；V_f 为纤维体积含量，%；

其余符号同上。

纵向复合强度：

$$\sigma_{c\alpha}=\frac{pR}{2t_c} \tag{9-36}$$

式中：$\sigma_{c\alpha}$ 为纵向复合强度，MPa；其余符号同上。

六、思考题

1. 纤维缠绕成型工艺的技术特点是什么？
2. 纤维螺旋缠绕的主要技术参数是哪些？怎样实现螺旋缠绕？怎样实现速比微调？
3. 湿法缠绕时速比微调 Δi 为什么要取负值？
4. 内压爆破试验为什么要用水作介质？为什么要规定加压速度？
5. 纤维缠绕时纤维张力大小有何影响？
6. 内压设计与爆破压力的差异原因何在？丝束强度的分散性是否对此有直接影响？
7. 纤维缠绕的模具一定是凸形的吗？凹形的模具是否能缠绕成型？请设想一下凹形模具纤维缠绕的方法。

实验 3-6 预浸料质量检验方法

一、实验目的

1. 掌握预浸布（料）质量检验方法和技术要点；

2. 熟悉沙氏萃取仪的使用方法。

二、实验内容

1. 预浸布（料）挥发分含量测定；
2. 预浸布（料）树脂含量测定；
3. 预浸布（料）中不可溶性树脂含量测定；
4. 预浸布（料）凝胶时间测定；
5. 预浸布（料）的树脂流动度测定；
6. 复合材料固化后的树脂固化度测定。

三、实验原理

预浸料是复合材料工艺过程中一种非常重要的阶段材料。预浸料的“质量”对最终复合材料制品的质量有极大影响。所谓预浸料（布）质量就是指预浸料的本征性能，这些能够表征复合材料预浸料性能的主要指标是挥发分、树脂含量、不可溶性树脂含量、凝胶时间和树脂流动度等。它们绝大多数都与树脂相关。众所周知，预浸料中树脂交联反应程度较高，树脂分子变得很大，则该预浸料在模压时就不易流动，会造成制品形状缺陷；如果树脂交联反应程度低，则刚加热时树脂流动性太大，在升温加压时，树脂流失过多，使制品产生树脂不足现象。因此，预浸料（布）的质量检测就是测量预浸料中树脂的状态。树脂的状态直接与预浸工艺参数相关，质量检测又可反馈去选定最佳的工艺条件。表征预浸料（布）质量所采用的几个物理量是我国复合材料工作者在长期工作中筛选出来的能较好反映预浸料后续生产制品质量的几个指标，且属于工程性质。挥发分含量依树脂品种不同而不同，而且处理条件规定也有差异，见表9-1。同样，预浸布（料）树脂含量的分析方法依增强纤维不同而有所不同，烧灼法仅适用于玻璃纤维和碳化硅纤维等在660℃以下不被空气所氧化的那一类纤维的增强塑料；已固化复合材料的固化度与不可溶树脂含量是一回事，同一概念，只是前者百分比高而后者的百分比低而已。“已固化”复合材料不是预浸料，将这一方法编放在本实验中的原因是因为它与预浸料树脂含量和不可溶树脂含量的测定方法相似。

四、实验仪器

分析天平、电热板、秒表、油压机、恒温水浴、沙氏萃取仪、烘箱（干燥箱）、马弗炉、真空泵、吸滤瓶、过滤器（G3）及滤板等常用器具。

五、实验步骤

1. 预浸料（布）挥发分含量测定

（1）从冷藏箱中取出预浸料，放于室温环境，待自然升到室温后方可解开塑料密封袋，弃去最外层部分进行取样；

（2）预浸布按左、中、右距边缘不应小于20mm的地方各取100mm×100mm试样一片，预浸料取样4～5g，所取试样不应与整卷预浸布（样本）有明显差别或颜色不匀等缺陷；

（3）准确称其质量 W_1，精确到0.0005g；

（4）将试样放于衬有四氟乙烯膜的不锈钢网上，或用S形不锈钢钩将试样分别悬挂于恒温箱中的支架上，按表9-1中所列温度和时间在烘箱中处理；

表 9-1 预浸料处理条件

预浸料种类	树脂类型	温度/℃	时间/min
预浸料	聚酯树脂	135±2	15
	环氧树脂	135±2	15
	酚醛树脂	160±2	15
预浸布	聚酯树脂	135±2	20
	环氧树脂	160±2	15
	酚醛树脂	180±2	15

(5) 取出在干燥器中冷却至室温，称其质量 W_2，精确到 0.0005g；

(6) 挥发分 V_c 按下式计算：

$$V_c=\frac{W_1-W_2}{W_1}\times 100\% \tag{9-37}$$

计算算术平均值，取三位有效数字。

2. 预浸料（布）树脂含量试验方法

萃取法和溶解法不适用于那些增强纤维和织物在溶剂中有增重和减重的预浸料，也不适用“B阶段程度高”的预浸料，准确的说法是有不可溶树脂的预浸料不适用；烧灼法仅适用于玻璃纤维及在高温 650℃下稳定的那一类纤维及织物的预浸料，不适用于碳纤维预浸料。

(1) 烧灼法

① 将测量挥发分的样品 W_2 放入在 650℃马弗炉中已恒重为 W_0 的坩埚中，并移入 650℃的马弗炉中烧灼 40min；

② 将坩埚取出放入干燥器中冷却到室温，称量得 W_3，(W_3-W_0) 即为玻璃纤维的质量；

③ 该预浸料树脂含量 W_R 按下式计算：

$$W_R=\frac{W_2-(W_3-W_0)}{W_2}\times 100\% \tag{9-38}$$

(2) 萃取法

参看本实验中第 6 点固化后的树脂固化度测定，其操作方法一样，也一样使用沙氏萃取瓶。

(3) 溶解法

① 取样方法与前述测定预浸料挥发分含量的取样方法相同；

② 准确称取试样质量 W_1，放入 250mL 烧杯中，取 100mL 溶剂（环氧树脂和聚酯树脂取丙酮，酚醛树脂取乙醇）注入试样烧杯中；

③ 将烧杯放入恒温水浴中（乙醇溶液水浴温度 80～82℃，丙酮溶液水浴温度 60～62℃）用表面皿盖好，待烧杯内开始沸腾后计时，煮沸时间至少 5min，溶解时可轻轻摇动烧杯；

④ 精确称量已干燥处理的过滤器及滤板（用定量滤纸亦可）W_0；

⑤ 将过滤器装在吸滤瓶上，将烧杯中的试样及溶液全倒入过滤器滤板上，开动真空泵抽滤，取新鲜溶剂 50mL，将烧杯中的纤维及织物的残渣全冲入过滤器中，再取 50mL 新鲜

溶剂再漂洗一次；

⑥ 将过滤器取下放入烘箱中于120℃干燥处理至少15min；

⑦ 取出放入干燥器中冷至室温，迅速称量W_2；

⑧ 按式（9-39）计算预浸料（干基）的树脂含量DRC：

$$DRC=\frac{W_1(1-V_c)-(W_2-W_0)}{W_1(1-V_c)}\times 100\% \tag{9-39}$$

式中，V_c为预浸料挥发分，%。

⑨ 预浸料总抽出物笼统计算树脂含量WRC由式（9-40）给出：

$$WRC=\frac{W_1-(W_2-W_0)}{W_1}\times 100\% \tag{9-40}$$

⑩ 预浸料（湿基）树脂含量WRS由式（9-41）给出：

$$WRS=\left[\frac{W_1-(W_2-W_0)}{W_1}-V_c\right]\times 100\% \tag{9-41}$$

3. 预浸料（布）中不可溶树脂含量测定

（1）按本实验中测定预浸料（布）挥发分含量的取样方法；

（2）迅速称量试样质量W_1；

（3）按乙醇：丙酮=1：1配混合溶剂600g，分成三杯；

（4）取试样放入第一杯中浸泡溶解3min，并可轻轻摇动帮助溶解；

（5）用干净不锈钢镊子将样品移入第二杯中浸泡溶解3min；

（6）用上述方法将试样移入第三杯中漂洗4min，取出放入干净表面皿中，在180℃下烘15min，除去表面附着的溶剂和渗入不可溶树脂中的溶剂；

（7）取出放入干燥器中冷却至室温，迅速称量残余试样W_2；

（8）将它放入650℃已恒重的坩埚W_0中，再移入650℃马弗炉中灼烧30min，取出放入干燥器中冷却至室温，连坩埚一起称量W_3；

（9）不可溶树脂含量C按式（9-42）计算：

$$C=\frac{W_2-(W_3-W_0)}{W_1(1-V_c)-(W_3-W_0)}\times 100\% \tag{9-42}$$

式中，V_c同式（9-37），其他符号均已交代。从式（9-42）的含义可知，不可溶树脂含量是相对于预浸料中树脂而言的。

4. 预浸布（料）的凝胶时间测定

（1）按本实验前述取样方法取样。

（2）切取6mm×6mm预浸布作为试样。

（3）取盖玻片2片放在已恒温的电热板上（参考环氧树脂135℃、不饱和聚酯树脂80℃、酚醛树脂160℃），预热20s。

（4）用镊子将样品放入两玻璃片之间，一边边沿对齐，立即计时。用木棍轻压玻璃片使样品挤流出一点树脂。

（5）不断用探针挑试样边沿的树脂，观察树脂成丝的倾向，至树脂胶滴不能成丝为止，停止秒表（精确至1s），所记的时间即为凝胶时间，以秒记。

（6）重复至少3个试样实验。

5. 预浸布（料）树脂流动度测定

（1）按本实验中前述取样方法取样。

（2）顺纤维方向切取 54mm×50mm 的试片 2 片（如玻璃布是 13 号以下的较薄布，可取 4 片），让其成 0°/90°交叉叠合构成一个试样，称量为 W_1 精确到 0.001g，沿布幅宽度方向按左、中、右取 3 个试样。

（3）取两片聚酯薄膜，最小尺寸 100mm×100mm，再取同样大小的两片透气聚四氟乙烯玻璃纤维布和四片玻璃纤维布。

（4）按下述程序叠合试样组合件：取一片聚酯薄膜放在干净的工作台面上，并将两片玻璃布叠放在聚酯薄膜上面，然后将一片聚四氟乙烯玻璃纤维布放在玻璃纤维布上面，所有边缘均应对齐，再将已称量为 W_1 的试样放在上述迭层的中央，在试样上面依次铺放一片聚四氟乙烯玻璃布、两片玻璃布、一片聚酯薄膜，使所有边缘都对齐，这就是一个组合件。

（5）称量组合件为 W_2，精确到 0.001g。

（6）将压力机电热板预热到所需温度（环氧树脂类 135℃，不饱和聚酯树脂 80℃，酚醛树脂 160℃），该温度一般为树脂的流动温度以上。

（7）将组合件 W_2 放入恒温的电热板之间，加压到 690kPa（亦可自行规定压强值，但要有参考价值），保温保压直至树脂凝胶，即要使保温保压时间至少超过凝胶时间。

（8）卸压，取出组合件在干燥器中冷却到室温，迅速称量 W_3，精确到 0.001g。

（9）从聚四氟乙烯玻璃纤维布处分离，小心除去试样流出来的树脂，不应使纤维织物受到损失，剩下玻璃纤维预浸布试片，称量该试片为 W_4，精确到 0.001g。

（10）预浸布树脂流动度定义为试样流失树脂的百分比。按式（9-43）计算含挥发分预浸布的树脂流动度 R_{F1}：

$$R_{F1}=\frac{W_1-W_4}{W_1}\times 100\% \tag{9-43}$$

按式（9-44）计算不含挥发分的预浸布试样的树脂流动度 R_{F2}：

$$R_{F2}=\frac{W_1-(W_2-W_3)-W_4}{W_1-(W_2-W_3)}\times 100\% \tag{9-44}$$

式中，所有符号或字母的含意均已在实验步骤叙述中交代。

6. 复合材料固化后的树脂固化度测定

（1）从固化后的复合材料样品的典型部位取试样，用锉刀锉下 1～2g 复合材料细粒和粉，取定量滤纸做成萃取筒，筒的大小正好能放入沙氏萃取仪中的样品池，高度应略低于萃取器的虹吸管，称量滤纸萃取筒 W_0，精确到 0.001g。然后将试样放入滤纸萃取筒中，称量两者质量和 W_1，精确到 0.001g。

（2）将滤纸萃取筒及试样放入萃取样品池中。

（3）取溶剂注入萃取器下的烧瓶中，并少量注入样品池中的滤纸萃取筒中使之湿润。溶剂还是以丙酮对环氧树脂和聚酯树脂，乙醇对酚醛树脂为宜。然后将沙氏萃取仪置于恒温槽中，使恒温水浸泡到烧瓶的 4/5 部位，安装好后通上冷却水。

（4）调节恒温槽温度，稍高于溶剂的沸点（丙酮 56℃，乙醇 78℃），使溶剂沸腾，冷凝回流，保证每小时萃取回流不少于 8 次。

（5）保持萃取 3h。

（6）取出滤纸萃取筒，让溶剂流干，在 105℃的烘箱中干燥 2h。

（7）取出放入干燥器中冷却至室温，迅速称量 W_2，精确到 0.001g。

(8) 该复合材料样品中树脂固化度按式 (9-45) 计算:

$$C_R=1-\frac{W_1-W_4}{(W_1-W_0)\ W_R}\times 100\% \tag{9-45}$$

式中，C_R 树脂的固化度,%；W_R 为该复合材料的树脂含量,%。

(9) 如有可能做一空白试验，校正滤纸的变化。

六、思考题

1. 本实验中第 1～5 点均采用预浸布做试样，如果采用短纤维预浸料做试样其操作上有哪些修正？试简述之。

2. 不可溶树脂就是交联树脂，固化度是否也可以采用浸泡法方式测定？为什么？

3. 预浸料树脂含量测定中的烧灼法是直接由测定挥发分后的试样为试样，它已经过高温（如表 9-1）处理过，试比较溶解法的三种计算树脂含量的方法，哪一种更接近烧灼法？

4. 结合酚醛树脂胶含量和固体含量的差别，评述溶解法测预浸料树脂含量中三种计算方法的物理意义的差别。

5. 用沙氏萃取仪测预浸料树脂含量和树脂固化度实验中，其萃取溶剂量的多少对测量准确性有无影响？在测量预浸料树脂含量时，将试样从萃取瓶中取出后马上放入 100mL 新鲜溶剂中漂洗 2～5min，这样操作有否必要？为什么？

6. 预浸料的树脂流动度与树脂含量相关，与操作压力、温度相关，所以表示树脂流动度的百分比还要注明上述条件才能反映该预浸料中树脂的状态，试想是否还有更准确的表征方法或是对原有方法加些修正？

7. 简述预浸布（料）在贮存过程中如何用质量检验来保证用它制造所要求的复合材料制品的性能。

实验 4 复合材料基本力学性能测试

实验 4-1 单向纤维复合材料实验样品制作

一、实验目的

掌握单向纤维复合材料力学性能试验用试样的制作过程和技术要点。

二、实验内容

1. 制作单向纤维预浸料（又称无纬布）；

2. 用单向纤维预浸料制作单向纤维复合材料实验的试样。

三、实验原理

如前所述，单向纤维复合材料基本力学性能数据是由三种受力状态，即拉、压、剪，且纤维方向与载荷施加方向成三种形式，即 0°、90°、45°的条件下测定的。所以，如图 9-12 所示三种试样形式可以实现这九个单向纤维复合材料基本力学性能的测定。

图 9-12 (a) 沿试样纤维方向 (0°) 拉伸、压缩得

拉：$\sigma_{t1}=\frac{P_b}{A}\quad E_{11}=\frac{\Delta\sigma}{\varepsilon_1}\quad \mu_{12}=\frac{\varepsilon_2}{\varepsilon_1}$

压：$\sigma_{c1}=\frac{P'_b}{A}$

图 9-12(b) 沿试样纤维垂直方向(90°) 拉伸、压缩得

拉：$\sigma_{t2}=\dfrac{P_b}{A}$　$E_{22}=\dfrac{\Delta\sigma}{\varepsilon_2}$

压：$\sigma_{c2}=\dfrac{P'_b}{A}$

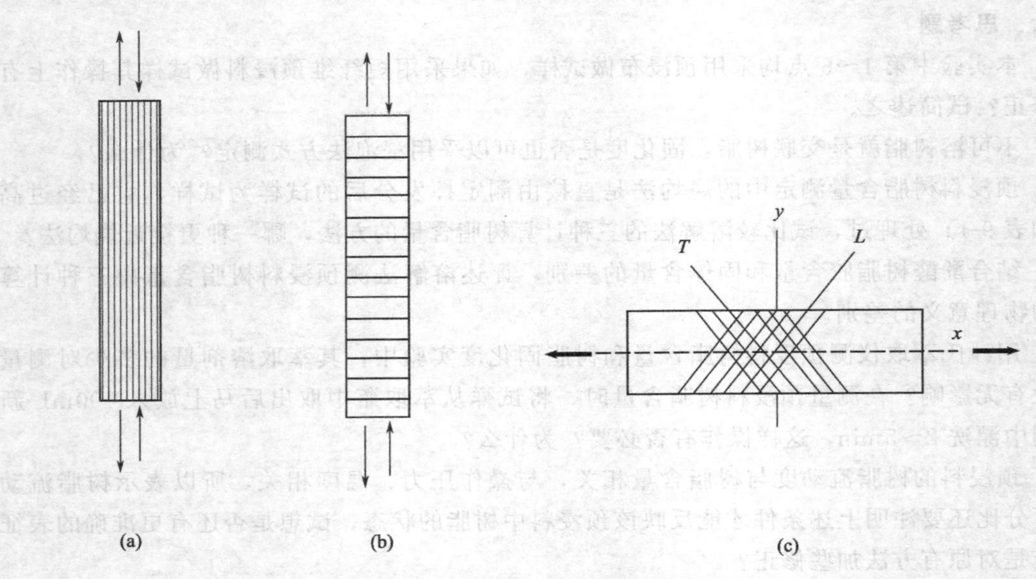

图 9-12　纤维方向与受力方向试样示意图

图 9-12 (c) 沿纤维方向呈±45°拉伸得：

$$\tau_{12}=\frac{P_b}{A}$$

$$G_{12}=\frac{P_b}{2A\ (\varepsilon_1-\varepsilon_2)}$$

E_{11}，又称 E_x，为沿试样纤维方向 (0°) 施加拉伸载荷时的弹性模量；E_{22}，又称 E_y，为垂直于试样纤维方向 (90°) 施加拉伸载荷时的弹性模量；G_{12}，又称 G_{xy}，为单向纤维复合材料板的面内纵横剪切模量；μ_{12}，又称 μ_{xy}，为沿试样纤维方向施加拉伸载荷时的泊松比；σ_{t1}，又称 σ_x，为沿试样纤维方向 (0°) 施加拉伸载荷时的破坏强度；σ_{t2}，又称 σ_y，为垂直试样纤维方向 (90°) 施加拉伸载荷时的破坏强度；σ_{c1}，又称 $\bar{\sigma}_x$，为沿试样纤维方向 (0°) 施加压缩载荷时的破坏强度；σ_{c2}，又称 $\bar{\sigma}_y$，为垂直试样纤维方向 (90°) 施加压缩载荷时的破坏强度；τ_{12}，又称 σ_s，为单向纤维复合材料板平面内纵横剪切强度。

四、实验仪器及设备

1. 环向缠绕机；

2. 270mm×270mm 平板式芯模 (如图 9-13)；考虑到±45°试样尺寸，建议使用 ϕ540mm×840mm 轴对称式圆柱芯模；

3. 可加热的油压机或真空袋热压罐；

4. 400mm×400mm 平板成型模具；

5. 环氧树脂及固化剂等。

五、实验步骤

1. 单向纤维预浸料（无纬布）制作

（1）按图 9-13 装备平板式芯模，涂脱模剂或铺脱模纸，在环向缠绕机上平行绕上纤维浸胶束纱，烘去溶剂后即可切割成 270mm×270mm 的单向纤维预浸布。

（2）若采用圆柱形模具，将模具装在环向缠绕机上，并在圆柱面上平整地铺上脱模纸；然后用细纱（80 支 2 股）浸渍环氧树脂，往返环向缠绕致厚度 0.2mm 左右；用红外灯烤去树脂中的溶剂后，在圆柱面上沿轴的平行线切断环向缠绕的纤维和脱模纸，连同纤维预浸料和脱模纸一起平展开于平台上，得到 1700mm×840mm 的一块单向纤维预浸料；由于脱模纸容易与之分离，便于按厚度要求选择几片叠合而成。

（3）所制作的单向纤维预浸料用密封袋卷装（注意卷筒的直径宜大一些），贮存于冷藏箱中待用。

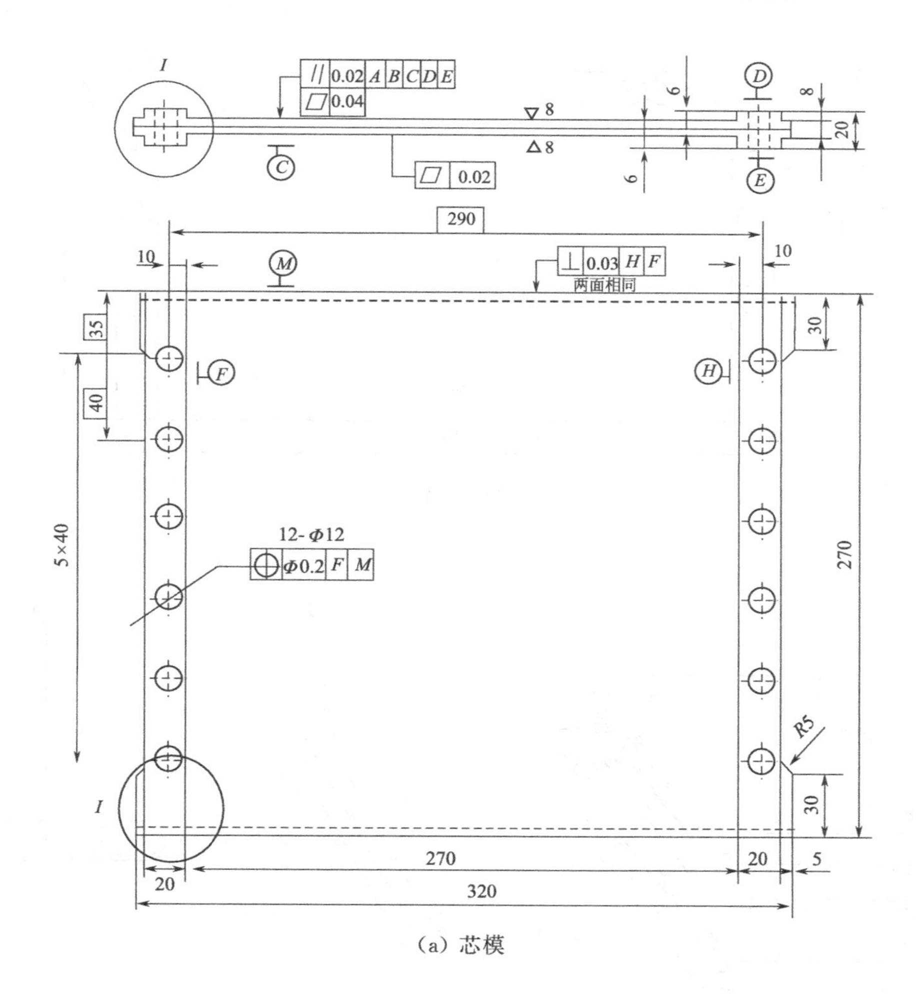

(a) 芯模

图 9-13

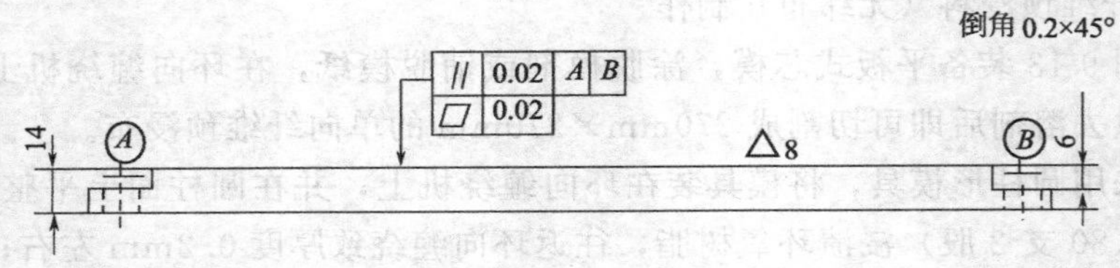

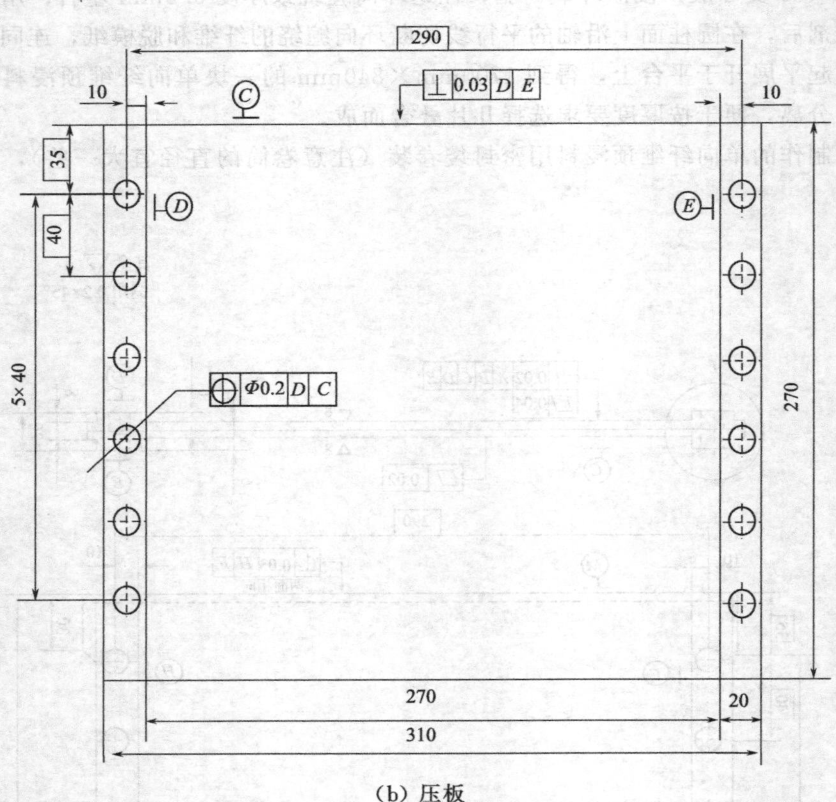

(b) 压板

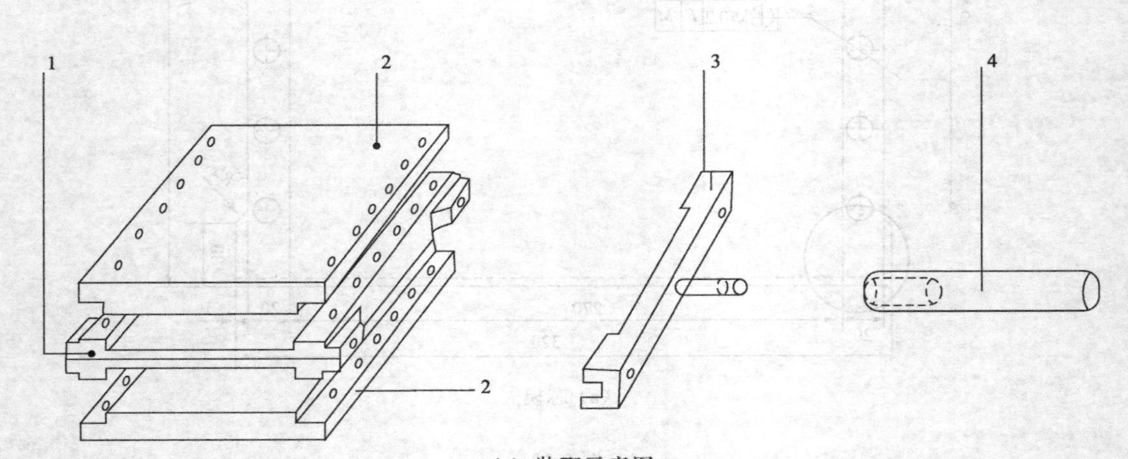

(c) 装配示意图

图 9-13 单向纤维预浸料（无纬布）制作

1—芯模；2—上、下压板；3—接衬杆；4—接轴

2. 试样制作

(1) 按国标要求

[0°] 试样厚度 1mm，长度 230mm；

[90°] 试样厚度 2mm，长度 170mm；

[±45°] 试样厚度 3～6mm，长度 250mm。

每种试样至少 5 个，且宽度都按 25mm 计算。考虑加工余量等因素，建议按下述尺寸制作单向纤维平板：

[0°] 试样厚度 1mm 的 250mm×200mm 1 块；

[90°] 试样厚度 2mm 的 190mm×600mm 1 块；

$[\pm45°]_s$表示 1s 镜面对称铺层，代表 [+45°/−45°/−45°/+45°]，3s 即为 3 个 1s 叠合起来的 250mm×200mm 1 块。

(2) 从冷藏袋中取出单向纤维预浸料，室温放置 1h。

(3) 按上述要求用模板切割成平板模具大小的单片式单向纤维预浸料，估计各种规格的片数；用量按式 (9-46) 计算：

$$N_a = \frac{t\rho_f V_f}{G_{pf}} \tag{9-46}$$

式中，N_a 为预浸料层数；t 为板材厚度，cm；ρ_f 为纤维密度，g/cm^3；V_f 为单向纤维板中纤维体积含量，%；G_{pf}为预浸料单位面积纤维质量，g/cm^2。

(4) 将 [0°]、[90°]、$[\pm45°]_s$的纤维预浸料叠合后平放于平板模具中，注意边缘对齐，铺层角度误差不能大于±1°。

(5) 按图 9-14 所示的组合方式送入热压罐中加热固化，同时将真空泵与图中 14 处连接，抽真空至少达到 93.1kPa 真空度；热压罐温度控制精度为±3℃。

如采用平板模具在油压机上固化，亦可参照图 9-14 所示组合方式，用上下模在油压机上加压、加热固化。

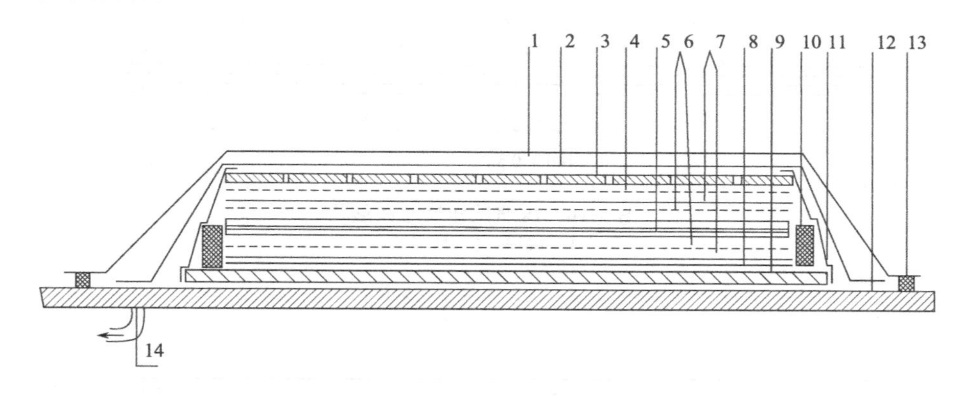

图 9-14 预浸料和各辅助材料组合示意图

1—真空袋；2—透气材料；3—上压板；4—有孔隔离层；5—预浸料叠层；6—有孔脱模布；7—吸胶材料；8—隔离薄膜；9—底模板；10—周边挡条；11—周边密封带；12—热压罐金属基板；13—密封胶条；14—真空管路

(6) 固化后随炉冷却脱模，取出平板，目测不应有明显气泡等缺陷；要求每边切除 10～15mm边缘区。

(7) 将对应的平板按图 9-15～图 9-17 所提供的图形和尺寸，用钢锯切割并用 0 号砂纸磨去毛边。

（8）取 1mm 厚的铝板做加强片，用钢锯将它切割成图 9-15～图 9-17 所示形状和尺寸，其中拉伸试样的加强片可用细齿锉刀倒角；然后用室温固化的环氧树脂将加强片粘贴。粘贴前用砂纸对粘贴面砂磨出新表面，再用棉纱蘸酒精擦拭一次，晾干后马上涂刮环氧树脂于粘贴面上，再用手虎钳使之对齐贴合粘接，4h 后可脱去手虎钳。去流胶毛边后放于干燥器中至少 24h，留用。

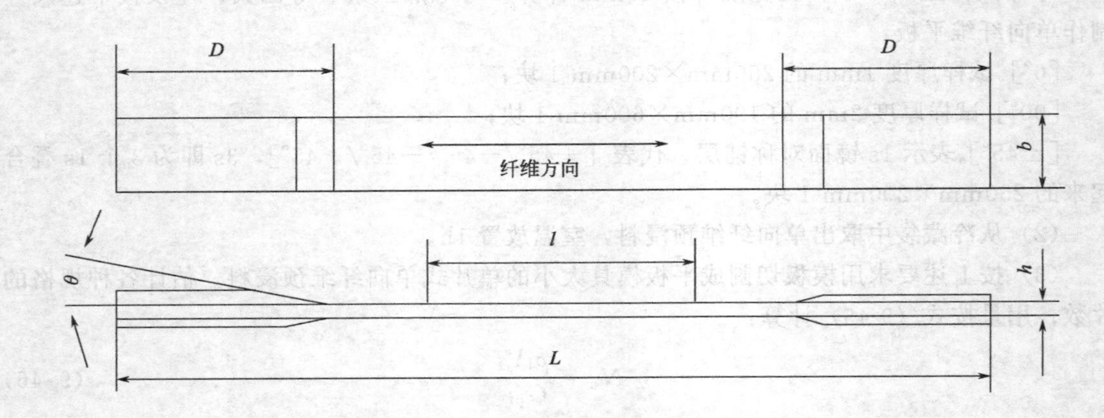

图 9-15 拉伸试验的样品形状和尺寸

L—试样总长；h—试样厚度；D—加强片长度；b—试样宽度；l—工作段长度；θ—加强片倒角

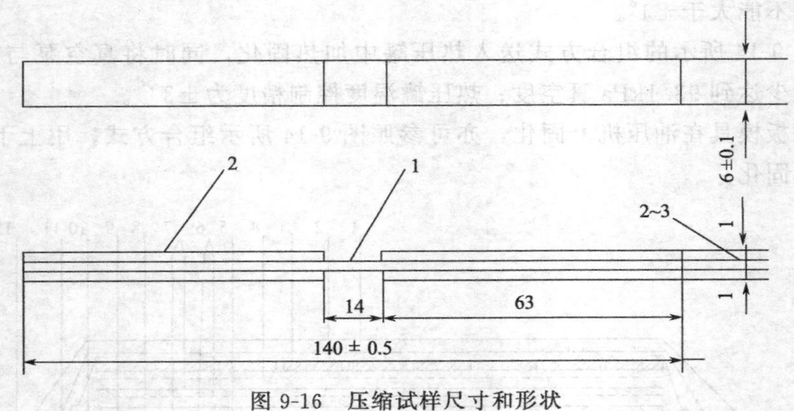

图 9-16 压缩试样尺寸和形状

1—试样；2—加强片

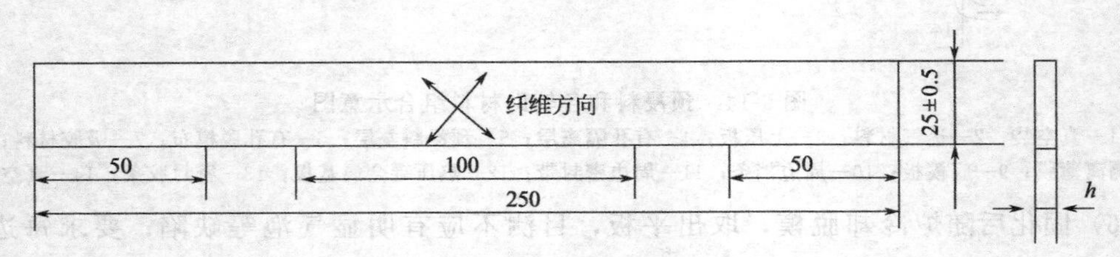

图 9-17 纵横剪切试样形状和尺寸

表 9-2 所示为试样尺寸。

表 9-2　试样尺寸

试样别类	尺寸/mm					
	L	b	h	l	D	θ
0°	230	12.5±0.5	1～3	100	50	＞15°
90°	170	25±0.5	2～4	50	50	＞15°

注：1. 仲裁试样的厚度为(2.0±0.1)mm。
2. 测定泊松比时也可采用无加强片的试样。
3. 测定 0°泊松比时试样宽度也可采用(25±0.5)mm。

每组试样至少 5 个，[0°] 拉伸 5 个，[0°] 压缩 5 个，[90°] 拉伸 5 个（该种试样应有备用），[90°] 压缩 5 个，[±45°] 纵横剪切 5 个，总共至少 25 件。分别编号并测量相应的宽厚尺寸，精确到 0.02mm，列表登记。最好每种试样都有备用件，每组试样有效试验不足 5 件时，应予重做。

实验 4-2　单向纤维复合材料基本力学性能测定

一、实验目的

1. 掌握单向纤维复合材料力学性能的测定方法与技术要点；

2. 了解拉伸、压缩试验方法和应力应变仪的使用方法。

二、实验内容

1. 用拉伸方式试验测定 σ_{t1}、E_{11}、σ_{t2}、E_{22}、μ_{12}（μ_{21}）、τ_{12}、G_{12}；

2. 用压缩方式试验测定 σ_{c1}、σ_{c2}。

三、实验原理

复合材料力学中最突出的特点是各向异性，纤维方向与垂直纤维方向的力学性能完全不一样，这不仅给层合板的分析，也给测试方法带来了很多的困难，本实验所采用的方法作了严格的假定：一是正交各向异性材料；二是平面应变；三是纤维与基体在界面处变形一致。这三条能否成立与做试样的技术水平相关，所以说要准确测定单向纤维复合材料的力学性能很困难。本实验是采用材料力学的方法。

四、实验仪器及设备

1. 万能试验机；

2. 应力应变仪，X-Y 记录仪；

3. 压缩试验夹具（如图 9-18 所示）。

材料薄板压缩试验曾经是个难点，纤维复合材料薄板的压缩试验一样比较困难，原因是它失稳和失稳的形式不一样，使所测数据分散。

五、实验步骤

1. 拉伸方式试验测定 σ_{t1}、E_{11}，σ_{t2}、E_{22}、μ_{12}、τ_{xy} 和 G_{xy}

(1) 对仪器通电预热。

(2) 分别校准载荷值、位移计（引伸计）和 X-Y 记录仪（在教师陪同下调试，以保证准确度）。

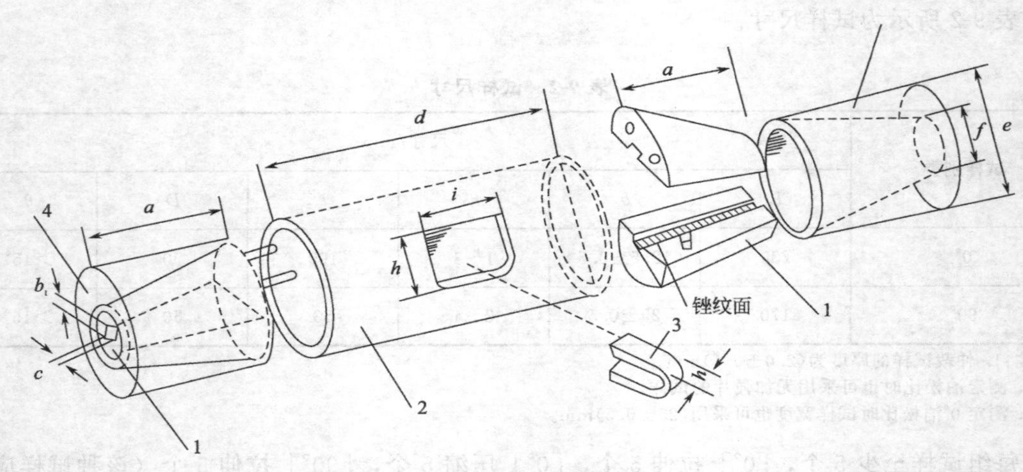

图 9-18 单向复合材料压缩试验夹具

1—楔块；2—套筒；3—预载垫片；4—外夹头

（3）按编号依次检测基本尺寸，并逐一填入准备的表格中，数据多、试样多，有表格就不会乱套。

（4）装卡试样，注意使试样的轴线上下对准试验机上下夹头的中心线。

（5）在试样中线上装卡位移计，注意准确测量轴向测量标距 l_L 和横向测量标距 l_T，精确到 0.02mm（不同位移计的 l_L 和 l_T 不一定一样）。施加初载（约为破坏载荷的 5%），检查并调整试样及变形或应变测量系统等的显示和记录装置，使其处于正常工作状态。

（6）选择拉伸试验的加载速度为 1～6mm/min，仲裁试验为 2mm/min；X-Y 记录仪的记录笔取不同颜色。测定弹性模量、泊松比、破坏伸长率及应力-应变曲线时，采用分级加载，级差为破坏载荷的 5%～10%（测定拉伸弹性模量和泊松比时，至少五级），记录各级载荷与相应的变形或应变值。使用自动记录装置时可连续加载。通常为了保护位移计（引伸计），在测完变形量时或在拉伸破坏之前将位移计轻轻取下，然后再接着将试件拉伸到破坏，记录最大载荷值。

如此重复上述操作，直至［0°］拉伸试件都试验完。观察试验中试件的破坏形式，凡破坏仅发生在夹持段内的试样结果应予作废，同批有效试样不足 5 个时，应补充备用试件，保证有效试样在 5 个以上。

根据记录仪绘制的应力-应变曲线及记录值，按式（9-47）～式（9-49）分别计算［0°］拉伸试验的 σ_{t1}、E_{11} 和 μ_{12}：

$$\sigma_{t1}=\frac{P_b}{bh} \tag{9-47}$$

$$E_{11}=\frac{\Delta P_b l_L}{bh\Delta l_L} \tag{9-48}$$

$$\mu_{12}=-\frac{\varepsilon_T}{\varepsilon_L} \tag{9-49}$$

式中，P_b 为拉伸时破坏载荷，N；b 为试样工作段宽度，mm；h 为试样工作段厚度，mm；ΔP 为载荷-变形曲线直线段的载荷增量，N；Δl_L 为对应于 ΔP 的 l_L 的变形增量，mm；l_L 为轴方向试样的测量标距，mm；ε_L 为对应 ΔP 的纵向（轴向）应变，等于 Δl_L/

l_L；ε_T为对应 ΔP 的横向应变，等于 $\Delta l_T/l_T$；l_T为试样横向测量标距（就是宽度 b），mm；Δl_T为对应于 ΔP 的 l_T的变形增量（负值），mm。

（7）将［90°］方向试件小心夹在试验机上，［90°］试样强度低、尺寸短，与［0°］拉伸试样同样操作，得到：

$$\sigma_{t2}=\frac{P_b}{bh} \tag{9-50}$$

$$E_{22}=\frac{\Delta P_b l_L}{bh\Delta l_L} \tag{9-51}$$

式中，符号的物理意义与式（9-47）～式（9-49）同。

（8）将［±45°］$_s$试样轴线对准上下夹头中心线夹住试样，按上述同样方法进行拉伸试验，按如下公式计算 τ_{12}和 G_{12}。

$$\tau_{12}=\frac{P_b}{2bh} \tag{9-52}$$

$$G_{12}=\frac{\Delta P}{2bh\ (\Delta\varepsilon_1-\Delta\varepsilon_2)} \tag{9-53}$$

式中，ΔP 为对应于 $\Delta\varepsilon_1$和 $\Delta\varepsilon_2$应变值的弹性范围内的载荷增量；$\Delta\varepsilon_1$为拉伸方向对应于 ΔP 的应变增量 $\Delta x/x$；$\Delta\varepsilon_2$为垂直拉伸方向对应于 ΔP 的应变增量 $\Delta y/y$，实际上是 $\Delta b/b$；x 为拉伸方向的测量标距，mm；Δx 为拉伸方向 ΔP 对应的标距 x 的增量，mm；b 为试样宽度，mm；h 为试样厚度，mm。

2. 用压缩方式试验测定 σ_{c1}和 σ_{c2}

（1）从干燥器中取出试样，依次测量它工作段的宽度和厚度。

（2）按图 9-19 将试样装备。将上下楔块分别夹住试样两头，上下楔块中间放置预热块或称预载垫，使两楔块之间的距离保持 14mm，将试样夹具放在试验机上，对准中心，加预载，使之上下楔块紧实，以夹紧试样为宜，预载不宜过高，并使套筒能自由上下移动，然后卸去预载荷，移开套筒取出预垫块。

（3）小心将试样放于试验机平台上，选择加载速度 1mm/min，均匀连续地加载直至破坏；加强片脱落，端头挤压破坏的试样应予作废。一般试样 5 个，仲裁试验试样 10 个，不足此试样数，应补做。

（4）先做［0°］方向的试样，注意多种破坏形式；然后做［90°］方向的试样，注意 σ_{c1}比 σ_{c2}高很多倍。

（5）按下式计算材料的压缩强度：

$$\sigma_{c1}=\frac{P_b}{bh} \tag{9-54}$$

$$\sigma_{c2}=\frac{P'_b}{bh} \tag{9-55}$$

式中，P_b 为［0°］试样的压缩破坏载荷，N；P'_b 为［90°］试样的压缩破坏载荷，N；b 为试样宽度，mm；h 为试样厚度，mm。

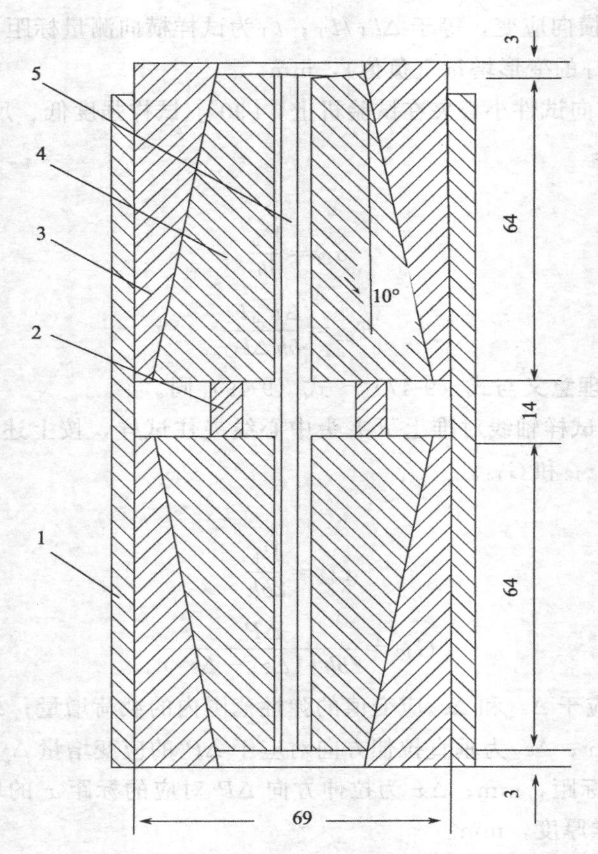

图 9-19 压缩夹具装配示意图

1—套筒；2—预载垫；3—外夹头；4—楔块；5—试样

六、思考题

1. 各向异性材料与各向同性材料比较，测定方法和试验操作方面有哪些不同？

2. 如果在［90°］拉伸试样上也测量泊松比 μ_{21}，那么 E_{11}、E_{22}、μ_{21}、μ_{12} 四个常数中只有三个是独立的，从试验角度考虑，哪一个最不容易测准确，就不准备测它，从实验中体会，哪一个更难测定？为什么？

3. 每次装夹试样一定要使试样中心轴线对准试验机的上下夹头的中心线，不这样将有什么结果？

4. 压缩试验中对预垫块应有什么要求？实验中没有交代，请你对它加以限定。

5. 结合实验过程具体解说三条假设（即正交各向异性材料、平面应变、纤维与基体在界面处变形一致）的具体内容及假设的必要性。

实验 4-3 复合材料层压板拉伸试验

一、实验目的

掌握复合材料层压板拉伸试验方法，观察复合材料拉伸破坏的形式。

二、实验原理

在拉伸载荷下复合材料层压板试样中的纤维并不一定都承受载荷，因此，所测试的力学性能和破坏形式与单向纤维复合材料不同。

三、实验仪器及设备

万能试验机及应变仪。

万能试验机的规格很多，但主要有机械式和电子式两类，加载部分多是螺杆，而测力部分有杠杆式和平衡电桥式。应变仪也是利用平衡电桥的原理，位移计（引伸计）是其中电桥的一臂，因此每次试验都要调一次平衡。

四、实验步骤

1. 取前面实验所制备的层压板，目测距板材边缘 20mm 区内不得有气泡、分层、皱褶、翘曲等缺陷；同时考虑取样区内玻璃布铺层时经纬方向。然后按图 9-20 和表 9-3 给出的试样形状和尺寸，用弓锯、锉和砂纸（有条件的实验室可用硬质合金刀具或砂轮片）切割、锉磨加工成标准试样，至少 5 根。

加工时禁止用油冷却和润滑，而应用水冷却，加工后再干燥处理。试样厚度方向的表面可不加工，但可适当用砂纸磨平，以便测量厚度时提高准确度。加工后试样有缺陷和尺寸相差太多的应予作废。

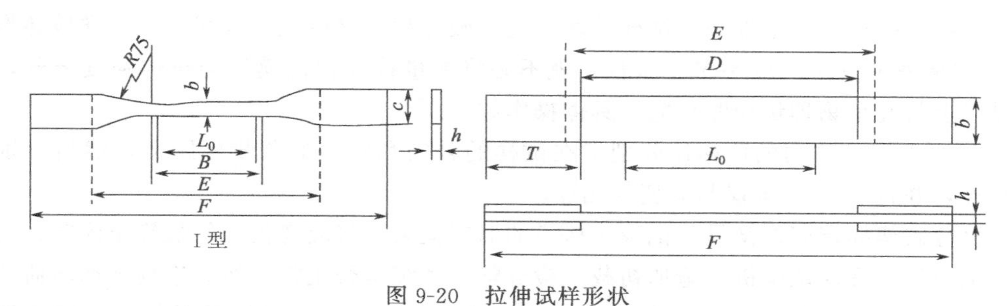

图 9-20　拉伸试样形状

表 9-3　拉伸试样形状　　单位：mm

尺寸符号	Ⅰ型	Ⅱ型
总长(最小)F	180	250
端头宽度 c	20±0.5	
厚度 h	2～10	2～10
中间平行段长度 B	55±0.5	
中间平行段宽度 b	10±0.2	25±0.5
标距(或工作段)长度 L_0	50±0.5	100±0.5
夹具间距离 E	115±5	170±5
端部加强片间距离 D		150±5
端部加强片最小长度 T		50

2. 试样状态调节：试验前应将试样在温度（23±2)℃、相对湿度 45%～55%的标准条件下至少放置 24h，或将试样在干燥器内放置至少 24h，亦可按送样单位要求的条件放

置 24h。

3. 测量试样标距长度、宽度、厚度等尺寸，10mm 以上的精确到 0.05mm；10mm 或小于 10mm 的精确到 0.02mm。

4. 按如下规定选择加载速度：测定拉伸模量、泊松比、伸长率时，加载速度为 2mm/min；测量拉伸强度时，Ⅰ型试样为 10mm/min，Ⅱ型试样为 5mm/min；然而仲裁试验时均为 2mm/min。

5. 将试样的中心线与试验机上、下夹具的中心线对准，夹紧。

6. 在标距上安装位移计，施加初载（约为破坏载荷的 5%），检查并调整测力系统和变形测量系统，使整个试验系统处于正常工作状态；测量拉伸弹性模量、泊松比、伸长率和应力-应变曲线时，采用分级加载，级差为破坏载荷的 5%～10%（测定时至少分五级加载，施加载荷不宜超过破坏载荷的 50%。一般至少重复测定三次，取其两次稳定的变形增量。测量拉伸割线弹性模量时，施加载荷至规定的应变值）。记录各级载荷与相应的变形量。有自动记录 X-Y 仪时，可连续加载。

测量拉伸强度时连续加载至试样破坏，记录破坏载荷（或最大载荷）及试样破坏形式。

7. 如果采用应变仪和 X-Y 记录仪，就不必将测量拉伸弹性模量与拉伸强度分开，而是一个试样上将几个物理量全测量完。具体操作如下。

将 x 方向和 y 方向的位移计分别卡在试样的轴向和横向的测量标距上，然后分别与应变仪相连，并将 X-Y 记录仪与应变仪相连。

用百分表架标定变形微量与记录仪格子的对应关系；将应变仪的倍数旋钮固定，放下记录仪的记录笔；开动试验机，施加初载，检查整个系统是否正常，然后连续施加载荷，当在 X-Y 记录仪上得到了应力-应变曲线时，在试样未破坏之前小心将位移计卸下，然后接着试验到拉伸试样破坏。

8. 观察破坏状况，若为以下情况则试验作废。

(1) 试样破坏在明显内部缺陷处；

(2) Ⅰ型试样破坏在夹具或圆弧处；

(3) Ⅱ型试样破坏在离夹具 10 mm 以内处。

9. 计算四个测量结果

拉伸强度：

$$\sigma_t=\frac{P_b}{bh} \tag{9-56}$$

拉伸模量：

$$E_t=\frac{L_0\Delta P}{bh\Delta L} \tag{9-57}$$

断裂伸长率：

$$\varepsilon_t=\frac{L_m}{L_0}\times 100\% \tag{9-58}$$

泊松比：

$$\mu=\frac{\varepsilon_2}{\varepsilon_1} \tag{9-59}$$

式中，P_b为试样经受的最大载荷（破坏载荷），N；L_0为试样 y 方向测量标距，mm；

L_m为最大载荷下 L_0的伸长量，mm；ΔP 为变形曲线上直线段的载荷增量，N；ΔL 为与 ΔP 对应的L_0的伸长量，mm；Δb 为与 ΔP 对应的 b 的变形量（缩小），mm；b 为试样宽度，mm；h 为试样工作段的厚度，mm；ε_2 为横向应变，$\varepsilon_2=\frac{\Delta b}{b}$；$\varepsilon_1$ 为纵向应变，$\varepsilon_1=\frac{\Delta L}{L_0}$。

10. 拉伸割线弹性模量定义为：拉伸应力-应变曲线上的原点与规定的应变相对应的连线的斜率，其计算式如下。

$$E_x=\frac{PL_0}{bh\Delta L_x} \tag{9-60}$$

式中，E_x为在 0.1%或 0.4%应变下的拉伸割线弹性模量，MPa；P 为载荷-变形曲线上产生与规定应变对应的载荷，N；ΔL_x 为与载荷 P 对应的标距L_0 内的变形值，mm。

其余符号同式（9-56）～式（9-59）。

实验 4-4 复合材料层压板压缩试验

一、实验目的

掌握复合材料层压板压缩试验方法，观察复合材料压缩破坏的形式。

二、实验原理

在压缩载荷下被压缩试样的形状及高度对压缩强度和压缩模量有明显影响，因此，对试样增加了细长比 λ 的要求。

三、实验仪器及设备

万能试验机及载荷施加倒向机构、应变仪。

四、实验步骤

1. 层压板按表 9-4 制备压缩试验的试样。从表 9-4 中的仲裁试样尺寸直接给出了标准尺寸，省去了计算的过程。将试样放入干燥器中处理至少 24h。

表 9-4 压缩试样尺寸

尺寸符号	Ⅰ型		Ⅱ型	
	一般试样	仲裁试样	一般试样	仲裁试样
宽度 b/mm	10～14	10±0.2	d=4～16 H=4 d	d=10±0.2 H=25±0.5
厚度 h/mm	4～14	10±0.2		
高度 H/mm	λh/3.46	30±0.5		

注：λ 为试样的细长比。

2. 测量试样的宽度和厚度，精确到 0.02mm，然后将试样放入试验机上下加压板中心，再按《复合材料层压板拉伸试验》中的 2～8 条操作。

3. 压缩强度按式（9-61）计算：

$$\sigma_c=\frac{P}{F} \tag{9-61}$$

式中，σ_c 为压缩强度，MPa；P 为最大压缩载荷，N；F 为试样横截面积，mm^2，其中Ⅰ型试样 $F=bh$，Ⅱ型试样 $F=\pi d^2/4$。

压缩弹性模量按式（9-62）计算：

$$E_c=\frac{L_0\Delta P}{bh\Delta L} \tag{9-62}$$

式中，E_c 为压缩弹性模量，MPa；L_0 为仪表（位移计）的标距，mm；ΔP 为载荷-变形曲线上初始直线段的载荷增量，N；ΔL 为与载荷增量 ΔP 对应的标距 L_0 的变形量，mm。

实验 4-5 复合材料层压板层间剪切试验

一、实验目的

掌握复合材料层压板层间剪切试验方法。

二、实验原理

由于复合材料的各向异性，使之剪切应力应变的形式很多，本实验强调的是层间剪切试验。

三、实验仪器和设备

万能试验机和拉伸转变为压缩的机构，试样支座等。

四、实验步骤

1. 层压板按图 9-21 用铣床制造试样至少 5 件；测量受剪层面的宽度和高度，精确至 0.02mm；同时检查试样 A、B、C 三面是否相互平行并与布层垂直，D、E、F 三面是否与布层平行，受力面要求光滑；然后将试样在标准状态下或干燥器中放置至少 24h，待用。

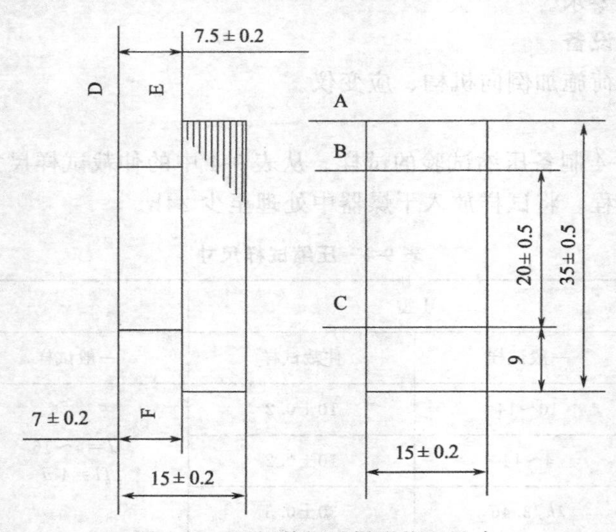

图 9-21 层间剪切试样形状和尺寸

2. 如图 9-22 所示，将试样放入层间剪切夹具中，A 面向上，夹持时以试样能上下滑动为宜，不可过紧，然后将夹具放于试验机压板中心，压板表面应平整。

3. 选择加载速度为 5～15mm/min，对试样均匀、连续地加载，直至破坏，记录破坏载荷值。

4. 检查破坏试样，凡不沿剪切面破坏的试样均予作废。

5. 按如下式计算层间剪切强度 τ_s（MPa）：

$$\tau_s=\frac{P_b}{bh} \tag{9-63}$$

式中，b 为试样受剪切面的宽度，mm；h 为试样受剪切面高度，mm；P_b 为破坏载荷，N。

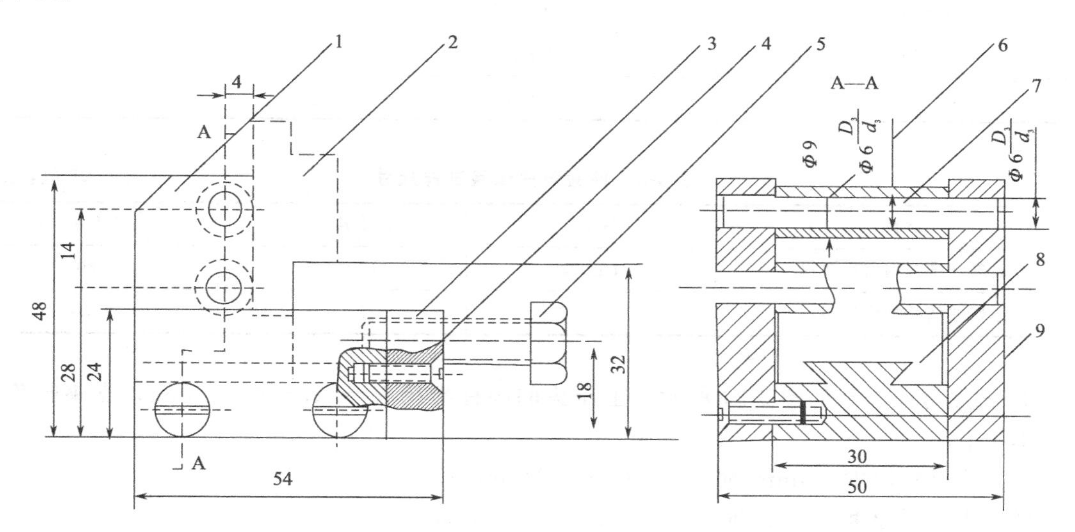

图 9-22 层间剪切夹具

1—前盖板；2—试样；3—侧盖板；4—螺钉：M4×14；5—螺栓：M8×30；6—轴套；7—轴；8—滑块；9—底座

实验 4-6 复合材料弯曲试验

一、实验目的

掌握复合材料弯曲试验方法。

二、实验原理

三点弯曲是简支梁中心加载的方式，在挠度小于或等于 1.5 倍试样厚度时，破坏的试样以最大或破坏载荷计算弯曲强度，而破坏前挠度大于 1.5 倍试样厚度时的试样以挠度等于 1.5 倍厚度时的弯曲应力为弯曲强度。该方法测定的弯曲模量为近似值。

三、实验仪器和设备

万能试验机和三点弯曲的支架、百分表等。

四、实验步骤

1. 层压板按图 9-23 和表 9-5 的试样形状和试样尺寸加工试样，至少 5 根；测量试样的宽、厚，精确到 0.02mm，然后将试样在标准状态下或干燥器中放置至少 24h。

用于仲裁试验的试样尺寸见表 9-6。

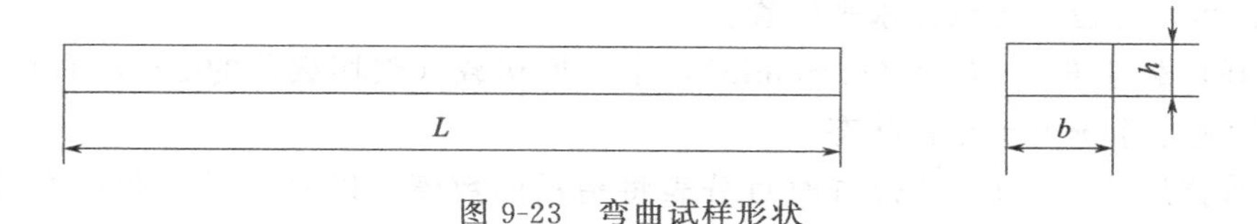

图 9-23 弯曲试样形状

表 9-5 弯曲试样尺寸 单位：mm

名义厚度 h	宽度 b	长度 L
$1<h<10$	15±0.5	20 h
$10<h<20$	30±0.5	
$20<h<35$	50±0.5	
$35<h<50$	80±0.5	

表 9-6 仲裁弯曲试验试样尺寸 单位：mm

材料	厚度 h	宽度 b	长度 L
玻璃纤维织物增强塑料	4±0.2	15±0.5	=80
短切玻璃纤维增强塑料	6±0.2	15±0.5	=120

2. 三点弯曲支架如图 9-24 所示，上压头的圆柱半径 $R=$（5±0.1）mm，支座圆角半径 r 如下。

(1) 当试样厚度>3mm 时，$r=$（2±0.2）mm；

(2) 当试样厚度=3mm 时，$r=$（0.5±0.2）mm。

试样支座跨度 $l=$（16±1）h。

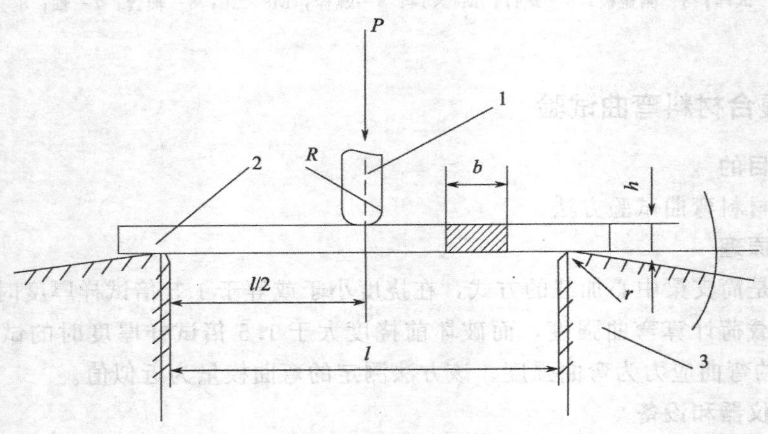

图 9-24 三点弯曲支架

1—上压头 R；2—试样；3—试样支座

3. 调节试样支座跨度 l，并测量准确至 0.5mm，将上压头调于支座中间，且上压头和支座的圆柱面轴线应相平行；然后将试样放于支座中心位置，试样的长度方向中线与支座和上压头垂直；将测量变形的仪器（百分表或位移计）置于跨度中点处，与试样下表面接触；记下起始位置，此位置为试样水平位置。

4. 选择加载速度 $v=h/2$（mm/min），小心加初载（破坏载荷的 5%左右），检查和调整仪表，使整个系统处于正常状态。

5. 计算挠度等于 $1.5h$ 的位置时百分表将指示的数值，以便记录到此挠度时的载荷值（挠度定义为三点弯曲前试样水平位置开始到试样中点加载变形位置之间的距离）。然后按选定的加载速度分级加载，级差为破坏载荷的 5%～10%，至少分五级加载，所施加载荷不宜超过破坏载荷的50%，一般测量弹性模量和载荷-挠度曲线时至少重复测定三次，记录各级载荷和对应的挠度值。有自动记录装置可连续加载，为了防止百分表或位移计损坏，在试样破坏之前应将它们移开。

如果挠度达到1.5h的位置时试样还未破坏，就记录此时的载荷，没必要继续将试验进行下去。

试样呈层间破坏，有明显内部缺陷或在试样中间1/3跨距以外破坏的试样应予作废，有效试样至少5个。

6. 弯曲强度和弯曲模量计算

弯曲强度：

$$\sigma_f = \frac{3}{2}\frac{Pl}{bh^2} \tag{9-64}$$

弯曲模量：

$$E_f = \frac{l^3 \Delta P}{4bh^3 \Delta f} \tag{9-65}$$

式中，P 为破坏载荷或挠度为1.5h时的载荷，N；l 为试样跨距，mm；b 为试样宽度，mm；h 为试样厚度，mm；ΔP 为载荷-挠度曲线上初始直线段的载荷增量，N；Δf 为对应于 ΔP 的跨距中点处的挠度增量，mm。

实验4-7 复合材料简支梁式冲击韧性试验

一、实验目的

掌握简支梁式冲击韧性试验方法。

二、实验原理

简支梁式摆锤冲击试验机工作原理如图9-25所示。

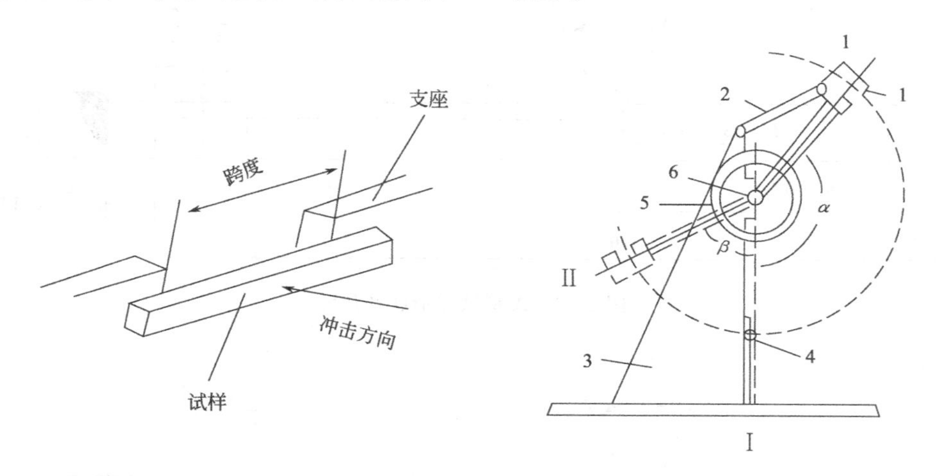

图9-25 摆锤式弯曲冲击试验机工作原理图

1—摆锤；2—扬臂；3—机架；4—试样；5—刻度盘；6—轴心

如果摆锤的质量以 W 表示，摆杆长 L，则摆锤打下所做的功为 A_0：

$$A_0 = WL\ (1-\cos\alpha) \tag{9-66}$$

$$A_0 = WL\ (1-\cos\beta)\ + A + A_\alpha + A_\beta + \frac{1}{2}mv^2 \tag{9-67}$$

式中，A 为打断试样所消耗的功；A_α 为在摆角 α 内克服空气阻力消耗功；A_β 为在摆角 β 内克服空气阻力消耗功；$\frac{1}{2}mv^2$ 为试样被打断后飞去的动能；$WL\ (1-\cos\beta)$ 为打断试样后摆锤仍具有的势能。

一般情况下将 A_α、A_β 和 $\frac{1}{2}mv^2$ 三项忽略不计，于是上述公式组合后为：

$$A = WL\ (\cos\beta - \cos\alpha) \tag{9-68}$$

冲击强度 a_k （J/cm^2）为打断试样单位横截面积上所消耗的功：

$$a_k = \frac{A}{F} \tag{9-69}$$

式中，F 为试样的横截面积，cm^2；A 为打断试样所消耗的功。

冲击强度是评价材料抵抗冲击破坏的能力或材料韧性大小的指标，所以冲击强度也常被称为冲击韧性。从 a_k 的量纲（或单位）可以看出与通常的力学性能强度不同，称其为冲击韧性更确切。

三、实验仪器与设备

摆锤式冲击试验机。

四、实验步骤

1. 用前面实验制备的层压板按图 9-26 和图 9-27 两种方向加工试样，不妨分别称为 A 型试样和 B 型试样。A 型试样缺口方向与玻璃布层垂直；B 型试样缺口方向与玻璃布层平行。

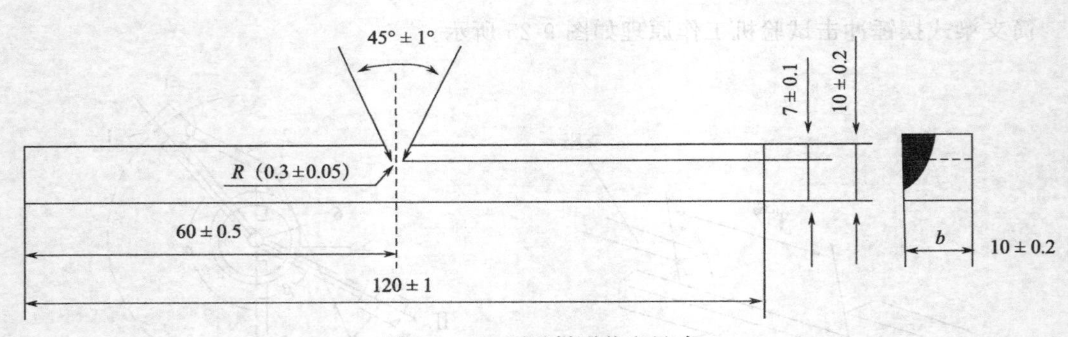

图 9-26　A 型试样形状和尺寸

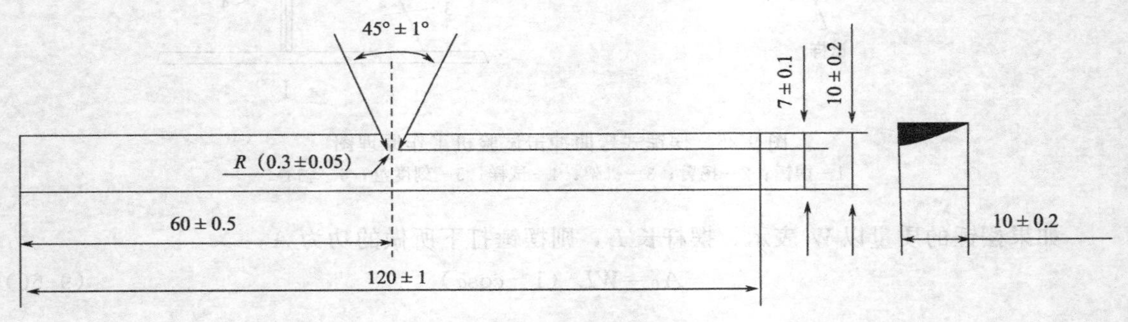

图 9-27　B 型试样形状和尺寸

将制备好的试样标明 A、B 字样，各 5 根且测量缺口下的厚度和宽度，精确到 0.02mm；然后将试样放入标准条件［温度（23±2)℃、相对湿度 45%～55%］或干燥器中至少 24h。

2. 调节试样支座的跨距（注意跨距对试验结果有无影响)，使其为 70mm，精确到 0.5mm，选择合适的摆锤，并找准该摆锤所对应的耗功数盘。作空载冲击，校核指针指到零点（耗功为零)。

3. 如图 9-28 所示，将试样安放于试样支座上，缺口背对摆锤，使缺口中心对准冲击中心，然后施加冲击并记录冲击消耗的功，至少 5 个试样。

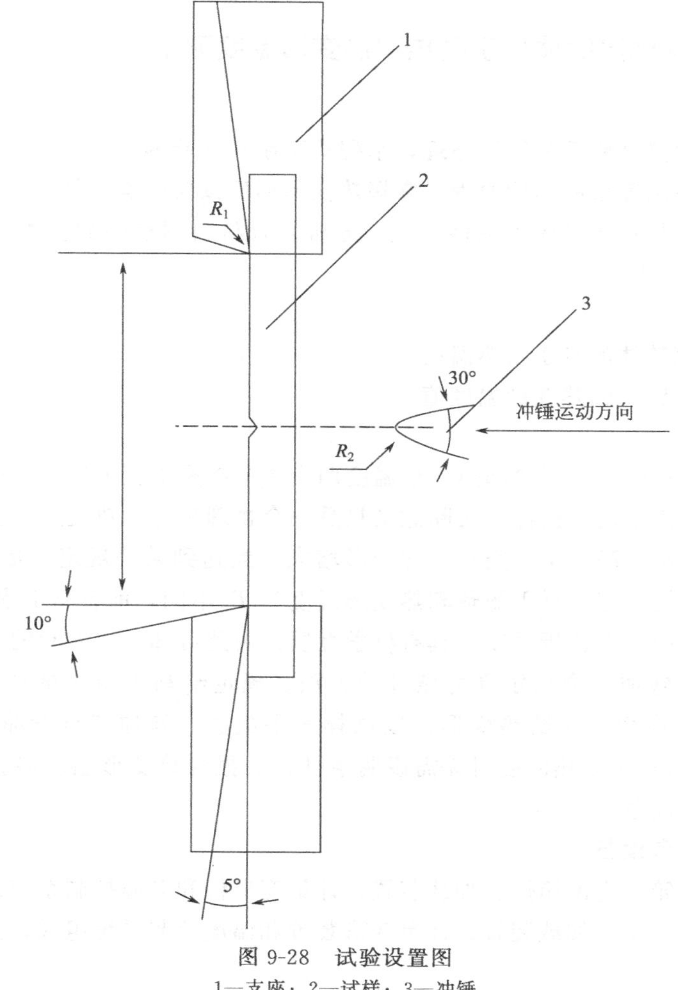

图 9-28 试验设置图

1—支座；2—试样；3—冲锤

4. 按式（9-70）计算试样的冲击韧性 a_k（J/cm^2）：

$$a_k = \frac{A}{bh} \tag{9-70}$$

式中，A 为冲断试样所消耗的功，J；b 为试样缺口处的宽度，cm；h 为试样缺口处的厚度，cm。

5. 有明显内部缺陷的试样和不在缺口处断裂的试样都应作废。

五、思考题

1. 根据复合材料层压板的拉、剪力学性能试验中试样断裂过程和断口状态，提出在实验中应予注意事项。

2. 载荷速度快、慢对拉、剪试验结果有何影响？说明规定加载速度的必要性。

3. A、B型试样的冲击韧性有何差异？请予解释之。试样支座跨距大小对试验结果有何影响？

实验5 复合材料其他性能的测试

实验5-1 树脂基体浇铸体马丁耐热和热变形温度测定

一、实验目的

1. 了解马丁耐热试验箱的结构原理，掌握马丁耐热试验的操作技术要点；

2. 了解热变形温度仪的结构原理，掌握热变形温度试验的操作技术要点；

3. 结合复合材料树脂基体耐热性知识，分析复合材料耐热性的基本因素，比较马丁耐热和热变形温度的同异处。

二、实验内容

1. 测定树脂浇铸体的马丁耐热温度；

2. 测定树脂浇铸体的热变形温度值。

三、实验原理

塑料和增强塑料的马丁耐热和热变形温度两个指标都是工程上用来表征它们耐热性能的两个物理量，虽然赋予两个指标，实际意义只是一个物理量——热变形的温度。在规定应力下，随着温度的提高，高分子一类材料的变形增大，当达到某一规定变形量时的温度越高，表示该材料的耐热性越好。马丁耐热和热变形温度与T_g不同，前者是工程性质；而T_g是表征高分子结构运动的一个转折温度，具有科学性质。由此可知，本实验的重点之一就是要学会如何对一个试样施加一个预定受力条件的方法。规定给马丁耐热试样竖立着施加（5±0.02）MPa的弯曲应力，而给热变形温度试样水平放置，施加三点弯曲应力1.82MPa或0.455MPa。在报告马丁耐热温度时无需说明条件，而报告热变形温度时就必须注明在哪一个弯曲应力下的温度值。

四、实验仪器和设备

马丁耐热试验箱，它由箱体、加载装置、计量变形杆和升温控制系统组成；热变形温度测定仪，它由保温浴槽、加载装置、计量变形装置和温度控制系统组成，如图9-29所示。

五、实验步骤

1. 马丁耐热温度测定

（1）取浇铸试验中所制备的树脂浇铸体按标准试样（120±1）mm×（15±0.2）mm×（10±0.2）mm尺寸检测试样3根，试样应无气泡、裂纹、扭歪等缺陷，并在干燥器中处理24h。

（2）在台秤上称量加载装置上重锤、指示杆、横杆的质量。

（3）按图9-30所示和式（9-71）计算加载装置上重锤的位置L，并按计算结果固定重锤。

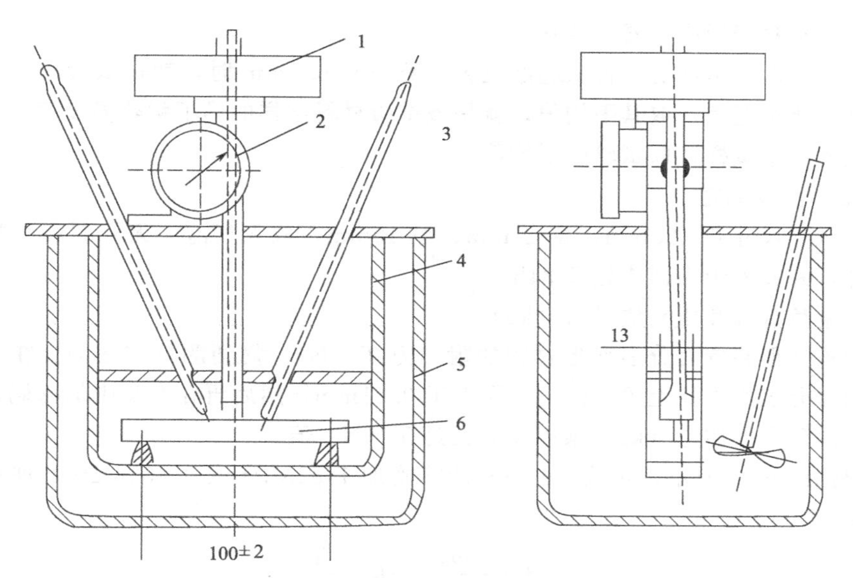

图 9-29 热变形温度测定仪

1—负荷；2—百分表；3—温度计；4—试样固定架；5—浴槽；6—试样

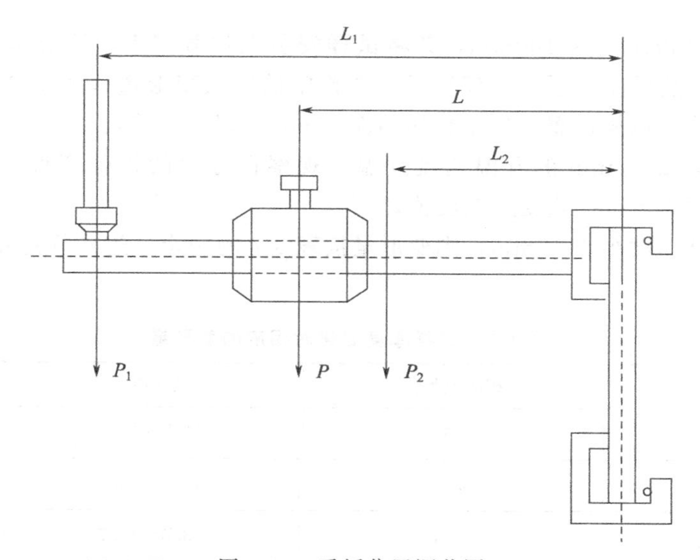

图 9-30 重锤位置调节图

$$L=\frac{\frac{10bd^2}{6}\sigma_f-P_1L_1-P_2L_2}{P} \tag{9-71}$$

式中，P 为重锤的质量（含紧固螺钉），kg；P_1为变形指示杆的质量，kg；L_1为指示杆中心到试样中心的距离，cm；P_2为横杆的质量（含紧固螺钉），kg；L_2为横杆中心到试样中心的距离，cm；b 为试样宽度，cm；d 为试样厚度，cm；σ_f为预加弯曲应力，5MPa。

(4) 将试样垂直固定在试样架上，调整变形指示杆的读数为零点，记录起始温度。

(5) 选择规定的升温速度［(10±2)℃/12min］等速升温，并同时鼓风使箱中试样区温度均匀，同时观察变形指示器的变化。

(6) 一旦变形指示器的位置从起始位置计算下降 6.0mm 时，就是试验的终点，同时记录两支温度计所示温度，取其平均值，就是该试验材料试样的马丁耐热温度值。

(7) 重复 3 个试样，取试验的平均值。

2. 热变形温度测定

(1) 按试样尺寸长 120mm、宽 10mm、厚 15mm，取无气泡、无开裂和平整的树脂浇铸体作试样，并放入干燥器中处理 24h。

(2) 称量负载杆和压头质量 R (kg)。

(3) 测量变形装置百分表变形过程的附加力 T (N)。简便测量方法为：在一平衡的台秤右盘下用百分表用力往上顶，使之变形大于 0.21mm，然后再在右盘中加砝码，使之重新平衡，则所加砝码的质量 (kg) 乘以 9.8 就是 T (N) 值。

(4) 根据图 9-29 所示，按式 (9-72) 计算施加 1.82MPa 或 0.455MPa 弯曲应力所需加的砝码质量 M (kg)：

$$M=\frac{2\sigma bh^2}{29.4L}-R-\frac{T}{9.8} \tag{9-72}$$

式中，σ 为指定弯曲应力，MPa；b 为试样宽度，mm；h 为试样厚度，mm；L 为试样支座的跨距，mm。

(5) 将试样座跨距定为 100mm，并将试样安装在加载架下，注意试样宽度是 10mm，而厚度是 15mm，然后使变形百分表给予一个预定的压入变形量（大于 0.21mm），再将装置移入保温浴槽内，试样位置应低于加热油面 35mm，以使受热均匀。

(6) 按规定以 2℃/min 的升温速度升温，观察百分表的松弛变形量，当变形量达到 0.21mm 时的温度为该试样热变形温度值。

(7) 如果试样厚度小于 15mm，则变形量按表 9-7 的规定。达到规定变形量时的温度为热变形温度。

表 9-7 试样厚度变化时相应的变形量 单位：mm

试样厚度	相应变形量	试样厚度	相应变形量
9.8～9.9	0.33	12.4～12.7	0.26
10.0～10.3	0.32	12.8～13.2	0.25
10.4～10.6	0.31	13.3～13.7	0.24
10.7～10.9	0.30	13.8～14.1	0.23
11.0～11.4	0.29	14.2～14.6	0.22
11.5～11.9	0.28	14.7～15.0	0.21
12.0～12.3	0.27		

六、思考题

1. 马丁耐热和热变形温度与热机曲线有哪些相同之处和不同之处？

2. 马丁耐热试验和热变形温度试验都规定了各自的升温速度，升温速度对试验结果起什么影响？

3. 如果试验中预应力施加有误差，那么所测温度的误差将会怎样变化？请分析两个试验预应力计算方法，哪些因素是主要的？

4. 放置试样时注意试样尺寸宽厚的差异，一量放置错误，则试验完全失败。

实验5-2 复合材料电阻系数测定

一、实验目的

1. 了解电阻系数测试仪的一般原理及结构；
2. 掌握复合材料表面电阻和体积电阻系数的测试方法和操作要点。

二、实验内容

1. 测量电阻系数在$10^6\Omega\cdot cm$以下的导电复合材料的电阻系数；
2. 测量电阻系数在$10^6\Omega\cdot cm$以上的绝缘复合材料的电阻系数。

三、实验原理

测量材料的电阻系数的原理仍然是欧姆定律$R=V/I$，通过让试样与两电极接触，给两电极施加一个直流电压，材料试样表面和内部就会产生一直流电流，该电压与电流之比就是该试样的电阻，与试样的具体尺寸结合就能计算它的电阻系数（或电阻率）。绝缘材料的R很大，I很小，所以测量高电阻值的仪器中其测量电流的放大系统的可靠性和准确性很重要，甚至决定试验是否成功。另外输入电源电压以及仪器内部变压升压值的准确性也直接影响着测量结果，因此，仪器的电源最好是稳压源。电极与试样接触是否良好是又一重要因素。

试验时电阻值是可以直接读出来的，电阻系数通过电阻与试样尺寸关系的计算而得到。

四、实验仪器及设备

1. LCR智能电桥的电阻部分为0.001～100MΩ；
2. 高阻表，$10^6\sim10^{15}\Omega$；
3. 电极装置；
4. 电源稳压器。

LCR智能桥是一种综合电器测量仪，测量电阻的原理很简单，就是欧姆定律，测量结果已由仪器自动将电流转化为电阻值用数字显示出来；仪器只有两电极与外部相联，测量时将电极与仪器两电极连接就可以了。

高阻表由三部分组成：带屏蔽盒的圆形电极装置（如图9-31）、变压器、微电流放大器及其显示部分（μA表）。μA数已转换成MΩ数读取电阻值。

五、实验步骤

1. 导电复合材料电阻系数测定

(1) 试样形状是圆形板状，平整，厚度均匀，表面光滑，无气泡和裂纹；试样尺寸为直径50mm或100mm，厚度1～4mm；试样数量为5个；测量前放入干燥器中处理至少24h。

(2) 按图9-31安装好试样。

(3) 将LCR智能电桥接入电源，按“R”键，“R”下面二极管发光，直接表示进入测量R值状态。

(4) 将测量电极与智能电桥的两个输入电极相联，如果是分别与1～3电极连接，则数值显示的是试样的体积电阻值R_v；如果是分别与1～2电极连接，则显示的是环形表面电阻值R_s。

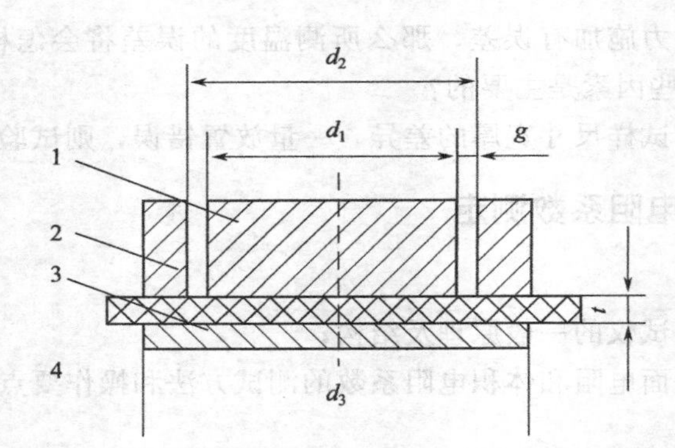

图 9-31 板状试样与电极

1—测量电极；2—保护电极；3—高压电极；4—试样；t—试样厚度；
d_1—测量电极直径；d_2—保护电极内径；d_3—高压电极直径；g—测量与保护电极间隙宽度

(5) 按式（9-73）和式（9-74）分别计算被测试样的体积电阻系数 ρ_v（Ω·cm）和表面电阻系数 ρ_s（Ω）：

$$\rho_v = R_v \frac{\pi r^2}{h} \tag{9-73}$$

$$\rho_s = R_s \frac{2\pi}{\ln \frac{d_2}{d_1}} \tag{9-74}$$

式中，R_v 为体积电阻，Ω；R_s 为试样表面电阻，Ω；h 为试样厚度，cm；r 为圆电极半径，$r=d/2$；d_2 为外圈圆环电极内径，cm；d_1 为圆电极直径，cm。

2. 绝缘复合材料电阻系数测定

(1) 试样要符合本试验中第 1 条中的第（1）点要求，并且要耐 1500V 电压，所以在试验前要做耐电压击穿试验，否则在测试中一旦被击穿，对高阻表和电极的损坏是严重的。一般玻璃钢板材如没有杂质，耐压可达 10kV/mm，所以如不能做耐压测定，就必须仔细检查试样，其中不应有导电杂质混入。

(2) 为保证电极与试样接触良好，用医用凡士林将退火铝箔粘贴在试样的两面，凡士林应薄薄抹一层，且均匀。

(3) 按图 9-32 接线。

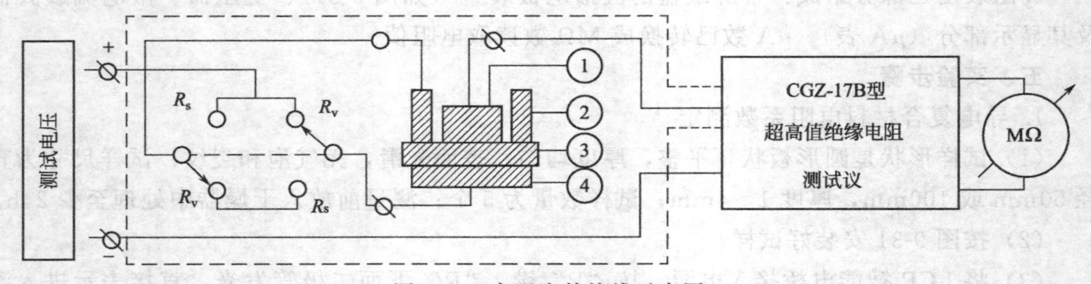

图 9-32 高阻表外接线示意图

1—上电极（测量电极）；2—保护电极；3—绝缘材料试样（平板型）；4—底电极

当绝缘电阻值大于 10^{10}Ω 时，测量易受外界电磁场干扰，影响指示值的精确度，故应将电极和试样用铁盒屏蔽之，连接线采用同轴屏蔽电缆，并接地。

(4) 开机之前检查仪表各旋钮位置：Ω量程钮应置于“0”位，电压量程钮置于“0”位，测量-调零钮置于“调零”位，保持-工作钮置于“工作”位，然后才能开机，预热1h。

(5) 调整电表指针为零，即欧姆值∞。

(6) 选择测试电压和倍率开关，取 R_v 档或 R_s 档。

(7) 将开关放于“测量”位置，打开输入短路开关就可读出一个欧姆数，此欧姆数乘以倍率开关，并乘以电压开关所指系数就为所测得的 R_v 或 R_s。

(8) 将开关从“测量”位置换成“放电”位置，使试样两面短路放电。

(9) 取试样测三点以上的厚度，取平均值，测量电极的 d_1 和 d_2，也可由仪器说明书提供 d_1 和 d_2 值。

(10) 按式 (9-73) 和式 (9-74) 计算绝缘材料的电阻系数 ρ_v 和 ρ_s。

六、注意事项

1. 一个试样最好只测一次，如测第二次则需使试样充分放电，否则残余电场使测量失误。

2. 使用高阻表的高压档时，要注意免遭电压击伤。

3. 潮湿环境将给试验结果以严重影响；电性能测试室要选择干燥的房间。

七、思考题

1. 复合材料层压板是绝缘材料的一大类，碳纤维复合材料又是导电材料，电阻系数高低表明它们属于哪一个应用范围？试验中提到环境和前处理，如果使用环境与试验环境不同，将会发生什么问题？如何处理？

2. 测定绝缘材料电阻系数试验中强调电极与试样的接触良好问题，而低电阻材料试样是否也要同样强调？为什么？如果电阻值在 $10^6\Omega$ 以下的试样，采用凡士林粘贴铝箔作电极接触方式是否可取？

实验 5-3　复合材料介电系数和介电损耗角正切测定

一、实验目的

1. 了解测定介电系数 ε 和介电损耗角正切 $\tan\delta$ 的方法和操作要点；

2. 进一步理解复合材料作为绝缘材料在应用中介电系数和介电损耗角正切的意义。

二、实验内容

1. 测定工频条件的 ε 和 $\tan\delta$；

2. 测定高频条件下的 ε 和 $\tan\delta$。

三、实验原理

在交流电场下复合材料介质（除导电复合材料外）也会产生极化和能量损耗，介电系数 ε 反映材料内部的极化状态的程度，定义它是充满此绝缘材料的电容器的电容量 C_x 与以真空为介质时同样电极尺寸的电容器的电容量 C_0 的比值。C_0 又称为几何电容量。

$$\varepsilon=\frac{C_x}{C_0} \tag{9-75}$$

由于 ε 是一个比值，所以又称为相对介电系数，无量纲量。

介电损耗角正切 $\tan\delta$ 是反映介质材料内部在交变电场作用下极化变换方向时能量损耗的情况。它被定义为介电系数实部和虚部值的比值。

$$\tan\delta=\frac{\varepsilon''}{\varepsilon'} \tag{9-76}$$

测量 ε 和 $\tan\delta$ 的方法目前最流行的是等效电路法。电容是储存电能的，介电系数大，则储能较多，电阻是耗能元件，将电容和电阻组合起来就是一个等效电路。在实验中学生应该注意仪器的原理。

四、实验仪器及设备

1. 高压西林电桥

西林电桥原理如图 9-33 所示，该仪器有三个可调器件，有两个状态（桥和屏），反复调试达到电桥平衡。

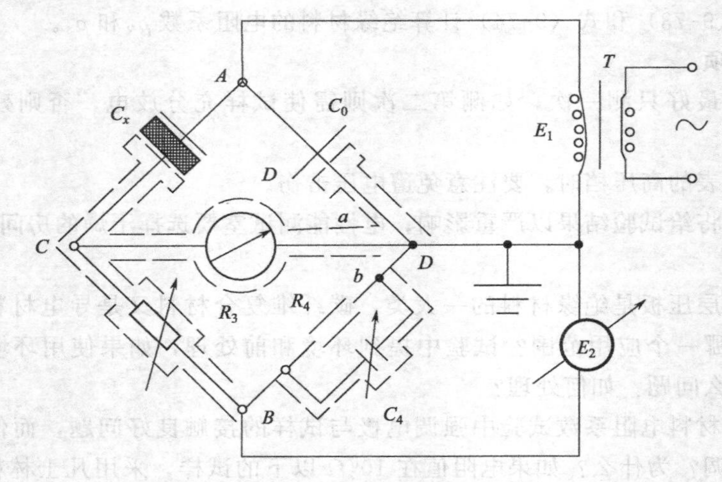

图 9-33　高压西林电桥原理简图

T—试验变压器；C_x—试样；C_0—标准电容器；R_3—可变电阻；
R_4—标准电阻；C_4—可变电容；D—平衡指示器；E_1—高压电源；E_2—辅助电源

2. Q 表或高频介质损耗测量仪

高频介质损耗测量仪是采用变电纳法电路，由 L 等效电感和可调谐电容在接入试样和不接入试样两种状态下谐振电容值及相应于某一失谐度 q 的谐振曲线的宽度 ΔC_1 和 ΔC_2，从而可计算出 ε 和 $\tan\delta$。该类仪器测量精确度比 Q 表高，且能测量 Q 表无法测量的低介电损耗材料。

五、实验步骤

1. 测定工频条件下的 ε 和 $\tan\delta$

(1) 试样准备同实验“复合材料电阻系数测定”，试样数 3 个；在每个试样上选择电极接触部位，测量三个点的厚度，取平均值。

(2) 按实验“复合材料电阻系数测定”中的电极装好待测试样，并按图 9-32 所示的测量体积电阻的连接方式与高压西林电桥相联。

(3) 给电桥接上电源，选择试验电压。

(4) 加上试验电压后，选择开关倒向屏蔽 (a)，反复调节辅助电源的大小和相位、变动可调电容 C_4 和可调电阻 R_3，使电桥达到平衡；然后选择开关倒向桥 (b)，调节辅助电源大小和相位、可变电容 C_4 和可变电阻 R_3，使电桥重新平衡。

（5）对于板状试样按式（9-77）和式（9-78）分别计算 ε 和 tanδ：

$$\varepsilon=\frac{14.4R_4C_0t}{R_3(d_1+g)^2} \tag{9-77}$$

$$\tan\delta=2\pi fC_4R_4 \tag{9-78}$$

式中，R_4为电桥中与试样相对臂上的电阻，Ω；R_3为电桥中与标准电容器相对臂上的可调电阻，Ω；C_0为标准电容器电容，pF；f 为电源频率，工频，Hz；C_4为与R_4并联在同一臂上的可调电容，pF；d_1为测量电极直径，cm；g 为保护间隙宽度［$(d_2-d_1)/2$］，cm；t 为平板试样厚度，cm。

（6）分别测量 3 个试样的 ε 和 tanδ，取其平均值；讨论 3 个试样结果的差异。

2. 测定高频条件下的 ε 和 tanδ

（1）试样准备：试样以板状圆形为好，尺寸 ϕ5～100mm，厚度 1～3mm，上下表面平整，平行度小于 0.01mm；无气泡和裂纹；数量不少于 3 个。

上下表面用凡士林薄薄抹一层再贴上铝箔，赶尽空气使之贴合紧密；在高频条件下即 50MHz 以上铝箔可能引入损耗误差。

（2）将高频介质损耗测量仪通电预热 30min。该仪器由振荡器、测试回路、指示器和稳压电源四部分组成。通常有两个可以更换的插入式振荡器，一个振荡频率为 50～20MHz，另一个振荡频率为 20～100MHz。测试回路包括振荡器耦合线圈的回路电感线圈和与之并联的测量夹具。

稳压电源和指示器装在主机内部，振荡器和测试回路作为单独的部件，在测量时插入仪器顶部相应的插孔即可工作。

（3）将比较电压放“0”位置，并调零及灵敏度，使电表指针靠近红线，检查仪器是否工作正常。

（4）有试样时的测试

① 用镊子将试样放入夹具平板电容器两电极间，小心旋转测微头，将试样夹紧，但不宜过分用力；灵敏度开关放较小位置。

② 将同轴线性电容器的测微头调于中间位置附近，并拉开夹具上的短路棒。

③ 将“测量选择”开关放在合适的位置，当频率高时，试样损耗较大，用“1V”档；反之则用“2V”档。

④ 调节振荡器的频率或频率微调，使在电表上出现谐振偏转，将“比较电压”放于“1”位置，此时接入了测量电压，再调节振荡器幅度控制“粗调”和“微调”，同时调节频率，使电表指示谐振于红线，这样就完成了初调。

⑤ 将“灵敏度”开关放最大位置，反复重复上述④的步骤，精确找到平衡谐振点，记下此时的频率数、平板电容板间距离读数 d_i（即试样的厚度值）和同轴线性电容器的读数。

⑥ 将“灵敏度”开关旋到最小，再将“比较电压”放到“0.707”位置，此时电表指针向右偏转，再将“灵敏度”调大，调节同轴线性电容器向上，当电表指针又一次恢复到红线时，记下同轴线性电容器读数 C_{i2}；再调同轴线性电容器向下，使电表指针偏转后再一次恢复到红线，记下此时的同轴线性电容器的刻度数 C_{i1}，显然，$(C_{i2}-C_{i1})$ 为此时 $0.707u_s$ 谐振曲线的宽度。

⑦将“比较电压”开关放回“1”位置，调节同轴线性电容器恢复谐振，此时同轴线性

电容器的读数应与⑤中记下的数值一致。

（5）无试样时的测试

① 用镊子取出试样，此时回路失谐，指示电表指针向左转偏，在不变动振荡器的频率和同轴线性电容器情况下，调节夹具平板电容器测微头，使电路恢复谐振，此时空气介质电容代替了原来的试样电容，指示电表必然向右偏转，然后调节振荡器输出（振幅）旋扭，使电表指针恢复到红线位置，记下此时的夹具平板电容器的读数 d_0。

② 重复前述第（4）条中的第⑥条操作，将“比较电压”开关放“0.707”位置，调节同轴线性电容向上和向下两次恢复谐振的两个读数 C_{02} 和 C_{01}，显然（$C_{02}-C_{01}$）就是空气代替试样后谐振曲线的宽度。

（6）按下式计算试样的 ε 和 $\tan\delta$：

$$\varepsilon=\frac{C_s}{C_i}=\frac{d_i}{d_0} \tag{9-79}$$

$$\tan\delta=\frac{(C_{i2}-C_{i1})-(C_{02}-C_{01})}{2C_s\sqrt{q-1}}=\frac{\Delta C_i-\Delta C_0}{2C_s} \tag{9-80}$$

式中，C_s 为夹具平板试样电容，pF；C_i 为无试样时夹具平板电容对应相同距离的电容值，pF；q 为失谐度，$q=(u_r/u_s)^2$。“比较电压”所选定的 $q=(1/0.707)^2=2$，仪器已设定好了。

（7）重复测量 3 个试样，取平均值。

六、思考题

1. 简述高压西林电桥和高频介质损耗测定仪的操作过程。它们的最主要差别是哪些？

2. 操作中为什么在未找到谐振点前，将比较电压置于“0”位，又将灵敏度调小？请从实验中的现象谈谈其中的道理；为了提高试验的准确性，灵敏度应放最大位置。

3. 测量 ε 和 $\tan\delta$ 都采用了电桥，电桥的核心是调平衡。在仪器说明书中特别强调试验前的调零，请简述调零的必要性。

4. 由于测量 ε 和 $\tan\delta$ 使用的是精密仪器，测量时手及其他杂物不要靠近试样和夹具，以免产生感应误差。$\tan\delta$ 有时是一个很小的值，测量中注意读数的精确度。

5. 如试样贴有铝箔，那么测量时平板电容测微头的读数应不应将铝箔厚度除去？为什么？

6. 总结试验中影响测量准确度的因素有哪些。

实验 5-4 复合材料热导率测定

一、实验目的

1. 掌握用稳态平板导热仪测定复合材料热导率的方法和操作技术要点；

2. 熟悉稳态温度场导热和非稳态温度场导热的差别，注意实验中如何创造稳态的条件；

3. 了解复合材料热导率与温度的关系。

二、实验内容

用稳态平板导热仪测定一个试样在不同温度条件下的热导率。

三、实验原理

热是一种能量，传热是一种能量的变换或流动；传热有很多种形式，如对流、辐射、内部传导等。

材料内部热传导是通过能量交换或自由电子漂移的方式完成的。傅立叶传导定律指明，热传导得快慢与材料横截面积、温度梯度、热导率成正比，用一个方程表示为：

$$Q=\lambda A\frac{\Delta T}{\Delta x} \tag{9-81}$$

式中，Q 为热流量，W；λ 为热导率，W/(m·K)；A 为热传导的横截面积，m^2；$\Delta T/\Delta x$ 为温度梯度；K/m。

这里只有 λ 涉及材料的特征，研究热导率对于材料的应用具有实际意义。

热导率定义为“表示热能由于温度梯度而通过物质传播的流畅度”。它是物质（或材料）导热能力的标志。通常习惯于将均质材料的这个性能称为热导率，而对非均质材料就称为表观热导率。复合材料的这个性能应该称为表观热导率，它受很多因素影响，例如 V_f、树脂品种、微裂纹、纤维方向、空隙率等。

不稳定导热是一个非常复杂的问题，如果是稳态导热，即热传导的物质内部各定点温度不随时间变化的导热状态，问题就可以简化，复杂的热传导方程也就简化为泊松方程。实际上泊松方程仍很复杂，如果创造一个一维导热情况，排除热的对流和辐射，则才能采用式(9-81) 那样的简化形式。

平板导热仪就是在上述思想指导下研制的一种测定材料热导率的仪器。采用平板试样，热面与冷面之间没有空气对流，假定平板无限大，材料致密，热源无强射线辐射，材料内部无内热源，创造一个热只从材料热面向冷面一维流动的状态，一旦热面和冷面的温度稳定不变时，材料内部的温度梯度场也固定了。温度梯度越小，该材料的导热性越好；反之亦然。

实验方法完整建立在上述假设上。

四、实验仪器和设备

游标卡尺和稳态平板导热仪。

稳态平板导热仪由三部分组成：一是稳压电源；二是加热炉及其控制系统；三是测量系统。

稳压电源为一般设备。

加热炉由主炉、环炉和底炉构成。主炉由直流稳压器控制，其输入功率全提供给实验所需的热流量，它的大小与主炉的电压和电流值成正比。环炉和底部分别起防止试样径向（圆试样）热损耗和底向热损耗的作用，保证试样只具有纵向的一维热流。环炉和底炉采用精密温控仪实现温度自动跟踪。三个炉子的控温热电耦的示差信号均由控制系统自动跟踪并实行温度同升同降，保护平衡。

测量系统比较简单，以数字显示主炉的电压、电流以及试样两面的温度 T_1 和 T_2。

图 9-34 是平板导热仪的示意图。

五、实验步骤

1. 试样：试样圆形，直径与加热板相等，厚度至少 5mm，需大于平板圆形直径的1/10，表面平整光滑，两面平行，不平行度不大于 0.5mm/m；试样应在实验最高温度下处理 2h，且自重变化小于 0.2%；准确测量试样厚度 10 个点，取算术平均值。

2. 安装试样：将试样安装于炉子的冷、热板之间，并均匀用保温石棉压紧，使试样周围不产生空气对流；注意切勿将石棉掉入主环炉的间隙之中。

3. 接通总电源，同时开启环炉、底炉、主炉和精密控制器的电源，接通循环水浴。

4. 调节主炉输入电压，一般不超过 10V。

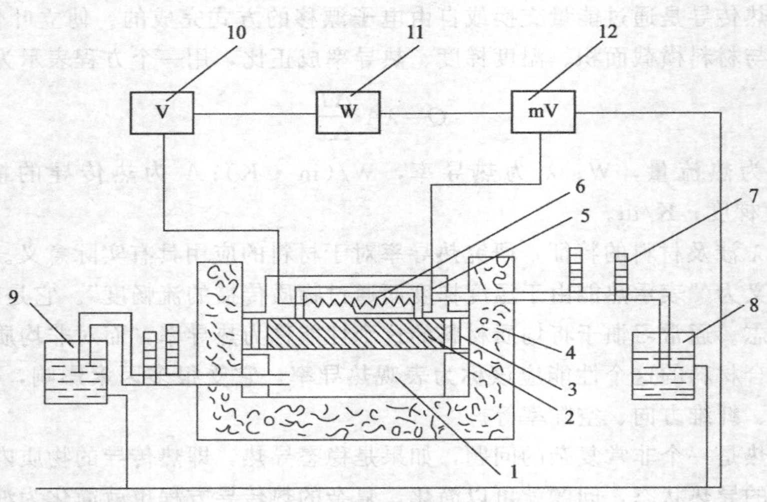

图 9-34 平板导热仪示意图

1—冷板；2—试样；3—测微器；4—护热装置；5—护热板；6—加热板；7—温度计；8—护热板恒温水浴；9—冷板恒温水浴；10—电压表；11—瓦时计；12—毫伏计

5. 追踪热面温度，当接近 80℃时，注意往小调节输入电压值、电流值，并开始记录如下四个数值：主炉输入电压 V（伏）、电流 I（安）、热面温度 T_1 和冷面温 T_2；每隔 15min 记录一次，当有连续 4 次测得温度值偏差小于 0.5℃时，就可以认为在温度 T_1 和 T_2 下，试样达到稳态导热状态。$\Delta T/\Delta x$ 的值稳定了，则说明试样内部各点温度不随时间变化。

6. 按式（9-81）并结合式（9-82）计算该试样在该热面温度下的热导率 λ：

$$\lambda=\frac{0.24VI\delta}{\frac{\pi d^2}{4}(T_1-T_2)} \tag{9-82}$$

式中，λ 为稳态热面 T_1 温度下的热导率，W/（m·K）；d 为圆形加热板表面的直径，m；δ 为试样厚度，m；(T_1-T_2) 为热、冷两面温差，K；0.24 为功率换算因子的近似值。

7. 调大输入电压和电容，继续升温，重复上述操作，当到另一更高温度下达稳态时记录 V、T_1 和 T_2，并按式（9-82）计算该更高热面温度下的 λ 值。比较不同热面温度下的 λ 值，可知该复合材料 λ 与温度的一般定性关系。

六、思考题

1. 试样表面不平行或有缺陷将带来什么影响？

2. 实验中的假设哪些是我们应去创造条件满足的？哪是无法办到而给实验结果带来误差的？

3. 炉子受潮又会如何？怎样处理？

4. 在高温下试样热分解将会导致什么实验结果？

5. 稳态导热的先决条件是材料“无内热”，按材料学的术语就是材料在测量过程中本身没有热效应（熔化、分解、挥发、化学反应等），如果在实际中送样单位的材料试样有“内热”现象，你怎么检查？又如何处理？

6. 由于平板导热仪型号不同，试样大小也将会不同，在教师指导下制作试样，试样尺寸偏大偏小都将带来不利影响，为什么？

7. 我们虽不可能对温度跟踪线路原理有很深的了解，但环炉和底炉实行温度同升同降，企图将有限的试样小平面控制成较大平面的一维导热，请用放大图说明热流状态的近似性。

实验5-5 复合材料平均比热容测定

一、实验目的

掌握测定复合材料平均比热容的方法和操作技术要点。

二、实验内容

测定某复合材料试样的平均比热容。

三、实验原理

从热力学角度来讲，比热容是物质内积蓄一定量的热能而产生的温度变化，因此它与增热过程有关，也即比热容与温度相关，每一特定温度的比热容不一定相同。本实验测定的是某一温度区间的平均比热容。

比热容 C_p 定义为1g物质温度上升或下降1℃所需补充或放出的热量。由定义出发，如果能准确测量试样的质量 m，它的初始温度 T' 和最终温度 T_n' 以及它放出的热量 Q，就可能计算出它的平均比热容。通常测定比热容都是按这样的思路来制定测量方法，只是必须要有一个量热计和精密测量温度仪。具体的实验过程是将试样在炉内加热达到某一恒定温度后，降落到量热计中，试样释放的热量被量热计完全吸收，试样和量热计达到同一温度。试样的质量和温度变化知道，放出多少热也知道，即可求出实验结果。实验成功的关键是测量温度的精确度。

四、实验仪器及设备

分析天平和比热计。

比热计由两部分组成：量热计、加热炉。

量热计包括铜块、绝热屏、热电堆、温度自动跟踪仪、水冷套、水浴、铂电阻温度计和测温电桥。

加热炉包括直筒式可移动的炉体、温度自动控制仪、试样下落装置、测温热电偶和直流数字电压表，如图9-35所示。

五、实验步骤

1. 试样：按比热计中量热计内腔形状和尺寸用模具模压成图9-36所示的试样形状和尺寸，在试样上方钻一个 ϕ1mm 的小孔，以便穿丝悬挂；试样数量3个，放于干燥器中。

2. 将仪器预热30min。

3. 精确称量试样质量 m_0，然后用细金属丝将试样悬挂于加热炉恒温区正中处，并将试样加热至95～105℃的某一温度 T'，保温时间不少于20min，保温期内，炉内恒温区温度波动不超过±0.2℃。

4. 恒温水浴开始循环，把量热计置于水浴中。

5. 测量量热计初始温度，每隔1min读一次，第10min记下初始温度 T_0，此时，准时将量热计盖打开，并将加热炉中的试样悬丝剪断，试样落于量热计中，并马上关盖。

6. 马上跟踪量热计温度，连续不断记录温度的变化，直到达最高温度 T_n，精确到0.02℃。跟踪量热计温度的方法很多，有的用示差数字显示仪，有的用电桥式热温仪。

7. 实验后再称量试样质量 m，准确到0.01g。

8. 试样的平均比热容按下式计算：

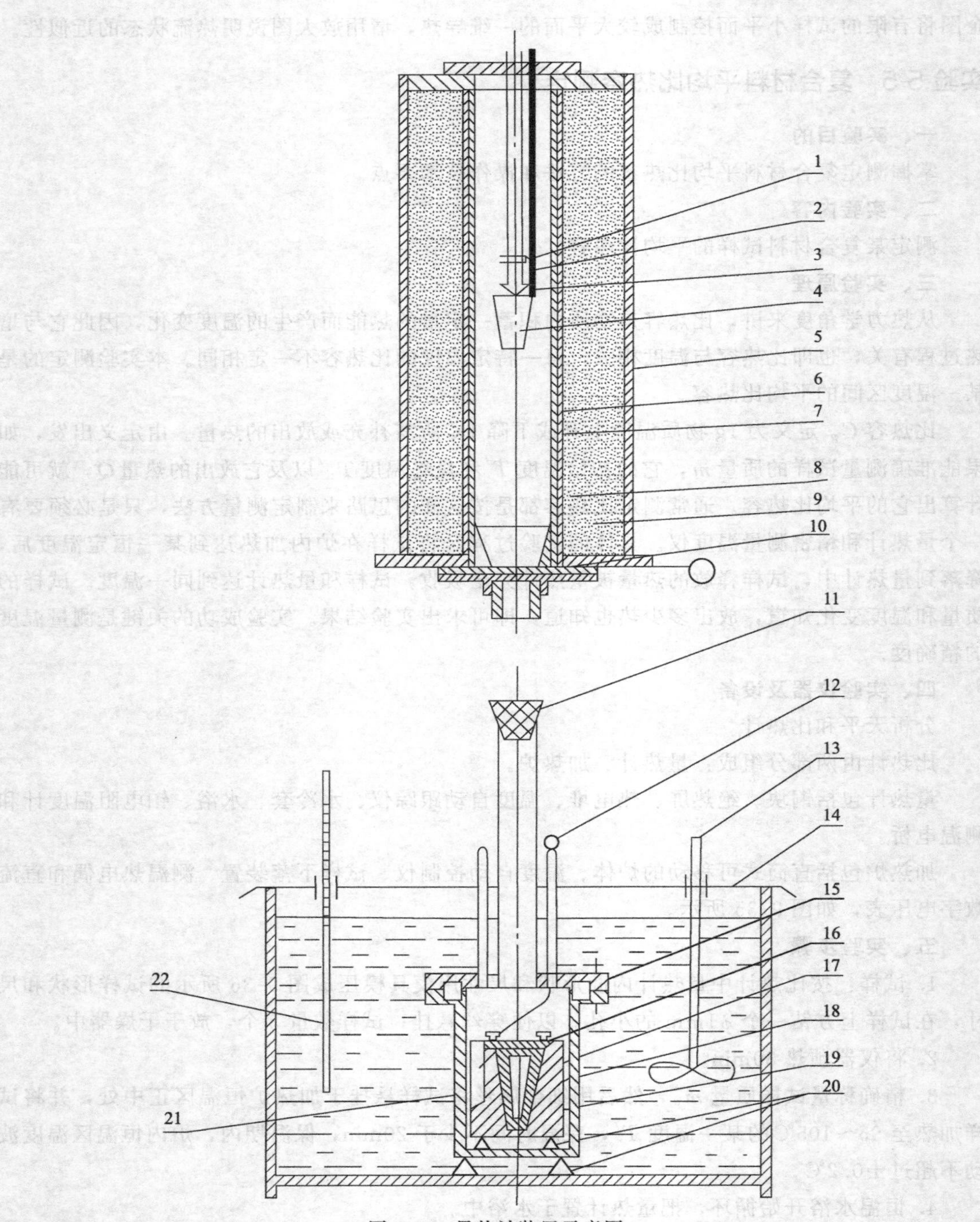

图 9-35 量热计装置示意图

1—试样架；2—热电偶温度计；3—金属丝；4—试样；5—加热炉；6—紫铜管；7—加热丝；8—绝缘材料；9—保温材料；10—炉门；11—橡皮塞；12—活动盖拉线；13—搅拌器；14—恒温水浴；15—量热计外壳；16—量热计活动盖；17—量热计；18—标定热值用加热丝；19—量热计内衬；20—热绝缘支承物；21—铂温度计；22—温度计

$$C_p=\frac{H\ (T_n+T_\delta-T_0)}{m\ (T'-T_n-T_\delta)} \tag{9-83}$$

式中，C_p 为平均比热容，J/（g·℃）；H 为量热计热值（仪器常数），J/℃；T'为试样在加热炉中保温期温度，℃；T_0为量热计落样前的初始温度，℃；T_n为量热计达到的最高温度，℃；T_δ为量热计温度修正值，℃，一般实验可忽略不计，精确测量必须修正。

9. 重复上述操作，测量3个试样，求取C_p的平均值。

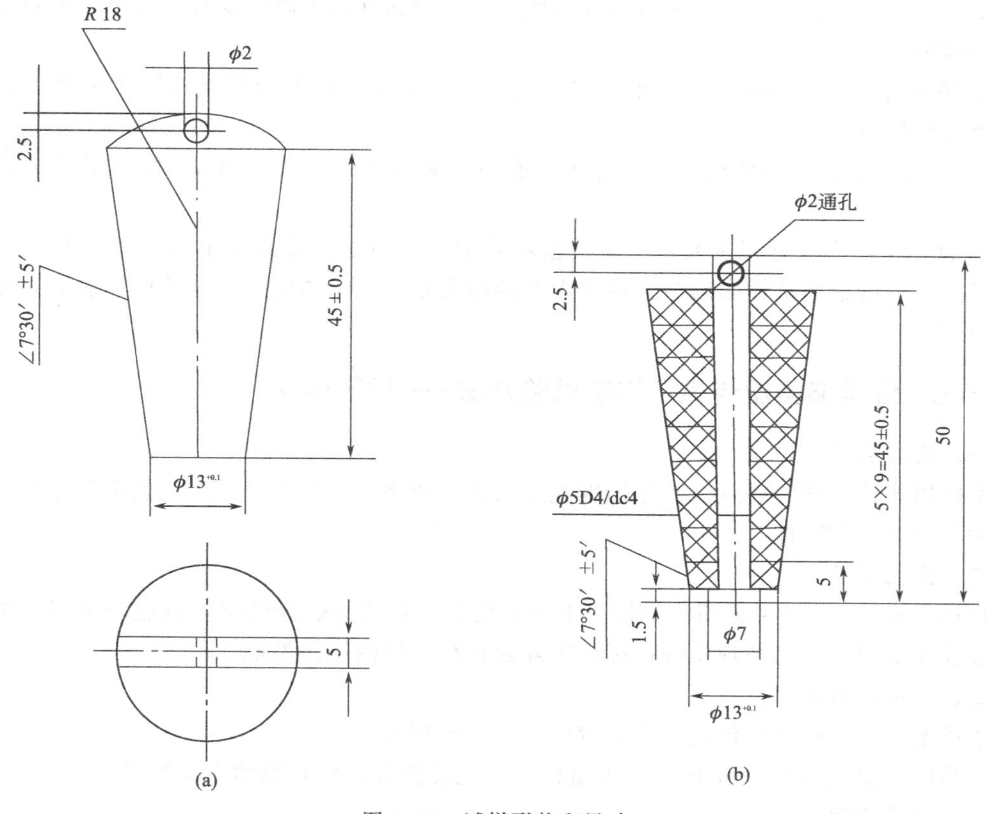

图9-36 试样形状和尺寸

【说明】

1. T_δ值修正：参照《复合材料试验技术》第138～139页。

2. 量热计热值H：由仪器说明书或教师提供，亦可学生自己标定。标定方法如下。

量热计热值是指该量热计升高1℃所吸收的热量。量热计的热值可采用电能法标定，给量热计的加热丝通一特定直流电压和电流，使量热计的温度上升ΔT，按式（9-84）求得热值H（J/℃）：

$$H=\frac{Q}{\Delta T}=\frac{IVt}{\Delta T} \tag{9-84}$$

式中，I为加热丝的直流电流，A；V为加热丝通的直流电压，V；t为通电时时间，s；ΔT为通直流电t秒后量热计所达的最大温度差，℃。

六、思考题

1. 试样在实验前后质量变化比较大将会如何影响实际结果？实验结果按哪一个质量数处理为好？为什么？

2. 平均比热容是指哪一段温度区间的平均比热容？金属悬挂丝的质量对测量有多大影响？

3. 国标中提出恒温水浴温度调节到比量热计温度高 1.0～1.5℃，温度恒定后把量热计置于水浴中，并将记录 10min 之后的温度为 T_0，试简述其必要性。

4. 复合材料的热导率较小，在加热炉中加热试样怎样保证试样里外全是恒温点？试样掉入量热计中后试样放出热量使量热计温度升高，量热计达最高温度时试样里面中心温度是否也一样吗？

5. 量热计一方面吸收试样放出的热；另一方面又要将一部分热交给隔热材料，这一部分热量如何估量？

6. T_δ 是从记录三个阶段的温度变化速度而计算出来的，请说明 T_δ 修正了哪一部分的误差？

7. 试样形状和尺寸很讲究，上述实验步骤中只说与量热计内腔形状和尺寸相同，过于简单了一点，请根据试样必须与量热计内腔接触良好有利于热交换而对试样加以更详细的说明和限定。

实验 5-6　纤维增强塑料燃烧性能试验方法——炽热棒法

一、实验目的

掌握炽热棒法试验要点以及在标准规定条件下燃烧性能的表示方法，但不能评定实际使用条件下的着火危险性。

二、实验原理

在炽热棒 955℃高温无明火焰情况下观察复合材料试样燃烧情况，以燃烧时间、烧蚀长度、燃蚀质量损失、燃烧现象等指标评定复合材料试样的燃烧性能。

三、实验仪器和设备

通风橱、炽热棒试验仪、秒表、游标卡尺、分析天平。

炽热棒试验仪如图 9-37 所示，由试样夹、电发热硅碳棒和辅助支架组成。

四、实验步骤

1. 将手糊的阻燃复合材料平板按（120±0.5）mm×（10±0.2）mm×（4±0.5）mm 的尺寸加工试样 10 根，按原板上下表面注明 A 面和 B 面，放置干燥器中处理最少 24h（备 A 面向上，B 面向上各 5 根试样）。

2. 测量试验长度 L_0，质量 m_0，长度精确至 0.05mm，质量精确到 1mg。

3. 校定试样装卡位置：选 ϕ8mm 的玻璃棒或金属棒作定位棒，将清理干净的炽热棒倾斜，将定位棒转至炽热棒原位，水平固定试样，使试样端面与定位棒接触，然后转开定位棒，将试样夹紧。

4. 将炽热棒仪放入通风橱中，关闭橱窗通风和抽气开关，待试验结束后再迅速抽气通风，排去毒气。

5. 用交流或直流加热炽热棒，用变压器控制电流并使炽热棒温度恒定在（955±15)℃，可以用纯度 99.8%的厚为 0.06mm 的银箔（熔点 955℃）校准炽热棒温度；亦可用高温热电偶和温度记录仪校准。

6. 在炽热棒达 955℃时用绝缘支架转动炽热棒，使它与试样端口接触，由于有平衡重锤，炽热棒和试样有 0.3N 的接触力，一接触时马上用秒表开始计时，加热 180s，再将炽热棒转离试样，断电熄火。

7. 记录在炽热棒接触试样起到试样第一次出现火焰时的时间 t_1，炽热棒离开试样起到

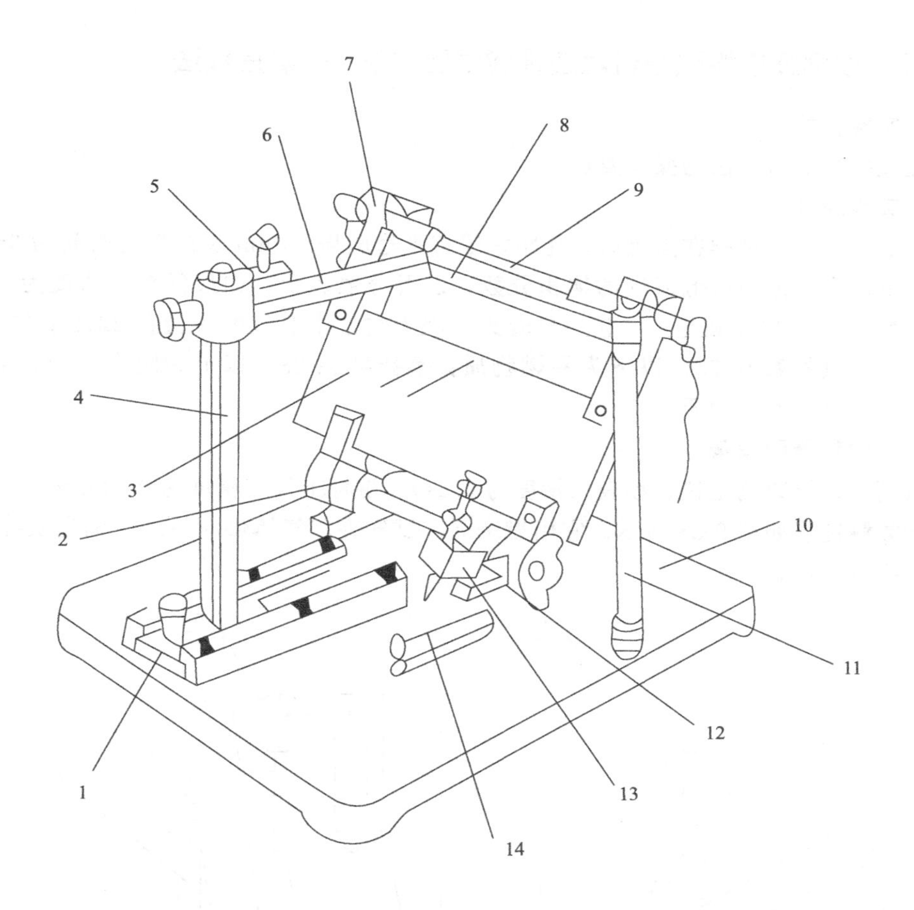

图 9-37 炽热棒试验仪示意图

1—滑动底板；2—轴承；3—绝缘支架；4—立柱；5—试样夹；6—试样；7—夹具；8—定位棒；9—炽热棒；10—底板；11—定位棒立柱；12—止动螺钉；13—平衡重锤；14—垫片

试样火焰熄灭时的时间 t_n，精确至 1s。$t=t_n-t_1$，为燃烧时间。

同时记录燃烧时的现象：明火、阴火、火焰大小、烟雾大小、烟雾和火焰的颜色、燃烧中试样是否开裂分层等。

8. 准确测定冷却后的试样未烧蚀长度 L_R（精确到 0.05mm ）和余下质量 m_R（注意区分真烧和烟熏变色的差别），精确到 1mg。

9. 重复上述操作，试验试样 A 面朝上和朝下的状态，观察是否有明显差别。

10. 分别计算烧蚀长度 L（mm）和烧蚀百分质量损失 m（%）：

$$L=L_0-L_R \tag{9-85}$$

$$m=\frac{m_0-m_R}{m_0}\times 100\% \tag{9-86}$$

11. 分别求出 5 个 A 面向上和 5 个 B 面向上的 3 个物理量：平均燃烧时间、平均烧蚀长度、平均烧蚀百分质量损失。

12. 结合所观察的试验现象写出简要评述意见。

实验 5-7　玻璃纤维增强塑料燃烧性能试验方法——氧指数法

一、实验目的

掌握氧指数试验方法的操作要点。

二、实验原理

氧指数定义为：试样在点燃后，能刚好维持平稳燃烧 50mm 长或燃烧时间为 3min 时所需的氧、氮混合气体中最低氧气的体积分数，以百分数表示。如最低氧气浓度为 22%，则简称氧指数为 22。氧指数越高，越不易着火。因为空气中氧气的含量在 22%左右，因此有的文件规定，氧指数在 25%以下为易燃物质；氧指数在 28%以上为阻燃物质；氧指数在 50%以上为难燃或不燃物质。

三、实验仪器和设备

通风橱、氧指数测定仪、秒表（精度为 0.1s）、游标卡尺（精度为 0.02mm）。

氧指数测定仪如图 9-38 所示。它由燃烧筒、试样夹、气体供应系统、测定及控制系统、点火器等部分组成。

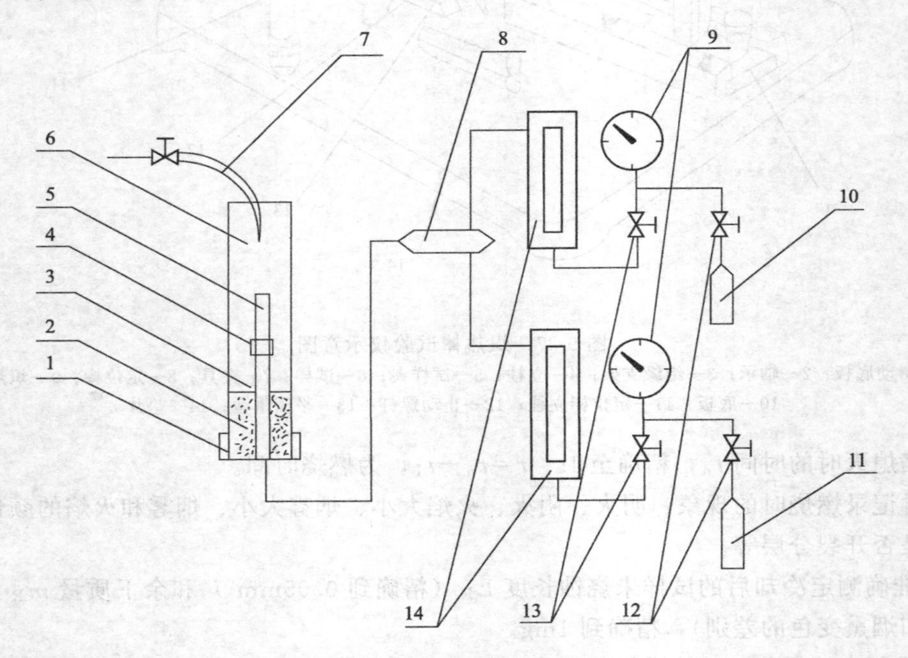

图 9-38　氧指数测定仪示意图

1—底座；2—玻璃珠；3—金属网；4—试样夹；5—试样；6—燃烧筒；7—点火器；8—气体混合器；9—压力表；10—氧气瓶；11—氮气瓶；12—稳压器；13—调节阀；14—转子流量计

燃烧筒：内径为 75mm，高度为（450±5）mm，底部装填直径为（4±1）mm 的玻璃珠，填充高度（100±5）mm，玻璃珠上放一金属网，混合气体内流速为（4±1）cm/s。

试样夹：安在燃烧筒内，处于垂直状态。

气体供应系统：由氧气瓶、氮气瓶、压力表等组成。

测定和控制系统：由氧气流量计、氮气流量计（流量计最小刻度 0.1L/min）、气体混合器、稳压阀、调节阀等组成。

点火器：尖端内径为 1～3mm 的喷嘴。

四、实验步骤

1. 将“手糊成型工艺”制备的3mm厚阻燃复合材料板按(70～150)mm×(6.5±0.5)mm×(3±0.5)mm尺寸加工试样。其他厚度的试样也可进行试验，但试验结果只能在同样厚度下进行比较。试样5根以上，放置于干燥器中至少24h。试样中树脂固化度应大于80%，试验在通风橱中进行。

2. 测量试样厚度，准确至0.05mm，垂直装在试样夹上，使上端至筒顶距离不小于100mm。

3. 转动阀门，检查连接处是否漏气。根据经验判断试验的初始氧浓度，如在空气中能燃烧的则为18%左右，在空气中不着火可以设置初始氧浓度在25%以上。“手糊成型工艺”的阻燃配方的试样可选为29%左右为初始氧浓度开始试验。

4. 点火器的火焰长度为15～25mm。

5. 调节流量阀门，使流入燃烧筒的氧、氮混合气体达到要求的初始氧浓度（由氧、氮流量计流量之比确定，如氧气流量值：氮气流量值=3：9，则混合气体中氧气体积分数为25%），然后调节调节阀使之氧气流量和氮气流量之比不变。用计算方法使燃烧筒内混合气体的流速为（4±1）cm/s。计算方法如下：若流速为4cm/s，则圆筒内径为75mm的圆筒截面积为44.16cm^2，则每秒流量为4×44.16cm^3=176.6cm^3，每分钟流量为10597.5cm^3，折合为10.6L/min。然后按初始试验浓度分配氧气和氮气流量计的流量，这是一个两个未知数两个方程的问题。除调节初始氧浓度外，还要按上述方法计算，既要保证混合气体的流量为10.6L/min，又要保证氧气和氮气按新的流量比例。具体方程式为：

$$[O_2]+[N_2]=10.6\text{L/min} \tag{9-87}$$

$$[O_2]/([O_2]+[N_2])=x\% \tag{9-88}$$

式中，$[O_2]$为氧气流量，L/min；$[N_2]$为氮气流量，L/min；x%为拟定的氧气体积分数，%。

6. 按要求的氧浓度调好后，让燃烧筒通过30s的气体后，在试样上端点火，当试样上端确实点燃后，撤去火源，并马上开始计时，观察试样燃烧情况（包括炭化、熔融、弯曲、滴落、阴燃、火焰及烟雾大小、颜色、燃烧后分层及火焰分布均匀否）。火焰熄灭则停止秒表。

7. 试样燃烧时间大于3min，则降低氧浓度；试样燃烧时间小于3min，则增加氧浓度。反复进行，测得燃烧时间为3min以上的最低氧浓度，且燃烧3min以上和以下两种氧浓度之差应小于0.5%。燃烧过程中混合气体流量不能变，也不能打开抽风机。

8. 计算氧指数OI：

$$OI=[O_2]/([O_2]+[N_2]) \tag{9-89}$$

式中符号同上式。

列出5根试样的氧指数值，并计算算术平均值，精确到小数点后一位。

实验5-8 塑料燃烧性能试验方法——水平燃烧法

一、实验目的

掌握在实验室条件下测定塑料试样水平自支撑下的燃烧性能试验方法。该方法测试结果不能作为着火危险性的判据。

二、实验原理

水平燃烧试验是与垂直燃烧试验并列的反映试样水平放置状态时燃烧性能的一种试验。由于着火的意外性和多样性，其试验方法的全部状态和因素不可能都相似模拟，水平燃烧试验方法结果只能作为比较之用。

三、实验仪器和设备

燃烧箱或通风橱、试验夹、本生灯、秒表、游标卡尺、煤气或液化石油气等。试验装置如图 9-39 所示。本生灯内径为 9.5mm，试验时本生灯向上倾斜 45°角，并有进退装置。试验用燃气为天然气、液化石油气或煤气。

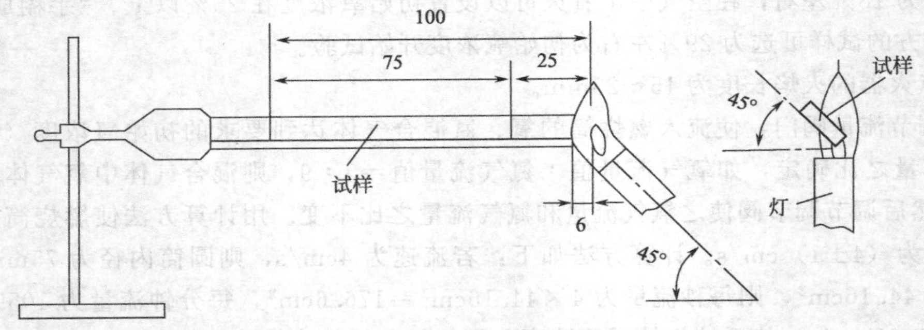

图 9-39　水平燃烧法试验装置示意图

四、实验步骤

1. 取阻燃和不阻燃的两种玻璃布增强不饱和聚酯树脂手糊平板，分别加工成(125±5)mm×(13.0±0.3)mm×(3.0±0.2)mm 尺寸的试样，用铅笔标明，以免混淆。

每种试样至少 5 根。

试样应平整光滑，无气泡、飞边和毛刺等缺陷。测量厚度，检查试样厚度是否在(3.0±0.2)mm范围内。对于厚度为 2～13mm 的试样也可以进行试验，但试验结果只能供同样厚度试样作比较。将试样放入标准状态或干燥器中处理至少 24h。

2. 在试样的宽面上距点火端 25mm 和 100mm 处分别画一条标线。

3. 将试样一端固定在铁支架上，另一端悬臂。调整试样使横截面轴线与水平面成 45°角状态，然后移入通风橱中，试验时不开通风机，试验完毕后再抽风排去毒气。试样下方放置一个水盘。

4. 在远离试样约 450mm 处点着本生灯，当灯管在垂直位置时调节火焰长度为 25mm 并呈蓝色火焰。将灯倾斜 45°角，移近试样使火焰内核的尖端施加于试样自由端下沿，使自由端约有 6mm 长度受到火焰端部的作用，并开始用秒表计时。施加火焰的时间为 30s。在此期间不得移动本生灯位置。但在试验中若不到 30s 时间，试样燃烧的火焰前沿已达到第一条标线处，此刻应立即停止施加火焰。

施加火焰 30s 马上移开本生灯，继续观察试样状态，并作如下观察记录。

(1) 2s 内有无可见火焰。

(2) 如果试样继续燃烧，则记录火焰前沿从第一标线到第二标线所需的时间 t。两标线间的距离除以时间 t 即为燃烧速度 v，以 mm/min 表示。

(3) 如果火焰到达第二标线前熄灭，记录燃烧长度 S，$S=100-L$，L 是从第二标线到未燃部分的最短距离，精确到1mm。

(4) 其他现象，如熔融、卷曲、结炭、滴落、滴落物是否燃烧等。

5. 试验结果评定：每个试样按下列规定归类。

(1) Ⅰ：试样在火源撤离后2s内火焰熄灭。

(2) Ⅱ：试样在火源撤离后继续燃烧，火焰前沿在到达第二标线前熄灭，此时应报告试样燃烧长度（$S=L_0-L_n$）。

(3) Ⅲ：火焰前沿继续燃烧达到或超过第二标线，此时应报告燃烧速度 v。燃烧速度 v 定义为火源离开试样后，试样火焰继续燃烧，火焰前沿从第一标线到第二标线所需时间 t，其燃烧速度 v（mm /min）为 $75/t$。

每组试验中，试验结果以5个试样中 S 和 v 数字最大的类别作为该材料的评定结果，并一定要报告最大的燃烧长度或燃烧速度。

五、思考题

1. 复合材料试样的树脂含量、树脂固化度和试样形状等因素如何影响复合材料燃烧性能？

2. 不妨取5根相同材料的试样，不按规定状态燃烧，看燃烧结果，从而判断规定的标准条件哪些重要，哪些次要。

3. 树脂基复合材料阻燃性能良好决定于哪几条？在实际应用中应如何提高它的阻燃性能？有的复合材料中掺有氯化物，结果在着火时放出有毒且呛人的HCl气体，对消防人员救火很不利，请从观察燃烧过程提出减少有害气体的复合材料阻燃设计。

实验5-9　复合材料加速老化试验

一、实验目的

1. 进一步加深树脂基复合材料在大气环境中老化现象的认识，学习对老化试验结果作出正确分析；

2. 掌握加速老化试验的设计和操作要点。

二、实验内容

1. 室外自然老化操作试验；

2. 室内加速老化试验。

三、实验原理

几乎所有的材料在经受自然光、热、氧、潮湿、风砂、微生物等的侵蚀，都会产生材料表面和内部损伤和破坏，且随时间延长，甚至最终使它失去使用价值，这个过程称为老化或风化。

复合材料也不例外，尤其是树脂基复合材料的老化有时在某些地区相当严重。为了正确估算某一复合材料制品的使用寿命，往往采用加速老化的方法。所谓“加速”有两种方法：一是加大光、氧、潮湿等的作用量；二是提高温度，期望时-温等效原理适用。实际上，很多加速老化试验同时兼有两种“加速”，用较少时间的试验推算出较长时间的使用效果。但是，目前各地气候条件不尽相同，到底加速老化与自然老化之间的换算关系如何，没有统一规定。

因为弯曲试验中材料受力复杂，可以较好地反映老化过程中性能的变化，所以，选定复合材料弯曲强度为检测老化程度的判定指标。但在试验中也可根据实际需要而选定别的性能指标，例如，巴氏硬度就是既实用又简便的检测指标。

四、实验仪器及设备

1. 加速老化试验箱，沸水煮泡、人工气候、温热老化、盐雾腐蚀或霉菌试验箱等择其一二；

2. 室外老化试样架；

3. 万能试验机和三点弯曲装置。

五、实验步骤

1. 试样：制备若干块厚度基本相同的层压板，按弯曲试验的试样尺寸加工试样，试样的数量 m 按式（9-90）计算：

$$m=c\times5+n \tag{9-90}$$

式中，c 为总的抽样次数；n 为备用数。

2. 取 5 根试样在标准条件下测定起始平均弯曲强度 σ_0、标准差 S_0 和离散系数 C_0，并观察外观情况。

3. 取五组 25 根试样及备用试样在房顶上按当地纬度倾斜角朝南暴露自然室外老化，每月取一次一组试样，用标准试验条件测定平均弯曲强度 $\bar{\sigma}'_0$、标准差 S'_1、离散系数 C'_1，直至 $\bar{\sigma}'_5$、S'_5、C'_5，作为自然老化系列数据。

4. 取五组 25 根和备用数的试样浸没于蒸馏水中，放于室内室温下，每月取一次样品并测量各自的平均弯曲强度、标准差和离散系数，并记以 $\bar{\sigma}'^0_1$、S^0_1、C^0_1…$\bar{\sigma}^0_5$、S^0_5、C^0_5，作为室温蒸馏水中老化系列数据。

5. 按上述程序在蒸馏水中煮沸试样，可按如下方法试验。

购 22cm 高压锅一只，在盖上打一孔，装上水冷凝器，取走高压安全阀，装一温度计，在锅内底上放一不锈钢丝网，将足够的试样码成“#”字形于锅内，灌蒸馏水浸没试样，然后盖上锅盖，放于可调电炉上加热沸腾，冷凝器通凉水冷却，保持沸腾和回流，锅内温度约100℃；这样试验过程中，每隔 8h 取一次样，测弯曲强度，得到一组试验数据 $\bar{\sigma}'^*_1$、S^*_1、C^*_1、…、$\bar{\sigma}'^*_n$、S^*_n、C^*_n，作为加速水浸老化系列数据。

6. 取足够试样放于人工气候箱中试验，适当提高温度，延长人造日光的照射时间，定时降雨，每间隔一定小时数取一次样，测定弯曲强度，可以得一系列的加速人工气候试验数据 $\bar{\sigma}'_1$、S_1、C_1、…、$\bar{\sigma}_n$、S_n、C_n。

7. 有条件的实验室还可以采用别的加速老化试验方法。

8. 试验完毕，以 $\bar{\sigma}'_0$、S_0、C_0 为起始未经任何老化的数据，分别对各次试验系列数据进行图、表分析，分别对平均弯曲强度、标准差、离散系数进行比较、说明，并加以解释评述。

六、思考题

1. 从沸水煮泡加速试验结果分析，用此种方法是否可以作为树脂基复合材料耐水、防潮性能的配方和新品种性能研究的筛选方法？有哪些不足？如何完善？

2. 各种试验中除 σ 随时间变化外，S 和 C 也有一定规律，它们各说明什么现象？

3. 在老化阶段初期，弯曲强度有所提高，该现象说明了什么问题？

实验 5-10　复合材料耐腐蚀性试验

一、实验目的

学习耐腐蚀性试验方法，掌握其试验操作要点，并熟悉耐腐蚀性材料的评价方法。

二、实验内容

选择若干种化学介质，配成不同浓度的溶液，将树脂基复合材料试样静态浸泡其中，定期取出一定数量的试样，观察其外观，测定其巴克尔硬度和三点弯曲强度；从外观、巴克尔硬度、弯曲强度的变化快慢判定试样耐腐蚀能力（性能）的好坏。

三、实验原理

复合材料耐腐蚀性是指其在酸、碱、盐等溶液中或有机溶剂中性能变化状况，以判定它在与这些化学介质接触时能否长期抵抗这些介质对它的腐蚀，而使其处于安全工作状态。

同等质量的玻璃纤维的表面积比块状玻璃的表面积大得多，它抵御酸、碱、盐及有机溶剂侵蚀的能力也比整块玻璃或玻璃容器低很多。树脂也是由不同原子通过化学键连接起来的物质，对不同的化学介质表现出来的抗腐蚀能力也不一样，所以复合材料对不同化学介质也有耐与不耐腐蚀的问题。

目前，腐蚀科学定义腐蚀为“物质的表面因发生化学或电化学反应而受到破坏的现象。按腐蚀的环境分类有化学介质腐蚀、大气腐蚀、海水腐蚀、土壤腐蚀、杂散电流腐蚀、细菌腐蚀、磨损腐蚀、应力腐蚀和接触腐蚀；按腐蚀的本质或机理来分析，又分化学腐蚀、电化学腐蚀和物理腐蚀等。化学腐蚀是指物质之间发生了化学反应，物质本身起了变化；电化学腐蚀是发生了电化学过程而导致的腐蚀；物理腐蚀是指物理因素引起的腐蚀。

复合材料及其制品在与化学介质接触时发生的腐蚀，其机理很复杂，但还是上述这三类腐蚀所造成的。究竟是哪一类腐蚀为主，也不能一概而论。一般的腐蚀过程大概可以这样来理解，当复合材料与化学介质相接触时，化学介质中的活性离子、分子或基团就通过纤维和树脂界面、小孔隙、树脂分子间空隙向复合材料内部渗透、扩散，在温度和长时间作用下，它们就从材料表面到内部与树脂和纤维中的活性结构点反应，逐渐地改变树脂和纤维的本来面目；同时材料内部的杂质等也可形成小微电池而在电介质溶液中发生电化学过程；溶解、溶胀以及表面张力使树脂与纤维界面破坏，或使树脂分子链断裂等，过程是无时无刻不在进行的，这个过程累积的结果就是我们宏观定义的腐蚀。腐蚀的最终结果就是材料的破坏。

复合材料可以根据不同的介质选择不同的纤维和树脂，且成型工艺方便，所以，在各种具有腐蚀的环境下得到广泛的应用。随着工业的发展，迫切要求耐多品种化学药品腐蚀性和使用期更长的复合材料。因此，掌握耐化学腐蚀性能的试验方法和评价方法，对于研究和使用耐腐蚀材料十分必要。一般说来，在相同条件下，哪种材料的外观、巴克尔硬度、弯曲强度变化小，则耐该条件下的腐蚀性能越好；反之亦然。

关于加速腐蚀与实际腐蚀条件下复合材料及其制品的使用寿命的估算方法还没有被有关权威单位推荐，也没有对材料耐腐蚀级别进行统一规定。

四、实验仪器及设备

1. 广口玻璃容器（如介质为强碱性，则用低压聚乙烯广口容器），供室温条件下试验用；
2. 配有回流冷凝器的广口玻璃容器，供加温试验用；
3. 恒温槽，控制精度为±2℃；
4. 巴克尔硬度计；
5. 分析天平；
6. 万能试验机及三点弯曲试验装置。

五、实验步骤

1. 试样制备

(1) 选取层压板，按弯曲试验的标准试样尺寸（80mm×15mm×4mm）制备试样。试样表面平整，不应有气泡、裂纹，有光泽，无缺胶露丝。

试样总数 N：

$$N=nsTI+n \tag{9-91}$$

式中，n 为每次试验的试样数，最少 5 根；s 为试样介质种类数；T 为试验温度的组数；I 为试验期龄数（一种试验的取样次数）。

(2) 将每一根试样用常温固化环氧树脂封边，然后将试样分别编号。

2. 测定未腐蚀之前的弯曲强度 σ_0、巴氏硬度值 B_0、试样原始质量 m_0 和外观观察记录。

3. 配制腐蚀性化学介质

(1) 用蒸馏水和浓硫酸配成浓度为 30% 的硫酸溶液，注意配制时将硫酸往水中倒，不应反之。

(2) 用蒸馏水和 NaOH 配制浓度为 10% 的氢氧化钠溶液。

(3) 也可按实际需要选取其他浓度的化学介质，可由教师定，参考思考题 4。

4. 选定试验条件和程序

(1) 试验温度：室温和 80℃ 两种状态。

(2) 试验期龄（试验中可参考如下国标规定）。

常温：1 天、15 天、30 天、90 天、180 天、360 天；

80℃：1 天、3 天、7 天、14 天、21 天、28 天。

5. 将试样浸在化学介质中，注意试样不靠容器壁，如试样表面附有小气泡，应用一毛刷将其抹去。常温条件的马上开始计时，并记录介质初始颜色。

6. 高温条件的试验需将浸入介质的试样置于恒温槽中，当容器中介质一达到 80℃ 就开始计时，并对冷凝器通入冷却水。

7. 用不锈钢镊子按期龄取样，测定性能

(1) 观察并记录试样外观和介质的外观。

(2) 用自来水冲洗试样 10min，然后用滤纸将水吸干，将试样放入干燥器中处理 30min，随后马上测定巴氏硬度，注意测巴氏硬度应在试样的两头附近，避开中间 1/3 区，以免影响弯曲性能，然后马上按编号称量试样质量 m_i。

(3) 再将试样封装在塑料袋中，并在 48h 内测定弯曲强度 σ_i。每次取样到性能测定的时间应保持一致。

8. 如发现试样起泡、分层等严重腐蚀破坏，则该试验终止，并记录终止时间；如试样破坏是个别的，则试验继续进行，记录试样破坏状态和破坏试样的数量。

9. 定期用原始浓度的新鲜介质更换试验中的变色介质。常温试验按 30 天、90 天、180 天更换；加温 80℃ 试验按 7 天、14 天、21 天更换。

10. 全部试验完毕后，对巴氏硬度 B_0、B_1、…、B_n 按不同介质、不同温度的变化制成图表。

11. 按不同介质、不同温度条件下试样质量 m_0、m_1、…、m_n 的变化规律画成图。

12. 计算不同介质、不同温度下各期龄的弯曲强度变化百分率 $\Delta\sigma_i$（计算到三位有效数字）：

$$\Delta\sigma=\frac{\Delta\sigma_i-\sigma_0}{\sigma_0}\times100\% \tag{9-92}$$

式中符号在叙述步骤中已交代，并将 $\Delta\sigma_i$ 对期龄制成图表。

13. 处理好最后的试验介质，分别倒入废酸、碱罐。

六、思考题

1. 试样封边与不封边将会使试验产生哪些区别？
2. 试样质量起始阶段有明显上升，然后下降，请简述这一现象的实质。
3. 复合材料耐化学腐蚀与加速老化试验有何异同之处，简述之。
4. 试验介质选用表如下所述。

基本试验介质：30%的硫酸、5%的硝酸、5%的盐酸、10%的氢氧化钠、碳酸钠的饱和溶液、10%的氨水、苯、蒸馏水、丙酮。

增选试验介质：20%的铬酸、20%的乙酸、85%的磷酸、草酸饱和溶液、40%的氢氧化钠、5%的双氧水、95%的工业乙醇、120号汽油、甲苯、乙酸乙酯、氯化钠饱和溶液，37.5%的甲醛、30%的硝酸、20%的盐酸，5%的次氯酸钠、氯苯。

从这一系列化学介质可知，它们对于树脂基复合材料的腐蚀机理绝非一样，如果不做试验也难以推定它们对某一种复合材料的腐蚀程度，所以要想将某些化学介质定出腐蚀级别也并非易事。不妨从腐蚀机理的角度将上述化学介质分类，然后借鉴日本的一种方法。

Atkinson等用品质指数（QI）来推算，分成四部分。

A. 试验一年看外观：无变化或仅色调变化得10；光泽度变化和表面小裂纹得8；龟裂、剥落、起泡得0。

B. 试验一年看硬度：硬度降低率在10%以下得10；11%～20%为8；21%～30%为6；31%～40%为5；40%以上为0。

C. 试验一年看弯曲强度：强度降低率在10%以下为10；11%～20%为9；21%～30%为8；31%～40%为6；41%～50%为4；51%～60%为2；60%以上为0。

D. 试验半年看弯曲强度：与C一样评定。

最后将A、B、C、D综合起来为：QI=（A+B+C+D）/4

QI判断9～10为优；7～9为良；5～7为中；5以下为劣。

你所试验的复合材料大约属于哪一等级呢？请注意是哪一种介质、温度条件。

参考文献

[1] 王荣国，武卫莉等．复合材料概论．哈尔滨：哈尔滨工业大学出版社，2004.
[2] 刘万辉，于玉成等．复合材料．哈尔滨：哈尔滨工业大学出版社，2011.
[3] 冯小明，张崇才等．复合材料．重庆：重庆大学出版社，2011.
[4] 尹洪峰，魏剑．复合材料．北京：冶金工业出版社，2010.
[5] 陈宇飞，郭艳红等．聚合物基复合材料．北京：化学工业出版社，2010.
[6] 倪礼忠，陈麒．聚合物基复合材料．上海：华东理工大学出版社，2007.
[7] 顾书英，任杰．聚合物基复合材料．北京：化学工业出版社，2007.
[8] 郝元恺．高性能复合材料学．北京：化学工业出版社，2004.
[9] 车剑飞．复合材料及其工程应用．北京：机械工业出版社，2006.
[10] 刘雄亚，谢怀勤．复合材料工艺及设备．武汉：武汉工业大学出版社，1997.
[11] 于启湛，史春元．复合材料的焊接．北京：机械工业出版社，2011.
[12] 王汝敏，郑水蓉，郑亚萍．聚合物基复合材料．第2版．北京：科学出版社，2011.
[13] 欧阳国恩．复合材料实验指导书．武汉：武汉理工大学出版社，1997.
[14] 欧阳国恩，欧国荣．复合材料试验技术．武汉：武汉理工大学出版社，1993.
[15] 刘雄亚．复合材料新进展．北京：化学工业出版社，2007.
[16] 赵渠森．先进复合材料手册．北京：机械工业出版社，2003.
[17] 鲁云．先进复合材料．材料科学和工程研究进展．第2集．北京：机械工业出版社，2004.
[18] 益小苏，杜善义，张立同．复合材料手册．北京：化学工业出版社，2009.
[19] 杨序纲．复合材料界面．北京：化学工业出版社，2010.
[20] 胡曙光．先进水泥基复合材料．北京：科学出版社，2009.
[21] 黄家康．复合材料成型技术及应用．北京：化学工业出版社，2011.
[22] 于化顺．金属基复合材料及其制备技术．北京：化学工业出版社，2006.
[23] 吴人洁．复合材料．天津：天津大学出版社，2000.